《模糊数学与系统及其应用丛书》编委会

主　　编　罗懋康

副 主 编　陈国青　李永明

编　　委　(以姓氏笔画为序)

史福贵　李庆国　李洪兴　吴伟志

张德学　赵　彬　胡宝清　徐泽水

徐晓泉　曹永知　寇　辉　裴道武

薛小平

闽南师范大学学术著作出版专项经费资助

模糊数学与系统及其应用丛书 8

序与拓扑
(第二版)

徐晓泉 著

科学出版社
北京

内 容 简 介

本书主要从序与拓扑的交叉角度，拓展 Domain 理论的框架和应用范围，深入讨论 sober 空间、稳定紧空间与紧 pospace、spectral 空间与 Priestley 空间，系统地研究格序结构的关系表示问题，并给出关系表示理论在拓扑、Domain 理论、格论中的一系列应用，尤其是一些经典拓扑问题的代数化处理新方法. 由此建立了二元关系、序结构、拓扑结构的若干新联结，发展了一个用二元关系研究序结构、拓扑结构和 Domain 理论的新途径及方法.

本书可供一般拓扑、Domain 理论、格论等领域的学者，数学专业的研究生和高年级本科生使用，也可作为相应方向研究生的教学参考书.

图书在版编目(CIP)数据

序与拓扑/徐晓泉著. —2 版. —北京：科学出版社, 2022.12
(模糊数学与系统及其应用丛书; 8)
ISBN 978-7-03-073934-6

Ⅰ. ①序…　Ⅱ. ①徐…　Ⅲ. ①拓扑–研究　Ⅳ. ①O189

中国版本图书馆 CIP 数据核字(2022)第 224966 号

责任编辑：李静科　李香叶 / 责任校对：彭珍珍
责任印制：吴兆东 / 封面设计：无极书装

科学出版社 出版
北京东黄城根北街 16 号
邮政编码：100717
http://www.sciencep.com
北京建宏印刷有限公司 印刷
科学出版社发行　各地新华书店经销
*
2022 年 12 月第 一 版　开本: 720×1000　1/16
2024 年 1 月第二次印刷　印张: 24 3/4
字数: 485 000

定价: 158.00 元

(如有印装质量问题，我社负责调换)

作者简介

徐晓泉，男，1961年11月生，江西乐平人．博士、二级教授、博士生导师，国家有突出贡献的中青年专家，1995年获享受国务院政府津贴专家，中央联系专家，“赣鄱英才555工程”科技领军人才，江西省主要学科学术和技术带头人．现任闽南师范大学数学与统计学院院长，教育部高等学校数学类专业教学指导委员会委员，福建省粒计算及其应用重点实验室主任，江西师范大学数学与交叉科学研究中心主任，四川大学、首都师范大学、江西师范大学博士生导师．曾任中国系统工程学会模糊数学与模糊系统专业委员会副主任委员，中国高等教育学会教育数学专业委员会副理事长．主持承担国家自然科学基金项目6项，作为主要成员承担国家自然科学基金重点项目2项，在国内外重要学术刊物发表论文100余篇，获省部级科技奖励3项，2007年获全国百篇优秀博士学位论文奖．

《模糊数学与系统及其应用丛书》序

自然科学和工程技术，表现的是人类对客观世界有意识的认识和作用，甚至表现了这些认识和作用之间的相互影响，例如，微观层面上量子力学的观测问题.

当然，人类对客观世界最主要的认识和作用，仍然在人类最直接感受、感知的介观层面发生，虽然往往需要以微观层面的认识和作用为基础，以宏观层面的认识和作用为延拓.

而人类在介观层面认识和作用的行为和效果，可以说基本上都是力图在意识、存在及其相互作用关系中，对减少不确定性，增加确定性的一个不可达极限的逼近过程；即使那些目的在于利用不确定性的认识和作用行为，也仍然以对不确定性的具有更多确定性的认识和作用为基础.

正如确定性以形式逻辑的同一律、因果律、排中律、矛盾律、充足理由律为形同公理的准则而界定和产生一样，不确定性本质上也是对偶地以这五条准则的分别缺损而界定和产生. 特别地，最为人们所经常面对的，是因果律缺损所导致的随机性和排中律缺损所导致的模糊性.

与随机性被导入规范的定性、定量数学研究对象范围已有数百年的情况不同，人们对模糊性进行规范性认识的主观需求和研究体现，仅仅开始于半个世纪前 1965 年 Zadeh 具有划时代意义的 *Fuzzy sets* 一文.

模糊性与随机性都具有难以准确把握或界定的共同特性，而从 Zadeh 开始延续下来的"以赋值方式量化模糊性强弱程度"的模糊性表现方式，又与已经发展数百年而高度成熟的"以赋值方式量化可能性强弱程度"的随机性表现方式，在基本形式上平行——毕竟，模糊性所针对的"性质"，与随机性所针对的"行为"，在基本的逻辑形式上是对偶的. 这也就使得"模糊性与随机性并无本质差别""模糊性不过是随机性的另一表现"等疑虑甚至争议，在较长时间和较大范围内持续.

然而时至今日，应该说不仅如上由确定性的本质所导出的不确定性定义已经表明模糊性与随机性在本质上的不同，而且人们也已逐渐意识到，表现事物本身性质的强弱程度而不关乎其发生与否的模糊性，与表现事物性质发生的可能性而不关乎其强弱程度的随机性，在现实中的影响和作用也是不同的.

例如，当情势所迫而必须在"于人体有害的可能为万分之一"和"于人体有害的程度为万分之一"这两种不同性质的 150 克饮料中进行选择时，结论就是不言而喻的，毕竟前者对"万一有害，害处多大"没有丝毫保证，而后者所表明的"虽然有害，但极微小"还是更能让人放心得多. 而这里，前一种情况就是"有害"的随机性表现，后一种情况就是"有害"的模糊性表现.

模糊性能在比自身领域更为广泛的科技领域内得到今天这一步的认识, 的确不是一件容易的事, 到今天, 模糊理论和应用的研究所涉及和影响的范围也已几乎无远弗届. 这里有一个非常基本的原因: 模糊性与随机性一样, 是几种基本不确定性中, 最能被人类思维直接感受, 也是最能对人类思维产生直接影响的.

对于研究而言, 易感知、影响广本来是一个便利之处, 特别是在当前以本质上更加逼近甚至超越人类思维的方式而重新崛起的人工智能的发展已经必定势不可挡的形势下. 然而也正因为如此, 我们也都能注意到, 相较于广度上的发展, 模糊性研究在理论、应用的深度和广度上的发展, 还有很大的空间; 或者更直接地说, 还有很大的发展需求.

例如, 在理论方面, 思维中模糊性与直感、直观、直觉是什么样的关系？与深度学习已首次形式化实现的抽象过程有什么样的关系？模糊性的本质是在于作为思维基本元素的单体概念, 还是在于作为思维基本关联的相对关系, 还是在于作为两者统一体的思维基本结构, 这种本质特性和作用机制以什么样的数学形式予以刻画和如何刻画才能更为本质深刻和关联广泛？

又例如, 在应用方面, 人类是如何思考和解决在性质强弱程度方面难以确定的实际问题的？是否都是以条件、过程的更强定量来寻求结果的更强定量？是否可能如同深度学习对抽象过程的算法形式化一样, 建立模糊定性的算法形式化？在比现在已经达到过的状态、已经处理过的问题更复杂、更精细的实际问题中, 如何更有效地区分和结合 “性质强弱” 与 “发生可能” 这两类本质不同的情况？从而更有效、更有力地在实际问题中发挥模糊性研究本来应有的强大效能？

这些都是模糊领域当前还需要进一步解决的重要问题; 而这也就是作为国际模糊界主要力量之一的中国模糊界研究人员所应该、所需要倾注更多精力和投入的问题.

针对相关领域高等院校师生和科技工作者, 推出这套《模糊数学与系统及其应用丛书》, 以介绍国内外模糊数学与模糊系统领域的前沿热点方向和最新研究成果, 从上述角度来看, 是具有重大的价值和意义的, 相信能在推动我国模糊数学与模糊系统乃至科学技术的跨越发展上, 产生显著的作用.

为此, 应邀为该丛书作序, 借此将自己的一些粗略的看法和想法提出, 供中国模糊界同仁参考.

罗懋康

国际模糊系统协会 (IFSA) 副主席 (前任)

国际模糊系统协会中国分会代表

中国系统工程学会模糊数学与模糊系统专业委员会主任委员

2018 年 1 月 15 日

第二版前言

《序与拓扑》第一版出版于 2016 年 1 月, 至今已 6 年有余, 其间 Domain 理论有了较大的发展, 而 non-Hausdorff 拓扑成为一个独立的领域可以说是 Domain 理论与拓扑交叉的直接产物. 正如法国著名计算机科学家和 Domain 理论专家 Goubault 教授在其 2013 年出版的专著 *Non-Hausdorff Topology and Domain Theory* 引言中所言: "Non-Hausdorff 在代数几何中已经显示其重要性, 在诸如 Domain 理论中则至关重要. 反过来, 与逻辑和计算机科学密切相关的 Domain 理论, 它从序理论开始发展, 而它的发展迅速需要大量的 (non-Hausdorff) 拓扑." "在 Domain 理论发展 40 年后, 人们不得不承认拓扑和 Domain 理论相互促进了彼此的发展." "Domain theory is topology done right."

2013 年 10 月在湖南大学举办的第 6 届国际 Domain 理论研讨会上, 著名数学家和 Domain 理论专家 Lawson 教授应邀做大会报告时强调需要将 Domain 理论的核心理论发展至一般的 T_0 空间. 此后的 8 年多时间, 尤其是近 5 年, 以 sober 空间、well-filtered 空间、d-空间及相关空间和结构为重要研究对象的 non-Hausdorff 拓扑有了突破性进展, 多个长期遗留的公开问题被解决. 值得指出的是, 中国学者在 non-Hausdorff 拓扑的研究上做出了重要贡献.

毫无疑问, 这些重要进展及内容也属于序与拓扑之交叉, 但由于近几年成果丰硕, 纵使将其中的主要成果收入《序与拓扑》第二版, 也将使本书的篇幅过长. 考虑再三, 作者打算将《序与拓扑》做适当修订的同时, 今年另写一本英文专著 *Non-Hausdorff Topology*, 主要讨论 sober 空间、well-filtered 空间、d-空间及相关空间和结构. 《序与拓扑》第二版和 *Non-Hausdorff Topology* 既有关联, 又各自相对独立、自成一体.

《序与拓扑》第二版所做的修订主要在以下三个方面:

一是增加了一些重要内容, 如 2.4 节 "完全分配格的余素元集", 4.2 节 "Stone 引理的一个应用". 在 2.4 节, 我们给出了 Lawson 如下经典结果的一个简单的直接证明: 完全分配格 L 的非 0 余素元全体 $\mathrm{COPRIME}(L)\backslash\{0\}$ 在 L 的诱导序下是连续 domain. 在 4.2 节, 基于 Stone 引理, 我们给出了下述经典结果的一个简洁的代数式证明: 完备格 L 是完全分配格当且仅当 L 是分配格, 且 L 和 L^{op} 均是定向分配格. 在新增加的定理 2.3.13 及其证明中, 我们给出了下述经典结果的一个直接证明: 偏序集 P 是连续的当且仅当其 Scott 拓扑 $\sigma(P)$ 是完全分配格.

另外, 增加了 2 篇重要参考文献, 即参考文献 [100] 和 [204].

二是调整了全书的部分结构, 增加了新的第 2 章, 相应地全书增加到 11 章; 删除了部分次要的内容, 如删除了第一版中的 6.10 节, 即有关 κ-超连续格及其关系表示的全部内容.

三是更正了第一版中的一些打印错误和引用标注错误.

借《序与拓扑》再版之机, 作者衷心感谢导师刘应明院士、罗懋康教授一直以来的关心与鼓励; 衷心感谢四川大学张德学教授、寇辉教授、张树果教授、吕振超博士, 西安交通大学赵彬教授, 首都师范大学郑崇友教授、樊磊教授, 华东师范大学陈仪香教授, 湖南大学李庆国教授、周湘南教授、贾晓东博士, 南京师范大学贺伟教授, 陕西师范大学李永明教授, 北京理工大学史福贵教授, 闽南师范大学李进金教授、杨忠强教授、林福财教授, 浙江理工大学樊太和教授, 扬州大学徐罗山教授, 盐城师范学院奚小勇教授, 北京邮电大学沈冲博士和内蒙古师范大学耿俊博士, 多年来与他们的学术交流使作者获益匪浅. 作者对新加坡南洋理工大学赵东升教授, 美国的 G. N. Raney 教授、J. D. Lawson 教授、P. Venugopolan (Menon) 教授, 英国的 Achim Jung 教授, 法国的 J. Goubault-Larrecq 教授, 德国的 K. Keimel 教授、H. J. Bandelt 教授、M. Erné 教授等曾给予的帮助表示衷心的感谢.

本书自 2016 年初出版以来, 作者得到了不少同仁的鼓励, 借此机会, 对他 (她) 们表示衷心的感谢!

作者感谢国家自然科学基金 (12071199, 11661057) 所给予的资助, 真诚感谢闽南师范大学为本书的出版所提供的经费支持, 衷心感谢科学出版社有关人员为本书的出版所付出的辛勤劳动. 最后, 作者对家人所给予的支持表示最诚挚的感谢.

作　者

2022 年 10 月于漳州

第一版前言

近 40 年来, 数学与计算机科学的交叉, 尤其是格序结构、拓扑方法、范畴理论等在计算机科学中的应用引起了数学家和理论计算机科学家的广泛关注. 可以说, 模糊集理论和 Domain 理论都是在此背景下建立的.

20 世纪 70 年代初, Turing 奖获得者 Scott、Plotkin 和 Smyth 等创建了 Domain 理论, 其结构理论成为计算机程序的指称语义学研究的一个关键点, 因而引起了人们的广泛兴趣. Domain 理论发展的另一个动力来自纯数学的若干领域, 特别是 Lawson、Hofmann、Keimel、Day 等的重要工作. 1980 年, Gierz、Hofmann、Keimel、Lawson、Mislove 和 Scott 等六人合写的 *A Compendium of Continuous Lattices*, 标志着连续格理论的成熟和 Domain 理论基本框架的建立; 而他们于 2003 年出版的 *Continuous Lattices and Domains* 则标志着 Domain 理论的成熟. 值得指出的是, 中国学者对 Domain 理论做出了重要贡献.

代数、拓扑、序是数学中的三大结构, 可以说 Domain 理论的一大特色就是充分体现了这三大结构的交叉, 其中序与拓扑的交叉尤为明显. 诚然, 序与拓扑的交叉并不是一个新的论题, 众所周知, 1936 年, Nachbin 就写了著名的 *Topology and Order* 一书.

本书的书名是《序与拓扑》, 与 Nachbin 的 *Topology and Order* 不同的是, 从某种意义上来说, 作者并不是按标准数学用书的格式撰写的, 书中的论题主要取决于作者的兴趣, 尽管所涉及的论题有着紧密联系, 在某种意义上也构成体系. 下面简要介绍本书涉及的主要论题.

首先, 无论从理论计算机科学还是从数学的角度而言, Domain 理论研究的一个重要方面是尽可能地扩展其理论框架和应用范围, 这方面已有一系列工作. 其中, Gierz、Lawson 等在 1980 年引入的拟连续 domain、超连续 domain 尤其受到关注, 它们属连续 domain 最为成功的推广之列. 在本书中, 我们将拟连续 Domain 理论扩展至了一般子集系统. Domain 理论研究的另一个重要方面是建立其与其他学科及领域的交叉与联系, 这些重要学科及领域除了理论计算机科学、范畴论、拓扑、格论、locale 理论等外, 还包括逻辑、格上拓扑、动力系统、离散数学、信息系统等, 甚至还包括广义相对论. 在本书中, 我们主要关注的是 Domain 理论与拓扑、格论的交叉.

值得注意的是, 作为数学中最简单的对象之一的二元关系能以一种自然的方式生成完备格. 设 ρ 是集 X 上的一个二元关系, $A \subseteq P$, 定义 $\rho(A) = \{x \in X : \exists a \in A$ 使 $(a, x) \in \rho\}$ (称为 A 在 ρ 下的像). 令 $\Phi_\rho(X) = \{\rho(A) : A \subseteq X\}$, 则在集包含序下, $\Phi_\rho(X)$ 为完备格. 从格序结构的角度二元关系引起人们的关注最早源于 Zareckii 的工作. 1963 年, Zareckii 证明了下述经典结果: 集 X 上二元关系 ρ 是正则的当且仅当 $(\Phi_\rho(X), \subseteq)$ 为完全分配格. Zareckii 的工作引起了人们对正则关系的关注, 这里可提到著名数学家 Markowsky、Schein、Bandelt 等的工作. 在 Domain 理论中, 具有某些特殊性质的二元关系也有着重要的应用. 事实上, 就连续 domain 而言, 其最重要的性质之一是它上面的 way bleow 关系 $\ll$ 具有插入性质. 1982 年, Scott 给出了 Scott domain 的信息系统表示, 为 Domain 理论提供了一个逻辑处理方式. Scott 信息系统本质上是一种具有自反性和传递性的特殊二元关系. 其后, Vickers、Hofmann、Zhang、Bedregal、Spreen 等建立了更为一般的连续信息系统理论, 而一个连续信息系统就是一个集合与其上的一个具有插入性和传递性的二元关系 (即一个幂等关系, 自然是正则的).

由于 1960 年 Raney 关于完全分配格的内蕴式刻画 (可以看成是一种基于点的序分离性), 人们自然寻找格序结构的这种基于序分离性的内蕴式刻画乃至用这种方式引入新的格序结构. 而这些性质本质上是关系 "$\not\leqslant$" 的某种代数性质, 如 "正则" 性等, 同时与区间拓扑的 T_2 性和 Priestley 性密切相关, 因而值得进行系统深入的研究. 特别地, 一个自然而重要的问题是: 什么样的格序结构可以仅仅只用其上原始、简单的偏序关系 $\leqslant$ 完全描述, 即格序结构的内蕴式刻画问题. 由于内蕴式刻画是直接的、自然的、简洁的, 因而对格序结构的研究无疑具有重要意义. 与上述问题密切相关的问题 (更广的问题) 是: 什么样的格序结构可以用一些简单的二元关系表示, 即格序结构的关系表示问题. 它能使人们从关系的角度自然而深刻地揭示序结构, 也能使我们从格序结构的角度来刻画一些特殊而重要二元关系的特征. 关系表示理论在拓扑、Domain 理论、格论等领域有着重要应用, 而我们更期望在二元关系和序结构、拓扑结构之间架起一个桥梁, 为人们提供用二元关系研究拓扑、格序结构和 Domain 理论的一个新途径和方法.

众所周知, 连续格等价于定向分配格, 而完全分配格表现为一种强连续格. 2009 年, Erné 证明了超连续格等价于对偶滤子分配格. 因而, 从某种意义上来说, 格的连续性和分配性是 "等价" 的, 即某种连续性均有相应的分配性与之对应, 反之亦然. 因而, 寻找拟连续格和拟超连续格的分配律刻画就成为有趣而重要的问题, 以进一步建立连续性与分配性的 "等价" 理论.

正如前面所说, 序与拓扑的交叉是 Domain 理论的一个基本特征, 尤其是基于对偶理论的角度. 序结构与拓扑结构之间对偶性的研究主要源于 20 世纪 30 年代 Stone 的著名工作. 1936 年和 1937 年, Stone 分别证明了 Boolean 代数范畴与紧 T_2 零维空间 (称为 Stone 空间) 对偶等价, 分配格范畴与紧、紧开集构成基、凝聚的 sober 空间 (称之为 spectral 空间) 范畴对偶等价. 值得指出的是, 1969 年, Hochster 证明了如下重要结果: 交换环的素理想构成的谱空间 (赋予 Zariski 拓扑) 恰好就是 spectral 空间. 由于 Stone 和 Hochster 的工作, spectral 空间的研究受到了广泛关注. 1970 年, 利用 "双边" 拓扑, Priestley 证明了分配格范畴与紧 T_2 的序完全不连通空间 (称之为 Priestley 空间) 范畴是对偶等价的, 因而 Priestley 空间与 spectral 空间具有密切的内在联系. 事实上, spectral 空间的 patch 拓扑是 Priestley 的, 而 Priestley 空间中由上开集构成的拓扑是 spectral 的, 因而通过这两个相应的函子, Priestley 空间范畴与 spectral 空间范畴是同构的. 关于稳定紧空间和紧 pospace 之间的关系, 有类似的结果, 即稳定紧空间的 patch 拓扑是紧 pospace, 而紧 pospace 中由上开集构成的拓扑是稳定紧的, 因而通过这两个相应的函子, 紧 pospace 范畴与稳定紧空间范畴是同构的. 1974 年, Easkia 发展了 Priestley 的工作, 证明了 Heyting 代数范畴与 Easkia 空间 (一种特殊的 Priestley 空间, 现在称之为 Easkia 空间或 Heyting 空间) 对偶等价. 这些对偶定理无论是从数学的角度还是从计算机科学的角度都具有重要意义, 因而受到极大关注, 不断被扩展到其他重要范畴 (序的或拓扑的), 并获得了在格论、Domain 理论、拓扑、逻辑、理论计算机科学、离散数学等领域中的一系列重要应用.

关于稳定紧空间和紧 pospace, 下面的问题是自然而重要的: 偏序集上赋予一些重要的 "单边" (特别是 Scott 拓扑、上 (下) 拓扑) 和 "双边" 拓扑 (如 Lawson 拓扑、区间拓扑、序收敛拓扑等) 何时成为稳定紧空间和紧 pospace? 关于 spectral 空间和 Priestley 空间有类似的问题. 在完备格情形和附加了一些特殊条件的偏序集情形下, Erné、Jung、Lawson、Priestley、Venugopalan (Menon)、Yokoyama 等已有一系列重要工作, 但仍遗留不少问题, 需要对更一般偏序集情形作深入的研究, 这正是本书讨论的一个重要内容.

作为介于 T_0 空间和 T_2 空间之间的一类重要而特殊的空间, sober 空间成为 Domain 理论与拓扑交叉的另一个重要对象, 其研究一直受到拓扑学家和理论计算机科学家的重视. 对于 sober 空间, Hofmann 和 Mislove 于 1981 年证明了著名的 Hofmann-Mislove 定理, 它成为在理论计算机科学、拓扑和 Domain 理论中最常被应用的结果之一. 近十多年来, Hofmann-Mislove 定理被推广到了更一般的偏序集、拓扑空间和双拓扑空间, 建立了相应类型的 Hofmann-Mislove 定理. 需要指出的是, 这些 Hofmann-Mislove 定理均是对 Scott 拓扑函子建立的. 为进一步研究和扩展其应用框架, 我们自然希望对其他类型的拓扑函子 (如上拓扑函子) 建立相应的 Hofmann-Mislove 定理, 并期望获得在 Domain 理论、拓扑和计算机科学中的应用.

最后, 无论从数学的角度还是从理论计算机科学的角度, 偏序集的完备化都是一个基本问题, 而 Dedekind-MacNeille 完备化 (也称为正规完备化) 显然是其中最自然而重要的一种. 一个自然的问题是: 哪些性质是 Dedekind-MacNeille 完备化不变性质? 另一个与此相关的问题是: 作为连续 domain 概念的推广, 哪些推广是“好”的推广 (即是 Dedekind-MacNeille 完备化不变性质)? 或者说, 基于 Dedekind-MacNeille 完备化不变性质的角度, 我们如何将 Domain 理论的框架用一种“好”的方式进行推广.

所有这些重要而密切相关的问题成为本书的主要研究内容, 并通过二元关系、序和拓扑交叉而联系在一起.

全书共 10 章, 每章主要内容如下:

第 1 章是序与拓扑预备, 给出了全书所需的有关格论、Domain 理论、拓扑、范畴等的一些基本概念、记号和结论.

第 2 章讨论如何将拟连续 domain 理论的框架拓展至一般的子集系统, 对一般的子集系统 Z, 建立了 Z-拟连续 domain 理论.

第 3 章讨论拓扑空间的 sober 性和 sober 空间的性质, 给出了 sober 性的若干刻画和著名的 Hofmann-Mislove 定理, 并将 Hofmann-Mislove 定理扩展至了更广泛的拓扑函子.

第 4 章讨论超连续拓扑及超代数拓扑的一些重要性质, 给出它们的若干刻画. 特别地, 讨论了分配超连续格和分配超代数格的拓扑表示问题; 给出了超连续 (代数) sober 拓扑的序特征; 讨论了局部超紧空间的 Hoare 空间与 Smyth 空间的性质; 基于拓扑的超连续性, 给出了 Lawson 问题的一个部分解答.

第 5 章讨论如何基于拓扑的方式将拟连续 domain 理论的框架扩展至一般子集系统, 并讨论其上 Scott 拓扑和 Lawson 拓扑的性质. 基于通常方式和拓扑方式这两种等价的方式, 分别将拟超连续 domain 和拟超代数 domain 的概念推广至了一般偏序集. 本章的另一主要内容是系统地讨论拟连续性和拟超连续性在相应同态映射下的保持性.

第 6 章系统地讨论格序结构的关系表示问题, 主要包括完全分配格、超连续格、区间拓扑 T_2 和区间拓扑 Priestley 等的完备格之关系表示问题, 基于 Dedekind-MacNeille 完备化, 对偏序集做了相应讨论.

第 7 章基于正则关系讨论格序结构到方体的嵌入问题, 建立相应的嵌入定理.

第 8 章给出了完备格的关系表示理论在拓扑中的若干应用, 尤其是一些经典拓扑问题的代数化处理新方法.

第 9 章主要讨论稳定紧空间与紧 pospace, 特别是偏序集上 Lawson 拓扑和区间拓扑的紧 pospace 性、Scott 拓扑和下 (上) 拓扑的稳定紧性, 以及它们与拟连续性和拟超连续性的密切关系.

第 10 章讨论偏序集上 Lawson 拓扑和区间拓扑的 Priestley 性以及 Scott 拓扑和下 (上) 拓扑的 spectral 性.

在本书撰写期间, 作者得到了国家自然科学基金 (10861007, 11161023)、教育部全国优秀博士学位论文作者专项资金 (2007B14)、“赣鄱英才 555 工程” 科技领军人才培养基金和江西省自然科学基金 (20114BAB201008) 的资助, 借本书出版之机, 作者深表感谢.

作　者

2015 年 5 月于南昌

目　录

第 1 章 序与拓扑预备

本章给出了全书所需的有关序、拓扑、范畴等的一些基本概念、记号和结论.

1.1 节引入的主要概念有 Galois 联络、Dedekind-MacNeille 完备化、完备化不变性质、子集系统、偏序集的 M-完备性等. 另外, 我们还引入了偏序集的性质 S、序分离性和强序分离性等概念.

在 1.2 节中, 我们介绍了拓扑诱导的特殊化 (预) 序, 偏序集上的上 (下) 拓扑、区间拓扑、Z-Scott 拓扑、Z-Lawson 拓扑、Scott 拓扑、Lawson 拓扑, 偏序集之间的 Scott 连续映射、Lawson 连续映射, 偏序集上的序相容的拓扑, 拓扑空间中的饱和子集, 序拓扑空间, pospace, Priestley 空间, R_0 序拓扑空间, 严格完全正则序拓扑空间和 Lawson 公开问题等.

1.3 节主要介绍了关于偏序集的性质 M, 引入了关于偏序集的一种弱于性质 M 的性质 M_w.

1.1 集 与 序

本书涉及的有关 Domain 理论、格论、拓扑学、范畴论、集合理论的基本概念、记号和结论, 读者可以参看文献 [2, 27, 46, 98, 99, 214, 255]. 在本书中, 自然数全体记为 $\mathcal{N}$; 集 X 的基数记为 $|X|$, 可数无限集的基数记为 ω, 最小的不可数基数记为 ω_1. 集 X 的有限子集全体记为 $X^{(<\omega)}$, 即 $X^{(<\omega)} = \{A \subseteq X : |A| < \omega\}$.

下面是本书用到的几个范畴:

(1) **Set** 表示集合范畴;

(2) **Poset** 表示以偏序集为对象, 保序映射为态射的范畴;

(3) **SUP** 表示以完备格为对象, 保任意并映射为态射的范畴;

(4) **INF** 表示以完备格为对象, 保任意交映射为态射的范畴;

(5) $\mathbf{INF}^{\uparrow}$ 表示以完备格为对象, 保任意交和定向并映射为态射的范畴;

(6) $\mathbf{COM} = \mathbf{SUP} \cap \mathbf{INF}$ 是以完备格为对象, 完备格同态为态射的范畴;

(7) **Top** 表示以拓扑空间为对象, 连续映射为态射的范畴.

设 $(P, \leqslant)$ 为拟序集 (即 $\leqslant$ 是 P 上满足自反性和传递性的二元关系, 但不要求满足反对称性), $\forall x \in P$, $A \subseteq P$, 记 $\uparrow x = \{y \in P : x \leqslant y\}$, $\uparrow A = \bigcup_{a \in A} \uparrow a$; 对偶地定义 $\downarrow x$ 和 $\downarrow A$. 若 $A = \uparrow A (A = \downarrow A)$, 则称 A 是上 (下) 集. A 称为序凸

的, 若 $A=\uparrow A\cap\downarrow A$. A 中的极小集全体记为 $\mathrm{Min}(A)$. A 在 P 中的极小上界全体记为 $\mathrm{mub}\ A$, 即 $\mathrm{mub}\ A=\mathrm{Min}(A^{\uparrow})$, 其中, $A^{\uparrow}$ 是 A 在 P 中的上界全体 (见定义 1.1.6). P 中的定向下集称为理想, 其全体记为 $\mathrm{Id}(P)$(若看成偏序集, 除特别说明外总是赋予集包含关系). 对偶地定义滤子, P 中的滤子全体记为 $\mathrm{Filt}(P)$. 形如 $\downarrow x$ $(x\in P)$ 的理想称为主理想; 对偶地, 形如 $\uparrow x$ $(x\in P)$ 的滤子称为主滤子. P 的对偶拟序集记为 P^{op}. 对 P 上的任意一个集族 $\mathcal{A}$, 记 $\mathcal{A}_+=\{B\in\mathcal{A}:B=\uparrow B\}$ 和 $\mathcal{A}_-=\{C\in\mathcal{A}:C=\downarrow C\}$. 对集 X 上的拓扑 η, (X,η) 的闭集全体记为 η^c, 即 $\eta^c=\{X\backslash U:U\in\eta\}$.

$\forall P\in\mathrm{ob}(\mathbf{Poset})$, 记 $\mathbf{up}(P)=\{A\subseteq P\colon A=\uparrow A\}$(有时也记 $\mathbf{Up}(P)=\{A\subseteq P:A=\uparrow A\}$), $\mathbf{down}(P)=\{A\subseteq P:A=\downarrow A\}$, $P^{(<\omega)}=\{F\subseteq P:F$ 为有限的$\}$, $\mathbf{Prin}\ P=\{\uparrow x:x\in P\}$, $\mathbf{Fin}\ P=\{\uparrow A:A\in P^{(<\omega)}\}$. 定义 $\mathbf{Min}:\mathbf{Fin}\ P\to 2^P$ 如下: $\forall F\in\mathbf{Fin}P$, $\mathbf{Min}(F)=\{x\in F:x$ 为 F 的极小元$\}$. $\forall P_1, P_2\in\mathrm{ob}(\mathbf{Poset})$, 若 P_1 与 P_2 同构, 则记为 $P_1\cong P_2$. 偏序集 P 称为 ω-链完备的, 若 P 中的可数链均有上确界.

本书约定, 当将 $\mathbf{Up}(P)$, $\mathbf{Prin}\ P$ 和 $\mathbf{Fin}\ P$ 看成偏序集时, 总是指 $(\mathbf{Up}(P),\supseteq)$, $(\mathbf{Prin}\ P,\supseteq)$ 和 $(\mathbf{Fin}\ P,\supseteq)$, 即它们均被赋予集反包含序. 因而, 它们中的定向族, 如 $\mathbf{Fin}\ P$ 中的定向族 $\{\uparrow F_i\in\mathbf{Fin}P:i\in I\}$, 等价于 $\{\uparrow F_i\in\mathbf{Fin}P:i\in I\}$ 满足: $\forall i,j\in I$, $\exists k\in I$ 使 $\uparrow F_k\subseteq\uparrow F_i\cap\uparrow F_j$. $\forall L\in\mathrm{ob}(\mathbf{COM})$, 记 $\mathcal{D}(L)=\{D\subseteq L:D$ 是定向子集$\}$.

设 P, $Q\in\mathrm{ob}(\mathbf{Poset})$. 映射 $f:P\to Q$ 称为单调的 (也称是保序的), 若 $\forall x$, $y\in P$, $x\leqslant y$, 有 $f(x)\leqslant f(y)$.

定义 1.1.1　$f:P\to Q$ 称为并稠嵌入, 若 f 是序嵌入, 且 $f(P)$ 是 Q 的并稠子集, 即 $\forall q\in Q, q=\vee(\downarrow q\cap f(P))$.

定义 1.1.2　设 $P,Q\in\mathrm{ob}(\mathbf{Poset})$, $f:P\to Q, g:Q\to P$. 映射对 (f,g) 称为 P 与 Q 之间的一个附加 (adjunction) 或一个 Galois 联络, 若 f 与 g 都是保序的, 且 $\forall(p,q)\in P\times Q$, 有 $f(p)\geqslant q\Leftrightarrow p\geqslant g(q)$. 此时 f 称为 g 的上伴随 (upper adjoint), g 称为 f 的下伴随 (lower adjoint).

下述结论是众所周知的 (参见文献 [98, 99]).

引理 1.1.3　设 $P,Q\in\mathrm{ob}(\mathbf{Poset})$, $f:P\to Q$ 和 $g:Q\to P$ 是单调的. 考虑下述各条件:

(1) (f, g) 是 P 与 Q 之间的一个 Galois 联络;

(2) $\forall q\in Q, g(q)=\min f^{-1}(\uparrow q)$;

(3) $\forall p\in P, f(p)=\max g^{-1}(\downarrow p)$;

(4) f 保任意 (存在) 交, g 保任意 (存在) 并.

则 (1) $\Leftrightarrow$ (2) $\Leftrightarrow$ (3) $\Rightarrow$ (4); 若 P 与 Q 是完备格, 则 (4) $\Rightarrow$ (1), 从而所有条件

等价.

定义 1.1.4 设 P, Q, Q_i $(i \in I)$ 均为偏序集.

(1) 映射 $f: P \to Q$ 称为一个序嵌入, 若 $\forall x, y \in P$, $x \leqslant y \Leftrightarrow f(x) \leqslant f(y)$;

(2) 称映射簇 $\varPhi = \{f_i : P \to Q_i \mid i \in I\}$ 序分离 (也称强分离 [386]) P 中的点, 若 $\forall x, y \in P, x \nleqslant y, \exists i \in I$ 使 $f_i(x) > f_i(y)$.

显然, 若 $\varPhi$ 序分离 P 中的点, 则对角映射 $f = \underset{i\in I}{\Delta} f_i : P \to \prod\limits_{i\in I} Q_i$, $f(x) = (f_i(x))_{i\in I}$ 为序嵌入.

在本书中, 一些结论并不需要选择公理, 而只需要下面的选择公理 DC_ω.

定义 1.1.5 (ω 相关选择公理 DC_ω) 设 X 为非空集, $u \in X$, R 为 X 上的一个二元关系. 若 $\forall x \in X$, $\exists y \in X$ 使 xRy, 则 $\exists$ 序列 $\{x_n : n < \omega\} \subseteq X$ 满足

(1) $x_0 = u$;

(2) $\forall n < \omega, x_n R x_{n+1}$.

DC_ω 是 Bernays[18] 于 1942 年提出的一个弱于选择公理 AC 的公理. 以下用 ZF 表示 Zermelo-Fraenkel 集论公理系统, ZFDC_ω 表示 ZF 加上 ω 相关选择公理 DC_ω, ZFAC 表示 ZF 加上选择公理 AC.

定义 1.1.6 [47,256] 设 P 为偏序集, $A \subseteq P$. 记 $A^\uparrow = \{u \in P : u$ 是 A 的一个上界, 即 $A \subseteq {\downarrow} u\}$, 对偶地, 记 $A^\downarrow$ 为 A 的下界全体, 并记 $A^\delta = (A^\uparrow)^\downarrow$. $\delta(P) = \{A^\delta : A \subseteq P\}$ 称为 P 的 Dedekind-MacNeille 完备化, 也称正规完备化.

利用 cut 算子 δ (见定义 1.1.6), Dedekind 给出了基于有理数集构造实数集的方法 (参看文献 [47]), MacNeille 在文献 [256] 中将 Dedekind 的方法推广至了一般偏序集, 给出了通常所称的偏序集的 Dedekind-MacNeille 完备化.

偏序集的完备化是一个基本问题 (参看文献 [22, 55, 64, 81, 96, 174, 175, 471]), 而 Dedekind-MacNeille 完备化显然是其中最自然而重要的一种. 一个自然的问题是 (参看文献 [46, 55, 64, 113, 114]): 哪些性质是 Dedekind-MacNeille 完备化不变性质? 另一个与此相关的问题是: 作为连续 domain 概念的推广, 哪些推广是“好”的推广 (即是 Dedekind-MacNeille 完备化不变性质)? 或者说, 基于 Dedekind-MacNeille 完备化不变性的角度, 我们如何将 Domain 理论的框架用一种“好”的方式进行推广.

为简便起见, 在不引起混淆的情况下, 我们将 Dedekind-MacNeille 完备化简称为完备化 (参看定义 1.1.9).

引理 1.1.7 设 P 为偏序集, 则有

(1) 映射 $(-)^\uparrow : (2^P)^{\mathrm{op}} \to 2^P, A \mapsto A^\uparrow$, $(-)^\downarrow : 2^P \to (2^P)^{\mathrm{op}}$, $A \mapsto A^\downarrow$ 均是保序的.

(2) $((-)^\uparrow, (-)^\downarrow)$ 是 $(2^P)^{\mathrm{op}}$ 与 2^P 之间的一个 Galois 联络 (等价地, $((-)^\downarrow,$

$(-)^{\uparrow})$ 是 $(2^P)^{\mathrm{op}}$ 与 2^P 之间的一个 Galois 联络), 即 $\forall A, B \subseteq P$, $B^{\uparrow} \supseteq A \Leftrightarrow B \subseteq A^{\downarrow}$. 从而 $\delta : 2^P \to 2^P$, $A \mapsto A^{\delta} = (A^{\uparrow})^{\downarrow}$, $\delta^* : 2^P \to 2^P$, $A \mapsto (A^{\downarrow})^{\uparrow}$ 均是闭包算子.

(3) $\forall \{C_j : j \in J\} \subseteq 2^P$, $\left(\bigcup\limits_{j \in J} C_j\right)^{\uparrow} = \bigcap\limits_{j \in J} C_j^{\uparrow}$, $\left(\bigcup\limits_{j \in J} C_j\right)^{\downarrow} = \bigcap\limits_{j \in J} C_j^{\downarrow}$.

(4) 记 $L = \delta(P)$. $\forall \{A_i^{\delta} : i \in I\} \subseteq L$, $\bigwedge\limits_{L} \{A_i^{\delta} : i \in I\} = \cap \{A_i^{\delta} : i \in I\}$, $\bigvee\limits_{L} \{A_i^{\delta} : i \in I\} = (\cup \{A_i^{\delta} : i \in I\})^{\delta} = \left(\bigcup\limits_{i \in I} A_i\right)^{\delta}$.

证明　(1) 显然.

(2) $\forall A, B \subseteq P$, 有 $B^{\uparrow} \supseteq A \Leftrightarrow \forall a \in A, B \subseteq \downarrow a \Leftrightarrow \forall a \in A$, $b \in B$, $b \in \downarrow a \Leftrightarrow \forall a \in A$, $b \in B$, $a \in \uparrow b \Leftrightarrow \forall b \in B$, $A \subseteq \uparrow b \Leftrightarrow B \subseteq A^{\downarrow}$.

(3) 由 (2) 和引理 1.1.3.

(4) 记 $L = \delta(P)$. $\forall \{A_i^{\delta} : i \in I\} \subseteq L$, 由 $\delta : 2^P \to 2^P$ 是闭包算子, 有 $\wedge_L \{A_i^{\delta} : i \in I\} = \cap \{A_i^{\delta} : i \in I\}$. 下证 $\vee_L \{A_i^{\delta} : i \in I\} = (\cup \{A_i^{\delta} : i \in I\})^{\delta} = \left(\bigcup\limits_{i \in I} A_i\right)^{\delta}$. 显然有 $\bigcup\limits_{i \in I} A_i \subseteq \cup \{A_i^{\delta} : i \in I\} \subseteq \vee_L \{A_i^{\delta} : i \in I\}$; 从而由 $\delta : 2^P \to 2^P$ 是闭包算子, 有 $\left(\bigcup\limits_{i \in I} A_i\right)^{\delta} \subseteq (\cup \{A_i^{\delta} : i \in I\})^{\delta} \subseteq (\vee_L \{A_i^{\delta} : i \in I\})^{\delta} = \vee_L \{A_i^{\delta} : i \in I\}$. 另一方面, $\left(\bigcup\limits_{i \in I} A_i\right)^{\delta}$ 显然是 $\{A_i^{\delta} : i \in I\}$ 在 L 中的一个上界, 故 $\vee_L \{A_i^{\delta} : i \in I\} \subseteq \left(\bigcup\limits_{i \in I} A_i\right)^{\delta}$. 所以 $\vee_L \{A_i^{\delta} : i \in I\} = (\cup \{A_i^{\delta} : i \in I\})^{\delta} = \left(\bigcup\limits_{i \in I} A_i\right)^{\delta}$.

推论 1.1.8　设 P 是偏序集, 则 P 到其 Dedekind-MacNeille 完备化 $\delta(P)$ 有一个标准的嵌入映射 $j : P \to \delta(P)$, $x \mapsto \downarrow x$.

(1) j 保任意存在并和任意存在交;

(2) $j : P \to \delta(P)$ 是并稠嵌入, 因为 $\forall A^{\delta} \in \delta(P), A^{\delta} = \bigvee\limits_{a \in A} j(a) = \bigvee\limits_{a \in A^{\delta}} j(a)$.

对偏序集 P, 在同构意义下, 其 Dedekind-MacNeille 完备化 $\delta(P)$ 被下述性质唯一确定: P 到完备格 $\delta(P)$ 有一个并稠和交稠的序嵌入, 即对某完备格 L, 若存在并稠和交稠的序嵌入 $i : P \to L$, 则存在完备格同构 $\eta : \delta(P) \to L$ 使 $i = \eta \not\leq j$(参看文献 [64]).

就 Dedekind-MacNeille 完备化而言, 一个自然而重要的问题是: 偏序集的哪些性质在完备化下保持? 1980 年, Erné 考虑了 "逆问题", 引入了下述

定义 1.1.9 [54,64] 设 S 是关于偏序集的一个性质, S 称为完备化不变性质, 若对任意偏序集 P, P 具有性质 S 当且仅当 P 的 Dedekind-MacNeille 完备化 $\delta(P)$ 具有性质 S.

"模性" (modularity) 和 "分配性" (distributivity) 在完备化下不保持是 1944 年分别由 Cotlar[45] 和 Funayama[94] 所发现 (也可参看文献 [6, 46, 113]). Boolean 代数在完备化下保持是由 Glivenko[104] 和 Stone[324] 发现的, 现在称之为 Glivenko-Stone 定理 (参看文献 [27, 281]). 同样, Heyting 代数在完备化下也是保持的 (参看文献 [6, 27, 58, 63, 64, 113]). 特别值得关注的是, 1981 年 Erné[55] 首先注意到 domain 的连续性在完备化下不保持, 为此基于 Frink 理想 [93], 他对偏序集引入了一种全新的连续性——预连续性 (precontinuity), 证明了这种预连续性是完备化不变性质. 后面我们将看到其他分配性, 如 "Raney 分离性"[270](Erné 称之为分离性, 参见文献 [63, 64, 66]) 和 "主分离性"[63,64,66](也可以称之为强 Raney 分离性) 等, 均是完备化不变性质 (参看文献 [10, 54, 55, 58, 63, 64, 66], 也可参看本书第 7 章), 但用 "通常方式" 定义的各种 "连续性" 和 "代数性" 一般都不是完备化不变性质 (参看本书第 7 章). 受 Erné 在文献 [55] 中工作的启发, 我们可以基于完备化不变性的角度推广各种连续性和代数性.

定义 1.1.10 称偏序集 P 具有性质 S 或称偏序集 P 是 S 偏序集, 若 $\forall F$, $G\in P^{(<\omega)}\backslash\{\varnothing\}$, $F\subseteq G^{\downarrow}$, $\exists u\in P$ 使 $F\subseteq\downarrow u\subseteq G^{\downarrow}$.

注 1.1.11 (1) P 是 S 偏序集 $\Leftrightarrow \forall G\in P^{(<\omega)}\backslash\{\varnothing\}$, $G^{\downarrow}$ 是空集或定向的 (从而是理想).

(2) P 是格 $\Rightarrow$ P 是并 (交) 半格 $\Rightarrow$ P 是 S 偏序集.

命题 1.1.12 若 P 是 S 偏序集, 则 P^{op} 是 S 偏序集, 即 S 偏序集是自对偶的.

证明 设 P 是 S 偏序集, $F, G\in P^{(<\omega)}\backslash\{\varnothing\}$, $G\subseteq F^{\uparrow}$. 则由引理 1.1.7, 有 $F\subseteq F^{\uparrow\downarrow}\subseteq G^{\downarrow}$. 由 P 是 S 偏序集, $\exists u\in P$ 使 $F\subseteq\downarrow u\subseteq G^{\downarrow}$; 从而由引理 1.1.7, 有 $G\subseteq G^{\downarrow\uparrow}\subseteq(\downarrow u)^{\uparrow}=\uparrow u\subseteq F^{\uparrow}$. 故 P^{op} 是 S 偏序集.

下面的例子说明 S 偏序集一般不是交 (并) 半格 (参看注 1.1.11).

例 1.1.13 令 $P=\{a,b\}\cup\mathcal{N}$, $\mathcal{N}=\{1,2,3,\cdots,n,\cdots\}$ 为自然数集. 在 $\mathcal{N}$ 上赋予自然数序; $\forall n\in\mathcal{N}, n<a, n<b$; a 与 b 序不可比较 (图 1.1.1). 易知 P 是 S 偏序集, 但不是交半格, 因为 a 与 b 在 P 中无下确界. 对偶地, P^{op} 是 S 偏序集, 但不是并半格.

定义 1.1.14 函子 Z : **Poset**→ **Set** 称为 **Poset** 上的一个子集系统, 简称 Z 是一个子集系统, 若 Z 满足以下条件:

(1) $\forall P \in \mathrm{ob}(\mathbf{Poset})$, $Z(P) \subseteq 2^P$.

(2) $\forall P, Q \in \mathrm{ob}(\mathbf{Poset})$, 保序映射 $f\colon P \to Q$, $A \in Z(P)$, 有 $Z(f)(A) = f(A) \in Z(P)$.

(3) $\exists P \in \mathrm{ob}(\mathbf{Poset})$ 使 $Z(P)$ 含有 P 的非单点的非空子集.

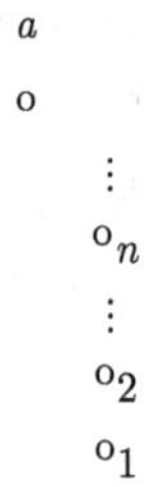

图 1.1.1

注 1.1.15 [15] $\forall P \in \mathrm{ob}(\mathbf{Poset})$, 有

(i) $\forall p \in P, \{p\} \in Z(P)$;

(ii) $\forall Q \in \mathrm{ob}(\mathbf{Poset})$, 若 $Q \subseteq P$, 则 $Z(P) \subseteq Z(Q)$;

(iii) $\forall x, y \in P, x < y$, 有 $\{x, y\} \in Z(P)$.

以下是三个常用的子集系统:

(1) $\mathcal{P}$ ($\forall P \in \mathrm{ob}(\mathbf{Poset})$, $\mathcal{P}(P)$ 为 P 的子集全体);

(2) $\mathcal{D}$ ($\forall P \in \mathrm{ob}(\mathbf{Poset})$, $\mathcal{D}(P)$ 为 P 的定向子集全体);

(3) $\mathcal{F}$ ($\forall P \in \mathrm{ob}(\mathbf{Poset})$, $\mathcal{F}(P)$ 为 P 的有限子集全体).

在以下讨论中, Z 总表示 **Poset** 上的一个子集系统. $\forall P \in \mathrm{ob}(\mathbf{Poset})$, 称 $Z(P)$ 为 P 上的一个子集系统. 当将 $Z(P)$ 看作偏序集时, 其上的偏序总是指集包含关系.

定义 1.1.16 设 Z 是一个子集系统.

(1) 称 Z 是并完备的, 若 $\forall P \in \mathrm{ob}(\mathbf{Poset})$, $\mathcal{S} \in Z(Z(P))$, 有 $\cup \mathcal{S} \in Z(P)$.

(2) 称 Z 为具有有限族并性质, 若 $\forall P \in \mathrm{ob}(\mathbf{Poset})$, $\{\mathcal{S}_1, \mathcal{S}_2, \cdots, \mathcal{S}_n\} \in \mathcal{F}(Z(\mathbf{Fin}\ P))$, 有 $\left\{ \bigcup_{i=1}^{n} A_i : A_i \in \mathcal{S}_i, i = 1, 2, \cdots, n \right\} \in Z(\mathbf{Fin}\ P)$.

(3) 称 Z 具有性质 M, 若 $\forall P \in \mathrm{ob}(\mathbf{Poset})$, $\uparrow F \in \mathbf{Fin}P$, 有 $\downarrow_{\mathbf{Fin}P} \uparrow F = \{\uparrow G \in \mathbf{Fin}\ P : \uparrow F \subseteq \uparrow G\} \in Z(\mathbf{Fin}\ P)$.

定义 1.1.17 设 Z 是一个子集系统, P 和 Q 是偏序集, M 是 P 的一个子集族 (即 $M \subseteq \mathcal{P}(P)$).

(1) P 称为 M-完备的, 若 $\forall S \in M$, S 在 P 中有上确界 $\vee S$.

(2) P 称为 Z-完备的, 若 P 是 $Z(P)$-完备的. $\mathcal{D}$-完备的偏序集称为定向完备偏序集, 简称为 **dcpo**.

(3) $f: P \to Q$ 称为保 Z-并的, 若 $\forall S \in Z(P)$, 当 S 在 P 中有上确界 $\vee S$ 时, $f(S)$ 在 Q 中有上确界, 且 $f(\vee S) = \vee f(S)$.

在本书中, 为强调起见, 我们将具有某种连续性 S 的 **dcpo** 称为 S 连续 domain, 如连续 domain、交连续 domain、拟连续 domain、超连续 domain 等等. 对于一般的子集系统 Z, 也类似这样强调.

定义 1.1.18 设 P 为偏序集, $\mathcal{U} \subseteq 2^P$, $\mathcal{W} \subseteq 2^P$.

(1) 称 $\mathcal{U}$ 与 $\mathcal{W}$ 可以序分离 P 中的点, 若 $\forall x, y \in P$, $x \nleqslant y$, $\exists U \in \mathcal{U}$, $W \in \mathcal{W}$ 使 $x \notin W$, $y \notin U$, $U \cup W = P$. 若 $\mathcal{U} = \mathcal{W}$, 则简称 $\mathcal{U}$ 可以序分离 P 中的点.

(2) 称 $\mathcal{U}$ 与 $\mathcal{W}$ 可以序强分离 P 中的点, 若 $\forall x, y \in P$, $x \nleqslant y$, $\exists U \in \mathcal{U}$, $W \in \mathcal{W}$ 使 $x \notin W$, $y \notin U$, $U \cup W = P$, $U \cap W = \varnothing$. 若 $\mathcal{U} = \mathcal{W}$, 则简称 $\mathcal{U}$ 可以序强分离 P 中的点.

1.2 偏序集上的内蕴拓扑

设 (X, τ) 为拓扑空间. $\forall A \subseteq X$, 记 $\mathrm{int}_\tau A$ 和 $\mathrm{cl}_\tau A$ 分别为集合 A 在空间 (X, τ) 中的内部与闭包, 在不引起混淆时, 简记为 $\mathrm{int}A$ 和 $\mathrm{cl}A$. 用 τ^c 表示 (X, τ) 中闭集全体, 即 $\tau^c = \{X \backslash U : U \in \tau\}$.

下面的诸概念是众所周知的, 读者可参看文献 [98, 99].

定义 1.2.1 设 (X, δ) 为拓扑空间, 定义 X 上的一个预序关系 $\leqslant_\delta$ 如下: $x \leqslant_\delta y \Leftrightarrow x \in \mathrm{cl}_\delta\{y\}$. $\leqslant_\delta$ 称为由 δ 诱导的特殊化预序 (specialization preorder), 简称由 δ 诱导的预序. 易知, $\leqslant_\delta$ 是 X 上的一个偏序当且仅当 (X, δ) 是 T_0 空间. $\forall A \subseteq X$, 记 $\uparrow_\delta A = \{x \in P : \exists a \in A$ 使 $a \leqslant_\delta x\}$, $\downarrow_\delta A=\{x \in P : \exists a \in A$ 使 $x \leqslant_\delta a\}$. 当 $A=\{x\}$ 时, $\uparrow_\delta A$ 和 $\downarrow_\delta A$ 分别简记为 $\uparrow_\delta x$ 和 $\downarrow_\delta x$. 显然, (X, δ) 中的开子集是拟偏序集 $(X, \leqslant_\delta)$ 中的上集, 而闭子集是下集.

偏序集 P 上以 $\{P \backslash \uparrow x : x \in P\}$ 为开子基生成的拓扑称为下拓扑, 记为 $\omega(P)$; 对偶地定义 P 上的上拓扑 $\upsilon(P)$.

定义 1.2.2 偏序集 P 上的拓扑 η 称为序相容的, 若 $\leqslant_\eta$ 等同于 P 上的原有序关系 $\leqslant$. 显然, η 是序相容的 $\Leftrightarrow \upsilon(P) \subseteq \eta \subseteq \mathbf{up}(P)$.

本书涉及的紧性、局部紧性等性质, 除明确指出外, 均不预先假定任何分离性. 下面的结论是众所周知的 (参见 [52]).

引理 1.2.3 设 τ 和 δ 是集 X 上的两个拓扑, $\tau \subseteq \delta$, (X, τ) 是 Hausdorff 的, (X, δ) 是紧空间, 则 $\tau = \delta$.

定义 1.2.4 设 (X, τ) 为 T_0 空间, $A \subseteq X$.

(1) 记 $\mathrm{sat}(A)=\cap\{U\in\tau: A\subseteq U\}$. 称 A 为拓扑空间 (X,τ) 中的饱和子集 (saturated set), 若 $A=\mathrm{sat}(A)$. 容易验证, $\mathrm{sat}(A)=\uparrow_\tau A$. 故 A 为饱和集当且仅当 $A=\uparrow_\tau A$; A 为紧子集当且仅当 $\mathrm{sat}(A)$ 为紧子集.

(2) (X,δ) 中的饱和紧子集全体记为 $Q(X)$, 赋予反包含序后, 所得偏序集记为 $(Q(X),\supseteq)$, 在不引起混淆的情况下, 简记为 $Q(X)$.

定义 1.2.5 设 τ 和 δ 是 X 上的两个拓扑, X 上以 $\tau\cup\delta$ 为子基生成的拓扑记为 $\tau\vee\delta$. 显然 $\tau\vee\delta$ 是 τ 和 δ 在 $(\mathbf{Top}(X),\subseteq)$ 中的并, 其中 $\mathbf{Top}(X)$ 是 X 上的拓扑全体.

设 P 是偏序集, $\theta(P)=\upsilon(P)\vee\omega(P)$ 称为 P 上的区间拓扑. 显然 $\theta(P)$ 是自对偶的, 即 $\theta(P)=\theta(P^{\mathrm{op}})$. 本书中, [0, 1] 上的拓扑均为通常的区间拓扑.

引理 1.2.6 设 P 是偏序集, $S\subseteq P$. 则 $\theta(S)\subseteq\{U\cap S: U\in\theta(P)\}$, 即 S 上的区间拓扑粗于 P 上区间拓扑在 S 上的子拓扑.

证明 $\forall x\in S$, 显然有 $\downarrow_S x=\downarrow x\cap S, \uparrow_S x=\uparrow x\cap S$. 故 $\theta(S)\subseteq\{U\cap S: U\in\theta(P)\}$.

引理 1.2.7 设 L 是完备格, $S\subseteq L$.

(1) 若 S 是 L 的交生成集, 则 $(S,\upsilon(S))$ 是 $(L,\upsilon(L))$ 的子空间, 即 $\upsilon(S)=\{U\cap S: U\in\upsilon(L)\}$;

(2) 若 S 是 L 的并生成集, 则 $(S,\omega(S))$ 是 $(L,\omega(L))$ 的子空间, 即 $\omega(S)=\{U\cap S: U\in\omega(L)\}$;

(3) 若 S (在 L 的诱导序下) 是 L 的完备子格, 则 $(S,\theta(S))$ 是 $(L,\theta(L))$ 的子空间, 即 $\theta(S)=\{U\cap S: U\in\theta(L)\}$.

证明 (1) $\forall x\in S, \downarrow_S x=\downarrow x\cap S$, 故 $\upsilon(S)\subseteq\{U\cap S: U\in\upsilon(L)\}$. 另一方面, $\forall y\in L$, 由 S 是 L 的交生成集, 有 $y=\wedge(\uparrow y\cap S)$; 从而 $\downarrow y\cap S=\cap\{\downarrow_S u: u\in\uparrow y\cap S\}\in\upsilon(S)^c$. 故 $\{U\cap S: U\in\upsilon(L)\}\subseteq\upsilon(S)$. 所以 $\upsilon(S)=\{U\cap S: U\in\upsilon(L)\}$.

(2) 是 (1) 的对偶.

(3) 由引理 1.2.6, 有 $\theta(S)\subseteq\{U\cap S: U\in\theta(P)\}$. 另一方面, $\forall x\in L$, 由 S 为 L 的完备子格, 有 $t(x)=\wedge(\uparrow_L x\cap S)\in S$; 从而 $\uparrow_L x\cap S=\uparrow_S t(x)\in\omega(S)^c$; 同理有 $\downarrow_L x\cap S\in\upsilon(S)^c$. 故 $\{U\cap S: U\in\theta(L)\}\subseteq\theta(S)$. 所以 $\theta(S)=\{U\cap S: U\in\theta(L)\}$.

引理 1.2.8 设 P 是偏序集, $j: P\to\delta(P), x\mapsto\downarrow x$ 是 P 到其 Dedekind-MacNeille 完备化 $\delta(P)$ 的嵌入映射. 则 $(j(P),\theta(j(P)))$(同胚于 $(P,\theta(P))$) 是 $(\delta(P),\theta(\delta(P)))$ 的子空间.

证明 显然 P 与 $j(P)$(赋予 $\delta(P)$ 的诱导序, 即集包含序) 是同构的, 故 $(P,\theta(P))$ 同胚于 $(j(P),\theta(j(P)))$. 下证 $(j(P),\theta(j(P)))$ 是 $(\delta(P),\theta(\delta(P)))$ 的子空间. 记 $L=\delta(P)$.

1° $\theta(j(P))\subseteq\{U\cap j(P): U\in\theta(L)\}$.

$\forall x \in P, \downarrow_{j(P)} j(x) = \{j(y) : y \leqslant x\} = \downarrow_L j(x) \cap j(P), \uparrow_{j(P)} j(x) = \{j(y) : x \leqslant y\} = \uparrow_L j(x) \cap j(P)$, 故 $\theta(j(P)) \subseteq \{U \cap j(P) : U \in \theta(L)\}$.

2° $\{U \cap j(P) : U \in \theta(L)\} \subseteq \theta(j(P))$.

$\forall A^\delta, B^\delta \in L, \downarrow_L A^\delta \cap j(P) = \{j(x) : j(x) \subseteq A^\delta\} = \{\downarrow x : \downarrow x \subseteq A^\delta\} = \bigcap\limits_{u \in A^\uparrow} \downarrow_{j(P)} j(u), \uparrow_L B^\delta \cap j(P) = \{j(y) : B^\delta \subseteq j(y)\} = \{\downarrow y : B^\delta \subseteq \downarrow y\} = \bigcap\limits_{v \in B^\delta} \downarrow_{j(P)} j(v)$, 故 $\{U \cap j(P) : U \in \theta(L)\} \subseteq \theta(j(P))$.

由 1° 和 2°, 有 $\theta(j(P)) = \{U \cap j(P) : U \in \theta(L)\}$.

由引理 1.2.8, 若偏序集 P 的 Dedekind-MacNeille 完备化 $\delta(P)$ 上的区间拓扑 $\theta(\delta(P))$ 是 T_2 的, 则 $(P, \theta(P))$ 是 T_2 的.

定义 1.2.9 设 Z 是一个子集系统, P 为偏序集. 令 $\sigma^Z(P) = \{U \subseteq P : U = \uparrow U$, 且 $\forall S \in Z(P)$, 若 $\vee S$ 存在, 且 $\vee S \in U$, 则 $S \cap U \neq \varnothing\}$. 以 $\sigma^Z(P)$ 为开子基生成的拓扑称为 P 上的 Z-Scott 拓扑, 记为 $\sigma_Z(P)$. P 上的 Z-Lawson 拓扑定义为 $\lambda_Z(P) = \omega(P) \vee \sigma_Z(P)$. 记 $\Omega_Z = \{A \subseteq P : A = \downarrow A$, 且 $\forall S \in Z(P), S \subseteq A$, 有 $\vee S \in A\}$. 则 $A \in \Omega_Z \Leftrightarrow P \backslash A \in \sigma^Z(P)$. 故 Ω_Z 为 P 上 Z-Scott 拓扑的闭子基.

显然有 $\upsilon(P) \subseteq \sigma_Z(P), \theta(P) \subseteq \lambda_Z(P)$, 故 $\sigma_Z(P)$ 是 P 上的序相容拓扑, $(P, \sigma_Z(P))$ 为 T_0 空间, $(P, \lambda_Z(P))$ 为 T_1 空间. 当 $Z = \mathcal{D}$ 时, 有 $\sigma^Z(P) = \sigma_Z(P)$, 此拓扑为通常的 Scott 拓扑 $\sigma(P)$; 相应地, $\lambda_Z(P)$ 为通常的 Lawson 拓扑 $\lambda(P)$.

易知, $\sigma^Z(P)$ 对集合并运算封闭, Ω_Z 对集合交运算封闭. $\forall X = \uparrow X \subseteq P$, $M \subseteq P$, 定义 $\mathrm{int}_{\sigma^Z(P)} X = \cup\{U \in \sigma^Z(P) : U \subseteq X\} \in \sigma^Z(P)$, $\mathrm{cl}_{\sigma^Z(P)} M = \cap\{A \in \Omega : M \subseteq A\} \in \Omega_Z$.

注 1.2.10 可以在一般偏序集上定义 Z-Scott 拓扑和 Z-Lawson 拓扑 (参看文献 [395, 396, 400]), 只需令 $\sigma^Z(P) = \{U \subseteq P : U = \uparrow U$ 且 $\forall S \in Z(P)$, 若 $\vee S$ 存在, 且 $\vee S \in U$, 则 $S \cap U \neq \varnothing\}$. 特别地, P 上的 Scott 拓扑 $\sigma(P) = \{U \subseteq P : U = \uparrow U$, 且 $\forall D \in \mathcal{D}(P)$, 若 $\vee D$ 存在, 且 $\vee D \in U$, 则 $D \cap U \neq \varnothing\}$.

关于完备格上的 Lawson 拓扑, 有下述结论 (关于偏序集上 Lawson 拓扑的紧性, 可参看本书 10.2 节的讨论).

命题 1.2.11 [98,99] 设 L 是完备格, 则 $(L, \lambda(L))$ 是紧的.

命题 1.2.12 设 Z 是一个子集系统, P 为偏序集.

(1) 若 $\sigma_Z(P) = \sigma^Z(P)$, 则 $\lambda_Z(P)_+ = \sigma_Z(P)$. 特别地, 有 $\lambda(P)_+ = \sigma(P)$.

(2) 若 P 为完备格, 则 $\lambda(P)_- = \theta(P)_- = \omega(P), \theta(P)_+ = \upsilon(P)$.

证明 (1) 显然有 $\sigma_Z(P) \subseteq \lambda_Z(P)_+$. 另一方面, 设 $U \in \lambda_Z(P)_+$, 下证 $U \in \sigma_Z(P)$. 首先 $U = \uparrow U$. 其次, $\forall S \in Z(P)$, 若 $\vee S$ 存在, 且 $\vee S \in U$, 则由 $\sigma_Z(P) = \sigma^Z(P)$, $\exists V \in \sigma^Z(P), F \in P^{(<\omega)}$ 使 $\vee S \in V \backslash \uparrow F \subseteq U$, 从而 $\exists s \in S$ 使

$s \in V$. 由 $\vee S \notin \uparrow F$, 有 $s \notin \uparrow F$; 因而 $s \in V \setminus \uparrow F \subseteq U$. 故 $U \in \sigma^Z(P)$.

(2) 设 P 为完备格, 则由文献 [98, Exercise III-3.20] 或文献 [99, Exercise III-3.28], 有 $\lambda(P)_- = \omega(P)$. 由 $\theta(P) \subseteq \lambda(P)$, 有 $\omega(P) \subseteq \theta(P)_- \subseteq \lambda(P)_- = \omega(P)$. 故 $\theta(P)_- = \omega(P)$. 对偶地有 $\theta(P)_+ = \upsilon(P)$.

注 1.2.13 文献 [99, Proposition III-1.6] 给出了如下结论: 设 P 为 **dcpo**, 则 $\lambda(P)_+ = \sigma(P)$. 命题 1.2.12(1) 表明此结论对一般偏序集也成立.

下面的例子表明, 存在代数 domain P 使 $\lambda(P)_- \neq \omega(P)$.

例 1.2.14 设 P 为无限离散偏序集, 即 P 为无限集, 且 $\forall x, y \in P, x \leqslant y \Leftrightarrow x = y$. 则 $\forall x \in P$, 有 $x \ll x$. 故 P 是代数 domain. 易知 $\lambda(P)$ 是离散拓扑, 从而 $\lambda(P)_-$ 是离散拓扑. 而 $\omega(P) = \{P \setminus F : F \in P^{(<\omega)}\}$(即 $\omega(P)$ 是有限补拓扑). 故 $\lambda(P)_- > \omega(P)$.

设 P, Q 为偏序集, $f : P \to Q$ 称为 Scott 连续的, 若 $f : (P, \sigma(P)) \to (Q, \sigma(Q))$ 连续; $f : P \to Q$ 称为 Lawson 连续的, 若 $f : (P, \lambda(P)) \to (Q, \lambda(Q))$ 连续.

下面的结论是众所周知的 (参看文献 [98, 99]).

引理 1.2.15 设 P, Q 为偏序集, $f : P \to Q$. 则下述两个条件等价:

(1) f 是 Scott 连续的;

(2) f 保定向并.

证明 (1)⇒(2): 首先证明 f 保序. 设 $x_1, x_2 \in P, x_1 \leqslant x_2, f(x_1) \nleqslant f(x_2)$, 则由 $f : (P, \sigma(P)) \to (Q, \sigma(Q))$ 连续, 有 $x_1 \in f^{-1}(Q \setminus \downarrow f(x_2)) \in \sigma(P)$. 由 $x_1 \leqslant x_2$, 有 $x_2 \in f^{-1}(Q \setminus \downarrow f(x_2))$, 与 $f(x_1) \nleqslant f(x_2)$ 矛盾. 故 $f(x_1) \leqslant f(x_2)$. 下证 f 保定向并. 设 $D \in \mathcal{D}(P), \vee D$ 存在. 由 f 保序, 知 $f(\vee D)$ 是 $f(D)$ 的一个上界. 设 $q \in Q$ 是 $f(D)$ 的上界, 若 $f(\vee D) \nleqslant q$, 则 $\vee D \in f^{-1}(Q \setminus \downarrow q) \in \sigma(P)$. 故 $\exists d \in D$ 使 $d \in f^{-1}(L_2 \setminus \downarrow q)$, 即 $f(d) \nleqslant q$, 与 q 是 $f(D)$ 的上界矛盾. 故 $f(\vee D)$ 是 $f(D)$ 的上确界, 即 $f(\vee D) = \vee f(D)$.

(2)⇒(1): 设 $U \in \sigma(Q)$, 由 f 保序, 知 $f^{-1}(U)$ 是上集. 设 $D \in \mathcal{D}(P), \vee D$ 存在, $\vee D \in f^{-1}(U)$. 由 f 保定向并, $\vee f(D) = f(\vee D) \in U$. 显然 $f(D)$ 是定向的, 故 $\exists d \in D$ 使 $f(d) \in U$, 即 $d \in f^{-1}(U)$. 因此 $f^{-1}(U) \in \sigma(P)$. 所以 f 是 Scott 连续的.

引理 1.2.16 [445] 设 P, Q 为偏序集, $f : (P, \upsilon(P)) \to (Q, \upsilon(Q))$ 连续. 则 f 是 Scott 连续的, 即 f 保定向并.

证明 首先证明 f 保序. 设 $x_1, x_2 \in P$, $x_1 \leqslant x_2$, $f(x_1) \nleqslant f(x_2)$, 则由 $f : (P, \upsilon(P)) \to (Q, \upsilon(Q))$ 连续, 有 $x_1 \in f^{-1}(Q \setminus \downarrow f(x_2)) \in \upsilon(P)$. 由 $x_1 \leqslant x_2$, 有 $x_2 \in f^{-1}(Q \setminus \downarrow f(x_2))$, 与 $f(x_1) \nleqslant f(x_2)$ 矛盾. 故 $f(x_1) \leqslant f(x_2)$.

下证 f 保定向并. 设 $D \in \mathcal{D}(P), \vee D$ 存在. 由 f 保序, 知 $f(\vee D)$ 是 $f(D)$ 的一个上界. 设 $q \in Q$ 是 $f(D)$ 的上界, 若 $f(\vee D) \nleqslant q$, 则 $\vee D \in f^{-1}(Q \setminus \downarrow q) \in$

$\upsilon(P) \subseteq \sigma(P)$. 故 $\exists d \in D$ 使 $d \in f^{-1}(L_2 \backslash \downarrow q)$, 即 $f(d) \not\leqslant q$, 与 q 是 $f(D)$ 的上界矛盾. 故 $f(\vee D)$ 是 $f(D)$ 的上确界, 即 $f(\vee D) = \vee f(D)$.

引理 1.2.17 设 P, Q 为偏序集, f: $P \to Q$ 有下伴随. 则 $f : (P, \omega(P)) \to (Q, \omega(Q))$ 连续.

证明 设 g 为 f 的下伴随. 则 $\forall y \in Q$, 有 $x \in f^{-1}(Q \backslash \uparrow y) \Leftrightarrow y \not\leqslant f(x) \Leftrightarrow g(y) \not\leqslant x$. 故 $f^{-1}(Q \backslash \uparrow y) = P \backslash \uparrow g(y) \in \omega(P)$. 所以 $f : (P, \omega(P)) \to (Q, \omega(Q))$ 连续.

引理 1.2.18 设 L_1, L_2 是完备格, $f : L_1 \to L_2$. 则下述两个条件等价:

(1) f 是保序 Lawson 连续的;

(2) f 保定向并, 且 $f : (L_1, \omega(L_1)) \to (L_2, \omega(L_2))$ 连续.

证明 (1)⇒(2): 由 f 是保序 Lawson 连续的和命题 1.2.12, $f : (L_1, \sigma(L_1) = \lambda(L_1)_+) \to (L_2, \sigma(L_2) = \lambda(L_2)_+)$ 连续, $f : (L_1, \omega(L_1) = \lambda(L_1)_-) \to (L_2, \omega(L_2) = \lambda(L_2)_-)$ 连续.

(2)⇒(1): 显然.

定义 1.2.19 三元组 $(P, \delta, \leqslant)$(有时简记为 (P, δ)) 称为一个序拓扑空间, 若 $(P, \leqslant)$ 为偏序集, δ 为 P 上的一个拓扑.

定义 1.2.20 设 (P, δ) 为序拓扑空间, $A \subseteq P$. 定义

(1) $\mathrm{cl}_+(A) = \cap\{G \in (\delta^c)_+ : A \subseteq G\}$, $\mathrm{cl}_-(A) = \cap\{H \in (\delta^c)_- : A \subseteq H\}$;

(2) $\mathrm{int}_+(A) = \cup\{U \in \delta_+ : U \subseteq A\}$, $\mathrm{int}_-(A) = \cup\{V \in \delta_- : V \subseteq A\}$.

由定义, 易验证下述结论.

命题 1.2.21 设 (P, δ) 为序拓扑空间, $A \subseteq P$. 则有

(1) $\mathrm{cl}_+(A) = P \backslash \mathrm{int}_-(P \backslash A)$, $\mathrm{cl}_-(A) = P \backslash \mathrm{int}_+(P \backslash A)$;

(2) $\mathrm{int}_+(A) = P \backslash \mathrm{cl}_-(P \backslash A)$, $\mathrm{int}_-(A) = P \backslash \mathrm{cl}_+(P \backslash A)$.

定义 1.2.22 设 $(P, \delta, \leqslant)$ 为序拓扑空间.

(1) 称 P 上的偏序 $\leqslant$ 是上 (下) 半闭的, 若 $\forall x \in P$, $\downarrow x$ ($\uparrow x$) 是 (P, δ) 中的闭集; $\leqslant$ 称为半闭的, 若 $\leqslant$ 同时是上半闭和下半闭的.

(2) $(P, \delta, \leqslant)$ 称为 pospace, 若 $\leqslant$ 在乘积空间 $(P, \delta) \times (P, \delta)$ 中是闭的.

易知, 若 $(P, \delta, \leqslant)$ 是 pospace, 则 (P, δ) 是 T_2 的, 且其上的偏序 $\leqslant$ 是半闭的.

定义 1.2.23 [292] 设 $(X, \tau, \leqslant)$ 为序拓扑空间. $(X, \tau, \leqslant)$ 称为完全序不连通的, 若 $\forall x, y \in P, x \not\leqslant y$, 存在 $(X, \tau, \leqslant)$ 中既开又闭的上集 U 使 $x \in U, y \notin U$. 若 $(X, \tau, \leqslant)$ 是紧的和完全序不连通的, 则称 $(X, \tau, \leqslant)$ 为 Priestley 空间.

显然, 完全序不连通空间是 pospace.

注 1.2.24 半闭性、(紧) pospace 性、完全序不连通性和 Priestley 性关于序是 "对偶" 的, 即对序拓扑空间 (P, α) 和 P 上的序 $\leqslant$, 有

(1) 若 $\leqslant$ 在 (P, α) 中是半闭的, 则 $\leqslant$ 的对偶 $\leqslant^{\mathrm{op}}$ 在 (P, α) 中也是半闭的;

(2) 若 $(P,\alpha,\leqslant)$ 是 pospace, 则 $(P,\ \alpha,\ \leqslant^{\mathrm{op}})$ 也是 pospace;

(3) 若 $(P,\ \alpha,\ \leqslant)$ 是紧 pospace, 则 $(P,\ \alpha,\ \leqslant^{\mathrm{op}})$ 也是紧 pospace;

(4) 若 $(P,\ \alpha,\ \leqslant)$ 是完全序不连通的, 则 $(P,\ \alpha,\ \leqslant^{\mathrm{op}})$ 也是完全序不连通的.

由于上述对偶性, 因而对涉及它们的结论或性质, 当将其中的序替换为对偶序时, 可以得到相应的对偶结论.

定义 1.2.25 序拓扑空间 $(P,\ \delta,\ \leqslant)$ 称为上 R_0 的, 若 $\forall U\in\delta_+, x\in U$, 有 $\mathrm{cl}_+(\{x\})\subseteq U$; 对偶地, 若 $\forall V\in\delta_-, y\in V$, 有 $\mathrm{cl}_-(\{y\})\subseteq V$, 则称 $(P,\ \delta)$ 是下 R_0 的; 若 $(P,\ \delta)$ 既是上 R_0 的又是下 R_0 的, 则称 $(P,\ \delta)$ 是 R_0 的.

注 1.2.26 (1) 对拓扑空间情形, 作为一种分离性, $R_0((X,\ \delta)$ 是 R_0 的, 若 $\forall U\in\delta,\ x\in U$, 有 $\mathrm{cl}(\{x\})\subseteq U)$ 是 1943 年由 Shanin 在文献 [313] 中引入的, 这里我们将此概念拓展至序拓扑空间.

(2) 设 $(P,\ \delta,\ \leqslant)$ 是序拓扑空间. 若 $\leqslant$ 是上 (下) 半闭的, 则 $(P,\ \delta,\ \leqslant)$ 是上 (下) R_0 的; 若 $\leqslant$ 是半闭的, 则 $(P,\ \delta,\ \leqslant)$ 是 R_0 的.

(3) 对拓扑空间, 显然有 $T_1\Rightarrow R_0$, 正则 $\Rightarrow R_0$. 易知, 非平凡集 (即多于两个点) 上的平庸拓扑是 R_0 而非 T_0 的, $(2,\ \sigma(2))$ 是 T_0 而非 R_0 的, 故 T_0 和 R_0 互不蕴涵.

下面给出 R_0 的一个刻画.

引理 1.2.27 设 (X,τ) 是拓扑空间, 则下述各条件等价:

(1) (X,τ) 是 R_0 的;

(2) $\forall x,y\in X$, 若 $x\in\mathrm{cl}_\tau\{y\}$, 则有 $y\in\mathrm{cl}_\tau\{x\}$;

(3) 诱导预序 $\leqslant_\tau$ 是对称的, 即 $\forall x,y\in X$, 若 $x\leqslant_\tau y$, 则 $y\leqslant_\tau x$.

证明 (1) $\Rightarrow$ (2): 设 $x,y\in X, x\in\mathrm{cl}_\tau\{y\}$. 若 $y\notin\mathrm{cl}_\tau\{x\}$, 则 $y\in X\backslash\ \mathrm{cl}_\tau\{x\}\in\tau$. 由 (X,τ) 是 R_0 的, 有 $x\in\mathrm{cl}_\tau\{y\}\subseteq X\backslash\ \mathrm{cl}_\tau\{x\}$, 矛盾. 故 $y\in\mathrm{cl}_\tau\{x\}$.

(2) $\Leftrightarrow$ (3): 显然.

(2) $\Rightarrow$ (1): 设 $x\in X, U\in\tau,\ x\in U$. $\forall u\in\mathrm{cl}_\tau\{x\}$, 由 (2), 有 $x\in\mathrm{cl}_\tau\{u\}$; 从而由 $x\in U$, 有 $u\in U$. 故 $\mathrm{cl}_\tau\{x\}\subseteq U$.

Korpperman 在文献 [180] 中将满足引理 1.2.27 中条件 (2) 的拓扑称为弱对称的 (weakly symmetric). 由引理 1.2.27, 弱对称性等价于 R_0 性.

推论 1.2.28[49] 设 (X,τ) 是拓扑空间, 则下述两个条件等价:

(1) (X,τ) 是 T_1 的;

(2) (X,τ) 是 T_0 和 R_0 的.

证明 (1) $\Rightarrow$ (2): 显然.

(2) $\Rightarrow$ (1): 由 (X,τ) 是 T_0 的, $\leqslant_\tau$ 是序关系. 由 (X,τ) 是 R_0 的和引理 1.2.27, $\leqslant_\tau$ 是对称的. 故 $\leqslant_\tau$ 是离散序, 即 $\forall x\in X,\ \mathrm{cl}_\tau\{x\}=\{x\}$. 所以 (X,τ) 是 T_1 的.

关于 R_0 空间的进一步讨论和有趣结果可参看文献 [5, 49, 112, 139, 279, 281, 331].

定义 1.2.29 序拓扑空间 $(P, \delta, \leqslant)$ 称为局部序凸的, 若序凸开集全体构成 (P, δ) 的基; $(P, \delta, \leqslant)$ 称为强序凸的, 若 $\delta = \delta_+ \vee \delta_-$(即 $\delta_+ \cup \delta_-$ 为 δ 的一个子基).

设 (P, δ) 为序拓扑空间, 记 $C_M((P, \delta), [0, 1])=\{f : (P, \delta) \to [0, 1] \mid f$ 是单调连续的$\}$.

定义 1.2.30 设 P 为偏序集, δ 为 P 上的一个拓扑. 序拓扑空间 $(P, \delta, \leqslant)$ 称为严格完全正则的, 若满足

(1) P 上的偏序 $\leqslant$ 是半闭的;

(2) (P, δ) 是强序凸的;

(3) $\forall x \in P, A \in (\delta^c)_-\backslash\{\varnothing\}(A \in (\delta^c)_+\backslash\{\varnothing\}), x \notin A, \exists f \in C_M((P, \delta), [0, 1])$ 使 $f(A) = \{0\}, f(x) = 1$ $(f(A) = \{1\}, f(x) = 0)$.

显然, 严格完全正则性是自对偶的, 即若 $(P, \delta, \leqslant)$ 是严格完全正则的, 则 $(P, \delta, \leqslant^{\mathrm{op}})$ 也是严格完全正则的.

对连续 domain, Lawson 在文献 [205] 中提出了如下问题.

问题 1.2.31 连续 domain P 赋予 Lawson 拓扑 $\lambda(P)$ 是否为严格完全正则序空间?

在 5.5 节、6.3 节和 9.3 节, 我们将对一般的 Z-拟连续 domain 上的 Z-Lawson 拓扑$\lambda_Z(P)$ 和超连续的序拓扑讨论此问题, 并部分解决此问题.

1.3 性 质 M

命题 1.3.1 [76] 设 (X, δ) 是拓扑空间, $C \subseteq X$. 若 C 是紧子集, 则 $\uparrow_\delta C= \uparrow_\delta \mathrm{Min}(C)$.

证明 显然只需证明 $C \subseteq \uparrow_\delta \mathrm{Min}(C)$. 设 $c \in C$, 令 $A_c=\{x \in C : x \leqslant_\delta c$, 即 $x \in \mathrm{cl}_\delta\{c\}\}=C \cap \mathrm{cl}_\delta\{c\}$. 则 $A_c \neq \varnothing$, 且是紧子集 (因为 A_c 是紧空间 C 中的闭子集). 设 $D \subseteq A_c$ 是下定向的. 若 $A_c \cap \bigcap\limits_{d\in D} \mathrm{cl}_\delta\{d\} = \varnothing$, 则 $A_c \subseteq \bigcup\limits_{d\in D}(X\backslash \mathrm{cl}_\delta\{d\})$; 从而由 A_c 是紧子集和 $\{X\backslash\mathrm{cl}_\delta\{d\} : d \in D\}$ 是定向族, $\exists d \in D$ 使 $A_c \subseteq X\backslash\mathrm{cl}_\delta\{d\}$, 与 $D \subseteq A_c$ 矛盾. 故 $A_c \cap \bigcap\limits_{d\in D}\mathrm{cl}_\delta\{d\} \neq \varnothing$; 从而 $\exists a \in A_c \cap \bigcap\limits_{d\in D}\mathrm{cl}_\delta\{d\}$. 故 D 在 A_c 中有下界. 由 Zorn 引理, A_c 中有极小元 u. 则 $u \in \mathrm{Min}(C)$, 且 $u \leqslant_\delta c$. 所以 $\uparrow_\delta C = \uparrow_\delta\mathrm{Min}(C)$.

由上述命题, 对 $A \subseteq X$, 当 $A^\uparrow = \cap\{\uparrow_\delta a : a \in A\}$ 在 (X, δ) 中紧时, 有 $A^\uparrow= \cap\{\uparrow_\delta a : a \in A\} = \uparrow_\delta\mathrm{Min}(A^\uparrow) = \uparrow_\delta\mathrm{mub}\ A$. 在一些场合, 对 $F \in X^{(<\omega)}$, 我们希望

$F^{\uparrow} = \cap\{\uparrow_\delta u : u \in F\}$ 是紧的 (注意: $\uparrow_\delta u$ 是紧的!), 即希望 X (取 $F = \varnothing$) 是紧的和主滤子的有限交是紧的, 为此, 引入下述

定义 1.3.2[165,288]　设 P 是偏序集.

(1) P 称为极小上界完备的, 简称 mub-完备的, 若 $\forall F \in P^{(<\omega)}, F^{\uparrow} = \cap\{\uparrow x : x \in F\} = \uparrow \mathrm{mub}F$, 这里 $\mathrm{mub}F$ 表示 F 的所有极小上界之集, 即 $\mathrm{mub}F = \mathrm{Min}(F^{\uparrow})$.

(2) 称 P 具有性质 M, 也可称 P 是有限 mub-完备的, 若 P 是极小上界完备的, 且 $\forall F \in P^{(<\omega)}$, $\mathrm{mub}F \in P^{(<\omega)}$. 对偶地, 定义极大下界完备 (简称 mlb-完备的) 和有限 mlb-完备的概念.

(3) 称 P 具有性质 M_w, 也可称 P 是弱有限 mub-完备的或弱性质 M, 若 $\forall F \in P^{(<\omega)}\backslash\{\varnothing\}$, 有 $\mathrm{mub}F \in P^{(<\omega)}$, 且 $F^{\uparrow} = \cap\{\uparrow x : x \in F\} = \uparrow \mathrm{mub}F$.

注 1.3.3　(1) 性质 M 最早是由 Plotkin 在文献 [288] 中引入的, 他证明了: 代数 domain P 上的 Lawson 拓扑 $\lambda(P)$ 是紧的当且仅当 P 的紧元集 $K(P)$ 满足性质 M (可参看文献 [165]). 为处理更为一般的 domain (包括 FS-domain、bifinite domain 和拟连续 domain 等) 上的 Lawson 拓扑的紧性, Jung 在 [165, 166] (参见文献 [99]) 中引入了另一种性质 M. 对代数 domain P 的紧元集 $K(P)$, 除相差 $K(P)$ 是有限上生成的这一条件外 (Plotkin 的性质 M 具有这一性质, 而文献 [99, 165, 166] 引入的不含此性质), 两者是一致的.

(2) 显然, 性质 M 与性质 M_w 差别在于: P 具有性质 M 蕴涵 P 是有限上生成的 (参看推论 1.3.5), 而 P 具有性质 M_w 并不蕴涵 P 是有限上生成的.

(3) P 具有性质 $M_w \Leftrightarrow \forall F \in P^{(<\omega)}\backslash\{\varnothing\}$, 若 $F^{\uparrow} \neq \varnothing$, 则 $\mathrm{mub}F \in P^{(<\omega)}\backslash\{\varnothing\}$, 且 $F^{\uparrow} = \cap\{\uparrow x : x \in F\} = \uparrow \mathrm{mub}F$.

(4) 若 P 是并半格, 则 P 具有性质 M_w, 但不一定具有性质 M.

性质 M 与拟连续 domain 上的 Lawson 拓扑的紧性密切相关, 读者可参看文献 [2, 99, 165, 288] 和本书的第 10 章.

直接验证可得下述结论.

命题 1.3.4　设 P 为偏序集, 则下述各条件等价:

(1) P 具有性质 M_w;

(2) $\forall x, y \in P, \exists H \in P^{(<\omega)}$ 使 $\uparrow x \cap \uparrow y = \uparrow H$;

(3) $\forall x_1, x_2, \cdots, x_n \in P, \exists H \in P^{(<\omega)}$ 使 $\uparrow x_1 \cap \uparrow x_2 \cap \cdots \cap \uparrow x_n = \uparrow H$;

(4) $\forall F, G \in P^{(<\omega)}, \exists H \in P^{(<\omega)}$ 使 $\uparrow F \cap \uparrow G = \uparrow H$;

(5) $\forall F_1, F_2, \cdots, F_m \in P^{(<\omega)}, \exists H \in P^{(<\omega)}$ 使 $\uparrow F_1 \cap \uparrow F_2 \cap \cdots \cap \uparrow F_m = \uparrow H$, 此时, 若 $F_1 \ll F_1, F_2 \ll F_2, \cdots, F_m \ll F_m$, 则 $H \ll H$.

若 P 具有性质 M, 取 $F = \varnothing$, 则 $F^{\uparrow} = P$; 从而由性质 $M, \exists G \in P^{(<\omega)}$ 使 $P = F^{\uparrow} = \uparrow G$. 由此及命题 1.3.4, 有下述结论 (参见 Priestley 的文献 [294,

Lemma 3.8]).

推论 1.3.5 设 P 为偏序集, 则下述各条件等价:

(1) P 具有性质 M;

(2) P 是有限上生成的, 且 $\forall x, y \in P, \exists H \in P^{(<\omega)}$ 使 $\uparrow x \cap \uparrow y = \uparrow H$;

(3) P 是有限上生成的, 且 $\forall x_1, x_2, \cdots, x_n \in P$, $\exists H \in P^{(<\omega)}$ 使 $\uparrow x_1 \cap \uparrow x_2 \cap \cdots \cap \uparrow x_n = \uparrow H$;

(4) P 是有限上生成的, 且 $\forall F, G \in P^{(<\omega)}, \exists H \in P^{(<\omega)}$ 使 $\uparrow F \cap \uparrow G = \uparrow H$;

(5) P 是有限上生成的, 且 $\forall F_1, F_2, \cdots, F_m \in P^{(<\omega)}, \exists H \in P^{(<\omega)}$ 使 $\uparrow F_1 \cap \uparrow F_2 \cap \cdots \cap \uparrow F_m = \uparrow H$.

注 1.3.6 由上面的推论, 若 P 具有性质 M, 则 $\exists F \in P^{(<\omega)}$ 使 $P = \uparrow F$. 故 $\mathrm{Min}(P) = \mathrm{Min}(F)$ 是有限的. 但下面的例子表明, 在推论 1.3.5 中, 不能将其中的条件 "P 是有限上生成的" 替换为条件 "P 的极小元集 $\mathrm{Min}(P)$ 是有限的", 需要再加上紧性条件才行 (参看命题 1.3.1).

例 1.3.7 设 $P = \{a\} \cup \prod_{i=1}^{\infty} N_i$, 其中, $N_i = N(\forall i \in \mathcal{N})$, 赋予自然数大小的对偶序; $\prod_{i=1}^{\infty} N_i$ 赋予正常的乘积序 $\left(即\ \forall (n_i)_{i\in\mathcal{N}}, (m_i)_{i\in\mathcal{N}} \in \prod_{i=1}^{\infty} N_i, (n_i)_{i\in\mathcal{N}} \leqslant (m_i)_{i\in\mathcal{N}} \Leftrightarrow \forall i \in \mathcal{N}, n_i \leqslant m_i\right)$; a 与其他元序不可比较. 则 $\mathrm{Min}(P) = \{a\}$. 显然, P 不是有限上生成的.

下述命题的证明是直接的.

命题 1.3.8 设 P 为偏序集, 则下述两个条件等价:

(1) P 是并半格;

(2) P 中任何有限集有上界, 且 P 是具有性质 M_w 的 S 偏序集.

第 2 章　连续性与分配律

本章对一般的子集系统 Z, 引入和讨论了 Z-连续 domain 和 Z-代数 domain. 对完备格, 引入了几种重要的分配性, 讨论了各种连续性与相应的分配性之间的关系, 给出了拓扑的完全分配性的一系列刻画.

2.1 节介绍的概念主要有偏序集上的附加序、正则附加序、Z-below 关系、插入性质和择一性质、Z-连续 domain、Z-代数 domain、连续 domain、代数 domain 等. 在本节中, 给出了连续 domain 上的方向小于关系 $\ll$ 所具有的最重要的性质——插入性质.

2.2 节介绍的主要概念是各种分配性, 包括分配律、交连续性、M-分配律、完全分配律、定向分配律, 给出了完全分配性的自对偶性和若干刻画. 对完备格, 证明了 M-分配律性与弱 M-连续性的等价性, 特别地, 连续性等价于定向分配性, 完全分配性等价于强连续性; 证明了完全分配格上的完全 below 关系 $\lhd$ 具有插入性质, 给出了完全分配 (强代数) 格与连续 (代数) 格之间的内在关系.

2.3 节主要讨论拓扑的完全分配性和强代数性, 给出了一系列刻画.

2.4 节证明完全分配格 L 中其非零余素元全体在 L 的诱导序下是连续 domain.

2.5 节引入和讨论超连续偏序集和超代数偏序集, 给出了超连续 (超代数) 偏序集与连续 (代数) 偏序集之间的关系.

2.1　逼近关系与连续性

定义 2.1.1　设 P 是偏序集, $\prec$ 是 P 上的一个二元关系.

(1) $\prec$ 称为一个附加序 (auxiliary order), 若 $\forall x, y, u, v \in P$, 有

(i) $x \prec y \Rightarrow\ x \leqslant y$;

(ii) $x \leqslant u \prec v \leqslant y \Rightarrow\ x \prec y$.

(2) 若 $\prec$ 是附加序, 且作为关系是正则的 (即存在 P 上的二元关系 σ 使 $\prec \circ \sigma \circ \prec = \prec$), 则称 $\prec$ 是 P 上的一个正则附加序. 类似地, 称 $\prec$ 是 P 上的一个幂等附加序, 若 $\prec$ 是附加序, 且作为关系是幂等的 (等价于 $\prec$ 具有插入性质).

(3) $\prec$ 称为逼近的附加序, 若 $\forall x \in P,\ x = \vee\{p \in P : p \prec x\}$.

显然, 附加序是传递的. 下面引入偏序集的连续性概念 (参见文献 [13, 15, 57, 67, 68, 285, 333, 391, 395]).

定义 2.1.2 设 P 是偏序集, $\mathcal{M}$ 是 P 的一个子集族, $x, y \in P$.

(1) 设 P 是 $\mathcal{M}$-完备的. 称 x $\mathcal{M}$-below y, 记为 $x \ll_{\mathcal{M}} y$, 若 $\forall S \in \mathcal{M}\backslash\{\varnothing\}$, $y \leqslant \sup S, \exists s \in S$ 使 $x \leqslant s$. 记 $\Downarrow_{\mathcal{M}} x=\{u \in P : u \ll_{\mathcal{M}} x\}$. P 称为弱 $\mathcal{M}$-连续的, 若 P 是 $\mathcal{M}$-完备的, 且 P 上的 $\mathcal{M}$-below 关系 $\ll_{\mathcal{M}}$ 是逼近的, 即 $\forall x \in P, x = \sup \Downarrow_{\mathcal{M}} x$; 进一步, 若 P 还满足 $\forall x \in P, \Downarrow_{\mathcal{M}} x \in \mathrm{I}_{\mathcal{M}}(P) = \{\downarrow S : S \in \mathcal{M}\}$, 则称 P 为 $\mathcal{M}$-连续 domain; 若 P 为 $\mathcal{M}$-连续的, 且 P 上的 $\mathcal{M}$-below 关系 $\ll_{\mathcal{M}}$ 具有插入性质, 则称 P 为强 $\mathcal{M}$-连续的.

(2) 设 P 是 Z-完备的偏序集. 称 x Z-below y, 记为 $x \ll_Z y$, 若 $x \ll_{Z(P)} y$, 即 $\forall S \in Z(P)\backslash\{\varnothing\}$, $y \leqslant \sup S, \exists s \in S$ 使 $x \leqslant s$. 显然 $\ll_Z$ 是 P 上的一个附加序. 记 $\Downarrow_Z x= \{u \in P : u \ll_Z x\}$. $\ll_{\mathcal{D}}$ 就是熟知的方向小于关系, 简记为 $\ll$, $\Downarrow_{\mathcal{D}} x$ 简记为 $\Downarrow x$; $\ll_{\mathcal{P}}$ 称为完全 below 关系, 简记为 $\lhd$.

(3) P 称为弱 Z-连续 domain、Z-连续 domain 和强 Z-连续 domain, 若 P 分别是弱 $Z(P)$-连续的、$Z(P)$-连续的和强 $Z(P)$-连续的 domain. 当 $Z = \mathcal{D}$ 时, Z-连续 domain 简称为连续 domain (或连续偏序集 [7,99]); 当 $Z = \mathcal{P}$ 时, Z-连续 domain 简称为强连续格, Erné 等在文献 [74, 76, 77] 中将其称为 supercontinuous lattice, 在 ZFAC 中, 等价于完全分配格 [297, 298](见推论 2.2.10).

(4) 称 $x \in P$ 是 $\mathcal{M}$-紧元, 若 $x \ll_{\mathcal{M}} x$. P 中 $\mathcal{M}$-紧元全体记为 $K_{\mathcal{M}}(P)$. 当 $\mathcal{M} = \mathcal{D}(P)$ 时, $K_{\mathcal{M}}(P)$ 简记为 $K(P)$; $\mathcal{M} = \mathcal{P}(P)$ 时, $K_{\mathcal{M}}(P)$ 简记为 $K_s(P)$, 其中的元称为强紧元. P 称为弱 $\mathcal{M}$-代数的, 若 P 是 $\mathcal{M}$-完备的, 且 $\forall x \in P, x = \sup (\downarrow x \cap K_{\mathcal{M}}(P))$; 进一步, 若 $\forall x \in P$, 有 $\downarrow x \cap K_{\mathcal{M}}(P) \in \mathrm{I}_{\mathcal{M}}(K_{\mathcal{M}}(P))$, 则称 P 为 $\mathcal{M}$-代数 domain; 若 P 为 $\mathcal{M}$-代数的, 且 P 上的 $\mathcal{M}$-below 关系 $\ll_{\mathcal{M}}$ 具有插入性质, 则称 P 为强 $\mathcal{M}$-代数的.

(5) P 称为弱 Z-代数 domain、Z-代数 domain 和强 Z-代数 domain, 若 P 分别是弱 $Z(P)$-代数的、$Z(P)$-代数的和强 $Z(P)$-代数的 domain. 当 $Z = \mathcal{D}$ 时, Z-代数 domain 就是通常的代数 domain (或代数偏序集 [98,99]); 当 $Z = \mathcal{P}$ 时, Z-代数 domain 就是通常的强代数格 [97,388], 在 [8, 76, 77] 中被称为 superalgebraic lattice.

由定义 2.1.2, 若 P 有最小元 0, 则对 $\forall x \in P$, 有 $0 \ll_{\mathcal{M}} x$ 和 $0 \ll_Z x$.

上述诸定义可以直接扩展到一般偏序集 (需要时, 我们直接使用这些概念及符号), 特别地, 给出下述概念 (参见 [99, 377]).

定义 2.1.3 设 P 是偏序集, $x, y, k \in P$.

(1) 称 x 方向小于 y, 记为 $x \ll y$, 若 $\forall D \in \mathcal{D}(P)$, 当 $\vee D$ 存在且 $y \leqslant \vee D$ 时, $\exists d \in D$ 使 $x \leqslant d$. 记 $\Downarrow x = \{u \in P : u \ll x\}$. 若 $k \ll k$, 则称 k 是 P 中的紧元, P 中的紧元全体记为 $K(P)$.

(2) P 称为连续的, 若 $\forall x \in P$, $\{u \in P : u \ll x\}$ 是定向的, 且 $x = \vee\{u \in P:$

$u \ll x\}$.

(3) P 称为代数的, 若 $\forall x \in P, K(P) \cap \downarrow x$ 是定向的, 且 $x = \vee(\downarrow x \cap K(P))$.

直接验证, 得到下述结论.

引理 2.1.4 设 P 是偏序集, $u, x \in P$. 则下述两个条件等价:

(1) $u \ll x$;

(2) $\forall D \in \mathcal{D}(P \backslash \uparrow u)$, 若 $\vee D$ 存在, 则 $x \not\leqslant \vee D$.

关于连续偏序集, 有下述刻画.

引理 2.1.5 设 P 是偏序集, 则下述两个条件等价:

(1) P 是连续的;

(2) $\forall x \in P$, 存在定向子集 $E_x \subseteq \Downarrow x$ 使 $x = \vee E_x$. 此时, $\Downarrow x = \downarrow E_x$.

证明 (1) $\Rightarrow$ (2): 显然.

(2) $\Rightarrow$ (1): $\forall x \in P$, 由 $E_x \subseteq \Downarrow x$ 和 $x = \vee E_x$, 有 $\downarrow E_x \subseteq \Downarrow x$ 和 $x = \vee \Downarrow x$. 下证 $\Downarrow x = \downarrow E_x$. 设 $u \in \Downarrow x$, 由 E_x 是定向的和 $x = \vee E_x$, $\exists e \in E_x$ 使 $u \leqslant e$. 故 $\Downarrow x = \downarrow E_x$, 从而 $\Downarrow x$ 是定向的. 所以 P 是连续的.

类似地, 有下述引理.

引理 2.1.6 设 P 是偏序集, 则下述两个条件等价:

(1) P 是代数的;

(2) $\forall x \in P$, 存在定向子集 $K_x \subseteq \downarrow x \cap K(P)$ 使 $x = \vee K_x$. 此时, $\downarrow x \cap K(P) = K(P) \cap \downarrow K_x$.

定义 2.1.7 集 X 上的二元关系 $\prec$ 称为具有插入性质, 若满足

$$\text{(INT)} \quad \forall x, y \in X, x \prec y, \exists z \in X \text{ 使 } x \prec z \prec y.$$

连续 domain 所具有的最为重要的性质之一是其上的方向小于关系 $\ll$ 具有插入性质 (即 domain 的连续性与强连续性等价), 即有

定理 2.1.8 (插入性质) [98,99] 设 P 为连续 domain, $p, q \in P$. 若 $p \ll q$, 则 $\exists r \in P$ 使 $p \ll r \ll q$.

更为一般地, 有

定理 2.1.9 (插入性质)[99,377] 设 P 为连续偏序集, $p, q \in P$. 若 $p \ll q$, 则 $\exists r \in P$ 使 $p \ll r \ll q$.

证明 $\forall s \ll q$, 由 P 是连续的, 知 $D_s = \{u \in P : u \ll s\}$ 是定向的, 且 $s = \vee D_s$. 由 $\{s \in P : s \ll q\}$ 是定向的, $\{D_s : s \ll q\}$ 是定向族; 从而 $D = \bigcup_{s \ll q} D_s$ 是定向的, 且 $\vee D = \bigvee_{s \ll q} \vee D_s = \bigvee_{s \ll q} s = q$; 从而由 $p \ll q, \exists d \in D = \bigcup_{s \ll q} D_s$ 使 $p \leqslant d$. 由 $d \in \bigcup_{s \ll q} D_s, \exists r \ll q$ 使 $d \ll r$. 故 $p \leqslant d \ll r \ll q$. 所以 $p \ll r \ll q$.

推论 2.1.10 (定向择一原则) 设 P 为连续偏序集, 则 $\ll$ 满足定向择一性质, 即 (DC) $\forall p \in P, D \in \mathcal{D}(P)$, 若 $\vee D$ 存在, $p \ll \vee D$, 则 $\exists d \in P$ 使 $p \ll d$.

证明 由定理 2.1.9, $\exists r \in P$ 使 $p \ll r \ll \vee D$. 由 $r \ll \vee D$, $\exists d \in P$ 使 $r \leqslant d$. 故 $p \ll r \leqslant d$. 所以 $p \ll d$.

命题 2.1.11 设 P 为连续偏序集, 则

(1) $\forall p \in P, \Uparrow p \in \sigma(P)$, 且 $\Uparrow p = \mathrm{int}_{\sigma(P)} \uparrow p$;

(2) $\forall U \in \sigma(P), x \in U, \exists u \in P$ 使 $x \in \Uparrow u \subseteq \uparrow u \subseteq U$;

(3) $\forall U \in \sigma(P), x \in U, \exists u \in P$ 使 $x \in \mathrm{int}_{\sigma(P)} \uparrow u \subseteq \uparrow u \subseteq U$;

(4) $\{\Uparrow x : x \in P\}$ 是 $\sigma(P)$ 的基;

(5) $\{\mathrm{int}_{\sigma(P)} \uparrow x : x \in P\}$ 是 $\sigma(P)$ 的基.

证明 (1) 先证 $\Uparrow p \in \sigma(P)$. 设 $D \in \mathcal{D}(P), \vee D$ 存在, 且 $p \ll \vee D$. 由定理 2.1.9, 则 $\exists v \in P$ 使 $p \ll v \ll \vee D$, 从而 $\exists d \in D$ 使 $v \leqslant d$. 故 $p \ll d$, 即 $d \in \Uparrow p$. 所以 $\Uparrow p \in \sigma(P)$.

由 Scott 拓扑和 $\ll$ 的定义, 显然有 $\mathrm{int}_{\sigma(P)} \uparrow p \subseteq \Uparrow p \subseteq \uparrow p$. 另一方面, 由 $\Uparrow p \subseteq \uparrow p$ 和 $\Uparrow p \in \sigma(P)$, 有 $\Uparrow p \subseteq \mathrm{int}_{\sigma(P)} \uparrow p$. 故 $\Uparrow p = \mathrm{int}_{\sigma(P)} \uparrow p$.

(2) 设 $U \in \sigma(P), x \in U$. 由 P 为连续偏序集, 有 $\Downarrow x$ 是定向的, 且 $\vee \Downarrow x = x \in U$; 从而 $\Downarrow x \cap U \neq \varnothing$. 故 $\exists u \in \Downarrow x \cap U$. 所以 $x \in \Uparrow u \subseteq \uparrow u \subseteq U$.

(3) 由 (1) 和 (2) 可得.

(4) 由 (3) 可得.

(5) 由 (3) 可得.

关于代数偏序集, 有下述相应的结论.

命题 2.1.12 设 P 为代数偏序集, 则

(1) $\forall k \in K(P), \uparrow k \in \sigma(P)$;

(2) $\forall U \in \sigma(P), x \in U, \exists k \in K(P)$ 使 $x \in \uparrow k \subseteq U$;

(3) $\{\uparrow k : k \in K(P)\}$ 是 $\sigma(P)$ 的基.

下面给出完全 below 关系 $\lhd$ 的一个有用刻画.

引理 2.1.13 设 L 是完备格, $x \in L, y \in L \backslash \{0\}$. 则下述两个条件等价:

(1) $x \lhd y$;

(2) $y \nleqslant \vee(L \backslash \uparrow x)$.

证明 (1) $\Rightarrow$ (2): 反证. 若 $y \leqslant \vee(L \backslash \uparrow x)$, 则由 $x \lhd y, \exists u \in L \backslash \uparrow x$ 使 $x \leqslant u$, 矛盾. 故 $y \nleqslant \vee(L \backslash \uparrow x)$.

(2) $\Rightarrow$ (1): 设 $\varnothing \neq A \subseteq L, y \leqslant \vee A$. 若 $a \in A, x \nleqslant a$, 则 $A \subseteq L \backslash \uparrow x$; 从而 $y \leqslant \vee A \leqslant \vee(L \backslash \uparrow x)$, 与 $y \nleqslant \vee(L \backslash \uparrow x)$ 矛盾. 故 $\exists a \in A$ 使 $x \leqslant a$. 所以 $x \lhd y$.

推论 2.1.14 设 L 是完备格, $x \in L$, 则有 $\Uparrow_{\mathcal{P}} x = L \backslash \downarrow \vee(L \backslash \uparrow x) \in \upsilon(L)$.

推论 2.1.15 (择一原则) 设 L 是完备格, $x \in L, \varnothing \neq A \subseteq L$. 则 $x \lhd \vee A \Leftrightarrow \exists a \in A$ 使 $x \lhd a$. 故 $\Downarrow_{\mathcal{P}} \vee A = \bigcup_{a \in A} \Downarrow_{\mathcal{P}} a$.

证明 若 $\exists a \in A$ 使 $x \lhd a$, 则显然有 $x \lhd \vee A$. 反之, 若 $x \lhd \vee A$, 则由引理 2.1.13, 有 $\vee A \not\leqslant \vee(L \backslash \uparrow x)$; 从而 $\exists a \in A$ 使 $a \not\leqslant \vee(L \backslash \uparrow x)$. 由引理 2.1.13, 有 $x \lhd a$.

推论 2.1.16 (插入性质) 设完备格 L 上的完全 below 关系 $\lhd$ 是逼近的, $x, y \in L$. 若 $x \lhd y$, 则 $\exists z \in L$ 使 $x \lhd z \lhd y$.

证明 1 若 $y = 0$, 则 $x = 0$, 此时令 $z = 0$. 下设 $y \neq 0$. 由完全 below 关系 $\lhd$ 的逼近性和引理 2.1.13, 有 $\vee\{u \in L : u \lhd y\} = y \not\leqslant \vee(L \backslash \uparrow x)$, 故存在 $z \lhd y$ 使 $z \not\leqslant \vee(L \backslash \uparrow x)$. 由引理 2.1.13, 有 $x \lhd z$, 从而 $x \lhd z \lhd y$.

证明 2 (通常证明) $\forall s \lhd y$, 由 $\lhd$ 是逼近的, 知 $s = \vee\{u \in L : u \lhd s\}$. 令 $A = \bigcup_{s \lhd y}\{u \in L : u \lhd s\}$. 则 $\vee A = \bigvee_{s \lhd y} \vee\{u \in L : u \lhd s\} = \bigvee_{s \lhd y} s = y$; 从而由 $x \lhd y, \exists w \in A = \bigcup_{s \lhd y}\{u \in L : u \lhd s\}$ 使 $x \leqslant w$. 由 $w \in \bigcup_{s \lhd y}\{u \in L : u \lhd s\}, \exists z \lhd y$ 使 $w \lhd z$. 故 $x \leqslant w \lhd z \lhd y$. 所以 $x \lhd z \lhd y$.

对子集系统 Z, 当 Z 满足一定条件时, Z-连续 domain 上的 Z-below 关系 $\ll_Z$ 也具有插入性质, 有关讨论可参看文献 [68, 389].

命题 2.1.17 [98,99] 设 S 为偏序集, P 为代数 domain. 则

(1) $\mathrm{Id}(S)$ 是代数 domain, $K(\mathrm{Id}(S)) = \{\downarrow x : x \in S\}$, $S \cong K(\mathrm{Id}(S))$;

(2) $P \cong \mathrm{Id}(K(P))$;

(3) S 为有最小元 0 的并半格当且仅当 $\mathrm{Id}(S)$ 是代数格;

(4) P 为代数格当且仅当 $K(P)$ 是有最小元 0 的并半格.

记 $\mathbf{ALGDOM}_G$ 为以代数 domain 为对象, 有下伴随的 Scott 连续映射为态射的范畴; **POID** 为以偏序集为对象, 理想的原像为理想的映射为态射的范畴. 由命题 2.1.17 易验证, $\mathbf{ALGDOM}_G$ 与 **POID** 对偶等价. 自然地, 它们各自相应的子范畴也对偶等价 (参看文献 [98, 99]).

2.2 完备格的分配律与连续性

定义 2.2.1 格 L 称为分配的, 若 $\forall a, b, c \in L$, 有

$$\text{(D)} \quad a \wedge (b \vee c) = (a \wedge b) \vee (a \wedge c).$$

众所周知, 分配律 (D) 是自对偶的, 即 L 是分配的 $\Leftrightarrow \forall a, b, c \in L$, 有

$$\text{(D}^*\text{)} \quad a \vee (b \wedge c) = (a \vee b) \wedge (a \vee c).$$

定义 2.2.2 完备格 L 称为交连续的, 若 $\forall x \in L, D \in \mathcal{D}(L)$, 有

$$(\mathrm{MC}) \quad x \wedge \vee D = \vee\{x \wedge d : d \in D\}.$$

L 称为并连续的, 若 L^{op} 是交连续的; 若 L 同时是分配的和交连续的, 则称 L 是 Heyting 代数, 即 $\forall x \in L, A \in \mathcal{P}(L)$, 有

$$(\mathrm{HT}) \quad x \wedge \vee A = \vee\{x \wedge a : a \in A\}.$$

定义 2.2.3 设 L 是完备格, $\mathcal{M} \subseteq 2^L$. L 称为 $\mathcal{M}$-分配格, 若 $\forall\{M_i : i \in I\} \subseteq \mathcal{M}$, 有

$$(\mathrm{MD}) \quad \bigwedge_{i\in I} \vee M_i = \bigvee_{\varphi \in \prod M_i} \wedge \varphi(I).$$

当 $\mathcal{M} = \mathcal{P}(L) = 2^L$ 或 $\mathcal{D}(L)$ 时, $\mathcal{M}$-分配格分别称为完全分配格 [296-298] 和定向分配格 [98,99].

完全分配格是一类重要的分配格, Raney[296-298] 曾对它的结构和性质进行过深入研究. 近三十年来, 由于完全分配格与连续 domain 的密切联系以及其在格上拓扑学中的重要应用, 对完全分配格的研究再次引起人们的兴趣 (参看文献 [14, 98, 99, 147, 247, 347, 349, 395]).

注 2.2.4 当我们关心是否涉及某种选择公理时, $\mathcal{M}$-分配律可以用下述方式表述 (参见文献 [76]): $\forall \mathcal{Y} \subseteq \mathcal{M}$,

(MD°) $\wedge\{\vee Y : Y \in \mathcal{Y}\} = \vee\{\wedge Z : Z \in \mathcal{Y}^\#\}$, 其中 $\mathcal{Y}^\# = \{Z \subseteq \cup\mathcal{Y} : \forall Y \in \mathcal{Y}, Z \cap Y \neq \varnothing\}$.

易知, 在选择公理 AC 下, (MD) 与 (MD°) 是等价的.

$\mathcal{F}$-分配格 ($\mathcal{F}$ 是有限子集函子) 也称为拟拓扑 (quasitopology), 可能是因为它恰好是拓扑闭集格的完备格同态像 (参看文献 [64, 68, 76, 389, 398]). $\mathcal{F}$-分配格是否就是 (即同构) 拓扑闭集格, 这是一个遗留了较长时间的公开问题 (参看文献 [11]). 直至 1989 年, 才由 Kříž 和 Pultr 在文献 [202] 否定地解决, 他们给出了一个复杂而精致的非拓扑闭集格的 $\mathcal{F}$-分配格.

我们知道, 在所有关于格和完备格的分配律中, 有一部分是非自对偶的, 如定向分配律、交连续性 (即分配律 MC)、分配律 HT 等等; 而另一部分是自对偶的, 最典型的是分配律, 完全分配律是另一个典型的自对偶的分配律, 即有下述命题.

命题 2.2.5 [296] 若完备格 L 是完全分配的, 则 L^{op} 也是完全分配的.

在本书的 7.2 节, 我们将用其他方式展现完全分配律的对偶性. 下面的结论是众所周知的 (参见 [10, 14, 21, 81]).

定理 2.2.6 设 L 是完备格, $\mathcal{M} \subseteq 2^L$, $\forall x \in L$, $\{x\} \in \mathcal{M}$. 则下述两个条件等价:

(1) L 是 $\mathcal{M}$-分配格;

(2) L 是弱 $\mathcal{M}$-连续的, 即 $\forall x \in L, x = \vee\{u \in L : u \ll_{\mathcal{M}} x\}$.

证明 (1) ⇒ (2): 设 $x \in L$. 由于 $\forall y \in L$, $\{y\} \in \mathcal{M}$, 故 $\ll_{\mathcal{M}} \subseteq \leqslant$; 从而 x 是 $\{u \in L : u \ll_{\mathcal{M}} x\}$ 的一个上界. 记 $\{\downarrow A_i : i \in I\}=\{\downarrow A : A \in \mathcal{M}, x \leqslant \vee A\}$, 则 $\{u \in L : u \ll_{\mathcal{M}} x\} = \cap\{\downarrow A_i : i \in I\} = \cup\left\{\downarrow \wedge\varphi(I) : \varphi \in \prod_{i\in I} A_i\right\}$; 从而由 L 是 $\mathcal{M}$-分配格, 有 $x \geqslant \vee\{u \in L : u \ll_{\mathcal{M}} x\} = \vee\left\{\wedge\varphi(I) : \varphi \in \prod_{i\in I} A_i\right\} = \bigwedge_{i\in I} \vee A_i \geqslant x$. 故 $x = \vee\{u \in L : u \ll_{\mathcal{M}} x\}$.

(2) ⇒ (1): $\forall\{B_j : j \in J\} \subseteq \mathcal{M}$, 记 $x = \bigwedge_{j\in J} \vee B_j, y = \vee\left\{\wedge\varphi(I) : \varphi \in \prod_{j\in J} B_j\right\}$. 则 $y \leqslant x$. 下证 $x \leqslant y$. $\forall u \ll_{\mathcal{M}} x$, 由 $x = \bigwedge_{j\in J} \vee B_j, \exists\varphi_0 \in \prod_{j\in J} B_j$ 使 $u \leqslant \wedge\varphi_0(I)$, 从而由 L 是弱 $\mathcal{M}$-连续格, 有 $x = \vee\{u \in L : u \ll_{\mathcal{M}} x\} \leqslant y$. 故 $\bigwedge_{j\in J} \vee B_j = \vee\left\{\wedge\varphi(I) : \varphi \in \prod_{j\in J} B_j\right\}$. 所以 L 是 $\mathcal{M}$-分配格.

推论 2.2.7 [98,99] 设 L 是完备格, 则下述各条件等价:

(1) L 是定向分配格;

(1′) L 是 $\mathrm{Id}(L)$-分配格 (可称之为理想分配格);

(2) L 是连续格.

推论 2.2.8 [98,99] 连续格是交连续的.

推论 2.2.9 [98,99] 连续格的 $\mathrm{INF}^{\uparrow}$-同态像是连续格.

推论 2.2.10 [297,298] 设 L 是完备格, 则下述两个条件等价:

(1) L 是完全分配格;

(2) L 是强连续格, 即 $\forall x \in L, x = \vee\{u \in L : u \lhd x\}$.

由推论 2.1.16 和推论 2.2.10, 有下述结论.

推论 2.2.11 [297,298] (插入性质) 设 L 是完全分配格, 则在集论 ZFAC 中, L 上的完全 below 关系 $\lhd$ 具有插入性质.

记 $\omega_0(L)=\{L\backslash \uparrow x : x \in L\}$, $\omega_F(L)=\{L\backslash \uparrow G : G \in L^{(<\omega)}\}$. 显然, $\omega_0(L)$ 和 $\omega_F(L)$ 分别是下拓扑 $\omega(L)$ 的标准子基和基.

引理 2.2.12 设 L 是完备格, $u, x \in L$. 则下述各条件等价:

(1) $u \lhd x$;

(2) $u \ll_{\theta(L)} x$;

(3) $u \ll_{\omega(L)} x$;

(4) $u \ll_{\omega_F(L)} x$;

(5) $u \ll_{\omega_0(L)} x$.

证明 (1) $\Rightarrow$ (2) $\Rightarrow$ (3) $\Rightarrow$ (4) $\Rightarrow$ (5): 显然.

(5) $\Rightarrow$ (1): 设 $u \ll_{\omega_0(L)} x$, 下证 $u \lhd x$. 反之, 若 $u \lhd x$ 不满足, 则 $\exists A \subseteq L$ 使 $x \leqslant \vee A$, 但 $u \notin \downarrow A$. 故 $\downarrow A \subseteq L \backslash \uparrow u \in \omega_0(L)$, 且 $x \leqslant \vee(L \backslash \uparrow u)$. 由 $u \ll_{\omega_0(L)} x, \exists v \in L \backslash \uparrow u$ 使 $u \leqslant v$, 矛盾. 所以 $u \lhd x$.

基于推论 2.2.10 和引理 2.2.12, 我们给出完全分配格的下述刻画.

命题 2.2.13 设 L 是完备格, 则下述各条件等价:

(1) L 是完全分配格;

(2) L 是 $\theta(L)$-分配格;

(2′) $\ll_{\theta(L)}$ 是逼近的;

(3) L 是 $\omega(L)$-分配格;

(3′) $\ll_{\omega(L)}$ 是逼近的;

(4) L 是 $\omega_F(L)$-分配格;

(4′) $\ll_{\omega_F(L)}$ 是逼近的;

(5) L 是 $\omega_0(L)$-分配格;

(5′) $\ll_{\omega_0(L)}$ 是逼近的.

证明 (1) $\Rightarrow$ (2) $\Rightarrow$ (3) $\Rightarrow$ (4) $\Rightarrow$ (5): 显然.

(1) $\Leftrightarrow$ (2′) $\Leftrightarrow$ (3′) $\Leftrightarrow$ (4′) $\Leftrightarrow$ (5′): 由推论 2.2.10 和引理 2.2.12.

(5) $\Rightarrow$ (5′): 设 $x \in L$, 记 $y = \vee\{u \in P : u \ll_{\omega_0(L)} x\}$, $\{U_i : i \in I\}=\{U : U \in \omega_0(L), x \leqslant \vee U\}$. 则 $\{u \in P : u \ll_{\omega_0(L)} x\} = \cap\{U_i : i \in I\} = \cup\left\{\downarrow \wedge\varphi(I) : \varphi \in \prod_{i\in I} U_i\right\}$; 从而由 L 是 $\omega_0(L)$-分配格, 有 $\vee\left\{u \in P : u \ll_{\omega_0(L)} x\right\} = \vee\left\{\wedge\varphi(I) : \varphi \in \prod_{i\in I} U_i\right\} = \bigwedge_{i\in I} \vee U_i \geqslant x$. 故 $x \leqslant y$. 若 $y \nleqslant x$, 则 $\exists u \ll_{\omega_0(L)} x$ 使 $u \nleqslant x$, 从而 $\forall i \in I, \exists\varphi_0(i) \in U_i$ 使 $u \leqslant \varphi_0(i)$. 由 $u \nleqslant x$, 有 $x \in L \backslash \uparrow u$; 因而 $\exists j \in I$ 使 $L \backslash \uparrow u = U_j$. 由 $\varphi_0(j) \in U_j$ 和 $u \leqslant \varphi_0(j)$, 有 $u \in U_j = L \backslash \uparrow u$, 矛盾. 故 $x = \vee\{u \in P : u \ll_{\omega_0(L)} x\}$.

注 2.2.14 对 $x \in L$, $\{x\}$ 一般不在 $\omega(L)$ 中.

推论 2.2.15 设 L 是完备格, $\omega_0(L) \subseteq \varGamma \subseteq 2^L$. 则下述各条件等价:

(1) L 是完全分配格;

(2) L 是 $\varGamma$-分配格;

(3) $\ll_{\varGamma}$ 是逼近的.

涉及命题 2.2.13 和推论 2.2.15 的讨论最早见文献 [383].

关于完全分配格与连续格的关系, 有下述重要定理.

定理 2.2.16 [98,99] 设 L 是完备格, 则下述两个条件等价:

(1) L 是完全分配格;

(2) L 是分配格, 且 L 和 L^{op} 均是连续格.

类似地, 关于强代数格与代数格的关系, 有下述结论.

定理 2.2.17 [76] 设 L 是完备格, 则下述两个条件等价:

(1) L 是强代数格;

(2) L 是分配格, 且 L 和 L^{op} 均是代数格.

由上面的结果知, 类似于完全分配性, 强代数性也是自对偶的 (参看命题 7.3.1), 即若完备格 L 是强代数的, 则 L^{op} 是强代数的.

2.3 完全分配拓扑

完全分配拓扑和强代数拓扑是两类重要的拓扑, Erné 分别将相应的空间称为 C-空间和 B-空间 (参看文献 [65, 76]). 在本节中, 我们将给出这两类拓扑的若干刻画. 为此, 我们首先描述拓扑格中的完全 below 关系 $\lhd$.

引理 2.3.1 设 (X, δ) 是 T_0 空间, $V \in \delta$, $U \in \delta\backslash\{\varnothing\}$. 则下述各条件等价:

(1) 在 δ 中 $V \lhd U$;

(2) $U \not\subseteq \bigcup\limits_{v\in V}(X\backslash \downarrow_\delta v)$;

(3) $U \cap V^{\downarrow} \neq \varnothing$;

(4) $\exists u \in U$ 使 $V \subseteq \uparrow_\delta u$;

(5) $\exists u \in U$ 使 $V \subseteq \mathrm{int}_\delta \uparrow_\delta u$.

若 $\wedge_\delta V$ 存在, 则上述条件等价于下述:

(6) $\wedge_\delta V \in U$.

证明 (1) $\Rightarrow$ (2): 反证, 若 $U \subseteq \bigcup\limits_{v\in V}(X\backslash \downarrow_\delta v)$, 则由 $V \lhd U$, $\exists v \in V$ 使 $V \subseteq X\backslash \downarrow_\delta v$ (注意 $X\backslash \downarrow_\delta v = X\backslash \mathrm{cl}_\delta\{v\} \in \delta$), 矛盾. 故 $U \not\subseteq \bigcup\limits_{v\in V}(X\backslash \downarrow_\delta v)$.

(2) $\Leftrightarrow$ (3): 由 $\bigcup\limits_{v\in V}(X\backslash \downarrow_\delta v) = X\backslash \bigcap\limits_{v\in V} \downarrow_\delta v = X\backslash V^{\downarrow}$, 显然 (2) 与 (3) 等价.

(3) $\Leftrightarrow$ (4) $\Leftrightarrow$ (5): 显然.

(5) $\Rightarrow$ (1): 设 $\{U_i : i \in I\} \subseteq \delta$, $U \subseteq \bigcup\limits_{i\in I} U_i$. 由假设, $\exists u \in U$ 使 $V \subseteq \mathrm{int}_\delta \uparrow_\delta u$; 从而 $\exists i \in I$ 使 $u \in U_i$, 故 $V \subseteq \mathrm{int}_\delta \uparrow_\delta u \subseteq \uparrow_\delta u \subseteq U_i$. 所以 $V \lhd U$.

(4) ⇒ (6): 当 $\wedge_\delta V$ 存在时, 由 (4), 有 $u \leqslant \wedge_\delta V$; 从而由开集是上集, 有 $\wedge_\delta V \in U$.

(6) ⇒ (4): 取 $u = \wedge_\delta V$. 则 $u \in U, V \subseteq \uparrow_\delta u$.

推论 2.3.2 设 (X, δ) 是 T_0 空间, $U \in \delta \backslash \{\varnothing\}$. 则下述各条件等价:

(1) 在 δ 中 $U \lhd U$;

(2) $U \nsubseteq \bigcup_{u \in U} (X \backslash \downarrow_\delta u)$;

(3) $U \cap U^{\downarrow} \neq \varnothing$;

(4) $\exists u \in U$ 使 $U = \uparrow_\delta u$;

(5) $\exists u \in U$ 使 $U = \mathrm{int}_\delta \uparrow_\delta u$;

(6) $\wedge_\delta U$ 存在, 且 $\wedge_\delta U \in U$.

推论 2.3.3 设 P 为偏序集, $V \in \sigma(P), U \in \sigma(P) \backslash \{\varnothing\}$. 则下述各条件等价:

(1) 在 $\sigma(P)$ 中 $V \lhd U$;

(2) $U \nsubseteq \bigcup_{v \in V} (P \backslash \downarrow v)$;

(3) $U \cap V^{\downarrow} \neq \varnothing$;

(4) $\exists u \in U$ 使 $V \subseteq \uparrow u$;

(5) $\exists u \in U$ 使 $V \subseteq \mathrm{int}_{\sigma(P)} \uparrow u$.

若 $\wedge V$ 存在, 则上述条件等价于下述:

(6) $\wedge V \in U$.

推论 2.3.4 设 P 为偏序集, $U \in \sigma(P) \backslash \{\varnothing\}$. 则下述各条件等价:

(1) 在 $\sigma(P)$ 中 $U \lhd U$;

(2) $U \nsubseteq \bigcup_{u \in U} (P \backslash \downarrow u)$;

(3) $U \cap U^{\downarrow} \neq \varnothing$;

(4) $\exists u \in U$ 使 $U = \uparrow u$;

(5) $\exists u \in U$ 使 $U = \mathrm{int}_{\sigma(P)} \uparrow u$;

(6) $\wedge U$ 存在, 且 $\wedge U \in U$.

推论 2.3.5 设 P 为偏序集, $U \in \upsilon(P), V \in \upsilon(P) \backslash \{\varnothing\}$. 则下述各条件等价:

(1) 在 $\upsilon(P)$ 中 $V \lhd U$;

(2) $U \nsubseteq \bigcup_{v \in V} (P \backslash \downarrow v)$;

(3) $U \cap V^{\downarrow} \neq \varnothing$;

(4) $\exists u \in U$ 使 $V \subseteq \uparrow u$;

(5) $\exists u \in U$ 使 $V \subseteq \mathrm{int}_{\upsilon(P)} \uparrow u$.

若 $\wedge V$ 存在, 则上述条件等价于下述:

(6) $\wedge V \in U$.

推论 2.3.6　设 P 为偏序集, $U \in \upsilon(P) \backslash \{\varnothing\}$. 则下述各条件等价:

(1) 在 $\upsilon(P)$ 中 $U \triangleleft U$;

(2) $U \not\subseteq \bigcup_{u \in U} (P \backslash \downarrow u)$;

(3) $U \cap U^{\downarrow} \neq \varnothing$;

(4) $\exists u \in U$ 使 $U = \uparrow u$;

(5) $\exists u \in U$ 使 $U = \mathrm{int}_{\upsilon(P)} \uparrow u$;

(6) $\wedge U$ 存在, 且 $\wedge U \in U$.

对偶地, 有

推论 2.3.7　设 P 为偏序集, $V \in \omega(P), U \in \omega(P) \backslash \{\varnothing\}$. 则下述各条件等价:

(1) 在 $\omega(P)$ 中 $V \triangleleft U$;

(2) $U \not\subseteq \bigcup_{v \in V} (P \backslash \uparrow v)$;

(3) $U \cap V^{\uparrow} \neq \varnothing$;

(4) $\exists u \in U$ 使 $V \subseteq \downarrow u$;

(5) $\exists u \in U$ 使 $V \subseteq \mathrm{int}_{\omega(P)} \downarrow u$.

若 $\vee V$ 存在, 则上述条件等价于下述:

(6) $\vee V \in U$.

推论 2.3.8　设 P 为偏序集, $U \in \omega(P) \backslash \{\varnothing\}$. 则下述各条件等价:

(1) 在 $\omega(P)$ 中 $U \triangleleft U$;

(2) $U \not\subseteq \bigcup_{u \in U} (P \backslash \uparrow u)$;

(3) $U \cap U^{\uparrow} \neq \varnothing$;

(4) $\exists u \in U$ 使 $U = \downarrow u$;

(5) $\exists u \in U$ 使 $V = \mathrm{int}_{\omega(P)} \downarrow u$;

(6) $\vee U$ 存在, 且 $\vee U \in U$.

定理 2.3.9　设 (X, δ) 是 T_0 空间, $P = (X, \leqslant_\delta)$. 则下述各条件等价:

(1) δ 是完全分配格;

(1′) δ^c 是完全分配格;

(2) $\forall x \in X, U \in \delta$, 若 $x \in U$, 则 $\exists u \in U$ 使 $x \in \mathrm{int}_\delta \uparrow_\delta u \subseteq \uparrow_\delta u \subseteq U$;

(3) $\mathrm{int}_\delta : \mathbf{up}(P) \to \delta$ 是完备格同态;

(3′) $\mathrm{cl}_\delta : \mathbf{down}(P) \to \delta^c$ 是完备格同态;

(4) $\forall C \subseteq X, \mathrm{int}_\delta \uparrow_\delta C = \bigcup_{c \in C} \mathrm{int}_\delta \uparrow_\delta c$;

(5) $\forall U\in\delta$, $U=\bigcup\limits_{u\in U}\mathrm{int}_\delta\uparrow_\delta u$;

(6) $\forall x\in X, U\in\delta$, 若 $x\in U$, 则 $x\in \mathrm{cl}_\delta(\{u\in U: x\in\mathrm{int}_\delta\uparrow_\delta u\})$.

证明 (1) $\Leftrightarrow$ (1′): 由命题 2.2.5.

(1) $\Rightarrow$ (2): $\forall U\in\delta$, $x\in U$, 由δ 是完全分配格, $\exists V\in\delta$ 使 $x\in V\lhd U$. 由引理 2.3.1, $\exists u\in U$ 使 $V\subseteq\uparrow_\delta u$. 因而 $x\in V\subseteq\mathrm{int}_\delta\uparrow_\delta u\subseteq\uparrow_\delta u\subseteq U$.

(2) $\Rightarrow$ (3) : $\forall\{\uparrow_\delta A_i: i\in I\}\subseteq\mathbf{up}(P)$, 有 $\mathrm{int}_\delta\left(\bigcap\limits_{i\in I}\uparrow_\delta A_i\right)=\mathrm{int}_\delta\left(\bigcap\limits_{i\in I}\mathrm{int}_\delta\uparrow_\delta A_i\right)=\bigwedge\limits_{i\in I}^{\delta}\mathrm{int}_\delta\uparrow_\delta A_i$, 故 int_δ 保任意交. 下证 int_δ 保任意并. $\forall\{\uparrow_\delta B_j: j\in J\}\subseteq\mathbf{up}(P), x\in\mathrm{int}_\delta\left(\bigcup\limits_{j\in J}\uparrow_\delta B_j\right)$, 由 (2), $\exists u\in\mathrm{int}_\delta\left(\bigcup\limits_{j\in J}\uparrow_\delta B_j\right)$ 使 $x\in\mathrm{int}_\delta\uparrow_\delta u\subseteq\uparrow_\delta u\subseteq\mathrm{int}_\delta(\bigcup\limits_{j\in J}\uparrow_\delta B_j)$. 由 $u\in\mathrm{int}_\delta\left(\bigcup\limits_{j\in J}\uparrow_\delta B_j\right)\subseteq\bigcup\limits_{j\in J}\uparrow_\delta B_j, \exists j\in J$ 使 $u\in\uparrow_\delta B_j$; 从而 $x\in\mathrm{int}_\delta\uparrow_\delta u\subseteq\uparrow_\delta u\subseteq\mathrm{int}_\delta\uparrow_\delta B_j$. 故 $\mathrm{int}_\delta\left(\bigcup\limits_{j\in J}\uparrow_\delta B_j\right)=\bigcup\limits_{j\in J}\mathrm{int}_\delta\uparrow_\delta B_j$. 故 int_δ 保任意并.

(3) $\Leftrightarrow$ (3′): 显然

(3) $\Rightarrow$ (4) $\Rightarrow$ (5): 显然.

(5) $\Rightarrow$ (6): 设 $U\in\delta, x\in U$. $\forall V\in\delta, x\in V$, 由 (5), $\exists v\in U\cap V$ 使 $x\in\mathrm{int}_\delta\uparrow_\delta v$. 故 $v\in V\cap\{u\in U: x\in\mathrm{int}_\delta\uparrow_\delta u\}$. 所以 $x\in\mathrm{cl}_\delta(\{u\in U: x\in\mathrm{int}_\delta\uparrow_\delta u\})$.

(6) $\Rightarrow$ (1): 设 $U\in\delta$, $x\in U$. 由 (6), $x\in\mathrm{cl}_\delta(\{u\in U: x\in\mathrm{int}_\delta\uparrow_\delta u\})$; 从而 $\{u\in U: x\in\mathrm{int}_\delta\uparrow_\delta u\}\neq\varnothing$. 因而 $\exists u\in U$ 使 $x\in\mathrm{int}_\delta\uparrow_\delta u$. 故 $x\in\mathrm{int}_\delta\uparrow_\delta u\subseteq\uparrow_\delta u\subseteq U$. 由引理 2.3.1, $\mathrm{int}_\delta\uparrow_\delta u\lhd U$. 所以 $U=\cup\{V\in\delta: V\lhd U\}$. 由推论 2.2.10, δ 是完全分配格.

定理 2.3.9 中条件 (1), (1′), (3) 和 (3′) 的等价性是 Erné 在文献 [56](也见文献 [65, 74]) 给出的, 条件 (1) 与 (5) 的等价性见文献 [99, Theorem II-3.16].

定理 2.3.10 设 L 为完备格, δ 是 L 上的一个序相容拓扑, 即 $\upsilon(L)\subseteq\delta\subseteq\mathbf{up}(L)$. 考虑下述各条件:

(1) δ 为完全分配格;

(2) $\forall U\in\delta$, $x\in U, \exists u\in U$ 使 $x\in\mathrm{int}_\delta\uparrow u\subseteq\uparrow u\subseteq U$;

(3) $\forall x\in L, x=\vee\{\wedge V: x\in V\in\delta, \exists U\in\delta$ 使 $V\lhd U\}$;

(4) $\forall x\in L, x=\vee\{\wedge V: x\in V\in\delta, \exists U\in\delta$ 使 $V\prec U\}$;

(5) $\forall x\in L, x=\vee\{\wedge V: x\in V\in\delta$, 且 $\exists U\in\delta$ 使 $V\ll U\}$;

(6) $\forall x \in L, x = \vee\{\wedge V\colon x \in V \in\delta\}$.

则 (1) $\Leftrightarrow$ (2) $\Rightarrow$ (3) $\Rightarrow$ (4) $\Rightarrow$ (5) $\Rightarrow$ (6); 若$\delta\subseteq\sigma(L)$, 则有 (6) $\Rightarrow$ (2), 从而 (1)—(6) 全部等价.

证明 (1)$\Leftrightarrow$(2): 由定理 2.3.9.

(2) $\Rightarrow$ (3): 设 $x \in L$, 记 $y = \vee\{\wedge V : x \in V \in\delta, \exists U \in\delta$ 使 $V\lhd U\}$. 则 $y \leqslant x$. 若 $x \nleqslant y$, 则 $x \in L\backslash\downarrow y \in \upsilon(L) \subseteq \delta$. 由 (2), $\exists u \in L$ 使 $x \in \mathrm{int}_\delta \uparrow u \subseteq\uparrow u \subseteq L\backslash\downarrow y$. 由引理 2.3.1, $\mathrm{int}_\delta \uparrow u \lhd L\backslash\downarrow y$. 由 $y = \vee\{\wedge V : x \in V \in \delta, \exists U \in\delta$ 使 $V \lhd U\}$, 有 $u \leqslant \wedge\mathrm{int}_\delta \uparrow u \leqslant y$, 与 $\uparrow u \subseteq L\backslash\downarrow y$ 矛盾. 故 $x = y = \vee\{\wedge V : x \in V \in\delta, \exists U \in \delta$ 使 $V \lhd U\}$.

(3) $\Rightarrow$ (4) $\Rightarrow$ (5) $\Rightarrow$ (6): 显然.

(6) $\Rightarrow$ (2): 设 $\delta \subseteq \sigma(L)$. $\forall U \in \delta, x \in U$, 由 (6), $x = \vee\{\wedge V : x \in V \in \delta\}$. 显然, $\{\wedge V : x \in V \in\delta\}$ 是定向的, 从而由 $\delta \subseteq \sigma(L), \exists W \in\delta$ 使 $x \in W, u = \wedge W \in U$. 则 $W \subseteq\uparrow u$. 故 $x \in W \subseteq \mathrm{int}_\delta \uparrow u \subseteq\uparrow u \subseteq U$.

对$\delta\subseteq\sigma(L)$ 情形 (等价于 (L, δ) 是 d-空间), 定理 2.3.10 中条件 (1) 与 (5) 的等价性见文献 [99, Theorem II-3.16].

对强代数拓扑, 有下述定理.

定理 2.3.11 设 (X, δ) 是 T_0 拓扑空间, $P = (X, \leqslant_\delta)$. 则下述各条件等价:

(1) δ 是强代数格;

(2) $\forall x \in X, U \in\delta$, 若 $x \in U$, 则 $\exists u \in U$ 使 $x \in\mathrm{int}_\delta \uparrow_\delta u = \uparrow_\delta u \subseteq U$;

(3) $\forall x \in X, U \in\delta$, 若 $x \in U$, 则 $x \in\mathrm{cl}_\delta(\{u \in U : x \in\mathrm{int}_\delta \uparrow_\delta u =\uparrow_\delta u\})$.

若 P 是完备格, 则上述条件蕴涵下述条件:

(4) $\forall x \in P, x = \vee\{\wedge U : x \in U \lhd U \in\delta\}$.

若 P 是完备格, $\delta \subseteq \sigma(P)$, 则 (4) $\Rightarrow$ (1), 从而 (1)—(4) 全部等价.

证明 (1) $\Rightarrow$ (2): $\forall U \in\delta, x \in U$, 由 δ 是强代数格, $\exists V \in\delta$ 使 $x \in V \lhd V \subseteq U$. 由推论 2.3.2, $\exists u \in V \subseteq U$ 使 $V = \uparrow_\delta u$. 因而 $x \in V = \mathrm{int}_\delta \uparrow_\delta u = \uparrow_\delta u \subseteq U$.

(2) $\Rightarrow$ (1): $\forall U \in\delta, x \in U$, 由 (2), $\exists u \in X$ 使 $x \in \mathrm{int}_\delta \uparrow_\delta u = \uparrow_\delta u \subseteq U$. 由推论 2.3.2, 在 δ 中 $\mathrm{int}_\delta \uparrow_\delta u\lhd \mathrm{int}_\delta \uparrow_\delta u$. 所以 $U = \cup\{V \in K_s(\delta) : V \subseteq U\}$, 故 δ 是强代数格.

(2) $\Rightarrow$ (3): 设 $U \in \delta, x \in U$. $\forall V \in \delta, x \in V$, 由 (2), $\exists v \in U \cap V$ 使 $x \in \mathrm{int}_\delta \uparrow_\delta v = \uparrow_\delta v$. 故 $v \in V\cap\{u \in U : x \in \mathrm{int}_\delta \uparrow_\delta u = \uparrow_\delta v\}$. 所以 $x \in \mathrm{cl}_\delta(\{u \in U : x \in \mathrm{int}_\delta \uparrow_\delta u = \uparrow_\delta u\})$.

(3) $\Rightarrow$ (1): 设 $U \in\delta, x \in U$. 由 (3), $x \in \mathrm{cl}_\delta(\{u \in U : x \in \mathrm{int}_\delta \uparrow_\delta u =\uparrow_\delta u\})$; 从而 $\{u \in U : x \in \mathrm{int}_\delta \uparrow_\delta u = \uparrow_\delta u\} \neq \varnothing$. 因而 $\exists u \in U$ 使 $x \in \mathrm{int}_\delta \uparrow_\delta u = \uparrow_\delta u$. 故 $x \in \mathrm{int}_\delta \uparrow_\delta u =\uparrow_\delta u \subseteq U$. 由推论 2.3.2, $\mathrm{int}_\delta \uparrow_\delta u\lhd\mathrm{int}_\delta \uparrow_\delta u \subseteq U$. 所以 $U = \cup\{V \in \delta : V \lhd V \subseteq U\}$. 故 δ 是强代数格.

(2) $\Rightarrow$ (4): 设 P 是完备格, $x\in P$. 记 $y=\vee\{\wedge U: x\in U\lhd U\in\delta\}$. 则 $y\leqslant_\delta x$. 若 $x\not\leqslant_\delta y$, 则 $x\in P\backslash\downarrow_\delta y\in\upsilon(P)\subseteq\delta$. 由 (2), $\exists u\in P$ 使 $x\in\mathrm{int}_\delta\uparrow_\delta u=\uparrow_\delta u\subseteq P\backslash\downarrow_\delta y$. 由推论 2.3.2, $\mathrm{int}_\delta\uparrow_\delta u\lhd\mathrm{int}_\delta\uparrow_\delta u\subseteq P\backslash\downarrow_\delta y$. 由 $y=\vee\{\wedge U\colon x\in U\lhd U\in\delta\}$, 有 $u\leqslant_\delta\wedge\mathrm{int}_\delta\uparrow u\leqslant_\delta y$, 与 $\uparrow_\delta u\subseteq P\backslash\downarrow_\delta y$ 矛盾. 故 $x=y=\vee\{\wedge U: x\in U\lhd U\in\delta\}$.

(4) $\Rightarrow$ (2): 设 P 是完备格, $\delta\subseteq\sigma(P)$. $\forall U\in\delta$, $x\in U$, 由 (4), $x=\vee\{\wedge U: x\in U\lhd U\in\delta\}$. 对 $x\in U\lhd U\in\delta$, 由推论 2.3.2, $\exists u\in U$ 使 $U=\mathrm{int}_\delta\uparrow_\delta u=\uparrow_\delta u$. 故 $x=\vee\{u\in P: x\in\mathrm{int}_\delta\uparrow_\delta u=\uparrow_\delta u\}\in U\in\delta\subseteq\sigma(P)$; 从而 $\exists\{u_1,u_2,\cdots,u_n\}\subseteq P$ 使 $x\in\mathrm{int}_\delta\uparrow_\delta u_i=\uparrow_\delta u_i(i=1,2,\cdots,n)$, $\bigvee\limits_{i=1}^{n}u_i\in U$. 令 $u=\bigvee\limits_{i=1}^{n}u_i$, 则 $x\in\bigcap\limits_{i=1}^{n}\mathrm{int}_\delta\uparrow_\delta u_i=\mathrm{int}_\delta\bigcap\limits_{i=1}^{n}\uparrow_\delta u_i=\mathrm{int}_\delta\uparrow_\delta u=\bigcap\limits_{i=1}^{n}\uparrow_\delta u_i=\uparrow_\delta u\subseteq U$.

对偏序集 P 上的 Scott 拓扑, 由定理 2.3.9 和定理 2.3.10, 得到下述

定理 2.3.12 设 P 是偏序集, 则下述各条件等价:

(1) $\sigma(P)$ 是完全分配格;

(2) $\forall x\in P, U\in\sigma(P)$, 若 $x\in U$, 则 $\exists u\in U$ 使 $x\in\mathrm{int}_{\sigma(P)}\uparrow u\subseteq\uparrow u\subseteq U$;

(3) $\mathrm{int}_{\sigma(P)}:\mathbf{up}(P)\to\sigma(P)$ 是完备格同态;

(3′) $\mathrm{cl}_{\sigma(P)}:\mathbf{down}(P)\to\sigma(P)^c$ 是完备格同态;

(4) $\forall C\subseteq P$, $\mathrm{int}_{\sigma(P)}\uparrow C=\bigcup\limits_{c\in C}\mathrm{int}_{\sigma(P)}\uparrow c$;

(5) $\forall U\in\sigma(P), U=\bigcup\limits_{u\in U}\mathrm{int}_{\sigma(P)}\uparrow u$;

(6) $\forall x\in P, U\in\sigma(P)$, 若 $x\in U$, 则 $x\in\mathrm{cl}_{\sigma(P)}(\{u\in U: x\in\mathrm{int}_{\sigma(P)}\uparrow u\})$.

若 P 为完备格, 则上述条件等价于下述各条件:

(7) $\forall x\in P, x=\vee\{\wedge V: x\in V\in\sigma(P), \exists U\in\sigma(P)$ 使 $V\lhd U\}$;

(8) $\forall x\in P, x=\vee\{\wedge V: x\in V\in\sigma(P), \exists U\in\sigma(P)$ 使 $V\prec U\}$;

(9) $\forall x\in P, x=\vee\{\wedge V: x\in V\in\sigma(P)$, 且 $\exists U\in\sigma(P)$ 使 $V\ll U\}$;

(10) $\forall x\in P, x=\vee\{\wedge V\colon x\in V\in\sigma(P)\}$.

对于偏序集的连续性和其上 Scott 拓扑的完全分配性, 我们有下述重要结果.

定理 2.3.13 设 P 是偏序集, 则下述两个条件等价:

(1) P 是连续的;

(2) $\sigma(P)$ 是完全分配格.

证明 (1) $\Rightarrow$ (2): 由命题 2.1.11 和定理 2.3.9 (或定理 2.3.12).

(2) $\Rightarrow$ (1): $\forall x\in P$, 令 $E_x=\{u\in P: x\in\mathrm{int}_{\sigma(P)}\uparrow u\}$. 则有

1° $E_x\neq\varnothing$.

由 $\sigma(P)$ 为完全分配格和定理 2.3.12, $\exists u \in P$ 使 $x \in \mathrm{int}_{\sigma(P)} \uparrow u \subseteq \uparrow u \subseteq P$. 则 $u \in E_x$.

2° $E_x \subseteq \Downarrow x$.

设 $u \in E_x, D$ 是 P 中的定向子集, $\vee D$ 存在且 $x \leqslant \vee D$, 则由 $x \in \mathrm{int}_{\sigma(P)} \uparrow u$, 有 $\vee D \in \mathrm{int}_{\sigma(P)} \uparrow u$; 从而 $\exists d \in D$ 使得 $d \in \mathrm{int}_{\sigma(P)} \uparrow u \subseteq \uparrow u$. 故 $u \ll x$.

3° E_x 是定向子集.

设 $u, v \in E_x$, 即 $x \in \mathrm{int}_{\sigma(P)} \uparrow u, x \in \mathrm{int}_{\sigma(P)} \uparrow v$, 由定理 2.3.12, $\exists w \in \mathrm{int}_{\sigma(P)} \uparrow u \cap \mathrm{int}_{\sigma(P)} \uparrow v$ 使 $x \in \mathrm{int}_{\sigma(P)} \uparrow w \subseteq \uparrow w \subseteq \mathrm{int}_{\sigma(P)} \uparrow u \cap \mathrm{int}_{\sigma(P)} \uparrow v$. 则 $w \in E_x$, 且 $w \in \uparrow u \cap \uparrow v$. 所以 E_x 是定向的.

4° $x = \vee E_x$.

显然 x 是 E_x 的上界. 设 $y \in P$ 是 E_x 的一个上界, 若 $x \not\leqslant y$, 则 $x \in P \backslash \downarrow y \in \upsilon(P) \subseteq \sigma(P)$, 由定理 2.3.12, $\exists s \in P \backslash \downarrow y$ 使 $x \in \mathrm{int}_{\sigma(P)} \uparrow s \subseteq \uparrow s \subseteq P \backslash \downarrow y$, 从而 $s \in E_x, s \not\leqslant y$, 与 y 是 E_x 的上界矛盾. 故 $x = \vee E_x$.

由 2°—4° 和引理 2.1.5, P 是连续偏序集.

注 2.3.14　(1) 依定理 2.3.13 证明, 我们有如下结论: 设 P 为偏序集, δ 是 P 上的一个粗于 Scott 拓扑的序相容完全分配拓扑 (即 $\upsilon(L) \subseteq \delta \subseteq \sigma(L)$, 且 δ 是完全分配的), 则 P 是连续偏序集.

(2) 定理 2.3.13 的证明有两个关键, 一是方向小于关系 $\ll$ 的逼近性, 即 $\forall x \in P$, x 为 $\Downarrow x$ 的上确界, 这并不难证明; 二是 $\ll$ 逼近的定向性, $\forall x \in P, \Downarrow x$ 是定向的, 这有一定的难度. 我们这里给出的证明相对直接而简单, 读者可以将其与文献 [99, Theorem Ⅱ-1.14] 的证明做比较.

类似地, 基于命题 2.1.12、推论 2.3.4 和定理 2.3.11, 可以证明下述

定理 2.3.15　设 P 是偏序集, 则下述各条件等价:

(1) P 是代数的;

(2) $\sigma(P)$ 是强代数格;

(3) $\forall x \in P, U \in \sigma(P)$, 若 $x \in U$, 则 $\exists u \in U$ 使 $x \in \mathrm{int}_{\sigma(P)} \uparrow u = \uparrow u \subseteq U$, 即 $\exists u \in K(P)$ 使 $x \in \uparrow u \subseteq U$;

(4) $\forall x \in X, U \in \sigma(P), x \in U \Rightarrow x \in \mathrm{cl}_{\sigma(P)}(\{u \in U : x \in \mathrm{int}_{\sigma(P)} \uparrow u = \uparrow u\})$.

若 P 是完备格, 则上述条件等价于下述条件:

(5) $\forall x \in P, x = \vee\{\wedge U : x \in U \lhd U \in \sigma(P)\}$.

定理 2.3.15 中关于代数性刻画的条件 (2), (3) 和 (5) 是众所周知的 (参见文献 [72, 98, 99, 416]).

推论 2.3.16 [98,99]　设 L 是 **dcpo**, 则下述各条件等价:

(1) L 是连续的;

(2) $\sigma(L)$ 是完全分配格;

(3) $\forall x\in L, U\in\sigma(L)$, 若 $x\in U$, 则 $\exists u\in U$ 使 $x\in \mathrm{int}_{\sigma(L)}\uparrow u\subseteq\uparrow u\subseteq U$;

(4) $\mathrm{int}_{\sigma(L)}:\mathbf{up}(L)\to\sigma(L)$ 是完备格同态;

(5) $\forall C\subseteq L$, $\mathrm{int}_{\sigma(L)}\uparrow C=\bigcup_{c\in C}\mathrm{int}_{\sigma(L)}\uparrow c$.

若 L 是完备格, 则上述条件等价于下述条件:

(6) $\forall x\in L, x=\vee\{\wedge V: x\in V\in\sigma(L)\}$.

推论 2.3.16 中关于 **dcpo** 之连续性刻画的条件 (2), (3), (4) 和 (6)(完备格情形) 是众所周知的 (参见文献 [98, 99, 377, 395]).

推论 2.3.17 [98,99] 设 L 为完备格, 则下述各条件等价:

(1) L 是代数的;

(2) $\forall x\in L, U\in\sigma(L)$, 若 $x\in U$, 则 $\exists k\in K(L)$ 使 $x\in\uparrow k\subseteq U$;

(3) $\sigma(L)$ 是强代数格;

(4) $\forall x\in L, x=\vee\{\wedge V: x\in V\lhd V\in\sigma(L)\}$.

设 X 为集, $\delta\subseteq 2^X$. δ 称为 X 上的一个开系统 (对偶地, δ^c=$\{X\backslash U: U\in\delta\}$ 称为闭系统 [76]), 若 δ 对集合并运算封闭. 许多拓扑性质 (如分离性质) 可以 "平移" 到开系统, 这里不一一列出. 读者容易看到, 本节中的不少讨论都可以对开系统进行, 且有相应的结论. 特别地, 有下述结论 (比较定理 2.3.9).

定理 2.3.18 设 δ 是集 X 上的一个 T_0 的开系统, $P=(X,\leqslant_\delta)$. 则下述各条件等价:

(1) δ 是完全分配格;

(2) $\forall x\in X, U\in\delta$, 若 $x\in U$, 则 $\exists u\in U$ 使 $x\in\mathrm{int}_\delta\uparrow_\delta u\subseteq\uparrow_\delta u\subseteq U$;

(3) $\mathrm{int}_\delta:\mathbf{up}(P)\to\delta$ 是完备格同态;

(3′) $\mathrm{cl}_\delta:\mathbf{down}(P)\to\delta^c$ 是完备格同态;

(4) $\forall C\subseteq X$, $\mathrm{int}_\delta\uparrow_\delta C=\bigcup_{c\in C}\mathrm{int}_\delta\uparrow_\delta c$;

(5) $\forall U\in\delta$, $U=\bigcup_{u\in U}\mathrm{int}_\delta\uparrow_\delta u$.

设 L 为完备格, 令 $\delta=\{L\backslash\downarrow x: x\in L\}$, 则 δ 是 L 上的一个开系统, 且 L 与 δ (赋予集包含序) 对偶同构. 由定理 2.3.18, 有下述推论.

推论 2.3.19 设 L 为完备格, 则下述各条件等价:

(1) L 是完全分配格.

(2) $\sup:\mathbf{down}(L)\to L$, $A\mapsto\vee A$ 是完备格同态.

(3) $\mathrm{int}_\delta:\mathbf{up}(L)\to\delta$, $\uparrow C\mapsto\cup\{L\backslash\downarrow y:\downarrow y\cup\uparrow C=L\}$ 是完备格同态.

(4) $\forall\{C_i: i\in I\}\subseteq 2^L, \cup\left\{L\backslash\downarrow y:\downarrow y\cup\bigcup_{i\in I}\uparrow C_i=L\right\}=\bigcup_{i\in I}\cup\{L\backslash\downarrow y:$

$\downarrow y \cup \uparrow C_i = L\}$.

(5) $\forall C \subseteq L, \cup\{L\backslash \downarrow y : \downarrow y \cup \uparrow C = L\} = \bigcup_{c\in C} \cup\{L\backslash \downarrow y : \downarrow y \cup \uparrow c = L\}$.

(6) $\forall x \in L, L\backslash \downarrow x = \cup\{L\backslash \downarrow y : \exists u \not\leqslant x$ 使 $\downarrow y \cup \uparrow u = L\}$.

(7) $\forall x, y \in L, x \not\leqslant y, \exists u \not\leqslant y$ 使 $x \in L\backslash \downarrow \wedge\{z : \downarrow z \cup \uparrow u = L\} \subseteq \uparrow u \subseteq L\backslash \downarrow y$.

(8) $\forall x, y \in L, x \not\leqslant y, \exists u \not\leqslant y, v \in L$ 使 $x \in L\backslash \downarrow v \subseteq \uparrow u \subseteq L\backslash \downarrow y$.

(9) $\forall x, y \in L, x \not\leqslant y, \exists u, v \in L$ 使

(i) $u \not\leqslant y, x \not\leqslant v$;

(ii) $\forall z \in P, u \leqslant z$ 或 $z \leqslant v$.

推论 2.3.19 中关于完全分配格的刻画条件 (2) 是众所周知的 (参看文献 [27, 77, 296]), 关于条件 (9), 我们将在 7.2 节做说明.

2.4 完全分配格的余素元集

关于完全分配格与连续 domain 的关系, 除定理 2.2.16 之外, 还有如下众所周知的重要结论.

定理 2.4.1 [98,99,204] 设 L 是完全分配格, 则 L 的非 0 余素元全体 COPRIME(L)$\backslash\{0\}$ 在 L 的诱导序下是连续 domain.

上述结果最早是 Lawson 在文献 [204] 中建立连续 domain (文献 [204] 中称为连续偏序集) 的对偶理论时给出的 (见文献 [204, Theorem 5.6]), 具有重要应用. 在文献 [204] 中, Lawson 对这一结果所给出证明比较复杂 (其证明方法也见文献 [99, Exercise I-3.39, Lemma V-1.6, Theorem V-1.7] 或文献 [98, Exercise I-3.42, Exercise V-1.9]), 需要用到 Gierz 和 Keimel 在文献 [100] 中给出的一个重要引理 (现在称之为 "The Lemma", 见文献 [98, V-1.1 The Lemma; 99, Theorem V-1.1]; 204, Proposition 5.5) 和完全分配格 L 与 L^{op} 的 Lawson 拓扑一致 (即 $\lambda(L) = \lambda(L^{\mathrm{op}})$) 等比较深刻的结果. 下面我们给出定理 2.4.1 一个更简单的证明. 为此, 我们先证明下述

引理 2.4.2 设 L 是完全分配格, 则 COPRIME(L) 是 L 的并生成集, 即 $\forall x \in L, x = \vee(\downarrow x \cap \mathrm{COPRIME}(L))$.

证明 引理 2.4.2 的结论在文献 [99, Theorem I-3.16] (也见文献 [98, Theorem I-3.15]) 中已有, 下面我们给出一个直接证明.

显然, 只需证 $\forall x, y \in L$, 若 $x \not\leqslant y$, 则 $\exists q \in$COPRIME(L) 使 $q \leqslant x, q \not\leqslant y$. 由推论 2.2.10, $\exists u \in L$ 使 $u \lhd x, u \not\leqslant y$. 由推论 2.1.16, $\exists\{u_n \in L : n \in N\} \subseteq L$

使 $u = u_1 \lhd u_2 \lhd \cdots \lhd u_n \lhd u_{n+1} \lhd \cdots \lhd x$. 令 $q = \bigvee\limits_{n=1}^{\infty} u_n$. 则 $q \leqslant x, q \not\leqslant y$ (因为 $u_1 = u \not\leqslant y$). 下验证 $q \in$COPRIME(L). 设 $s, t \in L, q \leqslant s \vee t$, 若 $q \not\leqslant s$, $q \not\leqslant t$, 则 $\exists n, m \in N$ 使得 $u_n \not\leqslant s$, $u_m \not\leqslant t$. 令 $k = \max\{n, m\}$. 则 $u_k \not\leqslant s$, $u_k \not\leqslant t$. 另一方面, 由 $u_k \lhd u_{k+1} \leqslant q \leqslant s \vee t$, 有 $u_k \leqslant s$ 或 $u_k \leqslant t$, 与 $u_k \not\leqslant s$ 和 $u_k \not\leqslant t$ 矛盾. 故 $q \in$ COPRIME(L).

定理 2.4.1 的证明 记 $Q =$ COPRIME$(L)\backslash\{0\}$. 首先验证 Q 是 L 的子 **dcpo** (即对 L 中的定向并运算封闭). 设 $\{q_d : d \in D\} \subseteq Q$ 是定向的, 令 $q = \vee_L\{q_d : d \in D\}$. 下证 $q \in Q$. 显然 $q \neq 0$. 设 $s, t \in L, q \leqslant s \vee t$, 若 $q \not\leqslant s$, $q \not\leqslant t$, 则 $\exists d_1, d_2 \in D$ 使得 $q_{d_1} \not\leqslant s$, $q_{d_2} \not\leqslant t$. 由 $\{q_d : d \in D\}$ 是定向的, $\exists d_3 \in D$ 使 $q_{d_1} \leqslant q_{d_3}$, $q_{d_2} \leqslant q_{d_3}$. 而由 $q_{d_3} \leqslant q \leqslant s \vee t$, 有 $q_{d_3} \leqslant s$ 或 $q_{d_3} \leqslant t$, 与 $q_{d_1} \not\leqslant s$ 和 $q_{d_2} \not\leqslant t$ 矛盾. 故 $q \in Q$, 从而 $q = \vee_Q\{q_d : d \in D\}$. 所以 Q 是 L 的子 **dcpo**, 从而依 L 的诱导序是 **dcpo**.

$\forall q \in Q$, 令 $E_q = \Downarrow_{\mathcal{P}} q \cap Q = \{p \in Q :$ 在 L 中 $p \lhd q\}$. 则由 Q 是 L 的子 **dcpo**, 有 $E_q \subseteq \Downarrow_Q q$. 下证 E_q 是定向的, 且 $q = \vee_Q E_q$.

1° E_q 是定向的.

设 $q_1, q_2 \in E_q$, 则由引理 2.1.13, 有 $q \not\leqslant \vee_L(L\backslash \uparrow q_1), q \not\leqslant \vee_L(L\backslash \uparrow q_2)$. 由 q 为余素元, 有 $q \not\leqslant (\vee_L(L\backslash \uparrow q_1)) \vee_L (\vee_L(L\backslash \uparrow q_2))$. 则由推论 2.2.10, $\exists v \lhd q$ 使 $v \not\leqslant (\vee_L(L\backslash \uparrow q_1)) \vee_L (\vee_L(L\backslash \uparrow q_2))$; 由引理 2.4.2, $\exists q_3 \in \downarrow v \cap Q$ 使 $q_3 \not\leqslant (\vee_L(L\backslash \uparrow q_1)) \vee_L (\vee_L(L\backslash \uparrow q_2))$. 则 $q_3 \lhd q$, 且由引理 2.1.13, 有 $q_1 \lhd q_3, q_2 \lhd q_3$; 从而有 $q_3 \in E_q$, $q_1 \leqslant q_3, q_2 \leqslant q_3$. 所以 E_q 是定向的.

2° $q = \vee \Downarrow_Q q$.

显然 q 是 E_q 的一个上界. 设 $t \in Q$ 也是 E_q 的一个上界, 若 $q \not\leqslant t$, 则由推论 2.2.10, $\exists u \lhd q$ 使 $u \not\leqslant t$; 由引理 2.4.2, $\exists q^* \in \downarrow u \cap Q$ 使 $q^* \not\leqslant t$. 则 $q^* \in E_q, q^* \not\leqslant t$, 与 t 是 E_q 的上界矛盾. 故 $q = \vee \Downarrow_Q q$.

由 1°, 2° 和引理 2.1.5, Q 是连续 domain.

2.5 超连续偏序集

定义 2.5.1 [98,99] 设 P 是偏序集, 在 P 上定义一个二元关系 $\prec$ 如下: $x \prec y \Leftrightarrow \forall \mathcal{U} \subseteq \mathbf{Up}(L)$, 若 $\cap\, \mathcal{U} \subseteq \uparrow y$, 则 $\exists\, \mathcal{U}_0 \in \mathcal{U}^{(<\omega)}$ 使 $\cap\, \mathcal{U}_0 \subseteq \uparrow x$. 若 $x \prec x$, 则称 x 为超紧元. P 中的超紧元全体记为 $K_h(P)$.

引理 2.5.2 [98,99] 设 P 是偏序集, $x, y \in P$. 则下述各条件等价:

(1) $x \prec y$;

(2) $\forall \mathcal{U} \subseteq \upsilon(P)$, 若 $\cap\, \mathcal{U} \subseteq \uparrow y$, 则 $\exists\, \mathcal{U}_0 \in \mathcal{U}^{(<\omega)}$ 使 $\cap \mathcal{U}_0 \subseteq \uparrow x$;

(3) $\forall T \subseteq P$, 若 $\cap\{P\backslash\downarrow t : t \in T\} \subseteq \uparrow y$, 则 $\exists T_0 \in T^{(<\omega)}$ 使 $\cap\{P\backslash\downarrow t : t \in T_0\} \subseteq \uparrow x$;

(4) $y \in \mathrm{int}_{\upsilon(P)} \uparrow x$.

证明 显然有 (1) $\Rightarrow$ (2) $\Rightarrow$ (3).

(3) $\Rightarrow$ (4): 令 $T = P\backslash\uparrow y$. 则 $y \in \cap\{P\backslash\downarrow t : t \in T\} = \uparrow y$. 由 (3), $\exists T_0 \in T^{(<\omega)}$ 使 $\cap\{P\backslash\downarrow t : t \in T_0\} \subseteq \uparrow x$. 显然 $y \in \cap\{P\backslash\downarrow t : t \in T_0\} = P\backslash\downarrow T_0 \in \upsilon(P)$. 故 $y \in \mathrm{int}_{\upsilon(P)} \uparrow x$.

(4) $\Rightarrow$ (1): 设 $y \in \mathrm{int}_{\upsilon(P)} \uparrow x$. 则 $\exists B \in P^{(<\omega)}$ 使 $y \in P\backslash\downarrow B \subseteq \uparrow x$. $\forall \mathcal{U} \subseteq \upsilon(P)$, 若 $\cap\,\mathcal{U} \subseteq \uparrow y$, 则 $\cap\,\mathcal{U} \subseteq P\backslash\downarrow B$. 故 $\forall b \in B, \cap\,\mathcal{U} \subseteq P\backslash\downarrow b$; 因而 $\exists U_b \in \mathcal{U}$ 使 $b \notin U_b$, 即 $U_b \subseteq P\backslash\downarrow b$. 令 $\mathcal{U}_0 = \{U_b : b \in B\}$. 则 $\mathcal{U}_0 \in \mathcal{U}^{(<\omega)}$, 且 $\cap\mathcal{U}_0 = \bigcap\limits_{b\in B} U_b \subseteq \bigcap\limits_{b\in B}(P\backslash\downarrow b) = P\backslash\downarrow B \subseteq \uparrow x$. 故 $x \prec y$.

推论 2.5.3 设 P 是偏序集, $x \in P$. 则下述各条件等价:

(1) x 是超紧元;

(2) $\forall \mathcal{U} \subseteq \upsilon(P)$, 若 $\cap\mathcal{U} \subseteq \uparrow x$, 则 $\exists \mathcal{U}_0 \in \mathcal{U}^{(<\omega)}$ 使 $\cap\,\mathcal{U}_0 \subseteq \uparrow x$;

(3) $\forall T \subseteq P$, 若 $\cap\{P\backslash\downarrow t : t \in T\} \subseteq \uparrow y$, 则 $\exists T_0 \in T^{(<\omega)}$ 使 $\cap\{P\backslash\downarrow t : t \in T_0\} \subseteq \uparrow x$;

(4) $\uparrow x \in \upsilon(P)$.

对偏序集 P, 由引理 2.5.2 和 $\mathrm{int}_{\upsilon(P)} \uparrow x \subseteq \mathrm{int}_{\sigma(P)} \uparrow x \subseteq \Uparrow x$, 知 $\prec \subseteq \ll$, $K_h(P) \subseteq K(P)$.

定义 2.5.4 [99,101,395,416] 设 P 是偏序集.

(1) P 称为超连续的, 若 $\forall x \in P$, $\{u \in P : u \prec x\}$ 是定向的, 且 $x = \vee\{u \in P : u \prec x\}$;

(2) P 称为超代数的, 若 $\forall x \in P, K_h(P) \cap \downarrow x$ 是定向的, 且 $x = \vee(K_h(P)\cap\downarrow x)$.

超连续格最早是由 Gierz 和 Lawson 在文献 [101] 中引入的, 它具有许多良好的性质, 读者可参看文献 [99, 101, 395, 416]. 下面给出超连续偏序集的一些刻画.

引理 2.5.5 设 P 为偏序集, 则下述各条件等价:

(1) P 是超连续的;

(2) $\forall x \in P$, 存在定向集 $H_x \subseteq \{u \in P : u \prec x\}$ 使 $x = \vee H_x$;

(3) P 是连续的, 且 $\upsilon(P) = \sigma(P)$;

(4) P 是连续的, 且 $\prec = \ll$;

(5) $\upsilon(P)$ 是完全分配格.

证明 (1) $\Rightarrow$ (2): 显然.

(2) $\Rightarrow$ (3): 由 $\prec\subseteq\ll$ 和引理 2.1.5, P 是连续的. 设 $U\in\sigma(P), x\in U$, 由 (2), 存在定向集 $H_x\subseteq\{u\in P: u\prec x\}$ 使 $x=\vee H_x$; 从而 $\exists v\in H_x$ 使 $v\in U$; 因此有 $x\in \mathrm{int}_{\upsilon(P)}\uparrow v\subseteq\uparrow v\subseteq U$. 故 $U\in\upsilon(P)$. 所以 $\upsilon(P)=\sigma(P)$.

(3) $\Leftrightarrow$ (4): 由命题 2.1.11 和引理 2.5.2.

(3) $\Rightarrow$ (5): 由定理 2.3.12.

(5) $\Rightarrow$ (1): 设 $x\in P, u_1, u_2\in\{u\in P: u\prec x\}$. 则 $x\in \mathrm{int}_{\upsilon(P)}\uparrow u_1\cap \mathrm{int}_{\upsilon(P)}\uparrow u_2$. 由定理 2.3.9, $\exists u_3\in P$ 使 $x\in \mathrm{int}_{\upsilon(P)}\uparrow u_3\subseteq\uparrow u_3\subseteq \mathrm{int}_{\upsilon(P)}\uparrow u_1\cap \mathrm{int}_{\upsilon(P)}\uparrow u_2\subseteq\uparrow u_1\cap\uparrow u_2$. 故 $u_3\in\{u\in P: u\prec x\}$, 且 $u_3\leqslant u_1, u_3\leqslant u_3$. 所以 $\{u\in P: u\prec x\}$ 是定向的. 显然, x 是 $\{u\in P: u\prec x\}$ 的上界. 设 y 是 $\{u\in P: u\prec x\}$ 的上界, 若 $x\not\leqslant y$, 则 $x\in P\setminus\downarrow y\in\upsilon(P)$. 由定理 2.3.9, $\exists v\in P$ 使 $x\in \mathrm{int}_{\upsilon(P)}\uparrow v\subseteq\uparrow v\subseteq P\setminus\downarrow y$; 从而 $v\in\{u\in P: u\prec x\}, v\not\leqslant y$, 与 y 是 $\{u\in P: u\prec x\}$ 的上界矛盾. 故 $x=\vee\{u\in P: u\prec x\}$. 所以 P 是超连续的.

类似地, 有下述引理.

引理 2.5.6 设 P 为偏序集, 则下述各条件等价:

(1) P 是超代数的;

(2) $\forall x\in P, \exists H_x\in\mathcal{D}(K_h(P))$ 使 $x=\vee H_x$;

(3) P 是代数的, 且 $\upsilon(P)=\sigma(P)$;

(4) P 是代数的, 且 $\prec=\ll$;

(5) $\upsilon(P)$ 是强代数格.

引理 2.5.5 中 (1) 和 (3) 的等价性可以说是众所周知的, 读者可以参看文献 [76, 98, 99, 101, 261]; 在完备格情形下, 引理 2.5.5 中 (1) 和 (3) 的等价性首先是在文献 [101] 中得到的, 引理 2.5.6 中 (1), (3) 和 (5) 的等价性是文献 [416] 给出的 (也见文献 [423]).

由命题 1.2.12、引理 2.5.5 和引理 2.5.6, 得到下述两个推论.

推论 2.5.7 [99,100] 设 L 是完备格, 则下述各条件等价:

(1) L 是超连续的;

(2) L 为连续的, 且 $\theta(L)=\lambda(L)$;

(3) L 为连续的, 且 $\lambda(L)=\lambda(L^{\mathrm{op}})$.

推论 2.5.8 设 L 是完备格, 则下述各条件等价:

(1) L 是超代数的;

(2) L 为代数的, 且 $\theta(L)=\lambda(L)$;

(3) L 为代数的, 且 $\lambda(L)=\lambda(L^{\mathrm{op}})$.

由定理 2.3.9—定理 2.3.11、引理 2.5.5 和引理 2.5.6, 得到超连续偏序集和超代数偏序集的下述刻画定理.

定理 2.5.9 设 P 为偏序集, 则下述各条件等价:

(1) P 是超连续的;

(2) $\upsilon(P)$ 是完全分配格;

(3) $\forall x \in P, U \in \upsilon(P)$, 若 $x \in U$, 则 $\exists u \in P$ 使 $x \in \mathrm{int}_{\upsilon(P)} \uparrow u \subseteq \uparrow u \subseteq U$;

(4) $\mathrm{int}_{\upsilon(P)} : \mathbf{up}(P) \to \upsilon(P)$ 是完备格同态;

(4′) $\mathrm{cl}_{\upsilon(P)} : \mathbf{down}(P) \to \upsilon(P)^c$ 是完备格同态;

(5) $\forall C \subseteq P$, $\mathrm{int}_{\upsilon(P)} \uparrow C = \bigcup_{c \in C} \mathrm{int}_{\upsilon(P)} \uparrow c$;

(6) $\forall U \in \upsilon(P), U = \bigcup_{u \in U} \mathrm{int}_{\upsilon(P)} \uparrow u$;

(7) $\forall x \in P, U \in \upsilon(P)$, 若 $x \in U$, 则 $x \in \mathrm{cl}_{\upsilon(P)}(\{u \in U : x \in \mathrm{int}_{\upsilon(P)} \uparrow u\})$.

若 P 为完备格, 则上述条件等价于下述各条件:

(8) $\forall x \in P, x = \vee\{\wedge V : x \in V \in \upsilon(P)$, 且 $\exists U \in \upsilon(P)$ 使 $V \lhd U\}$;

(9) $\forall x \in P, x = \vee\{\wedge V : x \in V \in \upsilon(P)$, 且 $\exists U \in \upsilon(P)$ 使 $V \prec U\}$;

(10) $\forall x \in P, x = \vee\{\wedge V : x \in V \in \upsilon(P)$, 且 $\exists U \in \upsilon(P)$ 使 $V \ll U\}$;

(11) $\forall x \in P, x = \vee\{\wedge V : x \in V \in \upsilon(P)\}$.

定理 2.5.10　设 P 是偏序集, 则下述各条件等价:

(1) P 是超代数的;

(2) $\upsilon(P)$ 是强代数格;

(3) $\forall x \in P, U \in \upsilon(P)$, 若 $x \in U$, 则 $\exists u \in U$ 使 $x \in \mathrm{int}_{\upsilon(P)} \uparrow u = \uparrow u \subseteq U$;

(4) $\forall x \in P, U \in \upsilon(P)$, 若 $x \in U$, 则 $x \in \mathrm{cl}_{\upsilon(P)}(\{u \in U : x \in \mathrm{int}_{\upsilon(P)} \uparrow u = \uparrow u\})$.

若 P 是完备格, 则上述条件等价于下述条件:

(5) $\forall x \in P, x = \vee\{\wedge U : x \in U \lhd U \in \upsilon(P)\}$.

注 2.5.11　(1) 定理 2.5.9 推广了文献 [101] 中关于超连续格刻画的相应结论.

(2) 定理 2.5.10 中关于超代数性刻画的条件 (2), (3) 和 (5) 是首先由文献 [414] 给出的 (也可参看文献 [416]).

由推论 2.5.7 和推论 2.5.8, 有下述结论.

推论 2.5.12　设 P 为偏序集, 则下述两个条件等价:

(1) P 是超代数的;

(2) P 是代数的和超连续的.

由引理 2.5.2、推论 2.5.3 和定理 2.5.10, 有下述推论.

推论 2.5.13　设 P 为超代数偏序集, 则

(1) $\forall x \in P, U \in \upsilon(P)$, 若 $x \in U$, 则 $\exists k \in K_h(P)$ 使 $x \in \uparrow k \subseteq U$;

(2) $\{\uparrow k : k \in K_h(P)\}$ 是 $\upsilon(P)$ 的基.

关于有限偏序集, 显然有下述结论.

命题 2.5.14 设 P 为有限偏序集, 则

(1) $\upsilon(P)=\mathbf{up}(P)$;

(2) P 是超代数 domain.

由推论 2.1.14 知, $\lhd\subseteq\prec$, 从而有下述命题.

命题 2.5.15 (1) 完全分配格是超连续格;

(2) 强代数格是超代数格.

最后我们指出, 拟连续 domain 与超连续格有着密切的联系: 在同构意义下, 它恰好是分配超连续格的素谱, 有关讨论见 5.2 节和 5.4 节, 或参看文献 [98, 99, 102, 148].

第 3 章 拟 Z-连续 domain

本章主要讨论如何将拟连续 domain 理论的框架拓展至一般的子集系统, 对一般的子集系统 Z, 建立了拟 Z-连续 domain 理论.

3.1 节介绍了拟连续 (拟代数) domain、sober 空间的概念, 给出了拟连续 (拟代数) domain 的若干刻画和主要性质, 特别是拟连续 domain 上方向小于关系 $\ll$ 的插入性质、Scott 拓扑的局部紧 sober 性、Lawson 拓扑的 T_2 性、拟代数格赋予 Lawson 拓扑 $\lambda(P)$ 的 Priestley 性等; 证明了完备格 L 是连续 (代数) 的当且仅当 L 是交连续的和拟连续 (拟代数) 的.

3.2 节介绍了著名的 Rudin 引理, 基于这一引理, 对一般的子集系统 Z 引入了 Rudin 性质、Rudin 映射和其他一些性质, 并给出了 Rudin 性质的映射式刻画, 证明了子集系统 $\mathcal{P}$、$\mathcal{D}$ 和 $\mathcal{F}$ 具有 Rudin 性质.

3.3 节介绍了超紧集、强紧集、局部超紧、超局部紧、well-filtered 性、d-空间等概念. 以 Rudin 引理和 Hofmann-Mislove 定理为背景, 我们引入了三类空间——具有 Rudin 性质的空间、具有强 Rudin 性质的空间和 well-filtered 空间. 借助上拓扑, 给出了超紧集的一个刻画. 这些讨论为推广拟连续偏序集的概念至一般的子集系统情形提供了基础.

在 3.4 节中, 作为拟连续 domain 和 Z-连续 domain 概念的公共推广, 我们对一般的子集系统 Z 引入了 (弱) 拟 Z-连续 domain 的概念, 讨论了它们的基本性质, 特别地, 证明了当子集系统 Z 满足一定条件时, 拟 Z-连续 domain P 上的 Z-below 关系 $\ll_Z$ 具有插入性质, P 上的 Z-Lawson 拓扑 $\lambda_Z(P)$ 是 T_2 的; 讨论了拟 Z-连续 domain 的遗传性质和映射性质. 另外, 我们还讨论了 Z-Scott 拓扑 $\sigma_Z(P)$ 的 sober 性, 构造了一个非拟连续的 domain, 但其上的 Lawson 拓扑是 T_2.

在 3.5 节中, 我们将交连续的概念推广至一般的子集系统 Z, 引入了 Z-交连续 domain 的概念, 讨论了它的一些基本性质, 特别地, 讨论了 Z-连续性、拟 Z-连续性、Z-交连续性及 Z-Lawson 拓扑之 T_2 性之间的一些关系. 对代数情形进行了类似讨论.

3.1 拟连续 domain

20 世纪 70 年代初, Scott[309-311]、Plotkin[287,288]、Smyth[320,321] 等创建了 Domain 理论, 其结构理论成为计算机程序的指称语义学研究的一个关键点, 因而引起了人们的广泛兴趣 (参看文献 [2, 3, 98, 99, 145, 147]). Domain 理论发展的另一个动力来自纯数学的若干领域 (参看文献 [98, 99]). 值得指出的是, 中国学者对 Domain 理论做出了重要贡献 (参看文献 [24, 25, 33-43, 86-90, 99, 111-132, 152, 158-161, 176, 181-195, 212, 213, 215-254, 258-263, 300, 304, 312, 314-319, 326, 339-362, 365-443, 445, 446, 450-452, 455-467, 469-473]).

Domain 理论研究的一个重要方面是建立其与其他学科及领域的交叉与联系, 这些重要学科及领域除了理论计算机科学、范畴论、拓扑、格论、locale 理论等外, 还包括逻辑、格上拓扑、动力系统、离散数学、信息系统等, 甚至还包括广义相对论, 关于这些方面的交叉与联系, 读者可以参看文献 [1, 3, 7, 11, 16, 23, 30, 39, 40, 42, 45, 48, 50, 51, 57, 59-61, 69-74, 76, 78-80, 82-85, 89-99, 105, 110, 115, 123, 133-138, 140, 143-145, 147, 149-151, 153, 155, 163, 164, 166-173, 176, 177, 181, 190, 195, 204-208, 209, 210, 225, 230, 245, 247, 252, 257, 265-267, 274-277, 286, 290, 302, 303, 306, 322, 329, 337-339, 347-350, 379, 390, 401-405, 408, 421, 427, 431, 433, 449, 450, 453, 454, 461, 464, 466, 475]. 在本书中, 我们主要关注 Domain 理论与拓扑、格论的交叉.

无论从理论计算机科学还是从数学的角度而言, Domain 理论研究的另一个重要方面是尽可能地扩展其理论框架和应用范围, 这方面已有一系列工作 (参看文献 [7, 11, 13-15, 55-57, 67, 68, 75, 86, 101, 102, 145, 147, 154, 176, 189, 217, 219, 261, 263, 285, 333-335, 371, 372, 377, 381, 389, 391, 395, 396, 399, 400, 406, 414, 416, 445, 454, 468]).

作为连续 domain 概念的一个重要推广, Gierz、Lawson 和 Stralka 等在文献 [101, 102] 中引入了拟连续格和拟连续 domain 的概念, 其基本思路是将 "点" 与 "点" 之间的方向小于关系 $\ll$ 推广至 "集" 与 "集" 之情形. 拟连续 domain 具有连续 domain 所具有的若干良好的性质: 它上面的方向小于关系 $\ll$ 具有插入性质, Scott 拓扑是局部紧 sober 的, Lawson 拓扑是 T_2 的, 等等.

定义 3.1.1 设 P 是 **dcpo**, $x \in P, A, B \subseteq P$.

(1) 称 A 方向小于 B, 记为 $A \ll B$, 若 $\forall S \in \mathcal{D}(P)$, 当 $\sup S \in \uparrow B$ 时, 有 $S \cap \uparrow A \neq \varnothing$. $F \ll \{x\}$ 简记为 $F \ll x$, 并记 $w(x) = \{F \in P^{(<\omega)} : F \ll x\}$, $\Downarrow x = \{y \in P : y \ll x\}$.

(2) P 称为拟连续 domain (或拟连续偏序集 [102]), 若 $\forall p \in P$, $\{\uparrow A : A \in w(p)\}$ 是定向的, 且 $\uparrow p = \cap\{\uparrow A : A \in w(p)\}$. 拟连续的完备格 L 也称为广义连续格 [100], 此时 L 只需满足单个条件: $\forall p \in L, \uparrow p = \cap\{\uparrow A : A \in w(p)\}$, 因为 $\{\uparrow A : A \in w(p)\}$ 之定向性自然满足.

(3) P 称为拟代数 domain[99,181,193,334] (在 [334] 中被称为伪代数 domain (pseudo algebraic domain)), 若 $\forall p \in P$, $\{\uparrow F : F \in P^{(<\omega)}, F \ll F \ll p\}$ 是定向的, 且 $\uparrow p = \cap\{\uparrow F : F \in P^{(<\omega)}, F \ll F \ll p\}$.

定义 3.1.2 设 (X, δ) 为拓扑空间.

(1) (X, δ) 中的闭集 A 称为既约的, 若 A 不能表示为两个真子闭集的并.

(2) (X, δ) 称为 sober 的, 若对 (X, δ) 中的任一非空既约闭集 A, 存在唯一的点 $a \in X$ 使 $A = \mathrm{cl}_\delta\{a\}$. 当不要求聚点的唯一性时, 相应的空间称为拟 sober(quasisober) 的, 即 (X, δ) 称为拟 sober 的, 若对 (X, δ) 中的任一非空既约闭集 A, $\exists a \in X$ 使 $A = \mathrm{cl}_\delta\{a\}$.

易知, T_2 空间是 sober 的; sober 空间是 T_0 的. 作为介于 T_0 空间和 T_2 空间之间的一类特殊空间, sober 空间成为 Domain 理论与拓扑交叉的一个重要对象, 其研究一直受到拓扑学家和理论计算机科学家的重视 (参看文献 [17, 29, 73, 141, 162, 169, 182, 198, 199, 205, 254, 289, 446, 451]). 对于 sober 空间, Hofmann 和 Mislove[149] 证明了著名的 Hofmann-Mislove 定理, 它成为在理论计算机科学、拓扑和 Domain 理论中最常被应用的结果之一 (参看文献 [29, 71, 85, 99, 144, 197, 289, 330, 449]). 近十多年来, Hofmann-Mislove 定理被推广到了更一般的偏序集、拓扑空间和双拓扑空间, 建立了相应类型的 Hofmann-Mislove 定理 [170,198,199]. 需要指出的是, 这些 Hofmann-Mislove 定理均是对 Scott 拓扑函子建立的. 为进一步研究和扩展其应用框架, 我们自然希望对其他类型的拓扑函子 (如上拓扑函子) 建立相应的 Hofmann-Mislove 定理, 并期望获得在 Domain 理论、拓扑和计算机科学中的应用.

关于关系 $\ll$, 直接验证可得下述

命题 3.1.3 设 P 是偏序集, $A, B \in P$. 则下述两个条件等价:

(1) $A \ll B$;

(2) $\forall D \in \mathcal{D}(P \setminus \uparrow A)$, 若 $\vee D$ 存在, 则 $\vee D \in P \setminus \uparrow B$.

值得指出的是, 在文献 [133, 136] 中, Heckmann 从上幂 domain 构造的角度研究了拟连续 domain (Heckmann 称其为 multi-continuous domain), 特别地, 他给出了拟连续 domain 的下述拓扑式刻画.

定理 3.1.4 [133,136] 设 P 是 **dcpo**, 则下述两个条件等价:

(1) P 为拟连续 domain;

(2) $\forall x \in P, U \in \sigma(P), x \in U, \exists F \in P^{(<\omega)}$ 使 $x \in \mathrm{int}_{\sigma(P)} \uparrow F \subseteq \uparrow F \subseteq U$.

推论 3.1.5 [102] 设 P 是拟连续 domain, 则 $(P, \sigma(P))$ 是 sober 的.

证明 设 A 是 $(P, \sigma(P))$ 中的既约闭集. 下证 A 中有最大元. 反之, 若 A 中无最大元, 则 $\forall a \in A, \exists b(a) \in A$ 使 $b(a) \not\leqslant a$, 即 $b(a) \in P\backslash \downarrow a \in \upsilon(P) \subseteq \sigma(P)$, 由 P 是拟连续 domain 和定理 3.1.4, $\exists \uparrow F_a \in \mathbf{Fin}\ P$ 使 $b(a) \in \mathrm{int}_{\sigma(P)} \uparrow F_a \subseteq \uparrow F_a \subseteq P\backslash \downarrow a$.

令 $\mathcal{F} = \{\uparrow F \in \mathbf{Fin}\ P : \exists a, b \in A$ 使 $b \in \mathrm{int}_{\sigma(P)} \uparrow F \subseteq \uparrow F \subseteq P\backslash \downarrow a\}$. 则由上面的证明知

1° $\mathcal{F} \neq \varnothing$;

2° $\mathcal{F}$ 是定向的.

设 $\uparrow F_1, \uparrow F_2 \in \mathcal{F}$, 则 $\exists a_1, a_2, b_1, b_2 \in A$ 使 $b_1 \in \mathrm{int}_{\sigma(P)} \uparrow F_1 \subseteq \uparrow F_1 \subseteq P\backslash \downarrow a_1, b_2 \in \mathrm{int}_{\sigma(P)} \uparrow F_2 \subseteq \uparrow F_2 \subseteq P\backslash \downarrow a_2$. 下证 $A \cap \mathrm{int}_{\sigma(P)} \uparrow F_1 \cap \mathrm{int}_{\sigma(P)} \uparrow F_2 \neq \varnothing$. 反之, 若 $A \cap \mathrm{int}_{\sigma(P)} \uparrow F_1 \cap \mathrm{int}_{\sigma(P)} \uparrow F_2 = \varnothing$, 由 A 是 $(P, \sigma(P))$ 中的既约闭集, 有 $A \cap \mathrm{int}_{\sigma(P)} \uparrow F_1 = \varnothing$ 或 $A \cap \mathrm{int}_{\sigma(P)} \uparrow F_2 = \varnothing$, 与 $b_1 \in A \cap \mathrm{int}_{\sigma(P)} \uparrow F_1$ 或 $b_2 \in A \cap \mathrm{int}_{\sigma(P)} \uparrow F_2$ 矛盾. 故 $\exists b_3 \in A \cap \mathrm{int}_{\sigma(P)} \uparrow F_1 \cap \mathrm{int}_{\sigma(P)} \uparrow F_2$. 由定理 3.1.4, $\exists \uparrow F_3 \in \mathbf{Fin}\ P$ 使 $b_3 \in \mathrm{int}_{\sigma(P)} \uparrow F_3 \subseteq \uparrow F_3 \subseteq \mathrm{int}_{\sigma(P)} \uparrow F_1 \cap \mathrm{int}_{\sigma(P)} \uparrow F_2 \subseteq \uparrow F_1 \cap \uparrow F_2 \subseteq P\backslash \downarrow a_1$. 故 $\uparrow F_3 \in \mathcal{F}$, 且 $\uparrow F_3 \subseteq \uparrow F_1 \cap \uparrow F_2$.

3° $A \cap \cap\mathcal{F} = \varnothing$.

由上面的证明, $\forall a \in A, \exists b(a) \in A,\ F_a \in P^{(<\omega)}$ 使 $b(a) \in \mathrm{int}_{\sigma(P)} \uparrow F_a \subseteq \uparrow F_a \subseteq P\backslash \downarrow a$. 则 $\uparrow F_a \in \mathcal{F}, a \notin \uparrow F_a$. 故 $a \notin \cap\mathcal{F}$. 所以 $A \cap \cap\mathcal{F} = \varnothing$.

由 3°, 有 $\cap\mathcal{F} \subseteq P\backslash A \in \sigma(P)$. 由 P 为 **dcpo**, 2° 和推论 3.2.2, $\exists \uparrow F \in \mathcal{F}$ 使 $\uparrow F \subseteq P\backslash A$. 由 $\uparrow F \in \mathcal{F}, \exists a, b \in A$ 使 $b \in \mathrm{int}_{\sigma(P)} \uparrow F \subseteq \uparrow F \subseteq P\backslash \downarrow a$, 从而 $b \in \uparrow F \subseteq P\backslash A$, 矛盾! 所以 A 中存在最大元 d; 从而 $A = \downarrow d = \mathrm{cl}_{\sigma(P)}\{d\}$. 故 $(P, \sigma(P))$ 是 sober 的.

类似于定理 3.1.4, 对拟代数 domain, 有下述结论.

定理 3.1.6 [133] 设 P 是 **dcpo**, 则下述两个条件等价:

(1) P 为拟代数 domain.

(2) $\forall x \in P, U \in \sigma(P), x \in U, \exists F \in P^{(<\omega)}$ 使 $x \in \mathrm{int}_{\sigma(P)} \uparrow F = \uparrow F \subseteq U$.

由定理 3.1.4 和定理 3.1.6, 拟代数 domain 是拟连续的 (很容易给出直接证明). 关于拟连续 domain 和拟代数 domain, 有下述两个刻画.

命题 3.1.7 [101,102,133,136] 设 P 为 domain, 则下述两个条件等价:

(1) P 为拟连续 domain;

(2) $(\sigma(P), \subseteq)$ 为超连续格.

若 P 是完备格, 则上述条件等价于下述两个等价条件:

(3) $(P, \lambda(P), \leqslant)$ 是 pospace;

(4) P 上的 Lawson 拓扑 $\lambda(P)$ 是 T_2 的.

命题 3.1.8 [133,181,193,336]　设 P 为 domain, 则下述两个条件等价:

(1) P 为拟代数 domain;

(2) $(\sigma(P), \subseteq)$ 为超代数格.

若 P 是完备格, 则上述条件等价于下述两个等价条件:

(3) $(P, \lambda(P), \leqslant)$ 是完全序不连通的;

(4) P 赋予 Lawson 拓扑 $\lambda(P)$ 是 Priestley 空间.

关于连续格与拟连续格之间的关系, 有下述命题.

命题 3.1.9 [101]　设 L 为完备格, 则下述两个条件等价:

(1) L 为连续格;

(2) L 是交连续格和拟连续格.

类似地, 有下述结论.

命题 3.1.10　设 L 为完备格, 则下述两个条件等价:

(1) L 为代数格;

(2) L 是交连续格和拟代数格.

有关拟连续 domain 和拟代数 domain 更为深入的讨论, 参看文献 [99, 101, 102, 181, 193, 334, 395, 416].

注 3.1.11　利用定理 3.1.4 和定理 3.1.6, 拟连续 domain 和拟代数 domain 的概念可以推广至一般的偏序集, 相应的概念称为拟连续偏序集和拟代数偏序集. 容易验证, 本节中的很多结论对拟连续偏序集和拟代数偏序集仍成立 (如定理 3.1.4 和定理 3.1.6). 特别地, 有下述结论.

命题 3.1.12　设 P 为偏序集, 则

(1) 若 P 是拟连续的, 则 $(P, \lambda(P), \leqslant)$ 是 pospace;

(2) 若 P 是拟代数的, 则 $(P, \lambda(P), \leqslant)$ 是完全序不连通的.

证明　(1) 设 $x, y \in P$, $x \nleqslant y$, 由 P 为拟连续的, $\exists F \in P^{(<\omega)}$ 使 $x \in \mathrm{int}_{\sigma(P)} \uparrow F \subseteq \uparrow F \subseteq P \backslash \downarrow y \in \sigma(P)$. 令 $U = \mathrm{int}_{\sigma(P)} \uparrow F$, $V = P \backslash \uparrow F$. 则 $U \in \lambda(P), V \in \lambda(P), x \in U, y \in V, U \cap V = \varnothing$. 因而 $(x, y) \in U \times V \subseteq P \times P \backslash \leqslant$. 故 $\leqslant$ 是乘积空间 $(P, \lambda(P)) \times (P, \lambda(P))$ 中的闭集. 所以 $(P, \lambda(P), \leqslant)$ 是 pospace.

(2) 设 $x, y \in P$, $x \nleqslant y$, 由 P 为拟代数的, $\exists F \in P^{(<\omega)}$ 使 $x \in \mathrm{int}_{\sigma(P)} \uparrow F = \uparrow F \subseteq P \backslash \downarrow y \in \sigma(P)$. 令 $U = \mathrm{int}_{\sigma(P)} \uparrow F$. 则 U 是 $(P, \lambda(P), \leqslant)$ 中既开又闭的上集 $U, x \in U, y \nleqslant U$, 若 $(P, \lambda(P), \leqslant)$ 是完全序不连通的.

最后, 我们指出, 本节的不少讨论可以在偏序集上进行, 读者可以参看文献 [261].

3.2 Rudin 性质及其映射式刻画

为了将拟连续偏序集的概念至一般的子集系统 Z, 我们首先需要对一般的子集系统 Z 引入一些特殊的性质, 总体称为 Rudin 性质, 它们类似于 Rudin 引理中子集系统 $\mathcal{D}$ 所满足的性质. 在本节中, 我们对一般的子集系统 Z 引入了 Rudin 性质和其他一些性质, 并给出了 Rudin 性质的映射式刻画. 证明了与 $\mathcal{P}$ 和 $\mathcal{D}$ 一样, 子集系统 $\mathcal{F}$ 具有 Rudin 性质.

在文献 [305] 中, Rudin 证明了下述著名结论.

引理 3.2.1 (Rudin 引理) 设 P 为偏序集, $E \in \mathbf{Up}(P), \mathcal{G} \subseteq \mathbf{Fin}\ P$ 为定向的 (即 $\mathcal{G} \in \mathcal{D}(\mathbf{Fin}\ P)$), $\varnothing \notin \mathcal{G}$, 且 $\cap\mathcal{G} \subseteq E$. 则 $\exists K \subseteq \cup\{\mathrm{Min}(G) : G \in \mathcal{G}\}$ 满足

(i) $\forall G \in \mathcal{G}, K\cap\mathrm{Min}(G) \neq \varnothing$;

(ii) $K \in \mathcal{D}(P)$;

(iii) $\cap\{\uparrow k : k \in K\} \subseteq E$;

(iv) $\forall G, H \in \mathcal{G}, G \subseteq H$, 有 $K\cap\mathrm{Min}(G) \subseteq \uparrow(K\cap\mathrm{Min}(H))$.

Rudin 引理在不少方面, 特别是在讨论 Scott 拓扑的 sober 性方面有着重要的应用 (参看文献 [99, 102, 133, 136, 334]). 下述结论是 Rudin 引理的直接推论.

推论 3.2.2 [99,133] 设 P 为 **dcpo**, $\mathcal{G} \subseteq \mathbf{Fin}\ P$ 为定向的, $U \in \sigma(P)$. 若 $\cap\mathcal{G} \subseteq U$, 则 $\exists \uparrow G \in \mathcal{G}$ 使 $\uparrow G \subseteq U$.

推论 3.2.3 设 P 为 **dcpo**, $\mathcal{G} \subseteq \mathbf{Fin}\ P$ 是定向族. 则 $\cap\mathcal{G}$ 是 $(P, \sigma(P))$ 中的紧子集.

由 Rudin 引理, 我们引入下述

定义 3.2.4 子集系统 Z 称为具有 Rudin 性质, 若 $\forall P \in \mathrm{ob}(\mathbf{Poset})$, $E \in \mathbf{Up}(P), \mathcal{G} \in Z(\mathbf{Fin}\ P), \varnothing \notin \mathcal{G}, \cap\mathcal{G}\subseteq E, \exists K \subseteq \cup\{\mathrm{Min}(G) : G \in \mathcal{G}\}$ 满足

(i) $\forall G \in \mathcal{G}, K\cap\mathrm{Min}(G) \neq \varnothing$;

(ii) $K \in Z(P)$;

(iii) $\cap\{\uparrow k : k \in K\} \subseteq E$;

(iv) $\forall G, H \in \mathcal{G}, G \subseteq H$, 有 $K\cap\mathrm{Min}(G) \subseteq \uparrow(K\cap\mathrm{Min}(H))$.

子集系统 Z 称为 Rudin 子集系统, 若 Z 是并完备的, 且具有 Rudin 性质.

注 3.2.5 (1) 在 Rudin 引理和 Rudin 性质的定义中, 要求 $\mathcal{G}$ 不含空集 $\varnothing$ 显然是必需的.

(2) 在 Rudin 引理和 Rudin 性质的定义中, 由条件 (i) 可推出条件 (iii). 事实上, $\forall G\in\mathcal{G}$, 不管是否 $\cap\{\uparrow k : k\in K\}=\varnothing$, 由 $G \in \mathbf{Fin}\ P$ 和条件 (i), 都有 $\cap\{\uparrow k : k \in K\} \subseteq \uparrow(K\cap\mathrm{Min}(G)) \subseteq\uparrow\mathrm{Min}(G)= \uparrow G = G$. 故 $\cap\{\uparrow k : k \in K\} \subseteq \cap\mathcal{G}\subseteq E$.

(3) 在本书中, 定义 3.2.4 中的条件 (iv) 并未被用到. 此处列出条件 (iv) 主要是为了与 Rudin 引理相对应. 由 (1), 可以只用条件 (i) 和 (ii) 来定义一种更广的 Rudin 性质和 Rudin 子集系统.

命题 3.2.6 [395,396] $\mathcal{F},\mathcal{P}$ 和 $\mathcal{D}$ 是具有有限族并性质的 Rudin 子集系统. $\mathcal{P}$ 和 $\mathcal{D}$ 具有性质 M.

证明 首先, 易验证 $\mathcal{P},\mathcal{D}$ 和 $\mathcal{F}$ 均是并完备的和具有有限族并性质的, 且 $\mathcal{P}$ 和 $\mathcal{D}$ 具有性质 M. 由 Rudin 引理 (即引理 3.2.1), $\mathcal{D}$ 为 Rudin 子集系统. $\forall P\in \mathrm{ob}(\mathbf{Poset})$, $E\in\mathbf{Up}(P),\mathcal{G}\in\mathcal{F}(\mathbf{Fin}\ P),\cap\mathcal{G}\subseteq E$, 取 $K=\cup\{\mathrm{Min}(G):G\in\mathcal{G}\}$, 则有

(i) $\forall G\in\mathcal{G}, K\cap\mathrm{Min}(G)=\mathrm{Min}(G)\neq\varnothing$;

(ii) $K\in\mathcal{F}(P)$;

(iii) $\cap\{\uparrow k:k\in K\}=\bigcap\limits_{G\in\mathcal{G}}\ \bigcap\limits_{k\in\mathrm{Min}(G)}\uparrow k\subseteq\bigcap\limits_{G\in\mathcal{G}}\uparrow\mathrm{Min}(G)=\bigcap\limits_{G\in\mathcal{G}}\uparrow G\subseteq E$;

(iv) $\forall G,H\in\mathcal{G},G\subseteq H$, 有 $K\cap\mathrm{Min}(G)=\mathrm{Min}(G)\subseteq\uparrow G\subseteq\uparrow H=\uparrow\mathrm{Min}(H)=\uparrow(K\cap\mathrm{Min}(H))$.

故 $\mathcal{F}$ 为 Rudin 子集系统. 完全类似地可证明 $\mathcal{P}$ 为 Rudin 子集系统.

定义 3.2.7 设 Z 是子集系统, $P,Q\in\mathrm{ob}(\mathbf{Poset})$. 称 $f:P\to Q$ 是 Rudin 映射, 若 $\forall\mathcal{G}\in Z(\mathbf{Fin}\ P),\varnothing\notin\mathcal{G},y\in Q,y\in\cap\{\uparrow f(G):G\in\mathcal{G}\}$, $\exists K\subseteq\cup\{\mathrm{Min}(G):G\in\mathcal{G}\}$ 满足

(i) $\forall G\in\mathcal{G},K\cap\mathrm{Min}(G)\neq\varnothing$;

(ii) $K\in Z(P)$;

(iii) $\forall k\in K,f(k)\leqslant y$;

(iv) $\forall G,H\in\mathcal{G},G\subseteq H$, 有 $K\cap\mathrm{Min}(G)\subseteq\uparrow(K\cap\mathrm{Min}(H))$.

P 到 Q 的 Rudin 映射全体记为 $\mathbf{Rud}(P,Q)$.

定理 3.2.8 [395,396] 设 Z 是子集系统, 则下述三个条件等价:

(1) Z 具有 Rudin 性质;

(2) $\forall P,Q\in\mathrm{ob}(\mathbf{Poset})$, 保序映射 $f:P\to Q,f\in\mathbf{Rud}(P,Q)$;

(3) $\forall P\in\mathrm{ob}(\mathbf{Poset})$, 保序映射 $f:P\to P,f\in\mathbf{Rud}(P,P)$.

证明 显然有 (2) $\Rightarrow$ (3).

(1) $\Rightarrow$ (2): $\forall G=\uparrow F\in\mathcal{G}$, 由 f 保序, 有 $\uparrow f(G)=\uparrow f(F)$. 记 $A=\{z\in P: f(z)\not\leqslant y\}$, $\mathcal{G}_y=\{\uparrow(F\backslash A):\uparrow F\in\mathcal{G}\}$. 则有

1° $\forall G=\uparrow F\in\mathcal{G}$, 由 $y\in\uparrow f(G)=\uparrow f(F)$, 有 $F\backslash A\neq\varnothing$.

2° $\forall G_1=\uparrow F_1,G_2=\uparrow F_2\in\mathbf{Fin}\ P,G_1\subseteq G_2$, 有 $\uparrow(F_1\backslash A)\subseteq\uparrow(F_2\backslash A)$.

设 $u\in F_1\backslash A$. 由 $F_1\subseteq\uparrow F_2$, $\exists v\in F_2$ 使 $v\leqslant u$. 由 f 保序, $f(v)\leqslant f(u)\leqslant y$. 因而 $v\in F_2\backslash A,u\in\uparrow(F_2\backslash A)$. 故 $F_1\backslash A\subseteq\uparrow(F_2\backslash A)$.

3° $\mathcal{G}_y \in Z(\mathbf{Fin}\ Q)$.

由 2°, 映射 $\varphi : (\mathbf{Fin}\ P, \supseteq) \to (\mathbf{Fin}\ P, \supseteq)$, $\varphi(\uparrow F) = \uparrow(F\backslash A)$ 是保序的. 由 Z 是子集系统和 $\mathcal{G} \in Z(\mathbf{Fin}\ P)$, 有 $\varphi(\mathcal{G}) = \mathcal{G}_y \in Z(\mathbf{Fin}\ P)$, 且由 1°, $\varnothing \notin \mathcal{G}_y$.

任取 $E \in \mathbf{Up}(P)$ (如 $E = P$) 使 $\cap\mathcal{G}_y \subseteq E$, 由 Z 具有 Rudin 性质, $\exists K \subseteq \cup\{\mathrm{Min}(T) : T \in \mathcal{G}_y\}$ 满足

(1′) $\forall T \in \mathcal{G}_y, K\cap\mathrm{Min}(T) \neq \varnothing$.

(2′) $K \in Z(P)$.

(3′) $\cap\{\uparrow k : k \in K\} \subseteq E$.

(4′) $\forall T, S \in \mathcal{G}_y, T \subseteq S$, 有 $K\cap\mathrm{Min}(T) \subseteq \uparrow(K\cap\mathrm{Min}(S))$.

下面验证定义 3.2.4 中的条件 (i)—(iv). 条件 (ii) 已满足 (即 (2′)). 由 A 的定义和 $K \subseteq \cup\{\mathrm{Min}(T) : T \in \mathcal{G}\} = \cup\{\mathrm{Min}(\uparrow(F\backslash A)) : G = \uparrow F \in \mathcal{G}\} = \cup\{\mathrm{Min}(F\backslash A) : G = \uparrow F \in \mathcal{G}\} \subseteq \cup\{F\backslash A : G = \uparrow F \in \mathcal{G}\}$, 知条件 (iii) 满足. 为证明 (i) 和 (iv), 由性质 2°, (1′) 和 (4′), 只需证明下述性质:

(∗) $\forall G = \uparrow F \in \mathcal{G}, K\cap\mathrm{Min}(G) = K\cap\mathrm{Min}(\uparrow(F\backslash A))$.

由于 $K\cap\mathrm{Min}(G) = K\cap\mathrm{Min}(F), K\cap\mathrm{Min}(\uparrow(F\backslash A)) = K\cap\mathrm{Min}(F\backslash A)$, 故 (∗) 中的等式等同于 $K\cap\mathrm{Min}(F) = K\cap\mathrm{Min}(F\backslash A)$. 设 $k \in K\cap\mathrm{Min}(F)$, 则 $k \in F\backslash A \subseteq F$, 故 $k \in K\cap\mathrm{Min}(F\backslash A)$. 另一方面, 若 $\exists k \in (K\cap\mathrm{Min}(F\backslash A))\backslash(K\cap\mathrm{Min}(F))$, 则 $k \in K$, 且 $\exists u \in F$ 使 $u<k$. 由 f 保序, 有 $f(u) \leqslant f(k) \leqslant y$; 由此有 $u \in F\backslash A$, 与 $k \in \mathrm{Min}(F\backslash A)$ 矛盾. 故 $K\cap\ \mathrm{Min}(F) = K\cap\mathrm{Min}(F\backslash A)$.

(3) ⇒ (1): 设 $P \in \mathrm{ob}(\mathbf{Poset})$, $E \in \mathbf{Up}(P)$, $\mathcal{G} \in Z(\mathbf{Fin}\ P), \varnothing \notin \mathcal{G}, \cap\mathcal{G}\subseteq E$. 任取 $y \in P$, 令 $f = c_y : P \to P$ 是值为 y 的常值映射. 则 f 是保序的, 且 $y \in \cap\{\uparrow f(G) : G \in \mathcal{G}\} = \uparrow y$. 由 (2), $\exists K \subseteq \cup\{\mathrm{Min}(G) : G \in \mathcal{G}\}$ 满足

(i′) $\forall G \in \mathcal{G}, K\cap\mathrm{Min}(G) \neq \varnothing$;

(ii′) $K \in Z(P)$;

(iii′) $\forall k \in K, f(k) \leqslant y$ (对 $f = c_y$, 这一条件并无意义);

(iv′) $\forall G, H \in \mathcal{G}, G \subseteq H$, 有 $K\cap\mathrm{Min}(G) \subseteq \uparrow(K\cap\mathrm{Min}(H))$.

条件 (i′), (ii′) 和 (iv′) 恰好是定义 3.2.4 中的条件 (i), (ii) 和 (iv). 由注 3.2.5(2), 条件 (iii) 满足. 故 Z 具有 Rudin 性质.

3.3 Well-filtered 空间

在本节中, 以 Rudin 引理和 Hofmann-Mislove 定理 (见定理 4.8.1) 为背景, 我们引入三类空间——具有 Rudin 性质的空间, 具有强 Rudin 性质的空间和 well-filtered 空间.

定义 3.3.1 [395,400] 设 (X, δ) 为拓扑空间, $A \subseteq X$.

(1) 记 $\mathcal{F}_\delta(A)=\{\uparrow_\delta F\in\mathbf{Fin}(X,\leqslant_\delta): A\subseteq \mathrm{int}_\delta\uparrow_\delta F\}$, $\mathcal{K}_\delta(A)=\{\uparrow_\delta K\in \mathcal{U}_K X: A\subseteq \mathrm{int}_\delta\uparrow_\delta K\}$, $\mathcal{F}_\delta(\{x\})$ 和 $\mathcal{K}_\delta(\{x\})$ 分别简记为 $\mathcal{F}_\delta(x)$ 和 $\mathcal{K}_\delta(x)$.

(2) A 称为 (X,δ) 中的超紧子集, 若 $\forall U\in\delta$, $A\subseteq U,\exists F\in X^{(<\omega)}$ 使 $A\subseteq \uparrow_\delta F\subseteq U$. (X,δ) 中的饱和超紧子集全体记为 $H(X)$. 记 $H^*(X)=H(X)\backslash\{\varnothing\}$.

(3) (X,δ) 称为局部紧的, 若 $\forall x\in X, U\in\delta$, $x\in U$, 存在紧子集 K 使 $x\in \mathrm{int}_\delta K\subseteq K\subseteq U(\Leftrightarrow \exists K\in\mathcal{K}_\delta(x)$ 使 $K\subseteq U)$.

(4) (X,δ) 称为局部超紧的, 若 $\forall x\in X, U\in\delta$, $x\in U$, 存在超紧子集 K 使 $x\in \mathrm{int}_\delta K\subseteq K\subseteq U(\Leftrightarrow \exists\uparrow_\delta F\in\mathcal{F}_\delta(x)$ 使 $\uparrow_\delta F\subseteq U)$; (X,δ) 称为超局部紧的或具有超紧基, 若其有由超紧开集构成的基, 即 $\forall U\in\delta$, $x\in U$, 存在超紧开集 K 使 $x\in K\subseteq U$(由推论 5.1.2, 等价于: $\forall U\in\delta$, $x\in U,\exists\uparrow_\delta F\in\mathbf{Fin}(X,\leqslant_\delta)$ 使 $\uparrow_\delta F\in\delta$, $x\in\uparrow_\delta F\subseteq U$).

(5) (X,δ) 称为具有 Rudin 性质, 若对任意定向集族 $\mathcal{F}\subseteq\mathbf{Fin}(X,\leqslant_\delta)$ 和 $U\in\delta$, 若 $\cap\mathcal{F}\subseteq U$, 则 $\exists\uparrow_\delta F\in\mathcal{F}$ 使 $\uparrow_\delta F\subseteq U$. 具有 Rudin 性质的空间全体记为 **F-RD**.

(6) (X,δ) 称为强 Rudin 性质, 若对任意的定向族 $\mathcal{K}\subseteq H(X)$($H(X)$ 赋予集反包含序), $U\in\delta$, $\cap\mathcal{K}\subseteq U$, $\exists K\in\mathcal{K}$ 使 $K\subseteq U$. 具有强 Rudin 性质的空间全体记为 **H-RD**.

(7) (X,δ) 称为 well-filtered 的, 若对任意的定向族 $\mathcal{K}\subseteq Q(X)$ 和 $U\in\delta$, 若 $\cap\mathcal{K}\subseteq U$, 则 $\exists K\in\mathcal{K}$ 使 $K\subseteq U$. Well-filtered 空间全体记为 **WF**.

注 3.3.2 (1) well-filtered 空间 (参看文献 [73, 99]) 在文献 [133, 136] 中称为 U_k-admitting 的.

(2) 超紧集是 Heckmann[133,136] 首先引入的 (称为强紧集, 在此我们称其为超紧集, 而本书中的强紧集是另一类更强的紧集 (见定义 3.3.14)). 他将局部超紧空间和有超紧基的空间分别称为局部强紧空间和强局部紧空间.

(3) Heckmann[133,136] 称 **dcpo**P 是多连续 domain(multi-continuous domain) domain, 若 $(P,\sigma(P))$ 是局部超紧的. 由定理 3.1.4, 多连续 domain 就是拟连续 domain.

(4) 在第 5 章, 我们将证明: (X,δ) 是局部超紧的当且仅当 δ 是超连续格; (X,δ) 是超局部紧的当且仅当 δ 是超代数格.

由于 $H(X)\subseteq Q(X)$, 且有限生成的上集 $\uparrow_\delta F\in H(X)$, 故 **WF**$\subseteq$**H-RD**$\subseteq$ **F-RD**.

推论 3.2.2 表明, domain P 上的 Scott 拓扑 $\sigma(P)$ 具有 Rudin 性质.

命题 3.3.3 设 (X,δ) 为局部超紧的拓扑空间, 则 (X,δ) 中的紧子集是超紧的.

证明 设 $K\subseteq X$ 是紧子集, $U\in\delta$, $K\subseteq U$. $\forall x\in K$, 由 (X,δ) 为局部超紧的, $\exists F_x\in X^{(<\omega)}$ 使 $x\in\mathrm{int}_\delta\uparrow_\delta F_x\subseteq\uparrow_\delta F_x\subseteq U$. 由 K 是紧子集, 存在有限集 $S\subseteq K$

使 $K \subseteq \bigcup_{x\in S} \mathrm{int}_\delta \uparrow_\delta F_x$. 令 $F = \bigcup_{x\in S} F_x$. 则 $F \in X^{(<\omega)}, K \subseteq \mathrm{int}_\delta \uparrow_\delta F \subseteq \uparrow_\delta F \subseteq U$. 故 K 是超紧的.

定义 3.3.4 [98,99] T_0 空间 (X, δ) 称为单调收敛空间, 若 $P = (X, \leqslant_\delta)$ 是 **dcpo**, 且若 $D \in \mathcal{D}(P), U \in \delta$, $\sup D \in U$, 则 $D \cap U \neq \varnothing$. 当 (X, δ) 是单调收敛空间时, 也称 δ 是 X 上的单调收敛拓扑.

定义 3.3.5 [373] T_0 空间 (X, δ) 称为 d-空间, 若 $\forall D \in \mathcal{D}((X, \leqslant_\delta)), \exists x \in X$ 使 $\mathrm{cl}_\delta D = \mathrm{cl}_\delta\{x\}$.

记 **P-RD** 为满足如下性质的 T_0 空间 (X, δ) 全体: 对任意定向子集 $D \subseteq (X, \leqslant_\delta)$ 和 $U \in \delta$, 若 $\bigcap_{d\in D} \uparrow_\delta d \subseteq U$, 则 $\exists d \in D$ 使 $\uparrow_\delta d \subseteq U$.

下面的结论是熟知的 (参看文献 [73, 98, 99, 373, 395, 416]).

命题 3.3.6 设 (X, δ) 为 T_0 空间, 则下述各条件等价:

(1) (X, δ) 是单调收敛空间;

(2) $(X, \leqslant_\delta)$ 中的单调网 $(x_d)_{d\in D}$ 有上确界 $\bigvee_{d\in D} x_d$, 且在 (X, δ) 中 $(x_d)_{d\in D}$ 收敛于 $\bigvee_{d\in D} x_d$;

(3) (X, δ) 是 d-空间;

(4) $P = (X, \leqslant_\delta)$ 是 **dcpo**, 且 $\delta \subseteq \sigma(P)$;

(5) $(X, \delta) \in$ **F-RD**;

(6) $(X, \delta) \in$ **P-RD**.

若 $(X, \leqslant_\delta)$ 具有性质 R (见本书中的定义 10.2.11) 或 $(X, \leqslant_\delta)$ 具有性质 M_w(特别地, $(X, \leqslant_\delta)$ 是并半格), 则上述条件等价于下述

(7) $(X, \delta) \in$ **H-RD**.

证明 (1) $\Leftrightarrow$ (2) $\Leftrightarrow$ (3): 见文献 [73, 98, 99, 373].

(3) $\Rightarrow$ (4): 设 $D \in \mathcal{D}((X, \leqslant_\delta))$, 则由 (X, δ) 是 d-空间, $\exists x \in X$ 使 $\mathrm{cl}_\delta D = \mathrm{cl}_\delta\{x\}$. 显然 x 是 D 在 $(X, \leqslant_\delta)$ 中的上界. 设 y 是 D 在 $(X, \leqslant_\delta)$ 中的上界, 则 $D \subseteq \downarrow y = \mathrm{cl}_\delta\{y\}$; 从而 $x \in \mathrm{cl}_\delta D \subseteq \mathrm{cl}_\delta\{y\} = \downarrow y$. 故 $x = \sup D$, $\mathrm{cl}_\delta D = \downarrow \sup D$. 下证 $\delta \subseteq \sigma(P)$. 设 $U \in \delta$, $D \in \mathcal{D}((X, \leqslant_\delta))$, $\sup D \in U$. 则由 $\mathrm{cl}_\delta D = \downarrow \sup D$, 有 $\mathrm{cl}_\delta D \cap U \neq \varnothing$, 从而 $D \cap U \neq \varnothing$. 故 $U \in \sigma(P)$.

(4) $\Rightarrow$ (5): 由推论 3.2.2.

(5) $\Rightarrow$ (6): 显然.

(6) $\Rightarrow$ (1): 设 $(X, \delta) \in$ **P-RD**, 下证 (X, δ) 是单调收敛空间. 记 $P = (X, \leqslant_\delta)$. 设 $D \in \mathcal{D}(P)$, 则 $\{\uparrow d : d \in D\}$ 是 **Prin** P 中的定向族. 首先证 $\bigcap_{d\in D} \uparrow d \cap \mathrm{cl}_\delta D \neq$

$\varnothing$. 反之, 若 $\bigcap_{d\in D}\uparrow d\cap \mathrm{cl}_\delta D=\varnothing$, 即 $\bigcap_{d\in D}\uparrow d\subseteq X\backslash \mathrm{cl}_\delta D$; 从而由 $(X,\,\delta)\in$ **P-RD**, $\exists d\in D$ 使 $\uparrow d\subseteq X\backslash \mathrm{cl}_\delta D$, 矛盾. 故 $\exists x\in \bigcap_{d\in D}\uparrow d\cap \mathrm{cl}_\delta D$. 则 x 是 D 的在 P 中一个上界. 设 $y\in P$ 是 D 在 P 的任一个上界, 则 $D\subseteq\downarrow y=\mathrm{cl}_\delta\{y\}$, 从而 $x\in \mathrm{cl}_\delta D\subseteq \mathrm{cl}_\delta\{y\}=\downarrow y$. 故 $x=\sup D$, $\forall E\in \mathcal{D}(P), U\in\delta$, 若 $\sup\, E\in U$, 则 $\bigcap_{e\in E}\uparrow e=\uparrow\sup\, E\subseteq U$, 且 $\{\uparrow e: e\in E\}$ 是 **Prin** P 中的定向族. 由 $(X,\,\delta)\in$**P-RD**, $\exists e\in E$ 使 $\uparrow e\subseteq U$. 故 $E\cap U\neq\varnothing$. 所以 $(X,\,\delta)$ 是单调收敛空间.

(7) $\Rightarrow$ (5): 因为 **Fin** $(X,\leqslant_\delta)\subseteq H(X)$.

(5) $\Rightarrow$ (7): 设 $(X,\leqslant_\delta)$ 具有性质 R 或 $(X,\leqslant_\delta)$ 具有性质 M_w, $(X,\,\delta)\in$ **F-RD**, 下证 $(X,\,\delta)\in$ **H-RD**. 设 $\mathcal{H}\subseteq H(X)$ 是定向的, $U\in\delta$, $\cap\mathcal{H}\subseteq U$. 则由 (5) 与 (4) 等价, 有 $U\in\sigma(P)$. 令 $\mathcal{F}=\{\uparrow F\in$ **Fin** $(X,\leqslant_\delta):\exists H\in\mathcal{H}$ 使 $H\subseteq\uparrow F\}$. 显然, $\cap\mathcal{H}\subseteq\cap\mathcal{F}$. 另一方面, 若 $u\notin\cap\mathcal{H}$, 则 $G\in\mathcal{H}$ 使 $u\notin G$, 从而由 G 是饱和集, 有 $G\subseteq X\backslash \mathrm{cl}_\delta\{u\}=X\backslash\downarrow u\in\delta$. 由 G 是超紧的, $\exists\uparrow F_u\in$ **Fin** $(X,\leqslant_\delta)$ 使 $G\subseteq\uparrow F_u\subseteq X\backslash\downarrow u$. 则 $\uparrow F_u\in\mathcal{F}$, 且 $u\notin\uparrow F_u$; 因而 $u\notin\cap\mathcal{F}$. 故 $\cap\mathcal{F}=\cap\mathcal{H}\subseteq U$. 若 P 具有性质 $R, \exists\{\uparrow F_1,\uparrow F_2,\cdots,\uparrow F_n\}\subseteq\mathcal{F}$ 使 $\bigcap_{i=1}^{n}\uparrow F_i\subseteq U$. $\forall i\in\{1,2,\cdots,n\}$, 由 $\mathcal{F}$ 的定义, $\exists H_i\in\mathcal{H}$ 使 $H_i\subseteq\uparrow F_i$. 由 $\mathcal{H}$ 是定向的, $\exists H\in\mathcal{H}$ 使 $H\subseteq\bigcap_{i=1}^{n}H_i\subseteq\bigcap_{i=1}^{n}\uparrow F_i\subseteq U$; 若 P 具有性质 M_w, 由命题 1.3.4 和 $(X,\,\delta)\in$ **F-RD**, $\exists\{\uparrow G_1,\uparrow G_2,\cdots,\uparrow G_m\}\subseteq\mathcal{F}$ 使 $\bigcap_{j=1}^{m}\uparrow G_j\subseteq U$. $\forall j\in\{1,2,\cdots,m\}$, 由 $\mathcal{F}$ 的定义, $\exists E_j\in\mathcal{H}$ 使 $E_j\subseteq\uparrow G_j$. 由 $\mathcal{H}$ 是定向的, $\exists E\in\mathcal{H}$ 使 $E\subseteq\bigcap_{j=1}^{m}E_j\subseteq\bigcap_{j=1}^{m}\uparrow G_j\subseteq U$. 所以 $(X,\,\delta)\in$ **H-RD**.

命题 3.3.7　设 $(X,\,\delta)$ 为局部超紧的拓扑空间, 则下述两个条件等价:

(1) $(X,\,\delta)\in$ **F-RD**;

(2) $(X,\,\delta)\in$ **H-RD**.

证明　(1) $\Rightarrow$ (2): 设 $(X,\,\delta)\in$ **F-RD**, 下证 $(X,\,\delta)\in$ **H-RD**. 设 $\mathcal{H}\subseteq H(X)$ 是定向的, $U\in\delta$, $\cap\mathcal{H}\subseteq U$. 令 $\mathcal{F}=\{\uparrow F\in$ **Fin** $(X,\leqslant_\delta):\exists H\in\mathcal{H}$ 使 $H\subseteq \mathrm{int}_\delta\uparrow F\}$. 显然, $\cap\mathcal{H}\subseteq\cap\mathcal{F}$. 另一方面, 若 $u\notin\cap\mathcal{H}$, 则 $\exists G\in\mathcal{H}$ 使 $u\notin G$, 从而由 G 是饱和集, 有 $G\subseteq X\backslash \mathrm{cl}_\delta\{u\}=X\backslash\downarrow u\in\delta$. 由 $(X,\,\delta)$ 为局部超紧的, $\exists\uparrow F_u\in$ **Fin** $(X,\leqslant_\delta)$ 使 $G\subseteq \mathrm{int}_\delta\uparrow F_u\subseteq\uparrow F_u\subseteq X\backslash\downarrow u$. 则 $\uparrow F_u\in\mathcal{F}$, 且 $u\notin\uparrow F_u$;

因而 $u \notin \cap\mathcal{F}$. 故 $\cap\mathcal{F} = \cap\mathcal{H} \subseteq U$. 下证 $\mathcal{F}$ 是定向的. 设 $\uparrow F_1, \uparrow F_2 \in \mathcal{F}$, 则 $\exists \uparrow H_1, \uparrow H_2 \in \mathcal{H}$ 使 $H_1 \subseteq \mathrm{int}_\delta \uparrow F_1$, $H_2 \subseteq \mathrm{int}_\delta \uparrow F_2$. 由 H 是定向的, $\exists \uparrow H_3 \in \mathcal{H}$ 使 $\uparrow H_3 \subseteq \uparrow H_1 \cap \uparrow H_1$, 从而 $\uparrow H_3 \subseteq \uparrow H_1 \cap \uparrow H_1 \subseteq \mathrm{int}_\delta \uparrow F_1 \cap \mathrm{int}_\delta \uparrow F_2$. 由 (X, δ) 为局部超紧的, $\exists \uparrow F_3 \in \mathbf{Fin}(X, \leqslant_\delta)$ 使 $\uparrow H_3 \subseteq \mathrm{int}_\delta \uparrow F_3 \subseteq \uparrow F_3 \subseteq \mathrm{int}_\delta \uparrow F_1 \cap \mathrm{int}_\delta \uparrow F_2$. 由 $\mathcal{F}$ 的定义, 有 $\uparrow F_3 \in \mathcal{F}$, 且 $\uparrow F_3 \subseteq \uparrow F_1 \cap \uparrow F_2$. 故 $\mathcal{F}$ 是定向的. 由 $(X, \delta) \in$ **F-RD**, $\exists \uparrow F \in \mathcal{F}$ 使 $\uparrow F \subseteq U$, 从而 $\exists H \in H$ 使 $H \subseteq \mathrm{int}_\delta \uparrow F \subseteq \uparrow F \subseteq U$. 所以 $(X, \delta) \in$ **H-RD**.

(2) $\Rightarrow$ (1): 显然.

基于下拓扑, 下面给出超紧集的一个刻画.

定义 3.3.8 设 (X, δ) 为拓扑空间, $A \subseteq X$. 记 $\Phi(A) = \{V \in \delta : A \subseteq V\}$, 即 A 的开邻域全体.

易验证下述

引理 3.3.9 设 (X, δ) 为 T_0 空间, $A, B \subseteq X$. 则有

(1) $\Phi(A) = \Phi(B) \Leftrightarrow \mathrm{sat}(A) = \mathrm{sat}(B)$(即 $\uparrow_\delta A = \uparrow_\delta B$);

(2) $\Phi(A) = \{U \in \delta : A \subseteq U\} \in \mathrm{Filt}(\delta)$;

(3) $\Phi(A) = \{U \in \delta : A \subseteq U\} \in \sigma(\delta) \Leftrightarrow A$ 为紧子集 $\Leftrightarrow \mathrm{sat}(A) = \uparrow_\delta A$ 为紧子集.

引理 3.3.10 [408] 设 (X, δ) 为拓扑空间, $H \subseteq X$. 则下述两个条件等价:

(1) H 是超紧的;

(2) $\Phi(H) = \{V \in \delta : H \subseteq V\} \in \upsilon(\delta)$.

证明 (1) $\Rightarrow$ (2): 设 $U \in \Phi(H)$, 则 H 是超紧的, $\exists F \in X^{(<\omega)}$ 使 $H \subseteq \uparrow_\delta F \subseteq U$. 记 $F = \{s_1, s_2, \cdots, s_m\}$. $\forall j \in \{1, 2, \cdots, m\}$, 令 $W_j = X \backslash \downarrow_\delta s_j = X \backslash \mathrm{cl}_\delta\{s_j\}$. 则 $W_j \in \delta$ $(j = 1, 2, \cdots, m)$, 且 $U \in \delta \backslash \downarrow \{W_1, W_2, \cdots, W_m\}$. 下证 $\delta \backslash \downarrow \{W_1, W_2, \cdots, W_m\} \subseteq \Phi(H)$. 设 $V \in \delta \backslash \downarrow \{W_1, W_2, \cdots, W_m\}$, 则 $\forall j \in \{1, 2, \cdots, m\}$, $V \nsubseteq W_j = X \backslash \mathrm{cl}_\delta\{s_j\}$, 即 $s_j \in V$; 从而 $H \subseteq \uparrow_\delta F \subseteq V$. 故 $V \in \Phi(H)$. 因而 $U \in \delta \backslash \downarrow \{W_1, W_2, \cdots, W_m\} \subseteq \Phi(H)$. 所以 $\Phi(H) \in \upsilon(\delta)$.

(2) $\Rightarrow$ (1): 设 $U \in \delta$, $H \subseteq U$. 则 $U \in \Phi(H) \in \upsilon(\delta)$; 从而 $\exists \{V_1, V_2, \cdots, V_n\} \subseteq \delta$ 使 $U \in \delta \backslash \downarrow \{V_1, V_2, \cdots, V_n\} \subseteq \Phi(H)$. $\forall i \in \{1, 2, \cdots, n\}$, 任取 $u_i \in U \backslash V_i$. 令 $F = \{u_1, u_2, \cdots, u_n\}$. 则 $\uparrow_\delta F \subseteq U$. 下证 $H \subseteq \uparrow_\delta F$. 反之, 若 $\exists h \in H \backslash \uparrow_\delta F$, 则 $\uparrow_\delta F \subseteq X \backslash \downarrow_\delta h = X \backslash \mathrm{cl}_\delta\{h\} \in \delta$; 从而 $X \backslash \mathrm{cl}_\delta\{h\} \in \delta \backslash \downarrow \{V_1, V_2, \cdots, V_n\} \subseteq \Phi(H)$. 故 $H \subseteq X \backslash \mathrm{cl}_\delta\{h\}$, 与 $h \in H$ 矛盾. 故 $H \subseteq \uparrow_\delta F \subseteq U$.

注 3.3.11 对偏序集 (或 **dcpo**, 或完备格), 有一个自然的问题 (参看文献 [133, 136]): 是否其中的 Scott 紧子集均是超紧的? 下面的例子表明, 对完备格 L, 纵使 $\sigma(L)$ 为连续格, 其中的 Scott 紧子集也不一定总是 Scott 超紧的. 事实上, 由文献 [99, VI-4](参看文献 [60], 特别地, 参看本书的注 10.5.23), 存在交连续的完备

格 L, $\sigma(L)$ 是连续的, 但 $\sigma(L)$ 不是超连续的, 即 L 不是拟连续的 (由推论 3.5.14, 等价于 L 不是连续格). 由引理 4.3.4 和定理 10.4.1, $(L, \sigma(L))$ 是局部紧的; 而由定理 5.1.9, $(L, \sigma(L))$ 不是局部超紧的. 故 L 中有一些 Scott 紧子集不是 Scott 超紧的.

Erné[76] 称满足 $\uparrow_\delta H \in \mathbf{Fin}\ (X, \leqslant_\delta)$ 的集 H 是超紧的 (hypercompact), 为与定义 3.3.1 中的超紧集概念相区别, 我们将 Erné 引入的超紧集称为 E-超紧集. 显然, E-超紧子集是超紧子集, 反之不成立 (读者可以自己给出反例). 但由定义, 有下述命题.

命题 3.3.12 设 (X, δ) 为拓扑空间, $U \subseteq X$. 则下述两个条件等价:

(1) U 是超紧开集;

(2) U 是 E-超紧开集.

下面给出 E-超紧集的一个刻画.

引理 3.3.13 设 (X, δ) 为拓扑空间, $H \subseteq X$. 则下述各条件等价:

(1) H 是 E-超紧的;

(2) $\exists F \in H^{(<\omega)}$ 使 $\uparrow_\delta H = \uparrow_\delta F$;

(3) $\exists W_1, W_2, \cdots, W_n \in \delta$ 使 $\Phi(H) = \delta \backslash \downarrow \{W_1, W_2, \cdots, W_n\}$.

证明 (1) $\Rightarrow$ (2): 由 H 是 E-超紧的, $\exists G \in X^{(<\omega)}$ 使 $\uparrow_\delta H = \uparrow_\delta G$. $\forall v \in G$, 由 $v \in \uparrow_\delta H, \exists u(v) \in H$ 使 $v \in \uparrow_\delta u(v)$. 令 F=$\{u(v) : v \in G\}$. 则 $F \in H^{(<\omega)}$, 且 $G \subseteq \uparrow_\delta F \subseteq \uparrow_\delta H$. 故 $\uparrow_\delta H = \uparrow_\delta G \subseteq \uparrow_\delta F \subseteq \uparrow_\delta H$, 从而 $\uparrow_\delta H = \uparrow_\delta F$.

(2) $\Rightarrow$ (3): 设 $\exists F \in H^{(<\omega)}$ 使 $\uparrow_\delta H = \uparrow_\delta F$. 记 F=$\{s_1, s_2, \cdots, s_n\}$. $\forall j \in \{1, 2, \cdots, n\}$, 令 $W_j = X \backslash \downarrow_\delta s_j = X \backslash \downarrow_\delta \mathrm{cl}_\delta\{s_j\}$. 则 $W_j \in \delta (j = 1, 2, \cdots, n)$. 下证 $\Phi(H)$=$\delta \backslash \downarrow \{W_1, W_2, \cdots, W_n\}$. 设 $V \in \delta \backslash \downarrow \{W_1, W_2, \cdots, W_n\}$, 则 $\forall j \in \{1, 2, \cdots, n\}$, $V \not\subseteq W_j = X \backslash \downarrow_\delta \mathrm{cl}_\delta\{s_j\}$, 即 $s_j \in V$; 从而 $F \subseteq V$. 故 $\uparrow_\delta H = \uparrow_\delta F \subseteq V$. 所以 $V \in \Phi(H)$. 因而 $\delta \backslash \downarrow \{W_1, W_2, \cdots, W_n\} \subseteq \Phi(H)$. 另一方面, 设 $W \in \Phi(H)$, 即 $H \subseteq W$, 则 $F \subseteq W$. 故 $W \in \delta \backslash \downarrow \{W_1, W_2, \cdots, W_n\}$. 因而 $\Phi(H) \subseteq \delta \backslash \downarrow \{W_1, W_2, \cdots, W_n\}$. 所以 $\Phi(H) = \delta \backslash \downarrow \{W_1, W_2, \cdots, W_n\}$.

(3) $\Rightarrow$ (1): 设 $\exists \{W_1, W_2, \cdots, W_n\} \in \delta^{(<\omega)}$ 使 $\Phi(H) = \delta \backslash \downarrow \{W_1, W_2, \cdots, W_n\}$. $\forall i \in \{1, 2, \cdots, n\}$, 任取 $u_i \in H \backslash W_i$. 令 $F = \{u_1, u_2, \cdots, u_n\}$. 则 $\uparrow_\delta F \subseteq \uparrow_\delta H$. 下证 $H \subseteq \uparrow_\delta F$. 反之, 若 $\exists h \in H \backslash \uparrow_\delta F$, 则 $\uparrow_\delta F \subseteq X \backslash \downarrow_\delta h = X \backslash \downarrow_\delta \mathrm{cl}_\delta\{h\} \in \delta$; 从而 $X \backslash \downarrow_\delta \mathrm{cl}\{h\} \in \delta \backslash \downarrow \{W_1, W_2, \cdots, W_n\} = \Phi(H)$. 故 $H \subseteq X \backslash \downarrow_\delta \mathrm{cl}\{h\}$, 与 $h \in H$ 矛盾. 故 $\uparrow_\delta H = \uparrow_\delta F$.

定义 3.3.14 设 (X, δ) 为拓扑空间, $A \subseteq X$. A 称为强紧的, 若 $\forall \{U_i : i \in I\} \subseteq \delta$, $A \subseteq \bigcup\limits_{i \in I} U_i, \exists i \in I$ 使 $A \subseteq U_i$. (X, δ) 中的强紧集全体记为 $S(X)$.

下面给出强紧集的刻画.

引理 3.3.15 设 (X, δ) 为拓扑空间, $A \subseteq X$. 则下述各条件等价:

(1) A 是强紧的;

(2) $\exists W \in \delta$ 使 $\Phi(A) = \delta \backslash \downarrow W$;

(3) $\forall U \in \delta$, $A \subseteq U, \exists u \in X$ 使 $A \subseteq \uparrow_\delta u \subseteq U$;

(4) $\exists v \in A$ 使 $\uparrow_\delta A = \uparrow_\delta v$.

证明 (1) $\Rightarrow$ (2): 设 A 是强紧的, 令 $W = \cup(\delta \backslash \Phi(A)) = \cup\{H \in \delta : A \not\subseteq H\}$. 则 $W \in \delta$, $A \not\subseteq W$. 易知 $\Phi(A)=\delta \backslash \downarrow W$.

(2) $\Rightarrow$ (3): 设 $\exists W \in \delta$ 使 $\Phi(A) = \delta \backslash \downarrow W$, 则 $\downarrow W = \delta \backslash \Phi(A)$, 从而 $W = \cup(\delta \backslash \Phi(A)) = \cup\{H \in \delta : A \not\subseteq H\}$. $\forall U \in \delta$, 若 $A \subseteq U$, 则 $U \not\subseteq W$. 任取 $u \in U \backslash W$. 则 $\uparrow_\delta u \subseteq U$. 下证 $A \subseteq \uparrow_\delta u$. 反之, 若 $\exists a \in A \backslash \uparrow_\delta u$, 则 $u \in X \backslash \downarrow_\delta a = X \backslash \mathrm{cl}_\delta\{a\} \in \delta$. 由 $u \notin W$ 和 $W = \cup(\delta \backslash \Phi(A))$, 有 $X \backslash \mathrm{cl}_\delta\{a\} \in \Phi(A)$, 即 $A \subseteq X \backslash \mathrm{cl}_\delta\{a\}$, 矛盾. 故 $A \subseteq \uparrow_\delta u \subseteq U$.

(3) $\Rightarrow$ (4): 下证 $\exists v \in A$ 使 $\uparrow_\delta A = \uparrow_\delta v$. 反之, 若 $\forall v \in A, \uparrow_\delta A \neq \uparrow_\delta v$, 则 $\exists u(v) \in \uparrow_\delta A \backslash \uparrow_\delta v$; 因而 $v \in X \backslash \downarrow_\delta u(v) = X \backslash \mathrm{cl}_\delta\{u(v)\} \in \delta$. 令 $U = \bigcup\limits_{v \in A}(X \backslash \mathrm{cl}_\delta\{u(v)\})$. 则 $A \subseteq U$. 由 (3), $\exists u \in X$ 使 $A \subseteq \uparrow_\delta u \subseteq U$. 故 $\exists w \in A$ 使 $u \in X \backslash \mathrm{cl}_\delta\{u(w)\}$; 从而 $\uparrow_\delta A \subseteq \uparrow_\delta u \subseteq X \backslash \mathrm{cl}_\delta\{u(w)\}$, 与 $u(w) \in \uparrow_\delta A$ 矛盾. 故 $\exists v \in A$ 使 $\uparrow_\delta A = \uparrow_\delta v$.

(4) $\Rightarrow$ (1): 显然.

推论 3.3.16 设 (X, δ) 为 T_0 空间, $P = (X, \leqslant_\delta)$ 是 **dcpo**. 若 $\{S_d : d \in D\} \subseteq S(X)$(赋予集反包含序) 是定向族, 则 $\bigcap\limits_{d \in D} S_d \in S(X)$.

证明 由引理 3.3.15, $\forall d \in D, \exists v(d) \in S_d$ 使 $S_d = \uparrow_\delta v(d)$. 由 $\{S_d : d \in D\} \subseteq S(X)$ 是定向的, 知 $\{v(d) : d \in D\} \subseteq P$ 是定向的; 从而 $v = \bigvee\limits_{d \in D} v(d)$ 存在. 故 $\bigcap\limits_{d \in D} S_d = \bigcap\limits_{d \in D} \uparrow_\delta v(d) = \uparrow_\delta v \in S(X)$.

由引理 3.3.10、引理 3.3.13 和引理 3.3.15, 有下述推论.

推论 3.3.17 强紧性 $\Rightarrow$ E-超紧性 $\Rightarrow$ 超紧性 $\Rightarrow$ 紧性.

3.4 拟 Z-连续 domain 与弱拟 Z-连续 domain

在本节中, 作为拟连续 domain 和 Z-连续 domain 概念的公共推广, 沿用文献 [101, 102] 的思路, 我们对一般的子集系统 Z 引入 (弱) 拟 Z-连续 (代数) domain 的概念, 并讨论 (弱) 拟 Z-连续 domain 的基本性质, 证明了当子集系统 Z 满足一定条件时, 拟 Z-连续 domain P 上的 Z-below 关系 $\ll_Z$ 具有插入性质, P 上的

Z-Lawson 拓扑 $\lambda_Z(P)$ 是 T_2 的; 给出了 Rudin 性质及其映射式刻画在拟 Z-连续 domain 方面的若干应用. 另外, 我们还讨论了 Z-Scott 拓扑 $\sigma_Z(P)$ 的 sober 性. 众所周知, 完备格 L 是拟连续格当且仅当 L 上的 Lawson 拓扑 $\lambda(L)$ 是 T_2 的 (参见文献 [98, 99]). 一个自然的问题是: 若 domain P 上的 Lawson 拓扑 $\lambda(P)$ 是 T_2 的, P 是否拟连续 domain? 我们给出的一个反例表明此问题的解答是否定的.

定义 3.4.1 [395,396] 设 P 是 Z-完备偏序集, $y \in P, A, B \subseteq P$.

(1) 称 AZ-below B, 记为 $A \ll_Z B$, 若 $\forall S \in Z(P)$, $\sup S \in \uparrow B$, 有 $S \cap \uparrow A \neq \varnothing$. $F \ll_Z \{x\}$ 简记为 $F \ll_Z x$, 并记 $w_Z(A)=\{F \in P^{(<\omega)} : F \ll_Z A\}$, $w_Z(x) = \{F \in P^{(<\omega)} : F \ll_Z x\}$, $\Uparrow_Z A = \{x \in P : A \ll_Z x\}$, $\Downarrow_Z x=\{y \in P : y \ll_Z x\}$.

(2) P 称为弱拟 Z-连续 domain, 若 $\forall p \in P, \uparrow p = \cap\{\uparrow F : F \in w_Z(p)\}$; 进一步, 若 P 还满足: $\forall p \in P$, $\{\uparrow F : F \in w_Z(p)\} \in Z(\mathbf{Fin}\ P)$, 则称 P 是拟 Z-连续 domain. 当 $Z = \mathcal{P}$ (此时 Z-完备偏序集即完备格) 时, 拟 Z-连续格 L 也称为广义完全分配格, 简称 GCD 格 [335], 此时 L 只需满足单个条件: $\forall p \in L, \uparrow p=\cap\{\uparrow A : A \in w_{\mathcal{P}}(p)\}$, 因为条件 $\{\uparrow F : F \in w_{\mathcal{P}}(p)\} \in \mathcal{P}(\mathbf{Fin}\ P)$ 自然满足.

(3) P 称为弱拟 Z-代数 domain, 若 $\forall p \in P, \uparrow p = \cap\{\uparrow F : F \in P^{(<\omega)}, F \ll_Z F \ll_Z x\}(=\cap\{\uparrow F : F \in P^{(<\omega)}, F \ll_Z F, x \in \uparrow F\})$; 进一步, 若 P 还满足 $\forall p \in P$, $\{\uparrow F : F \in P^{(<\omega)}, F \ll_Z F \ll_Z x\}$ $(=\{\uparrow F : F \in P^{(<\omega)}, F \ll_Z F, x \in \uparrow F\}) \in Z(\mathbf{Fin}\ P)$, 则称 P 是拟 Z-代数 domain. 当 $Z = \mathcal{P}$ 时, 拟 Z-代数格也称为广义强代数格 (在文献 [414, 416] 中称为强伪代数格).

上面的定义也适用于偏序集情形. 特别地, 有下述

定义 3.4.2 设 P 是偏序集, $x \in P, A, B \subseteq P$. 称 A 完全 below B, 记为 $A \lhd B$, 若对任意有上确界的子集 $S \subseteq P$, $\sup S \in \uparrow B$, 有 $S \cap \uparrow A \neq \varnothing$. $F \lhd \{x\}$ 简记为 $F \lhd$.

注 3.4.3 (1) $\forall P \in \mathrm{ob}(\mathbf{Poset})$, 令 $L = (\mathbf{Up}(P), \supseteq)$. 则 L 为完备格, 其中的并运算 $\vee$ 和交运算 $\wedge$ 分别为集合交运算 $\cap$ 和集合并运算 $\cup$. 对 Z-完备偏序集 P 和 $A, B \subseteq P, A \ll_Z B$ 可用 L 等价表述为: $\forall S \in Z(P), \uparrow B \leqslant_L \vee_L\{\uparrow s : s \in S\}$, $\exists s \in S$ 使 $\uparrow A \leqslant_L \uparrow s$.

(2) 设 P 为 Z-完备偏序集, $A, B, C, D \subseteq P$, 则有

(i) $A \ll_Z B \Rightarrow \uparrow B \subseteq \uparrow A$. 故 $\uparrow B \subseteq \cap\{\uparrow F : F \in w_Z(B)\}$;

(ii) $A \ll_Z B \Leftrightarrow \uparrow A \ll_Z \uparrow B$;

(iii) 若 $A \ll_Z B, \uparrow A \subseteq \uparrow C, \uparrow D \subseteq \uparrow B$, 则 $C \ll_Z D$.

(3) 若 $A \neq \varnothing$, 则 $\varnothing \notin w_Z(A)$. 特别地, $\forall p \in P, \varnothing \notin w_Z(p)$.

(4) Z-完备偏序集 P 是弱拟 Z-连续的 $\Leftrightarrow \forall x, y \in P, x \not\leqslant y, \exists F \in w_Z(x)$ 使 $y \notin \uparrow F$.

关于关系 $\lhd$, 类似于 "点" 与 "点" 情形 (见引理 2.1.13), 对 "集" 与 "集" 情形, 有下述

引理 3.4.4 设 P 是偏序集, $A, B \subseteq P$. 则下述两个条件等价:

(1) $A \lhd B$;

(2) 对任意子集 $C \subseteq P\backslash \uparrow A$, 若 $\vee C$ 存在, 则 $\vee C \in P\backslash \uparrow B$.

若 $\vee(P\backslash \uparrow A)$ 存在, 则上面的条件等价于下述:

(3) $\vee(P\backslash \uparrow A) \in P\backslash \uparrow B$.

推论 3.4.5 设 L 是完备格, $A \subseteq L$. 则下述各条件等价:

(1) $A \lhd A$;

(2) $\vee(L\backslash \uparrow A) \in L\backslash \uparrow A$;

(3) $\uparrow A = L\backslash \downarrow \vee(L\backslash \uparrow A)$.

故若 $A \lhd A$, 则 $\uparrow A$ 是上拓扑 $v(L)$ 中的 "标准" 子基元.

推论 3.4.6 设 P 是偏序集, $A, x \in P$. 则下述两个条件等价:

(1) $A \lhd x$;

(2) 对任意子集 $C \subseteq P\backslash \uparrow A$, 若 $\vee D$ 存在, 则 $x \nleqslant \vee D$.

若 P 为完备格, 则上面的条件等价于下述:

(3) $x \nleqslant \vee(P\backslash \uparrow A)$.

定义 3.4.1 中的 "集" 与 "集" 之间的 Z-below 关系 $\ll_Z$ 可以按一定方式表达成 "点" 与 "点" 之间的 Z-below 关系 $\ll_Z$. 为此, 先引入下述定义.

定义 3.4.7 [395,396] 设 Z 是子集系统, $P \in \mathrm{ob}(\mathbf{Poset})$, $L = (\mathbf{Up}(P), \supseteq)$, $\mathcal{K} \subseteq L, A, B \in L$. 称 $A \ll_Z B(\mathbf{mod}\ \mathcal{K})$, 若 $\forall \mathcal{G} \in Z(\mathcal{K}, \supseteq), B \leqslant_L \vee_L \mathcal{G}$(即 $\cap \mathcal{G} \subseteq B$), $\exists M \in \mathcal{G}$ 使 $A \leqslant_L M$(即 $M \subseteq A$). 记 $w_Z(B, \mathcal{K}) = \{\uparrow F \in \mathbf{Fin}\ P : \uparrow F \ll_Z B(\mathbf{mod}\ \mathcal{K})\}$.

注 3.4.8 设 Z 是子集系统, $P \in \mathrm{ob}(\mathbf{Poset})$, $A, B \in \mathbf{Up}(P)$.

(1) 由 $\mathbf{Prin}\ P \subseteq \mathbf{Fin}\ P \subseteq \mathbf{Up}\ P$, 有 $Z(\mathbf{Prin}\ P) \subseteq Z(\mathbf{Fin}\ P) \subseteq Z(\mathbf{Up}\ P)$. 由于 $h : P \to (\mathbf{Prin}\ P, \supseteq)$, $h(x) = \uparrow x$ 为序同构, 故 $\forall S \subseteq P$, 有 $S \in Z(P) \Leftrightarrow \{\uparrow s : s \in S\} \in Z(\mathbf{Prin}\ P) \Rightarrow \{\uparrow s : s \in S\} \in Z(\mathbf{Fin}\ P) \Rightarrow \{\uparrow s : s \in S\} \in Z(\mathbf{Up}\ P)$.

(2) 若 P 为 Z-完备偏序集, 则 $A \ll_Z B \Leftrightarrow A \ll_Z B(\mathrm{mod}\ \mathbf{Prin}\ P)$.

基于定义 3.4.7, 可以给拟 Z-连续 domain 如下一个等价描述.

命题 3.4.9 [395,396] 设 Z 是子集系统, $P \in \mathrm{ob}\ (\mathbf{Poset})$. 令 $L = (\mathbf{Up}(P), \supseteq)$. 则 P 为拟 Z-连续 domain 当且仅当下述两个条件满足

(1) $\mathbf{Prin}\ P$ 对 L 中的 Z-并运算封闭;

(2) $\forall p \in P, w_Z(\uparrow p, \mathbf{Prin}\ P) \in Z(\mathbf{Fin}\ P)$, 且 $\uparrow p = \vee_L w_Z(\uparrow p, \mathbf{Prin}\ P)$.

引理 3.4.10 [395,396] 设 Z 是子集系统, P 为偏序集, $A, B \in \mathbf{Up}(P)$. 考虑下述两个条件:

(1) $A \ll_Z B(\text{mod } \mathbf{Fin}\ P)$;

(2) $A \ll_Z B(\text{mod } \mathbf{Prin}\ P)$.

则 (1) $\Rightarrow$ (2); 若 Z 具有 Rudin 性质, 则 (1) $\Rightarrow$ (2).

证明　由于 $Z(\mathbf{Prin}\ P) \subseteq Z(\mathbf{Fin}\ P)$, 故 (1) $\Rightarrow$ (2).

(2) $\Rightarrow$ (1): 现假设 Z 具有 Rudin 性质, $A \ll_Z B(\text{mod } \mathbf{Prin}\ P)$. 若 $A \ll_Z B$ (mod $\mathbf{Fin}\ P$) 不成立, 则 $\exists \mathcal{G} \in Z(\mathbf{Fin}\ P)$ 使 $\cap\, \mathcal{G} \subseteq B$, 但 $\forall G \in \mathcal{G}, G \nsubseteq A$. $\forall \uparrow F_1, \uparrow F_2 \in \mathbf{Fin}\ P$, 由 $A = \uparrow A$, 易验证, 若 $\uparrow F_1 \subseteq \uparrow F_2$, 则 $\uparrow (F_1 \backslash A) \subseteq \uparrow (F_2 \backslash A)$. 由此可定义保序映射 $\varphi: (\mathbf{Fin}\ P, \supseteq) \to (\mathbf{Fin}\ P, \supseteq)$, $\varphi(\uparrow F) = \uparrow (F \backslash A)$. 由 Z 是子集系统和 $\mathcal{G} \in Z(\mathbf{Fin}\ P)$, 有$\varphi(\mathcal{G}) = \{\uparrow (G \backslash A) : G \in \mathcal{G}\} \in Z(\mathbf{Fin}\ P)$, 且 $\varnothing \notin \varphi(\mathcal{G}), \cap \varphi(\mathcal{G}) \subseteq \cap\, \mathcal{G} \subseteq B$. 由 Z 具有 Rudin 性质, $\exists K \subseteq \cup\{\text{Min}(\uparrow (G \backslash A)) : G \in \mathcal{G}\}$ 满足

(i) $K \in Z(P)$;

(ii) $\cap\{\uparrow k : k \in K\} \subseteq B$.

由注 3.4.8(1), $\{\uparrow k : k \in K\} \in Z(\mathbf{Prin}\ P)$; 从而由 $A \ll_Z B(\text{mod } \mathbf{Prin}\ P)$ 和 $\cap\{\uparrow k : k \in K\} \subseteq B$, $\exists k \in K$ 使 $\uparrow k \subseteq A$, 与 $K \subseteq \cup\{\text{Min}(\uparrow (G \backslash A)) : G \in \mathcal{G}\} = \cup\{\text{Min}(G \backslash A) : G \in \mathcal{G}\} \subseteq \cup\{G \backslash A : G \in \mathcal{G}\}$ 矛盾. 故 $A \ll_Z B(\text{mod } \mathbf{Fin}\ P)$.

推论 3.4.11 [395,396]　设子集系统 Z 具有 Rudin 性质, $P \in \text{ob}(\mathbf{Poset})$. 令 $L = (\mathbf{Up}(P), \supseteq)$. 则 P 为拟 Z-连续 domain 当且仅当下述两个条件满足

(1) $\mathbf{Prin}\ P$ 对 L 中的 Z-并运算封闭;

(2) $\forall p \in P, w_Z(\uparrow p, \mathbf{Fin}\ P) \in Z(\mathbf{Fin}\ P)$, 且 $\uparrow p = \vee_L w_Z(\uparrow p, \mathbf{Fin}\ P)$.

命题 3.4.12 [395,396]　设 Z 是 Rudin 子集系统, P 为弱拟 Z-连续 domain, $G \in P^{(<\omega)} \backslash \{\varnothing\}$. 则

(1) $\uparrow G = \cap\{\uparrow F : F \in w_Z(G)\}$;

(2) 若 Z 具有有限族并性质, P 为拟 Z-连续的, 则 $\{\uparrow F : F \in w_Z(G)\} \in Z(\mathbf{Fin}\ P)$.

证明　(1) 显然 $\uparrow G \subseteq \cap\{\uparrow F : F \in w_Z(G)\}$. 另一方面, 若 $x \notin \uparrow G$, 则 $\forall g \in G, x \notin \uparrow g$. 由 P 为弱 Z-拟连续 domain, $\exists F(\text{g}) \in w_Z(g)$ 使 $x \notin \uparrow F(g)$. 令 $F = \bigcup\limits_{g \in G} F(g)$. 则 $F \in w_Z(G), x \notin \uparrow F$. 因此 $x \notin \cap\{\uparrow F : F \in w_Z(G)\}$. 故 $\uparrow G = \cap\{\uparrow F : F \in w_Z(G)\}$.

(2) $\forall g \in G$, 由 P 为拟 Z-连续 domain, $S(g) = \{\uparrow F : F \in w_Z(p)\} \in Z(\mathbf{Fin}\ P)$. 由 Z 具有有限族并性质和 $G \in P^{(<\omega)} \backslash \{\varnothing\}$, $\left\{\bigcup\limits_{g \in G} \uparrow F(g) : \forall g \in G, F(g) \in S(g)\right\} =$

$\left\{\uparrow \bigcup_{g\in G} F(g): \forall g \in G, F(g) \in S(g)\right\} \in Z(\mathbf{Fin}\ P)$. 易验证 $\{\uparrow F : F \in w_Z(G)\} =$
$\left\{\uparrow \bigcup_{g\in G} F(g): \forall g \in G, F(g) \in S(g)\right\}$, 故

$$\{\uparrow F : F \in w_Z(G)\} \in Z(\mathbf{Fin}P).$$

命题 3.4.13 [395,396] 设 Z 是具有性质 M 的 Rudin 子集系统, P 为 Z-完备偏序集. 若 $\forall p \in P, \exists v_Z(p) \subseteq w_Z(p)$ 满足

(i) $\cap\{\uparrow F : F \in v(p)\} \subseteq \uparrow p$;

(ii) $\{\uparrow F : F \in v_Z(p)\} \in Z(\mathbf{Fin}\ P)$,

则 P 为拟 Z-连续 domain, 且 $w_Z(p) = \{G \in P^{(<\omega)} : \exists F \in v_Z(p)$ 使 $F \subseteq \uparrow G\}$.

证明 $\forall p \in P$, 首先由 (i) 和 $v_Z(p) \subseteq w_Z(p)$, 有 $\uparrow p \subseteq \cap\{\uparrow A : A \in w_Z(p)\} \subseteq \cap\{\uparrow F : F \in v_Z(p)\} \subseteq \uparrow p$, 故 $\uparrow p = \cap\{\uparrow A : A \in w_Z(p)\}$.

其次证明 $w_Z(p)=\{G \in P^{(<\omega)} : \exists F \in v_Z(p)$ 使 $F \subseteq \uparrow G\}$. $\forall G \in w_Z(p)$, 令 $\mathcal{G}(G) = \{\uparrow (F\setminus \uparrow G) : F \in v_Z(p)\}$. 若 $\forall F \in v_Z(p), F\setminus \uparrow G \neq \varnothing$, 则 $\varnothing \notin \mathcal{G}(G)$, 且由 (i), $\cap\mathcal{G}(G) \subseteq \cap\{\uparrow F : F \in v_Z(p)\} \subseteq \uparrow p$. 下证 $\mathcal{G}(G) \in Z(\mathbf{Fin}\ P)$. $\forall \uparrow H_1, \uparrow H_2 \in \mathbf{Fin}\ P$, 易验证, 若 $\uparrow H_1 \subseteq \uparrow H_2$, 则 $\uparrow (H_1\setminus \uparrow G) \subseteq \uparrow (H_2\setminus \uparrow G)$. 由此可定义保序映射 $\varphi_G : (\mathbf{Fin}\ P, \supseteq) \to (\mathbf{Fin}\ P, \supseteq)$, $\varphi(\uparrow H) = \uparrow (H\setminus \uparrow G)$. 由 Z 是子集系统和 $\{\uparrow F : F \in v_Z(p)\} \in Z(\mathbf{Fin}\ P)$, 有 $\varphi_G(\{\uparrow F : F \in v_Z(p)\}) = \mathcal{G}(G) \in Z(\mathbf{Fin}\ P)$. 由 Z 具有 Rudin 性质, $\exists K \subseteq \cup\{\mathrm{Min}(\uparrow (F\setminus \uparrow G)) : F \in v_Z(p)\}$ 满足

(1) $K \in Z(P)$;

(2) $\cap\{\uparrow k : k \in K\} \subseteq \uparrow p$, 即 $p \leqslant \vee K$(因为 P 是 Z-完备偏序集, $K \in Z(P)$). 由 $G \in w_Z(p), \uparrow G \cap K \neq \varnothing$, 与 $K \subseteq \cup\{\mathrm{Min}(\uparrow (F\setminus \uparrow G)) : F \in v_Z(p)\} \subseteq \cup\{\mathrm{Min}(F\setminus \uparrow G) : F \in v_Z(p)\} \subseteq \cup\{F\setminus \uparrow G : F \in v_Z(p)\}$ 矛盾. 因此 $\exists F \in v_Z(p)$ 使 $F\setminus \uparrow G = \varnothing$, 即 $F \subseteq \uparrow G$. 故 $w_Z(p)=\{G \in P^{(<\omega)} : \exists F \in v_Z(p)$ 使 $F \subseteq \uparrow G\}$.

最后证明 $\{\uparrow G : G \in w_Z(p)\} \in Z(\mathbf{Fin}\ P)$. 由 Z 具有性质 M, 可定义保序映射 Ψ: $(\mathbf{Fin}\ P, \supseteq) \to Z(\mathbf{Fin}\ P), \Psi(\uparrow H) = \{\uparrow G \in \mathbf{Fin}\ P : \uparrow H \subseteq \uparrow G\}(\Psi(\varnothing) = \varnothing)$. 由 Z 是子集系统和 $\{\uparrow F : F \in v_Z(p)\} \in Z(\mathbf{Fin}\ P)$, 有 $\Psi(\{\uparrow F : F \in v_Z(p)\}) = \{\Psi(\uparrow F) : F \in v_Z(p)\} \in Z(Z(\mathbf{Fin}\ P))$; 从而由 Z 是并完备的, 有 $\cup\, \Psi(\{\uparrow F : F \in v_Z(p)\}) = \{\uparrow G : \exists F \in v_Z(p)$ 使 $\uparrow F \subseteq \uparrow G\}=\{\uparrow G : G \in w_Z(p)\} \in Z(\mathbf{Fin}\ P)$. 故 P 为拟 Z-连续 domain, 且 $w_Z(p)= \{G \in P^{(<\omega)} : \exists F \in v_Z(p)$ 使 $F \subseteq \uparrow G\}$.

推论 3.4.14 [395,396] 设 Z 是具有性质 M 的 Rudin 子集系统.

(1) 若 P 为拟 Z-代数 domain, 则 P 为拟 Z-连续 domain, 且 $\forall p \in P$, $w_Z(p)=\{G \in P^{(<\omega)} : \exists F \in P^{(<\omega)}$ 使 $F \ll_Z F \ll_Z p, F \subseteq \uparrow G\}=\{G \in P^{(<\omega)} :$

$\exists F \in P^{(<\omega)}$ 使 $F \ll_Z F, p \in \uparrow F, F \subseteq \uparrow G\}$.

(2) 若 P 为 Z-连续 domain, 则 P 为拟 Z-连续 domain, 且 $\forall p \in P$, $w_Z(p) = \{F \in P^{(<\omega)} : \exists y \ll_Z p$ 使 $y \in \uparrow F\}$.

证明 (1) 由拟 Z-代数 domain 的定义 (见定义 3.4.1) 和命题 3.4.13.

(2) $\forall p \in P$, 由 P 是 Z-连续 domain, 有 $\Downarrow_Z p \in \mathrm{I}_Z(P)$ 和 $p = \sup \Downarrow_Z p$. 由 $\Downarrow_Z p \in \mathrm{I}_Z(P), \exists S(p) \in Z(P)$ 使 $\Downarrow_Z p = \downarrow S(p)$. 令 $v_Z(p) = S(p)$. 显然有 $v_Z(p) \subseteq w_Z(p)$, 且 $\cap\{\uparrow s : s \in v_Z(p)\} = \cap\{\uparrow s : s \in S(p)\} = \uparrow \vee S(p) = \uparrow p$. 由 Z 是子集系统, $S(p) \in Z(P)$ 和映射 h: $(P, \leqslant) \to (\mathbf{Fin}\ P, \supseteq), h(x) = \uparrow x$, 的保序性, 有 $h(S(p)) = \{\uparrow s : s \in v_Z(p)\} = \{\uparrow s : s \in v_Z(p)\} \in Z(\mathbf{Fin}\ P)$. 故 $v_Z(p)$ 满足命题 3.4.13 中的条件 (i) 和 (ii). 由命题 3.4.13, P 为拟 Z-连续 domain, 且 $w_Z(p) = \{F \in P^{(<\omega)} : \exists s \in v_Z(p)$ 使 $s \in \uparrow F\} = \{F \in P^{(<\omega)} : \exists y \ll_Z p$ 使 $y \in \uparrow F\}$.

下面的结果表明, 当 Z 是具有有限族并性质的 Rudin 子集系统时, 拟 Z-连续 domain 上的 Z-below 关系 $\ll_Z$ 具有插入性质.

定理 3.4.15 [395,396] (插入性质) 设 Z 是具有有限族并性质的 Rudin 子集系统, P 为拟 Z-连续 domain. 则

(1) $\forall p \in P, F \ll_Z p, \exists G \in w_Z(p)$ 使 $F \ll_Z G \ll_Z p$;

(2) $\forall F, H \in P^{(<\omega)}, F \ll_Z H, \exists G \in P^{(<\omega)}$ 使 $F \ll_Z G \ll_Z H$;

(3) (Z-择一原则) $\forall F \in P^{(<\omega)}, S \in Z(P), F \ll_Z \sup S, \exists s \in S$ 使 $F \ll_Z s$.

证明 (1) 令 $\mathcal{G} = \{\uparrow A : A \in w_Z(p)$, 且 $\exists B \in w_Z(p)$ 使 $A \ll_Z B \ll_Z p\}$. 则有

(i) $\mathcal{G}$ 是非空的.

事实上, 任取 $B \in w_Z(p), \forall b \in B$, 任取有限集 $A(b) \ll_Z b$. 令 $A = \cup\{A(b) : b \in B\}$. 则有 $A \ll_Z B \ll_Z p$, 且 $A \in P^{(<\omega)}$. 故 $\uparrow A \in \mathcal{G}$.

(ii) $(\mathcal{G}, \subseteq) \in Z(\mathbf{Fin}\ P)$.

$\forall C \in P^{(<\omega)} \backslash \{\varnothing\}$, 由命题 3.4.12, $\{\uparrow H : H \in w_Z(C)\} \in Z(\mathbf{Fin}\ P)$. 故可定义映射 $\mathcal{W} : (\mathbf{Fin}\ P, \supseteq) \to Z(\mathbf{Fin}\ P), \mathcal{W}(\uparrow C) = \{\uparrow H : H \in w_Z(C)\}$ $(\mathcal{W}(\varnothing) = \varnothing)$. 由注 3.4.3(2), $\mathcal{W}$ 是保序的; 从而由 $\{\uparrow B : B \in w_Z(p)\} \in Z(\mathbf{Fin}\ P)$ 和 Z 是子集系统, $\mathcal{W}(\{\uparrow B : B \in w_Z(p)\}) = \{\mathcal{W}(\uparrow B) : B \in w_Z(p)\} \in Z(Z(\mathbf{Fin}\ P))$. 由 Z 是并完备的, 有 $\cup\{\mathcal{W}(\uparrow B) : B \in w_Z(p)\} = \{\uparrow A : \exists B \in w_Z(p)$ 使 $A \in w_Z(B)\} = \mathcal{G} \in Z(\mathbf{Fin}\ P)$.

(iii) $\cap\mathcal{G} = \uparrow p$.

由命题 3.4.13, $\cap\mathcal{G} = \bigcap\limits_{G \in w_Z(p)} \bigcap\limits_{F \in w_Z(G)} \uparrow F = \bigcap\limits_{G \in w_Z(p)} \uparrow G = \uparrow p$.

由注 3.4.8(2) 和引理 3.4.10, 有 $\uparrow F \ll_Z \uparrow p (\mathrm{mod}\ \mathbf{Fin}\ P)$; 从而由 (ii) 和 (iii),

$\exists\uparrow A\in\mathcal{G}$ 使 $\uparrow A\subseteq\uparrow F$. 由 $\uparrow A\in\mathcal{G},\exists G\in w(p)$ 使 $A\ll_Z G\ll_Z p$, 从而有 $F\ll_Z G\ll_Z p$.

(2) $\forall F,H\in P^{(<\omega)}$, 若 $F\ll_Z H$, 则 $\forall h\in H,F\ll_Z h$. 由 (1), $\exists G_h\in w(h)$ 使 $F\ll_Z G_h\ll_Z h$. 令 $G=\cup\{G_h:h\in H\}$. 则 $G\in P^{(<\omega)}$ 且 $F\ll_Z G\ll_Z H$.

(3) $\forall F\in P^{(<\omega)},S\in Z(P)$, 若 $F\ll_Z\sup S$, 则由 (1), $\exists G\in w(p)$ 使 $F\ll_Z G\ll_Z\sup S$. 因而 $\exists g\in G,s\in S$ 使 $g\leqslant s$. 显然 $F\ll_Z g$, 故 $F\ll_Z s$.

推论 3.4.16 [102] 设 P 为拟连续 domain, 则

(1) $\forall p\in P,F\in w(p),\exists G\in w(p)$ 使 $F\ll G\ll p$;

(2) $\forall F,H\in P^{(<\omega)},F\ll H,\exists G\in P^{(<\omega)}$ 使 $F\ll G\ll H$.

命题 3.4.17 [395,406] 设 Z 是具有有限族并性质的 Rudin 子集系统, P 为拟 Z-连续 domain. 则

(1) $\forall F\in P^{(<\omega)},\Uparrow_Z F\in\sigma^Z(P)$;

(2) $\forall U\in\sigma^Z(P),p\in U,\exists F\in P^{(<\omega)}$ 使 $p\in\Uparrow_Z F\subseteq\uparrow F\subseteq U$.

证明 (1) 显然 $\Uparrow_Z F=\uparrow\Uparrow_Z F$. $\forall S\in Z(P)$, 若 $\vee S\in\Uparrow_Z F$, 则由定理 3.4.15(3), $\exists s\in S$ 使 $F\ll_Z s$, 从而 $S\cap\Uparrow_Z F\neq\varnothing$. 故 $\Uparrow_Z F\in\sigma^Z(P)$.

(2) 由 P 为拟 Z-连续 domain, $\uparrow p=\cap\{\uparrow F:F\in w_Z(p)\}$, $\{\uparrow F:F\in w_Z(p)\}\in Z(\mathbf{Fin}\,P)$. 下证 $\exists F\in w_Z(p)$ 使 $\uparrow F\subseteq U$. 反之, 假设 $\forall F\in w_Z(p),\uparrow F\nsubseteq U$. $\forall\uparrow F_1,\uparrow F_2\in\mathbf{Fin}\,P$, 由 $U=\uparrow U$, 易验证, 若 $\uparrow F_1\subseteq\uparrow F_2$, 则 $\uparrow(F_1\backslash U)\subseteq\uparrow(F_2\backslash U)$. 由此可定义保序映射 $\varphi:(\mathbf{Fin}\,P,\supseteq)\to(\mathbf{Fin}\,P,\supseteq)$, $\varphi(\uparrow F)=\uparrow(F\backslash U)$. 由 Z 是子集系统和 $\{\uparrow F:F\in w_Z(p)\}\in Z(\mathbf{Fin}\,P)$, 有 $\mathcal{G}=\varphi(\{\uparrow F:F\in w_Z(p)\})=\{\uparrow(F\backslash U):F\in w_Z(p)\}\in Z(\mathbf{Fin}\,P),\varnothing\notin\mathcal{G},\cap\mathcal{G}\subseteq\cap\{\uparrow F:F\in w_Z(p)\}=\uparrow p$. 由 Z 具有 Rudin 性质, $\exists K\subseteq\cup\{\mathrm{Min}(\uparrow(F\backslash U)):F\in w_Z(p)\}$ 满足

(1) $K\in Z(P)$;

(2) $\cap\{\uparrow k:k\in K\}\subseteq\uparrow p$, 即 $p\leqslant\vee K$.

由 $p\in U\in\sigma^Z(P)$, 有 $\vee K\in U$, 所以存在 $k\in K$ 使 $k\in U$, 这与 $K\subseteq\cup\{\mathrm{Min}(\uparrow(F\backslash U)):F\in w_Z(p)\}=\cup\{\mathrm{Min}(F\backslash U):F\in w_Z(p)\}\subseteq\cup\{F\backslash U:F\in w_Z(p)\}$ 矛盾. 故 $\exists F\in w_Z(p)$ 使 $\uparrow F\subseteq U$, 从而 $p\in\Uparrow_Z F\subseteq\uparrow F\subseteq U$.

引理 3.4.18 [395,400,406] 设 P,Q 为 Z-完备偏序集, $f:P\to Q$. 考虑以下三个条件:

(1) f 为保 Z-并映射;

(2) $\forall U\in\sigma^Z(Q),f^{-1}(U)\in\sigma^Z(P)$;

(3) $f:(P,\sigma_Z(P))\to(Q,\sigma_Z(Q))$ 连续,

则有 (1) $\Leftrightarrow$ (2) $\Rightarrow$ (3).

证明 显然有 (2) $\Rightarrow$ (3), 下证 (1) $\Leftrightarrow$ (2).

(1) ⇒ (2): 由注 1.1.15(iii), 易知保 Z-并映射是保序的. $\forall U \in \sigma_Z(Q)$, 下证 $f^{-1}(U) \in \sigma^Z(P)$. 由 U 为上集和 f 保序, $f^{-1}(U)$ 为上集. $\forall S \in Z(P)$, 若 $\vee S \in f^{-1}(U)$, 则由 f 保 Z-并, 有 $\vee f(S) = f(\vee S) \in U$. 由 $U \in \sigma_Z(Q)$, 有 $f(S) \cap U \neq \varnothing$, 即 $S \cap f^{-1}(U) \neq \varnothing$, 故 $f^{-1}(U) \in \sigma^Z(P)$.

(2) ⇒ (1): 首先证明 f 保序. 设 $x, y \in P$, 且 $x \leqslant y$. 若 $f(x) \nleqslant f(y)$, 则 $f(x) \in Q\backslash \downarrow f(y) \in \sigma^Z(Q)$, 故 $x \in f^{-1}(Q\backslash \downarrow f(y)) \in \sigma^Z(P)$. 由 $x \leqslant y$, 有 $y \in f^{-1}(Q\backslash \downarrow f(y))$, 即 $f(y) \in Q\backslash \downarrow f(y)$, 矛盾. 故 f 保序. 下证 f 保 Z-并. $\forall S \in Z(P)$, 由 f 保序, $\vee f(S) \leqslant f(\vee S)$. 另一方面, 若 $f(\vee S) \nleqslant \vee f(S)$, 则 $f(\vee S) \in Q\backslash \downarrow \vee f(S) \in \sigma^Z(Q)$, 即 $\vee S \in f^{-1}(Q\backslash \downarrow \vee f(S))$, 故 $\exists s \in S$ 使 $s \in f^{-1}(Q\backslash \downarrow \vee f(S))$, 矛盾. 故 $\vee f(S) = f(\vee S)$.

命题 3.4.19 [395,406] 设 Z 是具有性质 M 和有限族并性质的 Rudin 子集系统, P 为拟 Z-连续 domain, $Q \subseteq P$. 若 $Q = U \cap C$, 其中 $U \in \sigma^Z(P), P\backslash C \in \sigma^Z(P)$, 则在 P 的诱导序下, Q 为拟 Z-连续 domain, 且 Q 上的 Z-Scott 拓扑为 $\sigma_Z(P)$ 的子拓扑, 即 $\sigma_Z(Q)$=$\{U \cap Q : U \in \sigma_Z(Q)\}$.

证明 由 Z 为子集系统和包含映射 $i_Q : Q \to P$ 为保序映射, 有 $Z(Q) \subseteq Z(P)$. $\forall p \in Q$, 为区别起见, 仍以 $w_Z(p)$ 记 $\{F \in P^{(<\omega)}$: 在 P 中 $F \ll_Z p\}$, 但 $\{G \in Q^{(<\omega)}$: 在 Q 中 $F \ll_Z p\}$ 记为 $w_Z^Q(p)$.

先设 $Q = C, P\backslash C \in \sigma^Z(P)$. 则 $\forall S \in Z(Q) \subseteq Z(P)$, 有 $\vee_P S \in Q$, 此时, $\vee_P S$ 显然是 S 在 Q 中的上确界. 故 Q 是 Z-完备偏序集, 且 $\forall S \in Z(Q), \vee_Q S = \vee_P S$. $\forall p \in Q$, 令 $v_Q(p)$=$\{F \cap Q : F \in w_Z(p)\}$. 则由 $Q =\downarrow Q$(因为 Q 为 $(P, \sigma_Z(P))$ 中闭集) 和 P 为拟 Z-连续 domain, 易验证 $v_Q(p) \subseteq w_Z^Q(p)$, 且 $v_Q(p)$ 对 Q 满足命题 3.4.13 中的条件 (i) 和 (ii); 从而由命题 3.4.13, Q 为拟 Z-连续 domain, 且 $w_Z^Q(p) = \{G \in Q^{(<\omega)} : \exists F \in w_Z(p)$ 使 $F \cap Q \subseteq \uparrow_Q G\}$. 下证 $\sigma_Z(Q)$=$\{U \cap Q : U \in \sigma_Z(P)\}$. $\forall U \in \sigma_Z(Q)$, 由包含映射 $i_Q : Q \to P$ 保 Z-并和引理 3.4.18, 有 $U \cap Q \in \sigma_Z(Q)$. 另一方面, $\forall V \in \sigma^Z(Q)$ 及 $x \in V$, 由命题 3.4.17, $\exists G \in w_Z^Q(x)$ 使 $G \subseteq V$. 由 $w_Z^Q(x) = \{G \in Q^{(<\omega)} : \exists F \in w_Z(x)$ 使 $F \cap Q \subseteq \uparrow_Q G\}$, $\exists F \in w_Z(x)$ 使 $F \cap Q \subseteq \uparrow_Q G$. 令 $W = \Uparrow_Z F$. 则由命题 3.4.17, $W \in \sigma_Z(P)$. 易知 $x \in W \cap Q \subseteq Q \cap \uparrow F \subseteq \uparrow_Q G \subseteq V$. 因而 $V \in \{U \cap Q$: $U \in \sigma_Z(Q)\}$. 故 $\sigma_Z(Q)$=$\{U \cap Q : U \in \sigma_Z(Q)\}$.

现设 $Q = U, U \in \sigma^Z(P)$. 则 $Q = \uparrow Q$, 因而 $\forall S \in Z(Q) \subseteq Z(P), \vee_Q S = \vee_P S \in Q$. 故 Q 是 Z-完备偏序集. $\forall p \in Q$, 令 $v_Q(p)$=$\{F \in w_Z(p) : F \subseteq Q\}$. 由命题 3.4.17, $v_Q(p) \neq \varnothing$. 易验证 $v_Q(p) \subseteq w_Z^Q(x)$, 且 $v_Q(p)$ 对 Q 满足命题 3.4.13 中的条件 (i) 和 (ii), 从而由命题 3.4.13, Q 为拟 Z-连续 domain, 且 $w_Z^Q(x)$=$\{G \in Q^{(<\omega)} : \exists F \in w_Z(p)$ 使 $F \subseteq \uparrow_Q G\}$. $\forall V \in \sigma_Z(P)$, 由 $Q \in \sigma_Z(P)$, 知 $V \cap Q \in \sigma_Z(Q)$. 另一方面, $\forall V \in \sigma^Z(Q)$ 及 $x \in V$, 由命题 3.4.17, $\exists G \in w_Z^Q(x)$

使 $G \subseteq V$. 由 $w_Z^Q(x)=\{G \in Q^{(<\omega)} : \exists F \in w_Z(x)$ 使 $F \subseteq \uparrow_Q G\}$, $\exists F \in w_Z(p)$ 使 $F \subseteq \uparrow_Q G$. 令 $W = \Uparrow_Z F$. 则由命题 3.4.17, $W \in \sigma_Z(P)$. 易知 $x \in W \cap Q \subseteq Q \cap \uparrow F \subseteq \uparrow_Q G \subseteq V$. 因而 $V \in \{U \cap Q : U \in \sigma_Z(Q)\}$. 故 Q 上的 Z-Scott 拓扑为 $\sigma_Z(P)$ 的子拓扑.

最后设 $Q = U \cap C$, 其中 $U \in \sigma^Z(P), P\backslash C \in \sigma^Z(P)$. 则由上面证明的第一部分, 在 P 的诱导序下, C 为拟 Z-连续 domain, 且 C 上的 Z-Scott 拓扑为 $\sigma_Z(P)$ 的子拓扑. 易知 $U \cap C \in \sigma^Z(C)$, 由上面证明的第二部分, 在 P 的诱导序 (等同于 C 的诱导序) 下, $Q = U \cap C$ 为拟 Z-连续 domain, 且 Q 上的 Z-Scott 拓扑为 $\sigma_Z(C)$ 的子拓扑, 从而为 $\sigma_Z(P)$ 的子拓扑.

定理 3.4.20 [396,406] 设 Z 是具有有限族并性质的 Rudin 子集系统, P 为拟 Z-连续 domain. 若 $\sigma^Z(P) = \sigma_Z(P)$, 则

(1) $(P, \sigma_Z(P))$ 为局部紧的;

(2) $(P, \sigma_Z(P))$ 为 sober 空间当且仅当 $(P, \sigma_Z(P))$ 具有 Rudin 性质.

证明 (1) $\forall U \in \sigma_Z(P), x \in U$, 由命题 3.4.17, $\exists F \in w_Z(x)$ 使 $F \subseteq U$. 令 $V = \Uparrow_Z F$. 则 $V \in \sigma_Z(P), x \in V \subseteq \uparrow F \subseteq U$. 显然 $\uparrow F$ 为 $(P, \sigma_Z(P))$ 中的紧子集.

(2) 由推论 4.4.4 知必要性成立. 下证充分性. 设 $(P, \sigma_Z(P))$ 具有 Rudin 性质, A 是 $(P, \sigma_Z(P))$ 中的非空既约闭集, 下证 $\exists a \in A$ 使 $A=\mathrm{cl}_{\sigma_Z(P)}\{a\} =\downarrow a$, 即 A 有最大元.

令 $\mathcal{G} = \bigcup\limits_{a\in A}\{\uparrow F : F \in w_Z(a)\}$. 则有

(i) $\mathcal{G}$ 是非空的.

事实上, 任取 $a \in A$ 和 $F \in w_Z(a)$, 则 $\uparrow F \in \mathcal{G}$.

(ii) $\mathcal{G}$ 是定向的.

$\forall \uparrow F, \uparrow G \in \mathcal{G}$, 由 $\mathcal{G}$ 的定义知, $\exists a, b \in A$ 使 $F \ll_Z a, G \ll_Z b$. 令 $U = \Uparrow_Z F$, $V = \Uparrow_Z G$. 由命题 3.4.17, $U, V \in \sigma_Z(P)$, 且 $U \neq \varnothing \neq V$. 由 A 是既约的, $A \cap U \cap V \neq \varnothing$. 任取 $c \in A \cap U \cap V$, 由命题 3.4.17, $\exists H \in P^{(<\omega)}$ 使 $c \in \Uparrow_Z H \subseteq \uparrow H \subseteq U \cap V$. 故 $\uparrow H \in \mathcal{G}$, 且 $\uparrow H \subseteq \uparrow F \cap \uparrow G$.

若 $\forall a \in A, A \neq \mathrm{cl}_{\sigma_Z(P)}\{a\} =\downarrow a$. 则 $\forall x \in A, \exists y \in A$ 使 $y \notin \downarrow x$; 从而 $\exists H \in w_Z(y)$ 使 $x \notin \uparrow H$. 由 $\mathcal{G}$ 的定义, $\uparrow H \in \mathcal{G}$, 因而 $x \notin \cap\mathcal{G}$. 故 $\cap\mathcal{G} \subseteq P\backslash A$. 由 $(P, \sigma_Z(P))$ 具有 Rudin 性质, $\exists \uparrow G \in \mathcal{G}$ 使 $\uparrow G \subseteq P\backslash A$. 由 $\uparrow G \in \mathcal{G}$, $\exists a \in A$ 使 $G \in w_Z(a)$. 故 $a \in \uparrow G \subseteq P\backslash A$, 矛盾. 所以 $\exists a \in A$ 使 $A=\mathrm{cl}_{\sigma_Z(P)}\{a\} =\downarrow a$. 显然这种点 a 是唯一的.

由推论 3.2.2 和定理 3.4.20, 可得下述

推论 3.4.21 [102] 设 P 为拟连续 domain, 则 $(P, \sigma(P))$ 为局部紧的 sober

空间.

定理 3.4.22 [395,406]　设 Z 是具有有限族并性质的 Rudin 子集系统, P 为拟 Z-连续 domain. 则 $(P, \lambda_Z(P))$ 为 T_2 空间.

证明　设 $x \not\leqslant y$. 则由 P 为拟 Z-连续 domain, $\exists F \in P^{(<\omega)}$ 使 $F \ll_Z x, y \notin \uparrow F$. 令 $U = \Uparrow_Z F, V = P \backslash \uparrow F$. 则由命题 3.4.17, $U \in \sigma_Z(P)$. 显然 $V \in \omega(P), x \in U, y \in V, U \cap V = \varnothing$. 故 $(P, \lambda_Z(P))$ 是 T_2 空间.

文献 [101](也见文献 [98, 99]) 证明了: 对完备格和 $Z = \mathcal{D}$, 上述定理的逆成立, 即完备格 L 为拟连续格 $\Leftrightarrow$ $\lambda(L)$ 为 T_2 的. 一个自然的问题是: 若 **dcpo** P 上的 Lawson 拓扑 $\lambda(P)$ 是 T_2 的, P 是否拟连续 domain?

下面的例子 (见文献 [395, 406]) 表明上述问题的解答是否定的. 事实上, 下面构造了一个 **dcpo** P, 其上的 Lawson 拓扑 $\lambda(P)$ 是 T_2 的, 但 Scott 拓扑 $\sigma(P)$ 不是 sober 的, 从而 P 不是拟连续的.

例 3.4.23　令 $C=\{a_m : m \in \mathcal{N}\} \cup \{\infty\}$, $C_n=\{(n,m) : m \in \mathcal{N}\} \cup \{(n,\infty)\}$ $(\forall n \in \mathcal{N}), P = C \cup \bigcup\limits_{n\in\mathcal{N}} C_n$. 在 P 上赋予如下的偏序关系:

(i) $\forall n, m, k \in \mathcal{N}, a_n < \infty$, 且 $a_m \leqslant a_k \Leftrightarrow m \leqslant k$;

(ii) $\forall n, m, l, k \in \mathcal{N}$, $(n,m) \leqslant (n,\infty)$, 且 $(n,l) \leqslant (n,k) \Leftrightarrow l \leqslant k$;

(iii) $\forall n, m, k \in \mathcal{N}, n \neq m$, $(n,k)<(m,\infty) \Leftrightarrow n+k \leqslant m$;

(iv) $\forall n, m, k \in \mathcal{N}, a_n<(m,k) \Leftrightarrow n \leqslant m, n \leqslant k$;

(v) $\forall n, m, k \in \mathcal{N}, a_n<(m,\infty) \Leftrightarrow n \leqslant m$ (注: (v) 可看作是 (ii) 和 (iv) 的推论).

则有

1° $(P, \leqslant)$ 是 **dcpo**, $(P, \leqslant)$ 中无最大元, 但有最小元 a_1.

2° C 是 $(P, \leqslant)$ 中的链, 且 $\bigvee\limits_{n\in\mathcal{N}} a_n = \infty$; $\forall n \in \mathcal{N}, C_n$ 是 $(P, \leqslant)$ 中的链, 且 $\vee C_n = \bigvee\limits_{m\in\mathcal{N}} (n,m) = (n,\infty)$.

3° $K(P)=\{a_m : m \in \mathcal{N}\}$, $\{(n,\infty) : n \in \mathcal{N}\} \cup \{\infty\}$ 是 $(P, \leqslant)$ 的全部极大点.

4° $\forall U \in \sigma(P) \backslash \{\varnothing\}, \exists m \in \mathcal{N}$ 使 $\{(n,\infty) : m \leqslant n\} \subseteq U$.

1°—3° 的验证是直接的, 下面验证 4°. 由 $U \neq \varnothing, \exists x \in U$. 若 $x \neq \infty$, 则由 $\uparrow x \subseteq U, \exists k \in \mathcal{N}$ 使 $(k,\infty) \in U$; 若 $x = \infty$, 则由 C 是 $(P, \leqslant)$ 中的链, 且 $\bigvee\limits_{n\in\mathcal{N}} a_n = \infty, \exists k \in \mathcal{N}$ 使 $a_k \in U$, 从而 $(k,\infty) \in \uparrow a_k \subseteq U$. 故不管哪种情况都 $\exists k \in \mathcal{N}$ 使 $(k,\infty) \in U$. 由 C_k 是 $(P, \leqslant)$ 中的链, 且 $\bigvee\limits_{m\in\mathcal{N}} (k,m) = (k,\infty), \exists i \in \mathcal{N}$ 使 $(k,i) \in U$. 令 $m = k+i$. 则由 (ii) 和 (iii), $\{(n,\infty) : m \leqslant n\} \subseteq \uparrow (k,i) \subseteq \uparrow U = U$.

下面证明:

(1) $(P,\ \lambda(P))$ 是 T_2 的;

(2) $(P,\ \sigma(P))$ 不是 sober 的; 从而由推论 3.4.21, $(P,\leqslant)$ 不是拟连续 domain.

证明 (1) $\forall m\in\mathcal{N}$, 由 $a_m\in K(P),\uparrow a_m\in\sigma(P)$. $\forall m,k\in\mathcal{N}$, 记 $W(m,k)=\uparrow(m,k)\cup\bigcup\limits_{m+k\leqslant\min\{i,j\}}\uparrow(i,j)$, $H(m,k)=W(m,k)\backslash\uparrow a_{m+k}=\{(m,j):k\leqslant j\}\cup\{(m,\infty)\}$. 由 (ii) 和 (iii), 易知 $W(m,k)\in\sigma(P),H(m,k)\in\lambda(P)$. 显然, $\forall n,l,m,k\in\mathcal{N}$, $H(n,l)\subseteq\uparrow(n,l),H(n,l)\cap H(m,k)\neq\varnothing\Leftrightarrow n=k$. $\forall x,y\in P,x\neq y$, 下面证明 x 与 y 有互不相交的 Lawson 开邻域, 从而 $(P,\ \lambda(P))$ 是 T_2 的. 由于 x 与 y 的地位是对称的, 故只需考虑以下九种情形.

情形 1: $x=a_n,y=a_m$. 不妨设 $n<m$. 则 $x\in U=P\backslash\uparrow a_m\in\lambda(P),y\in V=\uparrow a_m\in\sigma(P),U\cap V=\varnothing$.

情形 2: $x=a_n,y=\infty$. 任取 $m>n$, 则 $x\in U=P\backslash\uparrow a_m\in\lambda(P),y=\infty\in V=\uparrow a_m\in\sigma(P),U\cap V=\varnothing$.

情形 3: $x=a_n,y=(m,k)$. 若 $m+k\leqslant n$, 则 $x\in U=\uparrow a_n\in\sigma(P),y\in V=H(m,k)\in\lambda(P),U\cap V=\varnothing$; 若 $n<m+k$, 则 $x\in U=P\backslash(\uparrow a_{m+k}\cup\uparrow(m,k))\in\lambda(P),y\in V=W(m,k)\in\sigma(P),U\cap V=\varnothing$.

情形 4: $x=a_n,y=(m,\infty)$. 任取 $k>n$, 则 $x\in U=P\backslash(\uparrow a_{m+k}\cup\uparrow(m,k))\in\lambda(P),y\in V=W(m,k)\in\sigma(P),U\cap V=\varnothing$.

情形 5: $x=\infty,y=(m,k)$. 任取 $n\geqslant m+k$, 则 $x\in U=\uparrow a_n\in\sigma(P),y\in V=H(m,k)\in\lambda(P),U\cap V=\varnothing$.

情形 6: $x=\infty,y=(m,\infty)$. 则 $x\in U=\uparrow a_{2m}\in\sigma(P),y\in V=H(m,m)\in\lambda(P),U\cap V=\varnothing$.

情形 7: $x=(n,l),y=(m,k)$. 若 $n\neq m$, 则 $x\in U=H(n,l)\in\lambda(P),y\in V=H(m,k)\in\lambda(P),U\cap V=\varnothing$; 若 $n=m$, 则 $l\neq k$. 不妨设 $l<k$, 则 $x\in U=H(n,l)\backslash\uparrow(n,k)\in\lambda(P),y\in V=H(n,k)\in\lambda(P),U\cap V=\varnothing$.

情形 8: $x=(n,l),y=(m,\infty)$. 若 $n\neq m$, 任取 $k\in\mathcal{N}$, 则 $x\in U=H(n,l)\in\lambda(P),y\in V=H(m,k)\in\lambda(P),U\cap V=\varnothing$; 若 $n=m$, 任取 $k>l$, 则 $x\in U=H(n,l)\backslash\uparrow(n,k)\in\lambda(P),y\in V=H(n,k)\in\lambda(P),U\cap V=\varnothing$.

情形 9: $x=(n,\infty),y=(m,\infty)$. 此时有 $n\neq m$. 任取 $l,k\in\mathcal{N}$, 则 $x\in U=H(n,l)\in\lambda(P),y\in V=H(m,k)\in\lambda(P),U\cap V=\varnothing$.

(2) 首先证明 P 是 $(P,\sigma(P))$ 中的既约闭集, 即证明: $\forall U,V\in\sigma(P),U\cap V=\varnothing$, 有 $U=\varnothing$ 或 $V=\varnothing$. 反证, 若 $U\neq\varnothing,V\neq\varnothing$, 则由 4°, $\exists m,n\in\mathcal{N}$ 使 $\{(k,\infty):m\leqslant k\}\subseteq U$, $\{(k,\infty):n\leqslant k\}\subseteq V$. 取 $j\geqslant m,n$, 则 $\{(k,\infty):j\leqslant k\}\subseteq U\cap V$, 与 $U\cap V=\varnothing$ 矛盾. 故 P 是 $(P,\ \sigma(P))$ 中的既约闭集. $\forall x\in P$, 由于 $(P,\leqslant)$ 中无

最大元, $P \neq \mathrm{cl}_{\sigma(P)}\{x\} = \downarrow x$. 故 $(P, \sigma(P))$ 不是 sober 的.

注 3.4.24 在文献 [189] 中, 寇辉等利用 Scott 函数空间的性质给出了一个交连续的 **dcpo** P, 其上的 Lawson 拓扑是 T_2 的, 但 P 不是拟连续的.

定义 3.4.25 设 $P, E \in \mathrm{ob}(\mathbf{Poset})$.

(1) 映射 $f : P \to P$ 称为投射算子, 若 f 保序且 $f^2 = f$; 称 f 为 P 上的闭包 (内核) 算子, 若 f 为 P 上的投射算子且 $f \geqslant 1_P (f \leqslant 1_P)$.

(2) 若 $s : P \to E$ 和 $r : E \to P$ 为保序映射, 且 $r \circ s = \mathrm{id}_P$, 则称 (s, r) 为 P 与 E 之间的一个单调片段收缩对 (monotone section retraction pair), 简称为单调 e-r-对, 此时称 P 为 E 的一个单调收缩; 若 P 和 E 为 Z-完备偏序集, s 和 r 保 Z-并, 则称 (s, r) 为 P 与 E 之间的一个 Z-连续 e-r-对, 此时称 P 为 E 的一个 Z-连续收缩. 当 $Z = \mathcal{D}$ 时, Z-连续 e-r-对和 Z-连续收缩分别简称为连续 e-r-对和连续收缩.

(3) 设 P, E 为 Z-domain. 称 $h : P \to E$ 为一个 Z-同态, 若 h 保 Z-并, 且有下伴随. $S \subseteq E$ 称为 E 的一个 Z-子代数, 若包含映射 $i_S : S \to E$ 为 Z-同态. $\mathcal{D}$-同态和 $\mathcal{D}$-子代数分别简称为同态和子代数.

命题 3.4.26 [395,396] 设 P, Q 为 Z-完备偏序集, (g, d) 为从 P 到 Q 的一个 Galois 联络. 考虑下述两个条件:

(1) g 保 Z-并;

(2) d 保 Z-below 关系 $\ll_Z$, 即 $\forall F, G \subseteq Q$, 若 $F \ll_Z G$, 则 $d(F) \ll_Z d(G)$.

则 (1) $\Rightarrow$ (2); 若 Q 为拟 Z-连续 domain, 则 (2) $\Rightarrow$ (1), 从而两个条件等价.

证明 (1) $\Rightarrow$ (2): 设 $F, G \subseteq Q, F \ll_Z G$, 下证 $d(F) \ll_Z d(G)$. $\forall S \in Z(P)$, 若 $\vee S \in \uparrow d(G)$, 则 $\exists y \in G$ 使 $d(y) \leqslant \vee S$. 由 (g, d) 为 Galois 联络和 g 保 Z-并, 有 $y \leqslant g(d(y)) \leqslant g(\vee S) = \vee g(S)$. 由注 1.1.15(iii), 保 Z-并映射是保序的, 故 $g(S) \in Z(Q)$. 由 $F \ll_Z G, \exists x \in F$ 和 $s \in S$ 使 $x \leqslant g(s)$, 即 $d(x) \leqslant s$. 故 $d(F) \ll_Z d(G)$.

(2) $\forall S \in Z(P)$, 显然有 $\vee g(S) \leqslant g(\vee S)$. 下证 $\vee g(S) \geqslant g(\vee S)$. 由 Q 为拟 Z-连续 domain, $\uparrow g(\vee S) = \cap\{\uparrow F : F \in w_Z(g(\vee S))\}$. $\forall F \in w_Z(g(\vee S))$, 由 d 保关系 $\ll_Z, d(F) \ll_Z d(g(\vee S)) \leqslant \vee S$. 故 $\exists x \in F$ 和 $s \in S$ 使 $d(x) \leqslant$s, 即 $x \leqslant g(s)$. 故 $\vee g(S) \in \cap\{\uparrow F : F \in w_Z(g(\vee S))\} = \uparrow g(\vee S)$. 从而 $\vee g(S) = g(\vee S)$.

下述两个引理的证明是直接的.

引理 3.4.27 设 $P, E \in \mathrm{ob}(\mathbf{Poset})$, (s, r) 为 P 与 E 之间的一个单调 e-r-对, $A \subseteq P$.

(1) 若 $\vee s(A)$ 在 E 中存在, 则 $\vee A$ 在 P 中存在, 且 $\vee A = r(\vee s(A))$;

(2) 若 E 是 Z-完备偏序集, 则 P 也是 Z-完备偏序集.

引理 3.4.28 [395,396] 设 P 是 Z-完备偏序集, $f : P \to P$ 为保 Z-并的投射算

子. 令 $Q=f(P)$. 则在 P 的诱导序下, Q 为 Z-完备偏序集, 且 $\forall S\in Z(Q)$, 有 $\vee_Q S=\vee_P S$.

定理 3.4.29 [395,396] 设子集系统 Z 具有 Rudin 性质, P,Q 是 Z-完备偏序集, $f:P\to Q$ 为保 Z-并的映射. 则 $\forall\mathcal{G}\in Z(\mathbf{Fin}\ P),\cap\{\uparrow f(G):G\in\mathcal{G}\}=\uparrow f(\cap\mathcal{G})$.

证明 若 $\varnothing\in\mathcal{G}$, 则 $\cap\{\uparrow f(G):G\in\mathcal{G}\}=\uparrow f(\cap\mathcal{G})=\varnothing$. 下设 $\varnothing\notin\mathcal{G}$. 显然有 $\uparrow f(\cap\mathcal{G})\subseteq\cap\{\uparrow f(G):G\in\mathcal{G}\}$. 另一方面, $\forall y\in\cap\{\uparrow f(G):G\in\mathcal{G}\}$, 下证 $y\in\uparrow f(\cap\mathcal{G})$. 由注 1.1.15(iii), 保 Z-并映射是保序的, 从而由定理 3.2.8, f 是 Rudin 映射. 故 $\exists K\subseteq\cup\{\mathrm{Min}(G):G\in\mathcal{G}\}$ 满足定义 3.2.4 中的条件 (i)—(iv). 由 $K\in Z(P)$ 和 P 是 Z-完备偏序集, $\vee K$ 存在, 且 $\vee K\in\cap\mathcal{G}$(由条件 (i)). 由 f 保 Z-并, $f(\vee K)=\vee f(K)\leqslant y$(由条件 (iii)); 从而 $y\in\uparrow f(\cap\mathcal{G})$. 故 $\cap\{\uparrow f(G):G\in\mathcal{G}\}=\uparrow f(\cap\mathcal{G})$.

令 $Z=\mathcal{D}$, 则由 Rudin 引理、定理 3.2.8 和定理 3.4.29, 可得下述两个推论.

推论 3.4.30 [334] 设 $P,Q\in\mathrm{ob}(\mathbf{Poset})$, $y\in Q,f:P\to Q$ 为保序映射, $\mathcal{G}\in\mathcal{D}(\mathbf{Fin}\ P),\varnothing\notin\mathcal{G},y\in\cap\{\uparrow f(G):G\in\mathcal{G}\}$. 则 $\exists K\subseteq\cup\{\mathrm{Min}(G):G\in\mathcal{G}\}$ 满足

(i) $\forall G\in\mathcal{G},K\cap\mathrm{Min}(G)\neq\varnothing$;

(ii) $K\in\mathcal{D}(P)$;

(iii) $\forall k\in K,f(k)\leqslant y$;

(iv) $\forall G,H\in\mathcal{G}$, 若 $G\subseteq H$, 则 $K\cap\mathrm{Min}(G)\subseteq\uparrow(K\cap\mathrm{Min}(H))$.

推论 3.4.31 [334] 设 P,Q 是 **dcpo**, $f:P\to Q$ 是 Scott 连续映射. 则 $\forall\mathcal{G}\in\mathcal{D}(\mathbf{Fin}\ P)$, 有 $\cap\{\uparrow f(G):G\in\mathcal{G}\}=\uparrow f(\cap\mathcal{G})$.

定理 3.4.32 [395,396] 设 Z 是具有性质 M 的 Rudin 子集系统, E 为拟 Z-连续 domain, P 为 E 的一个 Z-连续收缩. 则 P 为拟 Z-连续 domain. 若 (s,r) 为 P 与 E 之间的一个 Z-连续 e-r-对, 则 $\forall p\in P$, $w_Z(p)=\{F\in P^{(<\omega)}:\exists G\in w_Z(s(p))$ 使 $r(G)\subseteq\uparrow F\}$.

证明 由引理 3.4.27, P 是 Z-完备偏序集. $\forall p\in P$, 由 E 为拟 Z-连续 domain, 有 $\{\uparrow G:G\in w_Z(s(p))\}\in Z(\mathbf{Fin}\ E)$ 和 $\uparrow s(p)=\cap\{\uparrow G:G\in w_Z(s(p))\}$. 下证 $\{\uparrow F:F\in w_Z(p)\}\in Z(\mathbf{Fin}P)$, 且 $\uparrow p=\cap\{\uparrow F:F\in w_Z(p)\}$.

(i) $\forall G\in w_Z(s(p)),r(G)\in w_Z(p)$.

设 $D\in Z(P),p\leqslant\vee_P D$. 由 Z 为子集系统和 s 保 Z-并, 有 $s(D)\in Z(Q)$ 和 $s(p)\leqslant s(\vee_P D)=\vee_Q s(D)$. 由 $G\in w_Z(s(p)),\exists d\in D$ 和 $g\in G$ 使 $g\leqslant s(d)$; 从而 $r(g)\leqslant r(s(d))=d$. 故 $r(G)\in w_Z(p)$.

(ii) $\uparrow p=\cap\{\uparrow r(G):G\in w_Z(s(p))\}$.

由 (i) 和定理 3.4.29, $\uparrow p\subseteq\cap\{\uparrow r(G):G\in w_Z(s(p))\}=\uparrow r(\cap\{\uparrow G:G\in w_Z(s(p))\})=r(\uparrow s(p))\subseteq\uparrow p$. 故 $\uparrow p=\cap\{\uparrow r(G):G\in w_Z(s(p))\}$.

(iii) $\{\uparrow r(G):G\in w_Z(s(p))\}\in Z(\mathbf{Fin}\ P)$.

$\forall \uparrow H_1, \uparrow H_2 \in \mathbf{Fin}\ P$, 易验证, 若 $\uparrow H_1 \subseteq \uparrow H_2$, 则 $\uparrow r(H_1) \subseteq \uparrow r(H_2)$. 由此可定义保序映射 $\varphi: (\mathbf{Fin}\ P, \supseteq) \to (\mathbf{Fin}\ P, \supseteq)$, $\varphi(\uparrow H) = \uparrow r(H)$. 由 Z 是子集系统和 $\{\uparrow G : G \in w_Z(s(p))\} \in Z(\mathbf{Fin}\ E)$, 有 $\varphi_G(\{\uparrow G : G \in w_Z(s(p))\})=\{\uparrow r(G) : G \in w_Z(s(p))\} \in Z(\mathbf{Fin}\ P)$.

由命题 3.4.13, P 为拟 Z-连续 domain, 且 $\forall p \in P$, $w_Z(p)=\{F \in P^{(<\omega)} : \exists G \in w_Z(s(p))$ 使 $r(G) \subseteq \uparrow F\}$.

定理 3.4.33 [395,396] 设 Z 是具有性质 M 的 Rudin 子集系统, E 为拟 Z-连续 domain, $S \subseteq E$.

(1) 若 $p : E \to E$ 为保 Z-并的投射算子, 则在 E 的诱导序下, $p(E)$ 为拟 Z-连续 domain, 且 $\forall x \in p(E), w_Z(x)=\{F \in p(E)^{(<\omega)} : \exists G \in E^{(<\omega)}$ 使在 E 中有 $G \ll_Z x$, 且 $p(G) \subseteq \uparrow F\}$.

(2) 若 S 为 E 的一个 Z-子代数, 则在 E 的诱导序下, S 为拟 Z-连续 domain.

(3) 若 Q 为 Z-domain, $f : E \to Q$ 为满 Z-同态. 则 Q 为拟 Z-连续 domain.

证明 (1) 令 $P = p(E)$. 则由引理 3.4.27, P 是 Z-完备偏序集. 由 p 保 Z-并, 包含映射 $i_P : P \to E$ 和 $p^* : E \to P(p^*(y) = p(y))$ 均保 Z-并, 且 $p^* \circ i_P = \mathrm{id}_P$. 故 P 为 E 的一个 Z-连续收缩. 由定理 3.4.32 P 为拟 Z-连续 domain, 且 $\forall x \in P, w_Z(x)=\{F \in P^{(<\omega)} : \exists G \in E^{(<\omega)}$ 使在 E 中有 $G \ll_Z x$, 且 $p(G) \subseteq \uparrow F\}$.

(2) 设 r 为包含映射 $i_S : S \to E$ 的下伴随. 则 r 保任意存在并, 且由 i_S 为单射, 有 $r \circ i_S = \mathrm{id}_S$. 由定理 3.4.32, P 为拟 Z-连续 domain, 且 $\forall s \in S, w_Z(s) = \{F \in S^{(<\omega)} : \exists G \in E^{(<\omega)}$ 使在 E 中有 $G \ll_Z x$, 且 $r(G) \subseteq \uparrow F\}$.

(3) 设 d 为 f 的下伴随. 则 d 为保任意存在并的单射. 令 $c = d \circ f$. 则 c 为 E 上保 Z-并的内核算子, 从而由 (1), $c(E) = d(f(E))=d(Q) \cong Q$ 为拟 Z-连续 domain.

令 $Z = \mathcal{D}$, 则由命题 3.2.6、定理 3.4.32 和定理 3.4.33, 可得下述两个推论.

推论 3.4.34 设 E 为拟连续 domain, P 为 E 的一个连续收缩. 则 P 为拟连续 domain. 若 (s, r) 为 P 与 E 之间的一个连续 e-r-对, 则 $\forall p \in P, w(p) = \{F \in P^{(<\omega)} : \exists G \in w(s(p))$ 使 $r(G) \subseteq \uparrow F\}$.

推论 3.4.35 [334] 设 E 为拟连续 domain, $S \subseteq E$.

(1) 若 $p : E \to E$ 为 Scott 连续投射算子, 则在 E 的诱导序下, $p(E)$ 为拟连续 domain, 且 $\forall x \in p(E), w(x)=\{F \in p(E)^{(<\omega)} : \exists G \in E^{(<\omega)}$ 使在 E 中有 $G \ll x$, 且 $p(G) \subseteq \uparrow F\}$.

(2) 若 S 为 E 的一个子代数, 则在 E 的诱导序下, S 为拟连续 domain.

(3) 若 Q 为 **dcpo**, $f : E \to Q$ 为满同态. 则 Q 为拟连续 domain.

最后我们指出, 对 (弱) 拟 Z-代数 domain, 可以进行类似的讨论并得到相应的结论, 限于篇幅, 这里不一一给出, 我们只给出下述命题.

命题 3.4.36 设 Z 是具有有限族并性质的 Rudin 子集系统, P 为拟 Z-代数 domain. 则

(1) $\forall F\in P^{(<\omega)}$, 若 $F\ll_Z F$, 则 $\uparrow F\in\sigma^Z(P)$;

(2) $\forall U\in\sigma^Z(P), p\in U, \exists F\in P^{(<\omega)}$ 使 $F\ll_Z F, p\in\uparrow F\subseteq U$.

证明 (1) 设 $F\in P^{(<\omega)}, F\ll_Z F$. 由注 3.4.3 和命题 3.4.17, 有 $\uparrow F=\Uparrow_Z F\in\sigma^Z(P)$.

(2) 由 P 为拟 Z-代数 domain, $\uparrow p=\cap\{\uparrow F: F\in P^{(<\omega)}, F\ll_Z F\ll_Z p\}$, $\{\uparrow F: F\in P^{(<\omega)}, F\ll_Z F\ll_Z p\}\in Z(\mathbf{Fin}\ P)$. 记 $\mathcal{F}_p$=$\{F\in P^{(<\omega)}: F\ll_Z F\ll_Z p\}$. 下证 $\exists F\in\mathcal{F}_p$ 使 $p\in\uparrow F\subseteq U$. 反之, 假设 $\forall F\in\mathcal{F}_p, \uparrow F\not\subseteq U$. $\forall\uparrow F_1, \uparrow F_2\in\mathbf{Fin}\ P$, 由 $U=\uparrow U$, 易验证, 若 $\uparrow F_1\subseteq\uparrow F_2$, 则 $\uparrow(F_1\backslash U)\subseteq\uparrow(F_2\backslash U)$. 由此可定义保序映射 $\varphi: (\mathbf{Fin}\ P,\supseteq)\to(\mathbf{Fin}\ P,\supseteq)$, $\varphi(\uparrow F)=\uparrow(F\backslash U)$. 由 Z 是子集系统和 $\{\uparrow F: F\in\mathcal{F}_p\}\in Z(\mathbf{Fin}\ P)$, 有 $\mathcal{G}$=$\varphi(\{\uparrow F: F\in\mathcal{F}_p\})$=$\{\uparrow(F\backslash U): F\in\mathcal{F}_p\}\in Z(\mathbf{Fin}\ P), \varnothing\notin\mathcal{G}, \cap\mathcal{G}\subseteq\cap\{\uparrow F: F\in\mathcal{F}_p\}=\uparrow p$. 由 Z 具有 Rudin 性质, $\exists K\subseteq\cup\{\mathrm{Min}(\uparrow(F\backslash U)): F\in\mathcal{F}_p\}$ 满足

(1) $K\in Z(P)$;

(2) $\cap\{\uparrow k: k\in K\}\subseteq\uparrow p$, 即 $p\leqslant\vee K$.

由 $p\in U\in\sigma^Z(P)$, 有 $\vee K\in U$, 故 $\exists k\in K$ 使 $k\in U$, 这与

$$K\subseteq\cup\{\mathrm{Min}(\uparrow(F\backslash U)): F\in\mathcal{F}_p\}=\cup\{\mathrm{Min}(F\backslash U): F\in\mathcal{F}_p\}\subseteq\cup\{F\backslash U: F\in\mathcal{F}_p\}$$

矛盾. 故 $\exists F\in\mathcal{F}_p$ 使 $\uparrow F\subseteq U$, 从而 $p\in\uparrow F\subseteq U$.

3.5 Z-交连续 domain

交连续格是一类重要的格 (参看文献 [76, 98, 99, 156, 157, 181, 189]), 在本节中, 我们将交连续的概念推广至一般的子集系统 Z, 引入 (弱) Z-交连续 domain 的概念, 并讨论它的一些性质, 特别是 (弱) Z-连续性、(弱) 拟 Z-连续性、(弱) Z-交连续性和 Z-Lawson 拓扑之 T_2 性之间的一些关系, 证明了下述三条件等价: ① P 是连续 domain; ② P 是交连续和拟连续 domain; ③ P 是交连续 domain, $\lambda(P)$ 为 Hausdorff 的, 且 $\forall x\in P, \Downarrow x$ 是定向的.

定义 3.5.1 [395,406] 设 P 为 Z-完备偏序集.

(1) 称 P 为弱 Z-交连续 domain, 若 $\forall x\in P, D\in Z(P)$, 当 $x\leqslant\sup D$ 时, 有 $x\in\mathrm{cl}_{\sigma^Z(P)}(\downarrow x\cap\downarrow D)$.

(2) 称 P 为 Z-交连续 domain, 若 $\forall x\in P, D\in Z(P)$, 当 $x\leqslant\sup D$ 时, 有 $x\in\mathrm{cl}_{\sigma^Z(P)}(\downarrow x\cap\downarrow D)$. 显然 Z-交连续 domain 为弱 Z-交连续 domain.

当 $Z=\mathcal{D}$ 时, $\sigma^Z(P)=\sigma_Z(P)=\sigma(P)$, Z-交连续 domain 就是 [99, 181, 189] 中的交连续 domain, 它是寇辉 [181] 首先推广到 **dcpo** 情形的; 按完全相同的方式, 交连续概念自然可以被推广至一般偏序集 (参见文献 [263]). 值得提及的是, 偏序集的交连续性等价于其上 Scott 拓扑的对偶 Heyting 性 (即 Scott 闭集格的 Heyting 代数性质). Erné 在文献 [58, 76, 79] 对拓扑闭集格 (甚至是闭系统) 何时为 Heyting 代数之问题进行了深入研究, 并基于拓扑性质进行了刻画. 关于交连续性的更多讨论, 读者可以参看文献 [150, 156, 157, 189, 218, 299, 364].

引理 3.5.2 设 P 为 Z-完备偏序集, $x\in P, D\in Z(P)$. 若 $x\leqslant \sup D$ 且 $x\in \mathrm{cl}_{\sigma^Z(P)}(\downarrow x\cap\downarrow D)$, 则 $x=\sup\,(\downarrow x\cap\downarrow D)$.

证明 显然 x 为 $\downarrow x\cap\downarrow D$ 的上界. 若 y 为 $\downarrow x\cap\downarrow D$ 的上界且 $x\not\leqslant y$, 则 $x\in P\backslash\downarrow y\in\sigma^Z(P)$. 由 $x\in \mathrm{cl}_{\sigma^Z(P)}(\downarrow x\cap\downarrow D)$, 有 $(\downarrow x\cap\downarrow D)\cap(P\backslash\downarrow y)\neq\varnothing$, 这与 $\downarrow x\cap\downarrow D\subseteq\downarrow y$ 矛盾. 故 $x=\sup\,(\downarrow x\cap\downarrow D)$.

推论 3.5.3 [181,189] 设 P 为 **dcpo**, $x\in P, D\in\mathcal{D}(P)$. 若 $x\leqslant\sup D$ 且 $x\in \mathrm{cl}_{\sigma(P)}(\downarrow x\cap\downarrow D)$, 则 $x=\sup\,(\downarrow x\cap\downarrow D)$.

命题 3.5.4 [395,406] 设 P 为 Z-完备的交半格, 则下述两个条件等价:

(1) P 是弱 Z-交连续 domain;

(2) $\forall x\in P, D\in Z(P), x\wedge\sup D=\sup\,\{x\wedge d: d\in D\}$.

证明 $\forall x\in P, D\in Z(P)$, 由 Z 为子集系统和 $f=x\wedge -:P\to P$ 为保序映射, 有 $f(D)$=$\{x\wedge d:d\in D\}\in Z(P)$.

(1) $\Rightarrow$ (2): $\forall x\in P, D\in Z(P)$, 记 $y=x\wedge\sup D$, 则 $y\leqslant\sup D$. 由 P 是弱 Z-交连续 domain, 有 $y\in\mathrm{cl}_{\sigma^Z(P)}(\downarrow y\cap\downarrow D)$, 从而由引理 3.5.2, 有 y=$\sup(\downarrow y\cap\downarrow D)$ $=\sup(\downarrow\{x\wedge d: d\in D\})=\sup\{x\wedge d:d\in D\}$.

(2) $\Rightarrow$ (1): $\forall x\in P, D\in Z(P)$, 下证 $\mathrm{cl}_{\sigma^Z(P)}(\downarrow x\cap\downarrow D)=\downarrow\sup\,\{x\wedge d: d\in D\}$. 显然 $\downarrow\sup\{x\wedge d: d\in D\}\in\Omega_Z$, 且 $\downarrow x\cap\downarrow D\subseteq\downarrow\sup\,\{x\wedge d: d\in D\}$, 故 $\mathrm{cl}_{\sigma^Z(P)}(\downarrow x\cap\downarrow D)\subseteq\downarrow\sup\,\{x\wedge d:d\in D\}$. $\forall A\in\Omega_Z$, 若 $\downarrow x\cap\downarrow D=\downarrow\{x\wedge d: d\in D\}\subseteq A$, 则由 $\downarrow x\cap\downarrow D=\downarrow\{x\wedge d:d\in D\}$ 和 $\{x\wedge d:d\in D\}\in Z(P)$, 有 $\sup\,\{x\wedge d: d\in D\}\in A$, 从而 $\downarrow\sup\{x\wedge d: d\in D\}\subseteq A$. 故 $\mathrm{cl}_{\sigma^Z(P)}\,(\downarrow x\cap\downarrow D)=\downarrow\sup\,\{x\wedge d:d\in D\}$. 现假设 $x\leqslant\sup D$, 则 $x=x\wedge\sup D=\sup\,\{x\wedge d: d\in D\}$, 由 $\mathrm{cl}_{\sigma^Z(P)}(\downarrow x\cap\downarrow D)=\downarrow\sup\,\{x\wedge d:d\in D\}$, 有 $x\in\mathrm{cl}_{\sigma^Z(P)}(\downarrow x\cap\downarrow D)$.

分别令 $Z=\mathcal{P}$ 和 $Z=\mathcal{D}$, 则得到下述两个推论.

推论 3.5.5 设 L 为完备格, 则下述两个条件等价:

(1) L 是 Heyting 代数.

(2) $\forall x\in L, A\subseteq L, x\leqslant\sup A$, 有 $x\in\bigcap\{\downarrow u: u\in L,\downarrow x\cap\downarrow A\subseteq\downarrow u\}$.

推论 3.5.6 [99,181,189] 设 P 为 **dcpo** 和交半格, 则下述两个条件等价:

(1) P 是交连续的.

(2) $\forall x\in P, D\in\mathcal{D}(P)$, 有 $x\wedge\sup D=\sup\{x\wedge d: d\in D\}$.

引理 3.5.7 [395,406] 设 P 为 Z-交连续 domain, 则有

(1) 若 $U\in\lambda_Z(P)$, 则 $\uparrow U\in\sigma^Z(P)$.

(2) $\forall X=\uparrow X\subseteq P$, $\mathrm{int}_{\sigma^Z(P)}X=\mathrm{int}_{\sigma_Z(P)}X=\mathrm{int}_{\lambda_Z(P)}X$.

(3) $\forall A=\downarrow A\subseteq P$, $\mathrm{cl}_{\sigma^Z(P)}A=\mathrm{cl}_{\sigma_Z(P)}A=\mathrm{cl}_{\lambda_Z(P)}A$.

证明 (1) $\forall D\in Z(P)$, 若 $\vee D\in\uparrow U$, 则 $\exists u\in U, V\in\sigma_Z(P)$ 和 $F\in P^{(<\omega)}$ 使 $u\leqslant\sup D, u\in V\backslash\uparrow F\subseteq U$. 由 P 为 Z-交连续 domain, $u\in\mathrm{cl}_{\sigma_Z(P)}(\downarrow u\cap\downarrow D)$; 故 $V\cap\downarrow u\cap\downarrow D\neq\varnothing$, 从而 $\exists v\in V, d\in D$ 使 $v\leqslant u, v\leqslant d$. 由 $u\in V\backslash\uparrow F$, 有 $v\in V\backslash\uparrow F\subseteq U$; 因而 $d\in\uparrow U$, 故 $D\cap\uparrow U\neq\varnothing$. 从而 $\uparrow U\in\sigma^Z(P)$.

(2) 显然 $\mathrm{int}_{\sigma^Z(P)}X\subseteq\mathrm{int}_{\sigma_Z(P)}X\subseteq\mathrm{int}_{\lambda_Z(P)}X$. 另一方面, $\mathrm{int}_{\lambda_Z(P)}X\subseteq\uparrow\mathrm{int}_{\lambda_Z(P)}X\subseteq\uparrow X=X$, 由 (1), $\uparrow\mathrm{int}_{\lambda_Z(P)}X\in\sigma^Z(P)$, 因而 $\uparrow\mathrm{int}_{\lambda_Z(P)}X\subseteq\mathrm{int}_{\sigma^Z(P)}X$. 故 $\mathrm{int}_{\sigma^Z(P)}X=\mathrm{int}_{\sigma_Z(P)}X=\mathrm{int}_{\lambda_Z(P)}X$.

(3) 是 (2) 的对偶.

引理 3.5.8 [395,406] 设 P 为 Z-交连续 domain, $X_i\subseteq P\ (i=1,2,\cdots,k)$. 则 $\mathrm{int}_{\sigma_Z(P)}\bigcup_{i=1}^{k}\uparrow X_i\subseteq\bigcup_{i=1}^{k}\Uparrow_Z X_i$. 特别地, $\forall X\subseteq P, F\in P^{(<\omega)}$, $\mathrm{int}_{\sigma_Z(P)}\uparrow X\subseteq\Uparrow_Z X$, $\mathrm{int}_{\sigma_Z(P)}\uparrow F\subseteq\bigcup_{x\in F}\Uparrow_Z x$.

证明 令 $U=\mathrm{int}_{\sigma_Z(P)}\bigcup_{i=1}^{k}\uparrow X_i$. 若 $\exists y\in U$ 使 $y\notin\bigcup_{i=1}^{k}\Uparrow_Z X_i$, 则 $\forall i\in\{1,2,\cdots,k\}$, $\exists D_i\in Z(P)$ 使 $y\leqslant\sup D_i, D_i\cap\uparrow X_i=\varnothing$. 由 P 为 Z-交连续 domain, 有 $y\in\mathrm{cl}_{\sigma_Z(P)}(\downarrow y\cap\downarrow D_1)$; 故 $U\cap\downarrow y\cap\downarrow D_1\neq\varnothing$, 从而 $\exists y_1\in U\cap\downarrow y\cap\downarrow D_1$. 由 $y_1\leqslant y\leqslant\sup D_2$ 和 P 为 Z-交连续 domain, 有 $y_1\in\mathrm{cl}_{\sigma_Z(P)}(\downarrow y_1\cap\downarrow D_2)$. 故 $U\cap\downarrow y_1\cap\downarrow D_2\neq\varnothing$, 从而 $\exists y_2\in U\cap\downarrow y_1\cap\downarrow D_2$. 归纳地, $\exists y_i\in P(i=1,2,\cdots,k)$ 使 $y_i\in U\cap\downarrow y_{i-1}\cap\downarrow D_i(i=1,2,\cdots,k)$, 其中 $y_0=y$. 故 $y_k\in U\cap\downarrow y\cap\downarrow D_1\cap\downarrow D_2\cap\cdots\cap\downarrow D_k$. 由 $U\subseteq\bigcup_{i=1}^{k}\uparrow X_i$, $\exists j\in\{1,2,\cdots,k\}$ 和 $x_j\in X_j$ 使 $x_j\leqslant y_k\leqslant y$. 而 $y_k\in\downarrow D_j$, 故 $\exists d_j\in D_j$ 使 $y_k\leqslant d_j$, 这与 $D_j\cap\uparrow X_j=\varnothing$ 矛盾. 故 $\mathrm{int}_{\sigma_Z(P)}\bigcup_{i=1}^{k}\uparrow X_i\subseteq\bigcup_{i=1}^{k}\uparrow X_i$.

由命题 3.4.17 和引理 3.5.8 得到下述

推论 3.5.9 [395,406] 设 Z 是具有有限族并性质的 Rudin 子集系统, P 为拟 Z-连续和 Z-交连续 domain, $F\in P^{(<\omega)}$. 则 $\mathrm{int}_{\sigma_Z(P)}\uparrow F=\Uparrow_Z F=\cup\{\Uparrow_Z x: x\in F\}$.

命题 3.5.10 [395,406] 设 P 是 Z-交连续 domain, 且 $\forall x\in P, \Downarrow_Z x\in I_Z(P)=$

$\{\downarrow S : S \in Z(P)\}$. 若 $\lambda_Z(P)$ 为 Hausdorff 的, 则 P 是 Z-连续 domain.

证明 $\forall x \in P$, 由 $\Downarrow_Z x \in I_Z(P)$ 和 P 是 Z-交连续 domain, $y{=}\bigvee\Downarrow_Z x$ 存在. 若 $x \nleqslant y$, 则存在不相交的 Z-Lawson 开集 W 与 V 使 $x \in W, y \in V$. 不妨设 V 为基本开集, 即 $\exists U \in \sigma_Z(P), F \in P^{(<\omega)}$ 使 $V = U \backslash \uparrow F$. 由 $y<x$, 有 $x \in U$. 不妨设 $W \subseteq U$(否则取 $W \cap U$), 则有 $W \subseteq \uparrow F$ (否则, $W \nsubseteq \uparrow F \Rightarrow V \cap (W \backslash \uparrow F) = (U \backslash \uparrow F) \cap (W \backslash \uparrow F) = W \backslash \uparrow F \neq \varnothing$, 与 $V \cap W = \varnothing$ 矛盾), 故 $\uparrow W \subseteq \uparrow F$. 由 $W \in \lambda_Z(P)$ 和推论 3.5.7(1), $\uparrow W \in \sigma_Z(P)$, 故 $x \in \uparrow W \subseteq \mathrm{int}_{\sigma_Z(P)} \uparrow F \subseteq \cup\{\Uparrow_Z t : t \in F\}$(由引理 3.5.8); 从而 $\exists t \in F$ 使 $t \ll_Z x$, 故 $t \leqslant \bigvee\Downarrow_Z x = y$; 因而有 $y \in \uparrow F$, 与 $y \in U \backslash \uparrow F$ 矛盾. 故 $x = \vee \Downarrow_Z x$. 所以 P 是 Z-连续 domain.

命题 3.5.11 [395,406] 设 P 为 Z-连续 domain, 则 P 是弱 Z-交连续 domain.

证明 $\forall x \in P, D \in Z(P), U \in \sigma^Z(P)$, 若 $x \in U$ 和 $x \leqslant \sup D$, 则由 $x= \sup \Downarrow_Z x$ 和 $\Downarrow_Z x \in \mathrm{I}_Z(P)$, 有 $U \cap \Downarrow_Z x \neq \varnothing$, 即 $\exists y \in U$ 使 $y \ll_Z x$; 从而 $\exists d \in D$ 使 $y \leqslant d$. 故 $y \in U \cap \downarrow x \cap \downarrow D$, 因而 $U \cap \downarrow x \cap \downarrow D \neq \varnothing$. 所以 $x \in \mathrm{cl}_{\sigma^Z(P)}(\downarrow x \cap \downarrow D)$.

引理 3.5.12 设 Z 是具有有限族并性质的 Rudin 子集系统, $\sigma_Z(P) = \sigma^Z(P)$, P 为 Z-交连续 domain.

(1) 若 P 为拟 Z-连续的, 则 $\forall x \in P, \Downarrow_Z x$ 是定向的;

(2) 若 P 为拟 Z-代数的, 则 $\forall x \in P, \downarrow x \cap K_Z(P)$ 是定向的.

证明 (1) 设 $u, v \in \Downarrow_Z x$, 由定理 3.4.15, $\exists F_1, F_2 \in P^{(<\omega)}$ 使 $u \ll_Z F_1 \ll_Z x$ 和 $v \ll_Z F_2 \ll_Z x$. 由命题 3.4.17, $\exists F \in P^{(<\omega)}$ 使 $x \in \Uparrow_Z F \subseteq \uparrow F \subseteq \Uparrow_Z F_1 \cap \Uparrow_Z F_2$. 由推论 3.5.9, $\exists w \in F$ 使 $w \ll_Z x$. 由 $\Uparrow_Z F \subseteq \Uparrow_Z F_1 \cap \Uparrow_Z F_2 \subseteq \Uparrow_Z u \cap \Uparrow_Z v$, 有 $u \ll_Z w, v \ll_Z w$; 从而有 $u \leqslant w, v \leqslant w$. 故 $\Downarrow_Z x$ 是定向的.

(2) 设 $u, v \in \downarrow x \cap K_Z(P)$, 则 $x \in \uparrow u \cap \uparrow v \in \sigma^Z(P)$. 由命题 3.4.36, $\exists F \in P^{(<\omega)}$ 使 $F \ll_Z F, x \in \uparrow F \subseteq \uparrow u \cap \uparrow v$. 由推论 3.4.14 和推论 3.5.9, 有 $\uparrow F = \Uparrow_Z F = \cup\{\Uparrow_Z s : s \in F\}$. 由 F 是有限集, 有 $\uparrow F = \uparrow\mathrm{Min}(F)$, 从而有 $x \in \uparrow\mathrm{Min}(F) = \uparrow F = \Uparrow_Z F = \Uparrow_Z\mathrm{Min}(F) = \cup\{\Uparrow_Z s : s \in \mathrm{Min}(F)\}$, 故 $\exists w \in \mathrm{Min}(F)$ 使 $w \ll_Z x$. 由 $\uparrow\mathrm{Min}(F) = \Uparrow_Z\mathrm{Min}(F), \exists t \in \mathrm{Min}(F)$ 使 $t \ll_Z w$; 因而 $t \leqslant w$. 由 $t, w \in \mathrm{Min}(F)$, 有 $t = w$. 所以 $w \in \downarrow x \cap K_Z(P)$, 且 $w \in \uparrow u \cap \uparrow v$. 故 $\downarrow x \cap K_Z(P)$ 是定向的.

定理 3.5.13 [99,181,189,394,395] 设 P 为 **dcpo**, 则以下各条件等价:

(1) P 是连续 domain;

(2) P 是交连续 domain 和拟连续 domain;

(3) P 是交连续 domain, $\lambda(P)$ 为 Hausdorff 的, 且 $\forall x \in P, \Downarrow x$ 是定向的.

证明 (1) $\Rightarrow$ (2): 由定理 2.3.12、定理 3.1.4 和命题 3.5.11.

(2) ⇒ (3): 由命题 3.1.12、命题 3.2.6 和引理 3.5.12.

(3) ⇒ (1): 由命题 3.5.10.

推论 3.5.14 [99,101] 设 L 为完备格, 则以下各条件等价:

(1) L 是连续格;

(2) L 是交连续格和拟连续格;

(3) L 是交连续格, 且 $\lambda(L)$ 为 Hausdorff 的.

注 3.5.15 (1) 定理 3.5.13 中条件 (1) 与 (3) 的等价性首先由寇辉 [181,189] 得到.

(2) 定理 3.5.13 中条件 (1) 与 (2) 的等价性对 P 是一般偏序集也成立 (参见文献 [261, Theorem 5.6]).

定义 3.5.16 [99] 设 P 是 **dcpo**. P 称为 L-domain, 若 $\forall x \in P, \downarrow x$ 是完备格.

引理 3.5.17 [181] 设 P 是 L-domain, 则 $\forall x \in P, \Downarrow x$ 是定向的.

由定理 3.5.13 和引理 3.5.17, 有下述

推论 3.5.18 [181] 设 P 为 L-domain, 则以下各条件等价:

(1) P 是连续 domain;

(2) P 是交连续 domain 和拟连续 domain;

(3) P 是交连续 domain, $\lambda(P)$ 为 Hausdorff 的.

对于代数情形, 我们可以进行相应的讨论, 特别地, 有下述类似的结论.

定理 3.5.19 设 P 为 **dcpo**, 考虑以下各条件:

(1) P 是代数 domain;

(2) P 是交连续 domain 和拟代数 domain;

(3) P 是交连续 domain, $\forall x \not\leqslant y, \exists F \in P^{(<\omega)}$ 使 $x \in \mathrm{int}_{\sigma(P)} \uparrow F = \uparrow F \subseteq P \backslash \downarrow y$, 且 $\forall x \in P, \downarrow x \cap K(P)$ 是定向的;

(4) P 是交连续 domain, $(P,\ \lambda(P), \leqslant)$ 是完全序不连通的, 且 $\forall x \in P, \downarrow x \cap K(P)$ 是定向的,

则 (1) ⇔ (2) ⇔ (3) ⇒ (4).

证明 (1) ⇒ (2): 由定理 2.3.15、定理 3.1.4 和定理 3.5.13.

(2) ⇒ (1): $\forall x \in P, U \in \sigma(P), x \in U$, 由 P 是拟代数 domain 和定理 3.1.6, $\exists F \in P^{(<\omega)}$ 使 $x \in \mathrm{int}_{\sigma(P)} \uparrow F = \uparrow F \subseteq U$. 由推论 3.5.9, $\uparrow F = \mathrm{int}_{\sigma(P)} \uparrow F = \Uparrow F = \cup\{\Uparrow x : x \in F\}$. 由 F 是有限集, 有 $\uparrow F = \uparrow \mathrm{Min}(F)$, 从而 $x \in \uparrow \mathrm{Min}(F) = \uparrow F = \Uparrow F = \Uparrow \mathrm{Min}(F) = \cup\{\Uparrow s : s \in \mathrm{Min}(F)\}$, 故 $\exists u \in \mathrm{Min}(F)$ 使 $u \ll x$. 由 $\uparrow \mathrm{Min}(F) = \Uparrow \mathrm{Min}(F)$, $\exists v \in \mathrm{Min}(F)$ 使 $v \ll u$; 因而 $v \leqslant u$. 由 $v, u \in \mathrm{Min}(F)$, 有 $u = v$. 故 $x \in \mathrm{int}_{\sigma(P)} \uparrow u = \uparrow u \subseteq U$. 由定理 2.3.15, P 是代数 domain.

(2) ⇒ (3): 由定理 3.1.6、命题 3.2.6 和引理 3.5.12.

(3) ⇒ (1): $\forall x \in P$, 由假定, $y = \vee(\downarrow x \cap K(P))$ 存在. 若 $x \not\leqslant y$, 则由 (3), $\exists F \in P^{(<\omega)}$ 使 $x \in \mathrm{int}_{\sigma(P)} \uparrow F = \uparrow F \subseteq P \backslash \downarrow y$. 不妨设 F 中的元两两序不可比较 (否则可依序将大的元去掉). 由 $x \in U = \uparrow F, \exists u \in F$ 使 $u \leqslant x$. 由引理 3.5.8, 有 $\uparrow F = \mathrm{int}_{\sigma(P)} \uparrow F \subseteq \cup\{\Uparrow t : t \in F\} \subseteq \uparrow F$; 从而 $\exists v \in F$ 使 $v \ll u$. 由于 F 中的元两两序不可比较, 故 $u = v \in \downarrow x \cap K(P)$; 从而 $u \leqslant y$, 与 $y \notin \uparrow F$ 矛盾. 故 $x = \vee(\downarrow x \cap K(P))$.

(3) ⇒ (4): 显然.

但我们不知定理 3.5.19 中的条件 (4) 是否等价于条件 (1), 这方面更多的讨论见本书第 10 章.

由命题 3.1.8 和定理 3.5.19, 有下述

推论 3.5.20 设 L 为完备格, 则以下各条件等价:

(1) L 是代数格;

(2) L 是交连续格和拟代数格;

(3) L 是交连续格, 且赋予 Lawson 拓扑 $\lambda(L)$ 为 Priestley 空间.

由于拓扑开集格是 Heyting 的, 由推论 3.5.14 和推论 3.5.20, 得到下述

推论 3.5.21 设 X 为拓扑空间, $O(X)$ 为 X 的开集格, 则下述各条件等价:

(1) $(O(X), \subseteq)$ 为连续格;

(2) $(O(X), \subseteq)$ 为拟连续格;

(3) $(O(X), \subseteq)$ 上的 Lawson 拓扑是 Hausdorff 的.

推论 3.5.22 设 X 为拓扑空间, $O(X)$ 为 X 的开集格, 则下述各条件等价:

(1) $(O(X), \subseteq)$ 为代数格;

(2) $(O(X), \subseteq)$ 为拟代数格;

(3) $(O(X), \subseteq)$ 上的 Lawson 拓扑是 Priestley 的.

对交连续 domain$P$, 下面的一些结果表明: P 的连续性可以用 P 的某种局部连续性来描述.

命题 3.5.23 [99] 设 P 为交连续 domain, 且 $\forall x \in P, U \in \sigma(P), x \in U, \exists y \in U \cap \downarrow x$ 使 $\uparrow y \cap \downarrow x$ 是 x 在 $\downarrow x$ 中的相对 Scott 拓扑 (即 Scott 子拓扑) 邻域 (特别地, 若 $\forall x \in P, \downarrow x$ 是连续 domain), 则 P 是连续 domain.

推论 3.5.24 设 P 为交连续 domain, 则以下两个条件等价:

(1) P 是连续 domain;

(2) $\forall x \in P, \downarrow x$ 是连续 domain.

由命题 3.5.23, 我们可以得到下述结论 (参看定理 3.5.13 中的条件 (3)).

定理 3.5.25 [99] 设 P 是交连续 domain, $\lambda(P)$ 为 Hausdorff 的, 且 $\forall x \in P$, $\downarrow x$ 是并半格 (赋予 P 中的序). 则 P 是连续 domain.

显然, 推论 3.5.18 可以作为定理 3.5.13 和定理 3.5.25 的推论.

第 4 章 Sober 空间与 Hofmann-Mislove 定理

本章主要讨论拓扑空间的 sober 性和 sober 空间的性质, 给出了 sober 性的若干刻画和著名的 Hofmann-Mislove 定理, 并将 Hofmann-Mislove 定理扩展至了更广泛的拓扑函子.

4.1 节主要讨论格序结构中的素滤子 (理想)、半素滤子 (理想)、理想完全素滤子 (理想)、极大滤子 (理想), 给出了一系列刻画. 特别地, 对偏序集中的滤子 (理想), 基于局部极大性给出了其极大性的刻画. 对分配格, 给出了著名的 Stone 引理; 讨论了格的分配性、极大滤子 (理想)、(半) 素滤子 (理想) 之间的关系; 利用 (半) 素理想和 (半) 素滤子给出格的分配性的若干刻画.

4.2 节给出了 Stone 引理的一个应用. 基于 Stone 引理, 给出了如下结论的一个简洁的代数式证明: 完备格 L 是完全分配的当且仅当 L 是分配格, 且 L 和 L^{op} 均是定向分配格

在 4.3 节中, 我们将偏序集上定义的上 (下) 拓扑、Scott 拓扑、Lawson 拓扑、区间拓扑等 "提升" 为某格序范畴到拓扑范畴的函子 τ, 引入了 τ-紧性、τ-开滤子、τ-sober、局部 τ-紧、τ-紧基、τ-紧饱和集、τ-well-filtered 性等概念, 讨论了 τ-紧饱和集全体 (赋予集反包含序) 的序性质, 尤其是其中的方向小于 (way below) 关系.

在 4.4 节中, 我们将 Stone 引理扩展至了 Scott 开滤子, 从而分配格上的 Scott 开滤子均可表示为完全素滤子的交. 讨论了拓扑格上素滤子和完全素滤子, 引入了拓扑格上滤子的 Wide 性、可表示性、可紧表示性, 给出了若干刻画, 特别地, 证明了 Wide 性等价于可表示性; 拓扑格上可表示滤子之交是可表示的; 若空间是 well-filtered 的, 则其拓扑格上可表示的 Scott 开滤子之定向并仍是可表示.

在 4.5 节中, 基于拓扑滤子的可表示性, 特别是 Scott 开滤子和上拓扑开滤子的可表示性, 给出拓扑空间 sober 性的一系列刻画.

在 4.6 节中, 对拓扑空间 (X, δ) 中的集族 $\mathcal{C}$, 引入了 Scott 族、$\mathcal{C}$-紧集、$\mathcal{C}$-局部紧、$\mathcal{C}$-well-filtered 性的概念, 证明了若 $\mathcal{C}$ 中的元均是紧子集, 则 sober 性蕴涵 $\mathcal{C}$-well-filtered 性; 反之, 若 $\mathcal{C}$ 是 T_0 空间中的 Scott 族, 则 $\mathcal{C}$-well-filtered 性蕴涵 sober 性. 特别地, sober 性蕴涵 well-filtered 性; 反之, well-filtered 的局部紧 T_0 空间是 sober 的.

在 4.7 节中, 对介于上拓扑函子与 Scott 拓扑函子 τ, 证明了拓扑的 sober 性等价于 τ-sober 性, sober 性蕴涵 τ-well-filtered 性; 反之, τ-well-filtered 的局部 τ-紧

的 T_0 空间是 sober 的.

在 4.8 节中, Hofmann-Mislove 定理推广至了介于上拓扑函子与 Scott 拓扑函子的一般拓扑函子 τ, 建立了更为广泛的、统一的 Hofmann-Mislove 定理.

4.1　分配格与素滤子

下面的诸概念是众所周知的, 读者可以参看文献 [27, 46, 98, 99, 107, 108].

定义 4.1.1　设 L 为格, $p \in L$.

(1) p 称为并既约元, 若 $\forall a, b \in L$, $p = a \vee b$, 有 $p = a$ 或 $p = b$. 对偶地, 可以定义交既约元 (简称既约元). L 的既约元和并既约元全体分别记为 $\mathrm{IRR}(L)$ 和 $\mathrm{COIRR}(L)$.

(2) p 称为余素元, 若 $\forall a, b \in L, p \leqslant a \vee b$, 有 $p \leqslant a$ 或 $p \leqslant b$. 对偶地, 可以定义素元. L 的素元和余素元全体分别记为 $\mathrm{PRIME}(L)$ 和 $\mathrm{COPRIME}(L)$.

定义 4.1.2　设 L 为完备格, $p \in L$.

(1) p 称为完全并既约元, 若 $\forall \{a_j : j \in J\} \subseteq L$, $\bigvee_{j\in J} a_j = p$, $\exists j \in J$ 使 $a_j = p$. 对偶地, 可以定义完全既约元. L 的完全既约元和完全并既约元全体分别记为 $\mathrm{Irr}(L)$ 和 $\mathrm{Coirr}(L)$.

(2) p 称为完全余素元, 若 $\forall \{a_j : j \in J\} \subseteq L$, $p \leqslant \bigvee_{j\in J} a_j$, $\exists j \in J$ 使 $p \leqslant a_j$. 对偶地, 可以定义完全素元. L 的完全素元和完全余素元全体分别记为 $\mathrm{Prime}(L)$ 和 $\mathrm{Coprime}(L)$.

由定义, 完全余素元就是强紧元 (参看定义 2.1.2), 因而 $\mathrm{Prime}(L) = K_s(L^{\mathrm{op}})$. 为了和本节中其他概念及符号 "一致", 在本章中, 我们仍使用完全素元的概念和记号 $\mathrm{Prime}(L)$.

直接验证可得下述

命题 4.1.3　设 L 是格, 则

(1) $\mathrm{IRR}(L) \subseteq \mathrm{PRIME}(L)$, $\mathrm{COIRR}(L) \subseteq \mathrm{COPRIME}(L)$;

(2) 若 L 是分配格, 则有 $\mathrm{IRR}(L) = \mathrm{PRIME}(L)$, $\mathrm{COIRR}(L) = \mathrm{COPRIME}(L)$;

(3) 设 L 为完备格, 则 $\mathrm{Irr}(L) \subseteq \mathrm{Prime}(L)$ 和 $\mathrm{Coirr}(L) \subseteq \mathrm{Coprime}(L)$;

(4) 若 L 是完备 Heyting 代数, 则 $\mathrm{Coprime}(L) = \mathrm{Coirr}(L)$;

(5) 若 L^{op} 是完备 Heyting 代数, 则 $\mathrm{Irr}(L) = \mathrm{Prime}(L)$.

定义 4.1.4　设 P 是偏序集.

(1) 若 $I \in \mathrm{Id}(P) \backslash \{P\}$ $(F \in \mathrm{Filt}(P) \backslash \{P\})$, 则称 $I(F)$ 为真理想 (真滤子).

(2) $\mathrm{IRR}(\mathrm{Id}(L))$ 中的元称为既约理想, $\mathrm{PRIME}(\mathrm{Id}(L))$ 中的元称为素理想. 对偶地, $\mathrm{IRR}(\mathrm{Filt}(L))$ 中的元和 $\mathrm{PRIME}(\mathrm{Filt}(L))$ 中的元分别称为既约滤子和素滤子.

(3) $\mathrm{Irr}(\mathrm{Id}(L))$ 中的元称为完全既约理想, $\mathrm{Prime}(\mathrm{Id}(L))$ 中的元称为完全素理想. 对偶地, $\mathrm{Irr}(\mathrm{Filt}(L))$ 中的元和 $\mathrm{Prime}(\mathrm{Filt}(L))$ 中的元分别称为完全既约滤子和完全素滤子.

(4) 对集 X, $\mathrm{Id}(2^X)\backslash\{2^X\}$ 和 $\mathrm{Filt}(2^X)\backslash\{2^X\}$ 中的极大元通常分别称为超理想和超滤子. 更为一般地, $\mathrm{Id}(P)\backslash\{P\}$ 和 $\mathrm{Filt}(P)\backslash\{P\}$ 中的极大元分别称为极大理想和极大滤子, 本书中也分别称为超理想和超滤子 (参看 6.4 节).

注 4.1.5 文献 [159] 引入了局部极大理想的概念 $I\in\mathrm{Id}(P)$ 称为局部极大的, 若 $\exists a\in P$ 使 I 是 $\mathcal{I}_x=\{S\in\mathrm{Id}(L): S\cap\uparrow a=\varnothing\}$ 中的极大元. 为强调这个 a, 我们称 I 为相对于 a 是极大的.

为简便起见, 记 $\mathcal{PI}(X)=\mathrm{PRIME}(\mathrm{Id}(2^X))\backslash\{2^X\}$, 即 X 上素真理想全体; 记 $\mathcal{CPI}(X)=\mathrm{Prime}(\mathrm{Id}(2^X))\backslash\{2^X\}$ 即 X 上的完全素真理想全体. 对偶地, 记 $\mathcal{PF}(X)=\mathrm{PRIME}(\mathrm{Filt}(2^X))\backslash\{2^X\}$, $\mathcal{CPF}(X)=\mathrm{Prime}(\mathrm{Filt}(2^X))\backslash\{2^X\}$.

由定义, 有下述

命题 4.1.6 设 P 为偏序集, 则有

(1) 若 P 为并半格, 则 $\forall\{I_j: j\in J\}\subseteq\mathrm{Id}(P)$, 有 $\bigcap\limits_{j\in J}I_j\in\mathrm{Id}(P)\Leftrightarrow\bigcap\limits_{j\in J}I_j\neq\varnothing$;

(2) 若 P 为交半格, $I_1, I_2\in\mathrm{Id}(P)$, 则 $I_1\cap I_2\in\mathrm{Id}(P)$, 且 $I_1\wedge I_2=I_1\cap I_2$;

(3) 若 P 为并半格, $I_1, I_2\in\mathrm{Id}(P)$, 则 $I_1\vee I_2$ 存在, 且 $I_1\vee I_2=\downarrow\{x\vee y: x\in I_1, y\in I_2\}$;

(4) $\mathrm{Id}(P)$ 为并半格 $\Leftrightarrow P$ 为并半格;

(5) 若 P 为格, 则 $\mathrm{Id}(P)$ 为格.

下述结论是众所周知的 (参看文献 [98, 99, 107, 108]).

命题 4.1.7 设 L 为格, 则下述两个条件等价:

(1) L 是分配格;

(2) $\mathrm{Id}(L)$ 是分配格.

引理 4.1.8 [98,99] 设 L 是格, $I\in\mathrm{Id}(L)\backslash\{L\}$. 则下述各条件等价:

(1) $I\in\mathrm{PRIME}(\mathrm{Id}(L))$;

(2) $L\backslash I\in\mathrm{Filt}(L)$;

(3) $\forall a, b\in L$, 若 $a\wedge b\in I$, 则 $a\in I$ 或 $b\in I$.

证明 (1) $\Rightarrow$ (2): 设 $a, b\in L$, $a\in L\backslash I$, $b\in L\backslash I$, 下证 $a\wedge b\in L\backslash I$. 反之, 若 $a\wedge b\in I$, 则 $\downarrow a\wedge b=\downarrow a\cap\downarrow b\subseteq I$. 由 $I\in\mathrm{PRIME}(\mathrm{Id}(L))$, 有 $\downarrow a\subseteq I$ 或 $\downarrow b\subseteq I$, 与 $a\notin I$ 和 $b\notin I$ 矛盾.

(2) $\Rightarrow$ (3): 显然.

(3) $\Rightarrow$ (1): 设 I_1, $I_2 \in \mathrm{Id}(L)$, $I_1 \wedge I_2 = I_1 \cap I_2 \subseteq I$. 若 $I_1 \nsubseteq I, I_2 \nsubseteq I$, 则 $\exists a_j \in I_j \backslash I$ $(i = 1, 2)$; 从而 $a_1 \wedge a_2 \in I_1 \cap I_2 \subseteq I$. 由 (3), $a_1 \in I$ 或 $a_2 \in I$, 与 $a_j \in I_j \backslash I (i = 1, 2)$ 矛盾. 故 $I_1 \subseteq I$ 或 $I_2 \subseteq I$. 所以 $I \in \mathrm{PRIME}\,(\mathrm{Id}(L))$.

对偶地, 有

引理 4.1.9 设 L 是格, $F \in \mathrm{Filt}(L) \backslash \{L\}$. 则下述各条件等价:

(1) $F \in \mathrm{PRIME}\,(\mathrm{Filt}(L))$;

(2) $L \backslash I \in \mathrm{Id}(L)$;

(3) $\forall a, b \in L$, 若 $a \vee b \in I$, 则 $a \in I$ 或 $b \in I$.

当 L 是 Boole 格时, L 中的素理想有下述刻画.

引理 4.1.10 设 L 为 Boole 格, $I \in \mathrm{Id}(L) \backslash \{L\}$. 则下述各条件等价:

(1) $I \in \mathrm{PRIME}\,(\mathrm{Id}(L))$;

(2) $\forall a \in L$, $a \in I$ 或 $a' \in I$;

(3) $\forall d \in L$, 若 $\forall c \in I$, $d \vee c \neq 1$, 则 $d \in I$;

(4) I 是 L 中的极大理想.

证明 (1) $\Rightarrow$ (2): 由 L 为 Boole 格, $a \wedge a' = 0 \in I$, 从而由引理 4.1.8, 有 $a \in I$ 或 $a' \in I$.

(2) $\Rightarrow$ (1): 设 $a, b \in L$, $a \wedge b \in I$, 若 $a \notin I$, $b \notin I$, 则由 (2), 有 $a' \in I$, $b' \in I$; 从而 $(a \wedge b)' = a' \vee b' \in I$. 故 $1 = (a \wedge b) \vee (a \wedge b)' \in I$, 与 $I \in \mathrm{Id}(L) \backslash \{L\}$ 矛盾. 所以有 $a \in I$ 或 $b \in I$.

(2) $\Rightarrow$ (3): 设 $d \in L$, 且 $\forall c \in I$, $d \vee c \neq 1$. 若 $d \notin I$, 则由 (2), 有 $d' \in I$, 从而 $d \vee d' = 1$, 与 $d \vee c \neq 1$ $(\forall c \in I)$ 矛盾. 故 $d \in I$.

(3) $\Rightarrow$ (4): 设 I 满足 (3), 下证 I 是 L 中的极大理想. 反之, 则 $\exists J \in \mathrm{Id}(L) \backslash \{L\}$ 使 $I \subseteq J$, $I \neq J$. 任取 $s \in J \backslash I$, 由 (3), $\exists c \in I$, $s \vee c = 1$; 从而 $1 = s \vee c \in J$, 与 $J \in \mathrm{Id}(L) \backslash \{L\}$ 矛盾.

(4) $\Rightarrow$ (2): 设 I 是 L 中的极大理想, $a \in L$, 下证 $a \in I$ 或 $a' \in I$. 反之, 若 $a \notin I$, $a' \notin I$, 令 $I_a = \downarrow \{a \vee u : u \in I\}$, $J_a = \downarrow \{a' \vee v : v \in I\}$, 则 $I_a \in \mathrm{Id}(L)$, $J_a \in \mathrm{Id}(L)$, 且 $I \subseteq I_a$, $I \subseteq J_a$, 但 $I \neq I_a$, $I \neq J_a$; 从而由 I 的极大性, $I_a = L = J_a$, 即 $\exists u, v \in I$ 使 $a \vee u = 1 = a' \vee v$. 令 $w = u \vee v$, 则 $w \in I$, $a \vee w = 1 = a' \vee w$, 从而 $w = w \vee (a \wedge a') = (a \vee w) \wedge (a' \vee w) = 1 \in I$, 与 $I \neq L$ 矛盾. 故 $a \in I$ 或 $a' \in I$.

对偶地, 有下述

引理 4.1.11 设 L 为 Boole 格, $F \in \mathrm{Filt}(L) \backslash \{L\}$. 则下述各条件等价:

(1) $F \in \mathrm{PRIME}\,(\mathrm{Filt}(L))$;

(2) $\forall a \in L$, $a \in F$ 或 $a' \in F$;

(3) $\forall d \in L$, 若 $\forall c \in F$, $d \wedge c \neq 0$, 则 $d \in F$;

(4) F 是 L 中的极大滤子.

推论 4.1.12 设 X 是非空集, $\mathcal{I} \in \mathrm{Id}(2^X)\backslash\{2^X\}$. 则下述各条件等价:

(1) $\mathcal{I} \in \mathcal{PI}(X)$;

(2) $2^X\backslash\mathcal{I} \in \mathrm{Filt}(2^X)$;

(3) $\forall A, B \subseteq X$, $A \cap B \in \mathcal{I} \Rightarrow A \in \mathcal{I}$ 或 $B \in \mathcal{I}$;

(4) $\forall C \subseteq X$, $C \in \mathcal{I}$ 或 $X\backslash C \in \mathcal{I}$;

(5) $\forall D \subseteq X$, 若 $\forall J \in \mathcal{I}$, $D \cup J \neq X$, 则 $D \in \mathcal{I}$;

(6) $\mathcal{I}$ 是 X 上的超理想.

推论 4.1.13 设 X 是非空集, $\mathcal{F} \in \mathrm{Filt}(2^X)\backslash\{2^X\}$. 则下述各条件等价:

(1) $\mathcal{F} \in \mathcal{PF}(X)$;

(2) $2^X\backslash\mathcal{F} \in \mathrm{Id}(2^X)$;

(3) $\forall A, B \subseteq X$, $A \cup B \in \mathcal{F} \Rightarrow A \in \mathcal{F}$ 或 $B \in \mathcal{F}$;

(4) $\forall C \subseteq X$, $C \in \mathcal{F}$ 或 $X\backslash C \in \mathcal{F}$;

(5) $\forall D \subseteq X$, 若 $\forall F \in \mathcal{F}$, $D \cap F \neq \varnothing$, 则 $D \in \mathcal{F}$;

(6) $\mathcal{F}$ 是 X 上的超滤子.

推论 4.1.12 中条件 (1), (4) 和 (6) 的等价性是众所周知的 (参看文献 [98, 99]). 由推论 4.1.13, 我们给出集 X 上超滤的下述刻画.

命题 4.1.14 设 $\mathcal{F} \in \mathrm{Filt}(2^X)\backslash\{2^X\}$, 则下述两个条件等价:

(1) $\mathcal{F}$ 是 X 上的超滤子;

(2) $\mathcal{F} = \cup\left\{\uparrow \varphi(\mathcal{F}) : \varphi \in \prod\limits_{F\in\mathcal{F}} F\right\} = \left\{A \in 2^X : \exists\varphi \in \prod\limits_{F\in\mathcal{F}} F \text{ 使 } \varphi(\mathcal{F}) \subseteq A\right\}$.

证明 (1) $\Rightarrow$ (2): 设 $\mathcal{F}$ 是 X 上的超滤子. $\forall\varphi \in \prod\limits_{F\in\mathcal{F}} F$, $F \in \mathcal{F}$, 有 $\varphi(\mathcal{F}) \cap F \neq \varnothing$; 从而由推论 4.1.13, $\varphi(\mathcal{F}) \in \mathcal{F}$. 故 $\left\{A \in 2^X : \exists\varphi \in \prod\limits_{F\in\mathcal{F}} F \text{ 使 } \varphi(\mathcal{F}) \subseteq A\right\} \subseteq \mathcal{F}$. 另一方面, $\forall F \in \mathcal{F}$, 由推论 4.1.13 知, $\forall G \in \mathcal{F}$, $F \cap G \neq \varnothing$. 任取 $\varphi_F(G) \in F \cap G$. 则 $\varphi_F(\mathcal{F}) \subseteq F$, 从而 $F \in \left\{A \in 2^X : \exists\varphi \in \prod\limits_{F\in\mathcal{F}} F \text{ 使 } \varphi(\mathcal{F}) \subseteq A\right\}$. 故 $\mathcal{F} \subseteq \left\{A \in 2^X : \exists\varphi \in \prod\limits_{F\in\mathcal{F}} F \text{ 使 } \varphi(\mathcal{F}) \subseteq A\right\}$. 所以 $\mathcal{F} = \left\{A \in 2^X : \exists\varphi \in \prod\limits_{F\in\mathcal{F}} F \text{ 使 } \varphi(\mathcal{F}) \subseteq A\right\}$.

(2) $\Rightarrow$ (1): 设 $\mathcal{F} = \cup\left\{\uparrow \varphi(\mathcal{F}) : \varphi \in \prod\limits_{F\in\mathcal{F}} F\right\} = \left\{A \in 2^X : \exists\varphi \in \prod\limits_{F\in\mathcal{F}} F \text{ 使 } \varphi(\mathcal{F}) \subseteq A\right\}$, 下证 $\mathcal{F}$ 是 X 上的超滤子. 设 $D \subseteq X$, 且 $\forall F \in \mathcal{F}$, $D \cap F \neq \varnothing$. 任

取 $\varphi_D(F) \in D \cap F$. 则 $\varphi_D(\mathcal{F}) \subseteq D$; 从而 $D \in \left\{A \in 2^X : \exists \varphi \in \prod_{F \in \mathcal{F}} F \text{ 使 } \varphi(\mathcal{F}) \subseteq A\right\} = \mathcal{F}$. 由推论 4.1.13, $\mathcal{F}$ 是 X 上的超滤子.

受引理 4.1.10 的启发, 关于有最大元 1 的并半格中的极大理想, 有下述刻画.

命题 4.1.15 设 L 为有最大元 1 的并半格, $I \in \mathrm{Id}(L)\backslash\{L\}$. 则下述两个条件等价:

(1) I 是 L 中的极大理想;

(2) $\forall d \in L$, 若 $\forall c \in I$, $d \vee c \neq 1$, 则 $d \in I$.

证明 (1) $\Rightarrow$ (2): 设 I 是 L 中的极大理想, $d \in L$, 且 $\forall c \in I$, $d \vee c \neq 1$. 令 $J = \cup\{\downarrow(d \vee c) : c \in I\}$. 由 $\{\downarrow(d \vee c) : c \in I\}$ 的主理想组成的定向族, 故 $J \in \mathrm{Id}(L)\backslash\{L\}$, 且 $I \subseteq J$. 由 I 是极大理想, 故 $I = J$. 所以 $d \in J = I$.

(2) $\Rightarrow$ (1): 设 I 满足 (2), 下证 I 是 L 中的极大理想. 反之, 则 $\exists J \in \mathrm{Id}(L)\backslash\{L\}$ 使 $I \subseteq J$, $I \neq J$. 任取 $s \in J\backslash I$, 由 (2), $\exists c \in I$, $s \vee c = 1$; 从而 $1 = s \vee c \in J$, 与 $J \in \mathrm{Id}(L)\backslash\{L\}$ 矛盾.

对偶地, 有

推论 4.1.16 设 L 为有最小元 0 的交半格, $F \in \mathrm{Filt}(L)\backslash\{L\}$. 则下述两个条件等价:

(1) F 是 L 中的极大滤子;

(2) $\forall d \in L$, 若 $\forall c \in F$, $d \wedge c \neq 0$, 则 $d \in F$.

注 4.1.17 (1) 设偏序集 P 有最小元 0, $\tau \subseteq \mathbf{down}(P)$ 是 P 上的拓扑. 则 τ 中只有唯一的极大滤子 $\tau\backslash\{\varnothing\}$. 特别地, $\omega(P)$ 和 $\sigma(P^{\mathrm{op}})$ 中只有唯一的极大滤子, 分别为 $\omega(P)\backslash\{\varnothing\}$ 和 $\sigma(P^{\mathrm{op}})\backslash\{\varnothing\}$.

(2) 设偏序集 P 有最大元 1, $\delta \subseteq \mathbf{up}(P)$ 是 P 上的拓扑. 则 δ 中只有唯一的极大滤子 $\delta\backslash\{\varnothing\}$. 特别地, $\upsilon(P)$ 和 $\sigma(P)$ 中只有唯一的极大滤子, 分别为 $\upsilon(P)\backslash\{\varnothing\}$ 和 $\sigma(P)\backslash\{\varnothing\}$.

关于完全素理想, 有下述刻画.

引理 4.1.18 设 L 是完备格, $I \in \mathrm{Id}(P)$. 则下述各条件等价:

(1) $I \in \mathrm{Prime}(\mathrm{Id}(L))$;

(2) $\exists q \in \mathrm{COPRIME}(L)\backslash\{0\}$ 使 $I = L\backslash\uparrow q$;

(3) $\forall\{a_j : j \in J\} \subseteq L$, 若 $\bigwedge_{j \in J} a_j \in I$, 则 $\exists j \in J$ 使 $a_j \in I$.

若 L 是完备 Boole 格, 则上述条件等价于下述:

(4) 存在余原子 $p \in \mathrm{PRIME}(L)\backslash\{1\}$ 使 $I = \downarrow p$.

证明 (1) $\Rightarrow$ (2): 设 $I \in \mathrm{Prime}(\mathrm{Id}(L))$, 令 $q = \wedge(L\backslash I)$. 则 $L\backslash\uparrow q \subseteq I$. 另一

方面, 由 $\downarrow q = \downarrow \wedge(L\backslash I) = \bigcap\limits_{u\notin I} \downarrow u$ 和 $I \in \mathrm{Prime}(\mathrm{Id}(L))$, 知 $\downarrow q \not\subseteq I$, 即 $q \notin I$. 故 $I \subseteq L\backslash \uparrow q$. 所以 $I = L\backslash \uparrow q$. 由 $I \in \mathrm{Id}(L)$, 有 $q \in \mathrm{COPRIME}\,(L)\backslash\{0\}$.

(2) $\Rightarrow$ (3): 显然.

(3) $\Rightarrow$ (1): 由于 L 是完备格, 知 $\mathrm{Id}(L)$ 是完备格, 且其中的交运算就是集合交运算. 设 $\{I_j : j \in J\} \subseteq \mathrm{Id}(L)$, $\bigwedge\limits_{j\in J} I_j = \bigcap\limits_{j\in J} I_j \subseteq I$. 若 $\forall j \in J$, $I_j \not\subseteq I$, 则 $\exists a_j \in I_j\backslash I$; 从而 $\bigwedge\limits_{j\in J} a_j \in \bigcap\limits_{j\in J} I_j \subseteq I$. 由 (3), $\exists k \in J$ 使 $a_k \in I$, 与 $a_k \in I_k\backslash I$ 矛盾. 故 $\exists j \in J$ 使 $I_j \subseteq I$. 所以 $I \in \mathrm{Prime}(\mathrm{Id}(L))$.

(2) $\Leftrightarrow$ (4): 设 L 为 Boole 格. 若 (2) 成立, 即 $\exists q \in \mathrm{COPRIME}\,(L)\backslash\{0\}$ 使 $I = L\backslash \uparrow q$ (易知 q 是 L 中的原子, 即 $L\backslash\{0\}$ 中的极小元). 令 $p = q'$. 则易验证 $p \in \mathrm{PRIME}\,(L)\backslash\{1\}$, 且 $I = \downarrow p$. 故 (4) 成立. 类似地, 有 (4) $\Rightarrow$ (2).

对偶地, 有下述

引理 4.1.19 设 L 是完备格, $F \in \mathrm{Filt}(L)\backslash\{L\}$. 则下述各条件等价:

(1) $F \in \mathrm{Prime}\,(\mathrm{Filt}(L))$;

(2) $\exists p \in \mathrm{PRIME}\,(L)\backslash\{1\}$ 使 $I = L\backslash \downarrow p$;

(3) $\forall\{a_j : j \in J\} \subseteq L$, 若 $\bigvee\limits_{j\in J} a_j \in F$, 则 $\exists j \in J$ 使 $a_j \in F$.

若 L 是完备 Boole 格, 则上述条件等价于下述条件:

(4) 存在原子 $q \in \mathrm{COPRIME}\,(L)\backslash\{0\}$ 使 $F = \uparrow q$.

推论 4.1.20 设 L 是完备格, $F \in \mathrm{Filt}(L)\backslash\{L\}$. 则下述各条件等价:

(1) $F \in \mathrm{Prime}\,(\mathrm{Filt}(L))$;

(2) $F \in \upsilon(L)$, 且 $F \in \mathrm{PRIME}\,(\mathrm{Filt}(L))$;

(3) $F \in \sigma(L)$, 且 $F \in \mathrm{PRIME}\,(\mathrm{Filt}(L))$.

推论 4.1.21 设 X 是非空集, $\mathcal{I} \in \mathrm{Id}(2^X)\backslash\{2^X\}$. 则下述各条件等价:

(1) $\mathcal{I} \in \mathrm{Prime}(\mathrm{Id}(2^X))$;

(2) $\exists p \in X$ 使 $\mathcal{I} = 2^X\backslash \uparrow \{p\} = \{B \subseteq X : p \notin B\} = \downarrow (X\backslash\{p\})$;

(3) $\forall\{A_j : j \in J\} \subseteq 2^X$, 若 $\bigcap\limits_{j\in J} A_j \in \mathcal{F}$, 则 $\exists j \in J$ 使 $A_j \in \mathcal{F}$.

推论 4.1.22 设 X 是非空集, $\mathcal{F} \in \mathrm{Filt}(2^X)\backslash\{2^X\}$. 则下述各条件等价:

(1) $\mathcal{F} \in \mathcal{CPF}(X)$;

(2) $\exists q \in X$ 使 $\mathcal{F} = 2^X\backslash \downarrow (X\backslash\{q\}) = \{B \subseteq X : q \in B\} = \uparrow \{q\}$;

(3) $\forall\{B_j : j \in J\} \subseteq 2^X$, 若 $\bigcup\limits_{j\in J} B_j \in \mathcal{F}$, 则 $\exists j \in J$ 使 $B_j \in \mathcal{F}$.

注 4.1.23 (1) 设 L 为完备格, $F \in \mathbf{up}(L)\backslash\{\varnothing, L\}$. 则 $F \in \mathrm{Prime}(\mathbf{up}(L)) \Leftrightarrow \exists a \in L$ 使 $F = L\backslash \downarrow a$. 故 $\mathrm{Prime}(\mathbf{up}(L)) = \{L\backslash \downarrow a : a \in L\}$.

(2) $\mathcal{A} = \uparrow \mathcal{A} \in \mathrm{Prime}(\mathbf{up}(2^X))\backslash\{\varnothing, \mathbf{up}(2^X)\} \Leftrightarrow \forall\{U_i : i \in I\} \subseteq 2^X$, 若 $\bigcup\limits_{i\in I} U_i \in \mathcal{A}$, 则 $\exists i \in I$ 使 $U_i \in \mathcal{A} \Leftrightarrow \exists B \in 2^X$ 使 $\mathcal{A} = 2^X \backslash \downarrow B$.

定义 4.1.24[301]　设 L 是格, $I \in \mathrm{Id}(L)$ 称为半素理想, 若 $\forall a, b, c \in L$, $a \wedge b \in I$, $a \wedge c \in I$, 有 $a \wedge (b \vee c) \in I$. 对偶地, $F \in \mathrm{Filt}(L)$ 称为半素滤子, 若 $\forall a$, $b, c \in L$, $a \vee b \in I$ 且 $a \vee c \in I \Rightarrow a \vee (b \wedge c) \in I$. L 中半素理想全体和半素滤子全体分别记为 SEMIPRIME (Id(L)) 和 SEMIPRIME (Filt(L)).

由引理 4.1.8 (引理 4.1.9), 易知素理想 (素滤子) 是半素理想 (半素滤子). 当 L 为分配格时, L 中的理想和滤子都是半素的.

例 4.1.25　令 M_5 (称为钻石格 [107,108]) 和 N_5 (称为五边形格 [107,108]) 分别是图 4.1.1 和图 4.1.2 所表示的格. 易知 M_5 和 N_5 均不是分配格, 其中, M_5 是模格, N_5 不是模格. 更一般地, 一个格 P 是模格当且仅当 P 不含 N_5 作为子格; 一个模格 M 是分配格当且仅当 M 不含 M_5 作为子格; 因而一个格 L 是分配格当且仅当 L 不含 M_5 或 N_5 作为子格 (参看文献 [108, Theorem 101, Theorem 102]).

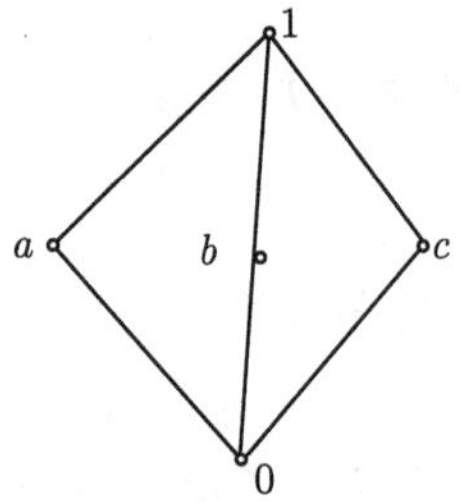

图 4.1.1　M_5

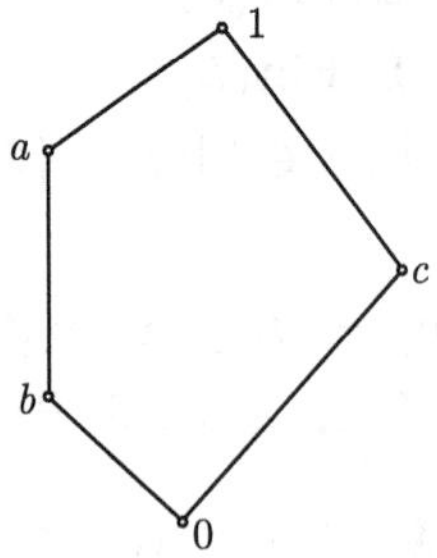

图 4.1.2　N_5

(1) $\max\{\mathrm{Id}(M_5)\backslash\{M_5\}\} = \{\downarrow a, \downarrow b, \downarrow c\}$, 且 $\downarrow a, \downarrow b, \downarrow c$ 均不是素理想; $\max\{\mathrm{Filt}(M_5)\backslash\{M_5\}\} = \{\uparrow a, \uparrow b, \uparrow c\}$, 且 $\uparrow a, \uparrow b, \uparrow c$ 均不是素滤子.

(2) 在模格 M_5 中, 不存在半素的真理想和半素的真滤子.

(3) $\max\{\mathrm{Id}(N_5)\backslash\{N_5\}\} = \{\downarrow a, \downarrow c\}$, $\max\{\mathrm{Filt}(N_5)\backslash\{N_5\}\} = \{\uparrow b, \uparrow c\}$, $\downarrow a$

和 $\downarrow c$ 均是素理想, $\uparrow b$ 和 $\uparrow c$ 均是素滤子.

(4) 在非模格 N_5 中, $\downarrow b$ 不是半素理想 ($a \wedge b = b \in \downarrow b$, $c \wedge a = 0 \in \downarrow b$, 但 $a \wedge (c \vee b) = a \notin \downarrow b$); $\downarrow 0$ 是半素理想, 但不是素理想; $\uparrow 1$ 是半素滤子, 但不是素滤子 (事实上, $\uparrow 1 \notin \mathrm{IRR}(\mathrm{Filt}(N_5))$).

关于半素理想, Rav 给出了如下重要刻画.

定理 4.1.26 [301] 设 L 为格, $I \in \mathrm{Id}(L)$. 则下述各条件等价:

(1) L 为半素理想;

(2) 存在有最小元 0 的分配格 M 和满的格同态 $f : L \to M$ 使 $M = f^{-1}(0)$;

(3) $\exists\{I_j : i \in J\} \subseteq \mathrm{PRIME}\,(\mathrm{Id}(L))$ 使 $I = \bigcap\limits_{j \in J} I_j$.

下面的 Stone 引理是众所周知的, 它是格论中的一个基础性结果.

引理 4.1.27 [325] 设 L 为分配格, $I \in \mathrm{Id}(L)$, $F \in \mathrm{Filt}(L)$, $I \cap F = \varnothing$. 则

(1) $\exists P \in \mathrm{PRIME}\,(\mathrm{Id}(L))$ 使 $I \subseteq P$, $P \cap F = \varnothing$;

(2) $\exists Q \in \mathrm{PRIME}\,(\mathrm{Filt}(L))$ 使 $F \subseteq Q$, $I \cap Q = \varnothing$.

证明 由于分配格是自对偶的, 故只需证明其中的一个. 下面我们证明 (1). 令 $\mathcal{I} = \{S \in \mathrm{Id}(L) : I \subseteq S,\ S \cap F = \varnothing\}$, 赋予集包含关系. 由 $I \in \mathcal{I}$, 知 $\mathcal{I} \neq \varnothing$. 由于定向的理想族之并仍为理想, 故由 Zorn 引理, $\mathcal{I}$ 中存在极大元 P. 下证 $P \in \mathrm{PRIME}\,(\mathrm{Id}(L))$. 设 $x, y \in L$, $x \wedge y \in P$. 若 $x \notin P$, $y \notin P$, 令 $I_x = \downarrow \{x \vee u : u \in P\}$, $I_y = \downarrow \{y \vee v : v \in P\}$, 则 $I_x \in \mathrm{Id}(L)$, $I_y \in \mathrm{Id}(L)$, 且 $P \subseteq I_x$, $P \subseteq I_y$, 但 $P \neq I_x$, $P \neq I_y$; 从而由 P 的极大性, $I_x \cap F \neq \varnothing \neq I_y \cap F$. 故 $\exists u, v \in P$ 使 $x \vee u, y \vee v \in F$. 令 $w = u \vee v$, 则 $w \in P$, $x \vee w$, $y \vee w \in F$. 由 F 为滤子和 L 为分配格, 有 $w \vee (x \wedge y) = (w \vee x) \wedge (w \vee y) \in F$; 从而 $w \vee (x \wedge y) \in F \cap P = \varnothing$, 矛盾. 故有 $x \in P$, 或 $y \in P$. 所以 $P \in \mathrm{PRIME}\,(\mathrm{Id}(L))$.

事实上, Stone 在文献 [325, Theorem 6] 的证明中给出了下面的结论: 在分配格中与某理想不相交的极大滤子是素滤子. 分析上面的证明, 可以归结为两个要点: ① 由 Zorn 引理, $\mathcal{I} = \{S \in \mathrm{Id}(L) : I \subseteq S,\ S \cap F = \varnothing\}$ 中存在极大元 P (可称之为相对于 F 是极大的); ② 由 L 为分配格, P 是素理想. ① 总是成立的, 我们可以将其单独出来作为一个引理 (引理 4.1.28, 参看文献 [158, Theorem 2.3]); 但②的成立却依赖于 L 的分配性. 下面我们将看到条件②恰好等价于 L 的分配性, 即引理 4.1.27 的逆也成立 (见定理 4.1.46).

引理 4.1.28 设 P 为偏序集, $I \in \mathrm{Id}(P)$, $F \in \mathrm{Filt}(P)$, $I \cap F = \varnothing$. 则

(1) $\mathcal{I}_F = \{S \in \mathrm{Id}(P) : I \subseteq S,\ S \cap F = \varnothing\}$ 中存在极大元;

(2) $\mathcal{F}_I = \{T \in \mathrm{Filt}(P) : F \subseteq T,\ I \cap T = \varnothing\}$ 中存在极大元.

推论 4.1.29 设 P 为偏序集, $I \in \mathrm{Id}(P)\backslash\{P\}$, $F \in \mathrm{Filt}(P)\backslash\{P\}$. 则

(1) 若 P 中有最大元 1, 则 P 中存在极大理想 $R \supseteq I$;

(2) 若 P 中有最小元 0, 则 P 中存在极大滤子 $Q \supseteq F$.

证明 (1) 由引理 4.1.28, $\{S \in \mathrm{Id}(P) : I \subseteq S, 1 \notin S\} = \{S \in \mathrm{Id}(P) : I \subseteq S, S \cap \uparrow 1 = \varnothing\}$ 中存在极大元 R. 易知 R 是极大理想.

(2) 是 (1) 的对偶.

推论 4.1.30 设 X 是非空集, 则

(1) $\forall \mathcal{I} \in \mathrm{Id}(2^X)\backslash\{2^X\}$, $\mathcal{I}$ 可扩展为 X 上的一个超理想 $\mathcal{J}$;

(2) $\forall \mathcal{F} \in \mathrm{Filt}(2^X)\backslash\{2^X\}$, $\mathcal{F}$ 可扩展为 X 上的一个超滤子 $\mathcal{G}$.

利用引理 4.1.28, 下面对给出极大理想的一个刻画.

命题 4.1.31 设 P 是偏序集, $I \in \mathrm{Id}(P)\backslash\{P\}$. 则下述两个条件等价:

(1) I 是极大理想;

(2) $\forall a \notin I$, I 是 $\{S \in \mathrm{Id}(P) : S \cap \uparrow a = \varnothing\}$ 中的极大元, 即 $\forall a \notin I$, I 相对于 a 是极大的.

证明 (1) $\Rightarrow$ (2): 设 I 是极大理想, $a \notin I$, 即 $I \cap \uparrow a = \varnothing$. 下证 I 是 $\{S \in \mathrm{Id}(P) : S \cap \uparrow a = \varnothing\}$ 中的极大元. 设 $H \in \mathrm{Id}(P)$, $H \cap \uparrow a = \varnothing$, $I \subseteq H$. 则由 $H \cap \uparrow a = \varnothing$ (从而 $H \neq P$), $I \subseteq H$ 和 I 是极大理想, 有 $I = H$. 故 I 是 $\{S \in \mathrm{Id}(P) : S \cap \uparrow a = \varnothing\}$ 中的极大元.

(2) $\Rightarrow$ (1): 设 I 满足 (2), 下证 I 是极大理想. 设 $T \in \mathrm{Id}(P)$, $I \subseteq T$. 若 $T \neq P$, 则 $\exists b \in P\backslash T$. 故 $T \cap \uparrow b = \varnothing$, 从而由引理 4.1.28, $\mathcal{I}_{\uparrow b} = \{S \in \mathrm{Id}(P) : T \subseteq S, S \cap \uparrow b = \varnothing\}$ 中存在极大元 Q; 故 $Q \in \{S \in \mathrm{Id}(P) : S \cap \uparrow b = \varnothing\}$, $I \subseteq T \subseteq Q$. 显然 $b \notin I$; 因而由 I 是 $\{S \in \mathrm{Id}(P) : S \cap \uparrow a = \varnothing\}$ 中的极大元, 有 $I = Q$; 从而 $I = T$. 所以 I 是极大理想.

对偶地, 有下述

命题 4.1.32 设 P 是偏序集, $F \in \mathrm{Filt}(P)\backslash\{P\}$. 则下述两个条件等价:

(1) F 是极大滤子;

(2) $\forall b \notin F$, F 是 $\{T \in \mathrm{Filt}(P) : T \cap \downarrow b = \varnothing\}$ 中的极大元.

命题 4.1.33 设 L 是并半格, $I \in \mathrm{Id}(L)$, $F \in \mathrm{Filt}(L)$, $I \cap F = \varnothing$. 则下述各条件等价:

(1) $I \in \max\{S \in \mathrm{Id}(L) : S \cap F = \varnothing\}$;

(2) $\forall x \in L\backslash I$, $I_x \cap F \neq \varnothing$, 其中, $I_x = \downarrow x \vee I = \downarrow \{x \vee s : s \in I\}$;

(3) $\forall x \in L\backslash I$, $\exists u \in I$ 使 $x \vee u \in F$.

证明 (1) $\Rightarrow$ (2): $\forall x \in L\backslash I$, 显然 $I \subseteq I_x$, $I \neq I_x$. 由 $I \in \max\{S \in \mathrm{Id}(L) : S \cap F = \varnothing\}$, 有 $I_x \cap F \neq \varnothing$.

(2) $\Rightarrow$ (3): 显然.

(3) $\Rightarrow$ (1): 由 $I \cap F = \varnothing$ 和 Zorn 引理, $\mathcal{I} = \{S \in \mathrm{Id}(L) : I \subseteq S, S \cap F = \varnothing\}$ 中有极大元 M. 下证 $I = M$. 反之, 若 $\exists w \in M\backslash I$, 则由 (2), $\exists u \in I$ 使 $w \vee u \in F$.

而由 $I \subseteq M$ 和 $M \in \mathrm{Id}(L)$, 有 $w \vee u \in M$, 与 $M \cap F = \varnothing$ 矛盾.

命题 4.1.33 中 (1) 与 (3) 的等价性是由文献 [158] 给出的 (参见文献 [158, Proposition 2.4]).

推论 4.1.34 设 L 是并半格, $I \in \mathrm{Id}(L)\backslash\{L\}$. 则下述两个条件等价:

(1) I 是极大理想;

(2) $\forall x, y \in L\backslash I$, $\exists a \in I$ 使 $y \leqslant x \vee a$.

证明 1 (1) $\Rightarrow$ (2): 设 $x, y \in L\backslash I$, 由命题 4.1.31, I 是 $\{S \in \mathrm{Id}(P) : S \cap \uparrow y = \varnothing\}$ 中的极大元; 从而由命题 4.1.33, $\exists a \in I$ 使 $x \vee a \in \uparrow y$, 即 $y \leqslant x \vee a$.

(2) $\Rightarrow$ (1): $\forall x, y \in L\backslash I$, 由 (2) 和命题 4.1.33, I 是 $\{S \in \mathrm{Id}(P) : S \cap \uparrow y = \varnothing\}$ 中的极大元; 从而由命题 4.1.31, I 是极大理想.

证明 2 (直接证明) (1) $\Rightarrow$ (2): 设 $x, y \in L\backslash I$, 若 $\forall a \in I$, $y \nleqslant x \vee a$, 则 $y \notin I_x = \downarrow \{x \vee u : u \in I\} \in \mathrm{Id}(P)$, $I \neq I_x$, $I \neq L$, 与 I 是极大理想矛盾. 故 $\exists a \in I$ 使 $y \leqslant x \vee a$.

(2) $\Rightarrow$ (1): 反证, 若 I 不是极大理想, 则 $\exists J \in \mathrm{Id}(L)$ 使 $I \subseteq J, I \neq J, L \neq J$; 因而 $\exists s \in J\backslash I$, $t \in L\backslash J$. 由 (2), $\exists a \in I$ 使 $t \leqslant s \vee a$; 从而由 $J \in \mathrm{Id}(L)$, 有 $s \vee a \in J$, 故 $t \in J$ 矛盾. 所以 I 是极大理想.

推论 4.1.35 设 L 是分配格, 则 L 中的极大理想都是素理想; 对偶地, L 中的极大滤子都是素滤子.

证明 设 I 是 L 中的极大理想, $a, b \in L$, $a \wedge b \in I$. 若 $a \notin I, b \notin I$, 则由推论 4.1.34, $\exists c \in I$ 使 $b \leqslant a \vee c$. 由 L 为分配格, 有 $b = b \wedge (a \vee c) = (b \wedge a) \vee (b \wedge c) \in I$, 与 $b \notin I$ 矛盾. 所以 I 是素理想.

对偶地, 有下述

命题 4.1.36 设 L 是交半格, $I \in \mathrm{Id}(L)$, $F \in \mathrm{Filt}(L)$, $I \cap F = \varnothing$. 则下述各条件等价:

(1) $F \in \max\{T \in \mathrm{Filt}(L) : I \cap T = \varnothing\}$;

(2) $\forall y \in L\backslash F$, $I \cap F_y \neq \varnothing$, 其中, $F_y = \uparrow y \vee F = \uparrow \{y \wedge t : t \in F\}$;

(3) $\forall y \in L\backslash F$, $\exists v \in F$ 使 $y \wedge v \in I$.

推论 4.1.37 设 L 是交半格, $F \in \mathrm{Filt}(L)\backslash\{L\}$, 则下述两个条件等价:

(1) F 是极大滤子;

(2) $\forall x, y \in L\backslash F$, $\exists b \in F$ 使 $x \wedge a \leqslant y$.

推论 4.1.38 设 P 是偏序集, $F \in \mathrm{Filt}(P)\backslash\{P\}$. 则下述两个条件等价:

(1) F 是极大滤子;

(2) $\forall b \notin F$, F 是 $\{T \in \mathrm{Filt}(P) : \downarrow b \cap T = \varnothing\}$ 中的极大元.

命题 4.1.39[158] 设 L 为格, $I \in \mathrm{Id}(L)$, $F \in \mathrm{Filt}(L)$.

(1) 若 $I \in \max\{S \in \mathrm{Id}(L) : S \cap F = \varnothing\}$, 则 $I \in \mathrm{IRR}(\mathrm{Id}(L))$; 从而当 L 为分配格时, 有 $I \in \mathrm{PRIME}\,(\mathrm{Id}(L))$.

(2) 若 $M \in \max\{S \in \mathrm{Id}(L) : I \subseteq S,\ S \cap F = \varnothing\}$ (此时, $I \cap F = \varnothing$), 则 $M \in \mathrm{IRR}(\mathrm{Id}(L))$; 从而当 L 为分配格时, 有 $M \in \mathrm{PRIME}\,(\mathrm{Id}(L))$.

证明 (1) 设 $N,\ M \in \mathrm{Id}(L)$, $I = N \cap M$. 若 $I \neq N$, $I \neq M$, 则 $\exists s \in N\backslash I$, $t \in M\backslash I$; 从而由命题 4.1.33, $\exists u,\ v \in I$ 使 $s \vee u \in F$, $t \vee v \in F$. 故有 $(s \vee u) \wedge (t \vee v) \in F$. 由 $N,\ M \in \mathrm{Id}(L)$, 有 $s \vee u \in N$, $t \vee v \in M$; 因而 $(s \vee u) \wedge (t \vee v) \in N \cap M = I$, 故 $(s \vee u) \wedge (t \vee v) \in I \cap F$, 与 $I \cap F = \varnothing$ 矛盾. 从而 $I = N$ 或 $I = M$. 所以 $\in \mathrm{IRR}(\mathrm{Id}(L))$.

(2) 设 $M \in \max\{S \in \mathrm{Id}(L) : I \subseteq S,\ S \cap F = \varnothing\}$, 则易知 $M \in \max\{S \in \mathrm{Id}(L) : S \cap F = \varnothing\}$; 因而由 (1), 知 (2) 成立.

对偶地, 有下述

命题 4.1.40 [158] 设 L 为格, $I \in \mathrm{Id}(L)$, $F \in \mathrm{Filt}(L)$.

(1) 若 $F \in \max\{T \in \mathrm{Filt}(L) : I \cap T = \varnothing\}$, 则 $F \in \mathrm{IRR}(\mathrm{Filt}(L))$, 从而当 L 为分配格时, 有 $F \in \mathrm{PRIME}\,(\mathrm{Filt}(L))$.

(2) 若 $H \in \max\{T \in \mathrm{Filt}(L) : F \subseteq T,\ I \cap T = \varnothing\}$, 则 $H \in \mathrm{IRR}(\mathrm{Filt}(L))$, 从而当 L 为分配格时, 有 $H \in \mathrm{PRIME}\,(\mathrm{Filt}(L))$.

推论 4.1.41 [158] 设 L 为格, $I \in \mathrm{Id}(L)$, $F \in \mathrm{Filt}(L)$, $I \cap F = \varnothing$. 则 $\mathcal{I} = \{S \in \mathrm{Id}(L) : I \subseteq S,\ S \cap F = \varnothing\}$ 中的极大元都是既约理想, $\mathcal{F} = \{T \in \mathrm{Filt}(L) : F \subseteq T,\ I \cap T = \varnothing\}$ 中的极大元都是既约滤子.

由引理 4.1.28、命题 4.1.39 和命题 4.1.40, 有下述

推论 4.1.42 [158] 设 L 为格, $I \in \mathrm{Id}(L)$, $F \in \mathrm{Filt}(L)$, $I \cap F = \varnothing$. 则

(1) $\exists M \in \mathrm{IRR}(\mathrm{Id}(L))$ 使 $I \subseteq M$, $M \cap F = \varnothing$, 从而当 L 为分配格时, $\exists M \in \mathrm{PRIME}\,(\mathrm{Id}(L))$ 使 $I \subseteq M$, $M \cap F = \varnothing$.

(2) $\exists H \in \mathrm{IRR}(\mathrm{Filt}(L))$ 使 $F \subseteq H$, $I \cap H = \varnothing$, 从而当 L 为分配格时, $\exists H \in \mathrm{PRIME}\,(\mathrm{Filt}(L))$ 使 $F \subseteq H$, $I \cap H = \varnothing$.

注 4.1.43 由命题 4.1.31 和命题 4.1.40, 可以得到推论 4.1.35.

命题 4.1.44 [158] 设 L 为格, $I \in \mathrm{Id}(L)$, $F \in \mathrm{Filt}(L)$.

(1) 若 $I \in \max\{S \in \mathrm{Id}(L) : S \cap F = \varnothing\}$, 则 $I \in \mathrm{SEMIPRIME}\,(\mathrm{Id}(L)) \Leftrightarrow I \in \mathrm{PRIME}\,(\mathrm{Id}(L))$.

(2) 若 $M \in \max\{S \in \mathrm{Id}(L) : I \subseteq S,\ S \cap F = \varnothing\}$, 则

$$M \in \mathrm{SEMIPRIME}\,(\mathrm{Id}(L)) \Leftrightarrow M \in \mathrm{PRIME}\,(\mathrm{Id}(L)).$$

证明 (1) 设 $I \in \max\{S \in \mathrm{Id}(L) : S \cap F = \varnothing\}$, $I \in \mathrm{SEMIPRIME}\,(\mathrm{Id}(L))$, 下证 $I \in \mathrm{PRIME}\,(\mathrm{Id}(L))$. 设 $a, b \in L$, $a \wedge b \in I$. 若 $a \notin I, b \notin I$, 则由命题 4.1.40,

$\exists u, v \in I$ 使 $a \vee u \in F, b \vee v \in F$. 故 $(a \vee u) \wedge (b \vee v) \in F$. 由 $a \wedge b \in I, a \wedge v \in I$, $I \in \mathrm{SEMIPRIME}\,(\mathrm{Id}(L))$, 有 $a \wedge (b \vee v) \in I$; 同理有 $u \wedge (b \vee v) \in I$; 因而再次由 $I \in \mathrm{SEMIPRIME}\,(\mathrm{Id}(L))$, 有 $(a \vee u) \wedge (b \vee v) \in I$, 故 $(a \vee u) \wedge (b \vee v) \in I \cap F$, 与 $I \cap F = \varnothing$ 矛盾. 所以 $I \in \mathrm{PRIME}\,(\mathrm{Id}(L))$.

(2) 设 $M \in \max\{S \in \mathrm{Id}(L) : I \subseteq S,\ S \cap F = \varnothing\}$, 则易知 $M \in \max\{S \in \mathrm{Id}(L) : S \cap F = \varnothing\}$; 因而由 (1), 知 (2) 成立.

下面利用 (半) 素理想和 (半) 素滤子给出格的分配性的若干刻画.

命题 4.1.45 设 L 为格, 则下述各条件等价:

(1) L 是分配格;

(2) $\forall F \in \mathrm{Filt}(L), J \in \max\{S \in \mathrm{Id}(L) : S \cap F = \varnothing\}$, 有 $J \in \mathrm{PRIME}\,(\mathrm{Id}(L))$;

(2*) $\forall I \in \mathrm{Id}(L), G \in \max\{T \in \mathrm{Filt}(L) : I \cap T = \varnothing\}$, 有

$$G \in \mathrm{PRIME}\,(\mathrm{Filt}(L));$$

(3) $\forall F \in \mathrm{Filt}(L), J \in \max\{S \in \mathrm{Id}(L) : S \cap F = \varnothing\}$, 有

$$J \in \mathrm{SEMIPRIME}\,(\mathrm{Id}(L));$$

(3*) $\forall I \in \mathrm{Id}(L), G \in \max\{T \in \mathrm{Filt}(L) : I \cap T = \varnothing\}$, 有

$$G \in \mathrm{SEMIPRIME}\,(\mathrm{Filt}(L));$$

(4) $\forall I \in \mathrm{Id}(L),\ F \in \mathrm{Filt}(L),\ I \cap F = \varnothing,\ J \in \max\{S \in \mathrm{Id}(L) : I \subseteq S,\ S \cap F = \varnothing\}$, 有 $J \in \mathrm{PRIME}\,(\mathrm{Id}(L))$;

(4*) $\forall I \in \mathrm{Id}(L),\ F \in \mathrm{Filt}(L),\ I \cap F = \varnothing,\ G \in \max\{T \in \mathrm{Filt}(L) : F \subseteq T,\ I \cap T = \varnothing\}$, 有 $G \in \mathrm{PRIME}\,(\mathrm{Filt}(L))$;

(5) $\forall I \in \mathrm{Id}(L),\ F \in \mathrm{Filt}(L),\ I \cap F = \varnothing,\ J \in \max\{S \in \mathrm{Id}(L) : I \subseteq S,\ S \cap F = \varnothing\}$, 有 $J \in \mathrm{SEMIPRIME}\,(\mathrm{Id}(L))$;

(5*) $\forall I \in \mathrm{Id}(L),\ F \in \mathrm{Filt}(L),\ I \cap F = \varnothing,\ G \in \max\{T \in \mathrm{Filt}(L) : F \subseteq T,\ I \cap T = \varnothing\}$, 有 $G \in \mathrm{SEMIPRIME}\,(\mathrm{Filt}(L))$.

(6) $\forall I \in \mathrm{Id}(L),\ x \in L,\ I \cap \uparrow x = \varnothing,\ J \in \max\{S \in \mathrm{Id}(L) : I \subseteq S,\ S \cap \uparrow x = \varnothing\}$, 有 $J \in \mathrm{SEMIPRIME}\,(\mathrm{Id}(L))$;

(6*) $\forall F \in \mathrm{Filt}(L),\ y \in L,\ I \cap F = \varnothing,\ G \in \max\{T \in \mathrm{Filt}(L) : F \subseteq T,\ \downarrow y \cap T = \varnothing\}$, 有 $G \in \mathrm{SEMIPRIME}\,(\mathrm{Filt}(L))$.

证明 由于分配格是自对偶的, 故只需证 (1)— (6) 等价.

(1) $\Rightarrow$ (2): 由命题 4.1.39.

(2) $\Rightarrow$ (3): 显然.

(2) $\Rightarrow$ (4): 由 $\max\{S \in \mathrm{Id}(L) : I \subseteq S,\ S \cap F = \varnothing\} \subseteq \max\{S \in \mathrm{Id}(L) : S \cap F = \varnothing\}$.

(3) $\Rightarrow$ (5): 由 $\max\{S \in \mathrm{Id}(L) : I \subseteq S,\ S \cap F = \varnothing\} \subseteq \max\{S \in \mathrm{Id}(L) : S \cap F = \varnothing\}$.

(4) $\Rightarrow$ (5) $\Rightarrow$ (6): 显然.

(6) $\Rightarrow$ (1): 设 $a, b, c \in L$, 令 $x = a \wedge (b \vee c)$, $y = (a \wedge b) \vee (a \wedge c)$. 显然, $y \leqslant x$. 若 $x \nleqslant y$, 则 $\downarrow y \cap \uparrow x = \varnothing$. 由引理 4.1.28, $\exists J \in \max\{S \in \mathrm{Id}(L) : \downarrow y \subseteq S,\ S \cap \uparrow x = \varnothing\}$. 由 (6), $J \in \mathrm{SEMIPRIME}\,(\mathrm{Id}(L))$; 从而由 $\downarrow y \subseteq J$ 和 $y = (a \wedge b) \vee (a \wedge c)$, 有 $a \wedge b,\ a \wedge c \in J$. 由 $J \in \mathrm{SEMIPRIME}\,(\mathrm{Id}(L))$, 有 $x = a \wedge (b \vee c) \in J$, 与 $J \cap \uparrow x = \varnothing$ 矛盾. 所以 $a \wedge (b \vee c) = x = y = (a \wedge b) \vee (a \wedge c)$. 故 L 是分配格.

命题 4.1.45 中的条件 (1), (2) 和 (3) 的等价性是文献 [158] 给出的 (见文献 [158, Theorem 2.11]).

命题 4.1.46 设 L 为格, 则下述各条件等价:

(1) L 是分配格;

(2) $\forall I \in \mathrm{Id}(L)$, $F \in \mathrm{Filt}(L)$, $I \cap F = \varnothing$, $\exists P \in \mathrm{PRIME}\,(\mathrm{Id}(L))$ 使 $I \subseteq P$, $P \cap F = \varnothing$;

(2^*) $\forall I \in \mathrm{Id}(L)$, $F \in \mathrm{Filt}(L)$, $I \cap F = \varnothing$, $\exists G \in \mathrm{PRIME}\,(\mathrm{Filt}(L))$ 使 $F \subseteq G$, $I \cap G = \varnothing$;

(3) $\forall I \in \mathrm{Id}(L)$, $F \in \mathrm{Filt}(L)$, $I \cap F = \varnothing$, $\exists P \in \mathrm{SEMIPRIME}\,(\mathrm{Id}(L))$ 使 $I \subseteq P$, $P \cap F = \varnothing$;

(3^*) $\forall I \in \mathrm{Id}(L)$, $F \in \mathrm{Filt}(L)$, $I \cap F = \varnothing$, $\exists G \in \mathrm{SEMIPRIME}\,(\mathrm{Filt}(L))$ 使 $F \subseteq G$, $I \cap G = \varnothing$;

(4) $\forall I \in \mathrm{Id}(L)$, $F \in \mathrm{Filt}(L)$, $I \cap F = \varnothing$, $\exists P \in \mathrm{Id}(L), G \in \mathrm{Filt}(L)$ 使 $I \subseteq P$, $F \subseteq G$, $P \cap G = \varnothing$, P 或 G 之一是半素的;

(5) $\forall x, y \in L$, $x \nleqslant y$, $\exists P \in \mathrm{Id}(L), G \in \mathrm{Filt}(L)$ 使 $y \in P$, $x \in G$, $P \cap G = \varnothing$, P 或 G 之一是半素的.

证明 由于分配格是自对偶的, 故只需证 (1), (2), (3) 和 (4) 等价.

(1) $\Rightarrow$ (2): 见引理 4.1.27.

(2) $\Rightarrow$ (3): 显然.

(3) $\Rightarrow$ (1): 设 $a, b, c \in L$, 令 $x = a \wedge (b \vee c)$, $y = (a \wedge b) \vee (a \wedge c)$. 显然, $y \leqslant x$. 若 $x \nleqslant y$, 则 $\downarrow y \cap \uparrow x = \varnothing$. 由 (3), $\exists P \in \mathrm{SEMIPRIME}\,(\mathrm{Id}(L))$ 使 $\downarrow y \subseteq P$, $P \cap \uparrow x = \varnothing$. 由 $y = (a \wedge b) \vee (a \wedge c) \in P$, 有 $a \wedge b,\ a \wedge c \in P$; 从而由 $P \in \mathrm{SEMIPRIME}\,(\mathrm{Id}(L))$, 有 $x = a \wedge (b \vee c) \in P$, 与 $P \cap \uparrow x = \varnothing$ 矛盾. 所以 $a \wedge (b \vee c) = x = y = (a \wedge b) \vee (a \wedge c)$. 故 L 是分配格.

(3) $\Rightarrow$ (4) $\Rightarrow$ (5): 显然.

(5) $\Rightarrow$ (1): 设 $a, b, c \in L$, 令 $x = a \wedge (b \vee c)$, $y = (a \wedge b) \vee (a \wedge c)$. 显然, $y \leqslant x$. 若 $x \nleqslant y$, 则由 (5), $\exists P \in \mathrm{Id}(L), G \in \mathrm{Filt}(L)$ 使 $y \in P$, $x \in G$,

$P\cap G=\varnothing$, P 或 G 之一是半素的. 若 $P\in \mathrm{SEMIPRIME}\,(\mathrm{Id}(L))$, 则由 $y=(a\wedge b)\vee(a\wedge c)\in P$, 有 $a\wedge b$, $a\wedge c\in P$; 从而由 $P\in \mathrm{SEMIPRIME}\,(\mathrm{Id}(L))$, 有 $x=a\wedge(b\vee c)\in P$, 与 $P\cap G=\varnothing$ 矛盾. 若 $G\in \mathrm{SEMIPRIME}\,(\mathrm{Filt}(L))$, 则由 $x=a\wedge(b\vee c)\in G$, 有 $a\in G$, $b\vee c\in G$; 从而 $a\vee c$, $b\vee c\in G$; 由 $G\in \mathrm{SEMIPRIME}\,(\mathrm{Filt}(L))$, 有 $c\vee(a\wedge b)\in G$. 同理, 由 $(a\wedge b)\vee a\in G$, $(a\wedge b)\vee c\in G$ 和 $G\in \mathrm{SEMIPRIME}\,(\mathrm{Filt}(L))$, 有 $y=(a\wedge b)\vee(a\wedge c)\in G$, 与 $P\cap G=\varnothing$ 矛盾. 所以 $a\wedge(b\vee c)=x=y=(a\wedge b)\vee(a\wedge c)$. 故 L 是分配格.

命题 4.1.46 中条件 (1) 与 (4) 的等价性是 Rav 在文献 [301, Theorem 5.2] 中给出的.

命题 4.1.47 设 L 为格, 则下述各条件等价:

(1) L 是分配格;

(2) $\forall x\in L$, $\mathcal{I}_x=\{I\in\mathrm{Id}(L): I\cap\uparrow x=\varnothing\}$ 中的极大元都是素理想;

(2*) $\forall x\in L$, $\mathcal{F}_x=\{F\in\mathrm{Filt}(L):\downarrow x\cap F=\varnothing\}$ 中的极大元都是素滤子;

(3) $\forall x\in L$, $\mathcal{I}_x=\{I\in\mathrm{Id}(L): I\cap\uparrow x=\varnothing\}$ 中的极大元都是半素理想;

(3*) $\forall x\in L$, $\mathcal{F}_x=\{F\in\mathrm{Filt}(L):\downarrow x\cap F=\varnothing\}$ 中的极大元都是半素滤子;

(4) $\forall x, y\in L$, $x\not\leqslant y$, $\mathcal{I}_{xy}=\{I\in\mathrm{Id}(L): y\in I, I\cap\uparrow x=\varnothing\}$ 中的极大元都是素理想;

(4*) $\forall x, y\in L$, $x\not\leqslant y$, $\mathcal{F}_{xy}=\{F\in\mathrm{Filt}(L): x\in F, \downarrow y\cap F=\varnothing\}$ 中的极大元都是素滤子;

(5) $\forall x, y\in L$, $x\not\leqslant y$, $\mathcal{I}_{xy}=\{I\in\mathrm{Id}(L): y\in I, I\cap\uparrow x=\varnothing\}$ 中的极大元都是半素理想;

(5*) $\forall x, y\in L$, $x\not\leqslant y$, $\mathcal{F}_{xy}=\{F\in\mathrm{Filt}(L): x\in F, \downarrow y\cap F=\varnothing\}$ 中的极大元都是半素滤子.

证明 由于分配格是自对偶的, 故只需证 (1)—(5) 等价.

(1) $\Rightarrow$ (2): 由命题 4.1.39.

(2) $\Rightarrow$ (3): 显然.

(2) $\Rightarrow$ (4): 由 $\max\mathcal{I}_{xy}\subseteq\max\mathcal{I}_x$.

(3) $\Rightarrow$ (5): 由 $\max\mathcal{I}_{xy}\subseteq\max\mathcal{I}_x$.

(4) $\Rightarrow$ (5): 显然.

(5) $\Rightarrow$ (1): 设 $a, b, c\in L$, 令 $x=a\wedge(b\vee c)$, $y=(a\wedge b)\vee(a\wedge c)$. 显然, $y\leqslant x$. 若 $x\not\leqslant y$, 则 $\downarrow y\cap\uparrow x=\varnothing$. 由引理 4.1.28, $\exists J\in\max\mathcal{I}_{xy}$. 由 (5), $J\in \mathrm{SEMIPRIME}\,(\mathrm{Id}(L))$, 从而由 $\downarrow y\subseteq J$ 和 $y=(a\wedge b)\vee(a\wedge c)$, 有 $a\wedge b$, $a\wedge c\in J$. 由 $J\in \mathrm{SEMIPRIME}\,(\mathrm{Id}(L))$, 有 $x=a\wedge(b\vee c)\in J$, 与 $J\cap\uparrow x=\varnothing$ 矛盾. 所以 $a\wedge(b\vee c)=x=y=(a\wedge b)\vee(a\wedge c)$. 故 L 是分配格.

由命题 4.1.3、命题 4.1.7、命题 4.1.39 和命题 4.1.45 (或命题 4.1.47), 有下述

推论 4.1.48 设 L 为格, 则下述各条件等价:

(1) L 是分配格;

(2) $\mathrm{Id}(L)$ 中的既约理想都是素理想;

(2*) $\mathrm{Filt}(L)$ 中的既约滤子都是素滤子;

(3) $\mathrm{Id}(L)$ 中的既约理想都是半素理想;

(3*) $\mathrm{Filt}(L)$ 中的既约滤子都是半素滤子.

例 4.1.49 令 $L = M_5$. 由例 4.1.25, $\max\{\mathrm{Id}(L)\backslash\{L\}\} = \{\downarrow a, \downarrow b, \downarrow c\}$, 且 $\downarrow a, \downarrow b, \downarrow c$ 均不是素理想; $\max\{\mathrm{Filt}(M_5)\backslash\{M_5\}\} = \{\uparrow a, \uparrow b, \uparrow c\}$, 且 $\uparrow a, \uparrow b, \uparrow c$ 均不是素滤子; L 中不存在半素的真理想和半素的真滤子. 易知, $\mathrm{IRR}\{\mathrm{Id}(L)\backslash\{L\}\} = \{\downarrow a, \downarrow b, \downarrow c\}$, 它们均不是半素理想; 对偶地, $\mathrm{IRR}\{\mathrm{Filt}(L)\backslash\{L\}\} = \{\uparrow a, \uparrow b, \uparrow c\}$, 它们均不是半素滤子.

在文献 [158] 中, 有下述结论 (参见文献 [158, Corollary 2.10, Theorem 2.11]).

定理 4.1.50[158] 设 L 为格, 则下述各条件等价:

(1) L 是分配格;

(2) L 上的极大理想都是素理想;

(3) L 上的极大理想都是半素理想.

下面的例子说明, 上述定理是不成立的.

例 4.1.51 令 $L = N_5$. 由例 4.1.25, $\max\{\mathrm{Id}(L)\backslash\{L\}\} = \{\downarrow a, \downarrow c\}$, $\downarrow a$ 和 $\downarrow c$ 均是素理想; $\max\{\mathrm{Filt}(L)\backslash\{L\}\} = \{\uparrow b, \uparrow c\}$, $\uparrow b$ 和 $\uparrow c$ 均是素滤子. 故定理 4.1.50 中的条件 (2) 和 (3) 满足, 但 L 不是分配格.

注 4.1.52 与命题 4.1.45、命题 4.1.47 和推论 4.1.48 相比较, 定理 4.1.50 之所以不成立, 是因为 L 中有一些相对 (某滤子) 极大理想或局部极大理想不是极大理想.

4.2 Stone 引理的一个应用

作为分配格理论中的一个基础性结论, Stone 引理有很多重要应用 (参看文献 [98, 99, 107, 108, 324, 325]).

值得指出的是, Stone 最早在文献 [324, Theorem 64] 给出了下述结论.

引理 4.2.1[324] 设 L 为分配格, $a, b \in L$, $\downarrow a \cap \uparrow b = \varnothing$ (即 $b \not\leqslant a$). 则

(1) $\exists I \in \mathrm{PRIME}(\mathrm{Id}(L))$ 使 $a \in I$, $b \notin I$, 即 $I \cap \uparrow b = \varnothing$;

(2) $\exists F \in \mathrm{PRIME}(\mathrm{Filt}(L))$ 使 $b \in F$, $a \notin F$, 即 $\downarrow a \cap F = \varnothing$.

我们把下面的结论称为弱形式的 Stone 引理.

引理 4.2.2 (弱形式的 Stone 引理) 设 L 为分配格, $a, b \in L$, $\downarrow a \cap \uparrow b = \varnothing$ (即 $b \not\leqslant a$). 则 $\exists I \in \mathrm{PRIME}(\mathrm{Id}(L))$, $F \in \mathrm{PRIME}(\mathrm{Filt}(L))$ 使 $a \in I$, $b \in F$,

$I \cap F = \varnothing$.

由命题 4.1.46 的证明, 我们知引理 4.2.2 的逆也成立, 即有下述

命题 4.2.3 设 L 为格, 则下述各条件等价:

(1) L 是分配格;

(2) $\forall a, b \in L, \downarrow a \cap \uparrow b = \varnothing, \exists I \in \mathrm{PRIME}\,(\mathrm{Id}(L)), F \in \mathrm{PRIME}\,(\mathrm{Filt}(L))$ 使 $a \in I, b \in F, I \cap F = \varnothing$.

分配格、完全分配格和连续格是三类重要的格, 它们有着如下重要的关系: 完备格 L 是完全分配格当且仅当 L 是分配格, 且 L 和 L^{op} 均是连续格 (见定理 2.2.16). 此结论的证明通常需要基于以下诸结论 (参看文献 [99, Theorem I-3.16] 或文献 [98, Theorem I-3.16] 的证明):

(1) L 是完全分配格当且仅当 L 上的完全 below 关系 $\lhd$ 是逼近的 (见推论 2.2.10);

(2) 完全分配律是自对偶的, 即若 L 是完全分配格, 则其对偶格 L^{op} 也是完全分配格;

(3) L 是连续格当且仅当 L 是定向分配格 (见推论 2.2.7);

(4) 若 L 为连续格, 则 L 中有"足够多"的交既约元, 即 $\mathrm{IRR}\,(L)$ 是 L 的交生成集, 从而当 L 为分配的连续格时, $\mathrm{PRIME}\,(L)$ 是 L 的交生成集 (参见文献 [99, Thorem I-3.7, Corollary I-3.10]).

基于 (弱形式的) Stone 引理, 下面我们给出定理 2.2.16 一个简洁的代数式证明. 首先, 我们把定理 2.2.16 表述成下述"代数形式".

定理 4.2.4 设 L 是完备格, 则下述两个条件等价:

(1) L 是完全分配格;

(2) L 是分配格, 且 L 和 L^{op} 均是定向分配格.

为给出定理 4.2.4 的代数式证明, 我们需要关于完全分配格的一些"代数式"(即不借助完全 below 关系 $\lhd$) 基本结论 (证明均是直接的), 我们以注 4.2.5 的形式列出.

注 4.2.5 设 X 为集合, P 为偏序集, L 为完备格. 则

(1) 幂集格 2^X (赋予集包含序) 是完全分配格; 2^X 的对偶格 $(2^X)^{\mathrm{op}}$ (即 2^X 赋予集反包序) 也是完全分配格.

(2) 完全分配格的任何完备子格是完全分配格. 特别地, 2^X 的任意完备集环 (即 2^X 的任意完备子格) 是完全分配格.

(3) $\mathbf{down}(P)$ 是 2^P 的一个完备子格, $(\mathbf{down}(P))^{\mathrm{op}}$ 是 $(2^P)^{\mathrm{op}}$ 的一个完备子格, 故 $\mathbf{down}(P)$ 和 $(\mathbf{down}(P))^{\mathrm{op}}$ 均为完全分配格.

(4) 完全分配格的完备格同态像是完全分配格, 即若 L 为完全分配格, T 为完备格, $f: L \to T$ 为完备格同态, $T = f(L)$, 则 T 为完全分配格.

(5) L 为完全分配格当且仅当 $\sup: \mathbf{down}(L) \to L, A \mapsto \vee A$ 是完备格同态(见推论 2.3.19).

(6) 完全分配律是自对偶的, 即若 L 是完全分配格, 则 L^{op} 也是完全分配格. 事实上, 由 (5), $\sup: \mathbf{down}(L) \to L, A \mapsto \vee A$ 是完备格同态; 从而 $\sup^{\mathrm{op}}: (\mathbf{down}(L))^{\mathrm{op}} \to L^{\mathrm{op}}, A \mapsto \vee_L A = \wedge_{L^{\mathrm{op}}} A$ 是完备格满同态. 由 (3) 和 (4), L^{op} 为完全分配格.

定理 4.2.4 代数式的证明 (1) $\Rightarrow$ (2): 设 L 为完全分配格, 则 L 显然是分配格和定向分配格. 由注 4.2.5 (6), L^{op} 为完全分配格, 故 L^{op} 为定向分配格.

(2) $\Rightarrow$ (1): 设 $\{M_i : i \in I\} \subseteq 2^L$, 下证 $\bigwedge_{i\in I} \vee M_i = \bigvee_{\varphi\in\prod_{i\in I} M_i} \wedge\varphi(I)$. 记 $u = \bigwedge_{i\in I} \vee M_i$, $v = \bigvee_{\varphi\in\prod_{i\in I} M_i} \wedge\varphi(I)$. 则显然有 $u \geqslant v$, 故需要证明 $u \leqslant v$. 反证, 假设 $u \nleqslant v$. $\forall i \in I$, $\varphi \in \prod_{i\in I} M_i$, 记 $D_i = \{\vee H : H \in (M_i)^{(<\omega)}\}$, $F(\varphi) = \{\wedge\varphi(J) : J \in I^{(<\omega)}\}$, 并记 $\varPhi = \prod_{i\in I} M_i$. 则 D_i 是 L 中的定向子集, $F(\varphi)$ 是 L 中的滤子集 (即 $F(\varphi)$ 是 L^{op} 中的定向子集), 且 $\vee M_i = \vee D_i$, $\wedge\varphi(I) = \wedge F(\varphi)$. 由 L, L^{op} 为定向分配格, 有 $u = \bigwedge_{i\in I} \vee M_i = \bigwedge_{i\in I} \vee D_i = \bigvee_{f\in\prod_{i\in I} D_i} \wedge f(I)$, $v = \bigvee_{\varphi\in\prod_{i\in I} M_i} \wedge\varphi(I) = \bigvee_{\varphi\in\varPhi} \wedge F(\varphi) = \bigwedge_{g\in\prod_{\varphi\in\varPhi} F(\varphi)} \vee g(\varPhi)$. 由 $u \nleqslant v$, $\exists f_0 \in \prod_{i\in I} D_i$ 使 $\wedge f_0(I) \nleqslant \bigwedge_{g\in\prod_{\varphi\in\varPhi} F(\varphi)} \vee g(\varPhi)$; 从而 $\exists g_0 \in \prod_{\varphi\in\varPhi} F(\varphi)$ 使 $\wedge f_0(I) \nleqslant \vee g_0(\varPhi)$. 由 L 是分配格和引理 4.2.2, $\exists S \in \mathrm{PRIME}\,(\mathrm{Id}(L))$, $T \in \mathrm{PRIME}\,(\mathrm{Filt}(L))$ 使 $\vee g_0(\varPhi) \in S$, $\wedge f_0(I) \in T$, $S \cap T = \varnothing$. 则 $\forall i \in I$, $f_0(i) \in T$; 从而由 $f_0(i) \in D_i$ 和 $T \in \mathrm{PRIME}\,(\mathrm{Filt}(L))$, $\exists \varphi_0(i) \in M_i$ 使得 $\varphi_0(i) \in T$. 由 $\vee g_0(\varPhi) \in S$, 有 $g_0(\varphi_0) \in S$; 从而由 $g_0(\varphi_0) \in F(\varphi_0)$ 和 $S \in \mathrm{PRIME}\,(\mathrm{Id}(L))$, $\exists i_0 \in I$ 使得 $\varphi_0(i_0) \in S$. 故 $\varphi_0(i_0) \in S \cap T = \varnothing$ 与 $S \cap T = \varnothing$. 因而 $u = v$. 所以 L 为完全分配格.

4.3 拓扑函子与紧饱和集

关于拓扑空间中的既约闭集, 易验证下述

命题 4.3.1 设 (X, δ) 为拓扑空间, $U \in \delta\backslash\{X\}$, $A = X\backslash U$. 考虑下述各条件:

(0) $\exists a \in A$ 使 $A = \mathrm{cl}\{a\} = {\downarrow_\delta}\, a$;

(1) $A \in \mathrm{COPRIME}\,(\delta^c)$;

(2) $\{B \in \delta^c : B \subseteq A, B \neq A\} = {\downarrow} A\backslash\{A\} \in \mathrm{Id}(\delta^c)$;

(3) $A \in \mathrm{COIRR}(\delta^c)$;

(4) A 不能表示为两个真子闭集之并;

(5) $U \in \mathrm{PRIME}\,(\delta)$;

(6) $U \in \mathrm{IRR}(\delta)$;

(7) $\{V \in \delta : U \subseteq V,\, V \neq U\} = \uparrow U \backslash \{U\} \in \mathrm{Filt}(\delta)$.

则 (0) $\Rightarrow$ (1), (1)—(7) 等价. 若 $(X,\, \delta)$ 为拟 sober 的, 则 (1) $\Rightarrow$ (0), 从而所有条件等价.

显然, 单点集的闭包是既约闭集, 更一般地, 定向集的闭包是既约的 (参看文献 [99, Exercise 0-5.15]), 即有下述

引理 4.3.2 设 $(X,\, \delta)$ 为拓扑空间, 若 D 是 $(X,\, \leqslant_\delta)$ 中的定向集, 则 $\mathrm{cl}_\delta D$ 是既约闭集.

证明 设 $A,\, B \in \delta^c$, $\mathrm{cl}_\delta D \subseteq A \cup B$. 若 $\mathrm{cl}_\delta D \nsubseteq A$, $\mathrm{cl}_\delta D \nsubseteq B$, 则 $\exists d_1,\, d_2 \in D$ 使 $d_1 \in D\backslash A$, $d_2 \in D\backslash B$. 由 D 是定向集, $\exists d_3 \in D$ 使 $d_1 \leqslant d_3$, $d_2 \leqslant d_3$. 由 $\mathrm{cl}_\delta D \subseteq A \cup B$, 有 $d_3 \in A$ 或 $d_3 \in B$, 从而有 $d_1 \in A$ 或 $d_2 \in B$, 与 $d_1 \in D\backslash A$ 和 $d_2 \in D\backslash B$ 矛盾.

由定义 3.1.2, 拓扑空间 $(X,\, \delta)$ 为拟 sober 的当且仅当 $(X,\, \delta)$ 中的既约闭集只有单点闭包这种. 对 T_0 空间 $(X,\, \delta)$, 易知 $\mathrm{cl}_\delta D = \mathrm{cl}_\delta\{c\} \Rightarrow \vee_\delta D = c$. 由此及引理 4.3.2, 有下述

推论 4.3.3[98,99] 设 $(X,\, \delta)$ 为 sober 空间, 则 $P = (X,\, \leqslant_\delta)$ 是 **dcpo**.

引理 4.3.4[98,99,148] 设 $(X,\, \tau)$ 为拓扑空间, 考虑下述两个条件:

(1) $(X,\, \tau)$ 是局部紧空间;

(2) τ 为连续格.

则 (1) $\Rightarrow$ (2). 若 $(X,\, \tau)$ 为 sober 的, 则 (1) 和 (2) 等价.

引理 4.3.5[90,91] 设 $(X,\, \tau)$ 为拓扑空间, 则下述两个条件等价:

(1) $(X,\, \tau)$ 中的紧开集全体是 τ 的一个基;

(2) τ 为代数格.

证明 (1) $\Rightarrow$ (2): 显然.

(2) $\Rightarrow$ (1): 设 $V \in \tau$, $x \in V$. 由 τ 为代数格, $\exists U \in \tau$ 使 $x \in U \ll_\tau U \subseteq V$. 由 $U \ll_\tau U$, U 是 $(X,\, \tau)$ 中的紧开集. 故 $(X,\, \tau)$ 中的紧开集全体是 τ 的一个基.

如同拓扑函子 $\Sigma : \mathbf{Poset}_D \to \mathbf{Top}(\Sigma(P) = (P, \sigma(P)),\, \Sigma(f) = f)$ 一样, 偏序集 P 上定义的 $\omega(P)$, $\upsilon(P)$, $\sigma(P)$, $\theta(P)$ 和 $\lambda(P)$ 等与序关系 $\leqslant$ 密切相关的内蕴拓扑均可以看作是定义在某个相应偏序集范畴到拓扑范畴 **Top** 的一个函子. 在本节中, 我们的关注点在拓扑而非拓扑空间. 粗略地, 我们直接将 ω, υ, σ, θ 和 λ 等看作是一个拓扑函子 (对态射没给出明确描述).

以下 τ 总假定是如下类型的一个映射: 对任一偏序集 P, $\tau(P)$ 是 P 上的一个序相容拓扑. 我们简称 τ 是一个拓扑函子. 对偏序集 P, 令 $\boldsymbol{u}(P) = \mathbf{up}(P) = \{U \subseteq P : U = \uparrow U\}$, 则 $\boldsymbol{u}$ 是一个拓扑函子 (事实上, $\boldsymbol{u}$: $\mathbf{Poset} \to \mathbf{Top}$ 为函子), 称为 Alexander 拓扑函子.

定义 4.3.6 设 τ_1 和 τ_2 是两个拓扑函子, 定义 $\tau_1 \leqslant \tau_2 \Leftrightarrow$ 对任一偏序集 $P, \tau_1(P) \subseteq \tau_2(P)$.

定义 4.3.7 设 (X, δ) 是拓扑空间, $\tau \leqslant \boldsymbol{u}$. 若 $\mathcal{F} \in \mathrm{Filt}(\delta)$ 且 $\mathcal{F} \in \tau(\delta)$, 则称 $\mathcal{F}$ 是开集格 δ 中的一个 τ-开滤子. δ 中的 τ-开滤子全体记为 τ-$\mathrm{Filt}(\delta)$, 赋予集包含关系. 当 $\tau = \sigma$ 时, τ-开滤子简称为开滤子; 当 $\tau = \upsilon$ 时, τ-开滤子简称为超开滤子.

定义 4.3.8 设 (X, δ) 是拓扑空间, τ 是一个拓扑函子. (X, δ) 称为是 τ-sober 的, 若 $\forall \mathcal{F} \in \tau$-$\mathrm{Filt}(\delta)$, $\mathcal{F} = \Phi(\cap \mathcal{F})$. σ-sober 空间就是通常的 sober 空间 (见定理 4.5.1).

联系着拓扑空间的 sober 性, 我们自然对位于上拓扑函子 υ 和 Scott 拓扑函子 σ 之间的拓扑函子 τ (即 $\upsilon \leqslant \tau \leqslant \sigma$) 特别感兴趣. 在 4.7 节, 我们将证明: $\forall \upsilon \leqslant \tau \leqslant \sigma$, τ-sober 性等价于 sober 性 (参看定理 4.7.2).

定义 4.3.9 设 (X, δ) 是拓扑空间, $K \subseteq X$, $\tau(\leqslant \boldsymbol{u})$ 是拓扑函子. K 称为 τ-紧的, 若 $\Phi(K) = \{U \in \delta : K \subseteq U\} \in \tau$-$\mathrm{Filt}(\delta)$ ($\Leftrightarrow \Phi(K) \in \tau(\delta)$). υ-紧性称为超紧性.

直接验证有下述

命题 4.3.10 设 (X, δ) 为拓扑空间, $A \subseteq X$. 则下述两个条件等价:

(1) A 为紧子集;

(2) $\Phi(A) = \{U \in L : K \subseteq U\} \in \sigma$-$\mathrm{Filt}(\delta)$.

由命题 4.3.10, σ-紧子集就是通常的紧子集. 由定义, 对 Alexander 函子 $\boldsymbol{u}$, 拓扑空间 (X, δ) 中的任何子集 K 都是 $\boldsymbol{u}$-紧的.

定义 4.3.11 设 $\tau \leqslant \boldsymbol{u}$, (X, δ) 为拓扑空间. 称 (X, δ) 是局部 τ-紧的, 若 $\forall x \in U \in \delta$, $\exists \tau$-紧集 K 使 $x \in \mathrm{int}_\delta K \subseteq K \subseteq U$. 局部 σ-紧空间就是通常的局部紧空间, 局部 υ-紧空间就是局部超紧空间, 即满足 $\forall x \in U \in \delta$, $\exists F \in X^{(<\omega)}$ 使 $x \in \mathrm{int}_\delta \uparrow F \subseteq \uparrow F \subseteq U$.

定义 4.3.12 设 $\tau \leqslant \boldsymbol{u}$, (X, δ) 为拓扑空间. 称 (X, δ) 具有 τ-紧基, 若 $\forall x \in U \in \delta$, $\exists \tau$-紧开集 W 使 $x \in W \subseteq U$, 即 τ-紧开集全体构成 δ 的一个基. 当 $\tau = \upsilon$ 时, 称之为具有超紧基.

定义 4.3.13 (τ-紧饱和集) 设 $\tau \leqslant \boldsymbol{u}$, (X, δ) 为拓扑空间. 记 $Q_\tau(X)$ 为 X 中 τ-紧饱和集全体, $Q^*_\tau(X) = Q_\tau(X) \backslash \{\varnothing\}$. $Q_\tau(X)$ 和 $Q^*_\tau(X)$ 赋予集反包含序, 即 $K_1 \leqslant K_2 \Leftrightarrow K_2 \subseteq K_1$. 当 $\tau = \sigma$ 时, $Q_\tau(X)$ 和 $Q^*_\tau(X)$ 分别简记为 $Q(X)$ 和

$Q^*(X)$; 当 $\tau = \upsilon$ 时, $Q_\tau(X)$ 和 $Q_\tau^*(X)$ 分别简记为 $H(X)$ 和 $H^*(X)$.

引理 4.3.14 设 $\upsilon \leqslant \tau \leqslant \boldsymbol{u}$, (X, δ) 是拓扑空间, $\mathcal{K} \subseteq Q_\tau^*(X)$. 则

(1) $\vee\mathcal{K}$ 在 $Q_\tau^*(X)$ 中存在 $\Leftrightarrow \cap\,\mathcal{K} \in Q_\tau^*(X)$.

(2) $Q_\tau^*(X)$ 为 **dcpo** $\Leftrightarrow$ 对任意由非空 τ-紧饱和集构成的滤子基 $\mathcal{K}$ (即 $Q_\tau^*(X)$ 中的定向族), $\cap\,\mathcal{K}$ 是非空 τ-紧饱和集 (此时, $\vee_{Q*(X)}\mathcal{K} = \cap\,\mathcal{K}$). 此时, $Q_\tau(X)$ 也是 **dcpo**, 空集 $\varnothing$ 是其中最大元, 且是孤立的.

证明 (1) 设 $K = \vee\mathcal{K}$ 在 $Q_\tau^*(X)$ 中存在, 则 $K \subseteq \cap\,\mathcal{K}$ (故 $\cap\,\mathcal{K} \neq \varnothing$). 另一方面, $\forall x \in \cap\,\mathcal{K}$, 由 $\Phi(\uparrow_\delta x) = \{U \in \delta : \uparrow_\delta x \subseteq U\} = \{U \in \delta : x \in U\} = \delta\backslash \downarrow (X\backslash \mathrm{cl}\{x\}) \in \tau\text{-Filt}(\delta)$, 有 $\uparrow_\delta x \in Q_\tau^*(X)$. 显然, $\uparrow_\delta x$ 是 $\mathcal{K}$ 在 $Q_\tau^*(X)$ 中的上界; 从而由 K 是上确界, 有 $\uparrow_\delta x \subseteq K$. 故 $\cap\,\mathcal{K} \subseteq K$. 所以 $\cap\,\mathcal{K} = K \in Q_\tau^*(X)$.

反之, 若 $\cap\,\mathcal{K} \in Q_\tau^*(X)$, 则显然 $\mathcal{K}$ 在 $Q_\tau^*(X)$ 中的 $\vee\mathcal{K}$ 并存在, 且 $\vee\mathcal{K} = \cap\,\mathcal{K}$.

(2) 由 (1).

定义 4.3.15 设 $\tau \leqslant \boldsymbol{u}$, 拓扑空间 (X, δ) 称为是 τ-well-filtered 的, 若对任意由 τ-紧饱和集构成的滤子基 $\mathcal{K}$ (即 $Q_\tau(X)$ 中的定向族), $U \in \delta$, $\cap\,\mathcal{K} \subseteq U$, $\exists K \in \mathcal{K}$ 使 $K \subseteq U$. τ-well-filtered 空间全体记为 τ-**WF**. 当 $\tau = \sigma$ 时, τ-well-filtered 空间就是通常的 well-filtered 空间, τ-**WF** 简记为 **WF** (参看定义 3.3.1). 当 $\tau = \upsilon$ 时, τ-well-filtered 空间称为具有强 Rudin 性质的空间, τ-**WF** 简记为 **H-RD** (参看定义 3.3.1).

注记 4.3.16 设 $\tau_1 \leqslant \tau_2 \leqslant \boldsymbol{u}$, (X, δ) 是拓扑空间, $K \subseteq X$.

(1) 若 K 是 τ_1-紧的, 则 K 是 τ_2-紧的. 因而若 (X, δ) 是局部 τ_1-紧的, 则 (X, δ) 是局部 τ_2 紧的.

(2) 若 (X, δ) 是 τ_2-well-filtered 的, 则 (X, δ) 是 τ_1-well-filtered 的.

命题 4.3.17 设 $\upsilon \leqslant \tau \leqslant \sigma$, (X, δ) 为拓扑空间. 则

(1) $Q_\tau(X)$ 和 $Q_\tau^*(X)$ 是半格, 且其中的 $\wedge = \cup$.

(2) 若 (X, δ) 是 τ-well-filtered 的, 则对任意由非空 τ-紧饱和集构成的滤子基 $\mathcal{K}$, $K = \cap\,\mathcal{K}$ 是非空 τ-紧饱和集. 因而 $Q_\tau^*(X)$ 和 $Q_\tau(X)$ 均是 **dcpo**, 且 $Q_\tau(X)$ 中的最大元空集 $\varnothing$ 是孤立点.

(3) 设 $K_1, K_2 \in Q_\tau(X)$, 考虑下述两个条件:

(a) $\exists U \in \delta$ 使 $K_2 \subseteq U \subseteq K_1$, 即 $K_2 \subseteq \mathrm{int}_\delta K_1$;

(b) 在 $Q_\tau(X)$ 中, $K_1 \ll K_2$.

若 (X, δ) 是 τ-well-filtered 的, 则 (a) $\Rightarrow$ (b); 若 (X, δ) 是局部 τ-紧的, 则 (b) $\Rightarrow$ (a).

(4) 若 (X, δ) 是 τ-well-filtered 和局部 τ-紧的, 则 $Q_\tau^*(X)$ 和 $Q_\tau(X)$ 均是连续半格, 特别地, 是连续 domain.

证明 (1) $\forall A, B \subseteq X$, $\Phi(A \cup B) = \Phi(A) \cap \Phi(B)$; 从而由 τ 是拓扑函子, 知两个 τ-紧饱和子集之并仍是 τ-紧饱和子集, 故 $Q_\tau(X)$ 和 $Q_\tau^*(X)$ 是半格, 且其中

的有限交运算为集合并 $\cup$.

(2) 若 (X, δ) 是 τ-well-filtered 的, $\mathcal{C} \subseteq Q_\tau^*(X)$ 是定向的 (即 $\mathcal{C}$ 是一个滤基), 则 $\Phi(\cap \mathcal{C}) = \cup\{\Phi(C)\colon C \in \mathcal{C}\} \in \tau\text{-Filt}(\delta)$, $\varnothing \notin \cup\{\Phi(C)\colon C \in \mathcal{C}\}$. 故 $\cap \mathcal{C} \in Q^*(X)$. 由引理 4.3.14, $Q^*(X)$ 和 $Q(X)$ 都是 **dcpo**, 且 $Q(X)$ 中的最大元 $\varnothing$ 是孤立点, 即对任意定向族 $\mathcal{C} \subseteq Q(X)\backslash\{\varnothing\}$, $\varnothing \neq \vee_{Q_\tau(X)}\mathcal{C}$.

(3) 先假定 (X, τ) 是 τ-well-filtered 的, 下证 (a) $\Rightarrow$ (b). 由 (2), $Q_\tau(X)$ 和 $Q_\tau^*(X)$ 都是 **dcpo**. 设 $\mathcal{C} \subseteq Q_\tau(X)$ 是定向的 (即 $\mathcal{C}$ 是一个滤基), 且 $K_2 \leqslant_{Q_\tau(X)} \vee_{Q_\tau(X)}\mathcal{C}$. 由 (a) 和引理 4.3.14 (1), 有 $\cap \mathcal{C} = \vee_{Q_\tau(X)}\mathcal{C} \subseteq K_2 \subseteq U \subseteq K_1$; 从而由 (X, τ) 是 τ-well-filtered 的, $\exists C \in \mathcal{C}$ 使 $C \subseteq U$; 因而 $K_1 \leqslant_{Q_\tau(X)} C$. 故在 $Q(X)$ 中 $K_1 \ll K_2$.

设 (X, τ) 是局部 τ-紧空间, 下证 (b) $\Rightarrow$ (a). 由 K_2 是饱和集, 有 $K_2 = \cap\{V \in \delta : K_2 \subseteq V\}$. 设 $V \in \delta$, $K_2 \subseteq V$. $\forall x \in K_2$, 由 (X, τ) 是局部 τ-紧的, 存在 τ-紧饱和子集 C_x 使 $x \in \text{int}_\delta C_x \subseteq C_x \subseteq V$. 由 K_2 是 τ-紧的和 $\tau \leqslant \sigma, \exists x_1, x_2, \cdots, x_n \in K_2$ 使 $K_2 \subseteq \text{int}_\delta \bigcup\limits_{i=1}^{n} C_{x_i} \subseteq \bigcup\limits_{i=1}^{n} C_{x_i} \subseteq V$. 由 (1), $\bigcup\limits_{i=1}^{n} C_{x_i}$ 是 τ-紧饱和子集. 故 $\{C \in Q_\tau(X) : K_2 \subseteq \text{int}_\delta C\}$ 是 $Q_\tau(X)$ 中的定向族, 且 $K_2 = \cap\{C \in Q_\tau(X)\colon K_2 \subseteq \text{int}_\tau C\} = \vee_{Q_\tau(X)}\{C \in Q_\tau(X)\colon K_2 \subseteq \text{int}_\delta C\}$; 从而由 $K_1 \ll K_2$, $\exists C \in Q_\tau(X)$ 使 $K_2 \subseteq \text{int}_\delta C \subseteq C \subseteq K_1$.

(4) 设 (X, τ) 是 τ-well-filtered 和局部 τ-紧的, 则由 (1) 和 (2), $Q_\tau^*(X)$ 和 $Q_\tau(X)$ 都是 **dcpo** 和交半格. 由 (3) 的证明, $\forall K \in Q_\tau(X)$, $\{C \in Q_\tau(X)\colon K \subseteq \text{int}_\delta C\}$ 是 $Q_\tau(X)$ 中的定向族, 且 $K = \cap\{C \in Q_\tau(X)\colon K \subseteq \text{int}_\delta C\} = \vee_{Q_\tau(X)}\{C \in Q_\tau(X) : K \subseteq \text{int}_\delta C\}$. 由 (3), 对 $C \in Q_\tau(X)$, $K \subseteq \text{int}_\delta C$, 有 $C \ll K$; 故 $K = \vee_{Q_\tau(X)} \Downarrow K$. 所以 $Q_\tau^*(X)$ 和 $Q_\tau(X)$ 都是连续半格.

推论 4.3.18 [99] 设 (X, δ) 为拓扑空间, 则

(1) $Q(X)$ 和 $Q^*(X)$ 是半格, 且其中的 $\wedge = \cup$.

(2) 若 (X, δ) 是 well-filtered 空间, 则对任意由非空 τ-紧饱和集构成的滤子基 $\mathcal{K}$, $K = \cap \mathcal{K}$ 是非空紧饱和集. 因而 $Q^*(X)$ 和 $Q(X)$ 均是 **dcpo**, 且 $Q(X)$ 中的最大元空集 $\varnothing$ 是孤立点.

(3) 设 $K_1, K_2 \in Q(X)$, 考虑下述两个条件:

(a) $\exists U \in \delta$ 使 $K_2 \subseteq U \subseteq K_1$, 即 $K_2 \subseteq \text{int}_\delta K_1$;

(b) 在 $Q(X)$ 中, $K_1 \ll K_2$.

若 (X, δ) 是 well-filtered 空间, 则 (a)$\Rightarrow$(b); 若 (X, δ) 是局部紧的, 则 (b)$\Rightarrow$(a).

(4) 若 (X, δ) 是 well-filtered 的和局部紧的, 则 $Q^*(X)$ 和 $Q(X)$ 均是连续半格, 特别地, 是连续 domain.

推论 4.3.19 设 (X, δ) 为拓扑空间, 则

(1) $H(X)$ 和 $H^*(X)$ 是半格, 且其中的 $\wedge = \cup$.

(2) 若 (X, δ) 具有强 Rudin 性质, 则对任意由非空超紧饱和集构成的滤子基 $\mathcal{K}$, $K = \cap \mathcal{K}$ 是非空超紧饱和集. 因而 $H^*(X)$ 和 $H(X)$ 均是 **dcpo**, 且 $H(X)$ 中的最大元空集 $\varnothing$ 是孤立点.

(3) 设 $K_1, K_2 \in H(X)$, 考虑下述两个条件:

(a) $\exists U \in \delta$ 使 $K_2 \subseteq U \subseteq K_1$, 即 $K_2 \subseteq \mathrm{int}_\delta K_1$;

(b) 在 $H(X)$ 中, $K_1 \ll K_2$.

若 (X, δ) 具有强 Rudin 性质, 则 (a) $\Rightarrow$ (b); 若 (X, δ) 是局部超紧的, 则 (b) $\Rightarrow$ (a).

(4) 若 (X, δ) 具有强 Rudin 性质和局部超紧的, 则 $H^*(X)$ 和 $H(X)$ 均是连续半格, 特别地, 是连续 domain.

下面的例子来自文献 [99, Example I-1.24].

例 4.3.20 令 $E = \left\{\frac{1}{n} : n = 1, 2, \cdots\right\} \cup \left\{-\frac{1}{n} : n = 1, 2, \cdots\right\}$, 赋予 E 实数 R 的诱导序和 Alexandroff 拓扑 $\boldsymbol{u}(E) = \{A \subseteq E : A = \uparrow A\} = \upsilon(E)$. 则

(1) $\forall x \in E$, $\uparrow x$ 是紧开集, 故紧开集全体是 $(E, \boldsymbol{u}(E))$ 的一个基, 因而 $(E, \boldsymbol{u}(E))$ 是局部紧的 T_0 空间.

(2) $\forall n \in \mathcal{N}$, 令 $C_n = \uparrow -\frac{1}{n}$. 记 $U = \left\{\frac{1}{m} : m = 1, 2, \cdots\right\} = \bigcup_{n=1}^{\infty} \uparrow \frac{1}{n}$, 则 $U \in \boldsymbol{u}(E)$. 显然 $\bigcap_{n=1}^{\infty} C_n = \left\{\frac{1}{m} : m = 1, 2, \cdots\right\} = U$, 但 $\forall n \in \mathcal{N}$, $C_n \not\subseteq U$. 故 $(E, \boldsymbol{u}(E))$ 不是 well-filtered 的, 即 $(E, \boldsymbol{u}(E)) \notin$ **K-RD**.

(3) $\mathcal{C} = \{C_n : n = 1, 2, \cdots\} \subseteq Q^*(E)$ 是定向族, $\cap \mathcal{C} = \left\{\frac{1}{n} : n = 1, 2, \cdots\right\} = \bigcup_{n=1}^{\infty} \uparrow \frac{1}{n}$ 不是 $(E, \boldsymbol{u}(E))$ 中的紧子集. 由引理 4.3.14, $\mathcal{C}$ 在 $Q^*(E)$ 和 $Q(E)$ 中均无上确界. 故 $Q^*(E)$ 和 $Q(E)$ 均不是 **dcpo**.

4.4 可表示的拓扑滤子

首先给出一个与引理 4.1.27 相类似的引理, 并将其也称为 Stone 引理.

引理 4.4.1 (Stone 引理) 设 L 为完备的分配格, $a \in L$, $F \in \sigma\text{-Filt}(L) = \mathrm{Filt}(L) \cap \sigma(L)$, $a \notin F$ (即 $\downarrow a \cap F = \varnothing$), 则 $\exists Q \in \mathrm{Prime}(\mathrm{Filt}(L))$ 使 $F \subseteq Q$, $a \notin Q$ (即 $\downarrow a \cap Q = \varnothing$).

证明 1 令 $\mathcal{F} = \{T \in \sigma\text{-Filt}(L) : F \subseteq T, \downarrow a \cap T = \varnothing\}$, 赋予集包含关系. 由 $F \in \mathcal{F}$, 知 $\mathcal{F} \neq \varnothing$. 由于定向的开滤子族之并仍为开滤子, 故由 Zorn 引

理, $\mathcal{F}$ 中存在极大元 Q. 下证 $Q \in \text{Prime}(\text{Filt}(L))$. 由 $Q \in \sigma\text{-Filt}(L)$, 只需证明 $Q \in \text{PRIME}(\text{Filt}(L))$. 设 $x, y \in L, x \vee y \in Q$. 假设 $x \notin Q$, $y \notin Q$. 令 $F_x = \{u \in L : u \vee x \in Q\}$. 由 $Q \in \sigma\text{-Filt}(L)$ 和 L 为分配格, 易验证 $F_x \in \sigma\text{-Filt}(L)$, $Q \subseteq F_x$, 且 $y \in F_x \backslash Q$, 从而由 Q 的极大性, 有 $\downarrow a \cap F_x \neq \varnothing$, 即 $a \in F_x$, 因而有 $a \vee x \in Q$. 这时有 $a \vee x \in Q$, $a \notin Q$, $x \notin Q$. 重复刚才的证明过程, 有 $a = a \vee a \in Q$, 矛盾. 故 $Q \in \text{Prime}(\text{Filt}(L))$.

证明 2 令 $\mathcal{C} = \{C \subseteq L\backslash F : C \text{ 为链}, a \in C\}$, 并赋予 $\mathcal{C}$ 集包含关系. 由于 $\{a\} \in \mathcal{C}$, 知 $\mathcal{C}$ 非空. 显然 $\mathcal{C}$ 对定向族之并封闭, 从而由 Zorn 引理, $\mathcal{C}$ 中有极大链 C_a. 令 $c_a = \vee C_a$. 则 $a \leqslant c_a$, 且由 $C \subseteq L\backslash F$ (由 $F \in \sigma(L)$, $L\backslash F$ 是 Scott 闭集!), 有 $c_a \in L\backslash F$. 下证 c_a 为既约元. 设 $x, y \in L$, $c_a = x \wedge y$. 若 $c_a < x$, $c_a < y$, 则由 C_a 的极大性和 $c_a = \vee C_a$, 有 $x, y \in F$; 从而由 $F \in \text{Filt}(L)$, 有 $c_a = x \wedge y \in F$, 与 $c_a \in L\backslash F$ 矛盾. 由 L 为分配格, $c_a \in \text{PRIME}(L)$. 令 $Q = L\backslash \downarrow c_a$. 则由引理 4.1.19, $Q \in \text{Prime}(\text{Filt}(L))$, $F \subseteq Q$, $a \notin Q$.

注 4.4.2 在证明 2 中, 也可用 $\mathcal{D} = \{D \subseteq L\backslash F : D \text{ 为定向的}, a \in C\}$ 代替 $\mathcal{C}$.

推论 4.4.3 设 L 为完备的分配格, $F \subseteq L$. 考虑下述各条件:

(1) $F \in \sigma\text{-Filt}(L)$;

(2) $\exists \{C_i : i \in I\} \subseteq \text{Prime}(\text{Filt}(L))$ 使 $F = \bigcap\limits_{i \in I} C_i$;

(3) $F = \cap\{C \in \text{Prime}(\text{Filt}(L)) : F \subseteq C\}$.

则有 (1) $\Rightarrow$ (2) $\Leftrightarrow$ (3).

推论 4.4.3 的结论也可由引理 4.1.19 和文献 [99, Corollary V-5.4] 得到 (参看文献 [169, Theorem 2.27] 或文献 [170, Lemma 1.5], 也可参看文献 [99, Corollary V-5.4] 的证明).

定义 4.4.4 设 (X, δ) 为拓扑空间, $A \subseteq X$, $A \neq \varnothing$. 记 $\mathcal{M}_A = \{U \in \delta : A \cap U \neq \varnothing\}$. 特别地, 当 $A = \{x\}$ 时, $\mathcal{M}_A = O(x) = \{U \in \delta : x \in U\}$.

命题 4.4.5 设 (X, δ) 为拓扑空间, 则

(1) $\{O(x) : x \in X\} \subseteq \text{Prime}(\text{Filt}(\delta))$;

(2) $\forall x \in X$, $O(x) = \mathcal{M}_{\text{cl}\{x\}}$;

(3) $\forall x, y \in X$, 有 $O(x) = O(y) \Leftrightarrow \text{cl}_\delta\{x\} = \text{cl}_\delta\{y\}$ (即 $\downarrow_\delta x = \downarrow_\delta y$) $\Leftrightarrow$ $\uparrow_\delta x = \uparrow_\delta y$;

(4) $\forall A, B \subseteq X$, 有 $\mathcal{M}_A = \mathcal{M}_B \Leftrightarrow \text{cl}_\delta A = \text{cl}_\delta B$.

证明 显然有 (2) 和 (3). 由引理 4.1.19, 有 (1).

(4) 设 $\mathcal{M}_A = \mathcal{M}_B$, 则 $\forall U \in \delta$, $A \cap U \neq \varnothing \Leftrightarrow B \cap U \neq \varnothing$. 故 $\text{cl}_\delta A = \text{cl}_\delta B$. 反之, 若 $\text{cl}_\delta A = \text{cl}_\delta B$, 则 $\mathcal{M}_A = \{U \in \delta : A \cap U \neq \varnothing\} = \{U \in \delta : \text{cl}_\delta A \cap U \neq \varnothing\} = \{U \in \delta : \text{cl}_\delta B \cap U \neq \varnothing\} = \{U \in \delta : B \cap U \neq \varnothing\} = \mathcal{M}_B$.

推论 4.4.6 设 (X,δ) 为拓扑空间, $A\subseteq X$, $x\in X$. 则下述两个条件等价:

(1) $\mathcal{M}_A=O(x)$;

(2) $\mathrm{cl}_\delta A=\mathrm{cl}_\delta\{x\}$.

由引理 4.1.19 和注 4.1.23, 有下述

命题 4.4.7 设 (X,δ) 为拓扑空间, $A\subseteq X$. 则

(1) $\mathcal{M}_A=\{U\in\delta:\mathrm{cl}_\delta A\cap U\neq\varnothing\}=\delta\backslash\downarrow(X\backslash\mathrm{cl}_\delta A)\in\mathrm{Prime}\,(\mathbf{up}\,(\delta))\subseteq\upsilon(\delta)$;

(2) $\mathcal{M}_A\in\mathrm{Prime}\,(\mathrm{Filt}(\delta))=\sigma(\delta)\cap\mathrm{PRIME}\,(\mathrm{Filt}(\delta))\Leftrightarrow\mathrm{cl}_\delta A$ 为既约闭集.

注 4.4.8 对拓扑空间 (X,δ), 由推论 4.1.20 和注 4.1.23, 有 $\mathrm{Prime}\,(\mathrm{Filt}(\delta))=\sigma(\delta)\cap\mathrm{PRIME}\,(\mathrm{Filt}(\delta))=\upsilon(\delta)\cap\mathrm{PRIME}\,(\mathrm{Filt}(\delta))=\mathrm{Filt}(\delta)\cap\mathrm{Prime}\,(\mathbf{up}\,(\delta))$.

下面我们证明, 拓扑的完全素滤子只有 $\mathcal{M}_A$(A 是既约闭集) 这种.

引理 4.4.9 设 (X,δ) 是拓扑空间, 则 $\mathrm{Prime}\,(\mathrm{Filt}(\delta))=\{\mathcal{M}_A:A\in\mathrm{COPRIME}(\delta^c)\backslash\{\varnothing\}\}$.

证明 若 $A\in\mathrm{COPRIME}\,(\delta^c)\backslash\{\varnothing\}$, 则 $\mathcal{M}_A\in\mathrm{Filt}(\delta)$; 从而由命题 4.4.7, $\mathcal{M}_A\in\mathrm{Filt}(\delta)\cap\mathrm{Prime}\,(\mathbf{up}\,(\delta))=\mathrm{Prime}\,(\mathrm{Filt}(\delta))$. 反之, 设 $\mathcal{F}\in\mathrm{Prime}\,(\mathrm{Filt}(\delta))$. 令 $U=\cup(\delta\backslash\mathcal{F})$. 则由 $\mathcal{F}\in\mathrm{Prime}\,(\mathrm{Filt}(\delta))$, $U\notin\mathcal{F}$, 且 $\mathcal{F}=\delta\backslash\downarrow U=\mathcal{M}_B$, 其中 $B=X\backslash U$. 由 $\mathcal{F}\in\mathrm{Prime}\,(\mathrm{Filt}(\delta))=\mathrm{Filt}(\delta)\cap\mathrm{Prime}\,(\mathbf{up}\,(\delta))$, $B\in\mathrm{COPRIME}\,(\delta^c)\backslash\{\varnothing\}$.

定义 4.4.10[199] 设 (X,δ) 为拓扑空间, $\mathcal{F}\in\mathrm{Filt}(\delta)$. $\mathcal{F}$ 称为 Wide 的, 若 $\forall U\in\delta$, 有 $U\in\mathcal{F}\Leftrightarrow\forall x\in X$; 若 $U\subseteq X\backslash\mathrm{cl}_\delta\{x\}$, 则 $X\backslash\mathrm{cl}_\delta\{x\}\in\mathcal{F}$.

易知, 定义 4.4.10 中的 "$\Rightarrow$" 总是成立的. 由定义, 容易验证下述

命题 4.4.11[198] 设 (X,δ) 为拓扑空间, $\mathcal{F}\in\mathrm{Filt}(\delta)$. 记 $\mathcal{F}^c=\{X\backslash U:U\in\mathcal{F}\}$, 则下述各条件等价:

(1) $\mathcal{F}$ 是 Wide 的;

(2) $\forall C\in\delta^c$, 若 $\{\mathrm{cl}_\delta\{c\}:c\in C\}\subseteq\mathcal{F}^c$, 则 $C\in\mathcal{F}^c$;

(3) $\forall U\in\delta$, 若 $\cap\mathcal{F}\subseteq U$, 则 $U\in\mathcal{F}$;

(4) $\forall C\in\delta^c$, 若 $\forall F\in\mathcal{F}$, $C\cap F\neq\varnothing$, 则 $C\cap(\cap\mathcal{F})\neq\varnothing$.

由上述命题, 我们引入下述重要概念.

定义 4.4.12 设 (X,δ) 为拓扑空间, $\mathcal{F}\in\mathrm{Filt}(\delta)$.

(1) $\mathcal{F}$ 称为可表示的, 若 $\exists A\subseteq X$ 使 $\mathcal{F}=\Phi(A)=\{U\in\delta:A\subseteq U\}$. 此时, A 称为 $\mathcal{F}$ 的一个表示.

(2) $\mathcal{F}$ 称为可紧表示的 (也称 $\mathcal{F}$ 有紧表示), 若 $\exists K\in Q(X)$ 使 $\mathcal{F}=\Phi(K)=\{U\in\delta:K\subseteq U\}$. 此时, K 称为 $\mathcal{F}$ 的一个紧表示.

更为一般地, 引入下述

定义 4.4.13 设 (X,δ) 为拓扑空间, $\mathcal{G}\in\mathbf{up}\,(\delta)$. $\mathcal{G}$ 称为可 (紧) 表示的, 若 $\exists A\subseteq X(A\in Q(X))$ 使 $\mathcal{G}=\Phi(A)=\{U\in\delta:A\subseteq U\}$. 此时, A 称为 $\mathcal{F}$ 的一个

(紧) 表示.

注 4.4.14 $\forall A\subseteq X$, 有 $\Phi(A)=\{U\in\delta: A\subseteq U\}\in \mathrm{Filt}(\delta)$. 故若 $\mathcal{G}\in \mathbf{up}(\delta)$ 是可表示的, 则 $\mathcal{G}\in \mathrm{Filt}(\delta)$, 即 $\mathcal{G}\in \mathrm{Filt}(\delta)$ 是 $\mathcal{G}$ 可表示的一个必要条件.

由命题 4.4.11, 有下述

推论 4.4.15 设 (X, δ) 为拓扑空间, $\mathcal{F}\in \mathrm{Filt}(\delta)$. 则下述各条件等价:

(1) $\mathcal{F}$ 是 Wide 的;

(2) $\mathcal{F}=\Phi(\cap\mathcal{F})$;

(3) $\mathcal{F}$ 是可表示的.

证明 (1) $\Rightarrow$ (2): 由命题 4.4.11.

(2) $\Rightarrow$ (3): 显然.

(3) $\Rightarrow$ (1): 由假设, $\exists A\subseteq X$ 使 $\mathcal{F}=\Phi(A)=\{V\in\delta: A\subseteq V\}$. 设 $U\in\delta$, 且 $\forall x\in X$, 若 $U\subseteq X\backslash \mathrm{cl}_\delta\{x\}$, 有 $X\backslash\mathrm{cl}_\delta\{x\}\in\mathcal{F}$. 下证 $U\in\delta$, 即 $A\subseteq U$. 反之, 若 $A\nsubseteq U$, 则 $\exists a\in A\backslash U$; 从而 $U\subseteq X\backslash\mathrm{cl}_\delta\{a\}$. 由假设, 有 $X\backslash\mathrm{cl}_\delta\{a\}\in\mathcal{F}=\Phi(A)$. 故 $A\subseteq X\backslash\mathrm{cl}_\delta\{a\}$, 矛盾. 所以 $U\in\delta$.

由于可表示之概念更直观, 下面我们主要用这个概念. 由定义, 直接验证有下述

命题 4.4.16 设 (X, δ) 为拓扑空间, $\mathcal{F}\in\mathrm{Filt}(\delta)$.

(1) 若 A 是 $\mathcal{F}$ 的一个表示, 则 $\mathrm{sat}\,(A)$ 也是, 且 $\mathrm{sat}\,(A)=\cap\mathcal{F}$.

(2) 若 $\mathcal{F}$ 是可表示的, 则 $\cap\mathcal{F}$ 是其唯一的饱和表示, 即若 $\mathcal{F}=\Phi(A)$, 则 $\mathrm{sat}\,(A)=\uparrow_\delta A=\cap\mathcal{F}$; 从而当 A 是饱和集时, 有 $A=\cap\mathcal{F}$.

(3) 若 $\mathcal{F}$ 是可紧表示的, 则 $\mathcal{F}\in\sigma\text{-}\mathrm{Filt}(\delta)$. 因而若 $\mathcal{F}$ 不是 Scott 滤子, 则 $\mathcal{F}$ 不可能有紧表示.

(4) 若 $\mathcal{F}\in\sigma\text{-}\mathrm{Filt}(\delta)$, 则 $\mathcal{F}$ 是可表示的当且仅当 $\mathcal{F}$ 是可紧表示的.

关于 $\mathcal{M}_A$ 的可表示性, 有下述

引理 4.4.17 设 (X, δ) 为拓扑空间, $A\in 2^X\backslash\{\varnothing\}$. 则下述条件等价:

(1) $\mathcal{M}_A$ 是可表示的;

(2) $\exists c\in X$ 使 $\mathrm{cl}_\delta A=\mathrm{cl}_\delta\{c\}$;

(3) $\mathcal{M}_A=\Phi(\cap\mathcal{M}_A)$.

证明 (1) $\Rightarrow$ (2): 设 $\mathcal{M}_A$ 是可表示的, 则 $\mathcal{M}_A=\{U\in\delta: A\cap U\neq\varnothing\}=\{U\in\delta:\mathrm{cl}_\delta A\cap U\neq\varnothing\}=\delta\backslash\downarrow(X\backslash\mathrm{cl}_\delta A)\in\mathrm{Filt}(\delta)\cap\mathrm{Prime}\,(\mathbf{up}\,(\delta))=\mathrm{Prime}\,(\mathrm{Filt}(\delta))$, 从而 $\mathrm{cl}_\delta A$ 为既约闭集. 假若 $\forall c\in\mathrm{cl}_\delta A$, $\mathrm{cl}_\delta A\neq\mathrm{cl}_\delta\{c\}$, 则 $X\backslash\mathrm{cl}_\delta\{c\}\in\mathcal{M}_A$; 从而 $\cap\mathcal{M}_A\subseteq\bigcap\limits_{c\in\mathrm{cl}A}(X\backslash\mathrm{cl}_\delta\{c\})=X\backslash\bigcup\limits_{c\in\mathrm{cl}A}\mathrm{cl}_\delta\{c\}=X\backslash\mathrm{cl}_\delta A$; 从而由推论 4.4.15, $X\backslash\mathrm{cl}_\delta A\in\Phi(\cap\mathcal{M}_A)=\mathcal{M}_A=\{U\in\delta: A\cap U\neq\varnothing\}$, 矛盾. 故 $\exists c\in\mathrm{cl}_\delta A$ 使 $\mathrm{cl}_\delta A=\mathrm{cl}_\delta\{c\}$.

(2) ⇒ (3): 设 $\exists c \in X$ 使 $\mathrm{cl}_\delta A = \mathrm{cl}_\delta\{c\}$, 则 $\mathcal{M}_A = \{U \in \delta : A \cap U \neq \varnothing\} = \{U \in \delta : c \in U\} = \mathcal{O}(c)$; 从而 $\cap \mathcal{M}_A = \mathrm{sat}(\{c\}) = \uparrow_\delta c$. 所以 $\mathcal{M}_A = \mathcal{O}(c) = \Phi(\uparrow_\delta c) = \Phi(\cap \mathcal{M}_A)$.

(3) ⇒ (1): 显然.

推论 4.4.18[181,182]　设 (X, δ) 为 T_0 空间, 则下述两个条件等价:

(1) (X, δ) 是 sober 的;

(2) 对 (X, δ) 中的任意既约闭集 A, $\mathcal{M}_A$ 是可表示的.

对于 Scott 开滤子的可表示性, 有如下的刻画.

命题 4.4.19　设 (X, δ) 为拓扑空间, $\mathcal{F} \in \sigma\text{-Filt}(\delta)$. 则下述各条件等价:

(1) $\mathcal{F}$ 是可表示的;

(2) $\forall U \in \mathrm{PRIME}(\delta)$, 有 $U \in \mathcal{F} \Leftrightarrow \forall x \in X$, 若 $U \subseteq X \backslash \mathrm{cl}_\delta\{x\}$, 则 $X \backslash \mathrm{cl}_\delta\{x\} \in \mathcal{F}$;

(3) $\forall C \in \mathrm{COPRIME}(\delta^c)$, $\{\mathrm{cl}_\delta\{c\} : c \in C\} \subseteq \mathcal{F}^c$, 有 $C \in \mathcal{F}^c$;

(4) $\forall U \in \mathrm{PRIME}(\delta)$, $\cap \mathcal{F} \subseteq U$, 有 $U \in \mathcal{F}$;

(5) $\forall C \in \mathrm{COPRIME}(\delta^c)$, 若 $\forall F \in \mathcal{F}$, $C \cap F \neq \varnothing$, 则 $C \cap (\cap \mathcal{F}) \neq \varnothing$.

证明　显然有 (1) ⇒ (2), (2) ⇔ (3) 和 (4) ⇔ (5).

(2) ⇒ (4): 设 $U \in \mathrm{PRIME}(\delta)$, $\cap \mathcal{F} \subseteq U$, 下证 $U \in \mathcal{F}$. $\forall v \in X$, 若 $U \subseteq X \backslash \mathrm{cl}_\delta\{v\}$, 则 $v \notin \cap \mathcal{F}$; 从而 $\exists W \in \mathcal{F}$ 使 $v \notin W$, 故 $\mathrm{cl}_\delta\{v\} \subseteq X \backslash W$, 即 $W \subseteq X \backslash \mathrm{cl}_\delta\{v\}$. 所以 $X \backslash \mathrm{cl}_\delta\{v\} \in \mathcal{F}$. 由 (2), $U \in \mathcal{F}$.

(4) ⇒ (1): 设 $U \in \delta$, $\cap \mathcal{F} \subseteq U$, 下证 $U \in \mathcal{F}$. 反之, 假若 $U \notin \mathcal{F}$, 令 $\mathcal{M} = \{V \in \delta : U \subseteq V, V \notin \mathcal{F}\}$. 则 $\mathcal{M} \neq \varnothing$ (注意 $U \in \mathcal{M}$!). 由 $\mathcal{F} \in \sigma\text{-Filt}(\delta)$, 知 $\mathcal{M}$ 对定向并封闭, 故由 Zorn 引理, $\mathcal{M}$ 中存在极大元 W. 下证 $W \in \mathrm{PRIME}(\delta)$. 设 $H, G \in \delta$, $W = H \cap G$. 则由 $\mathcal{F} \in \mathrm{Filt}(\delta)$, 有 $H \notin \mathcal{F}$ 或 $G \notin \mathcal{F}$, 不妨设 $H \notin \mathcal{F}$; 从而由 $W \subseteq H$ 和 $W \in \max(\mathcal{M})$, 有 $W = H$. 故 $W \in \mathrm{PRIME}(\delta)$, 且 $\cap \mathcal{F} \subseteq U \subseteq W$. 由 (4), 有 $W \in \mathcal{F}$, 与 $W \in \max(\mathcal{M})$ 矛盾. 所以 $U \in \mathcal{F}$.

下面给出两个重要引理.

引理 4.4.20　设 (X, δ) 为拓扑空间, $\mathcal{F} \in \mathrm{Filt}(\delta)$, $\{\mathcal{C}_i : i \in I\} \subseteq \mathrm{Filt}(\delta)$, $\mathcal{F} = \bigcap_{i \in I} \mathcal{C}_i$. 若 $\forall i \in I$, $\mathcal{C}_i$ 是可表示的, 则 $\mathcal{F}$ 也是可表示的, 此时, $\mathcal{F} = \Phi\left(\bigcup_{i \in I} \cap \mathcal{C}_i\right)$.

证明　首先证明 $\cap \mathcal{F} = \bigcup_{i \in I} \cap \mathcal{C}_i$. $\forall i \in I$, 由 $\mathcal{C}_i$ 是可表示的和推论 4.4.15, 有 $\mathcal{C}_i = \Phi(\cap \mathcal{C}_i) = \{U \in \delta : \cap \mathcal{C}_i \subseteq U\}$; 从而 $\mathcal{F} = \bigcap_{i \in I} \mathcal{C}_i = \bigcap_{i \in I} \Phi(\cap \mathcal{C}_i)$. 显然有 $\bigcup_{i \in I} \cap \mathcal{C}_i \subseteq \cap \mathcal{F}$. 另一方面, 若 $\cap \mathcal{F} \not\subseteq \bigcup_{i \in I} \cap \mathcal{C}_i$, 则 $\exists u \in \cap \mathcal{F} \backslash \bigcup_{i \in I} \cap \mathcal{C}_i$; 从而 $\forall i \in I$, $u \notin \cap \mathcal{C}_i$; 故 $\exists W_i \in \mathcal{C}_i$ 使 $u \notin W_i$, 即 $W_i \subseteq X \backslash \mathrm{cl}_\delta\{u\}$ (注意 W_i 是开集!); 因而由 $\mathcal{C}_i \in \mathrm{Filt}(\delta)$, 有 $X \backslash \mathrm{cl}_\delta\{u\} \in \mathcal{C}_i$. 所以 $X \backslash \mathrm{cl}_\delta\{u\} \in \bigcap_{i \in I} \mathcal{C}_i = \mathcal{F}$. 故

$u \in \cap\mathcal{F} \subseteq X\backslash \mathrm{cl}_\delta\{u\}$, 矛盾. 所以 $\cap\mathcal{F} = \bigcup_{i\in I} \cap \mathcal{C}_i$.

其次证明 $\mathcal{F} = \Phi\left(\bigcup_{i\in I} \cap \mathcal{C}_i\right)$. 设 $U \in \delta$, $\bigcup_{i\in I} \cap \mathcal{C}_i \subseteq U$, 则 $\forall i \in I$, $\cap \mathcal{C}_i \subseteq U$; 从而由 $\mathcal{C}_i = \Phi(\cap \mathcal{C}_i)$, 有 $U \in \mathcal{C}_i$. 故 $U \in \bigcap_{i\in I} \mathcal{C}_i = \mathcal{F}$. 所以 $\mathcal{F} = \Phi\left(\bigcup_{i\in I} \cap \mathcal{C}_i\right)$.

推论 4.4.21　设 (X, δ) 为拓扑空间, $\{\mathcal{C}_i : i = 1, 2, \cdots, n\} \subseteq \sigma\text{-Filt}(\delta)$. 若 $\forall i \in \{1, 2, \cdots, N\}$, $\mathcal{C}_i$ 是可表示的, 则 $\mathcal{F} = \bigcap_{i=1}^{n} \mathcal{C}_i \in \sigma\text{-Filt}(\delta)$, 且是可表示的.

下面考虑定向并.

引理 4.4.22　设 (X, δ) 为 well-filtered 空间, $\{\mathcal{F}_d : d \in D\} \subseteq \sigma\text{-Filt}(\delta)$ 是定向族, $\forall d \in D$, $\mathcal{F}_d$ 是可表示的. 则 $\mathcal{F} = \bigcup_{d\in D} \mathcal{F}_d \in \sigma\text{-Filt}(\delta)$, $\mathcal{F}$ 是可表示的, 且 $\mathcal{F} = \Phi\left(\bigcap_{d\in D} \cap\mathcal{F}_d\right)$.

证明　显然, $\mathcal{F} = \bigcup_{d\in D} \mathcal{F}_d \in \sigma\text{-Filt}(\delta)$. 下证 $\mathcal{F}$ 是可表示的. $\forall d \in D$, 由 $\mathcal{F}_d \in \sigma\text{-Filt}(\delta)$ 和 $\mathcal{F}_d$ 是可表示的, 知 $K_d = \cap\mathcal{F}_d$ 是紧饱和集, 且 $\mathcal{F}_d = \Phi(K_d)$. 由于 $\{\mathcal{F}_d : d \in D\} \subseteq \sigma\text{-Filt}(\delta)$ 是定向族, 故 $\{K_d \in Q(X) : d \in D\}$ 是定向的, 从而由 (X, δ) 是 well-filtered 空间, 有 $K = \cap\mathcal{F} = \bigcap_{d\in D} \cap\mathcal{F}_d = \bigcap_{d\in D} K_d$ 是紧饱和集. 下证 $\mathcal{F} = \Phi(K)$. 显然, $\mathcal{F} \subseteq \Phi(K)$. 另一方面, $\forall U \in \delta$, 若 $K = \bigcap_{d\in D} K_d \subseteq U$, 则由 (X, δ) 是 well-filtered 空间, $\exists d \in D$ 使 $K_d \subseteq U$; 从而 $U \in \Phi(K_d) = \mathcal{F}_d \subseteq \mathcal{F}$. 故 $\mathcal{F} = \Phi(K)$.

推论 4.4.23　设 (X, δ) 为 well-filtered 空间, $C \in \delta^c\backslash\{\varnothing\}$, $\{K_d \in Q(X) : d \in D\}$ 是定向的. 则

(1) $\bigcap_{d\in D} K_d \in Q(X)$, 若 $\{K_d : d \in D\} \subseteq Q^*(X)$, 则 $\bigcap_{d\in D} K_d \in Q^*(X)$;

(2) 若 $\forall d \in D$, $C \cap K_d \neq \varnothing$, 则 $C \cap \left(\bigcap_{d\in D} K_d\right) \neq \varnothing$.

证明　(1) $\forall d \in D$, 令 $\mathcal{F}_d = \Phi(K_d)$. 则由 $K_d \in Q(X)$, $\mathcal{F}_d \in \sigma\text{-Filt}(\delta)$. 显然, $\{\mathcal{F}_d : d \in D\} \subseteq \sigma\text{-Filt}(\delta)$ 是定向族; 从而由引理 4.4.22, $\mathcal{F} = \bigcup_{d\in D} \mathcal{F}_d \in \sigma\text{-Filt}(\delta)$ 是可表示的, 且 $\mathcal{F} = \Phi\left(\bigcap_{d\in D} K_d\right)$. 由 $\mathcal{F} \in \sigma\text{-Filt}(\delta)$, 有 $\bigcap_{d\in D} K_d \in Q(X)$. 若 $\{K_d : d \in D\} \subseteq Q^*(X)$, 则 $\forall d \in D$, $\varnothing \notin \mathcal{F}_d$; 从而 $\varnothing \notin \bigcup_{d\in D} \mathcal{F}_d = \mathcal{F} = \Phi\left(\bigcap_{d\in D} K_d\right)$. 故

$\bigcap_{d\in D} K_d \neq \varnothing$. 所以 $\bigcap_{d\in D} K_d \in Q^*(X)$.

(2) 反之, 若 $C \cap \left(\bigcap_{d\in D} K_d\right) = \varnothing$, 则 $\bigcap_{d\in D} K_d \subseteq X\backslash C \in \delta$. 由 (1), $\mathcal{F} = \bigcup_{d\in D} \mathcal{F}_d = \Phi\left(\bigcap_{d\in D} K_d\right)$, 故 $X\backslash C \in \mathcal{F}$; 从而 $\exists d \in D$ 使 $X\backslash C \in \mathcal{F}_d = \Phi(K_d)$, 与 $C \cap K_d \neq \varnothing$ 矛盾.

推论 4.4.23 中的结论 (1) 和推论 4.3.18 中的结论 (2) 是相同的, 这里之所以重复, 是在此基于可表示的拓扑滤子给出了另一个证明. 最后, 我们对拓扑滤子的可紧表示性给出如下刻画.

定理 4.4.24 设 (X, δ) 为拓扑空间, $\mathcal{F} \in \mathrm{Filt}(\delta)$, 则下述各条件等价:

(1) $\mathcal{F} \in \sigma(\delta)$, 且 $\mathcal{F}$ 是可表示的;

(2) $\mathcal{F}$ 是可表示的, 且 $\cap\mathcal{F} \in Q(X)$;

(3) $\exists K \in Q(X)$ 使 $\mathcal{F} = \cup\{\mathcal{U} \in \sigma\text{-}\mathrm{Filt}(\delta) : \cap\,\mathcal{U} = K\}$;

(4) $\exists K \in Q(X)$ 使 $\mathcal{F} \in \max\{\mathcal{U} \in \sigma\text{-}\mathrm{Filt}(\delta) : \cap\,\mathcal{U} = K\}$.

证明 (1) $\Leftrightarrow$ (2): 由 $\mathcal{F}$ 是可表示的, 有 $\mathcal{F} = \Phi(\cap\mathcal{F})$. 此时, $\mathcal{F} \in \sigma(\delta) \Leftrightarrow \cap\mathcal{F} \in Q(X)$.

(1) $\Rightarrow$ (3): 令 $K = \cap\mathcal{F}$, 则 $K \in Q(X)$. 设 $\mathcal{U} \in \sigma\text{-}\mathrm{Filt}(\delta)$, $\cap\,\mathcal{U} = K$, 下证 $\mathcal{U} \subseteq \mathcal{F}$. 设 $U \in \mathcal{U}$, 则 $K = \cap\,\mathcal{U} = \cap\mathcal{F} \subseteq U$; 从而由 $\mathcal{F} = \Phi(\cap\mathcal{F})$, 有 $U \in \mathcal{F}$. 故 $\mathcal{U} \subseteq \mathcal{F}$. 所以 $\mathcal{F} = \cup\{\mathcal{U} \in \sigma\text{-}\mathrm{Filt}(\delta) : \cap\,\mathcal{U} = K\}$ (注意 $\mathcal{F} \in \sigma\text{-}\mathrm{Filt}(\delta)$, $\cap\mathcal{F} = K$).

(3) $\Rightarrow$ (4): 显然.

(4) $\Rightarrow$ (1): 设 $\exists K \in Q(X)$ 使 $\mathcal{F} \in \max\{\mathcal{U} \in \sigma\text{-}\mathrm{Filt}(\delta) : \cap\,\mathcal{U} = K\}$, 则 $\mathcal{F} \in \sigma(\delta)$, 且 $\cap\mathcal{F} = K$. 下证 $\mathcal{F} = \Phi(K)$. 由 $\cap F = K$, 有 $\mathcal{F} \subseteq \Phi(K)$. 另一方面, 令 $\mathcal{V} = \Phi(K)$. 则由 $K \in Q(X)$, 有 $\mathcal{V} \in \sigma\text{-}\mathrm{Filt}(\delta)$, $\cap\mathcal{V} = K$, $\mathcal{F} \subseteq \mathcal{V}$; 从而由 $\mathcal{F} \in \max\{\mathcal{U} \in \sigma\text{-}\mathrm{Filt}(\delta) : \cap\,\mathcal{U} = K\}$, 有 $\mathcal{V} = \Phi(K) \subseteq \mathcal{F}$. 故 $\mathcal{F} = \Phi(K)$.

4.5 Sober 空间与拓扑滤子的可表示性

基于拓扑滤子的可表示性, 下面给出拓扑空间 sober 性的刻画.

定理 4.5.1 设 (X, δ) 为 T_0 空间, 则下述条件等价:

(1) (X, δ) 为 sober 空间;

(2) $\forall \mathcal{F} \in \sigma\text{-}\mathrm{Filt}(\delta)$, $\mathcal{F}$ 是可表示的;

(2*) $\forall \mathcal{F} \in \sigma\text{-}\mathrm{Filt}(\delta)$, $\exists K \in Q(X)$ 使 $\mathcal{F} = \Phi(K) = \{U \in \delta : K \subseteq U\}$;

(3) $\forall \mathcal{F} \in \upsilon\text{-}\mathrm{Filt}(\delta)$, $\mathcal{F}$ 是可表示的;

(3*) $\forall \mathcal{F} \in \upsilon\text{-}\mathrm{Filt}(\delta)$, $\exists H \in Q_h(X)$ 使 $\mathcal{F} = \Phi(H) = \{U \in \delta : H \subseteq U\}$;

(4) $\forall \mathcal{F} \in \mathrm{Prime}\,(\mathrm{Filt}(\delta))$, $\mathcal{F}$ 是可表示的;

(4*) $\forall \mathcal{F} \in \mathrm{Prime}\,(\mathrm{Filt}(\delta))$, $\exists K \in Q(X)$ 使 $\mathcal{F} = \Phi(K) = \{U \in \delta : K \subseteq U\}$;

(5) $\forall A \in \mathrm{COPRIME}\,(\delta^c)\backslash\{\varnothing\}$, $\mathcal{M}_A = \{U \in \delta : A \cap U \neq \varnothing\}$ 是可表示的;

(5*) $\forall A \in \mathrm{COPRIME}\,(\delta^c)\backslash\{\varnothing\}$, $\exists K \in Q(X)$ 使 $\mathcal{M}_A = \{U \in \delta : A \cap U \neq \varnothing\} = \Phi(K) = \{U \in \delta : K \subseteq U\}$.

(6) $\forall \mathcal{F} \in \mathrm{Prime}\,(\mathrm{Filt}(\delta))$, $\exists x \in X$ 使 $\mathcal{F} = \mathcal{O}(x) = \Phi(\uparrow_\delta x) = \{U \in \delta :\ \uparrow_\delta a \subseteq U\}$;

(6*) $\mathrm{Prime}\,(\mathrm{Filt}(\delta)) = \{\mathcal{O}(x) : x \in X\}$;

(7) $\forall A \in \mathrm{COPRIME}\,(\delta^c)\backslash\{\varnothing\}$, $\exists a \in X$ 使 $\mathcal{M}_A = \{U \in \delta : A \cap U \neq \varnothing\} = \mathcal{O}(a) = \Phi(\uparrow_\delta a) = \{U \in \delta : \uparrow_\delta a \subseteq U\}$;

(7*) $\{\mathcal{M}_A : A \in \mathrm{COPRIME}\,(\delta^c)\backslash\ \{\varnothing\}\} = \{\mathcal{O}(x) : x \in X\}$;

(8) $\forall \{\mathcal{F}_j : j \in J\} \subseteq \sigma\text{-}\mathrm{Filt}(\delta)$, $\bigcap\limits_{j \in J} \mathcal{F}_j$ 是可表示的, 即 $\bigcap\limits_{i \in I} \mathcal{F}_i = \Phi\left(\bigcup\limits_{i \in I} \cap \mathcal{F}_i\right)$;

(9) $\forall \{\mathcal{F}_j : j \in J\} \subseteq \upsilon\text{-}\mathrm{Filt}(\delta)$, $\bigcap\limits_{j \in J} \mathcal{F}_j$ 是可表示的, 即 $\bigcap\limits_{i \in I} \mathcal{F}_i = \Phi\left(\bigcup\limits_{i \in I} \cap \mathcal{F}_i\right)$;

(10) $\forall \{\mathcal{F}_j : j \in J\} \subseteq \mathrm{Prime}\,(\mathrm{Filt}(\delta))$, $\bigcap\limits_{j \in J} \mathcal{F}_j$ 是可表示的, 即 $\bigcap\limits_{i \in I} \mathcal{F}_i = \Phi\left(\bigcup\limits_{i \in I} \cap \mathcal{F}_i\right)$.

证明　由引理 3.3.10、推论 4.1.20、引理 4.4.9、命题 4.4.16 和定理 4.4.24, 有 (2) $\Leftrightarrow$ (2*), (4) $\Leftrightarrow$ (4*), (5) $\Leftrightarrow$ (5*), (3) $\Leftrightarrow$ (3*).

(1) $\Rightarrow$ (2): 设 (X, δ) 是 sober 的, $\mathcal{F} \in \sigma\text{-}\mathrm{Filt}(\delta)$, 下证 $\mathcal{F} = \Phi(\cap \mathcal{F}) = \{U \in \delta : \cap \mathcal{F} \subseteq U\}$. 由 Stone 引理 (即引理 4.4.1), $\exists \{\mathcal{C}_i : i \in I\} \subseteq \mathrm{Prime}\,(\mathrm{Filt}(\delta))$ 使 $\mathcal{F} = \bigcap\limits_{i \in I} \mathcal{C}_i$. $\forall i \in I$, 由 $\mathcal{C}_i \in \mathrm{Prime}\,(\mathrm{Filt}(\delta))$ 和引理 4.1.19, $\exists U_i \in \mathrm{PRIME}\,(\delta)\backslash\{X\}$ 使 $\mathcal{C}_i = \delta \backslash \downarrow U_i$; 因而由 (X, δ) 是 sober 空间, $\exists x_i \in X$ 使 $U_i = X \backslash \mathrm{cl}_\delta\{x_i\}$; 从而 $\mathcal{C}_i = \delta \backslash \downarrow (X \backslash \mathrm{cl}_\delta\{x_i\}) = \{V \in \delta : \mathrm{cl}_\delta\{x_i\} \cap V \neq \varnothing\} = \{V \in \delta : x_i \in V\} = \mathcal{O}(x_i)$. 故 $\mathcal{F} = \bigcap\limits_{i \in I} \mathcal{O}(x_i)$. 设 $U \in \delta$, $\cap \mathcal{F} \subseteq U$, 下证 $U \in \mathcal{F}$. 假若 $U \notin \mathcal{F}$, 则 $\exists j \in I$ 使 $U \notin \mathcal{C}_j = \mathcal{O}(x_j)$, 即 $x_j \notin U$. 而 $\forall W \in \mathcal{F}$, 由 $\mathcal{F} \subseteq \mathcal{C}_j = \mathcal{O}(x_j)$, 有 $x_j \in W$; 从而 $x_j \in \cap \mathcal{F} \subseteq U$, 与 $x_j \notin U$ 矛盾. 故 $U \in \mathcal{F}$. 所以 $\mathcal{F} = \Phi(\cap \mathcal{F}) = \{U \in \delta : \cap \mathcal{F} \subseteq U\}$.

(2) $\Rightarrow$ (3): 显然.

(3) $\Rightarrow$ (4): 由注 4.4.8, $\mathrm{Prime}\,(\mathrm{Filt}(\delta)) = \upsilon\text{-}\mathrm{Filt}(\delta) \cap \mathrm{PRIME}\,(\mathrm{Filt}(\delta))$. 故有 (3) $\Rightarrow$ (4).

(4) $\Rightarrow$ (5): 设 $A \in \mathrm{COPRIME}\,(\delta^c)\backslash\{\varnothing\}$, 由引理 4.4.9, $\mathcal{M}_A = \{U \in \delta : A \cap U \neq \varnothing\} = \delta \backslash \downarrow (X \backslash A) \in \mathrm{Prime}\,(\mathrm{Filt}(\delta))$. 故有 (4) $\Rightarrow$ (5).

(1) $\Rightarrow$ (6) $\Rightarrow$ (7): 显然.

(6) $\Leftrightarrow$ (6*), (7) $\Leftrightarrow$ (7*): 显然.

(7) $\Rightarrow$ (5): 显然.

(5) $\Rightarrow$ (1): 设 $A\in \mathrm{COPRIME}(\delta^c)\backslash\{\varnothing\}$, 由 (5), $\mathcal{M}_A=\{U\in\delta : A\cap U\neq\varnothing\}=\Phi(\cap\mathcal{M}_A)=\{U\in\delta:\cap\mathcal{M}_A\subseteq U\}$. $\forall x\in X$, 记 $U_x=X\backslash \mathrm{cl}_\delta\{x\}$. 假若 $\forall a\in A$, $A\neq \mathrm{cl}_\delta\{a\}$, 即 $A\cap U_a\neq\varnothing$, 则 $\cap\mathcal{M}_A\subseteq\bigcap\limits_{a\in A}U_a=X\backslash\bigcup\limits_{a\in A}\mathrm{cl}_\delta\{a\}=X\backslash A$; 从而 $X\backslash A\in\Phi(\cap\mathcal{M}_A)=\mathcal{M}_A=\{U\in\delta:A\cap U\neq\varnothing\}$, 矛盾. 故 $\exists a\in A$, 使 $A=\mathrm{cl}_\delta\{a\}$. 所以 (X,δ) 为 sober 空间.

(2) $\Leftrightarrow$ (8), (3) $\Leftrightarrow$ (9), (4) $\Leftrightarrow$ (10): 由引理 4.4.20.

类似于定理 4.5.1, 有下述

定理 4.5.2 设 (X,δ) 是拓扑空间, 则下述各条件等价:

(1) (X,δ) 为拟 sober 的;

(2) $\forall\mathcal{F}\in\sigma\text{-}\mathrm{Filt}(\delta)$, $\mathcal{F}$ 是可 (紧) 表示的;

(3) $\forall\mathcal{F}\in\upsilon\text{-}\mathrm{Filt}(\delta)$, $\mathcal{F}$ 是可 (紧) 表示的;

(4) $\forall\mathcal{F}\in\mathrm{Prime}(\mathrm{Filt}(\delta))$, $\mathcal{F}$ 是可 (紧) 表示的;

(5) $\forall A\in\mathrm{COPRIME}(\delta^c)\backslash\{\varnothing\}$, $\mathcal{M}_A$ 是可 (紧) 表示的;

(6) $\mathrm{Prime}(\mathrm{Filt}(\delta))=\{\mathcal{O}(x):x\in X\}$;

(7) $\{\mathcal{M}_A:A\in\mathrm{COPRIME}(\delta^c)\backslash\{\varnothing\}\}=\{\mathcal{O}(x):x\in X\}$;

(8) $\forall\{\mathcal{F}_j:j\in J\}\subseteq\sigma\text{-}\mathrm{Filt}(\delta)$, $\bigcap\limits_{j\in J}\mathcal{F}_j$ 是可表示的;

(9) $\forall\{\mathcal{F}_j:j\in J\}\subseteq\upsilon\text{-}\mathrm{Filt}(\delta)$, $\bigcap\limits_{j\in J}\mathcal{F}_j$ 是可表示的;

(10) $\forall\{\mathcal{F}_j:j\in J\}\subseteq\mathrm{Prime}(\mathrm{Filt}(\delta))$, $\bigcap\limits_{j\in J}\mathcal{F}_j$ 是可表示的.

4.6 C-局部紧与 C-well-filtered 拓扑

定义 4.6.1 设 (X,δ) 为拓扑空间, $\mathcal{C}\subseteq 2^X$. $\mathcal{C}$ 中的元称为 $\mathcal{C}$-紧集. 称 (X,δ) 为 $\mathcal{C}$-局部紧的, 若 $\forall x\in X$, $U\in\delta$, $x\in U$, $\exists C\in\mathcal{C}$ 使 $x\in\mathrm{int}_\delta C\subseteq C\subseteq U$. 称 $\mathcal{C}$ 是 (X,δ) 中的 Scott 族, 若 $\forall U\in\delta\backslash\{\varnothing\}$, $\{\mathrm{int}_\delta C:C\in\mathcal{C},\ C\subseteq U\}$ 是定向的, 且 $U=\cup\{\mathrm{int}_\delta C:C\in\mathcal{C},\ C\subseteq U\}$.

显然, 若 $\mathcal{C}$ 是 (X,δ) 中的 Scott 族, 则 (X,δ) 是 $\mathcal{C}$-局部紧的. 反之, 若 (X,δ) 是 $\mathcal{C}$-局部紧的, 且 $\mathcal{C}$ 对有限并封闭, 则 $\mathcal{C}$ 是 (X,δ) 中的 Scott 族.

定义 4.6.2 设 (X,δ) 为拓扑空间, $\mathcal{R}\subseteq 2^X$. 称 (X,δ) 是 $\mathcal{R}$-well-filtered 的, 若对任意的定向族 $\mathcal{K}\subseteq\mathcal{R}$ ($\mathcal{R}$ 赋予集反包含序), $U\in\delta$, 若 $\cap\mathcal{K}\subseteq U$ 时, 则 $\exists K\in\mathcal{K}$ 使 $K\subseteq U$.

在实际应用中, $\mathcal{C}$ 中的元一般会要求是紧的, 即 $\mathcal{C}\subseteq Q(X)$. 另外, $\mathcal{R}$ 中的集一般也会要求是饱和的, 即 $\mathcal{R}\subseteq\mathbf{up}(X,\leqslant_\delta)$ (参看文献 [73]).

下面的定理当 $\mathcal{C} = Q(X)$ 时见文献 [72, 73, 99, 181, 182] (见推论 4.6.4).

定理 4.6.3 设 (X, δ) 是 T_0 空间, $\mathcal{C} \subseteq Q(X)$. 考虑下述两个条件:

(1) (X, δ) 是 sober 空间;

(2) (X, δ) 是 $\mathcal{C}$-well-filtered 的.

则 (1) $\Rightarrow$ (2). 若 $\mathcal{C}$ 是 (X, δ) 中的 Scott 族, 则 (2) $\Rightarrow$ (1).

证明 (1) $\Rightarrow$ (2): 设 $\mathcal{K} \subseteq \mathcal{C}$ 是定向族, $U \in \delta$, $\cap \mathcal{K} \subseteq U$. $\forall K \in \mathcal{K}$, 由 $K \in \mathcal{C} \subseteq Q(X)$, $\mathcal{F}_K = \{V \in \delta : K \subseteq V\} \in \sigma\text{-Filt}(\delta)$, 且 $K = \cap \mathcal{F}_K$. 由 $\mathcal{K}$ 是定向的, $\{\mathcal{F}_K : K \in \mathcal{K}\}$ 是定向族; 从而 $\mathcal{F}_{\mathcal{K}} = \bigcup\limits_{K \in \mathcal{K}} \mathcal{F}_K = \{V \in \delta : \exists K \in \mathcal{K}$ 使 $K \subseteq V\} \in \sigma\text{-Filt}(\delta)$, 且 $\cap \mathcal{F}_{\mathcal{K}} = \bigcap\limits_{K \in \mathcal{K}} \cap \mathcal{F}_K = \bigcap\limits_{K \in \mathcal{K}} K = \cap \mathcal{K}$. 由 (X, δ) 为 sober 空间和定理 4.5.1, $\mathcal{F}_{\mathcal{K}} = \Phi(\cap \mathcal{F}_{\mathcal{K}}) = \Phi(\cap \mathcal{K}) = \{V \in \delta : \cap \mathcal{K} \subseteq V\}$. 由 $\cap \mathcal{K} \subseteq U$, 有 $U \in \mathcal{F}_{\mathcal{K}}$; 从而 $\exists K \in \mathcal{K}$ 使 $K \subseteq U$.

(2) $\Rightarrow$ (1): 设 $\mathcal{C}$ 是 (X, δ) 中的 Scott 族, (X, δ) 是 $\mathcal{C}$-well-filtered 的. 设 $\mathcal{F} \in \sigma\text{-Filt}(\delta)$. 令 $\mathcal{C}_{\mathcal{F}} = \{C \in \mathcal{C} : \exists U \in \mathcal{F}$ 使 $U \subseteq C\} = \{C \in \mathcal{C} : \text{int}_\delta C \in \mathcal{F}\}$.

1° $\mathcal{C}_{\mathcal{F}} \neq \varnothing$.

任取 $W \in \mathcal{F}$, 由 $\mathcal{C}$ 是 (X, δ) 中的 Scott 族, $\{\text{int}_\delta C : C \in \mathcal{C}, C \subseteq U\}$ 是定向的, 且 $U = \cup\{\text{int}_\delta C : C \in \mathcal{C}, C \subseteq U\}$. 由 $W \in \mathcal{F} \in \sigma\text{-Filt}(\delta)$, $\exists C_W \in \mathcal{C}$ 使 $C_W \subseteq U$, $\text{int}_\delta C_W \in \mathcal{F}$. 则 $C_W \in \mathcal{K}_{\mathcal{F}}$.

2° $\mathcal{C}_{\mathcal{F}}$ 是定向的.

设 $C_1, C_2 \in \mathcal{C}_{\mathcal{F}}$, 则 $\exists U_1, U_2 \in \mathcal{F}$ 使 $U_1 \subseteq C_1$, $U_2 \subseteq C_2$. 由 $\mathcal{F}$ 是滤子, $\exists U_3 \in \mathcal{F}$ 使 $U_3 \subseteq U_1 \cap U_2 \subseteq C_1 \cap C_2$. 由 $\mathcal{C}$ 是 (X, δ) 中的 Scott 族, $\{\text{int}_\delta C : C \in \mathcal{C}, C \subseteq U_3\}$ 是定向族, 且 $U_3 = \cup\{\text{int}_\delta C : C \in \mathcal{C}, C \subseteq U_3\}$. 由 $U_3 \in \mathcal{F} \in \sigma\text{-Filt}(\delta)$, $\exists C_3 \in \mathcal{C}$ 使 $C_3 \subseteq U_3$, $\text{int}_\delta C_3 \in \mathcal{F}$. 故 $C_3 \in \mathcal{C}_{\mathcal{F}}$, 且 $C_3 \subseteq U_3 \subseteq C_1 \cap C_2$. 所以 $\mathcal{C}_{\mathcal{F}}$ 是定向的.

3° $\cap \mathcal{C}_{\mathcal{F}} = \cap \mathcal{F}$.

显然有 $\cap \mathcal{F} \subseteq \cap \mathcal{C}_{\mathcal{F}}$. 若 $\cap \mathcal{C}_{\mathcal{F}} \not\subseteq \cap \mathcal{F}$, 则 $\exists x \in \cap \mathcal{C}_{\mathcal{F}} \backslash \cap \mathcal{F}$. 故 $\exists V \in \mathcal{F}$ 使 $x \notin V$, 即 $V \subseteq X \backslash \text{cl}_\delta\{x\}$; 从而 $X \backslash \text{cl}_\delta\{x\} \in \mathcal{F}$. 由 2° 的证明, $\exists C_x \in \mathcal{C}$ 使 $C_x \subseteq X \backslash \text{cl}_\delta\{x\}$, $\text{int}_\delta C_x \in \mathcal{F}$. 故 $C_x \in \mathcal{C}_{\mathcal{F}}$. 显然 $x \notin C_x$, 因而 $x \notin \cap \mathcal{C}_{\mathcal{F}}$. 所以 $\cap \mathcal{C}_{\mathcal{F}} = \cap \mathcal{F}$.

4° $\mathcal{F} = \Phi(\cap \mathcal{F})$.

显然, $\mathcal{F} \subseteq \Phi(\cap \mathcal{F})$. 另一方面, 若 $U \in \Phi(\cap \mathcal{F})$, 则 $\cap \mathcal{C}_{\mathcal{F}} \subseteq U$. 由 2°, 3° 和 (X, δ) 是 $\mathcal{C}$-well-filtered 的, $\exists C \in \mathcal{C}_{\mathcal{F}}$ 使 $C \subseteq U$; 从而 $\exists W \in \mathcal{F}$ 使 $W \subseteq C \subseteq U$. 由 $\mathcal{F} \in \sigma\text{-Filt}(\delta)$, 有 $U \in \mathcal{F}$. 故 $\mathcal{F} = \Phi(\cap \mathcal{F}) = \{U \in \delta : \cap \mathcal{F} \subseteq U\}$. 由定理 4.5.1, (X, δ) 是 sober 的.

推论 4.6.4 [72,73,99,181,182] 设 (X, δ) 是 T_0 空间. 考虑下述两个条件:

(1) (X, δ) 是 sober 空间;

(2) (X, δ) 是 well-filtered 的,

则 (1) $\Rightarrow$ (2), 从而 sober 空间具有 Rudin 性质 (即 $(X, \delta) \in$ **F-RD**); 若 (X, δ) 是局部紧的, 则 (2) $\Rightarrow$ (1).

推论 4.6.5 设 (X, δ) 是 T_0 空间. 考虑下述两个条件:

(1) (X, δ) 是 sober 空间;

(2) $(X, \delta) \in$ **H-RD**,

则 (1) $\Rightarrow$ (2); 若 (X, δ) 是局部超紧的, 则 (2) $\Rightarrow$ (1).

由命题 3.3.6 和推论 4.6.4, 有下述

推论 4.6.6 设 (X, δ) 为 sober 空间, 则 $P = (X, \leqslant_\delta)$ 是 **dcpo**, $\delta \subseteq \sigma(P)$.

由定理 3.1.4、命题 3.3.3、命题 3.3.6 和推论 4.6.5, 有下述

推论 4.6.7 设 P 为拟连续 domain, 则 $(P, \sigma(P))$ 为局部超紧的 sober 空间.

在定理 4.6.3 中, 若无 "$\mathcal{C} \subseteq Q(X)$" 这个条件时, " (1) $\Rightarrow$ (2)" 一般不再成立. 但由定理 4.6.3 的 " (2) $\Rightarrow$ (1)" 的证明, 有下述

命题 4.6.8 设 (X, δ) 是 T_0 空间, $\mathcal{C} \subseteq 2^X$ 是 (X, δ) 中的 Scott 族, (X, δ) 是 $\mathcal{C}$-well-filtered 的, 则 (X, δ) 是 sober 的.

由命题 4.6.8 和定理 4.6.3, 得到下述

推论 4.6.9 设 $\tau \leqslant \boldsymbol{u}$, (X, δ) 是 T_0 空间. 若 (X, δ) 是 τ-well-filtered 和局部 τ-紧的, 则对任意 $\alpha \leqslant \sigma$, (X, δ) 是 α-well-filtered 的.

4.7 拓扑函子与 sober 空间

定义 4.7.1 设 (X, δ) 为拓扑空间, 定义 $\Psi : \mathrm{Filt}(\delta) \to 2^X$ 如下:

$$\forall \mathcal{F} \in \mathrm{Filt}(\delta), \quad \Psi(\mathcal{F}) = \cap \mathcal{F}. \tag{4.7.1}$$

由定理 4.5.1、定理 4.6.3 和推论 4.6.9, 有下述

定理 4.7.2 设 (X, δ) 为 T_0 空间. 考虑下述条件:

(1) (X, δ) 为 sober 空间.

(2_1) $\forall \upsilon \leqslant \tau \leqslant \sigma$, (X, δ) 是 τ-sober 的, 即 $\forall \mathcal{F} \in \tau\text{-}\mathrm{Filt}(\delta)$, $\mathcal{F} = \Phi(\Psi(\mathcal{F}))$ (即 $\forall U \in \delta$, $\cap \mathcal{F} \subseteq U \Rightarrow U \in \mathcal{F}$).

(2_2) $\exists \upsilon \leqslant \tau \leqslant \sigma$, (X, δ) 是 τ-sober 的, 即 $\forall \mathcal{F} \in \tau\text{-}\mathrm{Filt}(\delta)$, $\mathcal{F} = \Phi(\Psi(\mathcal{F}))$ (即 $\forall U \in \delta$, $\cap \mathcal{F} \subseteq U \Rightarrow U \in \mathcal{F}$).

(2_3) $\exists \upsilon \leqslant \tau \leqslant \boldsymbol{u}$, (X, δ) 是 τ-sober 的, 即 $\forall \mathcal{F} \in \tau\text{-}\mathrm{Filt}(\delta)$, $\mathcal{F} = \Phi(\Psi(\mathcal{F}))$ (即 $\forall U \in \delta$, $\cap \mathcal{F} \subseteq U \Rightarrow U \in \mathcal{F}$).

(3) $\forall \upsilon \leqslant \tau \leqslant \sigma$, (X, δ) 是 τ-well-filtered 的, 即对任意由 τ-紧饱和集构成的滤子基 $\mathcal{K}$ (即 $Q_\tau(X)$ 中的定向族), $U \in \delta$, 若 $\cap \mathcal{K} \subseteq U$, 则 $\exists K \in \mathcal{K}$ 使 $K \subseteq U$.

(4) $\forall \upsilon \leqslant \tau \leqslant \sigma$, (X, δ) 是 τ-well-filtered 的.

(5) 对某个 $\upsilon \leqslant \tau \leqslant \sigma$, (X, δ) 是 τ-well-filtered 的,

则 (1) $\Leftrightarrow$ (2_1) $\Leftrightarrow$ (2_2) $\Leftrightarrow$ (2_3) $\Rightarrow$ (3) $\Rightarrow$ (4) $\Rightarrow$ (5); 若 (X, δ) 是局部 τ-紧的, 则 (5) $\Rightarrow$ (1), 从而所有的条件等价.

作为推论, 得到下述两个结论 (分别令 $\tau = \sigma$ 和 $\tau = \upsilon$).

定理 4.7.3 (Hofmann-Mislove 定理) [99,149,181,182] 设 (X, δ) 为 T_0 空间. 考虑下述条件:

(1) (X, δ) 为 sober 空间.

(2) $\forall \mathcal{F} \in \sigma\text{-Filt}(\delta)$, $\exists K \in Q(X)$ 使 $\mathcal{F} = \Phi(K) = \{U \in L : K \subseteq U\}$.

(3) $\forall \mathcal{F} \in \sigma\text{-Filt}(\delta)$, $\mathcal{F} = \Phi(\Psi(\mathcal{F}))$ (即 $\forall U \in \delta$, 若 $\cap \mathcal{F} \subseteq U$, 则 $U \in \mathcal{F}$).

(4) (X, δ) 是 well-filtered 的, 即对任意由紧饱和集构成的滤子基 $\mathcal{K}$ (即 $Q(X)$ 中的定向族), $U \in \delta$, 若 $\cap \mathcal{K} \subseteq U$, 则 $\exists K \in \mathcal{K}$ 使 $K \subseteq U$.

则 (1) $\Leftrightarrow$ (2) $\Leftrightarrow$ (3) $\Rightarrow$ (4); 若 (X, δ) 局部紧的, 则有 (4) $\Rightarrow$ (1), 从而所有条件等价.

定理 4.7.4 设 (X, δ) 为 T_0 空间. 考虑下述条件:

(1) (X, δ) 为 sober 空间.

(2) $\forall \mathcal{F} \in \upsilon\text{-Filt}(\delta)$, $\exists K \in H(X)$ 使 $\mathcal{F} = \Phi(K) = \{U \in L : K \subseteq U\}$.

(3) $\forall \mathcal{F} \in \upsilon\text{-Filt}(\delta)$, $\mathcal{F} = \Phi\ (\Psi(\mathcal{F}))$ (即 $\forall U \in \delta$, 若 $\cap \mathcal{F} \subseteq U$, 则 $U \in \mathcal{F}$).

(4) (X, δ) 具有强 Rudin 性质, 即对任意由超紧饱和集构成的滤子基 $\mathcal{H}$ (即 $Q_\upsilon(X) = H(X)$ 中的定向族), $U \in \delta$, 若 $\cap \mathcal{H} \subseteq U$, 则 $\exists H \in \mathcal{H}$ 使 $K \subseteq U$.

则 (1) $\Leftrightarrow$ (2) $\Leftrightarrow$ (3) $\Rightarrow$ (4); 若 (X, δ) 局部超紧的, 则有 (4) $\Rightarrow$ (1), 从而所有条件等价.

注 4.7.5 寇辉在文献 [182] 中构造了一个 **dcpo**P, $(P, \sigma(P))$ 是 well-filtered 的, 但 $(P, \sigma(P))$ 不是 sober 空间. 因而 well-filtered 性严格弱于 sober 性, 即定理 4.7.3 中的条件 (4) 严格弱于条件 (1) (即推论 4.6.4 中的条件 (2) 严格弱于条件 (1)).

由命题 4.3.17 和定理 4.7.2, 得到下述

推论 4.7.6 设 $\upsilon \leqslant \tau \leqslant \sigma$, (X, δ) 为 sober 空间. 则

(1) 对任意由非空 τ-紧饱和集构成的滤子基 $\mathcal{K}$ (即 $Q_\tau^*(X)$ 中的定向族), $\cap \mathcal{K} \in Q_\tau^*(X)$, 即 $\cap \mathcal{K}$ 是非空 τ-紧饱和集.

(2) $Q_\tau^*(X)$ 和 $Q_\tau(X)$ 均是 **dcpo** 和交半格.

(3) 若 (X, δ) 为局部 τ-紧的, 则 $Q_\tau^*(X)$ 和 $Q_\tau(X)$ 均是连续半格, 特别地, 是连续 domain.

分别令 $\tau = \sigma$ 和 $\tau = \upsilon$, 则得到下述

推论 4.7.7 [99] 设 (X, δ) 为 sober 空间, 则

(1) 对任意由非空紧饱和集构成的滤子基 $\mathcal{K}$ (即 $Q^*(X)$ 中的定向族), $\cap\mathcal{K}\in Q^*(X)$, 即 $\cap\mathcal{K}$ 是非空紧饱和集.

(2) $Q^*(X)$ 和 $Q(X)$ 均是 **dcpo** 和交半格.

(3) 若 (X,δ) 为局部紧的, 则 $Q^*(X)$ 和 $Q(X)$ 均是连续半格, 特别地, 是连续 domain.

推论 4.7.8 [408] 设 (X,δ) 为 sober 空间, 则

(1) 对任意由非空超紧饱和集构成的滤子基 $\mathcal{H}$ (即 $Q_{\upsilon}^*(X)=H^*(X)$ 中的定向族), $\cap\mathcal{H}\in Q_{\upsilon}^*(X)=H^*(X)$, 即 $\cap\mathcal{H}$ 是非空超紧饱和集.

(2) $H^*(X)$ 和 $H(X)$ 均是 **dcpo** 和交半格.

(3) 若 (X,δ) 为局部超紧的, 则 $H^*(X)$ 和 $H(X)$ 均是连续半格, 特别地, 是连续 domain.

由推论 3.1.5 (或推论 4.6.7) 和推论 4.7.7, 有下述

推论 4.7.9 设 P 是拟连续 domain, 则

(1) 对任意由非空 Scott 紧上集构成的滤子基 $\mathcal{K}$ (即 $Q^*(P,\sigma(P))$ 中的定向族), $\cap\mathcal{K}$ 是 Scott 紧上集 (即 $\cap\mathcal{K}\in Q^*(P,\sigma(P)))$.

(2) $Q^*(P,\sigma(P))$ 和 $Q(P,\sigma(P))$ 均是连续 domain 和交半格.

由拟超连续 domain 是拟连续 domain, 且 $\sigma(P)=\upsilon(P)$ (见定理 6.2.12), 故由推论 3.1.5 和推论 4.7.8, 有下述

推论 4.7.10 设 P 是拟超连续 domain, 则

(1) 对 $Q^*(P,\upsilon(P))$ 中任意定向族 $\mathcal{K}$, $\cap\mathcal{K}\in Q^*(P,\upsilon(P))$.

(2) $Q^*(P,\upsilon(P))$ 和 $Q(P,\upsilon(P))$ 均是连续 domain 和交半格.

注 4.7.11 纵使 L 为连续格 (由推论 3.1.5, $(L,\sigma(L))$ 是 sober 的), $H_E((L,\sigma(L)))=\mathbf{Fin}\ L$ 对定向族的交也不一定封闭. 读者很容易自己给出反例. 所以推论 4.7.8 对 E-超紧一般不成立.

设 P 为偏序集. 记 $\upsilon_s(P)=\{P\backslash\downarrow x: x\in P\}\cup\{P\}\cup\{\varnothing\}$. 则 $\upsilon_s(P)$ 是半拓扑 (或开系统, 即 $\upsilon_s(P)$ 对任意并封闭, 但对有限交不一定封闭). 利用半拓扑函子 υ_s, 可以给出 sober 性的下述刻画.

定理 4.7.12 设 (X,δ) 为 T_0 空间, 则下述条件等价:

(1) (X,δ) 为 sober 的;

(2) $\forall\mathcal{F}\in\upsilon_s\text{-Prime}(\mathrm{Filt}(\delta))$, $\exists x\in X$ 使 $\mathcal{F}=\mathcal{O}(x)$;

(3) $\forall\mathcal{F}\in\upsilon_s\text{-Prime}(\mathrm{Filt}(\delta))$, $\exists S\in S(X)$ 使 $\mathcal{F}=\Phi(S)$;

(4) $\forall\mathcal{F}\in\upsilon_s\text{-Prime}(\mathrm{Filt}(\delta))$, $\mathcal{F}$ 是可表示的;

(5) $\forall\mathcal{F}\in\upsilon_s\text{-Prime}(\mathrm{Filt}(\delta))$, $\cap\mathcal{F}\in S(X)$, 且 $\mathcal{F}=\Phi(\cap\mathcal{F})$;

(6) Φ: $S(X)\to\upsilon_s\text{-Prime}(\mathrm{Filt}(\delta))$ 是同构, 其逆为 Ψ: $\upsilon_s\text{-Prime}(\mathrm{Filt}(\delta))\to S(X)$, $\Psi(\mathcal{F})=\cap\mathcal{F}$.

证明　(1) ⇒ (2): 设 (X, δ) 是 sober 的, $\mathcal{F} \in \upsilon_s$-Prime$\,(\mathrm{Filt}(\delta))$. 则 $\exists U \in$ PRIME$\,(\delta)\backslash\{X\}$ 使 $\mathcal{F} = \delta\backslash\downarrow U$. 由 (X, δ) 是 sober 的, $\exists x \in X$ 使 $U = X\backslash\mathrm{cl}_\delta\{x\}$. 故 $\mathcal{F} = \delta\backslash\downarrow(X\backslash\mathrm{cl}_\delta\{x\}) = \{V \in \delta : V \not\subseteq X\backslash\mathrm{cl}_\delta\{x\}\} = \{V \in \delta : x \in V\} = \mathcal{O}(x)$.

(2) ⇒ (3): 设 $\mathcal{F} \in \upsilon_s$-Prime$\,(\mathrm{Filt}(\delta))$, 则由 (2), $\exists x \in X$ 使 $\mathcal{F} = \mathcal{O}(x)$. 令 $S = \uparrow_\delta x$. 则 $S \in S(X)$, 且 $\mathcal{F} = \{V \in \delta : x \in V\} = \{V \in \delta : \uparrow_\delta x \subseteq V\} = \Phi(S)$.

(3) ⇒ (4): 显然.

(4) ⇒ (5): 设 $\mathcal{F} \in \upsilon_s$-Prime$\,(\mathrm{Filt}(\delta))$, 则由 (4), $\exists S \subseteq X$ 使 $\mathcal{F} = \Phi(S)$. 由 $\mathcal{F} \in \upsilon_s$-Prime$\,(\mathrm{Filt}(\delta))$ 和引理 3.3.15, 有 $S \in S(X)$. 而 $S = \cap\,\Phi(S) = \cap\mathcal{F}$. 故 $\cap\mathcal{F} \in S(X)$, 且 $\mathcal{F} = \Phi(\cap\mathcal{F})$.

(5) ⇒ (6): $\forall S \in S(X)$, 有 $\Phi(S) \in \upsilon_s$-Prime$\,(\mathrm{Filt}(\delta))$, 且 $S = \cap\,\Phi(S) = \Psi(\Phi(S))$. 另一方面, $\forall \mathcal{F} \in \upsilon_s$-Prime$\,(\mathrm{Filt}(\delta))$, 由 (5), 有 $\cap\mathcal{F} \in S(X)$, 且 $\mathcal{F} = \Phi(\cap F) = \Phi(\Psi(\mathcal{F}))$. 故 $\Phi : S(X) \to \upsilon_s$-Prime$\,(\mathrm{Filt}(\delta))$ 是同构, 其逆为 $\Psi : \upsilon_s$-Prime$\,(\mathrm{Filt}(\delta)) \to S(X)$, $\Psi(\mathcal{F}) = \cap\mathcal{F}$.

(6) ⇒ (1): 设 A 是 (X, δ) 中的既约闭集, 令 $\mathcal{F}_A = \delta\backslash\downarrow(X\backslash A)$. 则 $\mathcal{F} \in \upsilon_s$-Prime$\,(\mathrm{Filt}(\delta))$. 由 (6), $\mathcal{F}_A = \Phi(\cap\mathcal{F}_A)$. 若 $\forall a \in A$, $A \neq \mathrm{cl}_\delta\{a\}$, 即 $X\backslash\mathrm{cl}_\delta\{a\} \not\subseteq X\backslash A$, 则 $X\backslash\mathrm{cl}_\delta\{a\} \in \mathcal{F}_A$. 故 $\cap\mathcal{F}_A \subseteq \bigcap\limits_{a\in A}(X\backslash\mathrm{cl}_\delta\{a\}) = X\backslash\bigcup\limits_{a\in A}\mathrm{cl}_\delta\{a\} = X\backslash A$; 从而 $X\backslash A \in \Phi(\cap\mathcal{F}_A) = \mathcal{F}_A = \delta\backslash\downarrow(X\backslash A)$, 矛盾. 故 $\exists a \in A$ 使 $A = \mathrm{cl}_\delta\{a\}$. 所以 (X, δ) 是 sober 的.

最后, 关于拓扑空间的 sober 性, 我们给出下述

注 4.7.13　设 (X, δ) 为 T_0 空间.

(1) (X, δ) 是 sober 的含义是其中的既约闭集只有单点闭包 $\mathrm{cl}_\delta\{x\}$ $(x \in X)$ 这种形式.

(2) 由定理 4.5.1, (X, δ) 是 sober 等价于 δ 中的完全素滤子 $\mathcal{F}$ (由引理 4.4.9), Prime$\,(\mathrm{Filt}(\delta) = \{\mathcal{M}_A : A \in$ COPRIME$\,(\delta^c)\backslash\,\{\varnothing\}\})$ 只有 $\mathcal{O}(x)(x \in X)$ 这种.

(3) 在 δ 中的所有完全素滤子中, 只有 $\mathcal{O}(x)$ 这种完全素滤子是可 (强紧) 表达的, 故 (X, δ) 是 sober 等价于 δ 中的每个完全素滤子是可 (强紧) 表达的, 当然也等价于 $\mathcal{M}_A(A \in$ COPRIME$\,(\delta^c)\backslash\,\{\varnothing\})$ 均是可 (紧) 表达.

(4) 由于 δ 中可表达的滤子之交仍是可表达的, 故 (X, δ) 是 sober 等价于 δ 中的任意一族完全素滤子之交是可表达的.

(5) 由 Stone 引理 (即引理 4.4.1), δ 中的每个 Scott 开滤子均可表示为 δ 中的一族完全素滤子的交, 故 (X, δ) 是 sober 等价于 δ 中的每个 Scott 开滤子是可 (紧) 表达的.

(6) 最后, (X, δ) 是 sober 等价于介于 δ 中的完全素滤子与 Scott 开滤子之间的所有滤子都是可 (相应紧) 表达的; 因而有关于 sober 空间刻画的定理 4.7.2.

4.8 拓扑函子与 Hofmann-Mislove 定理

sober 空间最重要的性质之一是下述著名的 Hofmann-Mislove 定理.

定理 4.8.1[149] 设 (X, δ) 为 sober 空间, $L = (\delta, \subseteq)$. 则映射

$$K \mapsto \Phi(K) = \{U \in L : K \subseteq U\} : Q(X) \to \sigma\text{-Filt}(\delta) \tag{4.8.1}$$

是序同构, 其逆为

$$\mathcal{F} \mapsto \Psi(\mathcal{F}) = \cap\mathcal{F} : \sigma\text{-Filt}(\delta) \to Q(X). \tag{4.8.2}$$

设 (X, δ) 为拓扑空间, $\uparrow_\delta A = A \subseteq X$. 则 $A \in Q(X) \Leftrightarrow \Phi(A) = \{U \in \delta : A \subseteq U\} \in \sigma\text{-Filt}(\delta)$. Hofmann-Mislove 定理表明: 当 (X, δ) 为 sober 空间时, 所有 $(\delta, \subseteq)$ 上的 Scott 开滤子都是 $\Phi(K)(K \in Q(X))$ 这种形式. 事实上, 由定理 4.5.1 知, 这一性质恰好是 sober 空间的一个特征.

近二十年来, Hofmann-Mislove 定理被推广到了更一般的偏序集、拓扑空间和双拓扑空间, 建立了相应类型的 Hofmann-Mislove 定理 [170,198,199]. 需要指出的是, 这些 Hofmann-Mislove 定理均是对 Scott 拓扑函子建立的. 由定理 4.7.2, Hofmann-Mislove 定理可推广至一般的拓扑函子, 即我们可以建立更为广泛的、统一的 Hofmann-Mislove 定理.

定理 4.8.2 (一般 Hofmann-Mislove 定理) 设 $\upsilon \leqslant \tau \leqslant \sigma$, (X, δ) 为 sober 空间. 则

$$\Phi : Q_\tau(X) \to \tau\text{-Filt}(\delta), \quad \Phi(K) = \{U \in \delta : K \subseteq U\},$$

$$\Psi : \tau\text{-Filt}(\delta) \to Q_\tau(X), \quad \Psi(\mathcal{F}) = \cap\mathcal{F}$$

是 $Q_\tau(X)$ 与 $\tau\text{-Filt}(\delta)$ 之间的序同构, Ψ 是 Φ 的逆.

$\tau = \sigma$ 时就是经典的 Hofmann-Mislove 定理. 令 $\tau = \upsilon$, 则得到下述

定理 4.8.3 (关于超紧的 Hofmann-Mislove 定理)[408] 设 (X, δ) 为 sober 空间. 则

$$\Phi : Q_\upsilon(X) = H(X) \to \upsilon\text{-Filt}(\delta), \quad \Phi(K) = \{U \in \delta : K \subseteq U\},$$

$$\Psi : \upsilon\text{-Filt}(\delta) \to Q_\upsilon(X) = H(X), \quad \Psi(\mathcal{F}) = \cap\mathcal{F}$$

是 $H(X)$ 与 $\upsilon\text{-Filt}(\delta)$ 之间的序同构, Ψ 是 Φ 的逆.

第 5 章　超连续拓扑

本章主要讨论超连续拓扑及超代数拓扑的一些重要性质, 给出它们的若干刻画. 特别地, 讨论了分配超连续格和分配超代数格的拓扑表示问题; 给出了超连续(代数) sober 拓扑的序特征; 讨论了局部超紧空间的 Hoare 幂空间与 Smyth 幂空间的性质; 基于拓扑的超连续性, 给出了 Lawson 问题的一个部分解答.

5.1 节给出了超连续拓扑和超代数拓扑的若干刻画, 尤其是基于从上集格 (赋予拓扑诱导的特殊化序) 到拓扑开集格的拓扑内核算子之 Scott 连续性的刻画.

5.2 节引入了格之素谱 Spec L 上的 hull-kernel 拓扑及其谱空间, 给出了分配连续格和分配代数格的拓扑表示定理. 基于超连续格的内蕴式刻画, 建立了分配超连续格和分配超代数格的拓扑表示定理, 即对分配超连续格和分配超代数格 L, 证明了赋予 hull-kernel 拓扑的谱空间 Spec L 分别是局部超紧的 sober 空间和超局部紧的 sober 空间; 反之, 局部超紧 sober 空间的开集格和超局部紧 sober 空间的开集格分别是分配超连续格和分配超代数格, 因而分配超连续格范畴和分配超代数格范畴分别对偶等价于局部超紧 sober 空间范畴和超局部紧 sober 空间范畴.

5.3 节引入了 C-空间、B-空间、Hoare 幂空间、Smyth 幂空间等概念, 讨论了局部超紧空间的性质, 特别是局部超紧关于 Hoare 幂空间与 Smyth 幂空间构造是否封闭的问题, 证明了 T_0 空间为局部超紧空间的当且仅当其 Hoare 幂空间为局部超紧空间, 局部超紧空间的 Smyth 幂空间为 C-空间, 超局部紧空间的 Smyth 幂空间为 B-空间.

5.4 节从超连续 (代数) 的 sober 性这一角度给出拟连续 (代数) domain 上 Scott 拓扑的一个描述, 证明了集 X 上的 T_0 拓扑 δ 是超连续 (代数) 和 sober 的当且仅当在诱导序 $\leqslant_\delta$ 下 X 是拟连续 (代数) domain, 且 δ 是 X 上的 Scott 拓扑. 对完全分配 (强代数) 的 sober 拓扑, 有类似的结论.

5.5 基于拓扑的超连续性讨论了严格完全正则性, 证明了若 δ 是偏序集 P 上的序相容的超连续拓扑, δ 诱导的 Lawson 拓扑 $\lambda_\delta(P)$ 中的下开集是 ω-开的, 则 $(P, \lambda_\delta(P))$ 为严格完全正则序空间. 特别地, 若 (拟) 连续 domain P 上的 Lawson 开下集是 ω-开的, 则 P 赋予 Lawson 拓扑是严格完全正则序空间, 这给出了 Lawson 问题的一个部分解答.

5.1 拓扑的超连续性

众所周知, 偏序集的 (超) 连续性等价于其上 (上拓扑) Scott 拓扑的完全分配性. 相应地, 偏序集的拟 (超) 连续性等价于其上 Scott 拓扑 (上拓扑) 的超连续性. 因而, 超连续拓扑是一类重要的拓扑, 自然引起人们的关注 (参看文献 [75, 76, 99, 101, 102, 395, 398, 400]).

为讨论超连续拓扑的刻画及性质, 首先描述拓扑开集格中的关系 $\prec$.

引理 5.1.1 设 (X, δ) 是 T_0 空间, $U, V \in \delta\backslash\{\varnothing\}$. 则下述各条件等价:

(1) 在 δ 中 $V \prec U$;

(2) $\exists F \in U^{(<\omega)}$ 使 $V \subseteq \uparrow_\delta F$;

(3) $\exists F \in U^{(<\omega)}$ 使 $V \subseteq \mathrm{int}_\delta \uparrow_\delta F$.

证明 (1) $\Rightarrow$ (2): 设 $V \prec U$, 则 $U \in \mathrm{int}_{\upsilon(\delta)} \uparrow V$; 从而 $\exists\{V_1, V_2, \cdots, V_n\} \in \delta^{(<\omega)}$ 使 $U \in \delta\backslash \downarrow\{V_1, V_2, \cdots, V_n\} \subseteq \uparrow V$. $\forall i \in \{1, 2, \cdots, n\}$, 任取 $u_i \in U\backslash V_i$. 令 $F = \{u_1, u_2, \cdots, u_n\}$. 则 $F \in U^{(<\omega)}$. 下证 $V \subseteq \uparrow_\delta F$. 反之, 若 $V \not\subseteq \uparrow_\delta F$, 则 $v \in V\backslash \uparrow_\delta F$. 故 $F \subseteq X\backslash \mathrm{cl}_\delta\{v\} \in \delta$. 因而 $X\backslash \mathrm{cl}_\delta\{v\} \in \delta\backslash \downarrow\{V_1, V_2, \cdots, V_n\} \subseteq \uparrow V$. 故 $v \in V \subseteq X\backslash \mathrm{cl}_\delta\{v\}$, 矛盾. 所以 $V \subseteq \uparrow_\delta F$.

(2) $\Leftrightarrow$ (3): 显然.

(2) $\Rightarrow$ (1): 记 $F = \{w_1, w_2, \cdots, w_m\}$. $\forall j \in \{1, 2, \cdots, m\}$, 令 $W_j = X\backslash \mathrm{cl}_\delta\{w_j\}$. 下证 $U \in \delta\backslash \downarrow\{W_1, W_2, \cdots, W_m\} \subseteq \uparrow V$. 由 $F \subseteq U$, 有 $U \in \delta\backslash \downarrow\{W_1, W_2, \cdots, W_m\}$. 设 $W \in \delta\backslash \downarrow\{W_1, W_2, \cdots, W_m\}$, 则 $\forall j \in \{1, 2, \cdots, m\}$, $W \not\subseteq W_j$, 从而 $w_j \in W$. 故 $F \subseteq W$. 所以 $V \subseteq \uparrow_\delta F \subseteq W$, 即证明了 $U \in \delta\backslash \downarrow\{W_1, W_2, \cdots, W_m\} \subseteq \uparrow V$. 因而在 δ 中 $V \prec U$.

推论 5.1.2 设 (X, δ) 是 T_0 空间, $U \in \delta\backslash\{\varnothing\}$. 则下述各条件等价:

(1) 在 δ 中 $U \prec U$;

(2) $\exists F \in U^{(<\omega)}$ 使 $U = \uparrow_\delta F$;

(3) $\exists F \in U^{(<\omega)}$ 使 $U = \mathrm{int}_\delta \uparrow_\delta F$.

推论 5.1.3 设 P 为偏序集, $U, V \in \sigma(P)$. 则下述各条件等价:

(1) 在 $\sigma(P)$ 中 $V \prec U$;

(2) $\exists F \in U^{(<\omega)}$ 使 $V \subseteq \uparrow F$;

(3) $\exists F \in U^{(<\omega)}$ 使 $V \subseteq \mathrm{int}_{\sigma(P)} \uparrow F$.

推论 5.1.4 设 P 为偏序集, $U \in \sigma(P)$. 则下述各条件等价:

(1) 在 $\sigma(P)$ 中 $U \prec U$;

(2) $\exists F \in U^{(<\omega)}$ 使 $U = \uparrow F$;

(3) $\exists F \in U^{(<\omega)}$ 使 $U = \mathrm{int}_{\sigma(P)} \uparrow F$.

推论 5.1.5 设 P 为偏序集, $U, V \in \upsilon(P)$. 则下述各条件等价:

(1) 在 $\upsilon(P)$ 中 $V \prec U$;

(2) $\exists F \in U^{(<\omega)}$ 使 $V \subseteq \uparrow F$;

(3) $\exists F \in U^{(<\omega)}$ 使 $V \subseteq \mathrm{int}_{\upsilon(P)} \uparrow F$.

推论 5.1.6　设 P 为偏序集, $U \in \upsilon(P)$. 则下述各条件等价:

(1) 在 $\upsilon(P)$ 中 $U \prec U$;

(2) $\exists F \in U^{(<\omega)}$ 使 $U = \uparrow F$;

(3) $\exists F \in U^{(<\omega)}$ 使 $U = \mathrm{int}_{\upsilon(P)} \uparrow F$.

对偶地, 有下述

推论 5.1.7　设 P 为偏序集, $U, V \in \omega(P)$. 则下述各条件等价:

(1) 在 $\omega(L)$ 中 $V \prec U$;

(2) $\exists F \in U^{(<\omega)}$ 使 $V \subseteq \downarrow F$;

(3) $\exists F \in U^{(<\omega)}$ 使 $V \subseteq \mathrm{int}_{\omega(P)} \downarrow F$.

推论 5.1.8　设 P 为偏序集, $U \in \omega(L)$. 则下述各条件等价:

(1) 在 $\omega(L)$ 中 $U \prec U$;

(2) $\exists F \in U^{(<\omega)}$ 使 $U = \downarrow F$;

(3) $\exists F \in U^{(<\omega)}$ 使 $U = \mathrm{int}_{\omega(P)} \downarrow F$.

下面给出拓扑之超连续性的刻画.

定理 5.1.9　设 (X, δ) 为拓扑空间, 考虑下述各条件:

(1) $L = (\delta, \subseteq)$ 是超连续格;

(2) (X, δ) 是局部超紧的, 即 $\forall x \in X, U \in \delta, x \in U, \exists F \in X^{(<\omega)}$ 使 $x \in \mathrm{int}_\delta \uparrow_\delta F \subseteq \uparrow_\delta F \subseteq U$;

(3) $\forall x \in X, U \in \delta, x \in U, \exists \uparrow_\delta F \in \mathcal{F}_\delta(x)$ 使 $\uparrow_\delta F \subseteq U$;

(4) 对 (X, δ) 中的任意紧子集 K, $U \in \delta$, $K \subseteq U$, $\exists \uparrow_\delta F \in \mathcal{F}_\delta(K)$ 使 $\uparrow_\delta F \subseteq U$;

(5) 对 (X, δ) 中的任意紧子集 K, $\mathcal{F}_\delta(K)$ 是定向的, 且 $\cap\mathcal{F}_\delta(K) = \uparrow K$;

(6) $\forall x \in X$, $\mathcal{F}_\delta(x)$ 是定向的, 且 $\cap\mathcal{F}_\delta(x) = \uparrow_\delta x$.

则 (1) $\Leftrightarrow$ (2) $\Leftrightarrow$ (3) $\Leftrightarrow$ (4) $\Rightarrow$ (5) $\Rightarrow$ (6); 若 $(X, \delta) \in$ **F-RD**, 则 (6) $\Rightarrow$ (3), 从而所有条件等价.

证明　(1) $\Rightarrow$ (2): 设 $x \in X$, $U \in \delta$, $x \in U$. 由 δ 是超连续格, $\exists V \in \delta$ 使 $x \in V \prec U$. 由引理 5.1.1, $\exists F \in U^{(<\omega)}$ 使 $V \subseteq \uparrow_\delta F$. 因而 $x \in V \subseteq \mathrm{int}_\delta \uparrow_\delta F \subseteq \uparrow_\delta F \subseteq U$.

(2) $\Rightarrow$ (1): 设 $U \in \delta$, $x \in U$. 由 (2), $\exists F \in X^{(<\omega)}$ 使 $x \in \mathrm{int}_\delta \uparrow_\delta F \subseteq \uparrow_\delta F \subseteq U$. 由引理 5.1.1, $\mathrm{int}_\delta \uparrow_\delta F \prec U$. 故 $U = \cup\{V \in \delta : V \prec U\}$. 所以 $L = (\delta, \subseteq)$ 是超连续格.

(2) $\Leftrightarrow$ (3): 由 $\mathcal{F}_\delta\,(\text{-}) : \mathcal{P}(X) \to \mathcal{P}\,(\mathbf{Fin}(X, \leqslant_\delta))$ 的定义.

(3) $\Rightarrow$ (4): 设 K 为 (X,δ) 中的紧子集, $U\in\delta$, $K\subseteq U$. $\forall x\in K$, 由 (3), $\exists\uparrow_\delta F_x\in\mathcal{F}_\delta(K)$ 使 $\uparrow_\delta F_x\subseteq U$. 则 $K\subseteq\cup\{\mathrm{int}_\delta\uparrow_\delta F_x : x\in K\}$. 由 K 的紧性, $\exists E\in K^{(<\omega)}$ 使 $K\subseteq\cup\{\mathrm{int}_\delta\uparrow_\delta F_x : x\in E\}$. 令 $F=\cup\{F_x : x\in E\}$. 则 $\uparrow_\delta F\in\mathcal{F}_\delta(K)$, 且 $\uparrow_\delta F\subseteq U$.

(4) $\Rightarrow$ (3): 显然.

(4) $\Rightarrow$ (5): 设 K 为 (X,δ) 中的紧子集, 由 (4) 和 $X\in\delta$, $\mathcal{F}_\delta(K)\neq\varnothing$. 下证 $\mathcal{F}_\delta(K)$ 是定向的. 设 $\uparrow_\delta F_1,\uparrow_\delta F_2\in\mathcal{F}_\delta(K)$, 则 $K\subseteq\mathrm{int}_\delta\uparrow_\delta F_1\cap\mathrm{int}_\delta\uparrow_\delta F_2$. 由 (4), $\exists\uparrow_\delta F_3\in\mathcal{F}_\delta(K)$ 使 $\uparrow_\delta F_3\subseteq\mathrm{int}_\delta\uparrow_\delta F_1\cap\mathrm{int}_\delta\uparrow_\delta F_2\subseteq\uparrow_\delta F_1\cap\uparrow_\delta F_2$. 故 $\mathcal{F}_\delta(K)$ 是定向的. 最后证 $\cap\mathcal{F}_\delta(K)=\uparrow_\delta K$. 显然有 $\uparrow_\delta K\subseteq\cap\mathcal{F}_\delta(K)$. 另一方面, 若 $x\notin\uparrow_\delta K$, 则 $K\subseteq X\backslash\downarrow_\delta x=X\backslash\mathrm{cl}_\delta\{x\}$, 由 (4), $\exists\uparrow_\delta F\in\mathcal{F}_\delta(K)$ 使 $\uparrow_\delta F\subseteq X\backslash\mathrm{cl}_\delta\{x\}$; 因而 $x\notin\cup\mathcal{F}_\delta(K)$. 故 $\cap\mathcal{F}_\delta(K)=\uparrow K$.

(5) $\Rightarrow$ (6): 由 $\{x\}$ 为紧子集.

(6) $\Rightarrow$ (3): 现假设 $(X,\delta)\in$ **F-RD**. $\forall x\in X, U\in\delta$, 若 $x\in U$, 则 $\uparrow_\delta x\subseteq U$. 由 (6), $\mathcal{F}_\delta(x)$ 是定向的, 且 $\cap\mathcal{F}_\delta(x)=\uparrow_\delta x\subseteq U$. 由 $(X,\delta)\in$ **F-RD**, $\exists\uparrow_\delta F\in\mathcal{F}_\delta(x)$ 使 $\uparrow_\delta F\subseteq U$.

推论 5.1.10 设 (X,δ) 为拓扑空间, $(\delta,\subseteq)$ 是超连续格 (特别地, 是完全分配格). 若 $P=(X,\leqslant_\delta)$ 是 **dcpo**, 则 $\sigma(P)\subseteq\delta$.

证明 $\forall U\in\sigma(P)$, 下证 $U\in\delta$. $\forall x\in U$, 由定理 5.1.9, $\cap\mathcal{F}_\delta(x)=\uparrow_\delta x\subseteq U$, 且 $\mathcal{F}_\delta(x)$ 是定向的; 从而由推论 3.2.2, $\exists\uparrow_\delta F\in\mathcal{F}_\delta(x)$ 使 $\uparrow F\subseteq U$, 即 $x\in\mathrm{int}_\delta\uparrow_\delta F\subseteq\uparrow_\delta F\subseteq U$. 故 $U\in\delta$.

推论 5.1.10 可以用另一个等价方式表述如下.

推论 5.1.10′ 设 P 是 **dcpo**, τ 是 P 上的序相容的超连续拓扑 (即 $\upsilon(P)\subseteq\tau\subseteq\mathbf{up}(P)$), 则 $\sigma(P)\subseteq\tau$.

推论 5.1.11 设 P 是 **dcpo**, τ 是 P 上的超连续拓扑, $\upsilon(P)\subseteq\tau\subseteq\sigma(P)$. 则 $\tau=\sigma(P)$.

由命题 3.3.3 和定理 5.1.9, 得到下述

推论 5.1.12 设 (X,δ) 为拓扑空间, $(\delta,\subseteq)$ 是超连续格, 则 (X,δ) 中的紧子集是超紧的.

由推论 5.1.12 和推论 5.1.3, 有下述

推论 5.1.13 设 P 是 Z-拟连续 domain, 则 $(P,\sigma_Z(P))$ 中的紧子集是超紧的. 特别地, 若 P 是拟连续 domain, 则 $(P,\sigma(P))$ 中的紧子集是超紧的.

引理 5.1.14[408] 对拓扑空间 (X,τ), 下述各条件等价:

(1) (X,τ) 为局部超紧;

(2) $\forall U\in\tau$, $x\in U$, $\exists\mathcal{H}\in\upsilon(\tau)$ 使 $U\in\mathcal{H}$, 且 $\bigcap\limits_{V\in\mathcal{H}}V$ 是 x 在 (X,τ) 中的一个邻域.

证明　(1) ⇒ (2): 设 $U \in \tau$, $x \in U$. 则由 (X,τ) 为局部超紧的, $\exists F \in X^{(<\omega)}$ 使 $x \in \mathrm{int}_\tau \uparrow_\tau F \subseteq \uparrow_\tau F \subseteq U$. 由引理 5.1.1, 有 $\mathrm{int}_\tau \uparrow_\tau F \prec U$ 由 $\prec$ 的定义, $\exists \mathcal{H} \in \upsilon(\tau)$ 使 $U \in \mathcal{H} \subseteq \uparrow_\tau \mathrm{int}_\tau \uparrow_\tau F$; 从而 $x \in \mathrm{int}_\tau \uparrow_\tau F \subseteq \bigcap\limits_{V \in \mathcal{H}} V$.

(2) ⇒ (1): $\forall U \in \tau$, $x \in U$, 设 $\mathcal{H} \in \upsilon(\tau)$ 满足 (2) 中的条件, 则 $\exists W \in \tau$ 使 $x \in W \subseteq \bigcap\limits_{V \in \mathcal{H}} V$; 从而 $U \in \mathcal{H} \subseteq \uparrow W$. 故 $x \in W \prec U$. 所以 τ 是超连续格, 即 (X, τ) 为局部超紧.

类似于超连续情形, 有下述

定理 5.1.15[416,421]　设 (X, δ) 为拓扑空间, 考虑下述各条件:

(1) $L = (\delta, \subseteq)$ 是超代数格;

(2) (X, δ) 是超局部紧的, 即 $\forall x \in X$, $U \in \delta$, $x \in U$, $\exists F \in X^{(<\omega)}$ 使 $x \in \mathrm{int}_\delta \uparrow_\delta F = \uparrow_\delta F \subseteq U$;

(3) 对 (X, δ) 中的任意紧子集 $K, U \in \delta, K \subseteq U, \exists \uparrow_\delta F \in \mathcal{F}_\delta(K)$ 使 $\uparrow_\delta F \in \delta$ 且 $\uparrow_\delta F \subseteq U$;

(4) 对 (X, δ) 中的任意紧子集 K, $\{\uparrow_\delta F \in \mathbf{Fin}\ (X, \leqslant_\delta) : K \subseteq \uparrow_\delta F \in \delta\}$ 是定向的, 且 $\cap\{\uparrow_\delta F \in \mathbf{Fin}\ (X, \leqslant_\delta) : K \subseteq \uparrow_\delta F \in \delta\} = \uparrow K$;

(5) $\forall x \in X$, $\{\uparrow_\delta F \in \mathbf{Fin}\ (X, \leqslant_\delta) : x \in \uparrow_\delta F \in \delta\}$ 是定向的, 且 $\cap\{\uparrow_\delta F \in \mathbf{Fin}\ (X, \leqslant_\delta) : x \in \uparrow_\delta F \in \delta\} = \uparrow x$.

则 (1) ⇔ (2) ⇔ (3) ⇒ (4) ⇒ (5); 若 $(X, \delta) \in$ **F-RD**, 则 (5) ⇒ (2), 从而所有条件等价.

推论 5.1.16　设拓扑空间 (X, δ) 是超局部紧的, 若 $U \subseteq X$ 是 (X, δ) 中的紧开集, 则 $\exists F \in X^{(<\omega)}$ 使 $U = \uparrow_\delta F$.

类似于关于局部超紧空间的定理 5.1.9, 对局部紧空间有下述

命题 5.1.17　设 (X, δ) 为拓扑空间, 考虑下述各条件:

(1) (X, δ) 是局部紧的;

(2) $\forall x \in X, U \in \delta, x \in U, \exists \uparrow_\delta K \in \mathcal{K}_\delta(x)$ 使 $\uparrow_\delta K \subseteq U$;

(3) 对 (X, δ) 中的任意紧子集 K, $U \in \delta$, $K \subseteq U$, $\exists \uparrow_\delta K' \in \mathcal{K}_\delta(K)$ 使 $\uparrow_\delta K' \subseteq U$;

(4) 对 (X, δ) 中的任意紧子集 K, $\mathcal{K}_\delta(K)$ 是定向的, 且 $\cap \mathcal{K}_\delta(K) = \uparrow_\delta K$;

(5) $\forall x \in X$, $\mathcal{K}_\delta(x)$ 是定向的, 且 $\cap \mathcal{K}_\delta(x) = \uparrow_\delta x$.

则 (1) ⇔ (2) ⇔ (3) ⇒ (4) ⇒ (5); 若 (X, δ) 为 well-filtered 空间, 则 (5) ⇒ (2), 从而所有条件等价.

证明　与定理 5.1.9 的证明相仿, 证明略.

下面给出拓扑超连续性的若干重要刻画.

定理 5.1.18[427]　设 (X, δ) 是拓扑空间, $P = (X, \leqslant_\delta)$. 则下述各条件等价:

(1) δ 是超连续格;

(2) $\mathrm{int}_\delta : \mathbf{up}\,(P) \to \delta$ 保任意交与定向并;

(2′) $\mathrm{cl}_\delta : \mathbf{down}(P) \to \delta^c$ 保任意并和滤子交;

(3) $\forall C \subseteq X$, $\mathrm{int}_\delta \uparrow_\delta C = \bigcup\limits_{F \in C^{(<\omega)}} \mathrm{int}_\delta \uparrow_\delta F$;

(4) $\forall U \in \delta$, $U = \bigcup\limits_{F \in U^{(<\omega)}} \mathrm{int}_\delta \uparrow_\delta F$;

(5) $\forall x \in X$, $U \in \delta$, $x \in U$, 有 $x \in \mathrm{cl}_\delta(\cup\{F \in U^{(<\omega)} : x \in \mathrm{int}_\delta \uparrow_\delta F\})$.

证明 (1) $\Rightarrow$ (2): $\forall\{\uparrow_\delta A_i : i \in I\} \subseteq \mathbf{up}(P)$, 有 $\mathrm{int}_\delta\left(\bigcap\limits_{i\in I} \uparrow_\delta A_i\right) = \mathrm{int}_\delta\left(\bigcap\limits_{i\in I} \mathrm{int}_\delta \uparrow_\delta A_i\right) = \bigwedge\limits_{i\in I}{}_\delta\, \mathrm{int}_\delta \uparrow_\delta A_i$, 故 int_δ 保任意交. 下证 int_δ 保定向并. $\forall\{\uparrow_\delta B_j : j \in J\} \subseteq \mathcal{D}\,(\mathbf{up}\,(P))$, $x \in \mathrm{int}_\delta\left(\bigcup\limits_{j\in J} \uparrow_\delta B_j\right)$, 由 δ 是超连续格和定理 5.1.9, $\exists F \in X^{(<\omega)}$ 使 $x \in \mathrm{int}_\delta \uparrow_\delta F \subseteq \uparrow_\delta F \subseteq \mathrm{int}_\delta\left(\bigcup\limits_{j\in J} \uparrow_\delta B_j\right) \subseteq \bigcup\limits_{j\in J} \uparrow_\delta B_j$. 由 F 是有限集和 $\{\uparrow_\delta B_j : j \in J\}$ 是定向的, $\exists j \in J$ 使 $\uparrow_\delta F \subseteq \uparrow_\delta B_j$; 从而 $x \in \mathrm{int}_\delta \uparrow_\delta F \subseteq \mathrm{int}_\delta \uparrow_\delta B_j$. 故 $\mathrm{int}_\delta\left(\bigcup\limits_{j\in J} \uparrow_\delta B_j\right) = \bigcup\limits_{j\in J} \mathrm{int}_\delta \uparrow_\delta B_j$. 所以 int_δ 保定向并.

(2) $\Leftrightarrow$ (2′): 显然.

(2) $\Rightarrow$ (3): $\forall C \subseteq X$, $\{\uparrow_\delta F : F \in C^{(<\omega)}\}$ 是定向族, 且 $\uparrow_\delta C = \bigcup\limits_{F \in C^{(<\omega)}} \uparrow_\delta F$. 由 (2), 有 $\mathrm{int}_\delta \uparrow_\delta C = \bigcup\limits_{F \in C^{(<\omega)}} \mathrm{int}_\delta \uparrow_\delta F$.

(3) $\Rightarrow$ (4): 显然.

(4) $\Rightarrow$ (5): 设 $U \in \delta$, $x \in U$. $\forall V \in \delta$, $x \in V$, 由 (4), $\exists G \in (U \cap V)^{(<\omega)}$ 使 $x \in \mathrm{int}_\delta \uparrow_\delta G \subseteq U \cap V$; 从而 $G \subseteq \cup\{F \in U^{(<\omega)} : x \in \mathrm{int}_\delta \uparrow_\delta F\}$, $\varnothing \neq G \subseteq V \cap (\cup\{F \in U^{(<\omega)} : x \in \mathrm{int}_\delta \uparrow_\delta F\})$. 故 $x \in \mathrm{cl}_\delta(\cup\{F \in U^{(<\omega)} : x \in \mathrm{int}_\delta \uparrow_\delta F\})$.

(5) $\Rightarrow$ (1): 设 $U \in \delta$, $x \in U$. 由 (5), $x \in \mathrm{cl}_\delta(\cup\{F \in U^{(<\omega)}: x \in \mathrm{int}_\delta \uparrow_\delta F\})$; 从而 $\cup\{F \in U^{(<\omega)}: x \in \mathrm{int}_\delta \uparrow_\delta F\} \neq \varnothing$. 因而 $\exists F \in U^{(<\omega)}$ 使 $x \in \mathrm{int}_\delta \uparrow_\delta F$. 故 $x \in \mathrm{int}_\delta \uparrow_\delta F \subseteq \uparrow_\delta F \subseteq U$. 由定理 5.1.9, δ 是超连续格.

推论 5.1.19 设 (X, δ) 为拓扑空间, δ 是超连续格, 则 $\forall x \in X$, $x \in \mathrm{cl}_\delta(\cup\{F \in X^{(<\omega)} : x \in \mathrm{int}_\delta \uparrow_\delta F\})$.

对超代数拓扑, 有下述

命题 5.1.20 设 (X, δ) 是拓扑空间, $P = (X, \leqslant_\delta)$. 则下述两个条件等价:

(1) δ 是超代数格;

(2) $\forall x \in X, U \in \delta, x \in U$, 有 $x \in \mathrm{cl}_\delta(\cup\{F \in U^{(<\omega)} : x \in \mathrm{int}_\delta \uparrow_\delta F = \uparrow_\delta F\})$.

证明 (1) ⇒ (2): 设 $x \in X, U \in \delta, x \in U$. 若 $x \notin \mathrm{cl}_\delta(\cup\{F \in U^{(<\omega)} : x \in \mathrm{int}_\delta \uparrow_\delta F = \uparrow_\delta F\})$. 令 $V = X \backslash \mathrm{cl}_\delta(\cup\{F \in U^{(<\omega)} : x \in \mathrm{int}_\delta \uparrow_\delta F = \uparrow_\delta F\})$. 则由 δ 是超代数格和定理 5.1.14, $\exists G \in (U \cap V)^{(<\omega)}$ 使 $x \in \mathrm{int}_\delta \uparrow_\delta G = \uparrow_\delta G$; 从而 $G \subseteq \cup\{F \in U^{(<\omega)} : x \in \mathrm{int}_\delta \uparrow_\delta F = \uparrow_\delta F\}$, 与 $G \subseteq V = X \backslash \mathrm{cl}_\delta(\cup\{F \in U^{(<\omega)} : x \in \mathrm{int}_\delta \uparrow_\delta F = \uparrow_\delta F\})$ 矛盾. 所以 $x \in \mathrm{cl}_\delta(\cup\{F \in U^{(<\omega)} : x \in \mathrm{int}_\delta \uparrow_\delta F = \uparrow_\delta F\})$.

(2) ⇒ (1): 设 $U \in \delta, x \in U$. 由 (3), $x \in \mathrm{cl}_\delta(\cup\{F \in U^{(<\omega)} : x \in \mathrm{int}_\delta \uparrow_\delta F = \uparrow_\delta F\})$; 从而 $\cup\{F \in U^{(<\omega)} : x \in \mathrm{int}_\delta \uparrow_\delta F = \uparrow_\delta F\} \neq \varnothing$. 因而 $\exists F \in U^{(<\omega)}$ 使 $x \in \mathrm{int}_\delta \uparrow_\delta F = \uparrow_\delta F$. 故 $x \in \mathrm{int}_\delta \uparrow_\delta F = \uparrow_\delta F \subseteq U$. 由推论 5.1.2 (或定理 5.1.15), $\mathrm{int}_\delta \uparrow_\delta F \prec \mathrm{int}_\delta \uparrow_\delta F \subseteq U$. 所以 $U = \cup\{V \in \delta : V \prec V \subseteq U\}$. 故 δ 是超代数格.

由定理 3.1.4、定理 3.1.6、注 3.1.11、命题 3.3.6 (或推论 3.2.2)、定理 5.1.9 和定理 5.1.15, 有下述两个推论.

推论 5.1.21 设 P 为偏序集, 考虑下述各条件:

(1) P 是拟连续的;

(2) $\sigma(P)$ 是超连续格;

(3) $(P, \sigma(P))$ 是局部超紧的, 即 $\forall x \in P, U \in \sigma(P), x \in U, \exists F \in P^{(<\omega)}$ 使 $x \in \mathrm{int}_{\sigma(P)} \uparrow F \subseteq \uparrow F \subseteq U$;

(4) 对 $(P, \sigma(P))$ 中的任意紧子集 K, $U \in \sigma(P)$, $K \subseteq U$, $\exists F \in P^{(<\omega)}$ 使 $K \subseteq \mathrm{int}_{\sigma(P)} \uparrow F \subseteq \uparrow F \subseteq U$;

(5) $\mathrm{int}_{\sigma(P)} : \mathbf{up}(P) \to \sigma(P)$ 保任意交和定向并;

(5′) $\mathrm{cl}_{\sigma(P)} : \mathbf{down}(P) \to \sigma(P)^c$ 保任意并和滤子交;

(6) $\forall C \subseteq P$, $\mathrm{int}_{\sigma(P)} \uparrow C = \bigcup\limits_{F \in C^{(<\omega)}} \mathrm{int}_{\sigma(P)} \uparrow F$;

(7) $\forall U \in \sigma(P)$, $U = \bigcup\limits_{F \in U^{(<\omega)}} \mathrm{int}_{\sigma(P)} \uparrow F$;

(8) $\forall x \in P, U \in \sigma(P), x \in U$, 有 $x \in \mathrm{cl}_{\sigma(P)}(\cup\{F \in U^{(<\omega)} : x \in \mathrm{int}_{\sigma(P)} \uparrow F\})$;

(9) 对 $(P, \sigma(P))$ 中的任意紧子集 K, $\{\uparrow F \in \mathbf{Fin}\ P : K \subseteq \mathrm{int}_{\sigma(P)} \uparrow F\}$ 是定向的, 且 $\cap \{\uparrow F \in \mathbf{Fin}\ P : K \subseteq \mathrm{int}_{\sigma(P)} \uparrow F\} = \uparrow K$;

(10) $\forall x \in P$, $\{\uparrow F \in \mathbf{Fin}\ P : x \in \mathrm{int}_{\sigma(P)} \uparrow F\}$ 是定向的, 且 $\cap \{\uparrow F \in \mathbf{Fin}\ P : x \in \mathrm{int}_{\sigma(P)} \uparrow F\} = \uparrow x$.

则 (1)—(8) 等价, (1) ⇒ (9) ⇒ (10); 若 P 为 **dcpo**, 则 (10) ⇒ (3), 从而所有条件等价.

推论 5.1.22 设 P 为偏序集, 考虑下述各条件:

(1) P 是拟代数的;

(2) $\sigma(P)$ 是超代数格;

(3) $(P, \sigma(P))$ 是超局部紧的, 即 $\forall x \in P$, $U \in \sigma(P)$, $x \in U$, $\exists F \in P^{(<\omega)}$ 使 $x \in \mathrm{int}_{\sigma(P)} \uparrow F = \uparrow F \subseteq U$;

(4) 对 $(P, \sigma(P))$ 中的任意紧子集 K, $U \in \sigma(P)$, $K \subseteq U$, $\exists F \in P^{(<\omega)}$ 使 $K \subseteq \mathrm{int}_{\sigma(P)} \uparrow F = \uparrow F \subseteq U$;

(5) $\forall x \in X$, $U \in \sigma(P)$, $x \in U$, 有 $x \in \mathrm{cl}_{\sigma(P)}(\cup\{F \in U^{(<\omega)} : x \in \mathrm{int}_{\sigma(P)} \uparrow F = \uparrow F\})$;

(6) 对 $(P, \sigma(P))$ 中的任意紧子集 K, $\{\uparrow F \in \mathbf{Fin}\ P : K \subseteq \uparrow F \in \sigma(P)\}$ 是定向的, 且 $\cap \{\uparrow F \in \mathbf{Fin}\ P : K \subseteq \uparrow F \in \sigma(P)\} = \uparrow K$;

(7) $\forall x \in P$, $\{\uparrow F \in \mathbf{Fin}\ P : x \in \uparrow F \in \sigma(P)\}$ 是定向的, 且 $\cap \{\uparrow F \in \mathbf{Fin}\ P : x \in \uparrow F \in \sigma(P)\} = \uparrow x$.

则 (1)—(5) 等价, (1) $\Rightarrow$ (6) $\Rightarrow$ (7); 若 P 为 **dcpo**, 则 (7) $\Rightarrow$ (3), 从而所有条件等价.

注 5.1.23 对完备格情形, 推论 5.1.21 中 (1), (2), (5) 和 (5′) 的等价性是由 Gierz 和 Lawson 在 [101](也见文献 [99, VII-3]) 中给出的; 对 **dcpo** 情形, 推论 5.1.21 中 (1), (2) 和 (5) 的等价性是由 Gierz、Lawson 和 Stralka 在文献 [102] 中给出的. 对完备格情形, 推论 5.1.22 中 (1) 和 (2) 的等价性是由 Venugopalan 在文献 [336] 中给出的.

最后, 关于超连续拓扑中的紧子集, 由定理 5.1.9, 有下述

命题 5.1.24 设拓扑空间 (X, τ) 是 T_0 的, $P = (X, \leqslant_\tau)$, τ 是超连续的. 若 P 中的上集 $A = \uparrow A$ 是 (X, τ) 中的紧集, 则 A 可表示为 $\mathbf{Fin}\ P$ 中的定向族之交.

5.2 分配超连续格的拓扑表示

格的拓扑表示, 可以追溯到 Stone 关于 Boolean 代数及分配格的拓扑表示的著名工作 (参看文献 [324, 325]). 在文献 [148] 中, Hofmann 与 Lawson 证明了: 对分配连续格 L, 赋予 hull-kernel 拓扑的谱空间 Spec L 是局部紧的 sober 空间; 反之, 局部紧 sober 空间的开集格是分配连续格. 分配连续格与局部紧 sober 空间之间的这种对应是函子式的, 因此相应的范畴是对偶等价的. 类似地, Gierz、Lawson 和 Stralka 在文献 [102] 得到了下述结论: 对分配超连续格 L, 赋予 hull-kernel 拓扑的谱空间 Spec L 是局部超紧的 sober 空间; 反之, 局部超紧 sober 空间的开集格是分配超连续格. 因而分配超连续格范畴对偶等价于局部超紧 sober 空间范畴.

在本节中, 有别于文献 [102, 148](也见文献 [98, 99]) 等所用的通常方法, 我们将基于超连续格的内蕴式刻画 (见引理 5.2.7), 建立分配超连续格的谱理论 (或分配超连续格的拓扑表示理论). 对分配超代数格, 我们进行了类似的讨论, 证明了: 对分配超代数格 L, 赋予 hull-kernel 拓扑的谱空间 Spec L 是超局部紧的 sober

空间; 反之, 超局部紧 sober 空间的开集格是分配超代数格. 因而分配超代数格范畴对偶等价于超局部紧 sober 空间范畴.

定义 5.2.1　设 L 为完备格, 记 Spec $L = \text{PRIME } L\backslash\{1\}$. 令 $\Delta_L(a) = \text{Spec } L \backslash \uparrow a$. 则 Spec$L$ 的子集族 $\{\Delta_L(a) : a \in L\}$ 为 Spec$L$ 的一个拓扑, 称之为 Spec L 上的 hull-kernel 拓扑. Spec L 赋予 hull-kernel 拓扑称为 L 的谱 (或谱空间).

在本节中, Spec L 上总赋予 hull-kernel 拓扑, 即 $\mathcal{O}(\text{Spec } L)=\{\Delta_L(a) : a \in L\}$.

引理 5.2.2[98,99]　设 L 为分配的连续格, 则 Spec L 为 L 的交生成集, 即 $\forall x \in L$, $x = \inf\,(\uparrow x \cap \text{Spec}L)$.

引理 5.2.3[98,99]　设 L 为完备格, 则 Spec L 是 sober 空间.

定理 5.2.4 (分配连续格的拓扑表示定理)[98,99,148]　(1) 对每个分配连续格 L, Spec$L$ 为局部紧的 sober 空间, 且 L 序同构于 $\mathcal{O}(\text{Spec } L)$;

(2) 若 X 是局部紧的 sober 空间, 则 $\mathcal{O}(X)$ 是分配连续格, 且 X 同胚于谱空间 Spec $\mathcal{O}(X)$.

类似地, 对代数情形, 有下述

定理 5.2.5 (分配代数格的拓扑表示定理)[98,99,148]　(1) 对每个分配代数格 L, Spec$L$ 为紧开集构成基的 sober 空间, 且 L 序同构于 $\mathcal{O}(\text{Spec } L)$;

(2) 若 X 是紧开集构成基的 sober 空间, 则 $\mathcal{O}(X)$ 是分配代数格, 且 X 同胚于谱空间 Spec $\mathcal{O}(X)$.

记 **SOB** 为以 sober 空间为对象, 连续映射为态射的范畴. $\mathbf{FRM}_0$ 表示以具有 “足够多” 素元 (即素元集为交生成集) 的 frame 为对象, 保任意并与有限交映射为态射的范畴. 众所周知, 范畴 **SOB** 与 $\mathbf{FRM}_0$ 通过函子 Spec 与 $\mathcal{O}$ 对偶等价 (参见文献 [98, 99, 163]).

记 **LCSOB** 为 **SOB** 的满子范畴, 其对象为所有局部紧的 sober 空间. 记 **DCL** 为 $\mathbf{FRM}_0$ 的满子范畴, 其对象为全体分配连续格. 类似地, 记 **COSOB** 为 **SOB** 的满子范畴, 其对象为所有紧开集构成基的 sober 空间. 记 **DAL** 为 $\mathbf{FRM}_0$ 的满子范畴, 其对象为全体分配代数格. 由定理 5.2.4 和定理 5.2.5, 有下述

定理 5.2.6[98,99,148]　(1) 范畴 **LCSOB** 与 **DCL** 通过函子 Spec 与 $\mathcal{O}$ 对偶等价.

(2) 范畴 **COSOB** 与 **DAL** 通过函子 Spec 与 $\mathcal{O}$ 对偶等价.

下面来建立分配超连续格的谱理论. 为此, 先给出超连续格的一个内蕴式刻画, 这方面更多讨论见本书 7.4 节.

引理 5.2.7[395,399,400]　设 L 为完备格, 则下述两个条件等价:

(1) L 是超连续的.

(2) $\forall x, y \in L$, $x \not\leqslant y$, $\exists u \in L$, $F = \{v_1, v_2, \cdots, v_k\} \in L^{(<\omega)}$ 满足下面两个条件:

1° $u \not\leqslant y$, $x \not\leqslant v_i (i=1, 2, \cdots, k)$;

2° $\forall z \in L$, $u \leqslant z$ 或 $\exists i \in \{1, 2, \cdots, k\}$ 使 $z \leqslant v_i$.

证明 (1) ⇒ (2): 设 $x \not\leqslant y$, 由 L 为超连续格, $\exists u \in L$ 使 $u \prec x$, $u \not\leqslant y$. 由 $u \prec x$, $\exists F = \{v_1, v_2, \cdots, v_k\} \in L^{(<\omega)}$ 使 $x \in L \backslash \downarrow F \subseteq \uparrow u$. 易知, u 和 F 满足条件 1° 和 2°.

(2) ⇒ (1): $\forall x \in L$, 令 $y = \bigvee\{v \in L : v \prec x\}$. 显然, $y \leqslant x$. 若 $x \not\leqslant y$, 则由 (2), $\exists u \in L$, $F = \{v_1, v_2, \cdots, v_k\} \in L^{(<\omega)}$ 满足条件 1° 和 2°, 从而 $x \in L \backslash \downarrow F \subseteq \uparrow u$, $u \not\leqslant y$. 故 $u \prec x, u \not\leqslant y$, 与 $y = \bigvee\{v \in L : v \prec x\}$ 矛盾. 故 $x = y = \bigvee\{v \in L : v \prec x\}$.

对超代数格, 有下述类似的刻画 (参看推论 7.5.6).

引理 5.2.8[416] 设 L 为完备格, 则下述两个条件等价:

(1) L 是超代数的.

(2) $\forall x, y \in L$, $x \not\leqslant y$, $\exists u \in L$, $F=\{v_1, v_2, \cdots, v_k\} \in L^{(<\omega)}$ 满足下面三个条件:

1° $u \not\leqslant v_i$ $(i = 1, 2, \cdots, k)$;

2° $u \not\leqslant y$, $x \not\leqslant v_i (i = 1, 2, \cdots, k)$;

3° $\forall z \in L$, $u \leqslant z$ 或 $\exists i \in \{1, 2, \cdots, k\}$ 使 $z \leqslant v_i$.

引理 5.2.9 设 L 为分配的超连续格, 则 Spec L 为局部超紧的 sober 空间. 因而, Spec L 是拟连续 domain, Spec L 的谱拓扑是 Scott 拓扑.

证明 由引理 5.2.3, Spec L 为 sober 空间. 下证 $(\mathcal{O}(\mathrm{Spec}L), \subseteq)$ 为超连续格. 设 $\Delta_L(a), \Delta_L(b) \in \mathcal{O}(\mathrm{Spec}\ L)$, $\Delta_L(a) \not\subseteq \Delta_L(b)$. 则 $a \not\leqslant b$, 从而由 L 为超连续格和引理 5.2.7, $\exists u \in L$ 及 $F=\{v_1, v_2, \cdots, v_n\} \subseteq L$ 使

(i) $u \not\leqslant b$, $a \not\leqslant v_i$ $(i=1, 2, \cdots, n)$;

(ii) $\forall x \in L$, $u \leqslant x$ 或 $\exists i \in \{1, 2, \cdots, n\}$ 使 $x \leqslant v_i$.

由推论 2.5.7 和引理 5.2.2, Spec L 是 L 的交生成集, 因而 $\Delta_L(u)$ 及 $\{\Delta_L(v_1), \Delta_L(v_2), \cdots, \Delta_L(v_n)\}$ 满足以下两个条件:

(i)′ $\Delta_L(u) \not\subseteq \Delta_L(b)$, $\Delta_L(a) \not\subseteq \Delta_L(v_i) (i = 1, 2, \cdots, n)$;

(ii)′ $\forall \Delta_L(x) \in \mathcal{O}(\mathrm{Spec}L)$, $\Delta_L(u) \subseteq \Delta_L(x)$ 或 $\exists i \in \{1, 2, \cdots, n\}$ 使 $\Delta_L(x) \subseteq \Delta_L(v_i)$.

由引理 5.2.7, $(\mathcal{O}(\mathrm{Spec}L), \subseteq)$ 为超连续格; 从而由定理 5.1.9, Spec L 为局部超紧的. 由命题 5.1.24, Spec L 是拟连续 domain, Spec L 的谱拓扑是 Scott 拓扑.

引理 5.2.10 设 L 为分配的超代数格, 则 Spec L 为超局部紧的 sober 空间. 因而, Spec L 是拟代数 domain, Spec L 的谱拓扑是 Scott 拓扑.

证明 由引理 5.2.3, Spec L 为 sober 空间. 下证 $(\mathcal{O}(\mathrm{Spec}\ L), \subseteq)$ 为超代数格. 设 $\Delta_L(a), \Delta_L(b) \in \mathcal{O}(\mathrm{Spec}\ L)$, $\Delta_L(a) \not\subseteq \Delta_L(b)$. 则 $a \not\leqslant b$, 从而由 L 为超代

数格和引理 5.2.8, $\exists u \in L$ 及 $F = \{v_1, v_2, \cdots, v_n\} \subseteq L$ 使

(i) $a \notin \downarrow F$, $b \notin \uparrow u$, $\uparrow u \cap \downarrow F = \varnothing$;

(ii) $\forall x \in L$, $x \in \downarrow F$ 或 $x \in \uparrow u$.

由推论 2.5.7、推论 2.5.12 和引理 5.2.2, Spec L 是 L 的交生成集, 因而 $\Delta_L(u)$ 及 $\{\Delta_L(v_1), \Delta_L(v_2), \cdots, \Delta_L(v_n)\}$ 满足以下两个条件:

(i′) $\Delta_L(u) \not\subseteq \Delta_L(b)$, $\Delta_L(a) \not\subseteq \Delta_L(v_i)(i = 1, 2, \cdots, n)$, $\uparrow \Delta_L(u) \cap \downarrow \{\Delta_L(v_1), \Delta_L(v_2), \cdots, \Delta_L(v_n)\} = \varnothing$;

(ii′) $\forall \Delta_L(x) \in \mathcal{O}(\mathrm{Spec}L)$, $\Delta_L(u) \subseteq \Delta_L(x)$ 或 $\exists i \in \{1, 2, \cdots, n\}$ 使 $\Delta_L(x) \subseteq \Delta_L(v_i)$.

由引理 5.2.8, $(\mathcal{O}(\mathrm{Spec}\, L), \subseteq)$ 为超代数格; 从而由定理 5.1.15, Spec L 为超局部紧的. 由定理 5.4.10, Spec L 是拟代数 domain, Spec L 的谱拓扑是 Scott 拓扑.

由定理 5.1.9、定理 5.2.4 和引理 5.2.9, 有下述

定理 5.2.11 (分配超连续格的拓扑表示定理)[408] (1) 对每个分配超连续格 L, Spec L 为局部超紧的, 且 L 序同构于 $\mathcal{O}(\mathrm{Spec}\, L)$;

(2) 若 X 是局部超紧的 sober 空间, 则 $\mathcal{O}(X)$ 是分配超连续格, 且 X 同胚于谱空间 Spec $\mathcal{O}(X)$.

由定理 5.1.15、定理 5.2.5 和引理 5.2.10, 有下述

定理 5.2.12 (分配超代数格的拓扑表示定理)[408] (1) 对每个分配超代数格 L, Spec L 为超局部紧的, 且 L 序同构于 $\mathcal{O}(\mathrm{Spec}\, L)$;

(2) 若 X 是超局部紧的 sober 空间, 则 $\mathcal{O}(X)$ 是分配超代数格, 且 X 同胚于谱空间 Spec $\mathcal{O}(X)$.

记 **LHCSOB** 为 **SOB** 的满子范畴, 其对象为所有局部超紧的 sober 空间. 记 **DHCL** 为 $\mathbf{FRM}_0$ 的满子范畴, 其对象为全体分配超连续格. 类似地, 记 **HCOSOB** 为 **SOB** 的满子范畴, 其对象为所有超局部紧 (即超紧开集构成基) 的 sober 空间. 记 **DHAL** 为 $\mathbf{FRM}_0$ 的满子范畴, 其对象为全体分配超代数格.

由定理 5.2.6、定理 5.2.11 和定理 5.2.12, 有下述

定理 5.2.13[408] (1) 范畴 **LHCSOB** 与 **DHCL** 通过函子 Spec 与 $\mathcal{O}$ 对偶等价.

(2) 范畴 **HCOSOB** 与 **DHAL** 通过函子 Spec 与 $\mathcal{O}$ 对偶等价.

5.3 超连续拓扑的 Hoare 幂空间与 Smyth 幂空间

由推论 5.1.21, 拟连续 domain 恰好为关于其上 Scott 拓扑为局部超紧空间的 **dcpo**. 因而局部超紧空间是拟连续 domain 在更为一般的拓扑空间上的推广. 另

一方面, Erné[65,76] 在研究序与拓扑中各种相关范畴之间关系时, 引入了 C-空间 (即局部强紧空间), 而局部超紧空间也可以看作是 C-空间的一种自然的推广.

在计算机编程语言的形式语义方面, 指称语义是通过构造表达其语义的数学对象来形式化计算机系统的语义. 一些特定的偏序集, 如连续 domain 等可用作指称语义的模型, 而拓扑空间的 Hoare 幂空间与 Smyth 幂空间可为非确定性程序的指称语义提供数学模型 (参看文献 [99, 274]).

本节主要讨论局部超紧空间的性质, 特别是局部超紧关于 Hoare 幂空间与 Smyth 幂空间构造是否封闭的问题. 我们证明了 T_0 空间为局部超紧空间当且仅当其 Hoare 幂空间为局部超紧空间, 局部超紧空间的 Smyth 幂空间为 C-空间. 对于超局部紧空间, 我们有类似的结论.

定义 5.3.1[65,76] 设 (X, τ) 为 T_0 空间.

(1) (X, τ) 称为 B-空间, 若 $\forall x \in X, U \in \tau, x \in U, \exists u \in X$ 使 $x \in \mathrm{int}_\tau \uparrow_\tau u = \uparrow_\tau u \subseteq U$;

(2) (X, τ) 称为 C-空间, 或局部强紧空间, 若 $\forall x \in X, U \in \tau, x \in U, \exists u \in X$ 使 $x \in \mathrm{int}_\tau \uparrow_\tau u \subseteq \uparrow_\tau u \subseteq U$.

注 5.3.2 (1) 由定理 2.3.9 和定理 2.3.11, (X, τ) 为 B-空间 $\Leftrightarrow \tau$ 为强代数格 $\Leftrightarrow (X, \tau)$ 有由强紧开集构成的基; (X, τ) 为 C-空间 $\Leftrightarrow \tau$ 为完全分配格 $\Leftrightarrow (X, \tau)$ 是局部强紧的. 故 B-空间为超局部紧空间, C-空间为局部超紧空间.

(2) 设 P 为 **dcpo**, 由定理 2.3.12 和定理 2.3.15, P 为连续 (代数) domain $\Leftrightarrow (P, \sigma(P))$ 为 C-空间 (B-空间). 由定理 2.5.9 和定理 2.5.10, P 为超连续 (代数) domain $\Leftrightarrow (P, \upsilon(P))$ 为 C-空间 (B-空间).

(3) 由推论 5.1.21 和推论 5.1.22 知, 对于 **dcpo** P, P 为拟连续 (代数) domain $\Leftrightarrow (P, \sigma(P))$ 为局部超紧空间 (超局部紧空间); 对 Lawson 紧的拟连续 domain P, $(P, \sigma(P))$ 为凝聚局部超紧空间.

下面先讨论局部强紧空间的一些基本性质.

设 (X, τ), (Y, η) 为两个拓扑空间, 记 $\tau \times \eta$ 为拓扑 τ 与 η 的积拓扑. 由局部强紧空间的定义, 容易得到下面的结论.

命题 5.3.3 若 (X, τ), (Y, η) 为局部强紧空间, 则积空间 $(X \times Y, \tau \times \eta)$ 为局部强紧空间.

推论 5.3.4[334] 若 P, Q 为拟连续 domain, 则 $P \times Q$ 在点式序下为拟连续 domain.

证明 设 P, Q 为拟连续 domain, 则由推论 5.1.21, $(P, \sigma(P))$, $(Q, \sigma(Q))$ 为局部超紧空间, 且 $\sigma(P)$, $\sigma(Q)$ 在集合的包含序下为超连续格; 从而由引理 2.5.5, $\sigma(P)$ 和 $\sigma(Q)$ 均为连续格. 由命题 5.3.3, $(P \times Q, \sigma(P) \times \sigma(Q))$ 为局部超紧空间. 由文献 [99, Theorem II-4.13](参看引理 10.4.2), $\sigma(P) \times \sigma(Q) = \sigma(P \times Q)$; 从

而 $(P\times Q, \sigma(P\times Q))$ 为局部强紧空间. 由推论 5.1.21, $P\times Q$ 为拟连续 domain.

定义 5.3.5[102]　设 X 为拓扑空间, $Y\subseteq X$. 若存在 X 中开集 O 及闭集 C 使得 $Y=O\cap C$, 则称集合 Y 为空间 X 中的相对闭集 (relatively closed set).

命题 5.3.6　设 X 为局部超紧空间, Y 为空间 X 中的相对闭集, 则 Y 作为 X 的子空间为局部超紧空间.

证明　设 τ 为局部强紧空间 X 上的拓扑, (Y, η) 为 (X, τ) 的子空间, 即 $\eta=\tau|_Y$, 则 $\leqslant_\eta=\leqslant_\tau|_{Y\times Y}$.

1° 若 (Y, η) 为 (X, τ) 的开子空间, 则 (Y, η) 为局部超紧空间.

任取 $U\in\eta$ 及 $y\in U$, 由 $Y\in\tau$, 有 $U\in\tau$. 又 (X, τ) 为局部超紧空间, $\exists F\in X^{(<\omega)}$ 使 $y\in \mathrm{int}_\tau\uparrow_\tau F\subseteq\uparrow_\tau F\subseteq U$; 从而 $y\in(\mathrm{int}_\tau\uparrow_\tau F)\cap Y\subseteq(\uparrow_\tau F)\cap Y=\uparrow_\eta F\subseteq U$. 而 $(\mathrm{int}_\tau\uparrow_\tau F)\cap Y\in\tau|_Y=\eta$, $y\in\mathrm{int}_\eta\uparrow_\eta F\subseteq\uparrow_\eta F\subseteq U$. 故 (Y, η) 为局部超紧空间.

2° 若 Y 为 $(X, \leqslant_\tau)$ 中的下集, 则 (Y, η) 为局部超紧空间.

由 Y 为下集, $Y=\downarrow_\tau Y$. 易证 $\forall A\subseteq X$, $\uparrow_\tau A\cap Y=(\uparrow_\tau(A\cap Y))\cap Y=\uparrow_\eta(A\cap Y)$. 任取 $U\in\eta$ 及 $y\in U$, 则 $\exists V\in\tau$ 使 $U=V\cap Y$. 由 $y\in V$, 由 (X, τ) 为局部超紧空间, $\exists F\in X^{(<\omega)}$ 使 $y\in\mathrm{int}_\tau\uparrow_\tau F\subseteq\uparrow_\tau F\subseteq V$. 故 $y\in(\mathrm{int}_\tau\uparrow_\tau F)\cap Y\subseteq(\uparrow_\tau F)\cap Y=\uparrow_\eta(F\cap Y)\subseteq V\cap Y=U$. 令 $G=F\cap Y$, 则 $G\in Y^{(<\omega)}$. 由 $(\mathrm{int}_\tau\uparrow_\tau F)\cap Y\in\eta$, $y\in\mathrm{int}_\eta\uparrow_\eta G\subseteq U$.

3° 若 Y 为 (X, τ) 的中的相对闭集, 则 (Y, η) 为局部超紧空间.

设 $Y=O\cap C$, 其中 O 为 X 中开集, C 为闭集. 由 1°, O 作为 X 的子空间为局部超紧空间. 由 C 为闭集, $C=\downarrow_\tau C$, 由 2°, $Y=O\cap C$ 作为 O 的子空间, 从而作为 X 的子空间为局部超紧空间.

推论 5.3.7　局部超紧空间的开子空间和闭子空间为局部超紧空间.

推论 5.3.8[102]　拟连续 domain 的相对 Scott 闭集为拟连续 domain.

定义 5.3.9　设 (X, τ), (Y, η) 为两个拓扑空间. (Y, η) 称为 (X, τ) 的一个连续收缩, 若存在连续映射 $r:(X, \tau)\to(Y, \eta)$ 和 $e:(Y, \eta)\to(X, \tau)$ 使 $r\circ e=\mathrm{id}_Y$.

命题 5.3.10　局部超紧空间的连续收缩为局部超紧空间.

证明　设 (X, τ) 为局部超紧空间, (Y, η) 为 (Y, η) 的连续收缩, 则存在连续映射 $r:(X, \tau)\to(Y, \eta)$ 和 e: $(Y, \eta)\to(X, \tau)$ 使 $r\circ e=\mathrm{id}_Y$. 先证 (Y, η) 是 T_0 的. 设 $y_1, y_2\in Y$, $y_1\leqslant_\eta y_2$, $y_2\leqslant_\eta y_1$. 由 e: $(Y, \eta)\to(X, \tau)$ 是连续的, 有 $e(y_1)\leqslant_\eta e(y_2)$, $e(y_2)\leqslant_\eta e(y_1)$. 由 (X, τ) 是 T_0 的, 有 $e(y_1)=e(y_2)$; 从而由 $r\circ e=\mathrm{id}_Y$, 有 $y_1=r(e(y_1))=r(e(y_2))=y_2$. 故 (Y, η) 是 T_0 的.

设 $U\in\eta$, $y\in U$. 则由 $r\circ e=\mathrm{id}_Y$, 有 $e(y)\in r^{-1}(U)\in\tau$. 由 (X, τ) 为局部超紧空间, 存在 $F\in X^{(<\omega)}$ 使 $e(y)\in\mathrm{int}_\tau\uparrow_\tau F\subseteq\uparrow_\tau F\subseteq r^{-1}(U)$; 从而

$y \in e^{-1}(\mathrm{int}_\tau \uparrow_\tau F) \subseteq e^{-1}(\uparrow_\tau F)$. 容易验证, $e^{-1}(\uparrow_\tau F) \subseteq \uparrow_\eta r(F)$, 且 $\uparrow_\eta r(F) = \uparrow_\eta r(\uparrow_\tau F) \subseteq U$. 故 $y \in \mathrm{int}_\eta \uparrow_\eta r(F) \subseteq \uparrow_\eta r(F) \subseteq U$. 故 (Y, η) 为局部超紧空间.

定义 5.3.11 超连续格 L 称为稳定的, 若关系 $\prec$ 是可乘的 (multiplicative), 即 $\forall a, b, x, y \in L$, 若 $a \prec x$, $b \prec y$, 则 $a \wedge b \prec x \wedge y$.

命题 5.3.12[427] 设 (X, τ) 为一拓扑空间.

(1) 若 (X, τ) 为凝聚局部超紧空间, 则 τ 为稳定超连续格;

(2) 若 (X, τ) 为 sober 空间, 且 τ 为稳定超连续格, 则 (X, τ) 为凝聚局部超紧空间.

证明 (1) 由 (X, τ) 为局部超紧的, τ 为超连续格. 设 $U_1, U_2, V_1, V_2 \in \tau$, $U_1 \prec V_1$, $U_2 \prec V_2$. 由引理 5.1.1, $\exists F_i \in X^{(<\omega)}$ 使 $U_i \subseteq \uparrow_\tau F_i \subseteq V_i$ $(i = 1, 2)$; 从而 $U_1 \cap U_2 \subseteq \uparrow_\tau F_1 \cap \uparrow_\tau F_2 \subseteq V_1 \cap V_2$. 由 (X, τ) 为凝聚的, $\uparrow_\tau F_1 \cap \uparrow_\tau F_2$ 为紧子集. 由命题 5.1.12, 局部超紧空间中的紧子集是超紧的; 从而由引理 5.1.1, $U_1 \cap U_2 \prec V_1 \cap V_2$.

(2) 设 S_1, S_2 为 (X, τ) 中的两个紧饱和子集, 则 $\cap \Phi(S_i) = S_i (i = 1, 2)$. 令 $\mathcal{F} = \{W \in \tau : \exists U \in \Phi(S_1), V \in \Phi(S_2) \text{ 使 } U \cap V \subseteq W\}$. 下证 $\mathcal{F} \in \upsilon\text{-Filt}(\tau)$. 显然 $\mathcal{F}$ 为 τ 上的一个滤子. 任取 $W \in \mathcal{F}$, 则 $\exists U \in \Phi(S_1)$, $V \in \Phi(S_2)$ 使 $U \cap V \subseteq W$. 由 (X, τ) 为局部超紧的, $\exists F, G \in X^{(<\omega)}$ 使 $S_1 \subseteq \mathrm{int}_\tau \uparrow_\tau F \subseteq \uparrow_\tau F \subseteq U$, $S_2 \subseteq \mathrm{int}_\tau \uparrow_\tau G \subseteq \uparrow_\tau G \subseteq V$; 从而由引理 5.1.1, $\mathrm{int}_\tau \uparrow_\tau F, \mathrm{int}_\tau \uparrow_\tau G \in \mathcal{F}$, $\mathrm{int}_\tau \uparrow_\tau F \prec U$, $\mathrm{int}_\tau \uparrow_\tau G \prec V$. 由 τ 为稳定超连续格, 有 $\mathrm{int}_\tau \uparrow_\tau F \cap \mathrm{int}_\tau \uparrow_\tau G \prec U \cap V \subseteq W$. 令 $H = \mathrm{int}_\tau \uparrow_\tau F \cap \mathrm{int}_\tau \uparrow_\tau G$. 则 $W \in \mathrm{int}_{\upsilon(\tau)} \uparrow_\tau H \subseteq \uparrow_\tau H \subseteq \mathcal{F}$. 故 $\mathcal{F} \in \upsilon\text{-Filt}(\tau)$. 由 (X, τ) 为 sober 空间, $\cap \mathcal{F} = (\cap \Phi(S_1)) \cap (\cap \Phi(S_2)) = S_1 \cap S_2$ 为紧子集. 所以 (X, τ) 为凝聚空间.

类似地, 有下述

命题 5.3.13 设 (X, τ) 为一拓扑空间.

(1) 若 (X, τ) 为凝聚超局部紧空间, 则 τ 为稳定超代数格;

(2) 若 (X, τ) 为 sober 空间, 且 τ 为稳定超代数格, 则 (X, τ) 为凝聚超局部紧空间.

记 **CLHCSOB** 为 **LHCSOB** 的满子范畴, 其对象为全体凝聚局部超紧 sober 空间; 记 **SDHCL** 为 **DHCL** 的满子范畴, 其对象为全体稳定分配超连续格.

由定理 5.2.6 和命题 5.1.13, 有下述

定理 5.3.14[427] 通过函子 Spec 与 $\mathcal{O}$, 范畴 **CLHCSOB** 与范畴 **SDHCL** 对偶等价.

记 **CHCOSOB** 为 **SOB** 的满子范畴, 其对象为全体凝聚超局部紧的 sober 空间. 记 **SDHAL** 为 $\mathbf{FRM}_0$ 的满子范畴, 其对象为全体稳定分配超代数格.

由定理 5.2.6 和命题 5.1.14, 有下述

定理 5.3.15 通过函子 Spec 与 $\mathcal{O}$, 范畴 **CHCOSOB** 与范畴 **SDHAL** 对偶等价.

下面我们讨论局部超紧空间的 Hoare 幂空间与 Smyth 幂空间. 在计算机语言的形式语义中, Hoare 幂空间、Smyth 幂空间分别用作 demonic 非确定性指称语义和 angelic 非确定性指称语义的模型 (参看文献 [51, 106, 274]). 作为一类良好的拓扑空间, 我们将证明局部超紧空间的 Hoare 幂空间与 Smyth 幂空间仍为局部超紧空间.

定义 5.3.16[99] 设 X 为拓扑空间, $\mathcal{O}(X)$ 为 X 的开集全体, $C(X)$, $Q(X)$ 分别为 X 上的闭集全体和非空紧饱和集的全体.

(1) 在 $C(X)$ 上赋予以 $\{\diamond U : U\in\mathcal{O}(X)\}$ 为子基生成的拓扑, 其中, $\diamond U=\{A\in \mathcal{C}(X) : A\cap U\neq\varnothing\}$. 相应的拓扑空间称为空间 X 的 Hoare 幂空间, 记为 $\mathcal{H}(X)$.

(2) 在 $Q(X)$ 上赋予以 $\{\Box U : U\in\mathcal{O}(X)\}$ 为基生成的拓扑, 其中, $\Box U=\{K\in Q(X) : K\subseteq U\}$. 相应的拓扑空间称为空间 X 的 Smyth 幂空间, 记为 $\mathcal{S}(X)$.

由 Hoare 幂空间的定义, $\mathcal{H}(X)$ 以 $\{\diamond U_1\cap\diamond U_2\cap\cdots\cap\diamond U_n : U_i\in\mathcal{O}(X),\ i=1,2,\cdots,n,\ n\in\mathcal{N}\}$ 为基.

定理 5.3.17[427] T_0 空间 X 为局部超紧空间当且仅当其 Hoare 幂空间 $\mathcal{H}(X)$ 为局部超紧空间.

证明 记 $\tau=\mathcal{O}(X)$, $\mathcal{O}(\mathcal{H}(X))$ 为空间 $\mathcal{H}(X)$ 的开集全体. 易验证, $\forall C_1, C_2\in\mathcal{C}(X)$, $C_1\leqslant_{\mathcal{O}(\mathcal{H}(X))} C_2\Leftrightarrow C_1\subseteq C_2$.

必要性: 设 X 为局部超紧空间, $A\in\diamond U_1\cap\diamond U_2\cap\cdots\cap\diamond U_n$, 其中 $U_i\in\mathcal{O}(X)$ $(i=1,2,\cdots,n)$. 则 $\forall i\in\{1,2,\cdots,n\}$, $\exists x_i\in A\cap U_i$. 由 X 为局部超紧空间, $\exists F_i\in X^{(<\omega)}$ 及开集 V_i 使 $x_i\in V_i\subseteq{\uparrow_\tau}F_i\subseteq U_i$. 记 $I=\{1,2,\cdots,n\}$. 令 $\mathcal{F}=\left\{\mathrm{cl}_\tau(\varphi(I)) : \varphi\in\prod\limits_{i\in I}F_i\right\}$. 由 I 为有限和 $\forall i\in I$, F_i 有限, $\mathcal{F}$ 为 $\mathcal{C}(X)\backslash\{\varnothing\}$ 的有限子族. 显然, $A\in\diamond V_1\cap\diamond V_2\cap\cdots\cap\diamond V_n$. $\forall B\in\diamond V_1\cap\diamond V_2\cap\cdots\cap\diamond V_n$, $i\in I$, 则 $\exists y_i\in B\cap V_i\subseteq B\cap{\uparrow_\tau}F_i$; 从而 $\exists z_i\in F_i$ 使 $z_i\in\mathrm{cl}_\tau\{y_i\}$. 构造函数 $\varphi_0\in\prod\limits_{i\in I}F_i$ 如下: $\forall i\in I$, $\varphi_0(i)=z_i$. 则 $\varphi_0(I)\subseteq B$; 从而 $\mathrm{cl}_\tau(\varphi_0(I))\subseteq B$, 即

$$\diamond V_1\cap\diamond V_2\cap\cdots\cap\diamond V_n\subseteq{\uparrow_{\mathcal{O}(\mathcal{H}(X))}}\mathcal{F}=\{C\in\mathcal{C}(X)\backslash\{\varnothing\} : \exists G\in\mathcal{F}\text{ 使 }G\subseteq C\}.$$

另一方面, 若 $\varphi\in\prod\limits_{i\in I}F_i$, $C\in\mathcal{C}(X)\backslash\{\varnothing\}$, $\mathrm{cl}_\tau(\varphi(I))\subseteq C$. 则 $\forall i\in I$, $\varphi(i)\in C\cap F_i\subseteq C\cap U_i\neq\varnothing$, 即 $C\in\diamond U_1\cap\diamond U_2\cap\cdots\cap\diamond U_n$; 从而

$$A\in\diamond V_1\cap\diamond V_2\cap\cdots\cap\diamond V_n\subseteq{\uparrow_{\mathcal{O}(\mathcal{H}(X))}}\mathcal{F}\subseteq\diamond U_1\cap\diamond U_2\cap\cdots\cap\diamond U_n.$$

由引理 4.1.9, $\mathcal{H}(X)$ 为局部超紧空间.

充分性: 设 T_0 空间 X 的 Hoare 幂空间 $\mathcal{H}(X)$ 为局部超紧的. 设 $U\in\mathcal{O}(X)$, $x\in U$. 则 $\mathrm{cl}_\tau\{x\}\cap U\neq\varnothing$, 即 $\mathrm{cl}_\tau\{x\}\in\diamond U$. 由 $\mathcal{H}(X)$ 为局部超紧空间, $\exists V_1, V_2,\cdots, V_m\in\mathcal{O}(X)$ 及 $C_1, C_2,\cdots, C_n\in\mathcal{C}(X)$ 使

$$\mathrm{cl}_\tau\{x\}\in\diamond V_1\cap\diamond V_2\cap\cdots\cap\diamond V_m\subseteq\uparrow_{\mathcal{O}(\mathcal{H}(X))}\{C_1,C_2,\cdots,C_n\}\subseteq\diamond U. \tag{5.3.1}$$

由 $\mathrm{cl}_\tau\{x\}\in\diamond V_1\cap\diamond V_2\cap\cdots\cap\diamond V_m$, $x\in V_1\cap V_2\cap\cdots\cap V_m$. $\forall i\in\{1, 2, \cdots, n\}$, 由 $C_i\in\diamond U$, $C_i\cap U\neq\varnothing$; 从而 $\exists y_i\in C_i\cap U$. 记 $F=\{y_1, y_2, \cdots, y_n\}$, $V=V_1\cap V_2\cap\cdots\cap V_m$. 则 $F\subseteq U$. 又

$$\forall z\in V,\quad \mathrm{cl}_\tau\{z\}\in\diamond V_1\cap\diamond V_2\cap\cdots\cap\diamond V_m\subseteq\uparrow_{\mathcal{O}(\mathcal{H}(X))}\{C_1,C_2,\cdots,C_n\};$$

从而 $\exists i\in\{1, 2, \cdots, n\}$ 使 $C_i\subseteq\mathrm{cl}_\tau\{z\}$; 由 $y_i\in C_i$, 有 $y_i\in\mathrm{cl}_\tau\{z\}$. 故 $z\in\uparrow_\tau y_i\subseteq\uparrow_\tau F$. 综上, $x\in V\subseteq\uparrow_\tau F\subseteq U$. 故 X 为局部强紧空间.

定理 5.3.18[427] T_0 空间 X 为超局部紧空间当且仅当其 Hoare 幂空间 $\mathcal{H}(X)$ 为超局部紧空间.

证明 必要性: 设 (X, τ) 为超局部紧空间, $A\in\diamond U_1\cap\diamond U_2\cap\cdots\cap\diamond U_n$, 其中 $U_i\in\tau(i=1,2,\cdots,n)$. 则 $\forall i\in\{1, 2, \cdots, n\}$, $\exists x_i\in U_i\cap A$. 由 X 为超局部紧空间, $\exists F_i\in X^{(<\omega)}$ 使 $x_i\in\mathrm{int}_\tau\uparrow_\tau F_i=\uparrow_\tau F\subseteq U_i$. 令 $V_i=\mathrm{int}_\tau\uparrow_\tau F_i(i=1, 2, \cdots, n)$, $I=\{1, 2, \cdots, n\}$. 令 $\mathcal{F}=\left\{\mathrm{cl}_\tau(\varphi\ (I)):\varphi\in\prod\limits_{i\in I}F_i\right\}$. 类同于定理 5.3.17 的证明, 有

$$A\in\diamond V_1\cap\diamond V_2\cap\cdots\cap\diamond V_n=\uparrow_{\mathcal{O}(\mathcal{H}(X))}\mathcal{F}\subseteq\diamond U_1\cap\diamond U_2\cap\cdots\cap\diamond U_n.$$

由定理 5.1.15, $\mathcal{H}(X)$ 为超局部紧空间.

充分性: 设 T_0 空间 X 的 Hoare 幂空间 $\mathcal{H}(X)$ 为局部超紧的. 设 $U\in\mathcal{O}(X)$, $x\in U$. 则 $\mathrm{cl}_\tau\{x\}\cap U\neq\varnothing$, 即 $\mathrm{cl}_\tau\{x\}\in\diamond U$. 由 $\mathcal{H}(X)$ 为局部超紧空间, $\exists C_1, C_2,\cdots, C_n\in\mathcal{C}(X)$ 使

$$\mathrm{cl}_\tau\{x\}\in\mathrm{int}_{\mathcal{O}(\mathcal{H}(X))}\uparrow_{\mathcal{O}(\mathcal{H}(X))}\{C_1,C_2,\cdots,C_n\}=\uparrow_{\mathcal{O}(\mathcal{H}(X))}\{C_1,C_2,\cdots,C_n\}\subseteq\diamond U.$$

由 $\{\diamond W_1\cap\diamond W_2\cap\cdots\cap\diamond W_k:W_j\in\mathcal{O}(X),j=1,2,\cdots,k,k\in\mathcal{N}\}$ 为 $\mathcal{H}(X)$ 的基和 $\uparrow_{\mathcal{O}(\mathcal{H}(X))}\{C_1, C_2, \cdots, C_n\}$ 为开集, $\exists\{V_{j1}, V_{j2}, \cdots, V_{jm(j)}: j=1, 2, \cdots, m, m(i)\in\mathcal{N}\}\subseteq\mathcal{O}(X)$ 使

$$\bigcup_{j=1}^{m}\diamond V_{j1}\cap\diamond V_{j2}\cap\cdots\cap\diamond V_{jm(j)}=\uparrow_{\mathcal{O}(\mathcal{H}(X))}\{C_1,C_2,\cdots,C_n\}.$$

由 $\mathrm{cl}_\tau\{x\} \in \uparrow_{\mathcal{O}(\mathcal{H}(X))}\{C_1, C_2, \cdots, C_n\}$, $\exists j \in\{1, 2, \cdots, m\}$ 使 $\mathrm{cl}_\tau\{x\} \in \diamond V_{j1} \cap \diamond V_{j2} \cap \cdots \cap \diamond V_{jm(j)}$, 即 $x \in V_{j1} \cap V_{j2} \cap \cdots \cap V_{jm(j)}$. $\forall i \in\{1, 2, \cdots, n\}$, 由 $C_i \in \diamond U$, $C_i \cap U \neq \varnothing$, 从而 $\exists y_i \in C_i \cap U$. 记 $F=\{y_1, y_2, \cdots, y_n\}$, $V = \bigcup\limits_{j=1}^{m} V_{j1} \cap V_{j2} \cap \cdots \cap V_{jm(j)}$. 则 $F \subseteq U$, $x \in V \in \mathcal{O}(X)$. 下证 $V = \uparrow_\tau F$. $\forall z \in V$, 则 $\exists j \in\{1, 2, \cdots, m\}$ 使 $x \in V_{j1} \cap V_{j2} \cap \cdots \cap V_{jm(j)}$, 即 $\mathrm{cl}_\tau\{z\}\in \diamond V_{j1} \cap \diamond V_{j2} \cap \cdots \cap \diamond V_{jm(j)} \subseteq \uparrow_{\mathcal{O}(\mathcal{H}(X))}\{C_1, C_2, \cdots, C_n\}$; 从而 $\exists i \in\{1, 2, \cdots, n\}$ 使 $C_i \subseteq \mathrm{cl}_\tau\{z\}$; 由 $y_i \in C_i$, 有 $y_i \in \mathrm{cl}_\tau\{z\}$. 故 $z \in \uparrow_\tau y_i \subseteq \uparrow_\tau F$. 所以 $V \subseteq \uparrow_\tau F$. 另一方面, $\forall i \in\{1, 2, \cdots, n\}$, $y_i \in C_i$, 即 $\mathrm{cl}_\tau\{y_i\} \in \uparrow_{\mathcal{O}(\mathcal{H}(X))} C_i$; 从而 $\exists k \in\{1, 2, \cdots, m\}$ 使 $\mathrm{cl}_\tau\{x\}\in \diamond V_{k1} \cap \diamond V_{k2} \cap \cdots \cap \diamond V_{km(k)}$, 即 $x \in V_{k1} \cap V_{k2} \cap \cdots \cap V_{km(k)} \subseteq V$. 故 $F \subseteq V$; 从而 $\uparrow_\tau F \subseteq V$. 所以 $\uparrow_\tau F = V$. 综上, $x \in V = \uparrow_\tau F \subseteq U$. 由定理 5.1.15, X 为超局部紧空间.

定理 5.3.19[427] 局部超紧空间的 Smyth 幂空间为 C-空间, 从而为局部超紧空间.

证明 设 (X, τ) 为局部强紧空间, 记空间 X 的 Smyth 幂空间 $\mathcal{S}(X)$ 上的拓扑为 $\mathcal{O}(\mathcal{S}(X))$. 记 $\leqslant_{\mathcal{O}(\mathcal{S}(X))}$ 为 $Q(X)$ 上由拓扑 $\mathcal{O}(\mathcal{S}(X))$ 诱导的特殊化序. $\forall K_1, K_2 \in Q(X)$, 易验证: $K_1 \leqslant_{\mathcal{O}(\mathcal{S}(X))} K_2$ 当且仅当 $K_2 \subseteq K_1$. 设 $U \in \tau$, $K \in \Box U$. 则 $K \subseteq U$. 由 X 为局部超紧空间, $\forall x \in K$, $\exists F_x \in X^{(<\omega)}$ 使 $x \in \mathrm{int}_\tau \uparrow_\tau F_x \subseteq \uparrow_\tau F_x \subseteq U$; 从而 $K \subseteq \cup\{ \mathrm{int}_\tau \uparrow_\tau F_x : x \in K\}$. 由 K 为紧子集, $\exists\{x_1, x_2, \cdots, x_n\}\subseteq K$ 使 $K \subseteq \bigcup\limits_{i=1}^{n} \mathrm{int}_\tau \uparrow_\tau F_{x_i} \subseteq \bigcup\limits_{i=1}^{n} \uparrow_\tau F_{x_i} \subseteq U$. 令 $F = \bigcup\limits_{i=1}^{n} F_{x_i}$. 则 $F \in X^{(<\omega)}$, $K \subseteq \mathrm{int}_\tau \uparrow_\tau F \subseteq \uparrow_\tau F \subseteq U$. 记 $V = \mathrm{int}_\tau \uparrow_\tau F$, $H = \uparrow_\tau F \in Q(X)$. 则 $\uparrow_{\mathcal{O}(\mathcal{S}(X))} H=\{C \in Q(X) : H \leqslant_{\mathcal{O}(\mathcal{S}(X))} C\}=\{C \in Q(X): C \subseteq H\}$. 易验证, $K \in \Box V \subseteq \uparrow_{\mathcal{O}(\mathcal{S}(X))} H \subseteq \Box U$. 故空间 X 的 Smyth 幂空间 $\mathcal{S}(X)$ 为 C-空间, 从而为局部超紧空间.

类似地, 我们有下述

定理 5.3.20[427] 超局部紧空间的 Smyth 幂空间为 B-空间, 从而为超局部紧空间.

5.4 超连续的 sober 拓扑

在本节中, 我们从超连续 (代数) 的 sober 性这一角度给出拟连续 (代数) domain 上 Scott 拓扑的一个描述: 集 X 上的 T_0 拓扑 δ 是超连续 (代数) 和 sober 的当且仅当在诱导序 $\leqslant_\delta$ 下 X 是拟连续 (代数) domain, 且 $\delta = \sigma(X)$.

首先, 关于完全分配的 sober 拓扑, 有下述

定理 5.4.1[67,74,99] 设 (X, δ) 为 T_0 拓扑空间, $P=(X, \leqslant_\delta)$. 则下述各条件等价:

(1) δ 是 sober 的完全分配格;

(2) (X, δ) 是 d-空间, δ 是完全分配格;

(3) (X, δ) 具有 Rudin 性质, 且 $\forall x \in X$, $U \in \delta$, $x \in U$, $\exists u \in X$ 使 $x \in \mathrm{int}_\delta \uparrow_\delta u \subseteq \uparrow_\delta u \subseteq U$;

(4) P 为连续 domain, $\delta = \sigma(P)$.

证明 (1) $\Rightarrow$ (2): 由命题 3.3.6 和推论 4.6.4.

(2) $\Rightarrow$ (3): 由定理 2.3.9 和命题 3.3.6.

(3) $\Rightarrow$ (4): 由命题 3.3.6, P 为 **dcpo**, $\delta \subseteq \sigma(P)$. 由定理 2.3.9 和推论 5.1.10, $\sigma(P) \subseteq \delta$. 故 $\delta = \sigma(P)$. 由定理 2.3.12, P 为拟连续 domain.

(4) $\Rightarrow$ (1): 由定理 2.3.12, $\delta = \sigma(P)$ 是完全分配格. 由推论 3.1.5, $\delta=\sigma(P)$ 是 sober 的.

上述结论本质上属于 Lawson (参看文献 [98, P270] 或文献 [99, P429]). 由命题 3.3.6、推论 4.6.4 和定理 5.4.1, 有下述

推论 5.4.2 设 (X, δ) 为 T_0 拓扑空间, $P=(X, \leqslant_\delta)$. 则下述各条件等价:

(1) δ 是 sober 的完全分配格;

(2) P 是 **dcpo**, $\delta \subseteq \sigma(P)$, δ 是完全分配的;

(3) $(X, \delta) \in$ **K-RD**, δ 是完全分配的;

(4) $(X, \delta) \in$ **H-RD**, δ 是完全分配的;

(5) $(X, \delta) \in$ **F-RD**, δ 是完全分配的;

(6) $(X, \delta) \in$ **P-RD**, δ 是完全分配的;

(7) (X, δ) 是 d-空间, δ 是完全分配的;

(8) P 为连续 domain, $\delta = \sigma(P)$.

推论 5.4.3 设 P 是 **dcpo**, η 是 P 上的序相容的单调收敛拓扑 (即 $\upsilon(P) \subseteq \eta \subseteq \sigma(P)$). 则下述两个条件等价:

(1) $(\eta, \subseteq)$ 为完全分配格;

(2) P 为连续 domain, $\eta = \sigma(P)$.

对强代数的 sober 拓扑, 由定理 2.3.15、定理 5.4.1 和推论 5.4.2, 有下述两个结果.

定理 5.4.4 设 (X, δ) 为 T_0 拓扑空间, $P=(X, \leqslant_\delta)$. 则下述各条件等价:

(1) δ 是 sober 的强代数格;

(2) (X, δ) 是 d-空间, δ 是强代数的;

(3) (X, δ) 具有 Rudin 性质, 且 $\forall x \in X$, $U \in \delta$, $x \in U$, $\exists u \in X$ 使 $x \in \mathrm{int}_\delta \uparrow_\delta u = \uparrow_\delta u \subseteq U$;

(4) P 为代数 domain, $\delta = \sigma(P)$.

推论 5.4.5 设 (X, δ) 为 T_0 拓扑空间, $P=(X, \leqslant_\delta)$. 则下述各条件等价:

(1) δ 是 sober 的强代数格;

(2) P 是 **dcpo**, $\delta \subseteq \sigma(P)$, δ 是强代数的;

(3) $(X, \delta) \in$ **WF**, δ 是强代数的;

(4) $(X, \delta) \in$ **H-RD**, δ 是强代数的;

(5) $(X, \delta) \in$ **F-RD**, δ 是强代数的;

(6) $(X, \delta) \in$ **P-RD**, δ 是强代数的;

(7) (X, δ) 是 d-空间, δ 是强代数的;

(8) P 为代数 domain, $\delta = \sigma\left((X, \leqslant_\delta)\right)$.

推论 5.4.6 设 P 是 **dcpo**, η 是 P 上的序相容的单调收敛拓扑 (即 $\upsilon(P) \subseteq \eta \subseteq \sigma(P)$). 则下述两个条件等价:

(1) $(\eta, \subseteq)$ 为强代数格;

(2) P 为代数 domain, $\eta = \sigma(P)$.

类似于完全分配拓扑, 关于超连续拓扑的 sober 性, 有下述

定理 5.4.7 设 (X, δ) 为 T_0 拓扑空间, $P = (X, \leqslant_\delta)$. 则下述各条件等价:

(1) δ 是 sober 的超连续格;

(2) P 是 **dcpo**, $\delta \subseteq \sigma(P)$, δ 是超连续的;

(3) (X, δ) 具有 Rudin 性质, 且 $\forall x \in X, U \in \delta, x \in U, \exists F \in X^{(<\omega)}$ 使 $x \in \mathrm{int}_\delta \uparrow_\delta F \subseteq \uparrow_\delta F \subseteq U$;

(4) P 为拟连续 domain, $\delta = \sigma(P)$.

证明 (1) $\Rightarrow$ (2): 由推论 4.6.6.

(2) $\Rightarrow$ (3): 由推论 3.2.2 和定理 5.1.9.

(3) $\Rightarrow$ (4): 由命题 3.3.6, $P=(X, \leqslant_\delta)$ 为 **dcpo**, $\delta \subseteq \sigma(P)$. 由推论 5.1.10, $\sigma(P) \subseteq \delta$. 故 $\delta=\sigma(P)$. 由推论 5.1.21, P 为拟连续 domain.

(4) $\Rightarrow$ (1): 由推论 5.1.21, $\delta=\sigma(P)$ 是超连续格. 由推论 3.1.5, $\delta=\sigma(P)$ 是 sober 的.

上述命题表明, 局部超紧的 sober 空间是唯一的 (同胚意义下), 即只有拟连续 domain 上的 Scott 拓扑.

推论 5.4.8 设 P 为偏序集, $\upsilon(P) \subseteq \tau \subseteq \sigma(P)$, τ 是超连续拓扑. 则下述各条件等价:

(1) (P, τ) 是 sober 的;

(2) P 是 **dcpo**;

(3) (X, δ) 具有 Rudin 性质;

(4) P 是拟连续 domain, $\tau = \sigma(P)$.

注 5.4.9 由定理 3.1.4、定理 5.1.9 和推论 5.4.8, 可得到推论 4.6.7.

类似于定理 5.4.7 和推论 5.4.8, 有下述

定理 5.4.10 设 (X, δ) 为 T_0 拓扑空间, $P = (X, \leqslant_\delta)$. 则下述各条件等价:

(1) δ 是 sober 的超代数格;

(2) P 是 **dcpo**, $\tau \subseteq \sigma(P)$, τ 是超代数的;

(3) (X, δ) 具有 Rudin 性质, 且 $\forall x \in X$, $U \in \delta$, $x \in U$, $\exists F \in X^{(<\omega)}$ 使 $x \in \mathrm{int}_\delta \uparrow_\delta F = \uparrow_\delta F \subseteq U$;

(4) P 为拟代数 domain, $\delta = \sigma(P)$.

推论 5.4.11 设 P 为偏序集, $\upsilon(P) \subseteq \tau \subseteq \sigma(P)$, τ 是超代数拓扑. 则下述各条件等价:

(1) (P, τ) 是 sober 的;

(2) P 是 **dcpo**;

(3) (X, δ) 具有 Rudin 性质;

(4) P 是拟代数 domain, $\tau = \sigma(P)$.

由命题 3.3.6、推论 4.6.4 和定理 5.4.7, 有下述

推论 5.4.12 设 (X, δ) 为 T_0 拓扑空间, $P = (X, \leqslant_\delta)$. 则下述各条件等价:

(1) δ 是 sober 的超连续格;

(2) P 是 **dcpo**, $\delta \subseteq \sigma(P)$, δ 是超连续的;

(3) $(X, \delta) \in$ **K-RD**, δ 是超连续的;

(4) $(X, \delta) \in$ **H-RD**, δ 是超连续的;

(5) $(X, \delta) \in$ **F-RD**, δ 是超连续的;

(6) $(X, \delta) \in$ **P-RD**, δ 是超连续的;

(7) (X, δ) 是 d-空间, δ 是超连续的;

(8) P 为拟连续 domain, $\delta = \sigma(P)$.

由命题 3.3.6、推论 4.6.4 和定理 5.4.10, 有下述

推论 5.4.13 设 (X, δ) 为 T_0 拓扑空间, $P=(X, \leqslant_\delta)$. 则下述各条件等价:

(1) δ 是 sober 的超代数格;

(2) P 是 **dcpo**, $\delta \subseteq \sigma(P)$, δ 是超代数的;

(3) $(X, \delta) \in$ **K-RD**, δ 是超代数的;

(4) $(X, \delta) \in$ **H-RD**, δ 是超代数的;

(5) $(X, \delta) \in$ **F-RD**, δ 是超代数的;

(6) $(X, \delta) \in$ **P-RD**, δ 是超代数的;

(7) (X, δ) 是 d-空间, δ 是超代数的;

(8) P 为拟代数 domain, $\delta = \sigma(P)$.

最后我们指出, 由文献 [75, 76](也可参看文献 [444]) 知, 推论 5.4.13 中的所有条件等价于下述条件: $\delta=\sigma(P)$, $\sigma(P)$ 是 sober 的代数格.

5.5　超连续拓扑与严格完全正则性

定义 5.5.1　设 δ 是偏序集 P 上的序相容拓扑, $\lambda_\delta(P) = \omega(P) \vee \delta$(即以 $\omega(P) \cup \delta$ 为子基生成的拓扑) 称为由 δ 诱导的 Lawson 拓扑.

由定义 5.5.1, $\lambda_{\sigma(P)}(P)=\lambda(P)$, $\lambda_{\upsilon(P)}(P)=\theta(P)$.

定理 5.5.2 (ZFDC_ω)　设 δ 是偏序集 P 上的序相容的超连续拓扑, 若 $\lambda_\delta(P)_+ = \delta$, $\lambda_\delta(P)_-=\omega(P)$, 则 $(P, \lambda_\delta(P))$ 为严格完全正则序空间.

证明　由于 δ 是 P 上的序相容拓扑, 故 (P, μ) 是强序凸的, 且 P 上的偏序 $\leqslant$ 是半闭的. 下证 $(P, \lambda_\delta(P))$ 满足定义 1.2.30 中的条件 (3).

设 $A \neq \varnothing$ 为 $(P, \lambda_\delta(P))$ 中的闭集, $x \notin A$.

情形 1: $A =\downarrow A$.

令 $U = P\backslash A$. 则由假设 $\lambda_\delta(P)_+=\delta$, $x \in U \in \delta$. 由 $(\delta, \subseteq)$ 为超连续的, $\exists F \in P^{(<\omega)}$ 使 $x \in \mathrm{int}_\delta \uparrow F \subseteq \uparrow F \subseteq U$. 在 $\mathbf{Fin}\ P$ 上定义二元关系 $\sqsubset_Z$ 如下: $\forall \uparrow F, \uparrow G \in \mathbf{Fin}\ P, \uparrow F \sqsubset_\delta \uparrow G \Leftrightarrow \uparrow F \subseteq \mathrm{int}_\delta \uparrow G$. 则由定理 5.1.9, $\sqsubset_\delta$ 满足插入性质. 令 $B=\left\{\dfrac{m}{2^n} : m, n \in \omega, m \leqslant 2^n\right\}$. 由 DC_ω, $\exists$ 集簇 $\{\uparrow F(b) : F(b) \in P^{(<\omega)}, b \in B\} \subseteq \mathbf{Fin}\ P$ 满足

(i) $\uparrow F(0)=\uparrow F, \uparrow F(1)=\uparrow x$;

(ii) $\forall b_1, b_2 \in B, b_1<b_2$, 有 $\uparrow F(b_2) \sqsubset_\delta \uparrow F(b_1)$, 即 $\uparrow F(b_2) \subseteq \mathrm{int}_\delta \uparrow F(b_1)$.

定义 $f : P \to [0, 1]$ 如下:

$$f(z) = \sup\{b \in B : z \in \mathrm{int}_\delta \uparrow F(b)\} = \sup\{b \in B : z \in \uparrow F(b)\}. \qquad (5.5.1)$$

则 f 是保序的, 且 $f(x) = 1$. $\forall a \in A, b \in B$, 有 $a \notin \uparrow F(b)$; 因而 $f(a) = 0$. 故 $f(A) = \{0\}$. 下证 $f : (P, \lambda_\delta(P)) \to [0, 1]$ 连续. $\forall \alpha \in (0,1]$, $\beta \in [0,1)$, 有

$$f^{-1}([0,\alpha)) = \{z \in P : f(z) < \alpha\} = \cup\{P\backslash \uparrow F(b) : b \in B \text{ 且 } b < \alpha\} \in \omega(P),$$

$$f^{-1}((\beta,1]) = \{z \in P : f(z) > \beta\} = \cup\{\mathrm{int}_\delta \uparrow F(b_2) : b \in B \text{ 且 } b > \beta\} \in \delta.$$

故 f: $(P, \lambda_\delta(P)) \to [0, 1]$ 连续.

情形 2: $A = \uparrow A$.

由假设 $\lambda_\delta(P)_-=\omega(P)$, $\exists \{F_i : i \in I\} \subseteq P^{(<\omega)}$ 使 $A = \bigcap\limits_{i\in I} \uparrow F_i$; 从而 $\exists i \in I$ 使 $x \notin \uparrow F_i$. 故 $\forall y \in F_i$, 有 $y \not\leqslant x$, 即 $y \notin \downarrow x$. 由情形 1 的证明, $\exists$ 保序连续函数 f_y :

$(P, \lambda_\delta(P)) \to [0, 1]$ 使 $f_y(y)=1$, $f_y(\downarrow x)=\{0\}$. 令 $f=\bigvee_{y\in F_i} f_i$. 则 $f:(P, \lambda_\delta(P)) \to [0, 1]$ 是连续和保序的, 且 $f(x)=0$, $f(A)\subseteq f(\uparrow F_i)=\{1\}$.

由命题 1.2.12 和定理 5.5.2, 有下述两个推论.

推论 5.5.3[394](ZFDC$_\omega$) 设 P 为拟连续 domain. 若 $\lambda(P)_- = \omega(P)$, 则 $(P, \lambda(P))$ 为严格完全正则序空间.

推论 5.5.4[393](ZFDC$_\omega$) 设P为连续 domain, 若$\lambda(P)_-=\omega(P)$, 则$(P, \lambda(P))$ 为严格完全正则序空间.

推论 5.5.4 给出了 Lawson 问题 (见问题 1.2.31) 的一个部分解答.

注 5.5.5 由例 1.2.14, 存在代数 domain P 使 $\lambda(P)_- \neq \sigma(P)$.

注 5.5.6 若 P 为连续 domain, 且 $\lambda(P)_-=\omega(P)$. 则稍为改造一下由 (5.5.1) 定义的函数 f, 可使 f 保任意存在交. 事实上, 若 $x\in U=P\backslash A$, 则由 P 为连续 domain, $\sup \Downarrow x = x\in U\in\sigma(P)$, 因而 $\exists u\in U$ 使 $u\ll x$. 由定理 2.1.8, $\ll$ 满足插入性质. 令 $B=\{m/2^n : m, n\in\omega, m\leqslant 2^n\}$. 由 DC$_\omega$, $\exists\{u(b): b\in B\}\subseteq P$ 满足

(i) $u(0)=u$, $u(1)=x$;

(ii) $\forall b_1, b_2\in B$, $b_1<b_2$, 有 $u(b_1)\ll u(b_2)$.

定义 $f: P\to[0, 1]$ 如下:

$$f(w)=\sup\{b\in B: u(b)\ll w\}=\sup\{b\in B: u(b)\leqslant w\}. \tag{5.5.2}$$

则由定理 5.5.2 的证明知, f 是保序的, $f(x)=1$, $f(A)=\{0\}$, 且 $f:(P, \lambda(P))\to[0, 1]$ 连续. 不难验证 f 是保定向并和任意存在交 (参看引理 8.2.2 的证明). 进一步, 若 P 有最小元 0, 则 f 有下伴随 (参看注 8.2.6).

由注 5.5.6, 当 P 有最小元时, 推论 5.5.4 可进一步加强为下述

定理 5.5.7[393](ZFDC$_\omega$) 设 P 是有最小元 0 的连续 domain.

(1) 对 $(P, \lambda(P))$ 中的任意非空下闭集 A 及 $x\notin A$, 存在 Lawson 连续函数 $f: P\to[0, 1]$ 使 $f(x)=1$, $f(A)=\{0\}$, 且 f 有下伴随.

(2) 若 $\lambda(P)_-=\omega(P)$, 则对 $(P, \lambda(P))$ 中的任意非空上闭集 A 及 $x\notin A$, 存在有限个存在 Lawson 连续函数 $\{f_j: P\to[0, 1] \mid j=1, 2, \cdots, n\}$ 使

(i) $\forall j\in\{1, 2, \cdots, n\}$, f_j 有下伴随;

(ii) $\left(\bigvee_{j=1}^{n} f_j\right)(x)=0$, $\left(\bigvee_{j=1}^{n} f_j\right)(A)=\{1\}$.

进一步, 当 P 为交半格时, 推论 5.5.4 中的映射 $\bigvee_{j=1}^{n} f_j$ 也有下伴随. 事实上, 若 g_j 是 f_j 的下伴随 $(j=1, 2, \cdots, n)$, 则易验证 $\bigwedge_{j=1}^{n} g_j: [0, 1]\to P$ 是 $\bigvee_{j=1}^{n} f_j$ 的

下伴随. 故有下述

定理 5.5.8[393]($ZFDC_\omega$) 设 P 是有最小元 0 的连续 domain, $\lambda(P)_- = \omega(P)$. 则对 $(P, \lambda(P))$ 中的任意非空下 (上) 闭集 A 及 $x \notin A$, 存在有下伴随的 Lawson 连续函数 f: $P \to [0, 1]$ 使 $f(x)=1$, $f(A)=\{0\}$($f(x)=0$, $f(A)=\{1\}$).

第 6 章　Z-拟连续 domain

本章主要讨论如何基于拓扑的方式将拟连续 domain 理论的框架扩展至一般子集系统, 并讨论其上 Scott 拓扑和 Lawson 拓扑的性质. 基于通常方式和拓扑方式, 我们等价地将拟超连续 domain 和拟超代数 domain 的概念推广至了一般偏序集. 本章的另一主要内容是系统地讨论拟连续性和拟超连续性在相应同态映射下的保持性.

在 6.1 节, 对一般子集系统 Z, 有别于拟 Z-连续 domain 和拟 Z-代数 domain 之概念, 借助拓扑之超连续性的刻画, 我们引入了 Z-拟连续 domain 和 Z-拟代数 domain 的概念.

在 6.2 节, 我们用通常方式和拓扑方式将拟超连续 domain 和拟超代数 domain 的概念推广至了一般偏序集, 证明了这两种方式的等价性; 给出了拟超连续偏序集和拟超代数偏序集的若干刻画和性质, 特别是超连续 (超代数) domain 和拟超连续 (拟超代数) domain 之间的关系.

6.3 节主要讨论 Z-拟连续 (Z-拟代数) domain 上 Scott 拓扑和 Lawson 拓扑的性质, 证明了 Z-拟连续 (Z-拟代数) domain P 上的 Z-Scott 拓扑 $\sigma_Z(P)$ 是 sober 的当且仅当 P 是拟连续 (拟代数) domain, 且 $\sigma_Z(P)$ 是 Scott 拓扑 $\sigma(P)$; Z-拟连续 (Z-拟代数) domain 赋予 Z-Lawson 拓扑是 pospace(完全序不连通空间); 若 Z-拟连续 domain P 上的 Z-Lawson 开上集是 Z-Scott 开的, Z-Lawson 开下集是 ω-开的, 则 $(P, \lambda_Z(P))$ 为严格完全正则序空间.

6.4 节主要讨论拟连续性和拟超连续性在同态映射下的保持性, 证明了完备格的拟连续性和拟超连续性在保序 Lawson 连续映射下的保持性, 拟超连续性在保定向并和下定向交的映射下的保持性, 分配的拟超连续格是完全分配格的保定向并与下定向交映射的像. 特别地, 完备格的连续性、拟连续性、超连续性、拟超连续性均在保任意交和定向并的映射下是保持的.

6.1　Z-拟连续 domain 与 Z-拟代数 domain

由 Heckmann 关于拟连续 domain 的拓扑式刻画 (见定理 3.1.4), 除 3.4 节中的方式外, 拟连续 (代数) domain 的推广至一般子集系统还有另一种自然的拓扑方式, 两种方式通常是不等价的 (参看例 6.1.4). 在本节中, 基于拓扑开集格之超

连续 (代数) 性的刻画, 对一般的子集系统 Z, 我们引入 Z-拟连续 (代数) domain 的概念.

定义 6.1.1[395,406] Z-完备偏序集 P 称为 Z-拟连续 domain, 若 $\forall x \in P$, $U \in \sigma_Z(P)$, $x \in U$, $\exists F \in P^{(<\omega)}$ 使 $x \in \mathrm{int}_{\sigma_Z(P)} \uparrow F \subseteq \uparrow F \subseteq U$; P 称为 Z-拟代数 domain, 若 $\forall x \in P$, $U \in \sigma_Z(P)$, $x \in U$, $\exists F \in P^{(<\omega)}$使 $x \in \mathrm{int}_{\sigma_Z(P)} \uparrow F = \uparrow F \subseteq U$.

注 6.1.2 定义 6.1.1 对一般偏序集仍是有效的, 即偏序集 P 称为 Z-拟连续的, 若 $\forall x \in P, U \in \sigma_Z(P), x \in U, \exists F \in P^{(<\omega)}$ 使 $x \in \mathrm{int}_{\sigma_Z(P)} \uparrow F \subseteq \uparrow F \subseteq U$; P 称为 Z-拟代数的, 若 $\forall x \in P, U \in \sigma_Z(P), x \in U, \exists F \in P^{(<\omega)}$ 使 $x \in \mathrm{int}_{\sigma_Z(P)} \uparrow F = \uparrow F \subseteq U$. 本节虽然主要对 Z-完备偏序集进行讨论, 但不难看出, 许多结果 (除了本质上需要 Rudin 性质要求的外) 对偏序集情形也成立, 读者可以自己验证.

由定理 5.1.9 和定理 5.1.15, 有下述

命题 6.1.3 设 P 为偏序集. 则

(1) P 是 Z-拟连续的 $\Leftrightarrow$ $\sigma_Z(P)$ 是超连续的;

(2) P 是 Z-拟代数的 $\Leftrightarrow$ $\sigma_Z(P)$ 是超代数的.

下面的例子表明, 对一般子集系统 Z, Z-拟连续 domain 和拟 Z-连续 domain 两个概念不等价.

例 6.1.4 令 $L=\{a_n : n \in \mathcal{N}\}\cup\{0, 1, a\}$. 在 L 上赋予如下的偏序关系:

(i) 0 是最小元, 1 是最大元;

(ii) $\forall m, k \in \mathcal{N}$, $a_m \leqslant a_k \Leftrightarrow k \leqslant m$;

(iii) $\forall n \in \mathcal{N}$, $a \nleqslant a_n$, $a_n \nleqslant a$.

则 $(L, \leqslant)$ 是完备格, $\{a_n : n \in \mathcal{N}\}$ 是 $(L, \leqslant)$ 中的链, $\bigwedge_{n\in N} a_n = 0$, $a \vee a_m = 1 (\forall m \in \mathcal{N})$. 令 $Z = \mathcal{P}$. 则 $\sigma_Z(L)=\upsilon(L)$. 易验证 L 为 Z-拟连续的. 下证 L 不是拟 Z-连续的. 事实上, $\forall F \in w_Z(1)$, 有 $a \in \uparrow F$. 反之, 设 $a \notin \uparrow F$. 则由 F 是有限集和 $a \notin \uparrow F$, $\exists a_k$ 使 $F \cap \downarrow a_k = \varnothing$. 由 $\{a, a_{k+1}\} \in Z(L) = \mathcal{P}(L)$, $a \vee a_{k+1}=1$ 和 $F \in w_Z(1)$, 有 $\uparrow F \cap \{a, a_{k+1}\} \neq \varnothing$, 与 $F \cap \downarrow a_k = \varnothing$ 和 $a \notin \uparrow F$ 矛盾. 故 $a \in \uparrow F$. 从而 $a \in \cap\{\uparrow F : F \in w_Z(1)\}$. 故 $\{1\} = \uparrow 1 \neq \cap\{\uparrow F : F \in w_Z(1)\}$. 因而 L 不是拟 Z-连续的.

由命题 3.4.17 知, 若 Z 是具有有限族并性质的 Rudin 子集系统, P 为拟 Z-连续 domain, 且 $\sigma_Z(P)=\sigma^Z(P)$, 则 P 为 Z-拟连续 domain.

设 P 为 Z-完备的, $A \subseteq X$. 为简便起见, $\mathcal{F}_{\sigma_Z(P)}(A)$ 简记为 $\mathcal{F}_Z(A)$. 当 $Z = \mathcal{D}$ 时, $\mathcal{F}_Z(A)$ 简记为 $\mathcal{F}(A)$.

由定理 5.1.9, 基于 Z-Scott 拓扑的序性质, 得到下述 Z-拟连续性的刻画.

定理 6.1.5[395,406] 设 P 为 Z-完备的偏序集. 考虑下述各条件:

(1) P 为 Z-拟连续 domain;

(2) $(\sigma_Z(P), \subseteq)$ 为超连续格;

(3) $(\sigma_Z(P), \subseteq)$ 是局部超紧的, 即 $\forall x \in P, U \in \sigma_Z(P), x \in U, \exists \uparrow F \in \mathcal{F}_Z(x)$ 使 $\uparrow F \subseteq U$;

(4) 对 $(P, \sigma_Z(P))$ 中的任意紧子集 $K, U \in \sigma_Z(P), K \subseteq U, \exists \uparrow F \in \mathcal{F}_Z(K)$ 使 $\uparrow F \subseteq U$;

(5) 对 $(P, \sigma_Z(P))$ 中的任意紧子集 $K, \mathcal{F}_Z(K)$ 是定向的, 且 $\cap \mathcal{F}_Z(K) = \uparrow K$;

(6) $\forall x \in P, \mathcal{F}_Z(x)$ 是定向的, 且 $\cap \mathcal{F}_Z(x) = \uparrow x$.

则 (1) $\Leftrightarrow$ (2) $\Leftrightarrow$ (3) $\Leftrightarrow$ (4) $\Rightarrow$ (5) $\Rightarrow$ (6); 若 $(P, \sigma_Z(P)) \in$ **F-RD**, 则 (6) $\Rightarrow$ (3), 从而所有条件等价.

类似地, 由定理 5.1.12, 有下述

定理 6.1.6 设 P 为 Z-完备偏序集, $\delta=\sigma_Z(P)$. 考虑下述各条件:

(1) P 为 Z-拟代数 domain;

(2) $(\sigma_Z(P), \subseteq)$ 为超代数格;

(3) $(\sigma_Z(P), \subseteq)$ 是超局部紧的, 即 $\forall x \in P, U \in \sigma_Z(P), x \in U, \exists \uparrow F \in$ **Fin** P 使 $\uparrow F \in \sigma_Z(P)$ 且 $x \in \uparrow F \subseteq U$;

(4) 对 $(P, \sigma_Z(P))$ 中的任意紧子集 $K, U \in \sigma_Z(P), K \subseteq U, \exists \uparrow F \in$ **Fin** P 使 $K \subseteq \mathrm{int}_\delta \uparrow F = \uparrow F \subseteq U$;

(5) 对 $(P, \sigma_Z(P))$ 中的任意紧子集 K, $\{\uparrow_\delta F \in$ **Fin** $(X, \leqslant_\delta) : K \subseteq \uparrow_\delta F \in \delta\}$ 是定向的, 且 $\cap\{\uparrow_\delta F \in$ **Fin** $(X, \leqslant_\delta) : K \subseteq \uparrow_\delta F \in \delta\} = \uparrow K$;

(6) $\forall x \in X$, $\{\uparrow_\delta F \in$ **Fin** $(X, \leqslant_\delta) : x \in \uparrow_\delta F \in \delta\}$ 是定向的, 且 $\cap\{\uparrow_\delta F \in$ **Fin** $(X, \leqslant_\delta) : x \in \uparrow_\delta F \in \delta\} = \uparrow x$.

则 (1) $\Leftrightarrow$ (2) $\Leftrightarrow$ (3) $\Leftrightarrow$ (4) $\Rightarrow$ (5) $\Rightarrow$ (6); 若 $(P, \sigma_Z(P)) \in$ **F-RD**, 则 (6) $\Rightarrow$ (3), 从而所有条件等价.

由推论 5.1.10 和定理 6.1.5, 有下述

推论 6.1.7[395,406] 设 P 是 Z-拟连续 domain. 若 P 是 **dcpo**, 则 $\sigma(P) \subseteq \sigma_Z(P)$.

6.2 拟超连续偏序集

在第 2 章我们看到, 连续偏序集、代数偏序集、超连续偏序集和超代数偏序集均有两种定义方式. 一种是通常方式; 另一种是基于 Scott 拓扑和上拓扑的拓扑方式, 且这两种方式是等价的, 即偏序集 P 的连续性等价于 Scott 拓扑 $\sigma(P)$(自然地推广至一般偏序集) 的完全分配性、P 的超连续性等价于上拓扑 $\upsilon(P)$ 的完

全分配性. 对代数偏序集和超代数偏序集, 则分别等价于其上 Scott 拓扑和上拓扑是强代数格.

在第 3 章我们看到, 基于 Rudin 引理、拟连续 domain 和拟代数 domain 有两种等价的定义方式. 对非 **dcpo** 的偏序集, 拟连续性 (包括代数情形) 则不宜再按通常方式, 即方向小于关系 $\ll$ 的 (有限上生成集) 定向逼近性来定义. 特别注意到, 对非 **dcpo** 的偏序集, 推论 3.2.2 失效, 即其上的 Scott 拓扑一般不具有 Rudin 性质, 从而按通常方式定义的拟连续偏序集和拟代数偏序集难以有我们所期望的那些良好性质 (这些良好性质是拟连续性 domain 和拟代数 domain 所具有的). 因而, 对非 **dcpo** 的偏序集、拟连续偏序集和拟代数偏序集的定义宜采用拓扑方式, 即其上 Scott 拓扑的超连续性和超代数性. 对于 **dcpo**, 由推论 5.1.21 和推论 5.1.22, 我们知道这种拓扑方式与 $\ll$ 的定向逼近方式是等价的.

拟超连续偏序集和拟超代数偏序集的概念推广至 "拟" 的情形自然也有两种方式, 一种是拓扑方式 (分别称之为拟超连续偏序集和拟超代数偏序集); 另一种则是通常方式 (分别称之为超拟连续偏序集和超拟代数偏序集). 我们将证明这两种方式是等价的 (见命题 6.2.7 和命题 6.2.8).

定义 6.2.1　设 P 为偏序集.

(1) P 称为拟超连续的, 若 $\forall x \in P$, $U \in \upsilon(P)$, $x \in U$, $\exists F \in P^{(<\omega)}$ 使 $x \in \mathrm{int}_{\upsilon(P)} \uparrow F \subseteq \uparrow F \subseteq U$.

(2) P 称为拟超代数的, 若 $\forall x \in P$, $U \in \upsilon(P)$, $x \in U$, $\exists F \in P^{(<\omega)}$ 使 $x \in \mathrm{int}_{\upsilon(P)} \uparrow F = \uparrow F \subseteq U$.

拟超连续偏序集的概念是我们在文献 [395, 定义 2.6.1](也见文献 [400]) 中引入的, 文献 [416] 将其推广至了代数情形. 由定理 5.1.9 和定理 5.1.15, P 为拟超连续的 $\Leftrightarrow$ $\upsilon(P)$ 是超连续的; P 为拟超代数的 $\Leftrightarrow$ $\upsilon(P)$ 是超代数的.

由定理 5.1.9 和推论 5.4.8, 有下述

推论 6.2.2　设 P 为拟超连续 domain, 则 $(P, \upsilon(P))$ 是 sober 的.

下面给出另一种推广方式. 首先我们将定义 2.5.1 中的关系 $\prec$ 可以推广至 "集" 与 "集" 情形.

定义 6.2.3　设 P 是偏序集, A, $B \subseteq P$. 定义 $A \prec B \Leftrightarrow \forall \mathcal{U} \subseteq \mathbf{up}(L)$, $\cap\, \mathcal{U} \subseteq \uparrow B$, $\exists\, \mathcal{U}_0 \in \mathcal{U}^{(<\omega)}$ 使 $\cap\, \mathcal{U}_0 \subseteq \uparrow A$. 若 $A \prec A$, 则称 A 是 $\prec$-紧的.

引理 6.2.4　设 P 是偏序集, A, $B \subseteq P$. 则下述各条件等价:

(1) $A \prec B$;

(2) $\forall \mathcal{U} \subseteq \upsilon(P)$, $\cap\, \mathcal{U} \subseteq \uparrow B$, $\exists\, \mathcal{U}_0 \in \mathcal{U}^{(<\omega)}$ 使 $\cap\, \mathcal{U}_0 \subseteq \uparrow A$;

(3) $\forall T \subseteq P$, $\cap\{P \downarrow t\colon t \in T\} \subseteq \uparrow B$, $\exists T_0 \in T^{(<\omega)}$ 使 $\cap\{P \setminus \downarrow t : t \in T_0\} \subseteq \uparrow B$;

(4) $B \subseteq \mathrm{int}_{\upsilon(P)} \uparrow A$.

证明　显然有 (1) $\Rightarrow$ (2) $\Rightarrow$ (3).

(3) $\Rightarrow$ (4): 令 $T = P\backslash\uparrow B$. 则 $\uparrow B = \cap\{P\backslash\downarrow t : t \in T\}$. 由 (3), $\exists T_0 \in T^{(<\omega)}$ 使 $\cap\{P\backslash\downarrow t : t \in T_0\} \subseteq\uparrow A$; 从而 $\uparrow B \subseteq \cap\{P\backslash t : t \in T_0\} = P\backslash\downarrow T_0 \in \upsilon(P)$. 故 $\uparrow B \subseteq \mathrm{int}_{\upsilon(P)}\uparrow A$.

(4) $\Rightarrow$ (1): 设 $B \subseteq \mathrm{int}_{\upsilon(P)}\uparrow A$. 则 $\exists F \in P^{(<\omega)}$ 使 $B \subseteq P\backslash\downarrow F \subseteq\uparrow A$. $\forall \mathcal{U} \subseteq \upsilon(P)$, 若 $\cap\,\mathcal{U} \subseteq\uparrow B$, 则 $\cap\,\mathcal{U} \subseteq P\backslash\downarrow F$. 故 $\forall u \in F$, $\cap\,\mathcal{U} \subseteq P\backslash\downarrow u$; 因而 $\exists U_u \in \mathcal{U}$ 使 $u \notin U_u$, 即 $U_u \subseteq P\backslash\downarrow u$. 令 $\mathcal{U}_0 = \{U_u : u \in F\}$. 则 $\mathcal{U}_0 \in \mathcal{U}^{(<\omega)}$, 且 $\cap\,\mathcal{U}_0 = \bigcap\limits_{u\in F} U_u \subseteq \bigcap\limits_{u\in F}(P\backslash\downarrow u) = P\backslash\downarrow F \subseteq\uparrow A$. 故 $A \prec B$.

推论 6.2.5 设 P 是偏序集, $A \subseteq P$. 则下述各条件等价:

(1) $A \prec A$;

(2) $\forall \mathcal{U} \subseteq \upsilon(P)$, $\cap\,\mathcal{U} \subseteq\uparrow A$, $\exists\, \mathcal{U}_0 \in \mathcal{U}^{(<\omega)}$ 使 $\cap\,\mathcal{U}_0 \subseteq\uparrow A$;

(3) $\forall T \subseteq P$, $\cap\{P\downarrow t : t \in T\} \subseteq\uparrow A$, $\exists T_0 \in T^{(<\omega)}$ 使 $\cap\{P\backslash\downarrow t : t \in T_0\} \subseteq\uparrow A$;

(4) $\uparrow A = \mathrm{int}_{\upsilon(P)}\uparrow A$, 即 $\uparrow A \in \upsilon(P)$.

定义 6.2.6 设 P 是偏序集.

(1) P 称为超拟连续的, 若 $\forall x \in P$, $\{\uparrow F : F \in P^{(<\omega)}, F \prec x\} = \{\uparrow F : F \in P^{(<\omega)}, x \in \mathrm{int}_{\upsilon(P)}\uparrow F\}$ 是定向的, 且 $\uparrow x = \cap\{\uparrow F : F \in P^{(<\omega)}, F \prec x\}$.

(2) P 称为超拟代数的, 若 $\forall x \in P$, $\{\uparrow F : F \in P^{(<\omega)}, F \prec F \prec x\} = \{\uparrow F : F \in P^{(<\omega)}, x \in \mathrm{int}_{\upsilon(P)}\uparrow F = \uparrow F\}$ 是定向的, 且 $\uparrow x = \cap\{\uparrow F : F \in P^{(<\omega)}, F \prec F \prec x\}$.

命题 6.2.7 设 P 为偏序集, 则下述两个条件等价:

(1) P 是拟超连续的;

(2) P 是超拟连续的.

证明 (1) $\Rightarrow$ (2): 首先证明 $\{\uparrow F : F \in P^{(<\omega)}$ 且 $x \in \mathrm{int}_{\upsilon(P)}\uparrow F\}$ 是定向的. 设 $F_1, F_2 \in P^{(<\omega)}$, $p \in \mathrm{int}_{\upsilon(P)}\uparrow F_1$, $p \in \mathrm{int}_{\upsilon(P)}\uparrow F_2$, 则 $p \in \mathrm{int}_{\upsilon(P)}\uparrow F_1 \cap \mathrm{int}_{\upsilon(P)}\uparrow F_2 \in \upsilon(P)$; 由 P 是拟超连续的偏序集, $\exists F_3 \in P^{(<\omega)}$ 使 $x \in \mathrm{int}_{\upsilon(P)}\uparrow F_3 \subseteq\uparrow F_3 \subseteq \mathrm{int}_{\upsilon(P)}\uparrow F_1 \cap \mathrm{int}_{\upsilon(P)}\uparrow F_2 \subseteq\uparrow F_1 \cap\uparrow F_2$. 故 $\{\uparrow F : F \in P^{(<\omega)}$ 且 $x \in \mathrm{int}_{\upsilon(P)}\uparrow F\}$ 是定向的.

其次证明 $\uparrow x = \cap\{\uparrow F : F \in P^{(<\omega)}$ 且 $x \in \mathrm{int}_{\upsilon(P)}\uparrow F\}$. 显然有 $\uparrow x \subseteq \cap\{\uparrow F : F \in P^{(<\omega)}$ 且 $x \in \mathrm{int}_{\upsilon(P)}\uparrow F\}$. 另一方面, 若 $x \not\leqslant y$, 则由 P 为拟超连续的, $\exists F \in P^{(<\omega)}$ 使 $x \in \mathrm{int}_{\upsilon(P)}\uparrow F \subseteq\uparrow F \subseteq P\backslash\downarrow y$. 故 $y \notin \cap\{\uparrow F : F \in P^{(<\omega)}$ 且 $x \in \mathrm{int}_{\upsilon(P)}\uparrow F\}$. 所以 $\uparrow x = \cap\{\uparrow F : F \in P^{(<\omega)}$ 且 $x \in \mathrm{int}_{\upsilon(P)}\uparrow F\}$.

(2) $\Rightarrow$ (1): $\forall x \in U \in \upsilon(P)$, 下证 $\exists G \in P^{(<\omega)}$ 使 $x \in \mathrm{int}_{\upsilon(P)}\uparrow G \subseteq\uparrow G \subseteq U$. 由 $x \in U \in \upsilon(P)$, $\exists H \in P^{(<\omega)}$ 使 $x \in P\backslash\downarrow H \subseteq U$. $\forall h \in H$, 由 $x \not\leqslant h$ 和 (2), $\exists F_h \in P^{(<\omega)}$ 使 $x \in \mathrm{int}_{\upsilon(P)}\uparrow F_h \subseteq\uparrow F_h \subseteq P\backslash\downarrow h$; 由 H 为有限集和 $\{\uparrow F : F \in P^{(<\omega)}$ 且 $p \in \mathrm{int}_{\upsilon(P)}\uparrow F\}$ 是定向的, $\exists G \in P^{(<\omega)}$ 使 $x \in \mathrm{int}_{\upsilon(P)}\uparrow G$, $\uparrow G \subseteq$

$\bigcap_{h\in H}\uparrow F_h$; 从而 $x\in \mathrm{int}_{\upsilon(P)}\uparrow G\subseteq\uparrow G\subseteq\bigcap_{h\in H}\uparrow F_h\subseteq\bigcap_{h\in H}(P\backslash\downarrow h)=P\backslash\downarrow H\subseteq U$. 故 P 为拟超连续偏序集.

类似地, 有下述

命题 6.2.8　设 P 为偏序集, 则下述两个条件等价:

(1) P 是拟超代数的;

(2) P 是超拟代数的.

命题 6.2.9　设 P 为偏序集.

(1) 若 P 是拟超连续的, 则 $(P, \theta(P), \leqslant)$ 是 pospace;

(2) 若 P 是拟超代数的, 则 $(P, \theta(P), \leqslant)$ 是完全序不连通的.

证明　(1) 设 $x, y\in P$, $x\not\leqslant y$, 由 P 为拟超连续的, $\exists F\in P^{(<\omega)}$ 使 $x\in \mathrm{int}_{\upsilon(P)}\uparrow F\subseteq\uparrow F\subseteq P\backslash\downarrow y\in\upsilon(P)$. 令 U=$\mathrm{int}_{\upsilon(P)}\uparrow F$, $V=P\backslash\uparrow F$. 则 $U\in\theta(P), V\in\theta(P), x\in U, y\in V, U\cap V=\varnothing$. 因而 $(x, y)\in U\times V\subseteq P\times P\backslash\leqslant$. 故 $\leqslant$ 是乘积空间 $(P, \theta(P))\times(P, \theta(P))$ 中的闭集. 所以 $(P, \theta(P), \leqslant)$ 是 pospace.

(2) 设 $x, y\in P$, $x\not\leqslant y$, 由 P 为拟代数的, $\exists F\in P^{(<\omega)}$ 使 $x\in \mathrm{int}_{\upsilon(P)}\uparrow F=\uparrow F\subseteq P\backslash\downarrow y\in\upsilon(P)$. 令 U=$\mathrm{int}_{\upsilon(P)}\uparrow F$. 则 U 是 $(P, \theta(P), \leqslant)$ 中既开又闭的上集 $U, x\in U, y\notin U$. 若 $(P, \theta(P), \leqslant)$ 是完全序不连通的.

由定理 5.1.9、定理 5.1.15、定理 5.1.18 和命题 5.1.20, 得到下述两个定理.

定理 6.2.10　设 P 是偏序集, 则下述各条件等价:

(1) P 是拟超连续的;

(2) $\upsilon(P)$ 是超连续格;

(3) $(P, \upsilon(P))$ 是局部超紧的;

(4) $\mathrm{int}_{\upsilon(P)}:\mathbf{up}(P)\to\upsilon(P)$ 保任意交和定向并;

(4′) $\mathrm{cl}_{\upsilon(P)}:\mathbf{down}(P)\to\upsilon(P)^c$ 保任意并和滤子交;

(5) $\forall C\subseteq P$, $\mathrm{int}_{\upsilon(P)}\uparrow C=\bigcup_{F\in C^{(<\omega)}}\mathrm{int}_{\upsilon(P)}\uparrow F$;

(6) $\forall U\in\upsilon(P)$, $U=\bigcup_{F\in U^{(<\omega)}}\mathrm{int}_{\upsilon(P)}\uparrow F$;

(7) $\forall x\in P, U\in\upsilon(P), x\in U$, 有 $x\in \mathrm{cl}_{\upsilon(P)}(\cup\{F\in U^{(<\omega)}: x\in \mathrm{int}_{\upsilon(P)}\uparrow F\})$.

定理 6.2.11　设 P 是偏序集, 则下述各条件等价:

(1) P 是拟超代数的;

(2) $\upsilon(P)$ 是超代数格;

(3) $(P, \upsilon(P))$ 是超局部紧的;

(4) $\forall x\in X, U\in\upsilon(P), x\in U$, 有 $x\in \mathrm{cl}_{\upsilon(P)}(\cup\{F\in U^{(<\omega)}: x\in \mathrm{int}_{\upsilon(P)}\uparrow F=\uparrow F\})$.

由推论 3.2.2、定理 5.1.9、定理 5.1.15、推论 5.4.8 和推论 5.4.11, 有下述两个结果.

定理 6.2.12 设 P 为 **dcpo**, 则下述各条件等价:

(1) P 为拟超连续 domain;

(2) $(\upsilon(P), \subseteq)$ 为超连续格;

(3) $\forall x \in P, U \in \upsilon(P), x \in U, \exists \uparrow F \in \mathcal{F}_{\mathcal{P}}(x)$ 使 $\uparrow F \subseteq U$;

(4) 对 $(P, \upsilon(P))$ 中的任意紧子集 $K, U \in \upsilon(P), K \subseteq U, \exists \uparrow F \in \mathbf{Fin}\ P$ 使 $K \subseteq \mathrm{int}_{\upsilon(P)} \uparrow F \subseteq \uparrow F \subseteq U$;

(5) 对 $(P, \upsilon(P))$ 中的任意紧子集 K, $\{\uparrow F \in \mathbf{Fin}\ P : K \subseteq \mathrm{int}_{\upsilon(P)} \uparrow F\}$ 是定向的, 且 $\uparrow K = \cap\{\uparrow F \in \mathbf{Fin}\ P : K \subseteq \mathrm{int}_{\upsilon(P)} \uparrow F\}$;

(6) $\forall x \in X$, $\{\uparrow F \in \mathbf{Fin}\ P : x \in \mathrm{int}_{\upsilon(P)} \uparrow F\}$ 是定向的, 且 $\uparrow x = \cap\ \{\uparrow F \in \mathbf{Fin}\ P : x \in \mathrm{int}_{\upsilon(P)} \uparrow F\}$;

(7) P 为拟连续 domain, $\upsilon(P) = \sigma(P)$.

上述结果在完备格情形首先是我们在文献 [395] 中给出的.

定理 6.2.13 设 P 为 **dcpo**, 则下述各条件等价:

(1) P 为拟超代数 domain;

(2) $(\upsilon(P), \subseteq)$ 为超代数格;

(3) $(P, \upsilon(P))$ 是超局部紧的, 即 $\forall x \in P, U \in \upsilon(P), x \in U, \exists \uparrow F \in \mathbf{Fin}\ P$ 使 $x \in \mathrm{int}_{\upsilon(P)} \uparrow F = \uparrow F \subseteq U$;

(4) 对 $(P, \upsilon(P))$ 中的任意紧子集 $K, U \in \upsilon(P), K \subseteq U, \exists \uparrow F \in \mathbf{Fin}\ P$ 使 $K \subseteq \mathrm{int}_{\upsilon(P)} \uparrow F = \uparrow F \subseteq U$;

(5) 对 $(P, \upsilon(P))$ 中的任意紧子集 K, $\{\uparrow F \in \mathbf{Fin}\ P : K \subseteq \uparrow F \in \upsilon(P)\}$ 是定向的, 且 $\uparrow K = \cap\{\uparrow F \in \mathbf{Fin}\ P : K \subseteq \uparrow F \in \upsilon(P)\}$;

(6) $\forall x \in X$, $\{\uparrow F \in \mathbf{Fin}\ P : x \in \uparrow F \in \upsilon(P)\}$ 是定向的, 且 $\uparrow x = \cap\ \{\uparrow F \in \mathbf{Fin}\ P : x \in \uparrow F \in \upsilon(P)\}$;

(7) P 为拟代数 domain, $\upsilon(P) = \sigma(P)$.

定理 6.2.14 设 L 为完备格, 则下述各条件等价:

(1) L 是拟超连续格;

(2) L 是拟连续格, $\theta(L) = \lambda(L)$;

(3) L 和 L^{op} 是拟连续格, $\lambda(L) = \lambda(L^{\mathrm{op}})$;

(4) L 是拟连续格, $\lambda(L) = \lambda(L^{\mathrm{op}})$;

(5) $(L, \theta(L), \leqslant)$ 是紧 pospace;

(6) $(L, \theta(L))$ 是 Hausdorff 的.

证明 (1) $\Rightarrow$ (2): 由定理 6.2.12, L 为拟连续格, $\upsilon(L)=\sigma(L)$; 从而 $\theta(L)=\lambda(L)$.

(2) $\Rightarrow$ (3): 由命题 3.1.7 (或命题 1.2.11 和命题 3.1.12), $\theta(L)=\lambda(L)$ 为 T_2 的. 由命题 1.2.11, $(L,\ \lambda(L^{\mathrm{op}}))$ 为紧的; 从而由引理 1.2.3 和 $\theta(L)\subseteq\lambda(L^{\mathrm{op}})$, 有 $\lambda(L^{\mathrm{op}})=\theta(L)=\lambda(L)$. 由命题 3.1.7, L^{op} 是拟连续格.

(3) $\Rightarrow$ (4): 显然.

(4) $\Rightarrow$ (5): 由 $\lambda(L)=\lambda(L^{\mathrm{op}})$ 和命题 1.2.12, $\sigma(L)=\lambda(L)_+=\lambda(L^{\mathrm{op}})_+=\omega(L^{\mathrm{op}})=\upsilon(L)$. 故 $\theta(L)=\lambda(L)$, 从而由命题 3.1.7 (或命题 1.2.11 和命题 3.1.12), $(L,\ \theta(L),\ \leqslant)$ 是紧 pospace.

(5) $\Rightarrow$ (6): 显然.

(6) $\Rightarrow$ (1): 由命题 1.2.11, $(L,\ \lambda(L))$ 为紧的; 从而由引理 1.2.3 和 $\theta(L)\subseteq\lambda(L)$, 有 $\lambda(L)=\theta(L)$. 由命题 1.2.12 和命题 3.1.7, L 为拟连续格, 且 $\upsilon(L)=\theta(P)_+=\lambda(P)_+=\sigma(L)$; 从而由定理 6.2.12, L 为拟超连续格.

注 6.2.15 定理 6.2.14 中的条件 (3) 与区间拓扑 $\theta(L)$ 的 T_2 性之等价性首先由 Gierz 和 Lawson 在文献 [101] 中得到. Gierz 和 Lawson 在文献 [101] 中称完备格 L 是广义双连续格 (generalized bicontinuous lattice), 若 L 和 L^{op} 都是拟连续的, 且 $\lambda(L)$=$\lambda(L^{\mathrm{op}})$. 我们感觉, 这种格似乎称为联结的双拟连续格 (linked biquasicontinuous lattice) 更为合适. 定理 6.2.14 表明, 广义双连续格就是拟超连续格. 从某种意义上说, 应该引入的是拟超连续格的概念, 而定理 6.2.14 中条件 (3) 是它的一个等价条件.

类似地, 关于拟超代数格, 有下述

定理 6.2.16 设 L 为完备格, 则下述各条件等价:

(1) L 是拟超代数格;

(2) L 是拟代数格, $\theta(L)$=$\lambda(L)$;

(3) L 和 L^{op} 是拟代数格, $\lambda(L)$=$\lambda(L^{\mathrm{op}})$;

(4) L 是拟代数格, $\lambda(L)$=$\lambda(L^{\mathrm{op}})$;

(5) $(L,\ \theta(L),\ \leqslant)$ 是 Priestley 空间.

证明 (1) $\Rightarrow$ (2): 由定理 6.2.13, L 为拟代数格, $\upsilon(L)$=$\sigma(L)$; 从而 $\theta(L)=\lambda(L)$.

(2) $\Rightarrow$ (3): 由命题 3.1.8, $\theta(L)$=$\lambda(L)$ 为 Priestley 的. 由命题 1.2.11, $(L,\ \lambda(L^{\mathrm{op}}))$ 为紧的; 从而由引理 1.2.3 和 $\theta(L)\subseteq\lambda(L^{\mathrm{op}})$, 有 $\lambda(L^{\mathrm{op}})$=$\theta(L)$=$\lambda(L)$. 由命题 3.1.8, L^{op} 是拟代数格.

(3) $\Rightarrow$ (4): 显然.

(4) $\Rightarrow$ (5): 由 $\lambda(L)$=$\lambda(L^{\mathrm{op}})$ 和命题 1.2.12, $\sigma(L)$=$\lambda(L)_+$=$\lambda(L^{\mathrm{op}})_+$=$\omega(L^{\mathrm{op}})=\upsilon(L)$. 故 $\theta(L)$=$\lambda(L)$. 由命题 3.1.8 (或命题 1.2.11 和命题 3.1.12), $(L,\ \theta(L),\ \leqslant)$ 是紧 Priestley 空间.

(5) $\Rightarrow$ (1): 由命题 1.2.11, $(L, \lambda(L))$ 为紧的; 从而由引理 1.2.3 和 $\theta(L) \subseteq \lambda(L)$, 有 $\lambda(L)=\theta(L)$. 由命题 1.2.12 和命题 3.1.8, L 为拟代数格, 且 $\upsilon(L)=\theta(P)_+=\lambda(P)_+=\sigma(L)$; 从而由定理 6.2.13, L 为拟超代数格.

注 6.2.17 定理 6.2.16 中的条件 (1), (2), (4) 和 (5) 的等价性是文献 [416](也见文献 [421]) 给出的. 定理 6.2.16 中的条件 (3) 与 (5) 的等价性首先由 Venugopalan 在文献 [336] 中得到. Venugopalan 在文献 [336](也参看 [271], 顺便提下, Menon 与 Venugopalan 是同一人) 中称满足定理 6.2.16 中条件 (3) 的完备格 L 为双伪代数格 (bipseudoalgebraic lattice)(在文献 [336] 中误写成了 pesudoalgebraic). 我们认为, 这种格似乎称为联结的双拟代数格 (linked biquasialgebraic lattice) 更为合适. 定理 6.2.16 表明, 这种格就是拟超代数格.

注 6.2.18 定理 6.2.14 和定理 6.2.16 表明, 完备格的拟超连续性和拟超代数性是自对偶的, 即若完备格 L 是拟超连续 (拟超代数) 的, 则其对偶格 L^{op} 也是拟超连续 (拟超代数) 的. 故由定理 6.2.12 和定理 6.2.13, L 是拟超连续 (拟超代数) 格当且仅当 $(\omega(P), \subseteq)$ 为超连续 (超代数) 格.

由引理 2.5.5、定理 3.5.13 和定理 6.2.12, 有下述

推论 6.2.19 设 P 为 **dcpo**, 则下述各条件等价:

(1) P 是超连续 domain;

(2) P 是连续 domain 和拟超连续 domain;

(3) P 是交连续 domain 和拟超连续 domain.

推论 6.2.20 设 L 为完备格, 则下述各条件等价:

(1) L 是超连续格;

(2) L 是连续格和拟超连续格;

(3) L 是连续格, $\theta(L)$ 为 Hausdorff 的;

(4) L 是交连续格和拟超连续格;

(5) L 是交连续格, $\theta(L)$ 为 Hausdorff 的;

(6) L 是连续格, L^{op} 是拟连续格, 且 $\sigma(L) \vee \sigma(L^{\mathrm{op}}) = \lambda(L)$.

证明 由定理 6.2.14 和推论 6.2.19, 知 (1)—(5) 等价.

(3) $\Rightarrow$ (6): 由定理 6.2.14, L^{op} 是拟连续格, $\lambda(L) = \lambda(L^{\mathrm{op}})$, 从而 $\sigma(L)\vee\sigma(L^{\mathrm{op}}) = \lambda(L)$.

(6) $\Rightarrow$ (2): 由命题 3.1.7, $\lambda(L^{\mathrm{op}})$ 是 Hausdorff 的, 从而由 (6) 中的假设条件, 引理 1.2.3 和命题 1.2.11, 有 $\lambda(L^{\mathrm{op}}) = \sigma(L) \vee \sigma(L^{\mathrm{op}}) = \lambda(L)$. 由定理 6.2.14, L 是拟超连续格.

推论 6.2.20 中条件 (1), (5) 和 (6) 的等价性是 Gierz 和 Lawson 在文献 [102] 中给出的.

类似地, 由引理 2.5.6、定理 3.5.19、定理 6.2.12 和定理 6.2.13, 有下述

推论 6.2.21　设 P 为 **dcpo**, 则以下各条件等价:

(1) P 是超代数 domain;

(2) P 是代数 domain 和拟超代数 domain;

(3) P 是连续 domain 和拟超代数 domain;

(4) P 是代数 domain 和拟超连续 domain;

(5) P 是交连续 domain 和拟超代数 domain.

由定理 6.2.16、推论 6.2.20 和推论 6.2.21, 得到下述

推论 6.2.22　设 L 为完备格, 则下述各条件等价:

(1) L 是超代数格;

(2) L 是代数格和拟超代数格;

(3) L 是连续格和拟超代数格;

(4) L 是代数格和拟超连续格;

(5) L 是交连续格和拟超代数格;

(6) L 是交连续格, $(L, \theta(L), \leqslant)$ 是 Priestley 空间;

(7) L 是代数格, L^{op} 是拟连续格, 且 $\sigma(L) \vee \sigma(L^{\mathrm{op}})=\lambda(L)$.

由于拓扑开集格是 Heyting 的, 拟超连续格和拟超代数格是自对偶的 (见注 6.2.18), 由推论 6.2.20 和推论 6.2.22, 得到下述两个推论.

推论 6.2.23　设 X 为拓扑空间, $\mathcal{O}(X)$ 与 $\mathcal{C}(X)$ 分别为 X 的开集格与闭集格. 则下述各条件等价:

(1) $\mathcal{O}(X)$ 为超连续格;

(2) $\mathcal{O}(X)$ 为拟超连续格;

(3) $\mathcal{C}(X)$ 为拟超连续格.

推论 6.2.24　设 X 为拓扑空间, $\mathcal{O}(X)$ 与 $\mathcal{C}(X)$ 分别为 X 的开集格与闭集格. 则下述各条件等价:

(1) $\mathcal{O}(X)$ 为超代数格;

(2) $\mathcal{O}(X)$ 为拟超代数格;

(3) $\mathcal{C}(X)$ 为拟超代数格.

众所周知 (参看文献 [98, 99]), 对偏序集 P, 其理想格 $\mathrm{Id}(P)$ 是代数 domain; 对有界 (即有最小元 0 和最大元 1) 分配格 L, $\mathrm{Id}(L)$ 是分配的代数格, 即 Heyting 的代数格. 一个自然的问题是: 何时 $\mathrm{Id}(L)$ 是 (拟) 超连续的? 对此, 有下述

命题 6.2.25[95]　设L是有界分配格, $\forall x\in L$, 记 $\mathcal{PF}_x=\{F\in\mathrm{PRIME}\,(\mathrm{Filt}(L)): x \in F\}$. 则下述两个条件等价:

(1) $\mathrm{Id}(L)$ 是 (拟) 超连续的;

(2) $\forall x \in L$, $\mathrm{Min}(\mathcal{PF}_x)$ 是有限的.

最后, 由引理 1.2.16 和定理 6.2.12, 有下述

命题 6.2.26 设 P 是拟超连续 domain, Q 是偏序集, $f: P \to Q$. 则下述两个条件等价:

(1) $f: (P, \upsilon(P)) \to (Q, \upsilon(Q))$ 连续;

(2) f 是 Scott 连续的.

6.3 Z-Scott 拓扑和 Z-Lawson 拓扑

由命题 6.1.3、推论 5.4.8 和推论 5.4.11, 有下述两个命题.

命题 6.3.1 设 P 为 Z-拟连续 domain, 则下述各条件等价:

(1) $(P, \sigma_Z(P))$ 为 sober 空间;

(2) P 是 **dcpo**, $\sigma_Z(P) \subseteq \sigma(P)$;

(3) $(P, \sigma_Z(P)) \in$ **K-RD**;

(4) $(P, \sigma_Z(P)) \in$ **H-RD**;

(5) $(P, \sigma_Z(P)) \in$ **F-RD**;

(6) $(P, \sigma_Z(P)) \in$ **P-RD**;

(7) $(P, \sigma_Z(P))$ 是 d-空间;

(8) P 为拟连续 domain, $\sigma_Z(P) = \sigma(P)$.

命题 6.3.2 设 P 为 Z-拟代数 domain, 则下述各条件等价:

(1) $(P, \sigma_Z(P))$ 为 sober 空间;

(2) P 是 **dcpo**, $\sigma_Z(P) \subseteq \sigma(P)$;

(3) $(P, \sigma_Z(P)) \in$ **K-RD**;

(4) $(P, \sigma_Z(P)) \in$ **H-RD**;

(5) $(P, \sigma_Z(P)) \in$ **F-RD**;

(6) $(P, \sigma_Z(P)) \in$ **P-RD**;

(7) $(P, \sigma_Z(P))$ 是 d-空间;

(8) P 为拟代数 domain, $\sigma_Z(P) = \sigma(P)$.

由定理 6.1.5、命题 6.3.1 和文献 [98, Corollary I-3.43.10] (或 [99, Corollary I-3.40.9]), 有下述

推论 6.3.3 设 P 为 Z-拟连续 domain, $(P, \sigma_Z(P)) \in$ **F-RD**. 则 $(P, \sigma_Z(P))$ 为 Baire 空间.

命题 6.3.4 设 P 为 Z-拟连续 domain, 则 $(P, \lambda_Z(P))$ 为 pospace, 从而为 T_2 空间.

证明 设 $(x, y) \in P \times P \backslash \leqslant$. 则 $x \in P \backslash \downarrow y \in \sigma_Z(P)$. 由 P 为 Z-拟连续 domain, $\exists F \in P^{(<\omega)}$ 使 $x \in \mathrm{int}_{\sigma_Z(P)} \uparrow F \subseteq \uparrow F \subseteq P \backslash \downarrow y$. 令 $U = \mathrm{int}_{\sigma_Z(P)} \uparrow F$,

$V = P\backslash\uparrow F$. 则 $U \in \sigma_Z(P)$, $V \in \omega(P)$, $(x, y) \in U \times V \subseteq P \times P\backslash \leqslant$. 故 $(P, \lambda_Z(P))$ 是 pospace.

定理 6.3.5　设 P 为 Z-拟代数 domain, 则 $(P, \lambda_Z(P), \leqslant)$ 为完全序不连通空间.

证明　设 $x, y \in P$, $x \nleqslant y$, 则 $x \in P\backslash\downarrow y \in \sigma_Z(P)$. 由 P 为 Z-拟代数 domain, $\exists F \in P^{(<\omega)}$ 使 $x \in \mathrm{int}_{\sigma_Z(P)}\uparrow F = \uparrow F \subseteq P\backslash\downarrow y$. 令 $U = \mathrm{int}_{\sigma_Z(P)}\uparrow F$. 则 U 为 $(P, \lambda_Z(P), \leqslant)$ 中的闭开上集, 且 $x \in U$, $y \notin U$. 故 $(P, \lambda_Z(P), \leqslant)$ 是完全序不连通的.

定义 6.3.6　设 P, Q 为 Z-完备偏序集. 若映射 $f: P \to Q$ 关于 Z-Scott (Z-Lawson) 拓扑连续, 则称 f 是 Z-Scott(Z-Lawson) 连续的.

关于 Z-Lawson 拓扑的严格完全正则性, 由定理 5.5.2 和定理 6.1.5, 有下述

定理 6.3.7 (ZFDC_ω)　设 P 为 Z-拟连续 domain. 若 $\lambda_Z(P)_+ = \sigma_Z(P)$, $\lambda_Z(P)_- = \omega(P)$, 则 $(P, \lambda_Z(P))$ 为严格完全正则序空间.

由命题 1.2.12 和定理 6.3.7, 有下述两个推论.

推论 6.3.8 (ZFDC_ω)　设 P 为 Z-拟连续 domain. 若 $\sigma_Z(P) = \sigma^Z(P)$, $\lambda_Z(P)_- = \omega(P)$, 则 $(P, \lambda_Z(P))$ 为严格完全正则序空间.

注 6.3.9　当 $\sigma_Z(P)=\sigma^Z(P)$ 时, 依定理 5.5.2 的证明完全相类似之方式, 我们用 (5.5.1) 定义函数

$$f(z) = \sup\{b \in B : z \in \mathrm{int}_{\sigma_Z(P)}\uparrow F(b)\} = \sup\{b \in B : z \in\uparrow F(b)\}.$$

则 f 保 Z-并. 事实上, $\forall S \in Z(P)$, 显然有 $f(\vee S) \geqslant \vee f(S)$. 另一方面, 由定义, $f(\vee S) = \vee\{b \in B\colon \vee S \in \mathrm{int}_{\sigma_Z(P)}\uparrow F(b)\}$. $\forall b \in B$, 若 $\vee S \in \mathrm{int}_{\sigma_Z(P)}\uparrow F(b)$, 则由 $\sigma_Z(P) = \sigma^Z(P)$, $\exists s \in S$ 使 $s \in \mathrm{int}_{\sigma_Z(P)}\uparrow F(b)$, 由此有 $f(s) \geqslant b$. 故 $f(\vee S) \leqslant \vee f(S)$, 从而有 $f(\vee S) = \vee f(S)$.

6.4　连续性与滤子分配律

定义 6.4.1　设 L 是完备格, $\Gamma\subseteq 2^L$.

(1) L 称为 Γ-滤子分配格, 若

$$\forall \mathcal{F} \in \mathrm{Filt}(\Gamma),\ \wedge\{\vee D : D \in \mathcal{F}\} = \vee\left\{\wedge\varphi(\mathcal{F}) : \varphi \in \prod_{D\in\mathcal{F}} D\right\};$$

(2) L 称为 Γ-超滤分配格, 若

$$\forall \mathcal{F} \in \max(\mathrm{Filt}(\Gamma)\backslash\{\Gamma\}),\ \wedge\{\vee D\colon D \in \mathcal{F}\} = \vee\left\{\wedge\varphi(\mathcal{F}) : \varphi \in \prod_{D\in\mathcal{F}} D\right\}.$$

(3) $\mathcal{D}(L)$-滤子分配格和 $\mathcal{D}(L)$-超滤分配格分别简称为 $\mathcal{D}$-滤子分配格和 $\mathcal{D}$-超滤分配格, 或定向滤子分配格和定向超滤分配格;

(4) $\mathrm{Id}(L)$-滤子分配格和 $\mathrm{Id}(L)$-超滤分配格分别简称为理想滤子分配格和理想超滤分配格;

(5) 2^L-滤子分配格和 2^L-超滤分配格分别简称为滤子分配格和超滤分配格.

定理 6.4.2[101] 设 L 是完备格, 考虑下述各条件:

(1) L 是拟连续格;

(2) L 是定向滤子分配格, 即 $\forall\mathcal{F}\in\mathrm{Filt}(\mathcal{D}(L))$, $\wedge\{\vee D: D\in\mathcal{F}\}=\vee\left\{\wedge\varphi(\mathcal{F}): \varphi\in\prod\limits_{D\in\mathcal{F}}D\right\}$;

(2′) 对任意下定向族 $\mathcal{F}\subseteq\mathcal{D}(L)$(即 $\uparrow_{\mathcal{D}(L)}\mathcal{F}\in\mathrm{Filt}(\mathcal{D}(L))$), $\wedge\{\vee D: D\in\mathcal{F}\}=\vee\left\{\wedge\varphi(\mathcal{F}): \varphi\in\prod\limits_{D\in\mathcal{F}}D\right\}$;

(3) L 是理想滤子分配格, 即 $\forall\mathcal{F}\in\mathrm{Filt}(\mathrm{Id}(L))$, $\wedge\{\vee I: I\in\mathcal{F}\}=\vee\left\{\wedge\varphi(\mathcal{F}): \varphi\in\prod\limits_{I\in\mathcal{F}}I\right\}$;

(3′) 对任意下定向族 $\mathcal{F}\subseteq\mathrm{Id}(L)$, $\wedge\{\vee I: I\in\mathcal{F}\}=\vee\left\{\wedge\varphi(\mathcal{F}): \varphi\in\prod\limits_{I\in\mathcal{F}}I\right\}$,

则 (1) $\Rightarrow$ (2) $\Leftrightarrow$ (2′) $\Leftrightarrow$ (3) $\Leftrightarrow$ (3′).

证明 (1) $\Rightarrow$ (2): $\forall\mathcal{F}\subseteq\mathrm{Filt}(\mathcal{D}(L))$, 记 $x=\wedge\{\vee D: D\in\mathcal{F}\}$, $y=\vee\left\{\wedge\varphi(\mathcal{F}): \varphi\in\prod\limits_{D\in\mathcal{F}}D\right\}$. 则 $y\leqslant x$. 若 $y\not\leqslant x$, 则由 L 是拟连续格, $\exists F\in L^{(<\omega)}$ 使 $F\ll x$, 但 $y\notin\uparrow F$. 由 $F\ll x$ 和 $x=\wedge\{\vee D: D\in\mathcal{F}\}$, 故 $\forall D\in\mathcal{F}$, $\uparrow F\cap D\neq\varnothing$. 由 F 是有限集和 $\mathcal{F}$ 是滤子, $\exists u\in F$ 使 $\forall D\in\mathcal{F}$, $\uparrow u\cap D\neq\varnothing$, 从而 $\exists\varphi_u\in\prod\limits_{D\in\mathcal{F}}D$ 使 $u\leqslant\wedge\varphi_u(\mathcal{F})$. 故 $u\leqslant y$, 与 $y\notin\uparrow F$ 矛盾. 所以 $x=y$, 即 $\wedge\{\vee D: D\in\mathcal{F}\}=\vee\left\{\wedge\varphi(\mathcal{F}): \varphi\in\prod\limits_{D\in\mathcal{F}}D\right\}$.

(2) $\Leftrightarrow$ (2′), (3) $\Leftrightarrow$ (3′): 显然 (将 (2′) 和 (3′) 中的下定向族自然扩张为一个滤子).

(2) $\Rightarrow$ (3): 显然.

(3) $\Rightarrow$ (2): $\forall\mathcal{F}\subseteq\mathrm{Filt}(\mathcal{D}(L))$, 则 $\mathcal{G}=\{\downarrow D: D\in\mathcal{F}\}\in\mathrm{Filt}(\mathrm{Id}(L))$. 由 L 是理想滤子分配格, 有 $\wedge\{\vee D: D\in\mathcal{F}\}=\wedge\{\vee I: I\in\mathcal{G}\}=\vee\left\{\wedge\varphi(\mathcal{G}): \varphi\in\prod\limits_{I\in\mathcal{G}}I\right\}=\vee\cap\mathcal{G}=\vee\bigcap\limits_{D\in\mathcal{F}}\downarrow D=\vee\cup\left\{\downarrow\wedge\varphi(\mathcal{F}): \varphi\in\prod\limits_{D\in\mathcal{F}}D\right\}=\vee\left\{\wedge\varphi(\mathcal{F}): \varphi\in\prod\limits_{D\in\mathcal{F}}D\right\}$.

定理 6.4.3 设 L 是完备格, 则下述各条件等价:

(1) L 是连续格;

(2) L 是交连续格和定向滤子分配格;

(3) L 是交连续格和理想滤子分配格.

证明 (1) $\Rightarrow$ (2): 由推论 3.5.14, L 是交连续格和拟连续格; 从而由定理 6.4.2, L 是定向滤子分配格.

(2) $\Leftrightarrow$ (3): 由定理 6.4.2.

(3) $\Rightarrow$ (1): 设 $x \in L$, 记 $\mathcal{I}_x$=$\{I \in$Id$(L) : x \leqslant \vee I\}$. 由 L 是交连续格, 知 $\mathcal{I}_x$ 是 Id(L) 中的滤子, 且 $\Downarrow x = \cap\mathcal{I}_x = \cup\left\{\downarrow \wedge\varphi(\mathcal{I}_x) : \varphi \in \prod\limits_{I\in\mathcal{I}_x} I\right\}$; 从而由 L 是理想滤子分配格, 有 $x \geqslant \vee \Downarrow x = \vee\left\{\wedge\varphi(\mathcal{I}_x) : \varphi \in \prod\limits_{I\in\mathcal{I}_x} I\right\}= \bigwedge\limits_{I\in\mathcal{I}_x} \vee I \geqslant x$. 故 $x = \vee \Downarrow x$.

问题 6.4.4 拟连续格是否等价于定向滤子分配格? 即若完备格 L 是定向滤子分配格, L 是否为拟连续格?

引理 6.4.5 设 L 是完备格, $\mathcal{F} \in$Filt$(2^L)\backslash\{2^L\}$ 是 L 上的超滤子. 则有

(1) $\vee\{\wedge F : F \in \mathcal{F}\}$=$\vee\left\{\wedge\varphi(\mathcal{F}) : \varphi \in \prod\limits_{F\in\mathcal{F}} F\right\}$;

(2) $\wedge\{\vee F : F \in \mathcal{F}\}$=$\wedge\left\{\vee\varphi(\mathcal{F}) : \varphi \in \prod\limits_{F\in\mathcal{F}} F\right\}$.

证明 (1) 记 $x = \vee\left\{\wedge\varphi(\mathcal{F}) : \varphi \in \prod\limits_{F\in\mathcal{F}} F\right\}$, $y = \vee\{\wedge F : F \in \mathcal{F}\}$. $\forall\varphi \in \prod\limits_{F\in\mathcal{F}} F$, 令 F_φ=$\{\varphi(F) : F \in \mathcal{F}\}$. 则 $\forall F \in \mathcal{F}$, $F_\varphi \cap F \neq \varnothing$; 从而由推论 4.1.13, $F_\varphi \in \mathcal{F}$. 故 $x \leqslant y$. 另一方面, $\forall F \in \mathcal{F}$, 由推论 4.1.13, 知 $\forall G \in \mathcal{F}$, $F \cap G \neq \varnothing$. 任取 $\varphi_F(G) \in F \cap G$. 则 $\wedge F \leqslant \wedge\varphi_F(\mathcal{F})$. 故 $y \leqslant x$. 所以 $x = y$, 即 $\vee\left\{\wedge\varphi(\mathcal{F}) : \varphi \in \prod\limits_{F\in\mathcal{F}} F\right\}$=$\vee\{\wedge F : F \in \mathcal{F}\}$.

(2) 是 (1) 的对偶.

引理 6.4.6 设 L 是完备格, $\Gamma\subseteq 2^L$, Γ 对有限交封闭, $\mathcal{F} \in$Filt$(\Gamma)\backslash\{\Gamma\}$. 则有

(1) $\vee\{\wedge F : F \in \mathcal{F}\}\leqslant \vee\left\{\wedge\varphi(\mathcal{F}) : \varphi \in \prod\limits_{F\in\mathcal{F}} F\right\}\leqslant \wedge\{\vee F : F \in \mathcal{F}\}$;

(2) $\vee\{\wedge F : F \in \mathcal{F}\}\leqslant \wedge\left\{\vee\varphi(\mathcal{F}) : \varphi \in \prod\limits_{F\in\mathcal{F}} F\right\}\leqslant \wedge\{\vee F : F \in \mathcal{F}\}$.

证明 (1) $\forall F \in \mathcal{F}$, 由 $\mathcal{F} \in$ Filt$(\Gamma)\backslash\{\Gamma\}$, 知 $\forall G \in \mathcal{F}$, $F \cap G \neq \varnothing$. 任取 $\varphi_F(G) \in F \cap G$. 则 $\wedge F \leqslant \wedge\varphi_F(\mathcal{F})$. 故 $\vee\{\wedge F : F \in \mathcal{F}\} \leqslant \vee\Big\{\wedge\varphi(\mathcal{F}) :$

$\varphi \in \prod\limits_{F\in\mathcal{F}} F\Big\}$. $\forall \varphi \in \prod\limits_{F\in\mathcal{F}} F$, $F \in \mathcal{F}$, 显然有 $\wedge\varphi(\mathcal{F}) \leqslant \vee F$, 因而 $\vee\Big\{\wedge\varphi(\mathcal{F}) : \varphi \in \prod\limits_{F\in\mathcal{F}} F\Big\} \leqslant \wedge\{\vee F : F \in \mathcal{F}\}$.

(2) 是 (1) 的对偶.

下面给出超连续性的滤子分配律刻画.

引理 6.4.7 设 L 是完备格, $\varGamma_1 \subseteq \varGamma_2 \subseteq 2^L$, $\varGamma_1$ 和$\varGamma_2$ 是下定向的子集系统. 若 L 是 $\varGamma_2$-滤子分配格, 则 L 是 $\varGamma_1$-滤子分配格.

证明 设 $\mathcal{F} \in \mathrm{Filt}(\varGamma_1)$.

1° 若 $\varnothing \in \mathcal{F}$, 则 $\mathcal{F}=\varGamma_1$. 此时 $\wedge\{\vee F : F \in \mathcal{F}\}=0=\vee\Big\{\wedge\varphi(\mathcal{F}) : \varphi \in \prod\limits_{F\in\mathcal{F}} F\Big\}$(注意 $\vee\varnothing=0$).

2° $\varnothing \notin \mathcal{F}$. 记 $\mathcal{G}= \{A \in\varGamma_2 : \exists F \in \mathcal{F}$ 使 $F \subseteq A\}$. 则 $\mathcal{G} \in \mathrm{Filt}(\varGamma_2)$, $\varnothing \notin \mathcal{G}$. 由 L 是 $\varGamma_2$-滤子分配的, 有 $\wedge\{\vee G : G \in \mathcal{G}\}=\vee\Big\{\wedge\psi(\mathcal{G}) : \psi\in \prod\limits_{G\in\mathcal{G}} G\Big\}$. 由 $\mathcal{G}$ 的定义, 显然有 $\wedge\{\vee G : G \in \mathcal{G}\}=\wedge\{\vee F : F \in \mathcal{F}\}$. 下证 $\vee\Big\{\wedge\psi(\mathcal{G}) : \psi\in \prod\limits_{G\in\mathcal{G}} G\Big\} = \vee\Big\{\wedge\varphi(\mathcal{F}) : \varphi \in \prod\limits_{F\in\mathcal{F}} F\Big\}$. $\forall\psi\in \prod\limits_{G\in\mathcal{G}} G$, ψ 在 $\mathcal{F}$ 上的限制 $\psi|_{\mathcal{F}} \in \prod\limits_{F\in\mathcal{F}} F$, 且 $\wedge\psi(\mathcal{G}) \leqslant \wedge\psi|_{\mathcal{F}}(\mathcal{F}) = \wedge\psi(\mathcal{F})$. 故 $\vee\Big\{\wedge\psi(\mathcal{G}) : \psi\in \prod\limits_{G\in\mathcal{G}} G\Big\} \leqslant \vee\Big\{\wedge\varphi(\mathcal{F}) : \varphi \in \prod\limits_{F\in\mathcal{F}} F\Big\}$. 另一方面, $\forall\varphi \in \prod\limits_{F\in\mathcal{F}} F$, $G \in \mathcal{G}\backslash\mathcal{F}$, 由 $\mathcal{G}$ 的定义, 有 $\mathcal{F}(G)=\{F \in \mathcal{F} : F \subseteq G\} \neq \varnothing$. 由选择公理 AC, $\exists\xi \in \prod\limits_{G\in\mathcal{G}\backslash\mathcal{F}} \mathcal{F}(G)$. $\forall F \in \mathcal{F}$, 令 $\psi(F)=\varphi(F)$; $\forall G \in \mathcal{G}\backslash\mathcal{F}$, 令$\psi(G)=\varphi(\xi(G))$. 则 $\psi\in \prod\limits_{G\in\mathcal{G}} G$, 且 $\wedge\psi(\mathcal{G}) = \wedge\varphi(\mathcal{F})$. 故 $\vee\Big\{\wedge\psi(\mathcal{G}) : \psi\in \prod\limits_{G\in\mathcal{G}} G\Big\} \geqslant \vee\Big\{\wedge\varphi(\mathcal{F}) : \varphi \in \prod\limits_{F\in\mathcal{F}} F\Big\}$. 因而 $\vee\Big\{\wedge\psi(\mathcal{G}) : \psi\in \prod\limits_{G\in\mathcal{G}} G\Big\}=\vee\Big\{\wedge\varphi(\mathcal{F}) : \varphi \in \prod\limits_{F\in\mathcal{F}} F\Big\}$. 所以 $\wedge\{\vee F : F \in \mathcal{F}\}=\wedge\{\vee G : G \in \mathcal{G}\}=\vee\Big\{\wedge\psi(\mathcal{G}) : \psi\in \prod\limits_{G\in\mathcal{G}} G\Big\}=\vee\Big\{\wedge\varphi(\mathcal{F}) : \varphi \in \prod\limits_{F\in\mathcal{F}} F\Big\}$. 故 L 是$\varGamma_1$-滤子分配格.

定理 6.4.8 设 L 是完备格, 则下述各条件等价:

(1) L 是超连续格;

(2) L^{op} 是滤子分配格, 即 $\forall\mathcal{F} \in \mathrm{Filt}(2^L)$, $\vee\{\wedge F : F \in \mathcal{F}\} = \wedge\Big\{\vee\varphi(\mathcal{F}) : \varphi \in \prod\limits_{F\in\mathcal{F}} F\Big\}$;

(3) 对任意关于有限交封闭的子集系统$\Gamma\subseteq 2^L$, L^{op} 是Γ-滤子分配格, 即 $\forall\mathcal{F}\in\mathrm{Filt}(\Gamma)$, $\vee\{\wedge F: F\in\mathcal{F}\}=\wedge\left\{\vee\varphi(\mathcal{F}): \varphi\in\prod\limits_{F\in\mathcal{F}}F\right\}$;

(4) L^{op} 是 $\lambda(L)$-滤子分配格, 即 $\forall\mathcal{F}\in\mathrm{Filt}(\lambda(L))$, $\vee\{\wedge F: F\in\mathcal{F}\}=\wedge\left\{\vee\varphi(\mathcal{F}): \varphi\in\prod\limits_{F\in\mathcal{F}}F\right\}$;

(5) L^{op} 是 $\lambda(L^{\mathrm{op}})$-滤子分配格, 即 $\forall\mathcal{F}\in\mathrm{Filt}(\lambda(L^{\mathrm{op}}))$, $\vee\{\wedge F: F\in\mathcal{F}\}=\wedge\left\{\vee\varphi(\mathcal{F}): \varphi\in\prod\limits_{F\in\mathcal{F}}F\right\}$;

(6) L^{op} 是 $\theta(L)$-滤子分配格, 即 $\forall\mathcal{F}\in\mathrm{Filt}(\theta(L))$, $\vee\{\wedge F: F\in\mathcal{F}\}=\wedge\left\{\vee\varphi(\mathcal{F}): \varphi\in\prod\limits_{F\in\mathcal{F}}F\right\}$;

(7) L^{op} 是 $\sigma(L)$-滤子分配格, 即 $\forall\mathcal{F}\in\mathrm{Filt}(\sigma(L))$, $\vee\{\wedge F: F\in\mathcal{F}\}=\wedge\left\{\vee\varphi(\mathcal{F}): \varphi\in\prod\limits_{F\in\mathcal{F}}F\right\}$;

(8) L^{op} 是 $\upsilon(L)$-滤子分配格, 即 $\forall\mathcal{F}\in\mathrm{Filt}(\upsilon(L))$, $\vee\{\wedge F: F\in\mathcal{F}\}=\wedge\left\{\vee\varphi(\mathcal{F}): \varphi\in\prod\limits_{F\in\mathcal{F}}F\right\}$.

证明　(1) $\Rightarrow$ (2): 若 $\mathcal{F}=2^L$, 则 $\vee\{\wedge F:F\in\mathcal{F}\}=1=\wedge\left\{\vee\varphi(\mathcal{F}):\varphi\in\prod\limits_{F\in\mathcal{F}}F\right\}$(注意 $\wedge\varnothing=1$). 设 $\mathcal{F}\in\mathrm{Filt}(2^L)\backslash\{2^L\}$, 记 $\mathcal{G}=\{\uparrow F:F\in\mathcal{F}\}$. 则 $\mathcal{G}$ 是一个滤基 (即下定向族), $\cap\mathcal{G}=\cup\left\{\uparrow\vee\varphi(\mathcal{F}):\varphi\in\prod\limits_{F\in\mathcal{F}}F\right\}$. 记 $x=\vee\{\wedge F: F\in\mathcal{F}\}$, $y=\wedge\left\{\vee\varphi(\mathcal{F}):\varphi\in\prod\limits_{F\in\mathcal{F}}F\right\}=\wedge\cap\mathcal{G}$. 则 $x\leqslant y$. 若 $y\not\leqslant x$, 则由 L 是超连续格, $\exists u\in L$ 和 $G\in L^{(<\omega)}$ 使 $y\in L\backslash\downarrow G\subseteq\uparrow u\subseteq L\backslash\downarrow x$; 从而 $\cap\mathcal{G}\subseteq\uparrow y\subseteq L\backslash\downarrow G\subseteq\uparrow u\subseteq L\backslash\downarrow x$. 故 $\downarrow G\subseteq\cup\{L\backslash\uparrow F: F\in\mathcal{F}\}$. 由 G 是有限集和 $\mathcal{F}$ 是滤子, $\exists F\in\mathcal{F}$ 使 $\downarrow G\subseteq L\backslash\uparrow F$, 从而 $F\subseteq\uparrow F\subseteq L\backslash\downarrow G\subseteq\uparrow u\subseteq L\backslash\downarrow x$. 故 $u\leqslant\wedge F\leqslant x$, 与 $\uparrow u\subseteq L\backslash\downarrow x$ 矛盾. 所以 $x=y$, 即 $\vee\{\wedge F: F\in\mathcal{F}\}=\wedge\left\{\vee\varphi(\mathcal{F}):\varphi\in\prod\limits_{F\in\mathcal{F}}F\right\}$.

(2) $\Rightarrow$ (3) $\Rightarrow$ (4) $\Rightarrow$ (6) $\Rightarrow$ (8), (3) $\Rightarrow$ (5) $\Rightarrow$ (6), (4) $\Rightarrow$ (7) $\Rightarrow$ (8): 由引理 6.4.7.

(8) $\Rightarrow$ (1): $\forall x\in L$, 令 $\mathcal{F}_x=\{U\in\upsilon(L): x\in U\}$. 则 $\mathcal{F}_x\in\mathrm{Filt}(\upsilon(L))\backslash\{\upsilon(L)\}$, $\uparrow x=\cap\mathcal{F}_x=\cup\left\{\uparrow\vee\varphi(\mathcal{F}_x):\varphi\in\prod\limits_{U\in\mathcal{F}_x}U\right\}$. 由 (8), 有 $x\geqslant\vee\{\wedge U:U\in\mathcal{F}_x\}=$

$\wedge\left\{\vee\varphi(\mathcal{F}_x):\varphi\in\prod_{U\in\mathcal{F}_x}U\right\}=\wedge\cap\mathcal{F}_x=\wedge\uparrow x=x$. 故 $x=\vee\{\wedge U:x\in U\in\upsilon(L)\}$. 由定理 2.5.9, L 为超连续格.

注 6.4.9 上述定理中 (1) 与 (2) 的等价是由 Erné 在文献 [76] 中给出的, 其他条件是我们新给出的.

注 6.4.10 注意到 $\omega(L)$ 和 $\sigma(L^{\mathrm{op}})$ 这种"单边"拓扑或子集系统是由下集构成的, 因而 L^{op} 是诸如 $\omega(L)$-滤子分配格、$\sigma(L^{\mathrm{op}})$-滤子分配格并没有什么意义, 因为任何完备格都是这种格. 比如, $\forall\mathcal{F}\in\mathrm{Filt}(\omega(L))$, 有 $\vee\{\wedge F:F\in\mathcal{F}\}=0=\wedge\left\{\vee\varphi(\mathcal{F}):\varphi\in\prod_{F\in\mathcal{F}}F\right\}$.

推论 6.4.11 设 L 是完备格, 则下述各条件等价:

(1) L 是超连续格;

(2) $\forall\upsilon(L)\subseteq\Gamma\subseteq 2^L$, L^{op} 是Γ-滤子分配格, 即 $\forall\mathcal{F}\in\mathrm{Filt}(\Gamma)$, $\vee\{\wedge F:F\in\mathcal{F}\}=\wedge\left\{\vee\varphi(\mathcal{F}):\varphi\in\prod_{F\in\mathcal{F}}F\right\}$;

(3) $\exists\upsilon(L)\subseteq\Gamma\subseteq 2^L$, L^{op} 是Γ-滤子分配格, 即 $\forall\mathcal{F}\in\mathrm{Filt}(\Gamma)$, $\vee\{\wedge F:F\in\mathcal{F}\}=\wedge\left\{\vee\varphi(\mathcal{F}):\varphi\in\prod_{F\in\mathcal{F}}F\right\}$.

证明 (1) $\Rightarrow$ (2): 设 $\upsilon(L)\subseteq\Gamma\subseteq 2^L$, $\mathcal{F}\in\mathrm{Filt}(\Gamma)$. 记 $\mathcal{G}=\{A\subseteq L:\exists F\in\mathcal{F}$ 使 $F\subseteq A\}$. 则 $\mathcal{G}\in\mathrm{Filt}(2^L)$. 由定理 6.4.8, 有 $\vee\{\wedge G:G\in\mathcal{G}\}=\wedge\left\{\vee\psi(\mathcal{G}):\psi\in\prod_{G\in\mathcal{G}}G\right\}$. 由引理 6.4.7 的证明, 有 $\wedge\left\{\vee\psi(\mathcal{G}):\psi\in\prod_{G\in\mathcal{G}}G\right\}=\wedge\left\{\vee\varphi(\mathcal{F}):\varphi\in\prod_{F\in\mathcal{F}}F\right\}$, 从而 $\vee\{\wedge F:F\in\mathcal{F}\}=\vee\{\wedge G:G\in\mathcal{G}\}=\wedge\left\{\vee\psi(\mathcal{G}):\psi\in\prod_{G\in\mathcal{G}}G\right\}=\wedge\left\{\vee\varphi(\mathcal{F}):\varphi\in\prod_{F\in\mathcal{F}}F\right\}$.

(2) $\Rightarrow$ (3): 显然.

(3) $\Rightarrow$ (1): 设 $\exists\upsilon(L)\subseteq\Gamma\subseteq 2^L$, L^{op} 是 Γ-滤子分配格. 下证 L^{op} 是 $\upsilon(L)$-滤子分配格. 设 $\mathcal{F}\in\mathrm{Filt}(\upsilon(L))$, 记 $\mathcal{G}=\{A\in\Gamma:\exists F\in\mathcal{F}$ 使 $F\subseteq A\}$. 则 $\mathcal{G}\in\mathrm{Filt}(\Gamma)$. 由 L^{op} 是 Γ-滤子分配格, 有 $\vee\{\wedge G:G\in\mathcal{G}\}=\wedge\left\{\vee\psi(\mathcal{G}):\psi\in\prod_{G\in\mathcal{G}}G\right\}$. 由引理 6.4.7 的证明, 有 $\wedge\left\{\vee\psi(\mathcal{G}):\psi\in\prod_{G\in\mathcal{G}}G\right\}=\wedge\left\{\vee\varphi(\mathcal{F}):\varphi\in\prod_{F\in\mathcal{F}}F\right\}$, 从而 $\vee\{\wedge F:F\in\mathcal{F}\}=\vee\{\wedge G:G\in\mathcal{G}\}=\wedge\left\{\vee\psi(\mathcal{G}):\psi\in\prod_{G\in\mathcal{G}}G\right\}=\wedge\left\{\vee\varphi(\mathcal{F}):\varphi\in\prod_{F\in\mathcal{F}}F\right\}$. 由定理 6.4.8, L 是超连续格.

特别地, 取$\Gamma=\mathbf{up}(L)$, 则得到下述

推论 6.4.12 设 L 为完备格, 则下述各条件等价:

(1) L 是超连续格;

(2) $\forall \mathcal{F} \in \mathrm{Filt}(\mathbf{up}(L))$, $\vee\{\wedge U : U \in \mathcal{F}\}=\wedge\left\{\vee\varphi(\mathcal{F}) : \varphi \in \prod\limits_{U\in\mathcal{F}} U\right\}$;

(3) inf: $(\mathbf{up}(L))^{\mathrm{op}} \to L$, $I \# \wedge I$, 保定向并, 即是 Scott 连续的.

定理 6.4.13 设 L 是完备格, 则下述各条件等价:

(1) L 是广义完全分配格;

(2) L 是滤子分配格;

(3) $\forall \Gamma \subseteq 2^L$, Γ 关于有限交封闭, 则 L 是Γ-滤子分配格;

(4) L 是 $\lambda(L)$-滤子分配格;

(5) L 是 $\lambda(L^{\mathrm{op}})$-滤子分配格;

(6) L 是 $\theta(L)$-滤子分配格;

(7) L 是 $\sigma(L^{\mathrm{op}})$-滤子分配格;

(8) L 是 $\omega(L)$-滤子分配格.

证明 (1) ⇒ (2): 若 $\mathcal{F} = 2^L$, 则 $\wedge\{\vee F : F \in \mathcal{F}\}=0=\vee\left\{\wedge\varphi(\mathcal{F}) : \varphi \in \prod\limits_{F\in\mathcal{F}} F\right\}$. 设 $\mathcal{F} \in \mathrm{Filt}(2^L)\backslash\{2^L\}$. 记 $x = \wedge\{\vee F : F \in \mathcal{F}\}$, $y = \vee\left\{\wedge\varphi(\mathcal{F}) : \varphi \in \prod\limits_{F\in\mathcal{F}} F\right\}$. 则 $y \leqslant x$. 若 $x \not\leqslant y$, 则由 L 是广义完全分配格, $\exists G \in L^{(<\omega)}$ 使 $G \lhd x$, $y \notin \uparrow G$. 由 $G \lhd x$ 和 $x = \wedge\{\vee F : F \in \mathcal{F}\}$, 有 $\forall F \in \mathcal{F}$, $F \cap \uparrow G \neq \varnothing$. 由 G 是有限集和 $\mathcal{F}$ 是滤子, $\exists v \in G$ 使 $\forall F \in \mathcal{F}$, $\uparrow v \cap F \neq \varnothing$, 从而 $\exists \varphi_v \in \prod\limits_{F\in\mathcal{F}} F$ 使 $v \leqslant \wedge\varphi_v(\mathcal{F})$. 故 $v \leqslant y$, 与 $y \notin \uparrow G$ 矛盾. 所以 $x = y$, 即 $\wedge\{\vee F : F \in \mathcal{F}\}=\vee\left\{\wedge\varphi(\mathcal{F}) : \varphi \in \prod\limits_{F\in\mathcal{F}} F\right\}$.

(2) ⇒ (3) ⇒ (4) ⇒ (6) ⇒ (8), (3) ⇒ (5) ⇒ (6), (5) ⇒ (7) ⇒ (8): 由引理 6.4.7 可得.

(8) ⇒ (1): 设 $x, y \in L$, $x \not\leqslant y$. 令 $\mathcal{F}_y = \{U \in \omega(L) : y \in U\}$. 则 $\mathcal{F}_y \in \mathrm{Filt}(\omega(L))\backslash\{\omega(L)\}$, $\downarrow y = \cap\mathcal{F}_y = \cup\left\{\downarrow \wedge\varphi(\mathcal{F}_y) : \varphi \in \prod\limits_{U\in\mathcal{F}_y} U\right\}$. 由 (8), 有 $y \leqslant \wedge\{\vee U : U \in \mathcal{F}_y\} = \vee\left\{\wedge\varphi(\mathcal{F}_y) : \varphi \in \prod\limits_{U\in\mathcal{F}_y} U\right\} = \vee\cap\mathcal{F}_y = \vee\downarrow y = y$. 故 $y = \wedge\{\vee U : y \in U \in \omega(L)\}$. 由 $x \not\leqslant y$, $\exists V \in \omega(L)$ 使 $y \in V$, $x \not\leqslant \vee V$. 由 $y \in V \in \omega(L)$, $\exists F \in L^{(<\omega)}$ 使 $y \in L\backslash \uparrow F \subseteq V$. 则 $x \not\leqslant \vee(L\backslash \uparrow F)$, $y \notin \uparrow F$. 由推论 3.4.6, $F \lhd x$. 故 L 为广义完全分配格.

由定理 6.4.8 和定理 6.4.13, 有下述

推论 6.4.14 设 L 是完备格, 则下述两个条件等价:

(1) L 是广义完全分配格;

(2) L^{op} 为超连续格.

由推论 6.4.11 和推论 6.4.14, 有下述

推论 6.4.15 设 L 是完备格, 则下述各条件等价:

(1) L 是广义完全分配格;

(2) $\forall\omega(L)\subseteq\Gamma\subseteq 2^L$, L 是Γ-滤子分配格, 即 $\forall\mathcal{F}\in\mathrm{Filt}(\Gamma)$, $\wedge\{\vee F: F\in\mathcal{F}\}=\vee\left\{\wedge\varphi(\mathcal{F}):\varphi\in\prod\limits_{F\in\mathcal{F}}F\right\}$;

(3) $\exists\omega(L)\subseteq\Gamma\subseteq 2^L$, L 是Γ-滤子分配格, 即 $\forall\mathcal{F}\in\mathrm{Filt}(\Gamma)$, $\wedge\{\vee F: F\in\mathcal{F}\}=\vee\left\{\wedge\varphi(\mathcal{F}):\varphi\in\prod\limits_{F\in\mathcal{F}}F\right\}$.

由推论 6.4.12 和推论 6.4.14, 有下述

推论 6.4.16 设 L 为完备格, 则下述各条件等价:

(1) L 是广义完全分配格;

(2) $\forall\mathcal{F}\in\mathrm{Filt}(\mathbf{down}(L))$, $\wedge\{\vee W: W\in\mathcal{F}\}=\vee\left\{\wedge\varphi(\mathcal{F}):\varphi\in\prod\limits_{U\in\mathcal{F}}U\right\}$;

(3) $\sup: \mathbf{down}(L)\to L$, $I\mapsto\vee I$, 保下定向交.

由定理 2.5.9 和推论 6.4.14, 有下述

推论 6.4.17 设 L 是完备格, 则下述各条件等价:

(1) L 是广义完全分配格;

(2) $\omega(L)$ 是完全分配格;

(3) $\forall U\in\omega(L)$, $x\in U$, $\exists u\in L$ 使 $x\in\mathrm{int}_{\omega(L)}\downarrow u\subseteq\downarrow u\subseteq U$;

(3′) $\forall x, y\in L$, $x\not\leqslant y$, $\exists u\in L$ 使 $y\in\mathrm{int}_{\omega(L)}\downarrow u\subseteq\downarrow u\subseteq L\backslash\uparrow x$;

(4) $\mathrm{int}_{\omega(L)}: \mathbf{down}(L)\to\omega(L)$ 是完备格同态;

(4′) $\mathrm{cl}_{\omega(L)}: \mathbf{up}(L)\to\omega(L)^c$ 是完备格同态;

(5) $\forall C\subseteq L$, $\mathrm{int}_{\omega(L)}\downarrow C=\bigcup\limits_{c\in C}\omega(L)\downarrow c$;

(6) $\forall U\in\omega(L)$, $U=\bigcup\limits_{u\in U}\mathrm{int}_{\omega(L)}\downarrow u$;

(7) $\forall x\in L$, $U\in\omega(L)$, $x\in U$, $x\in\mathrm{cl}_{\omega(L)}(\{u\in U: x\in\mathrm{int}_{\omega(L)}\downarrow u\})$;

(8) $\forall x\in L$, $x=\wedge\{\vee V: x\in V\in\omega(L)$, 且 $\exists U\in\omega(L)$ 使 $V\lhd U\}$;

(9) $\forall x\in L$, $x=\wedge\{\vee V: x\in V\in\omega(L)$, 且 $\exists U\in\omega(L)$ 使 $V\prec U\}$;

(10) $\forall x\in L$, $x=\wedge\{\vee V: x\in V\in\omega(L)$, 且 $\exists U\in\omega(L)$ 使 $V\ll U\}$;

(11) $\forall x\in L$, $x=\wedge\{\vee V: x\in V\in\omega(L)\}$.

下面讨论拟超连续格的分配律刻画问题.

引理 6.4.18 设 L 是完备格, $\Gamma\subseteq 2^L$, Γ 对有限交封闭.

(1) 若 $\upsilon(L)\subseteq\Gamma$, 则 $\forall\mathcal{F}\in\max(\mathrm{Filt}(\Gamma)\backslash\{\Gamma\})$, $\varphi\in\prod\limits_{U\in\mathcal{F}}U$, 有 $L\backslash\downarrow\vee\varphi(\mathcal{F})\notin\mathcal{F}$, 且 $\exists V_\varphi\in\mathcal{F}$ 使 $V_\varphi\subseteq\downarrow\vee\varphi(\mathcal{F})$;

(2) 若 $\omega(L)\subseteq\Gamma$, 则 $\forall\mathcal{F}\in\max(\mathrm{Filt}(\Gamma)\backslash\{\Gamma\})$, $\varphi\in\prod\limits_{U\in\mathcal{F}}U$, 有 $L\backslash\uparrow\wedge\varphi(\mathcal{F})\notin\mathcal{F}$, 且 $\exists V_\varphi\in\mathcal{F}$ 使 $V_\varphi\subseteq\uparrow\wedge\varphi(\mathcal{F})$.

证明　(1) 设 $\mathcal{F}\in\max(\mathrm{Filt}(\Gamma)\backslash\{\Gamma\})$, $\varphi\in\prod\limits_{U\in\mathcal{F}}U$. 记 $W=L\backslash\downarrow\vee\varphi(\mathcal{F})$, 则由 $\upsilon(L)\subseteq\Gamma$, 有 $W\in\Gamma$. 若 $W\in\mathcal{F}$, 则 $\varphi(W)\in W=L\backslash\downarrow\vee\varphi(\mathcal{F})$, 与 $\varphi(W)\leqslant\vee\varphi(\mathcal{F})$ 矛盾. 故 $L\backslash\downarrow\vee\varphi(\mathcal{F})\notin\mathcal{F}$. 由 Γ 对有限交封闭和 $\mathcal{F}\in\max(\mathrm{Filt}(\Gamma)\backslash\{\Gamma\})$, $\exists V_\varphi\in\mathcal{F}$ 使 $V_\varphi\cap(L\backslash\downarrow\vee\varphi(\mathcal{F}))=\varnothing$, 即 $V_\varphi\subseteq\downarrow\vee\varphi(\mathcal{F})$.

(2) 是 (1) 的对偶.

推论 6.4.19　设 L 是完备格, $\Gamma\subseteq 2^L$, Γ 对有限交封闭.

(1) 若 $\upsilon(L)\subseteq\Gamma$, 则 L 是Γ-超滤分配的, 即 $\forall\mathcal{F}\in\max(\mathrm{Filt}(\Gamma)\backslash\{\Gamma\})$, 有 $\wedge\{\vee U:U\in\mathcal{F}\}=\wedge\left\{\vee\varphi(\mathcal{F}):\varphi\in\prod\limits_{U\in\mathcal{F}}U\right\}$.

(2) 若 $\omega(L)\subseteq\Gamma$, 则 L^{op} 是Γ-超滤分配的, 即 $\forall\mathcal{F}\in\max(\mathrm{Filt}(\Gamma)\backslash\{\Gamma\})$, 有 $\vee\{\wedge U:U\in\mathcal{F}\}=\vee\left\{\wedge\varphi(\mathcal{F}):\varphi\in\prod\limits_{U\in\mathcal{F}}U\right\}$.

证明　(1) 记 $x=\wedge\{\vee U:U\in\mathcal{F}\}$, $y=\wedge\left\{\vee\varphi(\mathcal{F}):\varphi\in\prod\limits_{U\in\mathcal{F}}U\right\}$. $\forall\varphi\in\prod\limits_{U\in\mathcal{F}}U$, 由引理 6.4.18(1), $\exists V_\varphi\in\mathcal{F}$ 使 $V_\varphi\subseteq\downarrow\vee\varphi(\mathcal{F})$; 从而 $\vee V_\varphi\leqslant\vee\varphi(\mathcal{F})$. 故 $x\leqslant y$. 另一方面, $\forall U\in\mathcal{F}$, 由Γ 对有限交封闭和 $\mathcal{F}$ 是 Γ 中的超滤子, $\forall V\in\mathcal{F}$, $U\cap V\in\mathcal{F}$, 故 $U\cap V\neq\varnothing$, 从而 $\exists\varphi_U(V)\in U\cap V$. 则 $\vee\varphi(\mathcal{F})\leqslant\vee U$. 故 $y\leqslant x$. 所以 $x=y$, 即 $\wedge\{\vee U:U\in\mathcal{F}\}=\wedge\left\{\vee\varphi(\mathcal{F}):\varphi\in\prod\limits_{U\in\mathcal{F}}U\right\}$.

(2) 是 (1) 的对偶.

推论 6.4.20　设 L 是完备格, 则

(1) $\forall\varphi\in\prod\limits_{U\in\upsilon(L)\backslash\{\varnothing\}}U$, $\vee\varphi(\upsilon(L)\backslash\{\varnothing\})=1$;

(2) $\forall\varphi\in\prod\limits_{U\in\omega(L)\backslash\{\varnothing\}}U$, $\wedge\varphi(\omega(L)\backslash\{\varnothing\})=0$;

(3) $\forall\varphi\in\prod\limits_{U\in\theta(L)\backslash\{\varnothing\}}U$, $\vee\varphi(\upsilon(L)\backslash\{\varnothing\})=1$, $\wedge\varphi(\omega(L)\backslash\{\varnothing\})=0$, 从而 $\vee\varphi(\theta(L)\backslash\{\varnothing\})=1$, $\wedge\varphi(\theta(L)\backslash\{\varnothing\})=0$.

证明 1　(1) 设 $\varphi\in\prod\limits_{U\in\upsilon(L)\backslash\{\varnothing\}}U$, 由引理 6.4.18(1), $L\backslash\downarrow\vee\varphi(\upsilon(L)\backslash\{\varnothing\})\notin\upsilon(L)\backslash\{\varnothing\}$, 即 $\vee\varphi(\upsilon(L)\backslash\{\varnothing\})=1$.

(2) 是 (1) 的对偶.

(3) 由 (1) 和 (2) 可得.

证明 2 (1) 设 $\varphi \in \prod\limits_{U\in\upsilon(L)\backslash\{\varnothing\}} U$, 若 $\vee\varphi(\upsilon(L)\backslash\{\varnothing\})\neq 1$, 则 $W = L\backslash\downarrow\vee\varphi(\upsilon(L)\backslash\{\varnothing\})\neq\varnothing$, 从而 $W\in\upsilon(L)\backslash\{\varnothing\}$. 故 $\varphi(W)\in W=L\backslash\downarrow\vee\varphi(\nu(L)\backslash\{\varnothing\})$, 与 $\varphi(W)\leqslant\vee\varphi(\upsilon(L)\backslash\{\varnothing\})$ 矛盾. 所以 $\vee\varphi(\upsilon(L)\backslash\{\varnothing\})=1$.

(2) 是 (1) 的对偶.

(3) 由 (1) 和 (2) 可得.

由引理 6.4.18, 有下述

推论 6.4.21 设 L 是完备格, $\theta(L)\subseteq\Gamma\subseteq 2^L$, Γ 对有限交封闭, $\mathcal{F}\in\max(\mathrm{Filt}(\Gamma)\backslash\{\Gamma\})$, $\varphi\in\prod\limits_{U\in\mathcal{F}} U$, 则有

(1) $L\backslash\downarrow\vee\varphi(\mathcal{F})\notin\mathcal{F}$, $L\backslash\uparrow\wedge\varphi(\mathcal{F})\notin\mathcal{F}$;

(2) $\exists W_\varphi\in\mathcal{F}$ 使 $W_\varphi\subseteq\downarrow\vee\varphi(\mathcal{F})\cap\uparrow\wedge\varphi(\mathcal{F})$.

由推论 6.4.19, 有下述

推论 6.4.22 设 L 是完备格, $\theta(L)\subseteq\Gamma\subseteq 2^L$, Γ 对有限交封闭, $\mathcal{F}\in\max(\mathrm{Filt}(\Gamma)\backslash\{\Gamma\})$. 则

(1) $\vee\left\{\wedge\varphi(\mathcal{F}) : \varphi\in\prod\limits_{U\in\mathcal{F}} U\right\}=\vee\{\wedge U : U\in\mathcal{F}\}$;

(2) $\wedge\left\{\vee\varphi(\mathcal{F}) : \varphi\in\prod\limits_{U\in\mathcal{F}} U\right\}=\wedge\{\vee U : U\in\mathcal{F}\}$.

注 6.4.23 在推论 6.4.22 中取 $\Gamma=2^L$, 则得到引理 6.4.5.

由推论 6.4.22, 有下述

推论 6.4.24 设 L 是完备格, $\theta(L)\subseteq\Gamma\subseteq 2^L$, Γ 对有限交封闭, $\mathcal{F}\in\max(\mathrm{Filt}(\Gamma)\backslash\{\Gamma\})$. 则下述各条件等价:

(1) $\wedge\{\vee U : U\in\mathcal{F}\}=\vee\left\{\wedge\varphi(\mathcal{F}) : \varphi\in\prod\limits_{U\in\mathcal{F}} U\right\}$;

(2) $\vee\{\wedge U : U\in\mathcal{F}\}=\wedge\left\{\vee\varphi(\mathcal{F}) : \varphi\in\prod\limits_{U\in\mathcal{F}} U\right\}$;

(3) $\wedge\left\{\vee\varphi(\mathcal{F}) : \varphi\in\prod\limits_{U\in\mathcal{F}} U\right\}=\vee\left\{\wedge\varphi(\mathcal{F}) : \varphi\in\prod\limits_{U\in\mathcal{F}} U\right\}$;

(4) $\wedge\{\vee U : U\in\mathcal{F}\}=\vee\{\wedge U : U\in\mathcal{F}\}$.

从而当其中之一成立时, 有 $\wedge\{\vee U : U\in\mathcal{F}\}=\vee\left\{\wedge\varphi(\mathcal{F}) : \varphi\in\prod\limits_{U\in\mathcal{F}} U\right\}=\vee\left\{\wedge U : U\in\mathcal{F}\right\}=\wedge\left\{\vee\varphi(\mathcal{F}) : \varphi\in\prod\limits_{U\in\mathcal{F}} U\right\}=\wedge\left\{\vee\varphi(\mathcal{F}) : \varphi\in\prod\limits_{U\in\mathcal{F}} U\right\}=\wedge\{\vee U : U\in\mathcal{F}\}=\vee\{\wedge U : U\in\mathcal{F}\}$.

特别地, 取$\Gamma=2^L$, 则有下述

推论 6.4.25 设 L 是完备格, $\mathcal{F}$ 是 L 上的超滤. 则下述各条件等价:

(1) $\wedge\{\vee U : U \in \mathcal{F}\}=\vee\left\{\wedge\varphi(\mathcal{F}) : \varphi \in \prod_{U\in\mathcal{F}} U\right\}$;

(2) $\vee\{\wedge U : U \in \mathcal{F}\}=\wedge\left\{\vee\varphi(\mathcal{F}) : \varphi \in \prod_{U\in\mathcal{F}} U\right\}$;

(3) $\wedge\left\{\vee\varphi(\mathcal{F}) : \varphi \in \prod_{U\in\mathcal{F}} U\right\}=\vee\left\{\wedge\varphi(\mathcal{F}) : \varphi \in \prod_{U\in\mathcal{F}} U\right\}$;

(4) $\wedge\{\vee U : U \in \mathcal{F}\}=\vee\{\wedge U : U \in \mathcal{F}\}$.

从而当其中之一成立时, 有 $\wedge\{\vee U : U \in \mathcal{F}\}=\vee\left\{\wedge\varphi(\mathcal{F}) : \varphi \in \prod_{U\in\mathcal{F}} U\right\}=\vee\{\wedge U : U \in \mathcal{F}\}=\wedge\left\{\vee\varphi(\mathcal{F}) : \varphi \in \prod_{U\in\mathcal{F}} U\right\}=\wedge\left\{\vee\varphi(\mathcal{F}) : \varphi \in \prod_{U\in\mathcal{F}} U\right\}=\wedge\{\vee U : U \in \mathcal{F}\}=\vee\{\wedge U : U \in \mathcal{F}\}$.

最后给出拟超连续格的分配律刻画.

定理 6.4.26　设 L 是完备格, 则下述各条件等价:

(1) L 是拟超连续格;

(2) L 是超滤分配格, 即 $\forall\mathcal{F}\in\max(\mathrm{Filt}(2^L)\backslash\{2^L\})$, $\wedge\{\vee F : F \in \mathcal{F}\}=\vee\{\wedge F : F \in \mathcal{F}\}$;

(3) L 是$\theta(L)$ 超滤分配格, 即 $\forall\mathcal{F}\in\max(\mathrm{Filt}(\theta(L))\backslash\{\theta(L)\})$, $\wedge\{\vee U : U \in \mathcal{F}\}=\vee\left\{\wedge\varphi(\mathcal{F}) : \varphi \in \prod_{U\in\mathcal{F}} U\right\}$;

(4) L^{op} 是 $\theta(L)$-超滤分配格, 即 $\forall\mathcal{F}\in\max(\mathrm{Filt}(\theta(L))\backslash\{\theta(L)\})$, $\vee\{\wedge U : U\in\mathcal{F}\}=\vee\left\{\wedge\varphi(\mathcal{F}) : \varphi \in \prod_{U\in\mathcal{F}} U\right\}$;

(5) $\forall\mathcal{F}\in\max(\mathrm{Filt}(\theta(L))\backslash\{\theta(L)\})$, $\wedge\left\{\vee\varphi(\mathcal{F}) : \varphi \in \prod_{U\in\mathcal{F}} U\right\}=\vee\left\{\wedge\varphi(\mathcal{F}) : \varphi \in \prod_{U\in\mathcal{F}} U\right\}$;

(6) $\forall\mathcal{F}\in\max(\mathrm{Filt}(\theta(L))\backslash\{\theta(L)\})$, $\wedge\{\vee U : U \in \mathcal{F}\}=\vee\{\wedge U : U \in \mathcal{F}\}$.

证明　(1) $\Rightarrow$ (2): 设 $\mathcal{F}$ 是 L 上的一个超滤子, 记 $x=\wedge\{\vee F : F \in \mathcal{F}\}$, $y=\vee\{\wedge F : F \in \mathcal{F}\}$. 下证 $x=y$. 由于 $\forall F_1, F_2 \in \mathcal{F}$, $F_1\cap F_2\neq\varnothing$, 故 $y\leqslant x$ (参看引理 6.4.6). 若 $x\not\leqslant y$, 则由 L 为拟超连续格, $\exists G, H\in L^{(<\omega)}$ 使 $x\in L\backslash\downarrow G\subseteq\uparrow H\subseteq L\backslash\downarrow y$; 从而 $\downarrow G\cup\uparrow H=L\in\mathcal{F}$. 由 $\mathcal{F}$ 为超滤子和推论 4.1.13, 有 $\downarrow G\in\mathcal{F}$ 或 $\uparrow H\in\mathcal{F}$.

1° $\downarrow G\in\mathcal{F}$.

由 $\downarrow G=\bigcup_{u\in G}\downarrow u\in\mathcal{F}$ 和推论 4.1.13, $\exists u\in G$ 使 $\downarrow u\in\mathcal{F}$; 从而 $u=\vee\downarrow u\geqslant x$, 与 $x\in L\backslash\downarrow G$ 矛盾.

2° $\uparrow H\in\mathcal{F}$.

由 $\uparrow H = \bigcup\limits_{v\in H} \uparrow v \in \mathcal{F}$ 和推论 4.1.13, $\exists v \in H$ 使 $\uparrow v \in \mathcal{F}$; 从而 $v = \wedge \uparrow v \leqslant y$, 与 $\uparrow H \subseteq L\backslash \downarrow y$ 矛盾.

故 $x = y$, 即 $\wedge\{\vee F : F \in \mathcal{F}\}=\vee\{\wedge F : F \in \mathcal{F}\}$.

(2) $\Rightarrow$ (3): 设 $\mathcal{F}$ 是 $\theta(L)$ 中的一个超滤子. 记 $x = \wedge\{\vee U : U \in \mathcal{F}\}$, $y = \vee\left\{\wedge\varphi(\mathcal{F}) : \varphi \in \prod\limits_{U\in\mathcal{F}} U\right\}$. 则显然有 $y \leqslant x$. 下证 $x \leqslant y$. 由推论 4.1.30, $\mathcal{F}$ 可以扩张为 L 上的一个超滤 $\mathcal{G}$. 则 $\cup\left\{\downarrow \wedge\varphi(\mathcal{F}) : \varphi \in \prod\limits_{U\in\mathcal{F}} U\right\}= \bigcap\limits_{U\in\mathcal{F}} \downarrow U \supseteq \bigcap\limits_{G\in\mathcal{G}} \downarrow G$ $= \cup\left\{\downarrow \wedge\psi(\mathcal{G}) : \psi\in \prod\limits_{G\in\mathcal{G}} G\right\}$; 从而由 (2) 和推论 6.4.25, 有 $y = \vee\left\{\wedge\varphi(\mathcal{F}) : \varphi \in \prod\limits_{U\in\mathcal{F}} U\right\} \geqslant \vee\left\{\wedge\psi(\mathcal{G}) : \psi\in \prod\limits_{G\in\mathcal{G}} G\right\} = \wedge\left\{\vee\psi(\mathcal{G}) : \psi\in \prod\limits_{G\in\mathcal{G}} G\right\}$. $\forall \psi\in \prod\limits_{G\in\mathcal{G}} G$, ψ 在 $\mathcal{F}$ 上的限制 $\varphi_\psi \in \prod\limits_{U\in\mathcal{F}} U$, 且 $\vee\psi(\mathcal{G}) \geqslant \vee\varphi_\psi(\mathcal{F})$. 故由推论 6.4.22, 有 $y \geqslant \wedge\left\{\vee\psi(\mathcal{G}) : \psi\in \prod\limits_{G\in\mathcal{G}} G\right\} \geqslant \wedge\left\{\vee\varphi(\mathcal{F}) : \varphi \in \prod\limits_{U\in\mathcal{F}} U\right\} = \wedge\{\vee U : U \in \mathcal{F}\} = x$. 所以 $x = y$, 即 $\wedge\{\vee U : U \in \mathcal{F}\} = \vee\left\{\wedge\varphi(\mathcal{F}) : \varphi \in \prod\limits_{U\in\mathcal{F}} U\right\}$.

(3) $\Leftrightarrow$ (4) $\Leftrightarrow$ (5) $\Leftrightarrow$ (6): 由推论 6.4.24.

(6) $\Rightarrow$ (1): 反之, 若 L 不是拟超连续格, 则 $\exists x, y \in L$, $x \not\leqslant y$, 满足下面的性质 (参看推论 7.8.13)

$$(\Omega)\ \forall x \in U \in v(L), F \in L^{(<\omega)}, \text{若 } y \notin \uparrow F, \text{则 } U \not\subseteq \uparrow F.$$

记 $\varGamma = \{U\backslash \uparrow F : x \in U \in v(L),\ y \notin \uparrow F\}$. 则由 (Ω), $\varGamma \subseteq \theta(L)\backslash\{\varnothing\}$. 设 $U_1\backslash \uparrow F_1, U_2\backslash \uparrow F_2 \in \varGamma$, 则 $x \in U_1 \cap U_2 \in v(L)$, $y \notin \uparrow F_1 \cup \uparrow F_2 = \uparrow (F_1 \cup F_2)$. 由 (Ω), $U_1\cap U_2 \not\subseteq \uparrow (F_1\cup F_2)$; 从而 $(U_1\backslash \uparrow F_1)\cap(U_2\backslash \uparrow F_2) = U_1\cap U_2\backslash \uparrow (F_1\cup F_2) \in \varGamma$. 故 $\varGamma$ 是 $\theta(L)$ 中的一个滤基. 由推论 4.1.29, $\varGamma$ 可以扩展为 $\theta(L)$ 上的一个超滤子 $\mathcal{F}$. 由 (6), 有 $\wedge\{\vee V : V \in \mathcal{F}\} = \vee\{\wedge V : V \in \mathcal{F}\}$. 记 $z = \vee\{\wedge V : V \in \mathcal{F}\}$. 下证 $x \leqslant z$. 显然, $\uparrow x = \bigcap\limits_{x\in U\in v(L)} U \supseteq \bigcap\limits_{U\backslash\uparrow F\in\varGamma} \uparrow (U\backslash \uparrow F) \supseteq \bigcap\limits_{V\in\mathcal{F}} \uparrow V = \cup\left\{\uparrow \vee\varphi(\mathcal{F}) : \varphi \in \prod\limits_{V\in\mathcal{F}} V\right\}$. 由 (6) 和推论 6.4.24, 有 $x = \wedge \uparrow x \leqslant \wedge\{\vee\varphi(\mathcal{F}) : \varphi \in V\}=\vee\{\wedge V : V \in \mathcal{F}\}=z$; 从而由 $x \not\leqslant y$, 有 $z \not\leqslant y$. 故 $\exists W \in \mathcal{F}$ 使 $\wedge W \not\leqslant y$. 由 $x \in L \in v(L)$, $y \notin \uparrow \wedge W$ 和 (Ω), 有 $L\backslash \uparrow \wedge W \in \varGamma \subseteq \mathcal{F}$; 因而 $W \cap (L\backslash \uparrow \wedge W) = \varnothing \in \mathcal{F}$, 与 $\mathcal{F}$ 是 L 上的超滤子矛盾. 所以 L 是拟超连续的.

注 6.4.27 用上述 (6) $\Rightarrow$ (1) 的证明方法, 可以给出 (2) $\Rightarrow$ (1) 的一个直接证明.

(2) ⇒ (1): 反之, 若 L 不是拟超连续格, 则 $\exists x, y \in L$, $x \not\leqslant y$, 满足下面的性质 (参看推论 7.8.13)

$$(\Omega)\ \forall x \in U \in \upsilon(L), F \in L^{(<\omega)}, \text{若 } y \notin \uparrow F, \text{则 } U \not\subseteq \uparrow F.$$

记$\Gamma = \{U\backslash \uparrow F : x \in U \in \upsilon(L),\ y \notin\uparrow F\}$. 则由 (Ω), $\varnothing \notin \Gamma$. 设 $U_1\backslash \uparrow F_1, U_2\backslash \uparrow F_2 \in \Gamma$, 则 $x \in U_1 \cap U_2 \in \upsilon(L)$, $y \notin\uparrow F_1 \cup \uparrow F_2 = \uparrow (F_1 \cup F_2)$. 由 (Ω), $U_1 \cap U_2 \not\subseteq\uparrow (F_1 \cup F_2)$; 从而 $(U_1\backslash \uparrow F_1) \cap (U_2\backslash \uparrow F_2) = U_1 \cap U_2\backslash \uparrow (F_1 \cup F_2) \in \Gamma$. 故$\Gamma$ 是一个滤基 (即下定向的). 由推论 4.1.30, Γ 可以扩展为 L 上的一个超滤子 $\mathcal{F}$. 由 L 是超滤分配格, 有 $\wedge\{\vee G : G \in \mathcal{F}\} = \vee\{\wedge G : G \in \mathcal{F}\}$. 显然, $\uparrow x = \bigcap\limits_{x\in U\in\upsilon(L)} U \supseteq \bigcap\limits_{U\backslash\uparrow F\in\Gamma} \uparrow (U\backslash \uparrow F) \supseteq \bigcap\limits_{G\in\mathcal{F}} \uparrow G = \cup\left\{\uparrow \vee\varphi(\mathcal{F}) : \varphi \in \prod\limits_{G\in\mathcal{F}} G\right\}$. 由推论 6.4.22 和 (2), 有 $x = \wedge \uparrow x \leqslant \wedge \bigcap\limits_{G\in\mathcal{F}} \uparrow G = \wedge\left\{\vee\varphi(\mathcal{F}) : \varphi \in \prod\limits_{G\in\mathcal{F}} G\right\} = \wedge\{\vee G : G \in \mathcal{F}\} = \vee\{\wedge G : G \in \mathcal{F}\}$; 从而由 $x \not\leqslant y$, 有 $\vee\{\wedge G : G \in \mathcal{F}\} \not\leqslant y$. 故 $\exists H \in \mathcal{F}$ 使 $\wedge H \not\leqslant y$. 由 $x \in L \in \upsilon(L)$, $y \notin\uparrow \wedge H$ 和 (Ω), 有 $L\backslash \uparrow \wedge H \in \Gamma \subseteq \mathcal{F}$; 因而 $(L\backslash \uparrow \wedge H) \cap H = \varnothing \in \mathcal{F}$, 与 $\mathcal{F}$ 是 L 上的超滤子矛盾. 所以 L 是拟超连续的.

由推论 6.4.24 和定理 6.4.26 的证明, 有下述

定理 6.4.28　设 L 是完备格, 则下述各条件等价:

(1) L 是拟超连续格;

(2) 对任意对有限交封闭的子集系统 $\theta(L) \subseteq \Gamma \subseteq 2^L$, L 是Γ-超滤分配格, 即 $\forall \mathcal{F} \in \max(\mathrm{Filt}(\Gamma)\backslash\{\Gamma\})$, $\wedge\{\vee F : F \in \mathcal{F}\} = \vee\{\wedge F : F \in \mathcal{F}\}$;

(3) 对任意对有限交封闭的子集系统 $\theta(L) \subseteq \Gamma \subseteq 2^L$, $\mathcal{F} \in \max(\mathrm{Filt}(\Gamma)\backslash\{\Gamma\})$, $\wedge\{\vee U : U \in \mathcal{F}\} = \vee\left\{\wedge\varphi(\mathcal{F}) : \varphi \in \prod\limits_{U\in\mathcal{F}} U\right\}$;

(4) 对任意对有限交封闭的子集系统 $\theta(L) \subseteq \Gamma \subseteq 2^L$, $\mathcal{F} \in \max(\mathrm{Filt}(\Gamma)\backslash\{\Gamma\})$, $\vee\{\wedge U : U \in \mathcal{F}\} = \vee\left\{\wedge\varphi(\mathcal{F}) : \varphi \in \prod\limits_{U\in\mathcal{F}} U\right\}$;

(5) 对任意对有限交封闭的子集系统 $\theta(L) \subseteq \Gamma \subseteq 2^L$, $\mathcal{F} \in \max(\mathrm{Filt}(\Gamma)\backslash\{\Gamma\})$, $\wedge\left\{\vee\varphi(\mathcal{F}) : \varphi \in \prod\limits_{U\in\mathcal{F}} U\right\} = \vee\left\{\wedge\varphi(\mathcal{F}) : \varphi \in \prod\limits_{U\in\mathcal{F}} U\right\}$;

(6) 对任意对有限交封闭的子集系统 $\theta(L) \subseteq \Gamma \subseteq 2^L$, $\mathcal{F} \in \max(\mathrm{Filt}(\Gamma)\backslash\{\Gamma\})$, $\wedge\{\vee U : U \in \mathcal{F}\} = \vee\{\wedge U : U \in \mathcal{F}\}$;

(7) 存在对有限交封闭的子集系统 $\theta(L) \subseteq \Gamma \subseteq 2^L$, 使 L 是Γ-超滤分配格, 即 $\forall \mathcal{F} \in \max(\mathrm{Filt}(\Gamma)\backslash\{\Gamma\})$, $\wedge\{\vee F : F \in \mathcal{F}\} = \vee\{\wedge F : F \in \mathcal{F}\}$;

(8) 存在对有限交封闭的子集系统 $\theta(L) \subseteq \varGamma \subseteq 2^L$, 使 $\forall \mathcal{F} \in \max(\mathrm{Filt}(\varGamma)\backslash\{\varGamma\})$, 有 $\wedge\{\vee U : U \in \mathcal{F}\} = \vee\left\{\wedge\varphi(\mathcal{F}) : \varphi \in \prod\limits_{U\in\mathcal{F}} U\right\}$;

(9) 存在对有限交封闭的子集系统 $\theta(L) \subseteq \varGamma \subseteq 2^L$, 使 $\forall \mathcal{F} \in \max(\mathrm{Filt}(\varGamma)\backslash\{\varGamma\})$, 有 $\vee\{\wedge U : U \in \mathcal{F}\} = \vee\left\{\wedge\varphi(\mathcal{F}) : \varphi \in \prod\limits_{U\in\mathcal{F}} U\right\}$;

(10) 存在对有限交封闭的子集系统 $\theta(L) \subseteq \varGamma \subseteq 2^L$, 使 $\forall \mathcal{F} \in \max(\mathrm{Filt}(\varGamma)\backslash\{\varGamma\})$, 有 $\wedge\left\{\vee\varphi(\mathcal{F}) : \varphi \in \prod\limits_{U\in\mathcal{F}} U\right\} = \vee\left\{\wedge\varphi(\mathcal{F}) : \varphi \in \prod\limits_{U\in\mathcal{F}} U\right\}$;

(11) 存在对有限交封闭的子集系统 $\theta(L) \subseteq \varGamma \subseteq 2^L$, 使 $\forall \mathcal{F} \in \max(\mathrm{Filt}(\varGamma)\backslash \{\varGamma\})$, 有 $\wedge\{\vee U : U \in \mathcal{F}\}=\vee\{\wedge U : U \in \mathcal{F}\}$.

注 6.4.29 关于拟超连续格的超滤分配律的刻画 (即定理 6.4.26 中的条件 (2)), 最早是由 Gierz 和 Lawson 在文献 [101] 中给出的 (参看文献 [98, 99] 或文献 [76]). 文献 [98, 99] 和文献 [101] 中的处理均是拓扑式的. 从某种意义上来说, 我们的处理是代数式的, 更为直接.

由推论 6.2.19 和定理 6.4.26, 有下述

推论 6.4.30[76,101] 设 L 是完备格, 则下述各条件等价:

(1) L 是超连续的;

(2) L 为连续的和超滤分配的;

(3) L 为交连续和超滤分配的.

事实上, 由推论 6.2.19、定理 6.4.26 和定理 6.4.28, 上述关于超连续格的刻画有下述更一般的形式.

推论 6.4.31 设 L 是完备格, $\theta(L) \subseteq \varGamma \subseteq 2^L$, $\varGamma$ 对有限交封闭. 则下述各条件等价:

(1) L 是超连续的;

(2) L 为连续的和$\varGamma$-超滤分配的;

(3) L 为定向分配的和$\varGamma$-超滤分配的;

(4) L 为连续的和 $\theta(L)$-超滤分配的;

(5) L 为定向分配的和 $\theta(L)$-超滤分配的;

(6) L 为交连续的和$\varGamma$-超滤分配的;

(7) L 为交连续的和 $\theta(L)$-超滤分配的.

注 6.4.32 设 L 为完备格, $\tau \subseteq \mathbf{up}(L)$ 是 L 上的拓扑. 则

(1) $\forall \mathcal{F} \in \mathrm{Filt}(\tau)\backslash\{\tau\}$, 有 $\wedge\{\vee F : F \in \mathcal{F}\}=1=\vee\left\{\wedge\varphi(\mathcal{F}) : \varphi \in \prod\limits_{F\in\mathcal{F}} F\right\}$. 故 L 总是 τ-滤子分配的.

(2) 若 δ 是 L 上的 "单边" 拓扑, 即 $\delta \subseteq \mathbf{up}(L)$ 或 $\delta \subseteq \mathbf{down}(L)$, 则由推论 4.1.16, δ 中只有唯一的超滤子 $\delta\backslash\{\varnothing\}$. 当 $\delta \subseteq \mathbf{up}(L)$ 时, 则 $\wedge\{\vee U: U \in \delta\backslash\{\varnothing\}\}=1=\vee\left\{\wedge\varphi(\delta\backslash\{\varnothing\}) : \varphi \in \prod\limits_{U\in\delta\backslash\{\varnothing\}} U\right\}\Big(\prod\limits_{U\in\delta\backslash\{\varnothing\}} U$ 中有一个序最大的点, 或选择函数ε, 其取值始终为最大元 $1\Big)$. 因而 L 总是 δ-超滤分配的. 特别地, L 是 $\upsilon(L)$-超滤分配的.

(3) 由于上面所说的原因, 当讨论完备格的超滤分配性时, 一般都是考虑像区间拓扑 $\theta(L)$ 和 Lawson 拓扑 $\lambda(L)$ 等这种 "双边" 拓扑的.

6.5　拟连续格和拟超连续格的同态像

本节涉及的性质 DINT (WDINT), 见本书 10.2 节.

定理 6.5.1　设 P_1 是 Lawson 紧的拟连续 domain, P_2 是具有性质 WDINT 的 **dcpo**, $f : P_1 \to P_2$ 是保序的 Lawson 连续满映射. 则 P_2 是拟连续 domain.

证明　1° $\forall y_1, y_2 \in P_2$, $y_1 \nleqslant y_2$, $\exists G \in P_2^{(<\omega)}$ 使 $y_1 \in \mathrm{int}_{\sigma(P_2)} \uparrow G \subseteq \uparrow G \subseteq P_2\backslash \downarrow y_2$.

由 $y_1 \nleqslant y_2$, 有 $f^{-1}(\uparrow y_1) \cap f^{-1}(\downarrow y_2) = \varnothing$; 从而 $f^{-1}(\uparrow y_1) \subseteq P_1\backslash f^{-1}(\downarrow y_2) \in \lambda(P_1)_+ = \sigma(P_1)$ (由命题 1.2.12). 由 f 是保序 Lawson 连续的, $f^{-1}(\uparrow y_1)$ 是紧空间 $(P_1, \lambda(P_1))$ 中的闭集 (因而是紧子集); 从而 $f^{-1}(\uparrow y_1)$ 是 $(P_1, \sigma(P_1))$ 中的紧子集. 由推论 5.1.21, $\exists F \in P_1^{(<\omega)}$ 使 $f^{-1}(\uparrow y_1) \subseteq \mathrm{int}_{\sigma(P_1)} \uparrow F \subseteq \uparrow F \subseteq P_1\backslash f^{-1}(\downarrow y_2)$; 从而 $y_1 \in P_2\backslash \downarrow f(P_1\backslash \mathrm{int}_{\sigma(P_1)} \uparrow F) \subseteq \uparrow f(F) \subseteq P_2\backslash \downarrow y_2$. $P_1\backslash \mathrm{int}_{\sigma(P_1)} \uparrow F$ 是 Scott 闭集, 因而是 $(P_1, \lambda(P_1))$ 中的紧子集. 故 $f(P_1\backslash \mathrm{int}_{\sigma(P_1)} \uparrow F)$ 是 $(P_2, \lambda(P_2))$ 中的紧子集. 由文献 [99, Proposition VI-1.6] (参看引理 10.2.18), $P_2\backslash \downarrow f(P_1\backslash \mathrm{int}_{\sigma(P_1)} \uparrow F) \in \sigma(P_2)$. 令 $G = f(F)$. 则 $G \in P_2^{(<\omega)}$, $y_1 \in \mathrm{int}_{\sigma(P_2)} \uparrow G \subseteq \uparrow G \subseteq P_2\backslash \downarrow y_2$.

2° $\forall y \in P_2$, $V \in \sigma(P_2)$, $y \in V$, $\exists H \in P_2^{(<\omega)}$ 使 $y \in \mathrm{int}_{\sigma(P_2)} \uparrow H \subseteq \uparrow H \subseteq V$.

设 $y \in P_2$, $V \in \sigma(P_2)$, $y \in V$. 由 1°, $\uparrow y = \cap\{\uparrow G \in \mathbf{Fin}\, P_2 : y \in \mathrm{int}_{\sigma(P_2)} \uparrow G\}$. 记 $\{\uparrow G \in \mathbf{Fin}\, P_2 : y \in \mathrm{int}_{\sigma(P_2)} \uparrow G\} = \{\uparrow G_j : j \in J\}$. 则 $\uparrow y = \bigcap\limits_{j\in J} \uparrow G_j \subseteq V$; $f^{-1}(\uparrow y) = f^{-1}\left(\bigcap\limits_{j\in J} \uparrow G_j\right) = \bigcap\limits_{j\in J} f^{-1}(\uparrow G_j) \subseteq f^{-1}(V)$. 由 f 是保序的 Lawson 连续满映射和命题 1.2.12, $f^{-1}(V) \in \sigma(P_2)$. $\forall j \in J$, $f^{-1}(\uparrow G_j)$ 是 $(P_1, \lambda(P_1))$ 中的闭集. 故 $\bigcap\limits_{j\in J} f^{-1}(\uparrow G_j)$ 是紧空间 $(P_1, \lambda(P_1))$ 中的闭集, 因而是 $(P_1, \lambda(P_1))$ 和 $(P_1, \sigma(P_1))$ 中的紧子集. 由推论 3.1.5 和推论 4.6.4, $\exists T \in J^{(<\omega)}$ 使 $\bigcap\limits_{j\in J} f^{-1}(\uparrow G_j) \subseteq f^{-1}(V)$, 从而由 f 是满射, 有 $\bigcap\limits_{j\in J} \uparrow G_j \subseteq V$. 由 P_2 具有性质

WDINT, 存在定向族 $\{\uparrow H_i \in \mathbf{Fin}\, P_2 : i \in I\}$ 使 $\bigcap_{j\in J} \uparrow G_j = \bigcap_{i\in I} \uparrow H_i \subseteq V$. 由推论 3.2.2, $\exists i \in I$ 使 $\uparrow H_i \subseteq V$, 从而 $y \in \mathrm{int}_{\sigma(P_2)} \uparrow H_i \subseteq \uparrow H_i \subseteq V$.

由 2° 和定理 3.1.4, P_2 是拟连续格.

由定理 10.5.1, 定理 6.5.1 也可表述为下述等价形式.

定理 6.5.1′ 设 P_1 是具有性质 DINT 的拟连续 domain, P_2 是具有性质 WDINT 的 **dcpo**, $f : P_1 \to P_2$ 是保序的 Lawson 连续满映射. 则 P_2 是拟连续 domain.

由定理 6.5.1 和命题 10.2.12, 有下述

推论 6.5.2 设 P_1 为 Lawson 紧的拟连续 domain (或等价地, P_1 是具有性质 DINT 的拟连续 domain), P_2 是具有性质 M_w 的 **dcpo**, $f : P_1 \to P_2$ 是保序的 Lawson 连续满映射. 则 P_2 是拟连续 domain.

推论 6.5.3[101] 设 L_1 为拟连续格, L_2 是完备格, $f : L_1 \to L_2$ 是保序的 Lawson 连续满映射. 则 L_2 是拟连续格.

推论 6.5.4 拟连续格的 $\mathrm{INF}^{\uparrow}$-同态像是拟连续格.

注 6.5.5 (1) 推论 6.5.3 最早是文献 [101] 得到的, 其给出的证明是基于超滤的 liminf 极限的, 较复杂, 且无法直接用于 **dcpo** 情形. 对 **dcpo** 情形, 我们这里给出了一个更为直接和简洁的证明.

(2) 由推论 6.5.3, 用保序的 Lawson 连续映射作为拟连续格之间的态射似乎是合适的.

定理 6.5.6[101] 设 L 为完备格, 则下述各条件等价:

(1) L 是拟连续格;

(2) $\sup : \mathrm{Id}(L) \to L,\ I \mapsto \vee I$ 是 ω-连续的;

(3) $\sup : \mathrm{Id}(L) \to L,\ I \mapsto \vee I$ 是 Lawson 连续的;

(4) L 是代数格的保序 Lawson 连续映射的像;

(5) L 是连续格的保序 Lawson 连续映射的像;

(6) L 是拟代数格的保序 Lawson 连续映射的像.

证明 (1) ⇒ (2): 下证 $\sup : (\mathrm{Id}(L), \omega(\mathrm{Id}(L))) \to (L, \omega(L))$ 连续. 设 $a \in L$, $J \in \sup^{-1}(L\setminus \uparrow a)$, 由 L 是拟连续格, $\exists F \in L^{(<\omega)}$ 使 $a \in \mathrm{int}_{\sigma(L)} \uparrow F \subseteq \uparrow F \subseteq L\setminus \downarrow \sup J$. 若 $I \in \mathrm{Id}(L)$ 且 $a \leqslant \sup I$, 则 $\sup I \in \mathrm{int}_{\sigma(L)} \uparrow F$; 从而 $\exists s \in I$ 使 $s \in \mathrm{int}_{\sigma(L)} \uparrow F \subseteq \uparrow F$, 故 $\exists u \in F$ 使 $\downarrow u \subseteq \downarrow s \subseteq I$; 因而 $I \notin \bigcap_{u\in F} (\mathrm{Id}(L)\setminus \uparrow_{\mathrm{Id}(L)} \downarrow u)$. 故 $J \in \bigcap_{u\in F} (\mathrm{Id}(L)\setminus \uparrow_{\mathrm{Id}(L)} \downarrow u) = \mathrm{Id}(L)\setminus \uparrow_{\mathrm{Id}(L)} \{\downarrow u\colon u \in F\} \subseteq \sup^{-1}(L\setminus \uparrow a)$; 从而 $\sup^{-1}(L\setminus \uparrow a) \in \omega\ (\mathrm{Id}(L))$. 所以 $\sup : (\mathrm{Id}(L), \omega(\mathrm{Id}(L))) \to (L, \omega(L))$ 连续.

(2) ⇒ (3): 显然, $\sup : \mathrm{Id}(L) \to L$ 保定向并 (事实上, $\sup : \mathrm{Id}(L) \to L$ 保任意并), 因而 $\sup : \mathrm{Id}(L) \to L$ 是 Lawson 连续的.

(3) ⇒ (4) ⇒ (5): 显然.

(5) ⇒ (1): 由推论 6.5.3.

(4) ⇒ (6): 显然.

(6) ⇒ (1): 由推论 6.5.3.

注 6.5.7 当将定理 6.5.6 中的条件改为 $\sup : \mathrm{Id}(L) \to L$ 保任意交 (等价于 $\sup : \mathrm{Id}(L) \to L$ 为 $\mathrm{INF}^{\uparrow}$-态射), 则得到关于连续格的刻画 (参见文献 [99, Theorem I-4.17, Corollary I-4.18]).

注 6.5.8 作为定理 6.5.6 的直接推论, 可得到定理 6.4.2.

引理 6.5.9 设 L_1 是拟超连续格, L_2 是完备格, $f : L_1 \to L_2$ 是保序映射. 则下述各条件等价:

(1) $f : (L_1, \lambda(L_1)) \to (L_2, \lambda(L_2))$ 连续;

(2) $f : (L_1, \theta(L_1)) \to (L_2, \theta(L_2))$ 连续;

(3) $f : (L_1, \upsilon(L_1)) \to (L_2, \upsilon(L_2))$ 连续, $f : (L_1, \omega(L_1)) \to (L_2, \omega(L_2))$ 连续;

(4) f 保定向并和下定向交.

证明 由 L 为拟超连续格和定理 6.2.13, 有 $\theta(L_1) = \lambda(L_1) = \lambda(L_1^{\mathrm{op}})$; 从而由命题 1.2.12, 有 $\upsilon(L_1) = \theta(L_1)_+ = \lambda(L_1)_+ = \sigma(L_1)$, $\omega(L_1) = \theta(L_1)_- = \lambda(L_1^{\mathrm{op}})_- = \sigma(L_1^{\mathrm{op}})$.

(1) ⇒ (2): 由 $f : (L_1, \lambda(L_1)) \to (L_2, \lambda(L_2))$ 连续和 $\theta(L_1) = \lambda(L_1)$, 有 $f : (L_1, \theta(L_1)) \to (L_2, \lambda(L_2))$ 连续. 而 $\theta(L_2) \subseteq \lambda(L_2)$, 故 $f : (L_1, \theta(L_1)) \to (L_2, \theta(L_2))$ 连续.

(2) ⇒ (3): 设 $f : L_1 \to L_2$ 是保序映射和 $f : (L_1, \theta(L_1)) \to (L_2, \theta(L_2))$ 连续. 则由命题 1.2.12, $f : (L_1, \theta(L_1)_+ = \upsilon(L_1)) \to (L_2, \theta(L_2)_+ = \upsilon(L_2))$ 连续, $f : (L_1, \theta(L_1)_- = \omega(L_1)) \to (L_2, \theta(L_2)_- = \omega(L_2))$ 连续.

(3) ⇒ (4): 由引理 1.2.16.

(4) ⇒ (1): 由引理 1.2.15, $f : (L_1, \sigma(L_1)) \to (L_1, \sigma(L_2))$ 连续, $f : (L_1, \sigma(L_1^{\mathrm{op}})) \to (L_2, \sigma(L_2^{\mathrm{op}}))$ 连续. 由 $\omega(L_2) \subseteq \sigma(L_2^{\mathrm{op}})$, $f : (L_1, \sigma(L_1^{\mathrm{op}})) \to (L_2, \omega(L_2))$ 连续; 从而 $f : (L_1, \sigma(L_1) \vee \sigma(L_1^{\mathrm{op}}) = \lambda(L_1)) \to (L_2, \sigma(L_2) \vee \omega(L_2) = \lambda(L_2))$ 连续.

引理 6.5.9 推广了文献 [101, Proposition 4.7], 去掉了 L_2 为拟超连续格的假设条件.

定理 6.5.10 设 L_1 为拟超连续格, L_2 是完备格, $f : L_1 \to L_2$ 是保定向并和下定向交的满射. 则 L_2 是拟超连续格.

证明 1 设 $y \in L_2$, $V \in \upsilon(L_2)$, $y \in V$, 则 $f^{-1}(\uparrow y) \subseteq f^{-1}(V) \in \sigma(L_1) = \upsilon(L_1)$. 由 L_1 为完备格和命题 1.2.11, $(L_1, \theta(L_1))$ 是紧空间, 故 $f^{-1}(\uparrow y_1)$ 是

$(L_1, \theta(L_1))$ 中的紧子集. $\forall u \in f^{-1}(\uparrow y)$, 由 L_1 为超连续格, $\exists G_u, F_u \in L_1^{(<\omega)}$ 使 $u \in L_1\backslash \downarrow G_u \subseteq \uparrow F_u \subseteq f^{-1}(V)$. 由 $f^{-1}(\uparrow y_1)$ 是 $(L_1, \theta(L_1))$ 中的紧子集, 存在有限集 $H \subseteq f^{-1}(\uparrow y)$ 使 $f^{-1}(\uparrow y) \subseteq \bigcup_{u\in H}(L_1\backslash \downarrow G_u) = L_1\backslash \downarrow G \subseteq \uparrow F \subseteq f^{-1}(V)$, 其中 $G = \left\{ \wedge \varphi(H) : \varphi \in \prod_{u\in H} G_u \right\} \in L_1^{(<\omega)}$, $F = \bigcup_{u\in H} F_u \in L_1^{(<\omega)}$. 易验证 $y \in L_2\backslash \downarrow f(G) \subseteq \uparrow f(F) \subseteq V$. 故 L_2 是拟超连续格.

证明 2 显然, f 是保序的. 由 L_1 为拟超连续格和定理 6.2.13, 知 $\theta(L_1)$ 是 T_2 的, $\lambda(L_1) = \theta(L_1) = \lambda(L_1^{\text{op}})$. 由命题 1.2.11, 有 $\upsilon(L_1) = \sigma(L_1)$, $\omega(L_1) = \sigma(L_1^{\text{op}})$.

设 $y_1, y_2 \in L_2$, $y_1 \nleqslant y_2$, 则 $f^{-1}(\uparrow y_1) \cap f^{-1}(\downarrow y_2) = \varnothing$. 由假设, $f : (L_1, \sigma(L_1) = \upsilon(L_1)) \to (L_2, \sigma(L_2))$ 连续, $f : (L_1, \sigma(L_1^{\text{op}}) = \omega(L_1)) \to (L_2, \sigma(L_2^{\text{op}}))$ 连续; 从而有 $f^{-1}(\uparrow y_1) \in \sigma(L_1^{\text{op}})^c = \omega(L_1)^c \subseteq \theta(L_1)^c$, $f^{-1}(\downarrow y_2) \in \sigma(L_1)^c = \upsilon(L_1)^c \subseteq \theta(L_1)^c$. 由 L_1 为拟超连续格和定理 6.2.13, $(L_1, \theta(L_1), \leqslant)$ 是紧 pospace; 从而由文献 [99, Proposition VI-1.8], $(L_1, \theta(L_1), \leqslant)$ 单调正规序空间. 故 $\exists U \in \theta(L_1)_+ = \upsilon(L_1)$, $V \in \theta(L_1)_- = \omega(L_1)$ 使 $f^{-1}(\uparrow y_1) \subseteq U$, $f^{-1}(\downarrow y_2) \subseteq V$, $U \cap V = \varnothing$. 由 $(L_1, \theta(L_1))$ 是紧空间和 $f^{-1}(\uparrow y_1)$ 与 $f^{-1}(\downarrow y_2)$ 是其中的闭集, $\exists G, F \in L_1^{(<\omega)}$ 使 $f^{-1}(\uparrow y_1) \subseteq L_1\backslash \downarrow G \subseteq U$, $f^{-1}(\downarrow y_2) \subseteq L_1\backslash \uparrow F \subseteq V$, $(L_1\backslash \downarrow G) \cap (L_1\backslash \uparrow F) = \varnothing$. 故 $f^{-1}(\downarrow y_2) \subseteq L_1\backslash \uparrow F \subseteq \downarrow G \subseteq L_1\backslash f^{-1}(\uparrow y_1)$; 从而 $y_1 \in L_2\backslash \downarrow f(G) \subseteq \uparrow f(F) \subseteq L_2\backslash \downarrow y_2$. 故 L_2 是拟超连续格 (参见推论 7.6.6 中的有关证明).

证明 3 由引理 6.5.9, $f : L_1 \to L_2$ 是保序的 Lawson 连续满映射. 由推论 6.5.3, L_2 是拟连续格. 下面证明 $\upsilon(L_2) = \sigma(L_2)$. 设 $y \in L_2$, $V \in \sigma(L_2)$, $y \in V$. 则由 $f : L_1 \to L_2$ 是保序 Lawson 连续的, $f^{-1}(\uparrow y) \subseteq f^{-1}(V) \in \lambda(L_1)_+ = \sigma(L_1) = \upsilon(L_1)$. 显然, $f^{-1}(\downarrow y_2)$ 作为紧空间 $(L_1, \lambda(L_1))$ 中的闭集, 在 $(L_1, \upsilon(L_1))$ 中是紧的; 从而 $\exists \downarrow F \in \textbf{Fin}\ L_1$ 使 $f^{-1}(\uparrow y) \subseteq L_1\backslash \downarrow F \subseteq f^{-1}(V)$. 易验证 $y \in L_2\backslash \downarrow f(F) \subseteq V$. 故 $V \in \upsilon(L_2)$. 所以 $\upsilon(L_2) = \sigma(L_2)$. 由定理 6.2.12, L_2 是拟超连续格.

证明 4 基于推论 6.4.15 关于拟超连续的超滤子分配律刻画 (参见文献 [101, Proposition 4.5] 的证明), 读者可以自己给出证明.

由定理 6.5.10, 用保定向并和下定向交的映射作为拟超连续格之间的态射似乎是合适的. 由推论 6.2.20 和定理 6.5.10, 有下述

推论 6.5.11 设 L_1 为超连续格, L_2 是交连续格, $f : L_1 \to L_2$ 是保定向并和下定向交的满射. 则 L_2 是超连续格.

上述结果推广了文献 [99, Lemma VII-3.6]. 在文献 [101, Theorem 4.14] 中, 基于 Priestley 关于分配格范畴与 Priestley 空间范畴的等价性, Gierz 和 Lawson

证明了下述

定理 6.5.12[101]　设 L 是分配格, L 和 L^{op} 是拟连续格, 则

(1) 存在完全分配格 Q 和保定向并与下定向交的满射 $f: Q \to L$ (即 L 是完全分配格的保定向并与下定向交映射的像).

(2) $\lambda(L) = \lambda(L^{\mathrm{op}}) = \theta(L)$. 特别地, $\theta(L)$ 是 T_2 的.

由于完备格 L 为完全分配的当且仅当 $\sup: \mathbf{down}(L) \to L$ 为完备格同态 (参看推论 2.3.19 或定理 7.2.16), 故由定理 6.2.14、定理 6.5.10 和定理 6.5.12, 有下述

推论 6.5.13[101]　设 L 是分配格, 则下述各条件等价:

(1) L 是拟超连续格;

(2) L 和 L^{op} 是拟连续格;

(3) L 是完全分配格的保定向并与下定向交映射的像;

(4) L 是强代数格的保定向并与下定向交映射的像.

由推论 6.2.20 和推论 6.5.13, 有下述

推论 6.5.14[99]　设 L 是分配格, 则下述两个条件等价:

(1) L 是超连续格;

(2) L 是连续格, L^{op} 是拟连续格.

我们特别指出, 当无分配性条件时, 定理 6.5.12 和推论 6.5.13 均不成立. 事实上, 令 $L = \{0, 1\} \cap \{a_n: n = 1, 2, 3, \cdots\}$. 在 L 上定义序如下: $\forall n \in \mathcal{N}, 0 \leqslant a_n \leqslant 1$; 诸 a_n 之间均序不可比较. 则 L 是非分配格, L 和 L^{op} 均是代数格, 但 L 不是拟超连续格.

任取一个 $\sigma(L)$ 是连续但不是超连续的完备格 L (由文献 [99, VI-4] 或参看文献 [60], 这种格存在), 则由推论 6.2.23, $\sigma(L)$ 是 Heyting 的连续格, 但 $\sigma(L)$ 不是拟超连续格. 故分配的 (拟) 连续格一般推不出 (拟) 超连续性, 即定理 6.5.12 中的条件均不能少.

问题 6.5.15　拟超连续格是否为完全分配格的保定向并与下定向交映射的像? 即若 L 是拟超连续格, 是否存在完全分配格 Q 和保定向并与下定向交的满射 $f: Q \to L$?

我们称 P 型连续格具有自然的代数格, 若每个 P 型连续格均为某 P 型代数格的 P 型同态像. 由于完备格 L 为完全分配的当且仅当 $\sup: \mathbf{down}\,(L) \to L$ 为完备格同态 (参看推论 2.3.19), 故完全分配格 (即强连续格, 以完备格同态为同态) 的自然代数格是强代数格; 由文献 [99, Corollary I-4.18], 连续格 (以 $\mathrm{INF}^{\uparrow}$-同态为同态) 的自然代数格是代数格; 由定理 6.5.6, 拟连续格 (以保序 Lawson 连续映射为同态) 的自然代数格是拟代数格 (恰好是代数格, 即理想格); 由定理 6.5.20, 超连续格 (以 $\mathrm{INF}^{\uparrow}$-同态为同态) 的自然代数格是超代数格 (某种意义下, 强代数格也是).

由定理 6.5.10 和推论 6.5.13, 有下述

问题 6.5.16 拟超连续格是否有自然的代数格? 即对任意拟超连续格 L, 是否存在拟超代数格 A 及保定向并与下定向交的满射 $f: A \to L$?

由引理 6.5.9 和定理 6.5.10, 得到下述

推论 6.5.17 设 L_1 为拟超连续格, L_2 是完备格, $f: L_1 \to L_2$ 是保序 Lawson 连续满映射. 则 L_2 是拟超连续格.

推论 6.5.18 拟超连续格的 $\mathrm{INF}^{\uparrow}$-同态像是拟超连续格.

定理 6.5.19 超连续格的 $\mathrm{INF}^{\uparrow}$-同态像是超连续格.

证明 1 设 L_1 为超连续格, L_2 是完备格, $f: L_1 \to L_2$ 是 $\mathrm{INF}^{\uparrow}$ 满映射. 由引理 1.1.3, f 有下联络 $g: L_2 \to L_1$. 由命题 3.4.26, g 保任意并和关系 $\ll$. 由推论 2.2.9, L_2 是连续格. 下证 L_2 是超连续格. $\forall y \in L_2$, 由 L_2 是连续格, 有 $y = \vee \Downarrow y$. $\forall v \ll y$, 由 g 保关系 $\ll$, 有 $g(v) \ll g(y)$; 从而由 L_1 为超连续格, 有 $g(y) \in \mathrm{int}_{\sigma(L_1)} \uparrow g(v) = \mathrm{int}_{\sigma(L_1)} \uparrow g(v)$. 故 $\exists \{x_1, x_2, \cdots, x_n\} \in L_1^{(<\omega)}$ 使 $g(y) \in L_1 \backslash \downarrow \{x_1, x_2, \cdots, x_n\} \subseteq \uparrow g(v)$. 下证 $y \in L_2 \backslash \downarrow \{f(x_1), f(x_2), \cdots, f(x_n)\} \subseteq \uparrow v$. 由 g 为 f 的下联络, 有 $y \in L_2 \backslash \downarrow \{f(x_1), f(x_2), \cdots, f(x_n)\}$. 设 $z \in L_2 \backslash \downarrow \{f(x_1), f(x_2), \cdots, f(x_n)\}$, 则 $g(z) \in L_1 \backslash \downarrow \{x_1, x_2, \cdots, x_n\} \subseteq \uparrow g(v)$. 由 f 为满射, 有 $f \circ g = id_{L_2}$; 从而 $z = f(g(\mathrm{z})) \geqslant f(g(v)) = v$. 故 $y \in L_2 \backslash \downarrow \{f(x_1), f(x_2), \cdots, f(x_n)\} \subseteq \uparrow v$. 因而 $y \in \mathrm{int}_{\upsilon(L_2)} \uparrow v$. 故 $y = \vee \Downarrow y = \vee\{v \in L_2 : y \in \mathrm{int}_{\upsilon(L_2)} \uparrow v\}$. 所以 L_2 是超连续格.

证明 2 设 L_1 为超连续格, L_2 是完备格, $f: L_1 \to L_2$ 是满 $\mathrm{INF}^{\uparrow}$-同态. 由推论 2.2.9 和定理 6.5.6, L_2 是连续格和拟超连续格; 从而由推论 6.2.19, L_2 是超连续格.

证明 3 基于定理 6.4.8 关于超连续的对偶滤子分配律刻画, 读者很容易自己给出证明.

最后给出超连续格的下述刻画 (参看推论 6.4.12).

定理 6.5.20 设 L 为完备格, 则下述各条件等价:

(1) L 是超连续格;

(2) $\inf: (\mathbf{up}(L))^{\mathrm{op}} \to L,\ I \mapsto \wedge I$ 是 υ-连续;

(2′) $\inf: (\mathbf{up}(L))^{\mathrm{op}} \to L,\ I \mapsto \wedge I$ 保任意交和 υ-连续;

(3) $\inf: (\mathbf{up}(L))^{\mathrm{op}} \to L,\ I \mapsto \wedge I$ 保定向并, 即是 Scott 连续的;

(3′) $\inf: (\mathbf{up}(L))^{\mathrm{op}} \to L,\ I \mapsto \wedge I$ 是 $\mathrm{INF}^{\uparrow}$-同态;

(4) L 是强代数格的 $\mathrm{INF}^{\uparrow}$-同态像;

(5) L 是完全分配格的 $\mathrm{INF}^{\uparrow}$-同态像;

(6) L 是超代数格的 $\mathrm{INF}^{\uparrow}$-同态像.

证明 (1) ⇒ (2): 设 L 是超连续格, 下证 $\inf: ((\mathbf{up}(L))^{\mathrm{op}}, \upsilon(\mathbf{up}(L))^{\mathrm{op}}) = (\mathbf{up}(L), \omega(\mathbf{up}(L))) \to (L, \upsilon(L))$ 连续. 设 $s \in L, \uparrow A \in \inf^{-1}(L\backslash \downarrow s)$, 即 $\wedge A \not\leqslant s$. 由 L 是超连续格, $\exists u \in L,\ F \in L^{(<\omega)}$ 使 $\wedge A \in L\backslash \downarrow F \subseteq \uparrow u \subseteq L\backslash \downarrow s$. 若 $\uparrow B \in \mathbf{up}(L)\backslash \uparrow_{\mathbf{up}(L)} \{\uparrow v : v \in F\}$, 则 $\forall v \in F, \uparrow v \not\subseteq \uparrow B$, 即 $v \notin \uparrow B$, 或 $\uparrow B \subseteq L\backslash \downarrow v$, 从而 $\uparrow B \subseteq \bigcap\limits_{v\in F}(L\backslash \downarrow v) = L\backslash \downarrow F \subseteq \uparrow u \subseteq L\backslash \downarrow s$. 因而 $u \leqslant \wedge \uparrow B$, 故 $\wedge \uparrow B \not\leqslant s$. 所以 $\uparrow A \in \bigcap\limits_{v\in F}(\mathbf{up}(L)\backslash \uparrow_{\mathbf{up}(L)}\uparrow v) = \mathbf{up}(L)\backslash \uparrow_{\mathbf{up}(L)} \{\uparrow v : v \in F\} \subseteq (\inf)^{-1}(L\backslash \downarrow s)$. 故 $\inf: ((\mathbf{up}(L))^{\mathrm{op}}, \upsilon(\mathbf{up}(L))^{\mathrm{op}}) = (\mathbf{up}(L), \omega(\mathbf{up}(L))) \to (L, \upsilon(L))$ 连续.

(2) ⇔ (2′), (3) ⇔ (3′): 显然, $\inf: (\mathbf{up}(L))^{\mathrm{op}} \to L, I \mapsto \wedge I$ 保任意交.

(2) ⇒ (3): 由引理 1.2.16.

(3) ⇒ (4) ⇒ (5): 显然.

(5) ⇒ (1): 由定理 6.5.19.

(4) ⇒ (6): 显然.

(6) ⇒ (1): 由定理 6.5.19.

注 6.5.21 定理 6.5.20 中 (1) 与 (5) 的等价是由 Gierz 和 Lawson 在文献 [101] 给出的, 但他们给出的证明较复杂. 我们这里的处理是直接的, 比 Gierz 和 Lawson 在文献 [101] 中的处理要简洁得多.

注 6.5.22 由定理 6.5.20, $\mathrm{INF}^{\uparrow}$-同态作为超连续格的态射似乎是合适的.

第 7 章 关系与序

本章系统地讨论格序结构的关系表示问题, 主要包括完全分配格、超连续格、区间拓扑 T_2 的完备格等的关系表示问题, 基于 Dedekind-MacNeille 完备化, 对偏序集做了相应讨论.

7.1 节给出了有关二元关系和格的关系表示的一些基本概念和记号, 给出了三个基本引理, 包括 Schein 引理.

7.2 节引入了正则关系、Raney 分离性的概念, 给出了完全分配格的正则表示定理和完全分配格、正则关系的内蕴式刻画, 证明了完备格是完全分配的当且仅当其上的关系 $\not\leqslant$ 是正则的. 基于此, 讨论了是偏序集 P 上关系 $\not\leqslant$ 的正则性, 给出了若干刻画, 特别地, 证明了下述三条件等价: ① P 上的关系 $\not\leqslant$ 是正则的; ② P 的 Dedekind-MacNeille 完备化是完全分配的; ③ P 具有 Raney 分离性.

7.3 节引入了强正则关系、强 Raney 分离性的概念, 给出了强代数格的强正则表示定理和强代数格、强正则关系的内蕴式刻画, 证明了完备格是强代数的当且仅当其上关系 $\not\leqslant$ 是强正则的. 基于此, 讨论了是偏序集 P 上关系 $\not\leqslant$ 的强正则性, 给出了若干刻画, 特别地, 证明了下述三条件等价: ① P 上的关系 $\not\leqslant$ 是强正则的; ② P 的 Dedekind-MacNeille 完备化是强代数的; ③ P 具有强 Raney 分离性.

7.4 节引入了有限正则关系的概念, 给出了超连续格的有限正则表示定理和超连续格的内蕴式刻画, 证明了二元关系 ρ 是有限正则的当且仅当 ρ 的有限扩张是正则的. 对偏序集 P, 证明了 P 的超连续性蕴涵其上关系 $\not\leqslant$ 的有限正则性, P 上关系 $\not\leqslant$ 的有限正则性等价于下述两个条件之一: ① P 的 Dedekind-MacNeille 完备化是超连续的; ② P 中有限生成下集与主滤子可以序分离 P 中的点; 当 P 为并半格时, 其上关系 $\not\leqslant$ 的有限正则性与 P 的超连续性等价.

7.5 节引入了有限强正则关系的概念, 给出了超代数格的有限强正则表示定理和超代数格的内蕴式刻画, 证明了二元关系 ρ 是有限强正则的当且仅当 ρ 的有限扩张是强正则的. 对并半格 P, 证明了下述四条件等价: ① P 是超代数的; ② P 上关系 $\not\leqslant$ 是有限强正则的; ③ P 的 Dedekind-MacNeille 完备化是超代数的; ④ P 中有限生成下集与主滤子可以序强分离 P 中的点.

7.6 节给出了广义完全分配格和广义强代数格的内蕴式刻画, 基于此及超连续 (超代数) 格的内蕴式刻画, 可以得到超连续 (超代数) 性与广义完全分配 (广义强代数) 性的对偶等价性; 基于这个对偶等价性和超连续 (超代数) 格的性质, 获得

了广义完全分配 (广义强代数) 格的一系列刻画. 此外我们还讨论了关于广义完全分配格和广义强代数格在偏序集上的三种推广方式, 比较了它们的优劣.

7.7 节主要基于序的某些分离性讨论偏序集上区间拓扑的分离性, 尤其是 Hausdorff 分离性, 给出了若干刻画.

7.8 节引入了广义有限正则关系的概念, 给出了区间拓扑 T_2 的完备格的广义有限正则表示定理及其内蕴式刻画; 对完备格 L, 证明了下述四条件等价: ① L 上的区间拓扑是 T_2 的; ② L 上的关系 $\not\leqslant$ 是广义有限正则的; ③ L 是拟超连续的; ④ L 中有限生成下集与有限生成上集可以序分离 L 中的点. 我们还对偏序集情形进行了讨论, 得到了相应结果.

7.9 节引入了广义有限强正则关系的概念, 给出了区间拓扑 Priestley 的完备格的广义有限强正则表示定理和区间拓扑为 Priestley 的若干刻画, 特别是它的内蕴式刻画; 对完备格 L, 证明了下述四条件等价: ① L 上的区间拓扑是 Priestley 的; ② L 上的关系 $\not\leqslant$ 是广义有限强正则的; ③ L 是拟超代数的; ④ L 中有限生成下集与有限生成上集可以序强分离 L 中的点. 由此我们获得了拟超代数格的内蕴式刻画. 我们对偏序集情形进行了相应讨论.

7.1　关系与格序结构的表示

本节给出有关二元关系和格的关系表示的一些基本概念和记号.

$\forall X, Y \in \mathrm{ob}\,(\mathbf{Set})$, 称 ρ 为 X 与 Y 之间的一个二元关系, 若 $\rho \subseteq X \times Y$, 当 $X = Y$ 时, 简称 ρ 为 X 上的一个二元关系. 为简便起见, 用 $\rho : X \rightharpoonup Y$ 表示 X 与 Y 之间的一个二元关系. X 与 Y 之间的二元关系全体记为 $\mathbf{Rel}(X, Y)$. 二元关系全体记为 $\mathbf{Rel}$.

$\forall X \in \mathrm{ob}\,(\mathbf{Set})$, 易知 $(\mathbf{Rel}(X, X), \circ)$ 是有单位元 $\Delta(X) = \{(x, x) : x \in X\}$ 的半群. $\forall \rho \in \mathbf{Rel}(X, X)$, 若 $\rho^2 = \rho \circ \rho = \rho$, 则称 ρ 是幂等的.

定义 7.1.1　设 $\rho : X \rightharpoonup Y$, $\tau : Y \rightharpoonup Z$, $A \subseteq X$. 定义

(1) $\tau \circ \rho = \{(x, z) : \exists y \in Y$ 使 $(x, y) \in \rho$ 和 $(y, z) \in \tau\}$, 称为 ρ 与 τ 的复合;

(2) $\rho^{-1} = \{(y, x) \in Y \times X : (x, y) \in \rho\}$, $\rho' = X \times Y \backslash \rho$;

(3) $\rho^* = (\rho^{-1} \circ \rho' \circ \rho^{-1})'$;

(4) $\rho(A) = \{y \in Y : \exists a \in A$ 使 $(a, y) \in \rho\}$, 称之为 A 在 ρ 下的像, $\rho\,(\{x\})$ 简记为 $\rho(x)$;

(5) $\Phi_\rho(X) = \{\rho(A) : A \subseteq X\}$.

易知, 完备格 $(\Phi_\rho(X), \subseteq)$ 中的并运算 $\vee$ 为通常的集合并运算 $\cup$, 但其中的交运算 $\wedge$ 一般不是集合交运算 $\cap$.

引理 7.1.2[307] $\forall\rho: X \rightharpoonup Y$, $\rho^* = \cup\{\tau \subseteq Y \times X : \rho\circ\tau\circ\rho \subseteq \rho\}$. 故 $\rho^* = \max\{\tau \subseteq Y \times X : \rho\circ\tau\circ\rho \subseteq \rho\}$.

证明 设 $\tau \subseteq Y \times X$ 满足 $\rho\circ\tau\circ\rho \subseteq \rho$. 首先证 $\tau \subseteq \rho^*$. 若 $\exists(y, x) \in \tau$ 使 $(y, x) \notin \rho^*$, 则 $(y, x) \in \rho^{-1}\circ\rho'\circ\rho^{-1}$, 从而 $\exists(s, t) \in X \times Y$ 使 $(y, s) \in \rho^{-1}$, $(s, t) \in \rho'$ 和 $(t, x) \in \rho^{-1}$. 由 $\rho\circ\tau\circ\rho \subseteq \rho$, $(s, y) \in \rho$, $(y, x) \in \tau$ 和 $(x, t) \in \rho$, 有 $(s, t) \in \rho$, 与 $(s, t) \in \rho'$ 矛盾. 故 $\tau \subseteq \rho^*$.

其次证明 $\rho\circ\rho^*\circ\rho \subseteq \rho$. 设 $(x, y) \in \rho\circ\rho^*\circ\rho$. 则 $\exists(u, v) \in X\times Y$ 使 $(x, v) \in \rho$, $(v, u) \in \rho^*$ 和 $(u, y) \in \rho$, 从而 $(v, x) \in \rho^{-1}$, $(y, u) \in \rho^{-1}$, $(v, u) \notin \rho^{-1}\circ\rho'\circ\rho^{-1}$. 故 $(x, y) \notin \rho'$, 即 $(x, y) \in \rho$. 故 $\rho\circ\rho^*\circ\rho \subseteq \rho$. 从而 $\rho^* = \cup\{\tau \subseteq Y\times X : \rho\circ\tau\circ\rho \subseteq \rho\}$.

引理 7.1.2 可以推广到更一般的情形, 读者可参看文献 [12, Lemma 1].

定义 7.1.3 $\forall\rho: X \rightharpoonup Y$, 令 $\rho^\blacklozenge = \rho^{-1} \cap \rho^* = \rho^{-1} \cap (\rho^{-1}\circ\rho'\circ\rho^{-1})'$.

由引理 7.1.2, 有下述

引理 7.1.4 $\forall\rho: X \rightharpoonup Y$, $\rho^\blacklozenge = \cup\{\tau \subseteq Y \times X : \tau \subseteq \rho^{-1}, \rho\circ\tau\circ\rho \subseteq \rho\}$. 故

$$\rho^\blacklozenge = \max\{\tau \subseteq Y \times X : \tau \subseteq \rho^{-1}, \rho\circ\tau\circ\rho \subseteq \rho\}.$$

在定义 1.1.6 中, 我们给出了偏序集 P 的 Dedekind-MacNeille 完备化 $\delta(P)$ 的定义. 下面我们从另一个角度描述 $\delta(P)$. 记 $\rho = \not\leqslant$, 则 $\forall A \subseteq P$, 有 $\rho(A) = \bigcup\limits_{a\in A} \rho(a) = \bigcup\limits_{a\in A} (P\backslash \uparrow a) = P\backslash A^\uparrow$; 从而 $\varPhi_\rho(P) = \{P\backslash A^\uparrow : A \subseteq P\}$. 定义 h: $\varPhi_\rho(P) \to \delta(P)$, $\rho(A) \mapsto A^\delta = A^{\uparrow\downarrow}$. 易验证 h 的定义是有意义的, 且是序同构的. 故有下述

引理 7.1.5 设 P 为偏序集, 则 $\varPhi_{\not\leqslant}(P) \cong \delta(P)$.

定义 7.1.6 设 p 是关于完备格的一个性质, s 是关于二元关系的一个性质. 令 $\boldsymbol{P} = \{L \in \mathrm{ob}(\mathbf{Com}) : L$ 具有性质 $p\}$, $\boldsymbol{S} = \{\rho \in \mathbf{Rel} : \rho$ 具有性质 $s\}$. 若 $\boldsymbol{P}$ 和 $\boldsymbol{S}$ 满足

(i) $\forall\rho: X \rightharpoonup Y$, $\rho \in \boldsymbol{S} \Leftrightarrow (\varPhi_\rho(X), \subseteq) \in \boldsymbol{P}$;

(ii) $\forall L \in \boldsymbol{P}$, $\exists\rho: X \rightharpoonup Y \in \boldsymbol{S}$ 使 $L \cong (\varPhi_\rho(X), \subseteq)$,

则称 s 型关系是 p 类格的一个表示, 或 p 类格是 s 型关系的一个特征. 若 $\boldsymbol{P}$ 和 $\boldsymbol{S}$ 满足 (ii) 和下述

(i′) $\forall\rho: X \rightharpoonup Y$, $\rho \in \boldsymbol{S}$, 有 $(\varPhi_\rho(X), \subseteq) \in \boldsymbol{P}$,

则称 s 型关系是 p 类格的一个弱表示.

为使 p 类格的 s 型关系表示 (或 s 型关系的 p 类格特征) 有意义, 需要求性质 p 和 s 均是明确定义的, 如 p 为完全分配性、超连续性、连续性等, s 为幂等性、正则性等.

借助于 Dedekind-MacNeille 完备化算子 δ, 我们可以把完备格的关系表示概念推广至一般的偏序集, 即可引入下述

定义 7.1.7 设 p 是关于偏序集的一个性质, s 是关于二元关系的一个性质. 令 $\boldsymbol{P}=\{P\in \mathrm{ob}(\mathbf{Poset}): P$ 具有性质 $p\}$, $\boldsymbol{S}=\{\rho\in\mathbf{Rel}: \rho$ 具有性质 $s\}$. 若 $\boldsymbol{P}$ 和 $\boldsymbol{S}$ 满足

(i) $\forall\rho: X\rightharpoonup Y$, $\rho\in\boldsymbol{S}\Leftrightarrow(\Phi_\rho(X),\subseteq)\in\boldsymbol{P}$;

(ii) $\forall P\in\boldsymbol{P}$, $\exists\rho: X\rightharpoonup Y\in\boldsymbol{S}$ 使 $\delta(P)\cong(\Phi_\rho(X),\subseteq)$,

则称 s 型关系是 p 类偏序集的一个表示, 或 p 类偏序集是 s 型关系的一个特征. 若 $\boldsymbol{P}$ 和 $\boldsymbol{S}$ 满足 (ii) 和下述

(i′) $\forall\rho: X\rightharpoonup Y$, $\rho\in\boldsymbol{S}$, 有 $(\Phi_\rho(X),\subseteq)\in\boldsymbol{P}$.

则称 s 型关系是 p 类偏序集的一个弱表示.

在本书中, 我们主要关注用关系表示格序结构的问题, 关于其他方面的讨论, 尤其是关于在半群表示方面的重要应用, 读者可以参看文献 [31, 103, 160, 161, 168, 269, 308, 328, 447]. 利用集合表示格的讨论可以参看 Birkhoff 的经典工作 [28].

7.2 完全分配格与 Raney 偏序集的正则表示

在本节中, 我们从二元关系的角度研究完全分配格的特征, 给出了完全分配格的正则表示定理和完全分配格、正则关系的内蕴式刻画. 特别地, 获得了完全分配格的如下刻画: 完备格 L 是完全分配的当且仅当 L 上的关系 $\not\leqslant$ 是正则的. 对于偏序集情形, 得到了相类似的结论.

$\forall X\in\mathrm{ob}(\mathbf{Set})$, $\rho\in\mathbf{Rel}(X,X)$, 若 ρ 是半群 $(\mathbf{Rel}(X,X),\circ)$ 中的正则元, 即 $\exists\sigma\in\mathbf{Rel}(X,X)$ 使 $\rho\circ\sigma\circ\rho=\rho$, 则称 ρ 是正则的. 更为一般地, 我们引入下述

定义 7.2.1[395, 399-405] 关系 $\rho: X\rightharpoonup Y$ 称为正则的, 若 $\exists\sigma: Y\rightharpoonup X$ 使 $\rho\circ\sigma\circ\rho=\rho$.

命题 7.2.2 幂等关系是正则的.

证明 设 $\rho: X\rightharpoonup X$ 是幂等的, 则 $\rho\circ\Delta(X)\circ\rho=\rho\circ\rho=\rho$. 因而 ρ 是正则的.

例 7.2.3 (1) 集 X 与其幂集 $\mathcal{P}(X)$ 之间的关系 $\in: X\rightharpoonup\mathcal{P}(X)$ 是正则的. 事实上, 定义 $\mathcal{P}(X)$ 与 X 之间的一个二元关系 $\sigma:\mathcal{P}(X)\rightharpoonup X$ 如下: $(A, a)\in\sigma\Leftrightarrow A=\{a\}$. 则有 $\in\circ\sigma\circ\in=\in$.

(2) 集 X 到集 Y 的任一映射 $f: X\to Y$ 作为 X 与 Y 之间的一个二元关系是正则的. 事实上, 定义 $\tau: Y\rightharpoonup X$ 如下: $(y, x)\in\tau\Leftrightarrow y=f(x)$. 则有 $f\circ\tau\circ f=f$.

关于正则关系, Zareckii、Markowsky 和 Schein 等给出了下述重要结果.

定理 7.2.4[10,264,307,411,448] 设 $\rho : X \rightharpoonup X$, 则下述各条件等价:

(1) ρ 是正则的;

(2) $(\varPhi_\rho(X), \subseteq)$ 是完全分配格;

(3) $\forall M \in \varPhi_\rho(X)$, $M = \bigcup\limits_{y\in M} \bigwedge\limits_{y\in N\in\varPhi_\rho(X)} N$;

(4) $\rho = \rho\circ\rho^*\circ\rho$;

(5) $\rho \subseteq \rho\circ\rho^*\circ\rho$.

下面我们将上述定理推广至一般情形, 并给出正则关系的内蕴式刻画 (定理 7.2.5 中的条件 (2)).

定理 7.2.5[395,401,402] 设 $\rho : X \rightharpoonup Y$, 则下述各条件等价:

(1) ρ 是正则的;

(2) $\forall (x, y) \in X\times Y$, $(x, y)\in\rho$, $\exists (u, v)\in X\times Y$ 使

(i) $(x, v)\in\rho$, $(u, y)\in\rho$,

(ii) $\forall (s, t)\in X\times Y$, 若 $(s, v)\in\rho$, $(u, t)\in\rho$, 则 $(s, t)\in\rho$;

(3) $(\varPhi_\rho(X), \subseteq)$ 是完全分配格;

(4) $\forall M \in \varPhi_\rho(X)$, $M = \bigcup\limits_{y\in M} \bigwedge\limits_{y\in N\in\varPhi_\rho(X)} N$;

(5) $\rho = \rho\circ\rho^*\circ\rho$;

(6) $\rho \subseteq \rho\circ\rho^*\circ\rho$.

证明 (1) $\Rightarrow$ (2): 由 $\rho : X \rightharpoonup Y$ 是正则的, $\exists \sigma : Y \rightharpoonup X$ 使 $\rho\circ\sigma\circ\rho = \rho$. $\forall (x, y)\in X\times Y$, 若 $(x, y)\in\rho$, 则 $(x, y)\in\rho\circ\sigma\circ\rho$; 从而 $\exists (u, v)\in X\times Y$ 使 $(x, v)\in\rho$, $(v, u)\in\sigma$, $(u, y)\in\rho$. 故条件 (i) 成立. 下证条件 (ii) 满足. $\forall (s,t) \in X\times Y$, 若 $(s, v)\in\rho$, $(u, t)\in\rho$, 则由 $(v, u)\in\sigma$, 有 $(s,t)\in\rho\circ\sigma\circ\rho = \rho$.

(2) $\Rightarrow$ (3): $\forall \{M_{ij} = \rho(A_{ij}) : i\in I,\ j\in J_i\} \subseteq \varPhi_\rho(X)$, 记 $M = \bigwedge\limits_{i\in I}\bigvee\limits_{j\in J_i} M_{ij} = \bigwedge\limits_{i\in I}\bigcup\limits_{j\in J_i} M_{ij}$. 则 $\exists A\subseteq X$ 使 $M = \rho(A)$. 设 $y\in M$, 则 $\exists x\in A$ 使 $(x, y)\in\rho$. 由 (2), $\exists (u, v)\in X\times Y$ 满足条件 (i) 和 (ii). $\forall i\in I$, 由 $v\in\rho(x)\subseteq\rho(A) = M\subseteq \bigcup\limits_{j\in J_i} M_{ij} = \bigcup\limits_{j\in J_i}\rho(A_{ij})$, $\exists \varphi_0(i)\in J_i$ 和 $a_{i\varphi_0(i)}\in A_{i\varphi_0(i)}$ 使 $(a_{i\varphi_0(i)}, v)\in\rho$. 由 (ii), 有 $\rho(u)\subseteq\rho(a_{i\varphi_0(i)})\subseteq M_{i\varphi_0(i)}$, 从而 $y\in\rho(u)\subseteq\bigwedge\limits_{i\in I} M_{i\varphi_0(i)} \subseteq \bigvee\limits_{\varphi\in\prod J_i}\bigwedge\limits_{i\in I} M_{i\varphi(i)}$. 由 $y\in M$ 的任意性, 有 $M\subseteq \bigvee\limits_{\varphi\in\prod J_i}\bigwedge\limits_{i\in I} M_{i\varphi(i)}$. 另一方面, 显然有 $\bigwedge\limits_{i\in I}\bigvee\limits_{j\in J} M_{ij} \supseteq \bigvee\limits_{\varphi\in\prod J_i}\bigwedge\limits_{i\in I} M_{i\varphi(i)}$. 故 $\bigwedge\limits_{i\in I}\bigvee\limits_{j\in J} M_{ij} = \bigvee\limits_{\varphi\in\prod J_i}\bigwedge\limits_{i\in I} M_{i\varphi(i)}$.

(3) $\Rightarrow$ (4) : $\forall y\in M$, 记 $J_y = \{G\in\varPhi_\rho(X) : y\in G\}$. 由命题 2.2.5, $(\varPhi_\rho(X), \subseteq)^{\mathrm{op}}$

$= (\Phi_\rho(X), \supseteq)$ 是完全分配的, 从而有 $\bigcup\limits_{y\in M}\bigwedge\limits_{y\in N\in\Phi_\rho(X)} N = \bigvee\limits_{y\in M}\bigwedge\limits_{y\in N\in\Phi_\rho(X)} N = \bigwedge\limits_{\varphi\in\prod J_y}\bigvee\limits_{y\in M}\varphi(y) = \bigwedge\limits_{\varphi\in\prod J_y}\bigcup\limits_{y\in M}\varphi(y) \supseteq M$. 另一方面, $\forall y \in M$, 有 $M \in J_y$, 故 $\bigwedge\limits_{y\in N\in\Phi_\rho(X)} N \subseteq M$. 因而 $M = \bigcup\limits_{y\in M}\bigwedge\limits_{y\in N\in\Phi_\rho(X)} N$.

(4) $\Rightarrow$ (5): 定义 $\rho^\# : Y \rightharpoonup X$ 如下:

$$\forall (q,p) \in Y \times X, (q,p) \in \rho^\# \Leftrightarrow \rho(p) \subseteq \bigwedge_{q\in N\in\Phi_\rho(X)} N. \tag{7.2.1}$$

下证 $\rho\circ\rho^\#\circ\rho = \rho$. $\forall (x, y) \in \rho$, 由 (4), $y \in \rho(x) = \bigcup\limits_{z\in\rho(x)}\bigwedge\limits_{z\in N\in\Phi_\rho(X)} N$. 故 $\exists v \in \rho(x)$ 使 $y \in N$. 由 $\bigwedge\limits_{v\in N\in\Phi_\rho(X)} N \in \Phi_\rho(X)$, $\exists A \subseteq X$ 使 $\bigwedge\limits_{v\in N\in\Phi_\rho(X)} N = \rho(A)$; 从而 $\exists u \in A$ 使 $y \in \rho(u) \subseteq \rho(A) = \bigwedge\limits_{v\in N\in\Phi_\rho(X)} N$. 由 $\rho^\#$ 的定义, 有 $(v, u) \in \rho^\#$; 而 $(x, v) \in \rho$, $(u, y) \in \rho$, 故 $(x, y) \in \rho\circ\rho^\#\circ\rho$. 另一方面, 若 $(x, y) \in \rho\circ\rho^\#\circ\rho$, 则 $\exists (p, q) \in X \times Y$ 使 $(x, q) \in \rho$, $(q, p) \in \rho^\#$, $(p, y) \in \rho$; 因而 $y \in \rho(p) \subseteq \bigwedge\limits_{q\in N\in\Phi_\rho(X)} N \subseteq \rho(x)$, 从而 $(x, y) \in \rho$. 故 $\rho = \rho\circ\rho^\#\circ\rho$.

下证 $\rho^\# = \rho^*$. $\forall (y, x) \in Y \times X$, 有

$(y, x) \notin \rho^\#$

$\Leftrightarrow \rho(x) \nsubseteq \bigwedge\limits_{y\in N\in\Phi_\rho(X)} N \Leftrightarrow \exists\rho(A) \in \Phi_\rho(X)$ 使 $y \in \rho(A)$ 和 $\rho(x) \nsubseteq \rho(A)$

$\Leftrightarrow \exists u \in X$ 使 $y \in \rho(u)$ 和 $\rho(x) \nsubseteq \rho(u) \Leftrightarrow \exists (u, v) \in X \times Y$ 使 $v \in \rho(x)$, $v \notin \rho(u)$, $y \in \rho(u)$

$\Leftrightarrow \exists (u,v) \in X \times Y$ 使 $(y, u) \in \rho^{-1}$, $(u, v) \in \rho'$, $(v, x) \in \rho^{-1}$

$\Leftrightarrow (y,x) \in \rho^{-1}\circ\rho'\circ\rho^{-1}$

$\Leftrightarrow (y,x) \notin \rho^*$.

因而 $\rho^\# = \rho^*$. 故 $\rho = \rho\circ\rho^*\circ\rho$.

(5) $\Rightarrow$ (6): 显然.

(6) $\Rightarrow$ (1): 设 $\rho \subseteq \rho\circ\rho^*\circ\rho$. 由引理 7.1.2, $\rho\circ\rho^*\circ\rho \subseteq \rho$; 从而 $\rho = \rho\circ\rho^*\circ\rho$. 故 ρ 为正则的.

基于定理 7.2.5, 下面给出 ρ^* 的另一个等价描述. 设 $\rho\colon X \rightharpoonup Y$. 定义 $\rho^\partial : Y \rightharpoonup X$ 如下: $\forall (v, u) \in Y \times X$,

$$(v,u) \in \rho^\partial \Leftrightarrow \forall (s,t) \in X \times Y, \text{若 } (s,v) \in \rho, (u,t) \in \rho, \text{则 } (s,t) \in \rho. \tag{7.2.2}$$

命题 7.2.6 设 $\rho : X \rightharpoonup Y$, 则 $\rho^* = \rho^\partial$.

证明 首先证 $\rho^{\partial}\subseteq\rho^*$. 设 $(v,u)\in\rho^{\partial}$, 则 $\exists(x,y)\in X\times Y$ 使 $\forall(s,t)\in X\times Y$, 若 $(s,v)\in\rho$, $(u,t)\in\rho$, 则 $(s,t)\in\rho$. 假若 $(v,u)\notin\rho^*$, 即 $(v,u)\in\rho^{-1}\circ\rho'\circ\rho^{-1}$, 则 $\exists(x,y)\in X\times Y$ 使 $(v,x)\in\rho^{-1}$, $(x,y)\in\rho'$, $(y,u)\in\rho^{-1}$, 即 $(x,v)\in\rho$, $(x,y)\notin\rho$, $(u,y)\in\rho$. 由 $(x,v)\in\rho$, $(u,y)\in\rho$ 和 ρ^{∂} 所满足的条件 (7.2.2), 有 $(x,y)\in\rho$, 与 $(x,y)\notin\rho$ 矛盾. 故 $(v,u)\in\rho^*$. 所以 $\rho^{\partial}\subseteq\rho^*$.

其次证 $\rho^*\subseteq\rho^{\partial}$. 设 $(v,u)\in\rho^*$, 下证 $(v,u)\in\rho^{\partial}$. 反之, 假若 $(v,u)\notin\rho^{\partial}$, 则 $\exists(s,t)\in X\times Y$ 使 $(s,v)\in\rho$, $(u,t)\in\rho$, 但 $(s,t)\notin\rho$, 从而 $(v,s)\in\rho^{-1}$, $(s,t)\in\rho'$, $(t,u)\in\rho^{-1}$. 故 $(v,u)\in\rho^{-1}\circ\rho'\circ\rho^{-1}$, 与 $(v,u)\in\rho^*$ 矛盾. 因而 $(v,u)\in\rho^{\partial}$. 所以 $\rho^{\partial}=\rho^*$.

由上述命题知, 在定理 7.2.5(2) 中, ρ 之正则性的内蕴式刻画的条件 (ii) 恰好就是 ρ^* 的描述, 即 $(v,u)\in\rho^*$ 的描述, 与 (i) 合在一起, 恰好描述 $\rho=\rho\circ\rho^*\circ\rho$.

$\forall A,B\subseteq X$, 若 $\rho(A)\lhd\rho(B)$, 则 $\rho(A)=\bigcup\limits_{a\in A}\rho(a)$, 且 $\forall a\in A,\rho(a)\lhd\rho(B)$; 由 $\lhd$ 的择一性 (参见引理 2.1.13), 有 $\rho(a)\lhd\rho(B)\Leftrightarrow\exists b\in B$ 使 $\rho(a)\lhd\rho(b)$. 故 $\rho(a)\lhd\rho(b)$ 是 $(\Phi_\rho(X),\subseteq)$ 中 "基本" 的 $\lhd$ 关系. 对这种基本的 $\lhd$ 关系, 有下述

命题 7.2.7 设 $\rho:X\rightharpoonup Y,u,x\in X$, 则下述各条件等价:

(1) $\rho(u)\lhd\rho(x)$;

(2) $\rho(x)\nsubseteq\cup(\Phi_\rho(X)\backslash\uparrow\rho(u))$;

(3) $\exists v\in Y$ 满足下述条件:

(i) $(x,v)\in\rho$,

(ii) $\forall(s,t)\in X\times Y$, 若 $(s,v)\in\rho$, $(u,t)\in\rho$, 则 $(s,t)\in\rho$.

证明 (1) $\Rightarrow$ (2): 由引理 2.1.13.

(2) $\Rightarrow$ (3): 由 $\rho(x)\nsubseteq\cup(\Phi_\rho(X)\backslash\uparrow\rho(u))$, $\exists v\in\rho(x)\backslash\cup(\Phi_\rho(X)\backslash\uparrow\rho(u))$. 下证 (ii). 设 $(s,t)\in X\times Y$, $(s,v)\in\rho$, $(u,t)\in\rho$. 由 $(s,v)\in\rho$ 和 $v\notin\cup(\Phi_\rho(X)\backslash\uparrow\rho(u))$, 有 $\rho(u)\subseteq\rho(s)$, 从而 $t\in\rho(s)$.

(3) $\Rightarrow$ (1): 设 $\rho(x)\subseteq\bigcup\limits_{i\in I}\rho(A_i)$, 下证 $\exists i\in I$ 使 $\rho(u)\subseteq\rho(A_i)$. 由 $v\in\rho(x)$, 从而 $\exists i\in I$ 使 $v\in\rho(A_i)$. 故 $\exists x_i\in A_i$ 使 $v\in\rho(x_i)$, 即 $(x_i,v)\in\rho$. $\forall t\in\rho(u)$, 即 $(u,t)\in\rho$, 由 (ii), 有 $(x_i,t)\in\rho$, 即 $t\in\rho(x_i)$. 故 $\rho(u)\subseteq\rho(x_i)\subseteq\rho(A_i)$. 从而 $\rho(u)\lhd\rho(x)$.

推论 7.2.8 设 $\rho:X\rightharpoonup Y$, $(x,y)\in X\times Y$, $(u,v)\in X\times Y,y\in\rho(x)$, 且满足下述条件:

(i) $(x,v)\in\rho$, $(u,y)\in\rho$;

(ii) $\forall(s,t)\in X\times Y$, 若 $(s,v)\in\rho$, $(u,t)\in\rho$, 则 $(s,t)\in\rho$,

则 $\forall A\subseteq X,v\in\rho(A)$, 有 $\rho(u)\lhd\rho(A)$. 特别地, 有 $y\in\rho(u)\lhd\rho(x)$.

命题 7.2.9　设 $\rho: X \rightharpoonup Y, M \in \Phi_\rho(X)$. 则 $\forall y \in M, \bigwedge_{y\in N\in\Phi_\rho(X)} N \lhd M$.

证明　设 $M \subseteq \bigcup_{i\in I} \rho(A_i)$, 则由 $y\in M, \exists i\in I$ 使 $y \in \rho(A_i)$, 从而 $\bigwedge_{y\in N\in\Phi_\rho(X)} N \subseteq \rho(A_i)$. 故 $\bigwedge_{y\in N\in\Phi_\rho(X)} N \lhd M$.

定理 7.2.10　设 $(P, \leqslant)$ 是偏序集, 则下述各条件等价:

(1) P 上的关系 $\nleqslant$ 是正则的;

(2) $\forall x, y \in P, x \nleqslant y, \exists u, v \in P$ 使

(i) $u \nleqslant y, x \nleqslant v$,

(ii) $\forall s, t \in P$, 若 $u \nleqslant t, s \nleqslant v$, 则 $s \nleqslant t$;

(3) $\forall x, y \in P, x \nleqslant y, \exists u, v \in P$ 使

(i) $u \nleqslant y, x \nleqslant v$,

(ii) $\forall z \in P, u \leqslant z$ 或 $z \leqslant v$;

(3′) 主理想与主滤子序可以分离 P 中的点, 即 $\forall x, y \in P, x \nleqslant y, \exists u, v \in P$ 使

(i) $x \notin \downarrow v, y \notin \uparrow u$,

(ii) $\downarrow v \cup \uparrow u = P$;

(4) P 的 Dedekind-MacNeille 完备化 $\delta(P)$ 是完全分配格;

(5) $\delta: \mathbf{down}(P) \to \delta(P), A \mapsto A^\delta$ 是完备格同态;

(6) 存在幂等关系 $\rho: X \rightharpoonup X$ 使 $\delta(P) \cong (\Phi_\rho(X), \subseteq)$;

(7) 存在正则关系 $\rho: X \rightharpoonup X$ 使 $\delta(P) \cong (\Phi_\rho(X), \subseteq)$;

(8) 存在正则关系 $\rho: X \rightharpoonup Y$ 使 $\delta(P) \cong (\Phi_\rho(X), \subseteq)$.

证明　(1) $\Leftrightarrow$ (2) $\Leftrightarrow$ (4): 由引理 7.1.5 和定理 7.2.4.

(3) $\Leftrightarrow$ (3′): 显然.

(2) $\Rightarrow$ (3): $\forall x, y \in P, x \nleqslant y$, 由 (2), $\exists u, v \in P$ 满足

(i′) $u \nleqslant y, x \nleqslant v$;

(ii′) $\forall s, t \in P$, 若 $u \nleqslant t, s \nleqslant v$, 则 $s \nleqslant t$.

$\forall z \in P$, 取 $s = t = z$, 则由 (ii′), 有 $u \leqslant z$ 或 $z \leqslant v$. 故 u 和 v 满足条件 (3) 中的条件 (i) 和 (ii).

(3) $\Rightarrow$ (2): $\forall x, y \in P, x \nleqslant y$, 由 (3), $\exists u, v \in P$ 满足条件 (3) 中的条件 (i) 和 (ii). $\forall (s,t) \in P \times P$, $s \nleqslant v$, $u \nleqslant t$, 由 (3) 中的 (ii), 有 $t \leqslant v$; 从而 $s \nleqslant t$. 故 $\nleqslant$ 满足 (2).

(4) $\Leftrightarrow$ (5): 由文献 [77, Theorem 2.8].

(4) $\Rightarrow$ (6): 记 $L = \delta(P)$. 令 $X = L, \rho = \rhd: X \rightharpoonup X$, 即 $(x, y) \in \rho \Leftrightarrow y \lhd x$. 则 ρ 是传递的; 从而由推论 2.2.11, ρ 是幂等的. $\forall A \subseteq X$, 由推论 2.1.15,

$\rho(A) = \bigcup_{a\in A} \Downarrow_{\mathcal{P}} a = \Downarrow_{\mathcal{P}} \vee A$. 故 $(\varPhi_\rho(X),\subseteq)=(\{\Downarrow_{\mathcal{P}} x : x \in L\},\subseteq)$. 定义 $\varphi : L \to (\varPhi_\rho(X),\subseteq)$ 如下: $\forall x \in L, \varphi(x) = \Downarrow_{\mathcal{P}} x$. 由推论 2.2.10, 易知 φ 是格同构, 故 $L \cong (\varPhi_\rho(X),\subseteq)$.

(6) $\Rightarrow$ (7) $\Rightarrow$ (8): 显然.

(8) $\Rightarrow$ (4): 由定理 7.2.5.

注 7.2.11 (1) 我们可以给出定理 7.2.10 中 "(1) $\Rightarrow$ (7)" 的一个简单证明.

(1) $\Rightarrow$ (7): 令 $X = P, \rho = \not\leqslant : X \rightharpoonup X$. 则由 (1) 和引理 7.1.5, ρ 是正则的, 且 $L \cong (\varPhi_\rho(X),\subseteq)$.

(2) 定理 7.2.10 中 (1), (3) 和 (4) 的等价性首先是由 Bandelt 在文献 [10] 中给出的 (也可参看文献 [63, 64, 66, 77]).

(3) 定理 7.2.10 中 (3′) 和 (5) 的等价性是由 Erné 在文献 [64] 中给出的 (也可参看文献 [77]).

Menon[270] 将满足定理 7.2.10 中条件 (2) 的偏序集 P 称为 Raney 偏序集 (也称 P 满足 Raney 分离性), Erné[63,64,66,77] 称之为 P 是分离的 (separated). 在本书中, 我们采用 Menon 之 Raney 偏序集的概念, 主要是考虑到这种分离性最早是由 Raney[298] 在刻画完全分配格所得到的. 由定理 7.2.10, 有下述

推论 7.2.12 设 P 为偏序集, 则下述两个条件等价:

(1) P 为 Raney 的;

(2) P^{op} 为 Raney 的.

推论 7.2.13[296] 若 L 是完全分配格, 则 L^{op} 也是完全分配格.

由定理 7.2.10, Raney 偏序集可以看作是完全分配格在偏序集上的一种 "好" 的推广 (即完备化不变性质). 由于完全分配格等价于强连续格 (参看推论 2.2.10), 基于完全 below 关系 $\lhd$, 我们可以将完全分配格按另外一种方式推广至偏序集.

回顾偏序集 P 上的完全 below 关系 $\lhd$, 其定义如下 (参看定义 2.1.2 或定义 3.4.2): $x \lhd y \Leftrightarrow \forall A \subseteq P$, 若 $\sup A$ 存在, 且 $y \leqslant \sup A$, 则 $\exists a \in A$ 使 $x \leqslant a$. 若 $x \lhd x$, 则称 x 是 P 中的强紧元.

定义 7.2.14 设 P 是偏序集.

(1) P 称为强连续偏序集, 简称 P 是 SC-偏序集, 若 $\forall x \in P, x = \sup\{u \in P : u \lhd x\}$;

(2) P 称为强代数偏序集, 简称 P 是 SA-偏序集, 若 $\forall x \in P, x = \sup\{u \in P : u \lhd u \leqslant x\}$.

命题 7.2.15[270] Raney 偏序集是 SC-偏序集.

证明 设 P 是 Raney 偏序集, $x \in P$. 下证 x 是 $\{w \in P : w \lhd x\}$ 的上确界. 显然, x 是 $\{u \in P : u \lhd x\}$ 的一个上界. 若 y 是 $\{w \in P : w \lhd x\}$ 的上界, $x \not\leqslant y$,

则由 P 是 Raney 偏序集, $\exists u,v\in P$ 使

(i) $u\not\leqslant y, x\not\leqslant v$;

(ii) $\forall z\in P, u\leqslant z$ 或 $z\leqslant v$.

$\forall A\subseteq P$, 若 $\sup A$ 存在, 且 $x\leqslant \sup A$, 则由 (i), $\sup A\not\leqslant v$; 从而 $\exists a\in A$ 使 $a\not\leqslant v$. 由 (ii), 有 $u\leqslant a$. 故 $u\lhd x$; 因而 $u\leqslant y$, 与 (i) 矛盾. 故 $x\leqslant y$. 所以 $x=\sup\{w\in P: w\lhd x\}$. 故 P 是 SC-偏序集.

上述命题的逆一般不成立, 即 SC-偏序集一般不是 Raney 偏序集 (参看例 7.3.25 和例 7.3.26), 因而 SC-偏序集不是完备化不变性质.

作为定理 7.2.10 的直接推论, 有下述

定理 7.2.16 设 L 是完备格, 则下述各条件等价:

(1) L 是完全分配格.

(2) 存在幂等关系 $\rho: X\rightharpoonup X$ 使 $L\cong(\Phi_\rho(X),\subseteq)$.

(3) 存在正则关系 $\rho: X\rightharpoonup X$ 使 $L\cong(\Phi_\rho(X),\subseteq)$.

(4) 存在正则关系 $\rho: X\rightharpoonup Y$ 使 $L\cong(\Phi_\rho(X),\subseteq)$.

(5) L 上的关系 $\not\leqslant$ 是正则的, 即 $\forall x,y\in L, x\not\leqslant y, \exists u, v\in L$ 使

(i) $u\not\leqslant y, x\not\leqslant v$;

(ii) $\forall s,t\in L$, 若 $u\not\leqslant t, s\not\leqslant v$, 则 $s\not\leqslant t$.

(6) $\forall x,y\in L, x\not\leqslant y, \exists u,v\in L$ 使

(i) $u\not\leqslant y, x\not\leqslant v$;

(ii) $\forall z\in L, u\leqslant z$ 或 $z\leqslant v$.

(6′) 主理想与主滤子可以序分离 L 中的点, 即 $\forall x,y\in L, x\not\leqslant y, \exists u,v\in L$ 使

(i) $x\notin\downarrow v, y\notin\uparrow u$;

(ii) $\downarrow v\cup\uparrow u=L$.

(7) $\sup$: $\mathbf{down}\ (L)\to L$, $A\mapsto \vee A$, 是完备格同态.

由定理 7.2.5 和定理 7.2.16, 正则关系是完全分配格的表示 (即完全分配格是正则关系的特征), 而幂等关系是完全分配格的一个弱表示.

定理 7.2.16 中的条件 (6) 是众所周知的完全分配格的内蕴式刻画, 它首先由 Raney[298] 利用紧 Galois 联络获得. 定理 7.2.16 表明, 这一内蕴式刻画其实质就是关系 $\not\leqslant$ 的正则性. 定理 7.2.16 中的完全分配格之刻画条件 (7) 是众所周知的 (参看文献 [77, 296]).

7.3 强代数格与强 Raney 偏序集的强正则表示

关于强代数格, 下面的刻画是最基本的 (参看文献 [27, 296]).

命题 7.3.1 设 L 是完备格, 则下述两个条件等价:

(1) L 是强代数格;

(2) L 同构于某完备集环.

易知, Boole 的强代数格就是幂集格, 即有下述

定理 7.3.2[27,327] 设 L 为完备格, 则下述各条件等价:

(1) L 是 Boole 格和强代数格;

(2) L 是 Boole 格和完全分配格;

(3) L 是原子的 Boole 格;

(4) L 同构于某幂集格 2^X.

上述定理可以推广至代数格和连续格情形, 即有下述

定理 7.3.3[98,99] 设 L 为完备格, 则下述各条件等价:

(1) L 是 Boole 格和代数格;

(2) L 是 Boole 格和连续格;

(3) L 同构于某幂集格 2^X.

由引理 2.5.5、引理 2.5.6 和定理 7.3.3, 有下述

推论 7.3.4 设 L 为完备格, 则下述各条件等价:

(1) L 是 Boole 格和超代数格;

(2) L 是 Boole 格和超连续格;

(3) L 同构于某幂集格 2^X.

对 $\mathcal{F}$-分配格和 Heyting 代数, 有下述类似的结果.

定理 7.3.5[76,398] 设 L 为完备格, 则下述各条件等价:

(1) L 是 Boole 格和 $\mathcal{F}$-代数格;

(2) L 是 Boole 格 L 和 $\mathcal{F}$-连续格;

(3) L 是原子的 Heyting 代数;

(4) L 同构于某幂集格 2^X.

这方面更多的讨论, 读者可以参看文献 [398]. 强代数格的下列刻画是众所周知的.

推论 7.3.6[27,66,76-78,97,297,388,397] 设 L 为完备格, 则下述条件等价:

(1) L 为强代数格;

(2) L 是分配格, L 和 L^{op} 均为超代数格;

(3) L 是分配格, L 和 L^{op} 均为代数格;

(4) L 和 L^{op} 是 Heyting 的, L 是拟超代数格;

(5) L 是完全分配格和代数格;

(6) L^{op} 是 Heyting 的, L 是超代数格;

(6′) L 是 Heyting 的, L^{op} 是超代数格;

(7) L^{op} 是 Heyting 的, L 是代数格;

(7′) L 是 Heyting 的, L^{op} 是代数格;

(8) L^{op} 为强代数格.

证明　(1) $\Leftrightarrow$ (8): 由定理 2.2.17 或命题 7.3.1.

(1) $\Rightarrow$ (2): 由命题 2.5.15.

(2) $\Rightarrow$ (3): 由引理 2.5.6.

(1) $\Leftrightarrow$ (3): 由定理 2.2.17.

(1) $\Rightarrow$ (4): 显然.

(4) $\Rightarrow$ (2): 由注 6.2.17 和推论 6.2.21.

(1) $\Rightarrow$ (5) $\Rightarrow$ (7): 显然.

(1) $\Rightarrow$ (6): 显然.

(6) $\Rightarrow$ (7): 由引理 2.5.6.

(7) $\Rightarrow$ (8): 由文献 [27, Theorem VIII-16] 或文献 [99, Thorem I-4.26], $\mathrm{Irr}(L)$ 是 L 的交生成集; 从而由 L^{op} 是 Heyting 的, $\mathrm{Prime}(L)$ 是 L 的交生成集. 故 L^{op} 为强代数格.

作为强代数格概念的推广, 引入下述

定义 7.3.7　偏序集 P 称为强 Raney 偏序集, 也称 P 满足强 Raney 分离性, 若主理想与主滤子可以序强分离 P 中的点, 即 $\forall x, y \in P, x \not\leqslant y, \exists u, v \in P$ 使

(a) $x \notin \downarrow v, y \notin \uparrow u$;

(b) $\downarrow v \cup \uparrow u = P, \downarrow v \cap \uparrow u = \varnothing$.

注 7.3.8　(1) 完备格的强代数性与强 Raney 性等价 (见推论 7.3.21).

(2) Erné [63,64,66,77] 将满足定义 7.3.7 中条件 (a) 和 (b) 的偏序集 P 称为主分离的 (principally separated). 为了和 Raney 偏序集的概念相协调, 我们在此将其称为强 Raney 偏序集.

(3) 由定义, 强 Raney 偏序集是自对偶的, 即若 P 是强 Raney 偏序集, 则 P^{op} 也是.

基于定义 7.3.7 中的条件 (b), 我们将完备格中的强紧元概念 (见定义 2.1.2) 推广至一般偏序集 (参见文献 [77]).

定义 7.3.9　设 P 为偏序集, $c \in P$. c 称为 P 中的强紧元, 若 $\exists d \in P$ 使 $P \backslash \uparrow c = \downarrow d$, 即 $\uparrow c \cup \downarrow d = P, \uparrow c \cap \downarrow d = \varnothing$. P 中强紧元全体记为 $S_c(P)$.

显然, 若 P 为完备格, 则 $S_c(P) = K_s(P)$. 容易验证, $c \in S_c(P) \Leftrightarrow \downarrow c \in K_s(\delta(P)) \Leftrightarrow \forall A \subseteq P$, 若 $c \in A^\delta$, 则 $c \in \downarrow A$.

下面我们给出强代数格和强 Raney 偏序集的关系表示定理和内蕴式刻画.

定义 7.3.10　关系 $\rho : X \rightharpoonup Y$ 称为是强正则的, 简称 S-正则的, 若 $\exists \sigma : Y \rightharpoonup X$ 使

(1) $\sigma \subseteq \rho^{-1}$;

(2) $\rho\circ\sigma\circ\rho=\rho$.

若幂等关系 $\rho: X \rightharpoonup X$ 是强正则的, 则称 ρ 是强幂等的.

由定义, 有下述

引理 7.3.11 (1) 若关系 $\rho: X \rightharpoonup Y$ 是强正则的, 则 ρ 是正则的;

(2) 若关系 $\rho: X \rightharpoonup Y$ 是强正则的, 则 ρ^{-1} 也是强正则的;

(3) 若关系 $\sigma: X \rightharpoonup X$ 是强幂等的, 则 σ^{-1} 也是强幂等的.

例 7.3.12 由例 7.2.3, 集 X 与其幂集 $\mathcal{P}(X)$ 之间的关系 $\in: X \rightharpoonup \mathcal{P}(X)$ 是强正则的; 集 X 到集 Y 的任一映射 $f: X\to Y$ 作为 X 与 Y 之间的一个二元关系也是强正则的.

下面给出强代数格的强正则表示定理.

定理 7.3.13 设 $\rho: X \rightharpoonup Y$, 则下述各条件等价:

(1) ρ 是强正则的;

(2) $\forall (x,y)\in X\times Y$, $(x,y)\in\rho, \exists (u,v)\in X\times Y$ 使

(i) $(u,v)\in\rho$,

(ii) $(x,v)\in\rho$, $(u,y)\in\rho$,

(iii) $\forall (s,t)\in X\times Y$, 若 $(s,v)\in\rho$, $(u,t)\in\rho$, 则 $(s,t)\in\rho$;

(3) $(\Phi_\rho(X),\subseteq)$ 是强代数格;

(4) $\forall M\in\Phi_\rho(X), y\in M, \exists z\in M$ 使 $z\in \bigwedge\limits_{z\in N\in\Phi_\rho(X)} N$, $y\in N_z$;

(4′) $\forall M\in\Phi_\rho(X), y\in M, \exists z\in M$ 和 $\Phi_\rho(X)$ 中含 z 的最小元 N_z 使 $y\in N_z$;

(4″) $\forall M\in\Phi_\rho(X), M=\bigcup\limits_{v\in M}\bigwedge\limits_{v\in N\in\Phi_\rho(X)} N$, 且 $\forall y\in M, \exists z\in M$ 使 $z\in \bigwedge\limits_{z\in N\in\Phi_\rho(X)} N$, $y\in \bigwedge\limits_{z\in N\in\Phi_\rho(X)} N$;

(5) $\rho=\rho\circ\rho^{\blacklozenge}\circ\rho$;

(6) $\rho\subseteq\rho\circ\rho^{\blacklozenge}\circ\rho$.

证明 (1) $\Rightarrow$ (2): 由 $\rho: X \rightharpoonup Y$ 是强正则的, $\exists\sigma: Y \rightharpoonup X$ 使 $\sigma\subseteq\rho^{-1}, \rho\circ\sigma\circ\rho=\rho$. $\forall (x,y)\in X\times Y$, 若 $(x,y)\in\rho$, 则 $(x,y)\in\rho\circ\sigma\circ\rho$; 从而 $\exists (u,v)\in X\times Y$ 使 $(x,v)\in\rho$, $(v,u)\in\sigma\subseteq\rho^{-1}, (u,y)\in\rho$. 故条件 (i) 和 (ii) 成立.

下证条件 (iii) 满足. $\forall (s,t)\in X\times Y$, 若 $(s,v)\in\rho$, $(u,t)\in\rho$, 则由 $(v,u)\in\sigma$, 有 $(s,t)\in\rho\circ\sigma\circ\rho=\rho$.

(2) $\Rightarrow$ (3): $\forall M=\rho(A)\in\Phi_\rho(X), y\in M$, 则 $\exists x\in A$ 使 $y\in\rho(x)$. 由 (2), $\exists (u,v)\in X\times Y$ 使

(i) $(u,v)\in\rho$;

(ii) $(x,v)\in\rho$, $(u,y)\in\rho$;

(iii) $\forall (s,t)\in X\times Y$, 若 $(s,v)\in\rho$, $(u,t)\in\rho$, 则 $(s,t)\in\rho$,

则 $y \in \rho(u)$. $\forall t \in \rho(u)$, 由 $(x,v) \in \rho$, $(u,t) \in \rho$ 和 (iii), 有 $(x, t) \in \rho$. 故 $\rho(u) \subseteq \rho(x)$. 下证 $\rho(u) \lhd \rho(u)$. 设 $\rho(u) \subseteq \bigcup\limits_{i\in I}\rho(A_i)$, 下证 $\exists i \in I$ 使 $\rho(u) \subseteq \rho(A_i)$. 由 (i), $(u,v) \in \rho$, 从而 $\exists i \in I$ 使 $v \in \rho(A_i)$. 故 $\exists x_i \in A_i$ 使 $v \in \rho(x_i)$, 即 $(x_i,v) \in \rho$. $\forall t \in \rho(u)$, 即 $(u,t) \in \rho$, 由 (iii), 有 $(x_i,t) \in \rho$, 即 $t \in \rho(x_i)$. 故 $\rho(u) \subseteq \rho(x_i) \subseteq \rho(A_i)$. 从而 $\rho(u) \lhd \rho(u)$. 所以 $M = \rho(A) = \cup\{G \in \Phi_\rho(X) : G \lhd G \subseteq M\}$. 这就证明了 $\Phi_\rho(X)$ 是强代数格.

(3) $\Rightarrow$ (4): 设 $M = \rho(A) \in \Phi_\rho(X), y \in M$. 由 $\Phi_\rho(X)$ 为强代数格, $M = \rho(A) = \cup\{G \in \Phi_\rho(X) : G \lhd G \subseteq M\}$; 从而 $\exists G \in \Phi_\rho(X)$ 使 $y \in G \lhd G \subseteq M$. 设 $G = \rho(B) = \bigcup\limits_{b\in B}\rho(b)$, 则由 $G \lhd G, \exists b \in B$ 使 $G = \rho(b)$. 由引理 2.1.13, 有 $\rho(b) \not\subseteq \cup(\Phi_\rho(X)\backslash \uparrow\rho(b)) = \cup\{H \in \Phi_\rho(X) : \rho(b) \not\subseteq H\}$. 故 $\exists z \in \rho(b)\backslash \cup(\Phi_\rho(X)\backslash \uparrow\rho(b))$. 下证 $\rho(b) \subseteq \bigwedge\limits_{z\in N\in\Phi_\rho(X)} N$. 设 $N \in \Phi_\rho(X), z \in N$, 若 $\rho(b) \not\subseteq N$, 则 $N \in \Phi_\rho(X)\backslash \uparrow\rho(b)$, 从而 $z \in N \subseteq \cup(\Phi_\rho(X)\backslash \uparrow\rho(b))$, 与 $z \notin \cup(\Phi_\rho(X)\backslash \uparrow\rho(b))$ 矛盾. 故 $\rho(b) \subseteq N$. 从而 $\rho(b) \subseteq \bigwedge\limits_{z\in N\in\Phi_\rho(X)} N$. 由 $z \in G = \rho(b)$, 有 $\rho(b) = \bigwedge\limits_{z\in N\in\Phi_\rho(X)} N$. 所以 $M = \bigcup\limits_{v\in M}\bigwedge\limits_{z\in N\in\Phi_\rho(X)} N$, 且 $\forall y \in M, \exists z \in M$ 使 $z \in \bigwedge\limits_{z\in N\in\Phi_\rho(X)} N, y \in \bigwedge\limits_{z\in N\in\Phi_\rho(X)} N$.

(4) $\Leftrightarrow$ (4′) $\Leftrightarrow$ (4″): 显然.

(4) $\Rightarrow$ (5): 定义 $\rho^\natural : Y \rightharpoonup X$ 如下

$$(q,p) \in \rho^\natural \Leftrightarrow q \in \rho(p) = \bigwedge_{q\in N\in\Phi_\rho(X)} N. \tag{7.3.1}$$

显然, $\rho^\natural \subseteq \rho^{-1}$. 下证 $\rho\circ\rho^\natural\circ\rho = \rho$. $\forall(x, y) \in \rho$, 由 (4), $\rho(x) = \bigcup\limits_{v\in\rho(x)}\bigwedge\limits_{v\in N\in\Phi_\rho(X)} N$, 且 $\exists z \in \rho(x)$, 使 $z,y \in \bigwedge\limits_{z\in N\in\Phi_\rho(X)} N$. 由 $z \in \bigwedge\limits_{z\in N\in\Phi_\rho(X)} N$, 易知 $\bigwedge\limits_{z\in N\in\Phi_\rho(X)} N \lhd \bigwedge\limits_{z\in N\in\Phi_\rho(X)} N \subseteq \bigcup\limits_{i\in I}\rho(A_i)$, 则 $\exists i \in I$ 使 $z \in \rho(A_i)$, 从而 $\bigwedge\limits_{z\in N\in\Phi_\rho(X)} N \subseteq \rho(A_i)$. 设 $\bigwedge\limits_{z\in N\in\Phi_\rho(X)} N = \rho(C) = \bigcup\limits_{c\in C}\rho(c)$, 则由 $\bigwedge\limits_{z\in N\in\Phi_\rho(X)} N \lhd \bigwedge\limits_{z\in N\in\Phi_\rho(X)} N, \exists c \in C$ 使 $N_z = \rho(c)$. 则 $(x,z) \in \rho$, $(z,c) \in \rho^\natural$, $(c,y) \in \rho$. 故 $(x,y) \in \rho\circ\rho^\natural\circ\rho$. 另一方面, 若 $(x,y) \in \rho\circ\rho^\natural\circ\rho$, 则 $\exists(p,q) \in X \times Y$ 使 $(x,q) \in \rho$, $(q,p) \in \rho^\natural$, $(p,y) \in \rho$. 由 $(q,p) \in \rho^\natural$, 有 $(p,q) \in \rho$, 且 $\rho(p) = \bigwedge\limits_{q\in N\in\Phi_\rho(X)} N$; 从而 $y \in \rho(p) = \bigwedge\limits_{q\in N\in\Phi_\rho(X)} N \subseteq \rho(x)$. 故 $(x,y) \in \rho$. 所以 $\rho = \rho\circ\rho^\natural\circ\rho$.

下证 $\rho^\natural = \rho^\blacklozenge$. $\forall(y,x) \in Y \times X$, 有

$(y, x) \notin \rho^{\natural}$

$\Leftrightarrow (x,y) \notin \rho$ 或 $(x,y) \in \rho$ 且 $\rho(x) \neq N_y$

$\Leftrightarrow (x,y) \notin \rho$ 或 $(x,y) \in \rho$ 且 $\rho(x) \not\subseteq N_y = \bigwedge\limits_{y \in N \in \Phi_\rho(X)} N$

$\Leftrightarrow (x,y) \notin \rho$ 或 $(x,y) \in \rho$ 且 $\exists \rho(A) \in \Phi_\rho(X)$ 使 $q \in \rho(A)$ 和 $\rho(p) \not\subseteq \rho(A)$

$\Leftrightarrow (x,y) \notin \rho$ 或 $(x,y) \in \rho$ 且 $\exists u \in X$ 使 $y \in \rho(u)$ 和 $\rho(x) \not\subseteq \rho(u)$

$\Leftrightarrow (x,y) \notin \rho$ 或 $(x,y) \in \rho$ 且 $\exists (u,v) \in X \times Y$ 使 $v \in \rho(x), v \notin \rho(u), y \in \rho(u)$

$\Leftrightarrow (x,y) \notin \rho$ 或 $(x,y) \in \rho$ 且 $\exists (u,v) \in X \times Y$ 使 $(y,u) \in \rho^{-1}$,

$(u,v) \in \rho'$, $(v,x) \in \rho^{-1}$

$\Leftrightarrow (x,y) \notin \rho$ 或 $(x,y) \in \rho$ 且 $(y,x) \in \rho^{-1} \circ \rho' \circ \rho^{-1}$

$\Leftrightarrow (x,y) \notin \rho$ 或 $(x,y) \in \rho$ 且 $(y,x) \notin \rho^*$

$\Leftrightarrow (x,y) \notin \rho^{-1} \cap \rho^* = \rho^{\blacklozenge}$.

因而 $\rho^{\natural} = \rho^{\blacklozenge}$. 故 $\rho = \rho \circ \rho^{\blacklozenge} \circ \rho$.

(5) $\Rightarrow$ (6): 显然.

(6) $\Rightarrow$ (1): 设 $\rho \subseteq \rho \circ \rho^{\blacklozenge} \circ \rho$. 由引理 7.1.4, $\rho \circ \rho^{\blacklozenge} \circ \rho \subseteq \rho$; 从而 $\rho = \rho \circ \rho^{\blacklozenge} \circ \rho$. 故 ρ 为强正则的.

定理 7.3.13 中条件 (1)—(3) 的等价性是文献 [253] 给出的.

基于定理 7.3.13(2), 即强正则关系的内蕴式刻画, 下面给出 $\rho^{\blacklozenge}$ 的另一个等价描述. 设 $\rho : X \rightharpoonup Y$. 定义 $\rho^{\blacklozenge} : Y \rightharpoonup X$ 如下: $\forall (v,u) \in Y \times X$, $(v,u) \in \rho^{\blacklozenge} \Leftrightarrow$

$$(u,v) \in \rho, \text{且 } \forall (s,t) \in X \times Y, \text{若 } (s,v) \in \rho, (u,t) \in \rho, \text{则 } (s,t) \in \rho. \tag{7.3.2}$$

命题 7.3.14 设 $\rho : X \rightharpoonup Y$, 则 $\rho^{\blacklozenge} = \rho^{\diamondsuit}$.

证明 首先证 $\rho^{\diamondsuit} \subseteq \rho^{\blacklozenge}$. 设 $(v, u) \in \rho^{\diamondsuit}$, 则 $(u,v) \in \rho$, 且 $\forall (s,t) \in X \times Y$, 若 $(s,v) \in \rho$, $(u,t) \in \rho$, 则 $(s,t) \in \rho$. 假若 $(v,u) \notin \rho^{\blacklozenge}$, 由 $(u,v) \in \rho$, 有 $(v,u) \in \rho^{-1} \circ \rho' \circ \rho^{-1}$, 故 $\exists (x,y) \in X \times Y$ 使 $(v,x) \in \rho^{-1}$, $(x,y) \in \rho'$, $(y,u) \in \rho^{-1}$, 即 $(x,v) \in \rho$, $(x,y) \notin \rho$, $(u,y) \in \rho$. 由 $(x,v) \in \rho$, $(u,y) \in \rho$ 和 $\rho^{\diamondsuit}$ 所满足的条件 (7.3.2), 有 $(x,y) \in \rho$, 与 $(x,y) \notin \rho$ 矛盾. 故 $(v,u) \in \rho^{\blacklozenge}$. 所以 $\rho^{\diamondsuit} \subseteq \rho^{\blacklozenge}$.

其次证 $\rho^{\blacklozenge} \subseteq \rho^{\diamondsuit}$. 设 $(v,u) \in \rho^{\blacklozenge}$ (从而 $(u,v) \in \rho$), 下证 $(v,u) \in \rho^{\diamondsuit}$. 反之, 假若 $(v,u) \notin \rho^{\diamondsuit}$, 则由 $(u,v) \in \rho$, 知 $\exists (s,t) \in X \times Y$ 使 $(s,v) \in \rho$, $(u,t) \in \rho$, 但 $(s,t) \notin \rho$; 从而 $(v,s) \in \rho^{-1}$, $(s,t) \in \rho'$, $(t,u) \in \rho^{-1}$. 故 $(v,u) \in \rho^{-1} \circ \rho' \circ \rho^{-1}$, 与 $(v,u) \in \rho^{\blacklozenge} \subseteq \rho^*$ 矛盾. 因而 $(v,u) \in \rho^{\blacklozenge}$. 所以 $\rho^{\blacklozenge} = \rho^{\diamondsuit}$.

由上述命题知, 在定理 7.3.13(2) 中, ρ 之强正则性的内蕴式刻画的条件 (i) 与 (iii) 恰好就是 $\rho^{\blacklozenge}$ 的描述, 即 $(v,u) \in \rho^*$ 的描述, 与 (ii) 合在一起, 恰好描述条件 $\rho = \rho \circ \rho^{\blacklozenge} \circ \rho$.

下面考虑 $\Phi_\rho(X)$ 中的强紧元. $\forall A \subseteq X$, 若 $\rho(A) \lhd \rho(A)$, 则由 $\rho(A) = \bigcup\limits_{a\in A} \rho(a)$, 知 $\exists a \in A$ 使 $\rho(A) = \rho(a)$. 故 $K_s(\Phi_\rho(X)) = \{\rho(c) : c \in X, \rho(c) \lhd \rho(c)\}$.

命题 7.3.15 设 $\rho : X \rightharpoonup Y, x \in X$. 则下述各条件等价:

(1) $\rho(x) \lhd \rho(x)$;

(2) $\rho(x) \nsubseteq \cup(\Phi_\rho(X) \backslash \uparrow \rho(x))$;

(3) $\exists v \in Y$ 满足下述条件:

(i) $(x, v) \in \rho$,

(ii) $\forall (s,t) \in X \times Y$, 若 $(s, v) \in \rho$, $(x, t) \in \rho$, 则 $(s, t) \in \rho$.

证明 (1) $\Rightarrow$ (2): 由引理 2.1.13.

(2) $\Rightarrow$ (3): 由 $\rho(x) \nsubseteq \cup(\Phi_\rho(X) \backslash \uparrow \rho(x)), \exists v \in \rho(x) \backslash \cup (\Phi_\rho(X) \backslash \uparrow \rho(x))$. 下证 (ii). 设 $(s,t) \in X \times Y$, $(s, v) \in \rho$, $(x, t) \in \rho$. 由 $(s, v) \in \rho$ 和 $v \notin \cup (\Phi_\rho(X) \backslash \uparrow \rho(x))$, 有 $\rho(x) \subseteq \rho(s)$; 从而 $t \in \rho(s)$.

(3) $\Rightarrow$ (1): 设 $\rho(x) \subseteq \bigcup\limits_{i\in I} \rho(A_i)$, 下证 $\exists i \in I$ 使 $\rho(x) \subseteq \rho(A_i)$. 由 $v \in \rho(x)$, 从而 $\exists i \in I$ 使 $v \in \rho(A_i)$. 故 $\exists x_i \in A_i$ 使 $v \in \rho(x_i)$, 即 $(x_i, v) \in \rho$. $\forall t \in \rho(x)$, 即 $(x,\, t) \in \rho$, 由 (ii), 有 $(x_i, t) \in \rho$, 即 $t \in \rho(x_i)$. 故 $\rho(x) \subseteq \rho(x_i) \subseteq \rho(A_i)$. 从而 $\rho(x) \lhd \rho(x)$.

推论 7.3.16 设 $\rho : X \rightharpoonup Y$, $(x, y) \in X \times Y$, $(u, v) \in X \times Y$, $y \in \rho(x)$. 若 ρ 满足下述条件:

(i) $(u, v) \in \rho$;

(ii) $(x, v) \in \rho$, $(u, y) \in \rho$;

(iii) $\forall (s,t) \in X \times Y$, 若 $(s, v) \in \rho$, $(u, t) \in \rho$, 则 $(s, t) \in \rho$,

则 $y \in \rho(u) \lhd \rho(u) \subseteq \rho(x)$.

由命题 7.2.9. 得到下述

命题 7.3.17 设 $\rho : X \rightharpoonup Y, z \in Y$. 若 $z \in \bigwedge\limits_{z\in N\in\Phi_\rho(X)} N$, 则 $\bigwedge\limits_{z\in N\in\Phi_\rho(X)} N \lhd \bigwedge\limits_{z\in N\in\Phi_\rho(X)} N$.

注 7.3.18 (1) 在定理 7.3.13 的条件 (4) 或 (4′) 中, "$z \in \bigwedge\limits_{z\in N\in\Phi_\rho(X)} N$" 显然等价于 "在 $\Phi_\rho(X)$ 中存在含 z 的最小元 N_z", 此时自然有

(a) $N_z = \bigwedge\limits_{z\in N\in\Phi_\rho(X)} N$;

(b) $N_z \lhd N_z$, 即 $\bigwedge\limits_{z\in N\in\Phi_\rho(X)} N \lhd \bigwedge\limits_{z\in N\in\Phi_\rho(X)} N$.

(2) 当 $\Phi_\rho(X)$ 是强代数格时, 满足 "$z \in \bigwedge\limits_{z\in N\in\Phi_\rho(X)} N$" 的 $\bigwedge\limits_{z\in N\in\Phi_\rho(X)} N$ 是

$\Phi_\rho(X)$ 中 "标准" 而自然的强紧元, 且这种强紧元足够多, 即 $\Phi_\rho(X)$ 中每个元都可以表示为这些强紧元的并.

(3) 在定理 7.3.13 "(4) $\Rightarrow$ (5)" 的证明中, $\rho^\natural: Y \rightharpoonup X$ 是利用 $\Phi_\rho(X)$ 中满足 "$q \in \bigwedge_{q\in N\in\Phi_\rho(X)} N$" 的标准强紧元 $\bigwedge_{q\in N\in\Phi_\rho(X)} N$ 定义的. 对此强紧元, 设 $\bigwedge_{q\in N\in\Phi_\rho(X)} N = \rho(P) = \bigcup_{p\in P}\rho(p)$, 则由 $\bigwedge_{q\in N\in\Phi_\rho(X)} N \lhd \bigwedge_{q\in N\in\Phi_\rho(X)} N, \exists p \in P$ 使 $\bigwedge_{q\in N\in\Phi_\rho(X)} N = \rho(p)$. 则 $q \in \rho(p) = N$. 由此定义 $(q,p) \in \rho^\natural$.

定理 7.3.19 设 $(P, \leqslant)$ 是偏序集, 则下述各条件等价:

(1) P 上的关系 $\not\leqslant$ 是强正则的.

(2) $\forall x, y \in P, x \not\leqslant y, \exists u, v \in P$ 使

(i) $u \not\leqslant v$;

(ii) $u \not\leqslant y, x \not\leqslant v$;

(iii) $\forall s, t \in P$, 若 $u \not\leqslant t, s \not\leqslant v$, 则 $s \not\leqslant t$.

(3) $\forall x, y \in P, x \not\leqslant y, \exists u, v \in P$ 使

(i) $u \not\leqslant v$;

(ii) $u \not\leqslant y, x \not\leqslant v$;

(iii) $\forall z \in P, u \leqslant z$ 或 $z \leqslant v$.

(3′) P 是强 Raney 偏序集, 即 $\forall x, y \in P, x \not\leqslant y, \exists u,\ v \in P$ 使

(a) $x \notin \downarrow v, y \notin \uparrow u$;

(b) $\downarrow v \cup \uparrow u = P, \downarrow v \cap \uparrow u = \varnothing$.

(4) P 的 Dedekind-MacNeille 完备化 $\delta(P)$ 是强代数格 (即 $\delta(P)$ 具有强 Raney 分离性).

(5) $\delta:$ **down** $(S_c(P)) \to \delta(P), A \mapsto A^\delta$, 是完备格同构.

(6) 存在强幂等关系 $\rho: X \rightharpoonup X$ 使 $\delta(P) \cong (\Phi_\rho(X), \subseteq)$.

(7) 存在强正则关系 $\rho: X \rightharpoonup X$ 使 $\delta(P) \cong (\Phi_\rho(X), \subseteq)$.

(8) 存在强正则关系 $\rho: X \rightharpoonup Y$ 使 $\delta(P) \cong (\Phi_\rho(X), \subseteq)$.

证明 (1) $\Leftrightarrow$ (2) $\Leftrightarrow$ (4): 由引理 7.1.5 和定理 7.3.13.

(3) $\Leftrightarrow$ (3′): 显然.

(2) $\Rightarrow$ (3): $\forall x, y \in P, x \not\leqslant y$, 由 (2), $\exists u,\ v \in L$ 满足

(i′) $u \not\leqslant v$,

(ii′) $u \not\leqslant y, x \not\leqslant v$,

(iii′) $\forall s, t \in L$, 若 $u \not\leqslant t, s \not\leqslant v$, 则 $s \not\leqslant t$.

$\forall z \in P$, 取 $s = t = z$, 则由 (iii′), 有 $u \leqslant z$ 或 $z \leqslant v$. 故 u 和 v 满足条件 (3) 中的条件 (i), (ii) 和 (iii).

(3) $\Rightarrow$ (2): $\forall x, y \in P, x \not\leqslant y$, 由 (3), $\exists u, v \in L$ 满足条件 (3) 中的条件 (i), (ii) 和 (iii). $\forall (s,t) \in L \times L$, $s \not\leqslant v$, $u \not\leqslant t$, 由 (3) 中的 (iii), 有 $t \leqslant v$; 从而 $s \not\leqslant t$. 故 $\not\leqslant$ 满足 (2).

(4) $\Leftrightarrow$ (5): 由文献 [77, Theorem 2.8].

(4) $\Rightarrow$ (6): 记 $L = \delta(P)$. 令 $X = L, \rho = \rhd: X \rightharpoonup X$, 即 $(x,y) \in \rho \Leftrightarrow y \lhd x$. 则由推论 2.2.11, ρ 是幂等的. 定义 $\sigma : L \rightharpoonup L$, $(u,v) \in \sigma \Leftrightarrow u = v \in K_s(L)$. 则 $\sigma \subseteq \rho^{-1}$. 由 L 为强代数格, 知 $\rho \circ \sigma \circ \rho = \rho$. 故 ρ 是强幂等的. $\forall A \subseteq X$, 由引理 2.1.13, $\rho(A) = \bigcup\limits_{a \in A} \Downarrow_{\mathcal{P}} a = \Downarrow_{\mathcal{P}} \vee A$. 故 $(\varPhi_\rho(X), \subseteq) = (\{\Downarrow_{\mathcal{P}} x : x \in L\}, \subseteq)$. 定义 $\varphi : L \to (\varPhi_\rho(X), \subseteq)$ 如下: $\forall x \in L, \varphi(x) = \Downarrow_{\mathcal{P}} x$. 由推论 2.2.10, 易知 φ 是格同构, 故 $L \cong (\varPhi_\rho(X), \subseteq)$.

(6) $\Rightarrow$ (7) $\Rightarrow$ (8): 显然

(8) $\Rightarrow$ (4): 由定理 7.3.13.

定理 7.3.19 中条件 (3′), (4) 和 (5) 的等价性是由 Erné 得到的 (参看文献 [63, 64, 66, 77]), 它表明强 Raney 性是完备化不变性质, 因而是完备格的强代数性 "好" 的推广.

注 7.3.20 (A) 我们可以给出定理 7.3.19 中 "(1) $\Rightarrow$ (7)" 的一个简单证明.

(1) $\Rightarrow$ (7): 令 $X = P, \rho = \not\leqslant: X \rightharpoonup X$. 则由 (1) 和引理 7.1.5, ρ 是强正则的, 且 $L \cong (\varPhi_\rho(X), \subseteq)$.

(B) 我们可以给出定理 7.3.19 中 "(4) $\Rightarrow$ (6)" 的另一个证明.

(4) $\Rightarrow$ (6): 记 $X = \delta(P)$. 定义 $\rho : X \rightharpoonup X$ 如下: $(x,y) \in \rho \Leftrightarrow y \in K_s(X), y \leqslant x$, 即 $y \in \downarrow x \cap K_s(X)$. 定义 $\sigma : X \rightharpoonup X$, $(u, v) \in \sigma \Leftrightarrow u = v \in K_s(X)$. 则 $\sigma \subseteq \rho^{-1}$. 由 X 为强代数格, 知 $\rho \circ \sigma \circ \rho = \rho$. 故 ρ 是强幂等的. $\forall A \subseteq X$, 由引理 2.1.13, 有 $\rho(A) = \bigcup\limits_{a \in A} (\downarrow a \cap K_s(L)) = \downarrow \vee A \cap K_s(L)$. 故 $(\varPhi_\rho(X), \subseteq) = (\{\downarrow x \cap K_s(X) : x \in X\}, \subseteq)$. 定义 $\varphi : X \to (\varPhi_\rho(X), \subseteq)$ 如下: $\forall x \in L, \varphi(x) = \downarrow x \cap K_s(X)$. 由 X 为强代数格, φ 是格同构, 故 $X \cong (\varPhi_\rho(X), \subseteq)$.

推论 7.3.21 设 L 是完备格, 则下述各条件等价:

(1) L 是强代数格.

(2) 存在强幂等关系 $\rho : X \rightharpoonup X$ 使 $L \cong (\varPhi_\rho(X), \subseteq)$.

(3) 存在强正则关系 $\rho : X \rightharpoonup X$ 使 $L \cong (\varPhi_\rho(X), \subseteq)$.

(4) 存在强正则关系 $\rho : X \rightharpoonup Y$ 使 $L \cong (\varPhi_\rho(X), \subseteq)$.

(5) L 上的关系 $\not\leqslant$ 是强正则的, 即 $\forall x, y \in L, x \not\leqslant y, \exists u, v \in L$ 使

(i) $u \not\leqslant v$;

(ii) $u \not\leqslant y, x \not\leqslant v$;

(iii) $\forall s, t \in L$, 若 $u \not\leqslant t, s \not\leqslant v$, 则 $s \not\leqslant t$.

(6) $\forall x,y\in L, x\not\leqslant y, \exists u,v\in L$ 使

(i) $u\not\leqslant v$;

(ii) $u\not\leqslant y, x\not\leqslant v$;

(iii) $\forall z\in L, u\leqslant z$ 或 $z\leqslant v$.

(7) L 是强 Raney 的 (即主理想与主滤子可以序强分离 L 中的点), 即 $\forall x,y\in L, x\not\leqslant y, \exists u,v\in L$ 使

(a) $x\notin\downarrow v, y\notin\uparrow u$;

(b) $\downarrow v\cup\uparrow u=L, \downarrow v\cap\uparrow u=\varnothing$.

(8) $\sup: \mathbf{down}\,(K_s(L))\to L, A\mapsto\vee A$ 是完备格同构.

推论 7.3.22 设 L 是强代数格, 则 L^{op} 也是强代数格.

注 7.3.23 (1) 强代数格的内蕴式刻画 (即推论 7.3.21 中的条件 (6)) 是分别在文献 [63, 64, 66, 77, 387] (也可参看文献 [416, 421]) 中给出的. 推论 7.3.21 表明, 强代数格的内蕴式刻画是关系 $\not\leqslant$ 之强正则性的一个等价描述.

(2) 推论 7.3.21 中条件 (1)—(3) 的等价性是文献 [253] 给出的.

(3) 推论 7.3.21 中条件 (1) 和 (8) 的等价性是众所周知的 (参看文献 [77]).

(4) Birkhoff 在文献 [26] (也可参看文献 [27]) 给出了有限偏序集范畴 (以保序映射为态射) **FPOSET** 与有限分配格范畴 (以保 0, 1 的格同态为态射) **FD-LAT** 之间的对偶等价. 记 **SALG** 为以强代数格为对象, 完备格同态为态射的范畴, **POSET** 为以偏序集为对象, 保序映射为态射的范畴, 由推论 7.3.21 易验证, **SALG** 与 **POSET** 对偶等价 (参看文献 [4, 9, 26, 65, 77]).

类似于命题 7.2.15 及其证明, 有下述

命题 7.3.24 强 Raney 偏序集是 SA-偏序集.

例 7.3.25 设 P 是多于两点的集, 赋予离散序, 即 $x\leqslant y\Leftrightarrow x=y$. 则

(1) $\forall x\in P, x\lhd x$. 故 P 是 SA-偏序集.

(2) $\forall u,v\in P, \uparrow u\cup\downarrow v=\{u,v\}\neq P$. 故 P 不是 Raney 偏序集.

(3) $\delta(P)=\{\{x\}:x\in P\}\cup\{\varnothing,P\}$ 不是分配的, 从而不是强连续的.

例 7.3.26 设 $P=N$, 赋予 P 上序 $\leqslant$ 如下: $n\leqslant m\Leftrightarrow n|m$, 即 m 可被 n 整除. 则

(1) P 有最小元 1, 无最大元.

(2) P 是格, 且 P 中的非空子集有交.

(3) 若 p 是质数, $n\in N$, 则 $p^n\lhd p^n$. 故 P 是 SA-偏序集.

(4) $\forall n\in P\backslash\{1\}, m\in P, nm+1\notin\uparrow n\cup\downarrow m$. 故 P 不是 Raney 偏序集.

(5) $\delta(P)$ 不是 Raney 的, 即不是强连续的.

注 7.3.27 由上面两个例子知, 强连续性和强代数性都不是完备化不变性质, 即从完备化不变性的角度, 强连续性不是完全分配性 “好” 的推广, 而按自然的方

式将强代数格概念推广至偏序集, 也不是"好"的推广.

由定理 7.3.13 和推论 7.3.21, 强正则关系是强代数格的表示 (即强代数格是强正则关系的特征), 而强幂等关系是强代数格的一个弱表示.

7.4 超连续格的有限正则表示

在 2.5 节、5.2 节、5.4 节中我们看到, 作为一类重要的格, 超连续格与连续格、拟连续 domain 有着密切的联系, 具有与连续格相类似的诸多良好性质. 在本节中, 我们给出超连续格的有限正则表示定理和超连续格的内蕴式刻画 (推论 7.4.6 中的条件 (4)), 获得超连续格的如下刻画: 完备格 L 是超连续的当且仅当 L 上的关系 $\not\leq$ 是有限正则的; 给出了有限正则关系的若干刻画, 特别地, 证明了二元关系 ρ 是有限正则的当且仅当 ρ 的有限扩张是正则的.

定义 7.4.1[395,399,403] 关系 $\rho: X \rightharpoonup Y$ 称为是有限正则的, 若 $\forall (x,y) \in \rho, \exists u \in X$ 和 $\{v_1, v_2, \cdots, v_m\} \in Y^{(<\omega)}$ 使

(i) $(u,y) \in \rho$, $(x,v_j) \in \rho$ $(j = 1, 2, \cdots, m)$;

(ii) $\forall \{s_1, s_2, \cdots, s_m\} \in X^{(<\omega)}$ 和 $t \in Y$, 若 $(u,t) \in \rho$, $(s_j, v_j) \in \rho$ $(j = 1, 2, \cdots, m)$, 则 $\exists k \in \{1, 2, \cdots, m\}$ 使 $(s_k, t) \in \rho$.

注 7.4.2 (1) 正则关系是有限正则的.

(2) 定义 7.4.1 中的条件 (ii) 等价与下述

(ii′) $\forall S \in X^{(<\omega)}$ 和 $t \in Y$, 若 $(u,t) \in \rho$, $\{v_1, v_2, \cdots, v_m\} \subseteq \rho(S)$, 则 $t \in \rho(S)$.

(3) $\rho: X \rightharpoonup Y$ 是有限正则的 $\Leftrightarrow \forall (x,y) \in \rho, \exists u \in X$ 和 $V \in Y^{(<\omega)}$ 使

1° $(u,y) \in \rho, V \subseteq \rho(x)$;

2° $\forall S \in X^{(<\omega)}, t \in Y$, 若 $(u,t) \in \rho, V \subseteq \rho(S)$, 则 $t \in \rho(S)$.

定义 7.4.3 设 $\rho: X \rightharpoonup Y$. 定义 $\rho^{(<\omega)}: X^{(<\omega)} \rightharpoonup Y^{(<\omega)}$ 如下:

$$\forall (F,G) \in X^{(<\omega)} \times Y^{(<\omega)}, \quad (F,G) \in \rho^{(<\omega)} \Leftrightarrow G \subseteq \rho(F). \tag{7.4.1}$$

$\rho^{(<\omega)}$ 称为 ρ 的有限扩张.

定理 7.4.4[395,399,403] 设 $\rho: X \rightharpoonup Y$. 则下述各条件等价:

(1) $\rho: X \rightharpoonup Y$ 是有限正则的.

(2) ρ 的有限扩张 $\rho^{(<\omega)}: X^{(<\omega)} \rightharpoonup Y^{(<\omega)}$ 是正则的.

(3) $\forall (F,G) \in X^{(<\omega)} \times Y^{(<\omega)}, G \subseteq \rho(F), \exists (U,V) \in X^{(<\omega)} \times Y^{(<\omega)}$ 使

(i) $G \subseteq \rho(U), V \subseteq \rho(F)$;

(ii) $\forall (S,T) \in X^{(<\omega)} \times Y^{(<\omega)}$, 若 $V \subseteq \rho(S), T \subseteq \rho(U)$, 则 $T \subseteq \rho(S)$.

(4) $(\varPhi_\rho(X), \subseteq)$ 是超连续格.

(5) $\left(\left\{\bigcup_{F\in\mathcal{F}}\rho(F)^{(<\omega)}:\mathcal{F}\subseteq X^{(<\omega)}\right\},\subseteq\right)$ 是完全分配格.

证明 (1) $\Rightarrow$ (2): 定义 $\delta: Y^{(<\omega)}\rightharpoonup X^{(<\omega)}$ 如下: $(G,F)\in\delta\Leftrightarrow$

$$\forall(S,T)\in X^{(<\omega)}\times Y^{(<\omega)}, \text{若 } G\subseteq\rho(S), F\cap\rho^{-1}(T)\neq\varnothing, \text{则 } T\cap\rho(S)\neq\varnothing. \tag{7.4.2}$$

则

(a) $\rho^{(<\omega)}\circ\delta\circ\rho^{(<\omega)}\subseteq\rho^{(<\omega)}$.

设 $(H,W)\in\rho^{(<\omega)}\circ\delta\circ\rho^{(<\omega)}$, 则 $\exists(G,F)\in Y^{(<\omega)}\times X^{(<\omega)}$ 使 $(H,G)\in\rho^{(<\omega)}$, $(G,F)\in\delta$ 和 $(F,W)\in\rho^{(<\omega)}$, 即 $G\subseteq\rho(H)$, $(G,F)\in\delta$ 和 $W\subseteq\rho(F)$. $\forall w\in W$, 令 $S=H, T=\{w\}$. 则 $G\subseteq\rho(S), F\cap\rho^{-1}(T)\neq\varnothing$ (因为 $w\in\rho(F)$). 由 $(G,F)\in\delta$ 和 (7.4.2), 有 $T\cap\rho(S)\neq\varnothing$, 即 $w\in\rho(S)$. 故 $W\subseteq\rho(H)$, 即 $(H,W)\in\rho^{(<\omega)}$.

(b) $\rho^{(<\omega)}\subseteq\rho^{(<\omega)}\circ\delta\circ\rho^{(<\omega)}$.

若 $(H,W)\in\rho^{(<\omega)}$, 则 $\forall w\in W, \exists h(w)\in H$ 使 $(h(w),w)\in\rho$. 由 ρ 是有限正则的, $\exists u(w)\in X$ 和 $V(w)\in Y^{(<\omega)}$ 满足

1° $(u(w),w)\in\rho, V(w)\subseteq\rho(h(w))$;

2° $\forall S\in X^{(<\omega)}, t\in Y$, 若 $(u(w),t)\in\rho$, $V(w)\subseteq\rho(S)$, 则 $t\in\rho(S)$.

令 $F=\{u(w):w\in W\}$, $G=\bigcup_{w\in W}V(w)$. 则 $F\in X^{(<\omega)}, G\in Y^{(<\omega)}, G\subseteq\bigcup_{w\in W}\rho(h(w))\subseteq\rho(H), W\subseteq\rho(F)$. 故 $(H,G)\in\rho^{(<\omega)}$, $(F,W)\in\rho^{(<\omega)}$. 下证 $(G,F)\in\delta$. $\forall(S,T)\in X^{(<\omega)}\times Y^{(<\omega)}$, 若 $G\subseteq\rho(S), F\cap\rho^{-1}(T)\neq\varnothing$, 则 $\exists w_0\in W$ 与 $t_0\in T$ 使 $(u(w_0),t_0)\in\rho$, 且 $\forall w\in W, V(w)\subseteq\rho(S)$. 由 2°, 有 $t_0\in\rho(S)$; 从而 $T\cap\rho(S)\neq\varnothing$. 由 (7.4.2), $(G,F)\in\delta$. 故 $(H,W)\in\rho^{(<\omega)}\circ\delta\circ\rho^{(<\omega)}$.

由 (a) 和 (b), 有 $\rho^{(<\omega)}\circ\delta\circ\rho^{(<\omega)}=\rho^{(<\omega)}$. 故 $\rho^{(<\omega)}$ 是正则的.

(2) $\Rightarrow$ (3): 由 $\rho^{(<\omega)}$ 的定义和定理 7.2.5.

(3) $\Rightarrow$ (4): 记 $L=(\Phi_\rho(X),\subseteq)$. $\forall M=\rho(A)\in L$ 及 $y\in M, \exists x\in A$ 使 $y\in\rho(x)$. 由 (3), $\exists(U,V)\in X^{(<\omega)}\times Y^{(<\omega)}$ 使

(i) $y\in\rho(U), V\subseteq\rho(x)$,

(ii) $\forall(S,T)\in X^{(<\omega)}\times Y^{(<\omega)}$, 若 $V\subseteq\rho(S), T\subseteq\rho(U)$, 则 $T\subseteq\rho(S)$.

设 $V=\{v_1,v_2,\cdots,v_m\}$. $\forall j\in\{1,2,\cdots,m\}$, 令 $N_j=\cup\{N\in L: v_j\notin N\}$($N_j$ 可能为空集 $\varnothing$), 即 L 中不含 v_j 的最大元. 由 $V\subseteq\rho(x)\subseteq M$, 有 $M\in L\setminus\downarrow\{N_1,N_2,\cdots,N_m\}$. $\forall N=\rho(B)\in L$, 若 $N\in L\setminus\downarrow\{N_1,N_2,\cdots,N_m\}$, 则由诸 N_i 的定义, 有 $V=\{v_1,v_2,\cdots,v_m\}\subseteq N$. 令 $S=B, T=\rho(U)$. 则由 (ii), 有 $T=\rho(U)\subseteq\rho(S)=N$. 从而证明了 $M\in L\setminus\downarrow\{N_1,N_2,\cdots,N_m\}\subseteq\uparrow\rho(U)$. 故 $M\in\mathrm{int}_{\upsilon(L)}\uparrow\rho(U)$. 因而 $y\in\rho(U)\prec M$. 由 $y\in M$ 的任意性, 有 $M=\cup\{G\in L: G\prec M\}=\vee_L\{G\in L: G\prec M\}$. 故 $L=(\Phi_\rho(X),\subseteq)$ 是超连续格.

(4) $\Rightarrow$ (1): 记 $L=(\varPhi_\rho(X),\subseteq)$. $\forall(x,y)\in X\times Y$, 若 $(x,y)\in\rho$, 即 $y\in\rho(x)$, 则由 L 是超连续格, $\exists N=\rho(C)\in L$ 使 $y\in N\prec\rho(x)$; 从而 $\exists\{M_1,M_2,\cdots,M_m\}\in L^{(<\omega)}$ 使 $\rho(x)\in L\backslash\downarrow\{M_1,M_2,\cdots,M_m\}\subseteq\uparrow N$. $\forall j\in\{1,2,\cdots,m\}$, 由 $\rho(x)\nsubseteq M_j,\exists v_j\in\rho(x)$ 使 $v_j\notin M_j$. 由 $y\in\rho(C),\exists u\in C$ 使 $y\in\rho(u)$. 故有 (i) $(u,y)\in\rho$, $(x,v_j)\in\rho$ (j=1, 2, $\cdots,m$).

下证定义 7.4.1 中的条件 (ii) 满足. $\forall S=\{s_1,s_2,\cdots,s_m\}\in X^{(<\omega)}$ 和 $t\in Y$, 若 $(u,t)\in\rho$, $(s_j,v_j)\in\rho$ ($j=1,2,\cdots,m$), 则 $\rho(S)=\bigcup\limits_{j=1}^{m}\rho(s_j)\in L\backslash\downarrow\{M_1,M_2,\cdots,M_m\}\subseteq\uparrow N$, 从而 $\rho(u)\subseteq N\subseteq\rho(S)$. 由 $t\in\rho(u),\exists k\in\{1,2,\cdots,m\}$ 使 $t\in\rho(s_k)$, 即 $(s_k,t)\in\rho$. 因而定义 7.4.1 中的条件 (ii) 满足. 故 ρ 是有限正则的.

(2) $\Leftrightarrow$ (5): 令 $\sigma=\rho^{(<\omega)}$. 由定理 7.2.5, σ 是正则的 $\Leftrightarrow$ $(\varPhi_\sigma(X^{(<\omega)}),\subseteq)=\left(\left\{\bigcup\limits_{F\in\mathcal{F}}\rho^{(<\omega)}(F):\mathcal{F}\subseteq X^{(<\omega)}\right\},\subseteq\right)=\left(\left\{\bigcup\limits_{F\in\mathcal{F}}\rho(F)^{(<\omega)}:\mathcal{F}\subseteq X^{(<\omega)}\right\},\subseteq\right)$ 是完全分配格.

定理 7.4.5 设 $(P,\leqslant)$ 是偏序集, 考虑下述各条件:

(1) P 是超连续的, 即 $\forall x\in P,U\in\upsilon(P),x\in U,\exists u\in P$ 使 $x\in\mathrm{int}_{\upsilon(P)}\uparrow u\subseteq\uparrow u\subseteq U$.

(2) P 上的关系 $\nleqslant$ 是有限正则的, 即 $\forall x,y\in P,x\nleqslant y,\exists u\in P$ 和有限集 $\{v_1,v_2,\cdots,v_m\}\in P^{(<\omega)}$ 使

(i) $u\nleqslant y,x\nleqslant v_j$ ($j=1,2,\cdots,m$);

(ii) $\forall\{s_1,s_2,\cdots,s_m\}\in P^{(<\omega)}$ 和 $t\in P$, 若 $u\nleqslant t,s_j\nleqslant v_j$ ($j=1,2,\cdots,m$), 则 $\exists k\in\{1,2,\cdots,m\}$ 使 $s_k\nleqslant t$.

(3) $\nleqslant$ 的有限扩张 $\nleqslant^{(<\omega)}$: $P^{(<\omega)}\rightharpoonup P^{(<\omega)}$ 是正则的;

(4) $\forall x,y\in P,x\nleqslant y,\exists u\in P$ 和有限集 $\{v_1,v_2,\cdots,v_m\}\in P^{(<\omega)}$ 使

(i) $u\nleqslant y,x\nleqslant v_j$ ($j=1,2,\cdots,m$);

(ii) $\forall z\in P,u\leqslant z$ 或 $\exists k\in\{1,2,\cdots,m\}$ 使 $z\leqslant v_k$.

(4′) 有限生成下集与主滤子可以序分离 P 中的点, 即 $\forall x,y\in P$, $x\nleqslant y,\exists F\in P^{(<\omega)},u\in P$ 使

(i) $x\notin\downarrow F,y\notin\uparrow u$;

(ii) $\downarrow F\cup\uparrow u=P$.

(4″) $\forall x,y\in P,x\nleqslant y,\exists u\in P$ 使 $x\in\mathrm{int}_{\upsilon(P)}\uparrow u\subseteq\uparrow u\subseteq P\backslash\downarrow y$.

(5) υ-闭集与主滤子可以序分离 P 中的点, 即 $\forall x,y\in P,x\nleqslant y,\exists C\in\upsilon(P)^c$, $u\in P$ 使

(i) $x\notin C,y\notin\uparrow u$;

(ii) $C \cup \uparrow u = P$.

(6) P 的 Dedekind-MacNeille 完备化 $\delta(P)$ 是超连续格.

(7) $\left(\left\{\bigcup_{F\in\mathcal{F}}\left(P\Big\backslash\bigcap_{w\in F}\uparrow w\right)^{(<\omega)} : \mathcal{F}\subseteq P^{(<\omega)}\right\}, \subseteq\right)$ 是完全分配格;

(8) 存在有限正则关系 $\rho : X \rightharpoonup X$ 使 $\delta(P) \cong (\Phi_\rho(X), \subseteq)$;

(9) 存在有限正则关系 $\rho : X \rightharpoonup Y$ 使 $\delta(P) \cong (\Phi_\rho(X), \subseteq)$.

则 (1) ⇒ (2), (2)—(9) 全部等价; 若 P 为并半格, 则 (2) ⇒ (1), 从而上述所有条件全部等价.

证明 (2) ⇔ (3) ⇔ (6) ⇔ (7): 由引理 7.1.5 和定理 7.4.4.

(4) ⇔ (4′) ⇔ (4″): 显然.

(2) ⇒ (4): $\forall x, y \in P, x \not\leqslant y$, 由 $\not\leqslant$ 是有限正则的, $\exists u \in P$ 和 $\{v_1, v_2, \cdots, v_m\} \in P^{(<\omega)}$ 满足

(i′) $u \not\leqslant y, x \not\leqslant v_j$ (j=1, 2, $\cdots, m$),

(ii′) $\forall \{s_1, s_2, \cdots, s_m\} \in P^{(<\omega)}, t \in P$, 若 $u \not\leqslant t, s_j \not\leqslant v_j$ ($j = 1, 2, \cdots, m$), 则 $\exists k \in \{1, 2, \cdots, m\}$ 使 $s_k \not\leqslant t$.

$\forall z \in P$, 取 $t = z, s_j = z$ ($j = 1, 2, \cdots, m$). 则由 (ii′), 有 $u \leqslant t = z$ 或 $\exists k \in \{1, 2, \cdots, m\}$ 使 $z = s_k \leqslant v_k$. 故 u 和 $\{v_1, v_2, \cdots, v_m\}$ 满足 (4) 中的条件 (i) 和 (ii).

(4) ⇒ (2): $\forall x, y \in P, x \not\leqslant y$, 由 (4), $\exists u \in P$ 和有限集 $\{v_1, v_2, \cdots, v_m\} \in P^{(<\omega)}$ 满足 (4) 中的条件 (i) 和 (ii). $\forall \{s_1, s_2, \cdots, s_m\} \in P^{(<\omega)}, t \in P, u \not\leqslant t$ 和 $s_j \not\leqslant v_j$ ($j = 1, 2, \cdots, m$), 由 (ii), $\exists k \in \{1, 2, \cdots, m\}$ 使 $t \leqslant v_k$; 从而 $s_k \not\leqslant t$ (注意 $s_k \not\leqslant v_k$). 故 $\not\leqslant$: $P \rightharpoonup P$ 是有限正则的.

(1) ⇒ (4): $\forall x, y \in P, x \not\leqslant y$, 由 P 是超连续的, $\exists u \in P$ 使 $x \in \mathrm{int}_{\upsilon(P)} \uparrow u \subseteq \uparrow u \subseteq P \backslash \downarrow y$. 由 $x \in \mathrm{int}_{\upsilon(P)} \uparrow u, \exists \{v_1, v_2, \cdots, v_m\} \in P^{(<\omega)}$ 使 $x \in P \backslash \downarrow \{v_1, v_2, \cdots, v_m\} \subseteq \uparrow u$; 从而有 $x \in P \backslash \downarrow \{v_1, v_2, \cdots, v_m\} \subseteq \uparrow u \subseteq P \backslash \downarrow y$. 故 u 和 $\{v_1, v_2, \cdots, v_m\}$ 满足 (4) 中的条件 (i) 和 (ii).

(4′) ⇒ (5): 显然.

(5) ⇒ (4′) : $\forall x, y \in P, x \not\leqslant y$, 由 (5), $\exists C \in \upsilon(P)^c, u \in P$ 使

(i) $x \notin C, y \notin \uparrow u$;

(ii) $C \cup \uparrow u = P$.

由 $C \in \upsilon(P)^c, \exists \{F_i : i \in I\} \subseteq P^{(<\omega)}$ 使 $C = \bigcap_{i\in I} \downarrow F_i$; 从而由 $x \notin C, \exists i \in I$ 使 $x \notin \downarrow F_i$. 令 $F = F_i$. 则易知 u 和 F 满足 (4′).

(2) ⇒ (8): 令 $X = P, \rho = \not\leqslant: X \rightharpoonup X$. 则由 (2), ρ 是有限正则的, 且由引理 7.1.5, $\delta(P) \cong (\Phi_\rho(X), \subseteq)$.

(8) ⇒ (9): 显然.

(9) ⇒ (6): 由定理 7.4.4.

(2) ⇒ (1): 设 P 为并半格. $\forall x \in P, U \in \upsilon(P), x \in U$, 则 $\exists\{y_1, y_2, \cdots, y_n\} \in P^{(<\omega)}$ 使 $x \in P\backslash \downarrow\{y_1, y_2, \cdots, y_n\} \subseteq U$. $\forall i \in \{1, 2, \cdots, n\}$, 由 $x \not\leqslant y_i$ 和 (4″) (等价于 (2)), $\exists u_i \in P$ 使 $x \in \mathrm{int}_{\upsilon(P)} \uparrow u_i \subseteq \uparrow u_i \subseteq P\backslash \downarrow y_i$; 因而 $x \in \bigcap\limits_{i=1}^{n} \mathrm{int}_{\upsilon(P)} \uparrow u_i = \mathrm{int}_{\upsilon(P)} \bigcap\limits_{i=1}^{n} \uparrow u_i \subseteq \bigcap\limits_{i=1}^{n} \uparrow u_i \subseteq \bigcap\limits_{i=1}^{n}(P\backslash \downarrow y_i) = P\backslash \downarrow\{y_1, y_2, \cdots, y_n\} \subseteq U$. 由 P 为并半格, $u = \bigvee\limits_{i=1}^{n} u_i$ 存在, 故 $\bigcap\limits_{i=1}^{n} \uparrow u_i = \uparrow u$; 从而有 $x \in \mathrm{int}_{\upsilon(P)} \uparrow u \subseteq \uparrow u \subseteq P\backslash \downarrow\{y_1, y_2, \cdots, y_n\} \subseteq U$.

推论 7.4.6[395,399,403]　设 L 为完备格, 则下述各条件等价:

(1) L 是超连续的, 即 $\forall x \in L, U \in \upsilon(L), x \in U, \exists u \in L$ 使 $x \in \mathrm{int}_{\upsilon(L)} \uparrow u \subseteq \uparrow u \subseteq U$.

(2) L 上的关系 $\not\leqslant$ 是有限正则的, 即 $\forall x, y \in L, x \not\leqslant y, \exists u \in L$ 和有限集 $\{v_1, v_2, \cdots, v_m\} \in L^{(<\omega)}$ 使

(i) $u \not\leqslant y, x \not\leqslant v_j\ (j = 1, 2, \cdots, m)$;

(ii) $\forall\{s_1, s_2, \cdots, s_m\} \in L^{(<\omega)}$ 和 $t \in L$, 若 $u \not\leqslant t, s_j \not\leqslant v_j\ (j = 1, 2, \cdots, m)$, 则 $\exists k \in \{1, 2, \cdots, m\}$ 使 $s_k \not\leqslant t$.

(3) $\not\leqslant$ 的有限扩张 $\not\leqslant^{(<\omega)}: L^{(<\omega)} \rightharpoonup L^{(<\omega)}$ 是正则的.

(4) $\forall x, y \in L, x \not\leqslant y, \exists u \in L$ 和有限集 $\{v_1, v_2, \cdots, v_m\} \in L^{(<\omega)}$ 使

(i) $u \not\leqslant y, x \not\leqslant v_j\ (i = 1, 2, \cdots, m)$;

(ii) $\forall z \in L, u \leqslant z$ 或 $\exists k \in \{1, 2, \cdots, m\}$ 使 $z \leqslant v_k$.

(4′) 有限生成下集与主滤子可以序分离 L 中的点, 即 $\forall x, y \in L, x \not\leqslant y, \exists F \in L^{(<\omega)}, u \in L$ 使

(i) $x \notin \downarrow F, y \notin \uparrow u$;

(ii) $\downarrow F \cup \uparrow u = L$.

(4″) $\forall x, y \in L, x \not\leqslant y, \exists u \in P$ 使 $x \in \mathrm{int}_{\upsilon(P)} \uparrow u \subseteq \uparrow u \subseteq P\backslash \downarrow y$.

(5) υ-闭集与主滤子可以序分离 L 中的点, 即 $\forall x, y \in L, x \not\leqslant y, \exists C \in \upsilon(L)^c, u \in L$ 使

(i) $x \notin C, y \notin \uparrow u$;

(ii) $C \cup \uparrow u = L$.

(6) $\left(\left\{\bigcup\limits_{F \in \mathcal{F}} (L\backslash \uparrow \vee F)^{(<\omega)} : \mathcal{F} \subseteq L^{(<\omega)}\right\}, \subseteq\right)$ 是完全分配格.

(7) 存在有限正则关系 $\rho : X \rightharpoonup X$ 使 $L \cong (\Phi_\rho(X), \subseteq)$.

(8) 存在有限正则关系 $\rho: X \rightharpoonup Y$ 使 $L \cong (\Phi_\rho(X), \subseteq)$.

注 7.4.7 超连续格的分离性刻画 (推论 7.4.6 中的条件 (4′)) 是由 Menon 在文献 [270] 中给出的. 推论 7.4.6 表明, 这一分离性是关系 $\not\leqslant$ 的有限正则性的一个等价描述.

由定理 7.4.4 和推论 7.4.6, 有限正则关系是超连续格的表示 (即超连续格是有限正则关系的特征).

最后我们指出, 基于 7.1 节、7.2 节和本节的思路与技巧, 文献 [160] 和 [161] 分别讨论了所谓的共轭及有限共轭关系、正规及有限正规关系.

定义 7.4.8[160] 关系 $\rho: X \rightharpoonup X$ 称为共轭的, 若 $\exists \sigma: X \rightharpoonup X$ 使 $\rho = \rho^{-1} \circ \sigma \circ \rho$.

定义 7.4.9[160] 关系 $\rho: X \rightharpoonup X$ 称为对偶共轭的, 若 $\exists \sigma: X \rightharpoonup X$ 使 $\rho = \rho \circ \sigma \circ \rho^{-1}$.

易知, ρ 是共轭的当且仅当 ρ^{-1} 是对偶共轭的.

定义 7.4.10[160] 关系 $\rho: X \rightharpoonup X$ 称为是有限共轭的, 若 $\forall (x,y) \in \rho, \exists u \in X$ 和 $\{v_1, v_2, \cdots, v_k\} \in X^{(<\omega)}$ 使

(i) $(u, y) \in \rho^{-1}$, $(x, v_j) \in \rho\ (j = 1, 2, \cdots, k)$;

(ii) $\forall \{s_1, s_2, \cdots, s_k\} \in X^{(<\omega)}$ 和 $t \in X$, 若 $(u, t) \in \rho^{-1}$, $(s_j, v_j) \in \rho\ (j = 1, 2, \cdots, k)$, 则 $\exists j \in \{1, 2, \cdots, k\}$ 使 $(s_j, t) \in \rho$.

对偶地定义有限对偶共轭关系. 进一步, 可引入下述

定义 7.4.11 关系 $\rho: X \rightharpoonup X$ 称为是广义有限共轭的, 若 $\forall (x,y) \in \rho, \exists \{u_1, u_2, \cdots, u_n\} \in X^{(<\omega)}$ 和 $\{v_1, v_2, \cdots, v_m\} \in X^{(<\omega)}$ 使

(i) $(u_i, y) \in \rho^{-1}\ (i = 1, 2, \cdots, n)$, $(x, v_j) \in \rho\ (j = 1, 2, \cdots, m)$;

(ii) $\forall \{s_1, s_2, \cdots, s_m\} \in X^{(<\omega)}$, $\{t_1, t_2, \cdots, t_n\} \in X^{(<\omega)}$, 若 $(u_i, t_i) \in \rho^{-1}$ $(i = 1, 2, \cdots, n)$, $(s_j, v_j) \in \rho\ (j = 1, 2, \cdots, m)$, 则 $\exists (k, l) \in \{1, 2, \cdots, m\} \times \{1, 2, \cdots, n\}$ 使 $(s_k, t_l) \in \rho$.

定义 7.4.12[160] 关系 $\rho: X \rightharpoonup X$ 称为是正规的, 若 $\exists \sigma: X \rightharpoonup X$ 使 $\rho = \rho \circ \sigma \circ (\rho')^{-1}$.

类似地, 可以引入下述

定义 7.4.13 关系 $\rho: X \rightharpoonup X$ 称为是对偶正规的, 若 $\exists \sigma: X \rightharpoonup X$ 使 $\rho = (\rho')^{-1} \circ \sigma \circ \rho$.

由于 $(\rho')^{-1} = (X \times X \backslash \rho)^{-1} = X \times X \backslash \rho^{-1} = (\rho^{-1})'$, $(\tau \circ \rho)^{-1} = \rho^{-1} \circ \tau^{-1}$, 因而 ρ 是正规的当且仅当 ρ^{-1} 是对偶正规的.

定义 7.4.14[160] 关系 $\rho: X \rightharpoonup X$ 称为是有限正规的, 若 $\forall (x,y) \in \rho, \exists \{u_1, u_2, \cdots, u_m\} \in X^{(<\omega)}$ 和 $v \in X$ 使

(i) $(v, x) \in \rho'$, $(u_j, y) \in \rho\ (j = 1, 2, \cdots, k)$;

(ii) $\forall\{t_1,t_2,\cdots,t_k\}\in X^{(<\omega)}$ 和 $s\in X$, 若 $(v,s)\in\rho'$, $(u_j,t_j)\in\rho$ $(j=1,2,\cdots,k)$, 则 $\exists j\in\{1,2,\cdots,k\}$ 使 $(s,t_j)\in\rho$.

注 7.4.15 可对偶地定义有限对偶正规关系, 即 ρ 称为是有限对偶正规的, 若 ρ^{-1} 是有限正规的.

基于我们的思路与技巧, 文献 [160] 和 [161] 分别形式地讨论了共轭及有限共轭关系、正规及有限正规关系, 并给出相类似的刻画. 值得指出的是, 从格序结构的角度 (这显然是最重要的角度) 我们将看到: 共轭关系对应的是完全极端的情形 (参看命题 7.4.19 和推论 7.4.20), 而正规关系对应的则是完全普遍的情形 (参看命题 7.4.22 和推论 7.4.18).

类似于定理 7.2.5, 基于相同的思路与技巧, 易得到下述

引理 7.4.16[160] 设 $\rho: X\rightharpoonup X$, 则下述各条件等价:

(1) ρ 是共轭的.

(2) $\forall(x,y)\in X\times X$, $(x,y)\in\rho,\exists(u,v)\in X\times X$ 使

(i) $(x,v)\in\rho$, $(y,u)\in\rho$;

(ii) $\forall(s,t)\in X\times X$, 若 $(s,v)\in\rho$, $(t,u)\in\rho$, 则 $(s,t)\in\rho$.

(3) $\rho=\rho^{-1}\circ(\rho\circ\rho'\circ\rho^{-1})'\circ\rho$.

(4) $\rho\subseteq\rho^{-1}\circ(\rho\circ\rho'\circ\rho^{-1})'\circ\rho$.

为方便起见, 若偏序集 P 上的序关系 $\leqslant$ 是离散的, 即 $x\leqslant y\Leftrightarrow x=y$, 则称 P 是一个集.

命题 7.4.17[160] 设 $(P,\leqslant)$ 是偏序集, 则下述各条件等价:

(1) P 上的关系 $\not\leqslant$ 是共轭的.

(2) $\forall x,y\in P,x\not\leqslant y,\exists u,v\in P$ 使

(i) $y\not\leqslant u,x\not\leqslant v$;

(ii) $\forall s,t\in P$, 若 $t\not\leqslant u,s\not\leqslant v$, 则 $s\not\leqslant t$.

(3) $\forall x,y\in P,x\not\leqslant y,\exists u,v\in P$ 使

(i) $y\not\leqslant u,x\not\leqslant v$;

(ii) $\forall z\in P,z\leqslant u$ 或 $z\leqslant v$.

(3′) 主理想可以序分离 P 中的点, 即 $\forall x,y\in P,x\not\leqslant y$, $\exists u,v\in P$ 使

(i) $x\notin\downarrow v,y\notin\downarrow u$;

(ii) $\downarrow v\cup\downarrow u=P$.

(4) P 是不多于两个点的集.

证明 (1) $\Leftrightarrow$ (2): 由引理 7.4.16.

(2) $\Rightarrow$ (3): $\forall x,y\in P,x\not\leqslant y$, 由 (2), $\exists u$, $v\in P$ 满足

(i′) $y\not\leqslant u,x\not\leqslant v$;

(ii′) $\forall s,t\in P$, 若 $t\not\leqslant u,s\not\leqslant v$, 则 $s\not\leqslant t$.

$\forall z \in P$, 取 $s=t=z$, 则由 (ii$'$), 有 $z \leqslant u$ 或 $z \leqslant v$. 故 u 和 v 满足条件 (3) 中的条件 (i) 和 (ii).

(3) $\Leftrightarrow$ (3$'$): 显然.

(3) $\Rightarrow$ (4): 先证明 P 是集, 即 P 上的序 $\leqslant$ 是离散的. 反之, 则 $\exists x, y \in P$ 使 $y<x$; 从而 $x \not\leqslant y$. 由 (3), $\exists u, v \in P$ 满足条件 (3) 中的条件 (i) 和 (ii). 故 $x \leqslant u$; 从而 $y \leqslant u$, 与 $y \not\leqslant u$ 矛盾. 所以 P 是集. 若 P 不是单点集, 任取 $x, y \in P, x \neq y$, 由 (3), $\exists u, v \in P$ 满足条件 (3) 中的条件 (i) 和 (ii), 则 $P=\downarrow v \cup \downarrow u=\{u, v\}$. 所以 P 是不多于两个点的集.

(4) $\Rightarrow$ (2): 显然.

推论 7.4.18[160] 设 $(L, \leqslant)$ 是非空格, 则 L 上的关系 $\not\leqslant$ 是共轭的当且仅当 L 是单点集.

对于偏序集上关系 $\not\leqslant$ 的有限共轭性和广义有限共轭性, 有下述刻画.

命题 7.4.19 设 $(P, \leqslant)$ 是偏序集, 则下述各条件等价:

(1) P 上的关系 $\not\leqslant$ 是有限共轭的, 即 $\forall x, y \in P, x \not\leqslant y, \exists u \in P$ 和有限集 $\{v_1, v_2, \cdots, v_m\} \in P^{(<\omega)}$ 使

(i) $y \not\leqslant u, x \not\leqslant v_j\ (j=1,2, \cdots, m)$;

(ii) $\forall\{s_1, s_2, \cdots, s_m\} \in P^{(<\omega)}$ 和 $t \in P$, 若 $t \not\leqslant u, s_j \not\leqslant v_j\ (j$=1, 2, $\cdots, m)$, 则 $\exists k \in\{1,2, \cdots, m\}$ 使 $s_k \not\leqslant t$.

(2) $\forall x, y \in P, x \not\leqslant y, \exists u \in P$ 和有限集 $\{v_1, v_2, \cdots, v_m\} \in P^{(<\omega)}$ 使

(i) $y \not\leqslant u, x \not\leqslant v_j\ (j=1,2, \cdots, m)$;

(ii) $\forall z \in P, z \leqslant u$ 或 $\exists k \in\{1,2, \cdots, m\}$ 使 $z \leqslant v_k$.

(2_1) 有限生成下集与主理想可以序分离 P 中的点, 即 $\forall x, y \in P$, $x \not\leqslant y, \exists F \in P^{(<\omega)}, u \in P$ 使

(i) $x \notin \downarrow F, y \notin \downarrow u$;

(ii) $\downarrow F \cup \downarrow u=P$.

(2_2) υ-闭集与主理想可以序分离 P 中的点, 即 $\forall x, y \in P, x \not\leqslant y$, $\exists C \in \upsilon(P)^c, u \in P$ 使

(i) $x \notin C, y \notin \downarrow u$;

(ii) $C \cup \uparrow u=P$.

(2_3) $\forall x, y \in P, x \not\leqslant y, \exists u \in P$ 使 $x \in \operatorname{int}_{\upsilon(P)} \downarrow u \subseteq \downarrow u \subseteq P \backslash \uparrow y$.

(3) P 上的关系 $\not\leqslant$ 是广义有限共轭的, 即 $\forall x, y \in P, x \not\leqslant y$, $\exists\{u_1, u_2, \cdots, u_n\}$, $\{v_1, v_2, \cdots, v_m\} \in P^{(<\omega)}$ 使

(i) $y \not\leqslant u_i\ (i=1,2, \cdots, n), x \not\leqslant v_j\ (j=1,2, \cdots, m)$;

(ii) $\forall\{s_1, s_2, \cdots, s_m\} \in P^{(<\omega)}$, $\{t_1, t_2, \cdots, t_n\} \in P^{(<\omega)}$, 若 $t_i \not\leqslant u_i\ (i=1,2, \cdots, n), s_j \not\leqslant v_j\ (j=1,2, \cdots, m)$, 则 $\exists(k, l) \in\{1,2, \cdots, m\} \times\{1,2, \cdots, n\}$

使 $s_k \not\leqslant t_l$.

(4) $\forall x, y \in P, x \not\leqslant y, \exists\{u_1, u_2, \cdots, u_n\}, \{v_1, v_2, \cdots, v_m\} \in P^{(<\omega)}$ 使

(i) $y \not\leqslant u_i\ (i=1,2,\cdots,n), x \not\leqslant v_j\ (j=1,2,\cdots,m)$;

(ii) $\forall z \in P, \exists k \in \{1, 2, \cdots, n\}$ 使 $z \leqslant u_k$ 或 $\exists l \in \{1, 2, \cdots, m\}$ 使 $z \leqslant v_l$.

(4_1) 有限生成下集可以序分离 P 中的点, 即 $\forall x, y \in P, x \not\leqslant y, \exists F, G \in P^{(<\omega)}$ 使

(i) $x \notin \downarrow G, y \notin \downarrow F$;

(ii) $\downarrow G \cup \downarrow F = P$.

(4_2) υ-闭集和有限生成下集可以序分离 P 中的点, 即 $\forall x, y \in P$, $x \not\leqslant y, \exists \upsilon$-闭集 C 和 $F \in P^{(<\omega)}$ 使

(i) $x \notin C, y \notin \downarrow F$;

(ii) $C \cup \downarrow F = P$.

(4_3) $\forall x, y \in P, x \not\leqslant y, \exists F \in P^{(<\omega)}$ 使 $x \in \mathrm{int}_{\upsilon(P)} \downarrow F \subseteq \downarrow F \subseteq P \backslash \uparrow y$.

(4_4) 有限生成下集与 υ-闭集可以序分离 P 中的点, 即 $\forall x, y \in P$, $x \not\leqslant y, \exists G \in P^{(<\omega)}$ 和 υ-闭集 B 使

(i) $x \notin \downarrow G, y \notin B$;

(ii) $\downarrow G \cup B = P$.

(4_5) υ-闭集可以序分离 P 中的点, 即 $\forall x, y \in P, x \not\leqslant y, \exists \upsilon$-闭集 B 和 C 使

(i) $x \notin C, y \notin B$;

(ii) $C \cup B = P$.

(5) $(P, \upsilon(P))$ 是 T_2 的.

(6) P 是有限集, 即 P 只含有限个点, 且 P 上的序 $\leqslant$ 是离散的.

证明 (1) $\Rightarrow$ (2): $\forall x, y \in P, x \not\leqslant y$, 由 $\not\leqslant$ 是有限共轭的, $\exists u \in P$ 和有限集 $\{v_1, v_2, \cdots, v_m\} \in P^{(<\omega)}$ 使

(i) $y \not\leqslant u, x \not\leqslant v_j\ (j=1,2,\cdots,m)$;

(ii) $\forall \{s_1, s_2, \cdots, s_m\} \in P^{(<\omega)}$ 和 $t \in P$, 若 $t \not\leqslant u, s_j \not\leqslant v_j\ (j=1, 2, \cdots, m)$, 则 $\exists k \in \{1, 2, \cdots, m\}$ 使 $s_k \not\leqslant t$.

$\forall z \in P$, 取 $t=z, s_j=z\ (j=1, 2, \cdots, m)$. 则由 (ii), $z=t \leqslant u$ 或 $\exists k \in \{1, 2, \cdots, m\}$ 使 $z=s_k \leqslant v_k$. 故 u 和 $\{v_1, v_2, \cdots, v_k\}$ 满足 (2) 中的条件 (i) 和 (ii).

(2) $\Leftrightarrow$ (2_1) $\Leftrightarrow$ (2_2) $\Leftrightarrow$ (2_3): 显然.

(1) $\Rightarrow$ (3): 显然.

(3) $\Rightarrow$ (4): $\forall x, y \in P, x \not\leqslant y$, 由 $\not\leqslant$ 是广义有限共轭的, $\exists\{u_1, u_2, \cdots, u_n\}$, $\{v_1, v_2, \cdots, v_m\} \in P^{(<\omega)}$ 使

(i) $y \not\leqslant u_i\ (i=1,2,\cdots,n), x \not\leqslant v_j\ (j=1,2,\cdots,m)$;

(ii) $\forall\{s_1, s_2, \cdots, s_m\} \in P^{(<\omega)}$, $\{t_1, t_2, \cdots, t_n\} \in P^{(<\omega)}$, 若 $t_i \not\leqslant u_i$ $(i = 1, 2, \cdots, n)$, $s_j \not\leqslant v_j$ $(j = 1, 2, \cdots, m)$, 则 $\exists(k, l) \in \{1, 2, \cdots, m\} \times \{1, 2, \cdots, n\}$ 使 $s_k \not\leqslant t_l$.

$\forall z \in P$, 取 $t_i = z$ $(i = 1, 2, \cdots, n)$, $s_j = z$ $(j = 1, 2, \cdots, m)$. 则由 (ii), $\exists k \in \{1, 2, \cdots, m\}$ 使 $z = t_k \leqslant u_k$ 或 $\exists l \in \{1, 2, \cdots, m\}$ 使 $z = s_l \leqslant v_l$. 故 $\{u_1, u_2, \cdots, u_n\}$ 和 $\{v_1, v_2, \cdots, v_k\}$ 满足 (4) 中的条件 (i) 和 (ii).

$(4) \Leftrightarrow (4_1) \Leftrightarrow (4_2) \Leftrightarrow (4_3) \Leftrightarrow (4_4) \Leftrightarrow (4_5)$: 显然.

$(4_5) \Leftrightarrow (5)$: 显然.

$(4) \Rightarrow (6)$: 先证明 P 是集, 即 P 上的序 $\leqslant$ 是离散的. 反之, 则存在 $x, y \in P$ 使 $y < x$; 从而 $x \not\leqslant y$. 由 (4), $\exists\{u_1, u_2, \cdots, u_n\}$, $\{v_1, v_2, \cdots, v_m\} \in P^{(<\omega)}$ 满足条件 (4) 中的条件 (i) 和 (ii), 从而 $\exists l \in \{1, 2, \cdots, n\}$ 使 $x \leqslant u_l$. 故 $y \leqslant u_l$, 与条件 (i) 矛盾. 所以 P 是集. 若 P 不是单点集, 任取 $x, y \in P, x \neq y$, 由 (4), $\exists\{u_1, u_2, \cdots, u_n\}$, $\{v_1, v_2, \cdots, v_m\} \in P^{(<\omega)}$ 满足条件 (4) 中的条件 (i) 和 (ii), 则 $P = \downarrow\{u_1, u_2, \cdots, u_n\} \cup \downarrow\{v_1, v_2, \cdots, v_m\} = \{u_1, u_2, \cdots, u_n, v_1, v_2, \cdots, v_m\}$. 所以 P 是有限集.

$(6) \Rightarrow (1)$: 若 P 是单点集, 则显然有 $(6) \Rightarrow (1)$. 若 P 不是单点集的有限集, 则 $\forall x, y \in P, x \not\leqslant y$ (即 $x \neq y$), 取 $u = x$ 和 $\{v_1, v_2, \cdots, v_m\} = P \backslash \{x\}$. 则易验证 $u = x$ 和 $\{v_1, v_2, \cdots, v_m\}$ 满足 (1) 中的条件 (i) 和 (ii).

推论 7.4.20 设 L 是格, 则下述各条件等价:

(1) L 上的关系 $\not\leqslant$ 是有限共轭的.

(2) $\forall x, y \in L, x \not\leqslant y, \exists u \in L$ 和有限集 $\{v_1, v_2, \cdots, v_m\} \in L^{(<\omega)}$ 使

(i) $y \not\leqslant u, x \not\leqslant v_j$ $(j = 1, 2, \cdots, m)$;

(ii) $\forall z \in L, z \leqslant u$ 或 $\exists k \in \{1, 2, \cdots, m\}$ 使 $z \leqslant v_k$.

(3) $\forall x, y \in L, x \not\leqslant y, \exists u \in L$ 使 $x \in \mathrm{int}_{\upsilon(L)} \downarrow u \subseteq \downarrow u \subseteq L \backslash \uparrow y$.

(4) L 上的关系 $\not\leqslant$ 是广义有限共轭的.

(5) $\forall x, y \in L, x \not\leqslant y, \exists\{u_1, u_2, \cdots, u_n\}$, $\{v_1, v_2, \cdots, v_m\} \in L^{(<\omega)}$ 使

(i) $y \not\leqslant u_i$ $(i = 1, 2, \cdots, n)$, $x \not\leqslant v_j$ $(j = 1, 2, \cdots, m)$;

(ii) $\forall z \in L, \exists k \in \{1, 2, \cdots, n\}$ 使 $z \leqslant u_k$ 或 $\exists l \in \{1, 2, \cdots, m\}$ 使 $z \leqslant v_l$.

(6) $\forall x, y \in L, x \not\leqslant y, \exists F \in L^{(<\omega)}$ 使 $x \in \mathrm{int}_{\upsilon(L)} \downarrow F \subseteq \downarrow F \subseteq L \backslash \uparrow y$.

(7) $(L, \upsilon(L))$ 是 T_2 的.

(8) L 是单点集.

命题 7.4.19 及推论 7.4.20 表明, 就偏序集上的关系 $\not\leqslant$ 而言, 要使其具有共轭性、有限共轭性或广义有限共轭性, 只有不多于两点的集和有限集这种极端平凡情形. 特别地, 对格而言, 只能是单点的平凡格.

下面将看到另一个极端: 就偏序集上的关系 $\nleqslant$ 而言, 其正规性是完全普遍的. 首先, 对于关系的正规性, 易得到下述刻画.

引理 7.4.21[161]　设 $\rho: X \rightharpoonup X$, 则下述各条件等价:

(1) ρ 是正规的.

(2) $\forall(x,y)\in X\times X$, $(x,y)\in\rho, \exists(u,v)\in X\times X$ 使

(i) $(v,\,x)\in\rho'$, $(u,y)\in\rho$;

(ii) $\forall(s,t)\in X\times X$, 若 $(v,s)\in\rho'$, $(u,t)\in\rho$, 则 $(s,t)\in\rho$.

(3) $\rho=\rho\circ(\rho^{-1}\circ\rho'\circ\rho')'\circ(\rho')^{-1}$.

(4) $\rho\subseteq\rho\circ(\rho^{-1}\circ\rho'\circ\rho')'\circ(\rho')^{-1}$.

命题 7.4.22　设 $(P,\leqslant)$ 是预序集 (即 $\leqslant$ 是 P 上自反和传递的关系), 则 $\nleqslant$ 是正规的.

证明　$\forall x,y\in P, x\nleqslant y$, 取 $u=v=x$. 则

(i) 由 $\leqslant$ 是自反的, $(v,\,x)=(x,x)\in\nleqslant'=\leqslant$, $(u,y)\in\nleqslant$.

(ii) $\forall(s,t)\in X\times X$, 若 $(v,s)=(x,s)\in\nleqslant'=\leqslant$, $(u,t)\in\nleqslant$, 则由 $\leqslant$ 是传递的, 有 $s\nleqslant t$ (否则, s$\leqslant t\Rightarrow u=x\leqslant t$, 矛盾!), 即 $(s,t)\in\nleqslant$.

由引理 7.4.21, $\nleqslant$ 是正规的.

推论 7.4.23　设 $(P,\leqslant)$ 是偏序集, 则 $\nleqslant$ 是正规的.

7.5　超代数格的有限强正则表示

在本节中, 我们给出超代数格的有限强正则表示定理和超代数格的内蕴式刻画 (推论 7.5.6 中的条件 (2′)), 获得了超代数格的如下刻画: 完备格 L 是超代数的当且仅当 L 上的关系 $\nleqslant$ 是有限强正则的; 给出了有限强正则关系的若干刻画, 特别地, 证明了二元关系 ρ 是有限强正则的当且仅当 ρ 的有限扩张是强正则的.

定义 7.5.1　关系 $\rho: X\rightharpoonup Y$ 称为有限强正则的, 若 $\forall(x,y)\in\rho, \exists\{u_1,u_2,\cdots,u_n\}\in X^{(<\omega)}$, $\{v_1,v_2,\cdots,v_m\}\in Y^{(<\omega)}$ 使

(i) $\{v_1,v_2,\cdots,v_m\}\subseteq\rho\,(\{u_1,\,u_2,\cdots,u_n\})$;

(ii) $y\in\rho\,(\{u_1,u_2,\cdots,u_n\})$, $(x,v_j)\in\rho$ $(j=1,2,\cdots,m)$;

(iii) $\forall\{s_1,s_2,\cdots,s_m\}\in X^{(<\omega)}, t\in Y$, 若 $t\in\rho\,(\{u_1,u_2,\cdots,u_n\})$, $(s_i,v_i)\in\rho$ $(i=1,2,\cdots,m)$, 则 $\exists k\in\{1,\,2,\,\cdots,m\}$ 使 $(s_k,t)\in\rho$.

注 7.5.2　(1) 有限强正则关系是在文献 [253] 中引入的 (在文献 [253] 中被称为强有限正则的).

(2) 定义 7.5.1 中的条件 (iii) 等价于下述

(iii′) $\forall S\in X^{(<\omega)}$ 和 $t\in Y$, 若 $t\in\rho\,(\{u_1,\,u_2,\cdots,u_n\})$, $\{v_1,v_2,\cdots,v_k\}\subseteq\rho(S)$, 则 $t\in\rho(S)$.

(3) 设 ρ: $X \rightharpoonup Y$ 满足定义 7.5.1 中的条件 (i) 和 (iii), 则 $\forall S \subseteq X$, 有 $\{v_1, v_2, \cdots, v_k\} \subseteq \rho(S) \Leftrightarrow \rho(\{u_1, u_2, \cdots, u_n\}) \subseteq \rho(S)$.

引理 7.5.3 设 $\rho: X \rightharpoonup Y$, 则下述两个条件等价:

(1) $\rho: X \rightharpoonup Y$ 是有限强正则的.

(2) $\forall (x, y) \in \rho, \exists U \in X^{(<\omega)}, V \in Y^{(<\omega)}$ 使

1° $V \subseteq \rho(U)$;

2° $y \in \rho(U), V \subseteq \rho(x)$;

3° $\forall S \in X^{(<\omega)}, t \in Y$, 若 $t \in \rho(U), V \subseteq \rho(S)$, 则 $t \in \rho(S)$.

证明 (1) $\Rightarrow$ (2): 设 $(x, y) \in \rho$, 则由 ρ 是有限强正则的, $\exists \{u_1, u_2, \cdots, u_n\} \in X^{(<\omega)}$, $\{v_1, v_2, \cdots, v_m\} \in Y^{(<\omega)}$ 使

(i) $\{v_1, v_2, \cdots, v_m\} \subseteq \rho(\{u_1, u_2, \cdots, u_n\})$;

(ii) $y \in \rho(\{u_1, u_2, \cdots, u_n\})$, $(x, v_j) \in \rho$ $(j = 1, 2, \cdots, m)$;

(iii) $\forall \{s_1, s_2, \cdots, s_m\} \in X^{(<\omega)}, t \in Y$, 若 $t \in \rho(\{u_1, u_2, \cdots, u_n\})$, $(s_j, v_j) \in \rho$ $(j = 1, 2, \cdots, m)$, 则 $\exists k \in \{1, 2, \cdots, m\}$ 使 $(s_k, t) \in \rho$.

令 $U = \{u_1, u_2, \cdots, u_n\}$, $V = \{v_1, v_2, \cdots, v_m\}$. 则 $U \in X^{(<\omega)}, V \in Y^{(<\omega)}$. 由 (i) 和 (ii), 有

1° $V \subseteq \rho(U)$;

2° $y \in \rho(U), V \subseteq \rho(x)$.

下证 3°. 设 $S \in X^{(<\omega)}, t \in Y, t \in \rho(U), V \subseteq \rho(S)$, 则 $\forall j \in \{1, 2, \cdots, m\}$, $\exists s_j \in S$ 使 $(s_j, v_j) \in \rho$; 从而由 (iii), $\exists k \in \{1, 2, \cdots, m\}$ 使 $(s_k, t) \in \rho$. 故 $t \in \rho(s_k) \subseteq \rho(S)$, 即 3° 成立.

(2) $\Rightarrow$ (1): 设 $(x, y) \in \rho$, 则由 (2), $\exists U \in X^{(<\omega)}, V \in Y^{(<\omega)}$ 使

1° $V \subseteq \rho(U)$;

2° $y \in \rho(U), V \subseteq \rho(x)$;

3° $\forall S \in X^{(<\omega)}, t \in Y$, 若 $t \in \rho(U), V \subseteq \rho(S)$, 则 $t \in \rho(S)$.

不妨设 $U = \{u_1, u_2, \cdots, u_n\}$, $V = \{v_1, v_2, \cdots, v_m\}$. 则由 1° 和 2°, 有

(i) $\{v_1, v_2, \cdots, v_m\} \subseteq \rho(\{u_1, u_2, \cdots, u_n\})$;

(ii) $y \in \rho(\{u_1, u_2, \cdots, u_n\})$, $(x, v_j) \in \rho$ $(j = 1, 2, \cdots, m)$.

下证 (iii). $\forall S = \{s_1, s_2, \cdots, s_m\} \in X^{(<\omega)}, t \in Y$, 若 $t \in \rho(\{u_1, u_2, \cdots, u_n\})$, $(s_j, v_j) \in \rho$ $(j = 1, 2, \cdots, m)$, 则 $V \subseteq \rho(S)$; 从而由 3°, $t \in \rho(S)$, 即 $\exists k \in \{1, 2, \cdots, m\}$ 使 $(s_k, t) \in \rho$.

下面给出超连续格的有限强正则表示和内蕴式刻画.

定理 7.5.4[253] 设 $\rho: X \rightharpoonup Y$. 则下述各条件等价:

(1) $\rho: X \rightharpoonup Y$ 是有限强正则的.

(2) ρ 的有限扩张 $\rho^{(<\omega)}: X^{(<\omega)} \rightharpoonup Y^{(<\omega)}$ 是强正则的.

(3) $\forall(F,G)\in X^{(<\omega)}\times Y^{(<\omega)}, G\subseteq\rho(F), \exists(U,V)\in X^{(<\omega)}\times Y^{(<\omega)}$ 使

(i) $V\subseteq\rho(U)$;

(ii) $G\subseteq\rho(U), V\subseteq\rho(F)$;

(iii) $\forall(S,T)\in X^{(<\omega)}\times Y^{(<\omega)}$, 若 $V\subseteq\rho(S), T\subseteq\rho(U)$, 则 $T\subseteq\rho(S)$.

(4) $(\Phi_\rho(X),\subseteq)$ 是超代数格.

(5) $\left(\left\{\bigcup_{F\in\mathcal{F}}\rho(\mathcal{F})^{(<\omega)}:\mathcal{F}\subseteq X^{(<\omega)}\right\},\subseteq\right)$ 是强代数格.

证明 (1) $\Rightarrow$ (2): 定义 $\delta: Y^{(<\omega)}\rightharpoonup X^{(<\omega)}$ 如下: $\forall(G,F)\in Y^{(<\omega)}\times X^{(<\omega)}$,

$$(G,F)\in\delta\Leftrightarrow G\subseteq\rho(F), \text{且 } \forall(S,T)\in X^{(<\omega)}\times Y^{(<\omega)},$$

若 $G\subseteq\rho(S), F\cap\rho^{-1}(T)\neq\varnothing$, 则

$$T\cap\rho(S)\neq\varnothing. \tag{7.5.1}$$

则

(a) $\delta\subseteq(\rho^{(<\omega)})^{-1}$;

(b) $\rho^{(<\omega)}\circ\delta\circ\rho^{(<\omega)}\subseteq\rho^{(<\omega)}$.

设 $(H,W)\in\rho^{(<\omega)}\circ\delta\circ\rho^{(<\omega)}$, 则 $\exists(G,F)\in Y^{(<\omega)}\times X^{(<\omega)}$ 使 $(H,G)\in\rho^{(<\omega)}$, $(G,F)\in\delta$ 和 $(F,W)\in\rho^{(<\omega)}$, 即 $G\subseteq\rho(H)$, $(G,F)\in\delta$ 和 $W\subseteq\rho(F)$. $\forall w\in W$, 令 $S=H, T=\{w\}$. 则 $G\subseteq\rho(S), F\cap\rho^{-1}(T)\neq\varnothing$ (因为 $w\in\rho(F)$). 由 $(G,F)\in\delta$ 和 (7.5.1), 有 $T\cap\rho(S)\neq\varnothing$, 即 $w\in\rho(S)$. 故 $W\subseteq\rho(H)$, 即 $(H,W)\in\rho^{(<\omega)}$.

(c) $\rho^{(<\omega)}\subseteq\rho^{(<\omega)}\circ\delta\circ\rho^{(<\omega)}$.

若 $(H,W)\in\rho^{(<\omega)}$, 则 $\forall w\in W, \exists h(w)\in H$ 使 $(h(w),w)\in\rho$. 由 ρ 是有限强正则的和引理 7.5.3, $\exists U(w)\in X^{(<\omega)}$ 和 $V(w)\in Y^{(<\omega)}$ 满足

1° $V(w)\subseteq\rho(U(w))$;

2° $w\in\rho(U(w)), V(w)\subseteq\rho(h(w))$;

3° $\forall S\in X^{(<\omega)}, t\in Y$, 若 $t\in\rho(U(w)), V(w)\subseteq\rho(S)$, 则 $t\in\rho(S)$.

令 $F=\bigcup_{w\in W}U(w), G=\bigcup_{w\in W}V(w)$. 则 $F\in X^{(<\omega)}$, $G\in Y^{(<\omega)}, G\subseteq\rho(F), G\subseteq\bigcup_{w\in W}\rho(h(w))\subseteq\rho(H), W\subseteq\rho(F)$. 故 $(H,G)\in\rho^{(<\omega)}$, $(F,W)\in\rho^{(<\omega)}$. 下证 $(G,F)\in\delta$. 由 $G\subseteq\rho(F)$, 只需验证 (7.5.1) 中的另一个条件. $\forall(S,T)\in X^{(<\omega)}\times Y^{(<\omega)}$, 若 $G\subseteq\rho(S), F\cap\rho^{-1}(T)\neq\varnothing$, 则 $\exists w_0\in W$ 与 $t_0\in T$ 使 $t_0\in\rho(U(w_0))$, 且 $\forall w\in W, V(w)\subseteq\rho(S)$, 特别地, 有 $V(w_0)\subseteq\rho(S)$. 由 3°, 有 $t_0\in\rho(S)$; 从而 $T\cap\rho(S)\neq\varnothing$. 由 (7.5.1), 有 $(G,F)\in\delta$. 故 $(H,W)\in\rho^{(<\omega)}\circ\delta\circ\rho^{(<\omega)}$.

由 (a), (b) 和 (c), 有 $\delta\subseteq(\rho^{(<\omega)})^{-1}, \rho^{(<\omega)}\circ\delta\circ\rho^{(<\omega)}=\rho^{(<\omega)}$. 故 $\rho^{(<\omega)}$ 是强正则的.

(2) $\Rightarrow$ (3): 由 $\rho^{(<\omega)}$ 的定义和定理 7.3.13.

(3) $\Rightarrow$ (4): 记 $L=(\varPhi_\rho(X),\subseteq)$. $\forall M=\rho(A)\in L$ 及 $y\in M, \exists x\in A$ 使 $y\in\rho(x)$. 由 (3), $\exists(U,V)\in X^{(<\omega)}\times Y^{(<\omega)}$ 使

(i) $V\subseteq\rho(U)$;

(ii) $y\in\rho(U), V\subseteq\rho(x)$;

(iii) $\forall(S,T)\in X^{(<\omega)}\times Y^{(<\omega)}$, 若 $V\subseteq\rho(S), T\subseteq\rho(U)$, 则 $T\subseteq\rho(S)$.

设 $V=\{v_1,v_2,\cdots,v_m\}$. $\forall j\in\{1,\ 2,\ \cdots,m\}$, 令 $N_j=\cup\{N\in L: v_j\notin N\}$ (N_j 可能为空集 $\varnothing$), 即 L 中不含 v_j 的最大元. 由 (i) 和 (ii), 有 $V\subseteq\rho(U)$ 和 $V\subseteq\rho(x)\subseteq M$; 从而有 $\rho(U)\in L\backslash\downarrow\{N_1,N_2,\cdots,N_m\}$, $M\in L\backslash\downarrow\{N_1,N_2,\cdots,N_m\}$. $\forall N=\rho(B)\in L$, 若 $N\in L\backslash\downarrow\{N_1,\ N_2,\cdots,N_m\}$, 则由诸 N_j 的定义, 有 $V=\{v_1,v_2,\ \cdots,v_m\}\subseteq N$. 令 $S=B, T=\rho(U)$. 则由 (iii), 有 $T=\rho(U)\subseteq\rho(S)=N$. 从而证明了 $\rho(U)\in L\backslash\downarrow\{N_1,N_2,\ \cdots,N_m\}\subseteq\uparrow\rho(U)$. 故 $L\backslash\downarrow\{N_1,N_2,\cdots,N_m\}=\uparrow\rho(U)$. 所以 $M\in\mathrm{int}_{v(L)}\uparrow\rho(U)=\uparrow\rho(U)\in v(L), y\in\rho(U)$. 由 $y\in M$ 的任意性, 有 $M=\cup\{G\in L: G\prec G\subseteq M\}=\vee_L\{G\in L: G\prec G\leqslant_L M\}$. 故 $L=(\varPhi_\rho(X),\subseteq)$ 是超代数格.

(4) $\Rightarrow$ (1): 记 $L=(\varPhi_\rho(X),\subseteq)$. $\forall(x,y)\in X\times Y$, 若 $(x,y)\in\rho$, 即 $y\in\rho(x)$, 则由 L 是超代数格, $\exists N=\rho(C)\in L$ 使 $y\in N\prec N\subseteq\rho(x)$, 即 $y\in N\subseteq\rho(x), \uparrow_L N\in v(L)$; 从而 $\exists\{M_1,M_2,\cdots,M_m\}\in L^{(<\omega)}$ 使 $\rho(x)\in\uparrow N=L\backslash\downarrow\{M_1,M_2,\cdots,M_m\}$. $\forall j\in\{1,\ 2,\ \cdots,m\}$, 由 $N\nsubseteq M_j, \exists v_j\in N$ 使 $v_j\notin M_j$. 由 $y\in\rho(C), \exists u\in C$ 使 $y\in\rho(u)$. $\forall j\in\{1,\ 2,\ \cdots,m\}$, 由 $v_j\in N=\rho(C), \exists u_j\in C$ 使 $v_j\in\rho(u_j)$. 令 $U=\{u,u_1,u_2,\cdots,u_m\}$, $V=\{v_1,v_2,\cdots,v_m\}$. 则 $U\in X^{(<\omega)}, V\in Y^{(<\omega)}$, 且有

1° $V\subseteq\rho(U)$.

2° $y\in\rho(U), V\subseteq\rho(x)$.

下证

3° $\forall S\in X^{(<\omega)}, t\in Y$, 若 $t\in\rho(U), V\subseteq\rho(S)$, 则 $t\in\rho(S)$.

设 $S\in X^{(<\omega)}$ 和 $t\in Y$, 若 $t\in\rho(U), V\subseteq\rho(S)$, 则 $\forall j\in\{1,\ 2,\ \cdots,m\}$, $\exists s_j\in S$ 使 $v_j\in\rho(s_j)$. 令 $S_0=\{s_1,s_2,\cdots,s_m\}$. 则 $S_0\subseteq S, \rho(S_0)=\bigcup\limits_{j=1}^{m}\rho(s_j)\in L\backslash\downarrow\{M_1,\ M_2,\cdots,M_m\}=\uparrow N$, 从而 $\rho(U)\subseteq N\subseteq\rho(S_0)$. 由 $t\in\rho(u), \exists k\in\{1,\ 2,\ \cdots,m\}$ 使 $t\in\rho(s_k)\subseteq\rho(S_0)\subseteq\rho(S)$, 即 $t\in\rho(S)$.

由 1°, 2°, 3° 和引理 7.5.3, ρ 是有限强正则的.

(2) $\Leftrightarrow$ (5): 令 $\sigma=\rho^{(<\omega)}$, 则由定理 7.3.13, σ 是强正则的 $\Leftrightarrow(\varPhi_\sigma(X^{(<\omega)}),\subseteq)$

$$=\left(\left\{\bigcup_{F\in\mathcal{F}}\rho^{(<\omega)}(F):\mathcal{F}\subseteq X^{(<\omega)}\right\},\subseteq\right)=\left(\left\{\bigcup_{F\in\mathcal{F}}\rho(F)^{(<\omega)}:\mathcal{F}\subseteq X^{(<\omega)}\right\},\subseteq\right)$$

是强代数格.

定理 7.5.5 设 $(P,\leqslant)$ 是偏序集, 考虑下述各条件:

(1) P 是超代数的, 即 $\forall x\in P, U\in\upsilon(P), x\in U, \exists u\in P$ 使 $x\in \mathrm{int}_{\upsilon(P)}\uparrow u=\uparrow u\subseteq U$.

(2) $\forall x,y\in P, x\nleqslant y, \exists u\in P$ 和有限集 $\{v_1, v_2,\cdots,v_m\}\in P^{(<\omega)}$ 使

(i) $u\nleqslant v_j\ (j=1,2,\cdots,m)$;

(ii) $u\nleqslant y, x\nleqslant v_j\ (j=1,2,\cdots,m)$;

(iii) $\forall\{s_1,s_2,\cdots,s_m\}\in P^{(<\omega)}$ 和 $t\in P$, 若 $u\nleqslant t, s_j\nleqslant v_j\ (j{=}1, 2,\cdots,m)$, 则 $\exists k\in\{1, 2,\cdots,m\}$ 使 $s_k\nleqslant t$.

(2′) $\forall x,y\in P, x\nleqslant y, \exists\{v_1,v_2,\cdots,v_m\}\in P^{(<\omega)}$ 和 $u\in P$ 使

(i) $u\nleqslant v_j\ (j=1,2,\cdots,m)$;

(ii) $u\nleqslant y, x\nleqslant v_j\ (j=1,2,\cdots,m)$;

(iii) $\forall z\in P, u\leqslant z$ 或 $\exists k\in\{1, 2,\cdots,m\}$ 使 $z\leqslant v_k$.

(2″) 有限生成下集与主滤子可以序强分离 P 中的点, 即 $\forall x, y\in P, x\nleqslant y, \exists F\in P^{(<\omega)}, u\in P$ 使

(a) $x\notin\downarrow F, y\notin\uparrow u$;

(b) $\downarrow F\cup\uparrow u=P, \downarrow F\cap\uparrow u=\varnothing$.

(2‴) $\forall x,y\in P, x\nleqslant y, \exists u\in P$ 使 $x\in\mathrm{int}_{\upsilon(P)}\uparrow u=\uparrow u\subseteq P\setminus\downarrow y$.

(3) υ-闭集与主滤子可以序强分离 P 中的点, 即 $\forall x,y\in P, x\nleqslant y, \exists C\in\upsilon(P)^c, u\in P$ 使

(i) $x\notin C, y\notin\uparrow u$;

(ii) $C\cup\uparrow u=P, C\cap\uparrow u=\varnothing$.

(4) P 上的关系 $\nleqslant$ 是有限强正则的, 即 $\forall x,y\in P, x\nleqslant y, \exists\{u_1,u_2,\cdots,u_n\}, \{v_1,v_2,\cdots,v_m\}\in P^{(<\omega)}$ 使

(i) $\{v_1,v_2,\cdots,v_m\}\subseteq\bigcup\limits_{i=1}^{n}(P\setminus\uparrow u_i)=P\setminus\bigcap\limits_{i=1}^{n}\uparrow u_i$, 即 $\forall j\in\{1, 2,\cdots,m\}, \exists i(j)\in\{1, 2,\cdots,n\}$ 使 $u_{i(j)}\nleqslant v_j$;

(ii) $\exists i\in\{1, 2,\cdots,n\}$ 使 $u_i\nleqslant y, x\nleqslant v_j\ (j=1,2,\cdots,m)$;

(iii) $\forall\{s_1,s_2,\cdots,s_m\}\in P^{(<\omega)}$ 和 $t\in P$, 若 $\exists k\in\{1, 2,\cdots,n\}$ 使 $u_k\nleqslant t, s_j\nleqslant v_j\ (j{=}1, 2,\cdots,m)$, 则 $\exists l\in\{1, 2,\cdots,m\}$ 使 $s_l\nleqslant t$.

(5) $\nleqslant$ 的有限扩张 $\nleqslant^{(<\omega)}: P^{(<\omega)}\rightharpoonup P^{(<\omega)}$ 是强正则的.

(6) P 的 Dedekind-MacNeille 完备化 $\delta(P)$ 是超代数格.

(7) $\left(\left\{\bigcup\limits_{F\in\mathcal{F}}\left(P\setminus\bigcap\limits_{w\in F}\uparrow w\right)^{(<\omega)}:\mathcal{F}\subseteq P^{(<\omega)}\right\},\subseteq\right)$ 是强代数格.

(8) 存在有限强正则关系 $\rho: X\rightharpoonup X$ 使 $\delta(P)\cong(\varPhi_\rho(X),\subseteq)$.

(9) 存在有限强正则关系 $\rho: X \rightharpoonup Y$ 使 $\delta(P) \cong (\Phi_\rho(X), \subseteq)$.

则 (1) $\Rightarrow$ (2) $\Leftrightarrow$ (2$'$) $\Leftrightarrow$ (2$''$) $\Leftrightarrow$ (2$'''$) $\Leftrightarrow$ (3) $\Rightarrow$ (4), (4)—(9) 等价; 若 P 为并半格, 则 (4) $\Rightarrow$ (2) $\Rightarrow$ (1), 从而上述所有条件全部等价.

证明 (4) $\Leftrightarrow$ (5) $\Leftrightarrow$ (6) $\Leftrightarrow$ (7): 由引理 7.1.5 和定理 7.5.4.

(1) $\Rightarrow$ (2$'''$): 显然.

(2$'$) $\Rightarrow$ (2): $\forall x, y \in L, x \not\leqslant P$, 由 (2$'$), $\exists u \in P$ 和有限集 $\{v_1, v_2, \cdots, v_k\} \in P^{(<\omega)}$ 满足 (2$'$) 中的条件 (i), (ii) 和 (iii). $\forall \{s_1, s_2, \cdots, s_m\} \in P^{(<\omega)}, t \in P, u \not\leqslant t$ 和 $s_j \not\leqslant v_j (j = 1, 2, \cdots, m)$, 由 (iii), $\exists k \in \{1, 2, \cdots, m\}$ 使 $t \leqslant v_k$ 和 $s_k \not\leqslant v_k \Rightarrow \exists k \in \{1, 2, \cdots, m\}$ 使 $s_k \not\leqslant t$. 故 (2) 成立.

(2) $\Rightarrow$ (2$'$) : $\forall x, y \in P, x \not\leqslant y$, 由 (2), $\exists u \in P$ 和有限集 $\{v_1, v_2, \cdots, v_m\} \in P^{(<\omega)}$ 使

(i) $u \not\leqslant v_j$ $(j = 1, 2, \cdots, m)$;

(ii) $u \not\leqslant y, x \not\leqslant v_j$ $(j = 1, 2, \cdots, m)$;

(iii) $\forall \{s_1, s_2, \cdots, s_m\} \in P^{(<\omega)}$ 和 $t \in P$, 若 $u \not\leqslant t, s_i \not\leqslant v_j$ $(j = 1, 2, \cdots, m)$, 则 $\exists k \in \{1, 2, \cdots, m\}$ 使 $s_k \not\leqslant t$.

$\forall z \in P$, 取 $t = z, s_j = z$ $(j = 1, 2, \cdots, m)$. 则由 (iii), 有 $u \leqslant t = z$ 或 $\exists k \in \{1, 2, \cdots, m\}$ 使 $z = s_k \leqslant v_k$. 故 u 和 $\{v_1, v_2, \cdots, v_k\}$ 满足 (2$'$) 中的条件 (i), (ii) 和 (iii).

(2$'$) $\Leftrightarrow$ (2$''$): 显然.

(2$''$) $\Rightarrow$ (2$'''$): $\forall x, y \in P, x \not\leqslant y$, 由 (2$''$), $\exists F \in P^{(<\omega)}, u \in P$ 使

(a) $x \notin \downarrow F, y \notin \uparrow u$;

(b) $\downarrow F \cup \uparrow u = P, \downarrow F \cap \uparrow u = \varnothing$.

由 (b), 有 $\uparrow u = P \backslash \downarrow F \in \upsilon(P)$. 故 $x \in \mathrm{int}_{\upsilon(P)} \uparrow u = \uparrow u \subseteq P \backslash \downarrow y$.

(2$'''$) $\Rightarrow$ (2$''$): $\forall x, y \in P, x \not\leqslant y$, 由 (2$'''$), $\exists u \in P$ 使 $x \in \mathrm{int}_{\upsilon(P)} \uparrow u = \uparrow u \subseteq P \backslash \downarrow y$. 由 $\mathrm{int}_{\upsilon(P)} \uparrow u = \uparrow u, \exists F \in P^{(<\omega)}$ 使 $u \in P \backslash \downarrow F \subseteq \mathrm{int}_{\upsilon(P)} \uparrow u$; 从而 $P \backslash \downarrow F = \uparrow u$. 故 u 和 F 满足 (2$''$) 中的条件 (a) 和 (b).

(2$'''$) $\Rightarrow$ (3): 显然.

(3) $\Rightarrow$ (2$'''$) : $\forall x, y \in P$, $x \not\leqslant y$, 由 (3), $\exists C \in \upsilon(P)^c, u \in P$ 使

(i) $x \notin C, y \notin \uparrow u$;

(ii) $C \cup \uparrow u = P, C \cap \uparrow u = \varnothing$.

由 $C \in \upsilon(P)^c, \exists \{F_i : i \in I\} \subseteq P^{(<\omega)}$ 使 $C = \bigcap\limits_{i \in I} \downarrow F_i$, 从而由 (ii), $\uparrow u = P \backslash C = \bigcup\limits_{i \in I} (P \backslash \downarrow F_i)$. 故 $\exists i \in I$ 使 $\uparrow u = P \backslash \downarrow F_i$. 令 $F = F_i$. 则易知 u 和 F 满足 (2$'''$).

(2) $\Rightarrow$ (4): 显然.

(4) ⇒ (8): 令 $X = P, \rho = \not\leqslant: X \rightharpoonup X$. 则由 (4), ρ 是有限强正则的, 且由引理 7.1.5, $\delta(P) \cong (\Phi_\rho(X), \subseteq)$.

(8) ⇒ (9): 显然.

(9) ⇒ (6): 由定理 7.5.4.

(4) ⇒ (2): 设 P 为并半格. $\forall x, y \in P, x \not\leqslant y$, 由 $\not\leqslant$ 是有限强正则的, $\exists\{u_1, u_2, \cdots, u_n\}, \{v_1, v_2, \cdots, v_m\} \in P^{(<\omega)}$ 使

(i) $\{v_1, v_2, \cdots, v_m\} \subseteq \bigcup\limits_{i=1}^{n}(P\backslash \uparrow u_i) = P\backslash \bigcap\limits_{i=1}^{n} \uparrow u_i$, 即 $\forall j \in \{1, 2, \cdots, m\}$, $\exists i(j) \in \{1, 2, \cdots, n\}$ 使 $u_{i(j)} \not\leqslant v_j$;

(ii) $\exists i \in \{1, 2, \cdots, n\}$ 使 $u_i \not\leqslant y, x \not\leqslant v_j$ $(j = 1, 2, \cdots, m)$;

(iii) $\forall \{s_1, s_2, \cdots, s_m\} \in P^{(<\omega)}$ 和 $t \in P$, 若 $\exists k \in \{1, 2, \cdots, n\}$ 使 $u_k \not\leqslant t$, $s_j \not\leqslant v_j$ $(j=1, 2, \cdots, m)$, 则 $\exists l \in \{1, 2, \cdots, m\}$ 使 $s_l \not\leqslant t$.

令 $u = \bigvee\limits_{i=1}^{n} u_i$. 则

(a) $u \not\leqslant v_j$ $(j = 1, 2, \cdots, m)$;

(b) $u \not\leqslant y, x \not\leqslant v_j$ $(j = 1, 2, \cdots, m)$;

(c) $\forall \{s_1, s_2, \cdots, s_m\} \in P^{(<\omega)}$ 和 $t \in P$, 若 $u \not\leqslant t, s_j \not\leqslant v_j$ $(j = 1, 2, \cdots, m)$, 则 $\exists k \in \{1, 2, \cdots, n\}$ 使 $u_k \not\leqslant t$; 从而由 (iii), $\exists l \in \{1, 2, \cdots, m\}$ 使 $s_l \not\leqslant t$.

(2‴) ⇒ (1): 设 P 为并半格. $\forall x \in P, U \in \upsilon(P), x \in U$, 则 $\exists\{y_1, y_2, \cdots, y_n\} \in P^{(<\omega)}$ 使 $x \in P\backslash \downarrow \{y_1, y_2, \cdots, y_n\} \subseteq U$. $\forall i \in \{1, 2, \cdots, n\}$, 由 $x \not\leqslant y_i$ 和 (2‴), $\exists u_i \in P$ 使 $x \in \mathrm{int}_{\upsilon(P)} \uparrow u_i = \uparrow u_i \subseteq P\backslash \downarrow y_i$; 因而 $x \in \bigcap\limits_{i=1}^{n} \mathrm{int}_{\upsilon(P)} \uparrow u_i = \mathrm{int}_{\upsilon(P)} \bigcap\limits_{i=1}^{n} \uparrow u_i = \bigcap\limits_{i=1}^{n} \uparrow u_i \subseteq \bigcap\limits_{i=1}^{n}(P\backslash \downarrow y_i) = P\backslash \downarrow \{y_1, y_2, \cdots, y_n\} \subseteq U$. 由 P 为并半格, $u = \bigvee\limits_{i=1}^{n} u_i$ 存在, 故 $\bigcap\limits_{i=1}^{n} \uparrow u_i = \uparrow u$; 从而有 $x \in \mathrm{int}_{\upsilon(P)} \uparrow u = \uparrow u \subseteq P\backslash \downarrow \{y_1, y_2, \cdots, y_n\} \subseteq U$.

推论 7.5.6 设 L 是完备格, 则下述各条件等价:

(1) L 是超代数的.

(2) $\forall x, y \in L, x \not\leqslant y, \exists u \in L$ 和有限集 $\{v_1, v_2, \cdots, v_m\} \in L^{(<\omega)}$ 使

(i) $u \not\leqslant v_j$ $(j = 1, 2, \cdots, m)$;

(ii) $u \not\leqslant y, x \not\leqslant v_j$ $(j = 1, 2, \cdots, m)$;

(iii) $\forall \{s_1, s_2, \cdots, s_m\} \in L^{(<\omega)}$ 和 $t \in L$, 若 $u \not\leqslant t, s_j \not\leqslant v_j$ $(j = 1, 2, \cdots, m)$, 则 $\exists k \in \{1, 2, \cdots, m\}$ 使 $s_k \not\leqslant t$.

(2′) $\forall x, y \in L, x \not\leqslant y, \exists\{v_1, v_2, \cdots, v_m\} \in L^{(<\omega)}$ 和 $u \in L$ 使

(i) $u \not\leqslant v_j$ $(j = 1, 2, \cdots, m)$;

(ii) $u \not\leqslant y, x \not\leqslant v_j$ $(j=1,2,\cdots,m)$;

(iii) $\forall z \in L, u \leqslant z$ 或 $\exists k \in \{1, 2, \cdots, m\}$ 使 $z \leqslant v_k$.

(2″) 有限生成下集与主滤子可以序强分离 L 中的点, 即 $\forall x, y \in L, x \not\leqslant y$, $\exists F \in L^{(<\omega)}, u \in L$ 使

(a) $x \notin \downarrow F, y \notin \uparrow u$;

(b) $\downarrow F \cup \uparrow u = L, \downarrow F \cap \uparrow u = \varnothing$.

(2‴) $\forall x, y \in L, x \not\leqslant y, \exists u \in L$ 使 $x \in \mathrm{int}_{\upsilon(L)} \uparrow u = \uparrow u \subseteq L \setminus \downarrow y$.

(3) υ-闭集与主滤子可以序强分离 L 中的点, 即 $\forall x, y \in L, x \not\leqslant y$, $\exists C \in \upsilon(L)^c, u \in L$ 使

(i) $x \notin C, y \notin \uparrow u$;

(ii) $C \cup \uparrow u = L, C \cap \uparrow u = \varnothing$.

(4) L 上的关系 $\not\leqslant$ 是有限强正则的, 即 $\forall x, y \in L, x \not\leqslant y, \exists \{u_1, u_2, \cdots, u_n\}$, $\{v_1, v_2, \cdots, v_m\} \in L^{(<\omega)}$ 使

(i) $\{v_1, v_2, \cdots, v_m\} \subseteq \bigcup\limits_{i=1}^{n} (P \setminus \uparrow u_i) = P \setminus \uparrow \bigvee\limits_{i=1}^{n} u_i$, 即 $\forall j \in \{1, 2, \cdots, m\}$, $\exists i(j) \in \{1, 2, \cdots, n\}$ 使 $u_{i(j)} \not\leqslant v_j$;

(ii) $\exists i \in \{1, 2, \cdots, n\}$ 使 $u_i \not\leqslant y, x \not\leqslant v_j$ $(j=1,2,\cdots,m)$;

(iii) $\forall \{s_1, s_2, \cdots, s_m\} \in L^{(<\omega)}$ 和 $t \in L$, 若 $\exists k \in \{1, 2, \cdots, n\}$ 使 $u_k \not\leqslant t$, $s_j \not\leqslant v_j$ $(j=1, 2, \cdots, m)$, 则 $\exists l \in \{1, 2, \cdots, m\}$ 使 $s_l \not\leqslant t$.

(5) $\not\leqslant$ 的有限扩张 $\not\leqslant^{(<\omega)}$: $L^{(<\omega)} \rightharpoonup L^{(<\omega)}$ 是强正则的.

(6) $\left(\left\{\bigcup\limits_{F \in \mathcal{F}} (L \setminus \uparrow \vee F)^{(<\omega)} : \mathcal{F} \subseteq L^{(<\omega)}\right\}, \subseteq\right)$ 是强代数格.

(7) 存在有限强正则关系 $\rho: X \rightharpoonup X$ 使 $L \cong (\Phi_\rho(X), \subseteq)$.

(8) 存在有限强正则关系 $\rho: X \rightharpoonup Y$ 使 $L \cong (\Phi_\rho(X), \subseteq)$.

注 7.5.7 (1) 推论 7.5.6 中条件 (1), (2′), (4), (5), (6), (7) 和 (8) 的等价性是文献 [253] 给出的.

(2) 推论 7.5.6 中的条件 (2″) 是在文献 [414] 中给出的 (也可参看文献 [416, 421, 424]).

由定理 7.5.4 和推论 7.5.6, 有限强正则关系是超代数格的表示 (即超代数格是有限强正则关系的特征).

7.6 广义完全分配格与超连续格的对偶等价

在 6.4 节, 我们证明了超连续格与广义完全分配格的对偶等价性. 在本节中, 我们将给出广义完全分配格的内蕴式刻画; 基于此及超连续格的内蕴式刻画, 我

们重新得到下述结果: 完备格 L 是广义完全分配的当且仅当 L^{op} 是超连续的, 由此可得到广义完全分配格的一系列刻画.

首先回顾广义完全分配格和广义强代数格的定义 (参看定义 3.4.1). 设 L 完备格, $x\in L$. 记 $w_{\lhd}(x)=\{F\in L^{(<\omega)}: F\lhd x\}$ ($F\lhd\{x\}$ 简记为 $F\lhd x$). L 称为广义完全分配格, 若 $\forall x\in L, \uparrow x=\cap\{\uparrow F: F\in w_{\lhd}(x)\}$; L 称为广义强代数格, 若 $\forall x\in L, \uparrow x=\cap\{\uparrow F: F\in L^{(<\omega)}, x\in\uparrow F, F\lhd F\}$.

显然, L 是广义强代数的 $\Leftrightarrow \forall x\in L, \uparrow x=\cap\{\uparrow F: F\in L^{(<\omega)}, F\lhd F\lhd x\}$.

注 7.6.1 (1) 关于广义完全分配格和广义强代数格的名称, 为了和前面的类似概念名称相统一, 也许分别称之为拟完全分配格 (或拟强连续格) 和拟强代数格更合适. 考虑到 Venugopalan 的广义完全分配格概念已经被大家所采纳, 在本书中我们就延续用此名称, 并相应地引入广义强代数格的概念.

(2) 广义强代数格在文献 [412, 414] 中被称为强伪代数格.

下面给出广义完全分配格的内蕴式刻画.

定理 7.6.2 设 L 是完备格, 则下述两个条件等价:

(1) L 是广义完全分配的.

(2) $\forall x,y\in L, x\not\leqslant y, \exists u\in L$ 和 $\{v_1,v_2,\cdots,v_k\}\in L^{(<\omega)}$ 使

(i) $x\not\leqslant u, v_i\not\leqslant y$ $(i=1,2,\cdots,k)$;

(ii) $\forall z\in L, z\leqslant u$ 或 $\exists j\in\{1,2,\cdots,k\}$ 使 $v_j\leqslant z$.

证明 (1) $\Rightarrow$ (2): 设 $x\not\leqslant y$. 由 L 广义完全分配的, $\exists F=\{v_1,v_2,\cdots,v_k\}\in L^{(<\omega)}$ 使 $F\lhd x$ 和 $y\notin\uparrow F$. 令 $u=\sup(L\backslash\uparrow F)$. 由推论 3.4.6, $x\not\leqslant u$. $\forall i\in\{1,2,\cdots,k\}$, 由 $y\notin\uparrow F$, 有 $v_i\not\leqslant y$. 下证条件 (ii) 成立. $\forall z\in L$, 若 $z\not\leqslant u$, 则 $z\notin L\backslash\uparrow F$; 从而 $\exists j\in\{1,2,\cdots,k\}$ 使 $v_j\leqslant z$.

(2) $\Rightarrow$ (1): 显然 $\uparrow x\subseteq\cap\{\uparrow A: A\in w_{\lhd}(x)\}$. $\forall y\notin\uparrow x$, 由条件 (2), $\exists u\in L$ 和有限集 $F=\{v_1,v_2,\cdots,v_k\}\in L^{(<\omega)}$ 满足条件 (i) 和 (ii). 由 (ii), 有 $L\backslash\uparrow F\subseteq\downarrow u$. 故 $\sup(L\backslash\uparrow F)\leqslant u$; 从而 $x\not\leqslant\sup(L\backslash\uparrow F)$. 由推论 3.4.6, 有 $F\lhd x$. 由 $y\notin\uparrow F, y\notin\cap\{\uparrow A: A\in w_{\lhd}(x)\}$. 故 $\uparrow x=\cap\{\uparrow A: A\in w_{\lhd}(x)\}$. 所以 L 是广义完全分配的.

由定理 2.5.9、推论 7.4.6 和定理 7.6.2, 得到下述

定理 7.6.3[426] 设 L 是完备格, 则下述各条件等价:

(1) L 是广义完全分配的;

(2) L^{op} 是超连续的;

(3) L 上的关系 $\not\leqslant^{\mathrm{op}}=\not\geqslant$ 是有限正则的;

(4) $\not\geqslant$ 的有限扩张 $\not\geqslant^{(<\omega)}: L^{(<\omega)}\rightharpoonup L^{(<\omega)}$ 是正则的;

(5) $\left(\left\{\bigcup\limits_{F\in\mathcal{F}}(L\backslash\downarrow\wedge F)^{(<\omega)}: \mathcal{F}\subseteq L^{(<\omega)}\right\}, \subseteq\right)$ 是完全分配格;

(6) $(\omega(L), \subseteq)$ 是完全分配格;

(7) $\forall x \in L, V \in \omega(L), x \in V, \exists u \in L$ 使 $x \in \mathrm{int}_{\omega(L)} \downarrow v \subseteq \downarrow v \subseteq V$;

(8) $\forall V \in \omega(L), V = \cup\, \mathrm{int}_{\omega(L)} \downarrow v$;

(9) $\mathrm{int}_{\omega(L)} : \mathbf{down}\ (L) \to \omega(L)$ 是完备格同态;

(9′) $\mathrm{cl}_{\omega(L)} : \mathbf{up}\ (L) \to \omega(L)^c$ 是完备格同态;

(10) $\forall C \subseteq L$, $\mathrm{int}_{\omega(L)} \downarrow C = \cup\, \mathrm{int}_{\omega(L)} \downarrow c$;

(11) $\forall x \in L, V \in \omega(L), x \in U$, 有 $x \in \mathrm{cl}_{\omega(L)}\ (\{v \in V : x \in \mathrm{int}_{\omega(L)} \downarrow v\})$;

(12) $\forall x \in L, x = \wedge\{\vee V : x \in V \in \omega(L)$, 且 $\exists U \in \omega(L)$ 使 $V \lhd U\}$;

(13) $\forall x \in P, x = \wedge\{\vee V : x \in V \in \omega(L)$, 且 $\exists U \in \omega(L)$ 使 $V \prec U\}$;

(14) $\forall x \in P, x = \wedge\{\vee V : x \in V \in \omega(L)$, 且 $\exists U \in \omega(L)$ 使 $V \ll U\}$;

(15) $\forall x \in L, x = \wedge\{\vee V : x \in V \in \omega(L)\}$.

定理 7.6.3 表明 Venugopalan[335] 关于广义完全分配格的主要结果都可以从有关超连续格的相应结果得到, 即是相应结果的对偶结果.

推论 7.6.4 有限格是广义完全分配的.

由引理 2.5.5、推论 2.5.7、定理 6.2.14、推论 6.2.19、定理 7.6.3 (或推论 6.4.14) 和推论 7.8.13, 得到下述两个推论.

推论 7.6.5 设 L 为完备格, 则下述各条件等价:

(1) L 为广义完全分配格.

(2) L^{op} 是连续格和拟超连续格.

(3) L^{op} 是连续格, $\omega(L) = \sigma(L^{\mathrm{op}})$.

(4) L^{op} 是连续格, $\lambda(L^{\mathrm{op}}) = \theta(L)$.

(5) L^{op} 是连续格, $\lambda(L) = \lambda(L^{\mathrm{op}})$.

(6) L 是并连续的拟超连续格.

(7) L 是并连续的, L 上的区间拓扑 $\theta(L)$ 是 T_2 的.

(8) L 是并连续的, 且 $\forall x, y \in L, x \not\leqslant y, \exists\{u_1, u_2, \cdots, u_n\}, \{v_1, v_2, \cdots, v_m\} \in L^{(<\omega)}$ 使

(i) $u_k \not\leqslant y, x \not\leqslant v_l\ (k = 1, 2, \cdots, n;\ l = 1, 2, \cdots, m)$;

(ii) $\forall z \in L, \exists i \in \{1, 2, \cdots, n\}$ 使 $u_i \leqslant z$ 或 $\exists j \in \{1, 2, \cdots, m\}$ 使 $z \leqslant v_j$.

(9) L 是并连续的, L 和 L^{op} 是拟连续的, 且 $\lambda(L) = \lambda(L^{\mathrm{op}})$.

(10) L 是并连续的, L^{op} 为拟连续的, 且 $\theta(L) = \lambda(L^{\mathrm{op}})$.

(11) L 是并连续的, L^{op} 为拟连续的, 且 $\omega(L) = \sigma(L^{\mathrm{op}})$.

推论 7.6.6 (Venugopalan[335]) 设 L 是广义完全分配格, 则 L 上的区间拓扑 $\theta(L)$ 是 T_2 的.

由定理 2.2.16、定理 7.6.3 (或推论 6.4.14) 和推论 7.6.5, 有下述

推论 7.6.7 设 L 为完备格, 则下述各条件等价:

(1) L 是完全分配格;

(2) L 是分配格, 且 L 和 L^{op} 均是广义完全分配格;

(3) L 是分配格, 且 L 和 L^{op} 均是超连续格;

(4) L 是 Heyting 代数和广义完全分配格;

(5) L 和 L^{op} 均是 Heyting 代数, 且 L 上的区间拓扑 $\theta(L)$ 是 T_2 的.

推论 7.6.8[426]　设 X 是一个拓扑空间, $O(X)$ 为由全体开集依包含关系构成的完备格. 则下述两个条件等价:

(1) $O(X)$ 是完全分配格;

(2) $O(X)$ 是广义完全分配格.

由定理 6.2.14、推论 6.2.19 和推论 7.6.5(或定理 7.6.3, 或推论 6.4.14), 得到下述

推论 7.6.9　设完备格 L 是交连续和并连续的, 则下述各条件等价:

(1) L 是超连续格;

(2) L^{op} 是超连续格;

(3) L 是联结的双连续格 (linked bicontinuous lattice), 即 L 和 L^{op} 均是连续格, 且 $\lambda(L)=\lambda(L^{\mathrm{op}})$;

(4) L 是拟超连续格;

(5) L^{op} 是拟超连续格;

(6) L 是广义完全分配格;

(7) L^{op} 是广义完全分配格;

(8) L 上的区间拓扑 $\theta(L)$ 是 T_2 的.

推论 7.6.9 中条件 (1), (3) 和 (8) 的等价性是 Gierz 和 Lawson 在文献 [101] 中给出的.

例 7.6.10　令 $L=\left(\left\{1-\dfrac{1}{n}:n\in\mathcal{N}\right\}\times\{0\}\right)\cup\{(0,1),(1,1)\}$. 作为 $[0,1]^2$ 的一个子集, 赋予 L 诱导序, 即 $\forall(x_1,y_1),\ (x_2,\ y_2)\in L,\ (x_1,y_1)\leqslant(x_2,y_2)\Leftrightarrow x_1\leqslant x_2$ 且 $y_1\leqslant y_2$. 则 L 是拟超连续格, 但不是连续格 (事实上, 它不是交连续的). 由推论 2.3.16 和定理 6.2.12 知, $\sigma(L)=\upsilon(L)$ (赋予集包含序) 是超连续的, 但不是完全分配的. 由推论 7.6.8, $\sigma(L)$ 不是广义完全分配的. 此例表明:

(1) 存在非广义完全分配的超连续格. 因而文献 [335, Corollary 2.5] 的充分性不成立.

(2) 与完全分配性不同, 广义完全分配性不是自对偶的; 从而由推论 6.4.14 或定理 7.6.3, 超连续性不是自对偶的.

关于广义完全分配格与超连续格的对偶, 我们还可以从广义完全分配格的下述刻画得到.

定理 7.6.11 设 L 为完备格, 则下述各条件等价:

(1) L 是广义完全分配格;

(2) $\sup:\mathbf{down}\,(L)\to L, I\mapsto \vee I$, 是 ω-连续的;

(2′) $\sup:\mathbf{down}\,(L)\to L, I\mapsto \vee I$, 保任意并和 ω-连续;

(3) $\sup:\mathbf{down}\,(L)\to L, I\mapsto \vee I$, 保滤子交;

(3′) $\sup:\mathbf{down}\,(L)\to L, I\mapsto \vee I$, 保任意并和滤子交;

(4) L 是强代数格的保任意并和滤子交映射的像;

(5) L 是完全分配格的保任意并和滤子交映射的像;

(6) L 是广义强代数格的保任意并和滤子交映射的像;

(7) L^{op} 是超连续格.

证明 (1) ⇒ (2): 设 L 是广义完全分配格. 显然, $\sup:\mathbf{down}(L)\to L$ 保任意并. 下证 $\sup:(\mathbf{down}(L),\omega(\mathbf{down}(L)))\to(L,\omega(L))$ 连续. 设 $u\in L$, $\downarrow A\in\sup^{-1}(L\backslash\uparrow u)$, 即 $u\not\leqslant\vee A$. 由 L 是广义完全分配格, $\exists F\in L^{(<\omega)}$ 使 $F\lhd u$, $\vee A\notin\uparrow F$. 由推论 3.4.6, 有 $u\not\leqslant\vee(L\backslash\uparrow F)$. $\forall\downarrow B\in\mathbf{down}(L)$, 若 $u\leqslant\sup\downarrow B$, 则由 $u\not\leqslant\vee(L\backslash\uparrow F)$, 有 $\downarrow B\not\subseteq L\backslash\uparrow F$, 即 $\downarrow B\cap F\neq\varnothing$. 令 $\boldsymbol{\mathcal{U}}=\{\downarrow C\in\mathbf{down}(L):\downarrow C\cap F=\varnothing\}$. 则 $\downarrow A\in\boldsymbol{\mathcal{U}}\subseteq\sup^{-1}(L\backslash\uparrow u)$. 而 $\boldsymbol{\mathcal{U}}=\{\downarrow C\in\mathbf{down}(L):\downarrow C\cap F=\varnothing\}=\bigcap\limits_{v\in F}(\mathbf{down}(L)\backslash\uparrow_{\mathbf{down}(L)}\downarrow v)\in\omega(\mathbf{down}(L))$. 故 $\sup^{-1}(L\backslash\uparrow u)\in\omega(\mathbf{down}(L))$. 所以 $\sup:(\mathbf{down}(L),\omega(\mathbf{down}(L)))\to(L,\omega(L))$ 连续.

(2) ⇔ (2′), (3) ⇔ (3′): 显然, $\sup:\mathbf{down}(L)\to L$, $I\mapsto\vee I$, 保任意并.

(2) ⇒ (3) ⇒ (4) ⇒ (5): 显然.

(5) ⇒ (7): 设 L_1 为完全分配格, $f:L_1\to L$ 是保任意并和滤子交的满映射. 则 $f:L_1^{\mathrm{op}}\to L^{\mathrm{op}}$ 是 $\mathrm{INF}^{\uparrow}-$ 满映射. 由命题 2.2.5 和定理 6.5.19, L^{op} 是超连续格.

(5) ⇒ (6): 显然 (参看推论 7.6.19).

(6) ⇒ (1): 设 L_1 为广义强代数格, $f:L_1\to L$ 是保任意并和滤子交的满映射. 则 L_1 为广义完全分配格; 从而由定理 7.5.5, L_1^{op} 是超连续. 由定理 6.5.19 和 $f:L_1^{\mathrm{op}}\to L^{\mathrm{op}}$ 是 $\mathrm{INF}^{\uparrow}$-满映射, 知 L^{op} 是超连续格.

(7) ⇒ (2): 由定理 6.5.20.

(2) ⇒ (1): 设 $x,y\in L$, $x\not\leqslant y$, 则由 $\sup:(\mathbf{down}(L),\omega(\mathbf{down}(L)))\to(L,\omega(L))$ 连续, $\exists\{A_1,A_2,\cdots,A_n\}\in\mathbf{down}(L)^{(<\omega)}$ 使 $\downarrow y\in\omega(\mathbf{down}(L))\backslash\uparrow\{A_1,A_2,\cdots,A_n\}\subseteq\sup^{-1}(L\backslash\uparrow x)$. $\forall i\in\{1,2,\cdots,n\}$, 任取 $u_i\in A_i\backslash\downarrow y$. 令 $F=\{u_1,u_2,\cdots,u_n\}$. 则 $F\in L^{(<\omega)}$, $y\notin\uparrow F$. 下证 $F\lhd x$. 设 $C\subseteq L$, $x\leqslant\sup C$. 若 $C\cap\uparrow F=\varnothing$, 则 $\downarrow C\subseteq L\backslash\uparrow F\in\mathbf{down}(L)\backslash\uparrow\{A_1,A_2,\cdots,A_n\}\subseteq\sup^{-1}(L\backslash\uparrow x)$. 事实上, $\forall i\in\{1,2,\cdots,n\}$, 由 $u_i\in A_i$, 有 $\uparrow F\not\subseteq L\backslash A_i$, 即 $A_i\not\subseteq L\backslash\uparrow F$. 故

$L\backslash\uparrow F\in \mathbf{down}(L)\backslash\uparrow\{A_1, A_2, \cdots, A_n\}$; 从而 $\downarrow C\subseteq L\backslash\uparrow F\in \mathbf{down}(L)\backslash\uparrow\{A_1, A_2, \cdots, A_n\}\subseteq \sup^{-1}(L\backslash\uparrow x)$, 与 $x\leqslant \sup C$ 矛盾. 故 $F\lhd x$. 所以 L 是广义完全分配格.

推论 7.6.12 广义完全分配格的保任意并和滤子交映射的像是广义完全分配格.

注 7.6.13 (1) 定理 7.6.11 可以直接由推论 6.4.14 和定理 6.5.20 得到. 这里我们给出的证明是定理 6.5.20 证明的 "对偶".

(2) 由定理 7.6.11 和推论 7.6.12, 保任意并和滤子交的映射作为广义完全分配格之间的态射似乎是合适的 (参看注 6.5.22), 且在此态射下, 广义完全分配格的 "自然" 代数格是广义强代数格.

下面给出广义强代数格的内蕴式刻画.

定理 7.6.14 设 L 是完备格, 则下述两个条件等价:

(1) L 是广义强代数格.

(2) $\forall x, y\in L, x\not\leqslant y, \exists u\in L$ 和有限集 $\{v_1, v_2, \cdots, v_m\}\in L^{(<\omega)}$ 使

(i) $v_i\not\leqslant u(i=1, 2, \cdots, m)$;

(ii) $x\not\leqslant u, v_i\not\leqslant y(i=1, 2, \cdots, m)$;

(iii) $\forall z\in L, z\leqslant u$ 或 $\exists j\in\{1, 2, \cdots, m\}$ 使 $v_j\leqslant z$.

证明 (1) $\Rightarrow$ (2): 设 $x\not\leqslant y$. 由 L 广义强代数格, $\exists F=\{v_1, v_2, \cdots, v_m\}\in L^{(<\omega)}$ 使 $F\lhd F\lhd x$ 和 $y\notin\uparrow F$. 令 $u=\sup(L\backslash\uparrow F)$. 由推论 3.4.5, 有 $x\in\uparrow F=L\backslash\downarrow u$; 故 $x\not\leqslant u$, 且 $\forall i\in\{1, 2, \cdots, m\}, v_i\not\leqslant y$, 即 (ii) 成立. 由 $\uparrow F=L\backslash\downarrow u$, 知条件 (i) 和 (iii) 成立.

(2) $\Rightarrow$ (1): $\forall x\in L$, 显然 $\uparrow x\subseteq\bigcap\{\uparrow F: F\in L^{(<\omega)}, F\lhd F\lhd x\}=\bigcap\{\uparrow F: F\in L^{(<\omega)}, F\lhd F, x\in\uparrow F\}$. 另一方面, 设 $y\notin\uparrow x$, 则由条件 (2), $\exists u\in L$ 和有限集 $F=\{v_1, v_2, \cdots, v_k\}\in L^{(<\omega)}$ 满足条件 (i), (ii) 和 (iii). 由 (i) 和 (iii), 有 $L\backslash\uparrow F=\downarrow u$. 由推论 3.4.5, 有 $F\lhd F$. 由 $y\notin\uparrow F, x\in\uparrow F$, 知 $y\notin\bigcap\{\uparrow F: F\in L^{(<\omega)}, F\lhd F\lhd x\}$. 故 $\uparrow x=\bigcap\{\uparrow F: F\in L^{(<\omega)}, F\lhd F, x\in\uparrow F\}$. 所以 L 是广义强代数格.

由定理 2.5.10、推论 7.5.6 和定理 7.6.14, 得到下述

定理 7.6.15 设 L 是完备格, 则下述各条件等价:

(1) L 是广义强代数格;

(2) L^{op} 是超代数的;

(3) L 上的关系 $\not\leqslant^{\mathrm{op}}=\not\geqslant$ 是有限强正则的;

(4) $\not\geqslant$ 的有限扩张 $\not\geqslant^{(<\omega)}: L^{(<\omega)}\rightharpoonup L^{(<\omega)}$ 是强正则的;

(5) $\left(\left\{\bigcup_{F\in\mathcal{F}}(L\backslash\downarrow\wedge F)^{(<\omega)}: \mathcal{F}\subseteq L^{(<\omega)}\right\}, \subseteq\right)$ 是强代数格;

(6) $(\omega(L), \subseteq)$ 是强代数格;

(7) $\forall x \in L$, $V \in \omega(L)$, 若 $x \in V$, 则 $\exists v \in V$ 使 $x \in \mathrm{int}_{\omega(L)} \downarrow v = \downarrow v$;

(8) $\forall x \in L$, $x = \wedge\{\vee U : x \in U \in \omega(L), U \lhd U\}$.

推论 7.6.16 有限格是广义强代数格.

由定理 6.2.12、定理 6.2.16、推论 6.2.21、定理 7.6.15 和推论 7.9.14, 得到下述

推论 7.6.17 设 L 为完备格, 则下述各条件等价:

(1) L 为广义强代数格;

(2) L^{op} 是代数格和拟超代数格;

(3) L^{op} 是代数格, $\omega(L)=\sigma(L^{\mathrm{op}})$;

(4) L^{op} 是代数格, $\lambda(L^{\mathrm{op}}) = \theta(L)$;

(5) L^{op} 是代数格, $\lambda(L)=\lambda(L^{\mathrm{op}})$;

(6) L 是并连续的拟超代数格;

(7) L 是并连续的, L^{op} 是拟超代数格;

(8) L 是并连续的, L 赋予区间拓扑 $\theta(L)$ 是 Priestley 的;

(9) L 是并连续的, 且 $\forall x, y \in L$, $x \nleqslant y$, $\exists\{u_1, u_2, \cdots, u_n\}, \{v_1, v_2, \cdots, v_m\} \in L^{(<\omega)}$ 使

(i) $\forall\ (i, j) \in\{1, 2, \cdots, n\}\times\{1, 2, \cdots, m\}$, $u_i \nleqslant v_j$,

(ii) $u_i \nleqslant y\ (i = 1, 2, \cdots, n)$, $x \nleqslant v_j\ (j = 1, 2, \cdots, m)$,

(iii) $\forall z \in L$, $\exists i \in\{1, 2, \cdots, n\}$ 使 $u_i \leqslant z$ 或 $\exists j \in\{1, 2, \cdots, m\}$ 使 $z \leqslant v_j$;

(10) L 是并连续的, L 和 L^{op} 是拟代数的, $\lambda(L)=\lambda(L^{\mathrm{op}})$;

(11) L 是并连续的, L^{op} 为拟代数的, $\theta(L)=\lambda(L^{\mathrm{op}})$;

(12) L 是并连续的, L^{op} 为拟代数的, $\omega(L)=\sigma(L^{\mathrm{op}})$.

推论 7.6.18 设 L 是广义强代数格, 则 L 赋予区间拓扑 $\theta(L)$ 是 Priestley 的.

由定理 2.2.17、定理 7.6.15 和推论 7.6.17, 有下述

推论 7.6.19 设 L 为完备格, 则下述各条件等价:

(1) L 是强代数;

(2) L 是分配格, 且 L 和 L^{op} 均是广义强代数格;

(3) L 是 Heyting 代数和广义强代数格;

(4) L 和 L^{op} 均是 Heyting 代数, 且 L 赋予区间拓扑 $\theta(L)$ 是 Priestley 的.

推论 7.6.20 设 X 是一个拓扑空间, $O(X)$ 为由全部开集依包含关系构成的完备格. 则下述两个条件等价:

(1) $O(X)$ 是强代数格;

(2) $O(X)$ 是广义强代数格.

由推论 6.2.21 和推论 7.6.17, 得到下述

推论 7.6.21　设完备格 L 是交连续和并连续的, 则下述两个条件等价:

(1) L 为广义强代数格;

(2) L^{op} 为广义强代数格;

(3) L 是超代数格;

(4) L^{op} 是超代数格;

(5) $(L, \theta(L), \leqslant)$ 是 Priestley 空间.

最后, 我们讨论广义关于广义完全分配格和广义强代数格在偏序集上的推广, 仅以广义完全分配性为例, 广义强代性在偏序集的推广是类似的.

广义完全分配格 (类似地, 广义强代数格) 在偏序集上的推广有下述三种方式:

方式 1　由引理 2.5.2 和定理 2.5.9 知, 超连续偏序集可以用下述等价的任一方式定义:

(1) $\forall x \in U \in \upsilon(P)$, $\exists u \in P$ 使 $x \in \mathrm{int}_{\upsilon(P)} \uparrow u \subseteq \uparrow u \subseteq U$;

(2) $\forall x \in P$, $\{u \in P : x \in \mathrm{int}_{\upsilon(P)} \uparrow u\}$ 是定向的, 且 $x = \vee\{u \in P : x \in \mathrm{int}_{\upsilon(P)} \uparrow u\}$.

由推论 6.4.14(也参看定理 7.6.3), 广义完全分配格对偶等价于超连续格. 故基于超连续偏序集的定义 (用其对偶), 可以用两种方式引入广义完全分配偏序集的概念. 我们将看到, 两种方式是等价的, 且仍保留与超连续偏序集的对偶等价性.

定义 7.6.22　偏序集 P 称为是广义完全分配的 (也许称为广义强连续的更合适), 若 $\forall x \in U \in \omega(P)$, $\exists u \in P$ 使 $x \in \mathrm{int}_{\omega(P)} \downarrow u \subseteq \downarrow u \subseteq U$.

由定理 2.5.9(用其对偶), 有下述

命题 7.6.23　设 P 是偏序集, 则下述各条件等价:

(1) P 是广义完全分配的;

(2) P^{op} 是超连续的;

(3) $\omega(P)$ 是完全分配格;

(4) $\forall x \in P$, $\{u \in P : x \in \mathrm{int}_{\omega(P)} \downarrow u\}$ 是下定向的, 且 $x = \wedge\{u \in P : x \in \mathrm{int}_{\omega(P)} \downarrow u\}$;

(5) $\mathrm{int}_{\omega(P)} : \mathbf{down}(P) \to \omega(P)$ 是完备格同态;

(5′) $\mathrm{cl}_{\omega(P)} : \mathbf{up}(P) \to \omega(P)^c$ 是完备格同态;

(6) $\forall C \subseteq P$, $\mathrm{int}_{\omega(P)} \downarrow C = \cup\, \mathrm{int}_{\omega(P)} \downarrow c$;

(7) $\forall U \in \omega(P)$, $U = \cup\, \mathrm{int}_{\omega(P)} \downarrow u$;

(8) $\forall x \in P, U \in \omega(P)$, 若 $x \in U$, 则 $x \in \mathrm{cl}_{\omega(P)}(\{u \in U : x \in \mathrm{int}_{\omega(P)} \downarrow u\})$;

若 P 为完备格, 则上述条件等价于下述各条件:

(9) $\forall x \in P$, $x = \wedge\{\vee V : x \in V \in \omega(P)$, 且 $\exists U \in \omega(P)$ 使 $V \lhd U\}$;

(10) $\forall x \in P$, $x = \wedge\{\vee V : x \in V \in \omega(P)$, 且 $\exists U \in \omega(P)$ 使 $V \prec U\}$;

(11) $\forall x \in P$, $x = \wedge\{\vee V : x \in V \in \omega(P)$, 且 $\exists U \in \omega(P)$ 使 $V \ll U\}$;

(12) $\forall x \in P$, $x = \wedge\{\vee V : x \in V \in \omega(P)\}$.

方式 2 Menon 在文献 [272] 给出了广义完全分配偏序集 (Menon 称之为 GCD poset) 的一种定义, 为区别起见, 我们称之为 M-广义完全分配偏序集.

定义 7.6.24 [272] 偏序集 P 称为 M-广义完全分配的, 若 P 是拟连续的, 且 $\forall x \in P, \uparrow x = \cap\{\uparrow F : F \in P^{(<\omega)}$ 且 $F \lhd x\}$.

注 7.6.25 (1) 从文献 [272] 可以看出, Menon 的原始定义要求 P 是 **dcpo**, 即在定义 7.6.24 中, P 要求是拟连续 domain. 我们去掉 **dcpo** 的要求, 是为了这个定义适用于一般偏序集.

(2) 由于 $\{\uparrow F : F \in P^{(<\omega)}$ 且 $F \lhd x\} \subseteq \{\uparrow F : F \in P^{(<\omega)}$ 且 $F \ll x\}$, 故 P 为 M-广义完全分配偏序集等价于: $\forall x \in P$, $\{\uparrow F : F \in P^{(<\omega)}$ 且 $F \ll x\}$ 是定向的, 且 $\uparrow x = \cap\{\uparrow F : F \in P^{(<\omega)}$ 且 $F \lhd x\}$.

方式 3 用 $\lhd$ 的逼近性定义, 我们称之为 W-广义完全分配偏序集.

定义 7.6.26 偏序集 P 称为 W-广义完全分配的, 若 $\forall x \in P, \uparrow x = \cap\{\uparrow F : F \in P^{(<\omega)}$ 且 $F \lhd x\}$.

注 7.6.27 在定义 M-广义完全分配偏序集和 W-广义完全分配偏序集时, 没有要求 $\{\uparrow F : F \in P^{(<\omega)}$ 且 $F \lhd x\}$ 的定向性, 因为纵使是广义完全分配格, 这个条件一般也不满足.

由定理 7.6.3 和推论 7.6.7, 就完备格而言, 三种定义方式是等价的, 且对偶等价于超连续格的概念. 但对偏序集情形, 三种定义方式互不等价. 关于它们之间的关系, 有下述结果.

命题 7.6.28 设 P 是偏序集.

(1) 若偏序集 P 是 M-广义完全分配的, 则 P 是 W-广义完全分配的;

(2) 若偏序集 P 是广义完全分配的, 则 P 是 W-广义完全分配的;

(3) 设 P 具有性质 R 和性质 WDINT(特别地, 若 P 具有性质 M_w), 若 P 是广义完全分配的, 则 P 为 M-广义完全分配的.

证明 (1) 显然.

(2) 设 $x, y \in P$, $x \nleqslant y$. 由 P 是广义完全分配的, $\exists u \in P$, $F \in P^{(<\omega)}$ 使 $y \in P\setminus \uparrow F \subseteq \downarrow u \subseteq P\setminus \uparrow x$. 下证 $F \lhd x$. $\forall A \subseteq P$, 若 $\vee A$ 存在, $x \leqslant \vee A$, $\uparrow F \cap A = \varnothing$, 则 $A \subseteq P\setminus \uparrow F \subseteq \downarrow u$, 从而 $\vee A \leqslant u$. 故 $x \leqslant u$, 与 $\downarrow u \subseteq P\setminus \uparrow x$ 矛盾. 所以 $\uparrow x = \cap\{\uparrow F : F \in P^{(<\omega)}$ 且 $F \lhd x\}$.

(3) 由 (2), 只需证明 P 为拟连续的. $\forall x, y \in P$, $x \nleqslant y$, 由 P 是广义完全分配的, $\exists u \in P$, $F \in P^{(<\omega)}$ 使 $y \in P\setminus \uparrow F \subseteq \downarrow u \subseteq P\setminus \uparrow x$, 从而 $x \in P\setminus \downarrow u \subseteq \uparrow F \subseteq P\setminus \downarrow y$. 由 P 具有性质 R 和性质 WDINT 和定理 10.2.56, P 为拟连续的.

注 7.6.29 综合上面所述, 用方式 1 定义应该是三种方式中最合适的, 而由本书的 10.6 节, Menon 采用的方式 2 似乎是最不合适的, 即这种直接 "绑架" 拟连续 domain 来定义广义完全分配偏序集的方式是不恰当的.

7.7 偏序集上区间拓扑的分离性

Lawson 拓扑和区间拓扑是偏序集上两个重要的“双边”拓扑. 对这两个拓扑, 一个基本的问题是 (参看文献 [98, 99] 和文献 [53, 92, 101]): 在什么条件下它们具有 Hausdorff 分离性? 在文献 [100](也可参看文献 [98, 99]) 中, Gierz 和 Lawson 对 Lawson 拓扑之 T_2 性问题进行了讨论, 给出了完备格上 Lawson 拓扑为 T_2 的序等价刻画, 即拟连续性 (见命题 3.1.7). 而偏序集上区间拓扑的 Hausdorff 分离性 (及 T_3 等更高的分离性) 之研究更是一直受到人们的关注 (参见文献 [27, 53, 92, 178, 179, 268, 284, 364]).

进一步考虑到偏序集上的序, 下面引入两个比 T_2 更强的分离性.

定义 7.7.1[395] 偏序集 P 上的拓扑η 称为是单调 T_2 的, 若 $\forall x, y \in P, x \not\leqslant y$, $\exists(U, V) \in \eta_+ \times \eta_-$ 使 $x \in U, y \in V, U \cap V = \varnothing$.

定义 7.7.2 设 τ 和 δ 是偏序集 P 上的两个拓扑, $\leqslant = \leqslant_\tau = \leqslant_\delta^{\mathrm{op}}$. $\alpha = \tau \vee \delta$ 称为关于 τ 和 δ 是分裂 T_2 的, 在不引起混淆的情况下, 简称是分裂 T_2 的, 若 $\forall x$, $y \in P, x \not\leqslant y, \exists(U, V) \in \tau \times \delta$ 使 $x \in U, y \in V, U \cap V = \varnothing$.

由 $\leqslant = \leqslant_\tau = \leqslant_\delta^{\mathrm{op}}$, $\tau \subseteq \alpha_+ \subseteq \mathbf{up}(P)$, $\delta \subseteq \alpha_- \subseteq \mathbf{down}(P)$, 故若 $\alpha = \tau \vee \delta$ 关于 τ 和 δ 是分裂 T_2 的, 则 α 是单调 T_2 的. 反之一般不成立 (见例 7.7.13).

定义 7.7.3 [53] 设 P 为偏序集, $X \subseteq P$. $W \subseteq P$ 称为 X 的一个分离集, 若 $W \subseteq X$ 且 X 中的任一元均与 W 中的某一元序可比较, 即 $W \subseteq X \subseteq \uparrow W \cup \downarrow W$; X 称为有限可分离的, 若 X 有一个有限分离子集.

$$\forall x, y \in P, A \subseteq P, \text{令 } N(A) = P \backslash (A^{\downarrow} \cup A^{\uparrow}) = P \Big\backslash \left(\left(\bigcap_{a \in A} \downarrow a \right) \cup \left(\bigcap_{a \in A} \uparrow a \right) \right),$$

$N(x, y) = P \backslash (\{x, y\}^{\downarrow} \cup \{x, y\}^{\uparrow}) = P \backslash ((\downarrow x \cap \downarrow y) \cup (\uparrow x \cap \uparrow y))$, $N(x) = P \backslash (\downarrow x \cup \uparrow x)$.

定理 7.7.4[53,179,268,364] 设 P 为偏序集, 考虑下述各条件:

(a) P 不含无限反链;

(a$'$) $\forall S \subseteq P, S$ 是有限可分离的;

(b) $\forall x \in P, N(x)$ 是有限可分离的 (Matsushima 条件);

(b$'$) $\forall A \subseteq P, N(A)$ 是有限可分离的;

(c) $\forall B \subseteq P$, $|B| \geqslant 2$, $N(B)$ 是有限可分离的;

(c$'$) $\forall x, y \in P, x \neq y$, $N(x, y)$ 是有限可分离的;

(c$''$) $\forall x, y \in P, x \neq y$, $\exists F, G \in X^{(<\omega)}$ 使 $F \cap \{x, y\}^{\uparrow} = \varnothing$, $G \cap \{x, y\}^{\downarrow} = \varnothing$, $\downarrow F \cup \uparrow G = P$;

(c‴) $(P, \theta(P))$ 是 Hausdorff 的,

则有 (a) $\Leftrightarrow$ (a′) $\Rightarrow$ (b) $\Leftrightarrow$ (b′) $\Rightarrow$ (c) $\Leftrightarrow$ (c′) $\Leftrightarrow$ (c″) $\Leftrightarrow$ (c‴).

注 7.7.5 (1) Matsushima 在文献 [268] 中构造了一个反例, 说明 "(b) $\Rightarrow$ (a)" 不成立.

(2) Kolibiar 在文献 [179] 构造了一个反例, 说明 "(c‴) $\Rightarrow$ (b)" 不成立.

(3) Northam 在文献 [284] 中指出: (c‴) $\Rightarrow$ 每个开区间 $(x, y)=\{z \in P : x < z < y\}$ 是有限可分离的.

下面讨论 T_3 及以上分离性 (T_5 分离性的定义参看文献 [323]). 首先考虑链和完备格情形. 下述两个结果是众所周知的 (参看文献 [324]).

定理 7.7.6 设 C 为链, 则 $(C, \theta(C))$ 是 $T_2, T_3, T_{3\frac{1}{2}}, T_4$ 和 T_5 的.

引理 7.7.7[92] 设 L 为格, 则 $(L, \theta(L))$ 为紧空间当且仅当 L 为完备格.

推论 7.7.8 设 L 为完备格, 则下述各条件等价:

(1) $(L, \theta(L))$ 是 T_2 的;

(2) $(L, \theta(L))$ 是 T_3 的;

(3) $(L, \theta(L))$ 是 $T_{3\frac{1}{2}}$ 的;

(4) $(L, \theta(L))$ 是 T_4 的.

现在考虑一般的偏序集情形. 设 P 为偏序集, $\forall x, y \in P$, 令 $M(x, y) = P\backslash(\{x, y\}^{\downarrow} \cup \{x\}^{\uparrow}) = P\backslash((\downarrow x \cap \downarrow y) \cup \uparrow x)$, $P(x, y) = P\backslash(\{y\}^{\downarrow} \cup \{x, y\}^{\uparrow}) = P\backslash((\uparrow x \cap \uparrow y) \cup \downarrow y)$.

定义 7.7.9[53] 偏序集 P 称为满足性质 S, 若

(S) $\forall x, y \in P, x \not\leqslant y, \exists U, V \in \theta(P)$ 使 $x \in U, \downarrow y \subseteq V, U \cap V = \varnothing$.

定理 7.7.10[53] 设 P 为偏序集, 考虑下述各条件:

(1) $\forall x, y \in P, x \not\leqslant y$, $M(x, y)$ 和 $P(x, y)$ 均是有限可分离的;

(2) P 和 P^{op} 具有性质 S;

(2′) $(P, \theta(P))$ 是 T_3 的,

则有 (1) $\Rightarrow$ (2) $\Leftrightarrow$ (2′).

定理 7.7.11[53,178] 设 L 为格, 则下述各条件等价:

(1) $\forall x, y \in L, x \not\leqslant y$, $M(x, y)$ 和 $P(x, y)$ 均是有限可分离的;

(2) $\forall x, y \in L, y < x, L\backslash(\downarrow y \cup \uparrow x)$ 是有限可分离;

(3) $(L, \theta(L))$ 是 T_2 的;

(4) $(L, \theta(L))$ 是 T_3 的.

注 7.7.12 设 L 为格, 则 Matsushima 条件 (即 $\forall x \in P, N(x)$ 是有限可分离的)$\Rightarrow \forall x, y \in L, x \not\leqslant y$, $M(x, y)$ 和 $P(x, y)$ 均是有限可分离的 $\Leftrightarrow T_2 \Leftrightarrow T_3$. 但对半格情形, 这个蕴涵关系不再成立. 下述例子 (见 Erné ([53, Example 1])) 表明, 甚至对半格, 定理 7.7.11 中的条件 (1) 也不一定与 (2) 等价.

例 7.7.13　令 $Z=\mathcal{N}\cup\{0\}\cup\{-n:n\in\mathcal{N}\}$ 为整数集, x, y, $T\notin Z$. 令 $P=Z\cup\{x,y,T\}$. 在 P 上定义偏序关系 $\leqslant$ 如下 (图 7.7.1):

(1) $0<1<2<3<\cdots<n<n+1<\cdots$;

(2) $\forall n\in\mathcal{N}$, $n-1<-n$ (即 $\downarrow -n=\{0,1,2,\cdots,n-1\}\cup\{-n\}$);

(3) T 是 P 中的最大元 (即 $\downarrow T=P$);

(4) $\forall s\in Z$, $s<x$(即 $\downarrow x=Z\cup\{x\}$);

(5) $\forall n\in\mathcal{N}$, $n<y$(即 $\downarrow y=\mathcal{N}\cup\{0\}\cup\{y\}$).

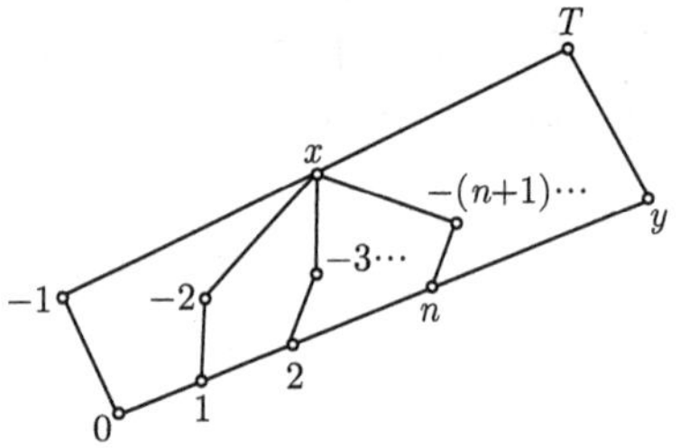

图 7.7.1

则有

(1) P 为并半格, 但不是交半格 ($x\wedge y$ 不存在). $\{-n:n\in\mathcal{N}\}\cup\{y\}$ 是 P 中的无限反链.

(2) $\{0,1,2,\cdots,n,\cdots\}^{\uparrow}=\{x,y,1\}$, 而 x 与 y 序不可比较. 故 $\{0,1,2,\cdots,n,\cdots\}$ 在 P 中无上确界.

(3) $\forall w\in P$, $N(w)=P\backslash(\downarrow w\cup\uparrow w)$ 是有限可分离的.

(4) $M(x,y)=P\backslash(\{x,y\}^{\downarrow}\cup\{x\}^{\uparrow})=P\backslash((\downarrow x\cap\downarrow y)\cup\uparrow x)=\{-n:n\in\mathcal{N}\}\cup\{y\}$ 是 P 中的无限反链, 因而不是有限可分离的.

(5) $\forall u\in P\backslash\{x\}$, $\{u\}\in\theta(P)$ (即 u 是 $(P,\theta(P))$ 中的孤立点), 故 $(P,\theta(P))$ 是 $T_2, T_3, T_{3\frac{1}{2}}$ 和 T_4 的.

(6) 由 (5) 容易验证 $(P,\theta(P))$ 是单调 T_2 的.

(7) 由 (4) 和 (5) 知, 定理 7.7.11 中的条件 (1) 不是 $\theta(P)$ 为 T_3 的必要条件.

(8) $\theta(P)_+\neq\upsilon(P)$, $\theta(P)_-\neq\omega(P)$. 如 $(P\backslash\downarrow y)\cup\{y\}=\uparrow\{-1,-2,\cdots,-n,\cdots\}\cup\uparrow y\in\theta(P)_+$. 下证 $(P\backslash\downarrow y)\cup\{y\}\notin\upsilon(P)$. 反之, 若 $(P\backslash\downarrow y)\cup\{y\}\in\upsilon(P)$, 则 $\exists F\in P^{(<\omega)}$ 使 $y\in P\backslash\downarrow F\subseteq(P\backslash\downarrow y)\cup\{y\}$; 从而 $F\subseteq\{0,1,2,\cdots,n,\cdots\}$. 故 $\exists m\in\mathcal{N}$ 使 $m\in P\backslash\downarrow F\subseteq(P\backslash\downarrow y)\cup\{y\}$, 矛盾. 令 $V=\downarrow\{-2m:m\in\mathcal{N}\}\cup\{y\}$. 则 $V\in\theta(P)_-$. 下证 $V\notin\omega(P)_-$. 反之, 若 $V\in\omega(P)_-$, $\exists G\in P^{(<\omega)}$ 使 $y\in P\backslash\uparrow G\subseteq\downarrow\{-2m:m\in\mathcal{N}\}\cup\{y\}$, 从而 $G\subseteq\{-1,-2,\cdots,-n,\cdots\}\cup\{x,1\}$. 故 $\exists k\in\mathcal{N}$ 使 $\{-k,-(k+1),\cdots\}\subseteq P\backslash\uparrow G\subseteq\downarrow\{-2m:m\in\mathcal{N}\}\cup\{y\}$, 矛盾.

(9) $(P, \theta(P))$ 关于$\upsilon(P)$ 和 $\omega(P)$ 不是分裂 T_2 的. 显然 $x \not\leqslant y$. $\forall F, G \in P^{(<\omega)}$, 若 $x \in P\backslash \downarrow F$, $y \in P\backslash \uparrow G$, 则 $F \subseteq\{-1, -2, \cdots, -n, \cdots\} \cup \downarrow y$, $G \subseteq\{-1, -2, \cdots, -n, \cdots\}\cup \{x, 1\}$. 故 $\exists m \in \mathcal{N}$ 使 $\{-m, -(m+1), \cdots\}\subseteq P\backslash \downarrow F$, $\{-m, -(m+1), \cdots \}\subseteq P\backslash \uparrow G$; 从而 $(P\backslash \downarrow F)\cap (P\backslash \uparrow G) \neq \varnothing$.

下面的例子 (见 Erné 的文献 [53, Example 2]) 表明, 对一般的偏序集 P, Matsushima 条件不蕴涵 $(P, \theta(P))$ 是 T_3 的.

例 7.7.14 $\forall n \in \mathcal{N}$, $n \geqslant 2$, 令 $p(n)$ 为 n 的最小素因子 (如 $p(3^n) = p(3) = 3$, $p(5^n) = p(5)=5$, $p(3^n5^m) = 3$). 设 $\{a_i : i \in \mathcal{N}\}$, $\{b_i : i \in \mathcal{N}\}$ 和 $\{c_i : i \in \mathcal{N}\}$ 是 3 个互不相关的序列, 令 $P = \{a_i : i \in \mathcal{N}\} \cup \{b_i : i \in \mathcal{N}\} \cup \{c_i : i \in \mathcal{N}\}$.

在 P 上定义偏序关系 $\leqslant$ 如下 (图 7.7.2):

(1) $c_k \leqslant c_n \Leftrightarrow n = 1$ 或 $1<k \leqslant n$(即 $c_2 < c_3 < c_4 < \cdots < c_n < c_{n+1} < \cdots < c_1$);

(2) $c_k \leqslant a_i \Leftrightarrow k \neq 1$ 且 $i = 1$ 或 $k < i$;

(3) $c_k \leqslant b_j \Leftrightarrow k \neq 1, j \neq 1, p(j)>k$;

(4) $b_j \leqslant a_i \Leftrightarrow i \neq j$ 且 $(i = 1$ 或 $j = 1$ 或 $p(j) \leqslant k < i)$;

(5) 其他不相同的两个点均无序关系.

则有

(1) $\{a_i : i \in \mathcal{N}\}$ 和 $\{b_i : i \in \mathcal{N}\}$ 均是 P 中的反链.

(2) $\forall w \in P$, $N(w) = P\backslash(\downarrow w\cup \uparrow w)$ 是有限可分离的 (即满足 Matsushima 条件). 故由定理 7.7.4, $(P, \theta(P))$ 是 T_2 的.

(3) 易知 $x = a_1$ 与闭集 $\downarrow y =\downarrow c_1=\{c_i : i \in N\}$ 在 $(P, \theta(P))$ 中不能用开集分离, 故 $(P, \theta(P))$ 不是 T_3 的.

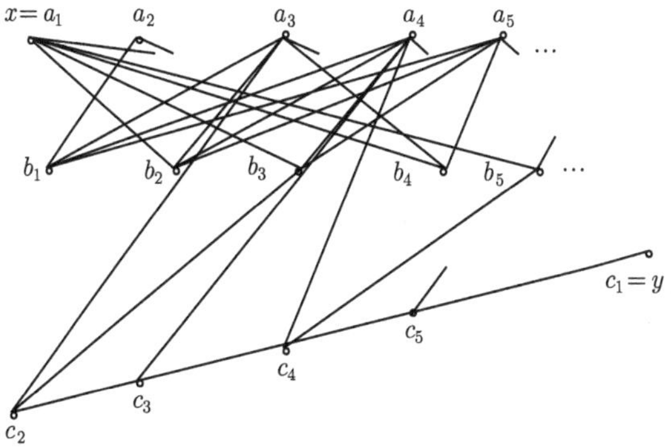

图 7.7.2

由定理 7.7.4、推论 7.7.8、定理 7.7.10 和定理 7.7.11, 有下述

问题 7.7.15[53]　设 L 为格, $(L, \theta(L))$ 为 $T_2(\Leftrightarrow T_3)$ 的, $(L, \theta(L))$ 是否为 T_4 的? 是否为 $T_{3\frac{1}{2}}$ 的?

问题 7.7.16　对一般偏序集或格 P, 给出 $(P, \theta(P))$ 为 T_4 的刻画; 给出其为 $T_{3\frac{1}{2}}$ 的刻画.

7.8　Hausdorff 区间拓扑的广义有限正则表示

在本节中, 我们对完备格上区间拓扑之 T_2 性进行了讨论, 给出了区间拓扑 T_2 的完备格的广义有限正则表示定理和区间拓扑为 T_2 的若干等价条件, 特别是它的内蕴式刻画; 证明了完备格 L 上的区间拓扑是 T_2 的 $\Leftrightarrow$ L 是拟超连续的 $\Leftrightarrow$ L 上的关系 $\not\leqslant$ 是广义有限正则的. 由此, 我们获得了拟超连续格的内蕴式刻画.

引理 7.8.1[395]　设 L 是完备格, 则下述各条件等价:

(1) $\lambda(L)$ 是 T_2 的;

(2) $\lambda(L)$ 关于$\sigma(L)$ 和 $\omega(L)$ 是分裂 T_2 的;

(3) $\lambda(L)$ 是单调 T_2 的.

证明　(1) $\Rightarrow$ (2): 设$\lambda(L)$ 是 T_2 的, 则由命题 3.1.7, L 是拟连续格. $\forall x$, $y \in L$, 若 $x \not\leqslant y$, 则 $x \in L\setminus\downarrow y \in \sigma(L)$. 由定理 3.1.4, $\exists F \in L^{(<\omega)}$ 使 $x \in \mathrm{int}_{\sigma(L)}\uparrow F \subseteq \uparrow F \subseteq L\setminus\downarrow y$. 令 $U = \mathrm{int}_{\sigma(L)}\uparrow F$, $V = L\setminus\uparrow F$. 则 $x \in U \in \sigma(L)$, $y \in V \in \omega(L)$, $U \cap V = \varnothing$. 故 $\lambda(L)$ 关于 $\sigma(L)$ 和 $\omega(L)$ 是分裂 T_2 的.

(2) $\Leftrightarrow$ (3): 由命题 1.2.12, $\lambda(L)_+ = \sigma(L)$, $\lambda(L)_- = \omega(L)$.

(3) $\Rightarrow$ (1): 显然.

引理 7.8.2[395]　设 L 是完备格, 则下述各条件等价:

(1) $\theta(L)$ 是 T_2 的;

(2) $\theta(L)$ 关于 $\upsilon(L)$ 和 $\omega(L)$ 是分裂 T_2 的;

(3) $\theta(L)$ 是单调 T_2 的.

证明　(1) $\Rightarrow$ (2): 设 $\theta(L)$ 是 T_2 的, 则由定理 6.2.12 和定理 6.2.13, L 是拟连续格, $\theta(L) = \lambda(L)$, $\upsilon(L) = \sigma(L)$; 从而由引理 7.8.1, $\theta(L)$ 是关于 $\upsilon(L)$ 和 $\omega(L)$ 是分裂 T_2 的.

(2) $\Leftrightarrow$ (3): 由命题 1.2.12, $\theta(L)_+ = \upsilon(L)$, $\theta(L)_- = \omega(L)$.

(3) $\Rightarrow$ (1): 显然.

注 7.8.3　设 P 是例 7.7.14 中的偏序集. 则 $\theta(P)$ 是 T_2 的, 但 $\theta(P)$ 关于 $\upsilon(P)$ 和 $\omega(P)$ 不是分裂 T_2 的. 因而偏序集上区间拓扑的 T_2 性一般弱于关于 $\upsilon(P)$ 和 $\omega(P)$ 的分裂 T_2 性.

定义 7.8.4[395]　关系 $\rho: X \rightharpoonup Y$ 称为是广义有限正则的, 若 $\forall (x, y) \in \rho$, $\exists \{u_1, u_2, \cdots, u_n\} \in X^{(<\omega)}$ 和 $\{v_1, v_2, \cdots, v_m\} \in Y^{(<\omega)}$ 使

(i) $(u_i, y) \in \rho$ $(i = 1, 2, \cdots, n)$, $(x, v_j) \in \rho$ $(j = 1, 2, \cdots, m)$;

(ii) $\forall\{s_1, s_2, \cdots, s_m\} \in X^{(<\omega)}$, $\{t_1, t_2, \cdots, t_n\} \in Y^{(<\omega)}$, 若 $(u_i, t_i) \in \rho$ $(i = 1, 2, \cdots, n)$, $(s_j, v_j) \in \rho (j = 1, 2, \cdots, m)$, 则 $\exists(k, l) \in \{1, 2, \cdots, m\}\times\{1, 2, \cdots, n\}$ 使 $(s_k, t_l) \in \rho$.

注 7.8.5 (1) 有限正则关系是广义有限正则的;

(2) 广义有限正则性是自对偶的, 即若 $\rho: X \rightharpoonup Y$ 是广义有限正则的, 则 $\rho^{-1}: Y \rightharpoonup X$ 也是广义有限正则的.

引理 7.8.6[395] 设 $\rho: X \rightharpoonup Y$, 则下述两个条件等价:

(1) $\rho: X \rightharpoonup Y$ 是广义有限正则的;

(2) $\forall(x, y) \in \rho$, $\exists(U, V) \in X^{(<\omega)} \times Y^{(<\omega)}$ 使

1° $U \subseteq \rho^{-1}(y)$, $V \subseteq \rho(x)$,

2° $\forall(S, T) \in X^{(<\omega)} \times Y^{(<\omega)}$, 若 $U \subseteq \rho^{-1}(T)$, $V \subseteq \rho(S)$, 则 $T \cap \rho(S) \neq \varnothing$.

证明 (1) $\Rightarrow$ (2): 设 $(x, y) \in \rho$, 则由 ρ 是广义有限正则的, $\exists\{u_1, u_2, \cdots, u_n\} \in X^{(<\omega)}$ 和 $\{v_1, v_2, \cdots, v_m\} \in Y^{(<\omega)}$ 使

(i) $(u_i, y) \in \rho$ $(i = 1, 2, \cdots, n)$, $(x, v_j) \in \rho$ $(j = 1, 2, \cdots, m)$,

(ii) $\forall\{s_1, s_2, \cdots, s_m\} \in X^{(<\omega)}$, $\{t_1, t_2, \cdots, t_n\} \in Y^{(<\omega)}$, 若 $(u_i, t_i) \in \rho$ $(i = 1, 2, \cdots, n)$, $(s_j, v_j) \in \rho$ $(j = 1, 2, \cdots, m)$, 则 $\exists(k, l) \in \{1, 2, \cdots, m\}\times\{1, 2, \cdots, n\}$ 使 $(s_k, t_l) \in \rho$.

令 $U=\{u_1, u_2, \cdots, u_n\}$, $V=\{v_1, v_2, \cdots, v_m\}$. 则 $U \in X^{(<\omega)}$, $V \in Y^{(<\omega)}$. 由 (i), 有

1° $U \subseteq \rho^{-1}(y)$, $V \subseteq \rho(x)$.

下证 2°. 设 $(S, T) \in X^{(<\omega)} \times Y^{(<\omega)}$, $U \subseteq \rho^{-1}(T)$, $V \subseteq \rho(S)$, 则 $\forall i \in \{1, 2, \cdots, n\}$, $\exists t_i \in T$ 使 $(u_i, t_i) \in \rho$; $\forall j \in \{1, 2, \cdots, m\}$, $\exists s_j \in S$ 使 $(s_j, v_j) \in \rho$. 由 (ii), $\exists(k, l) \in \{1, 2, \cdots, m\}\times\{1, 2, \cdots, n\}$ 使 $(s_k, t_l) \in \rho$; 从而 $T \cap \rho(S) \neq \varnothing$. 所以 2° 成立.

(2) $\Rightarrow$ (1): 设 $(x, y) \in \rho$, 则由 (2), $\exists(U, V) \in X^{(<\omega)} \times Y^{(<\omega)}$ 使

1° $U \subseteq \rho^{-1}(y)$, $V \subseteq \rho(x)$.

2° $\forall(S, T) \in X^{(<\omega)} \times Y^{(<\omega)}$, 若 $U \subseteq \rho^{-1}(T)$, $V \subseteq \rho(S)$, 则 $T \cap \rho(S) \neq \varnothing$.

不妨设 $U=\{u_1, u_2, \cdots, u_n\}$, $V=\{v_1, v_2, \cdots, v_m\}$. 则由 1°, 有

(i) $(u_i, y) \in \rho$ $(i = 1, 2, \cdots, n)$, $(x, v_j) \in \rho$ $(j = 1, 2, \cdots, m)$.

下证 (ii). $\forall S = \{s_1, s_2, \cdots, s_m\} \in X^{(<\omega)}$, $T = \{t_1, t_2, \cdots, t_n\} \in Y^{(<\omega)}$, 若 $(u_i, t_i) \in \rho$ $(i = 1, 2, \cdots, n)$, $(s_j, v_j) \in \rho$ $(j = 1, 2, \cdots, m)$, 则 $U \subseteq \rho^{-1}(T)$, $V \subseteq \rho(S)$. 由 2°, $T \cap \rho(S) \neq \varnothing$. 故 $\exists(k, l) \in \{1, 2, \cdots, m\}\times\{1, 2, \cdots, n\}$ 使 $(s_k, t_l) \in \rho$. 所以 (ii) 成立.

下面给出区间拓扑 T_2 的完备格的广义有限正则表示定理和内蕴式刻画 (推论 7.8.13 中的条件 (5)).

定理 7.8.7[395,403,405]　设 $\rho: X \rightharpoonup Y$, 则下述各条件等价:

(1) ρ 是广义有限正则关系;

(2) $(\varPhi_\rho(X), \subseteq)$ 是拟超连续格;

(3) $(\varPhi_\rho(X), \subseteq)$ 上的区间拓扑是 T_2 的.

证明　为方便起见, 以下记 $L=(\varPhi_\rho(X), \subseteq)$.

(1) $\Rightarrow$ (2): $\forall \rho(A) \in L$, $\mathcal{U} \in \upsilon(L)$, 若 $\rho(A) \in \mathcal{U}$, 则 $\exists\{\rho(A_1), \rho(A_2), \cdots, \rho(A_n)\} \in L^{(<\omega)}$ 使 $\rho(A) \in L\backslash \downarrow\{\rho(A_1), \rho(A_2), \cdots, \rho(A_n)\} \subseteq \mathcal{U}$. $\forall i \in \{1, 2, \cdots, n\}$, 由 $\rho(A) \nsubseteq \rho(A_i)$, $\exists x_i \in A$, $y_i \in Y$ 使 $(x_i, y_i) \in \rho$, $y_i \notin \rho(A_i)$. 由 ρ 是广义有限正则的, $\exists\{u_{ij}: j \in J(i)\} \in X^{(<\omega)}$ 和 $\{v_{ik}: k \in K(i)\} \in Y^{(<\omega)}$ 满足下述两个条件:

(i) $\forall (j, k) \in J(i) \times K(i)$, $(u_{ij}, y_i) \in \rho$, $(x_i, v_{ik}) \in \rho$;

(ii) $\forall \{s_k: k \in K(i)\} \in X^{(<\omega)}$, $\{t_j: j \in J(i)\} \in Y^{(<\omega)}$, 若 $\{(u_{ij}, t_j): j \in J(i)\} \subseteq \rho$, $\{(s_k, v_{ik}): k \in K(i)\} \subseteq \rho$, 则 $\exists (m, l) \in K(i) \times J(i)$ 使 $(s_m, t_l) \in \rho$.

$\forall i \in \{1, 2, \cdots, n\}$, $k \in K(i)$, 令 $N_{ik} = \cup\{N \in L: v_{ik} \notin N\}$($N_{ik}$ 可能为空集 $\varnothing$), 即 L 中不含 v_{ik} 的最大元. 则 $\forall i \in \{1, 2, \cdots, n\}$, 有

1° $\rho(A) \in L\backslash \downarrow\{N_{ik}: k \in K(i)\}$.

由 (i), 有 $\{v_{ik}: k \in K(i)\} \subseteq \rho(x_i) \subseteq \rho(A)$, 故 $\rho(A) \in L\backslash \downarrow\{N_{ik}: k \in K(i)\}$.

2° $L\backslash \downarrow\{N_{ik}: k \in K(i)\} \subseteq \uparrow\{\rho(u_{ij}): j \in J(i)\}$.

若 $\exists N = \rho(B) \in L\backslash \downarrow\{N_{ik}: k \in K(i)\}$ 使 $N \notin \uparrow\{\rho(u_{ij}): j \in J(i)\}$, 则 $\exists\{w_j: j \in J(i)\} \in Y^{(<\omega)}$ 使 $\{(u_{ij}, w_j): j \in J(i)\} \subseteq \rho$, 但 $w_j \notin N$; 且由诸 N_{ik} 的定义, 有 $\{v_{ik}: k \in K(i)\} \subseteq N = \rho(B)$. 故 $\exists\{b_k: k \in K(i)\} \subseteq B$ 使 $\{(b_k, v_{ik}): k \in K(i)\} \subseteq \rho$. $\forall (k, j) \in K(i) \times J(i)$, 取 $s_k = b_k$, $t_j = w_j$. 则由 (ii), $\exists (m, l) \in K(i) \times J(i)$ 使 $w_l = t_l \in \rho(s_m) = \rho(b_m) \subseteq N$, 与 $w_l \notin N$ 矛盾. 故 $L\backslash \downarrow\{N_{ik}: k \in K(i)\} \subseteq \uparrow\{\rho(u_{ij}): j \in J(i)\}$.

3° $\uparrow\{\rho(u_{ij}): j \in J(i)\} \subseteq L\backslash \downarrow\rho(A_i)$.

$\forall M = \rho(C) \in L$, 若 $M \in \uparrow\{\rho(u_{ij}): j \in J(i)\}$, 则 $\exists j_0 \in J(i)$ 使 $\rho(u_{ij_0}) \subseteq M$. 由 (i), 有 $y_i \in M$. 但 $y_i \notin \rho(A_i)$, 故 $M \in L\backslash \downarrow\rho(A_i)$. 因此 $\uparrow\{\rho(u_{ij}): j \in J(i)\} \subseteq L\backslash \downarrow\rho(A_i)$.

由 1°, 2° 和 3°, 有 $\rho(A) \in \bigcap\limits_{i=1}^{n}(L\backslash \downarrow\{N_{ik}: k \in K(i)\}) \subseteq \bigcap\limits_{i=1}^{n} \uparrow\{\rho(u_{ij}): j \in J(i)\} \subseteq \bigcap\limits_{i=1}^{n}(L\backslash \downarrow \rho(A_i)) = L\backslash \downarrow\{\rho(A_1), \rho(A_2), \cdots, \rho(A_n)\} \subseteq \mathcal{U}$. 令 $\mathcal{F}=\{\rho(\{u_{1\varphi(1)},$

$u_{2\varphi(2)}, \cdots, u_{n\varphi(n)}\}) : \varphi \in \prod_{i=1}^{n} J(i)\}=\left\{\bigcup_{i=1}^{n} \rho(u_{i\varphi(i)}) : \varphi \in \prod_{i=1}^{n} J(i)\right\}$, $\mathcal{V} = \bigcap_{i=1}^{n}(L\backslash \downarrow \{N_{ik} : k \in K(i)\}) = L\backslash \downarrow\{N_{ik} : i = 1, 2, \cdots, n; k \in K(i)\}$. 则 $\mathcal{V} \in \upsilon(L)$, $\mathcal{F} \in L^{(<\omega)}$, 且 $\rho(A) \in \mathcal{V} \subseteq \bigcap_{i=1}^{n} \uparrow\{\rho(u_{ij}) : j \in J(i)\} = \uparrow \mathcal{F} \subseteq \mathcal{U}$. 因而 $\rho(A) \in \mathrm{int}_{\upsilon(L)} \uparrow \mathcal{F} \subseteq\uparrow \mathcal{F} \subseteq \mathcal{U}$. 故 $L=(\varPhi_\rho(X), \subseteq)$ 是拟超连续格.

(2) $\Rightarrow$ (3): $\forall\rho(A), \rho(B) \in L$, 若 $\rho(A) \not\subseteq \rho(B)$, 则 $\rho(A) \in L\backslash \downarrow\rho(B) \in \upsilon(L)$. 由 L 是拟超连续格, $\exists\mathcal{F} \in L^{(<\omega)}$ 使 $\rho(A) \in \mathrm{int}_{\upsilon(L)} \uparrow \mathcal{F} \subseteq\uparrow \mathcal{F} \subseteq L\backslash \downarrow\rho(B)$. 令 $\mathcal{U} = \mathrm{int}_{\upsilon(L)} \uparrow\mathcal{F}$, $\mathcal{V} = L\backslash \uparrow \mathcal{F}$. 则 $\rho(A) \in\mathcal{U} \in \upsilon(L)$, $\rho(B) \in \mathcal{V} \in \omega(L)$, $\mathcal{U}\cap\mathcal{V} = \varnothing$. 故 $\theta(L)$ 关于$\upsilon(L)$ 和 $\omega(L)$ 是分裂 T_2 的.

(3) $\Rightarrow$ (1): 设 $\theta(L)$ 是 T_2 的, 则由引理 7.8.2, $\theta(L)$ 关于$\upsilon(L)$ 和 $\omega(L)$ 是分裂 T_2 的. $\forall(x, y) \in \rho$, 令 $M_y = \cup\{N \in L : y \notin N\}$($M_y$ 可能为空集 $\varnothing$). 则 $\rho(x) \not\subseteq M_y$. 由 $\theta(L)$ 关于$\upsilon(L)$ 和 $\omega(L)$ 是分裂 T_2 的, $\exists\{\rho(A_1), \rho(A_2), \cdots, \rho(A_m)\}$, $\{\rho(B_1), \rho(B_2), \cdots, \rho(B_n)\} \in L^{(<\omega)}$ 使 $\rho(x) \in L\backslash \downarrow\{\rho(A_1), \rho(A_2), \cdots, \rho(A_m)\}$, $M_y \in L\backslash \uparrow\{\rho(B_1), \rho(B_2), \cdots, \rho(B_n)\}$, $(L\backslash \downarrow\{\rho(A_1), \rho(A_2), \cdots, \rho(A_n)\})$ $\cap(L\backslash \uparrow\{\rho(B_1), \rho(B_2), \cdots, \rho(B_n)\})=\varnothing$, 即 $\downarrow\{\rho(A_1), \rho(A_2), \cdots, \rho(A_n)\}\cup \uparrow\{\rho(B_1), \rho(B_2), \cdots, \rho(B_n)\}=L$. 由 $\rho(x) \not\subseteq \rho(A_l)$, $\rho(B_k) \not\subseteq M_y(l = 1, 2, \cdots, m; k = 1, 2, \cdots, n)$ 和 M_y 的定义, $\exists u_k \in B_k(k = 1, 2, \cdots, n)$ 和 $\{v_1, v_2, \cdots, v_m\} \in Y^{(<\omega)}$ 使 $\{(u_1, y), (u_2, y), \cdots, (u_n, y)\}\subseteq \rho$, $\{(x, v_1), (x, v_2), \cdots, (x, v_m)\}\subseteq \rho$, 且 $\forall l \in \{1, 2, \cdots, m\}$, $v_l \notin \rho(A_l)$. 故 $\{u_1, u_2, \cdots, u_n\}$ 和 $\{v_1, v_2, \cdots, v_m\}$ 满足定义 7.8.4 中的条件 (i). 下证定义 7.8.4 中的条件 (ii) 满足. $\forall\{s_1, s_2, \cdots, s_m\} \in X^{(<\omega)}$, $\{t_1, t_2, \cdots, t_n\} \in Y^{(<\omega)}$, 若 $\{(u_1, t_1), (u_2, t_2), \cdots, (u_n, t_n)\}\subseteq\rho$, $\{(s_1, v_1), (s_2, v_2), \cdots, (s_m, v_m)\}\subseteq \rho$, 则由 $\{v_1, v_2, \cdots, v_m\}\subseteq \bigcup_{i=1}^{m}\rho(s_i) = \rho(\{s_1, s_2, \cdots, s_m\}) \in L, v_l \notin \rho(A_l)(l = 1, 2, \cdots, m)$ 和 $\downarrow\{\rho(A_1), \rho(A_2), \cdots, \rho(A_n)\}\cup \uparrow\{\rho(B_1), \rho(B_2), \cdots, \rho(B_n)\}=L$, $\exists j \in \{1, 2, \cdots, n\}$ 使 $\rho(B_j) \subseteq \bigcup_{i=1}^{m}\rho(s_i)$; 从而由 $u_j \in B_j$ 和 $(u_j, t_j) \in \rho$, 有 $t_j \in \bigcup_{i=1}^{m}\rho(s_i)$. 故 $\exists i \in \{1, 2, \cdots, m\}$ 使 $(s_i, t_j) \in \rho$. 因而定义 7.8.4 中的条件 (ii) 满足. 故 ρ 是广义有限正则的.

定理 7.8.8 设 $(P, \leqslant)$ 是偏序集, 考虑下述各条件:

(1) P 是拟超连续的, 即 $\forall x \in P$, $U \in \upsilon(P)$, $x \in U$, $\exists F \in P^{(<\omega)}$ 使 $x \in \mathrm{int}_{\upsilon(P)} \uparrow F \subseteq\uparrow F \subseteq U$.

(2) $\forall x, y \in P$, $x \not\leqslant y$, $\exists\{u_1, u_2, \cdots, u_n\}$, $\{v_1, v_2, \cdots, v_m\} \in P^{(<\omega)}$ 使

(i) $u_i \not\leqslant y$ $(i = 1, 2, \cdots, n)$, $x \not\leqslant v_j$ $(j = 1, 2, \cdots, m)$;

(ii) $\forall z \in P$, $\exists k \in \{1, 2, \cdots, n\}$ 使 $u_k \leqslant z$ 或 $\exists l \in \{1, 2, \cdots, m\}$ 使 $z \leqslant v_l$.

(2_1) 有限生成下集与有限生成上集可以序分离 P 中的点, 即 $\forall x,\ y \in P$, $x \not\leqslant y$, $\exists F,\ G \in P^{(<\omega)}$ 使

(i) $x \notin \downarrow G$, $y \notin \uparrow F$;

(ii) $\downarrow G \cup \uparrow F = P$.

(2_2) υ-闭集与有限生成上集可以序分离 P 中的点, 即 $\forall x,\ y \in P$, $x \not\leqslant y$, $\exists \upsilon$-闭集 C 和 $F \in P^{(<\omega)}$ 使

(i) $x \notin C$, $y \notin \uparrow F$;

(ii) $C \cup \uparrow F = P$.

(2_3) $\forall x,\ y \in P$, $x \not\leqslant y$, $\exists F \in P^{(<\omega)}$ 使 $x \in \mathrm{int}_{\upsilon(P)} \uparrow F \subseteq \uparrow F \subseteq P \backslash \downarrow y$.

(2_4) 有限生成下集与 ω-闭集可以序分离 P 中的点, 即 $\forall x,\ y \in P$, $x \not\leqslant y$, $\exists G \in P^{(<\omega)}$ 和 ω-闭集 B 使

(i) $x \notin \downarrow G$, $y \notin B$;

(ii) $\downarrow G \cup B = P$.

(2_5) υ-闭集与 ω-闭集可以序分离 P 中的点, 即 $\forall x,\ y \in P$, $x \not\leqslant y$, $\exists \omega$-闭集 B 和 υ-闭集 C 使

(i) $x \notin C$, $y \notin B$;

(ii) $C \cup B = P$.

(3) P 上的关系 $\not\leqslant$ 是广义有限正则的, 即 $\forall x,\ y \in P$, $x \not\leqslant y$, $\exists \{u_1,\ u_2,\ \cdots,\ u_n\}$, $\{v_1,\ v_2,\ \cdots,\ v_m\} \in P^{(<\omega)}$ 使

(i) $u_i \not\leqslant y\ (i = 1,\ 2,\ \cdots,\ n)$, $x \not\leqslant v_j\ (j = 1,\ 2,\ \cdots,\ m)$;

(ii) $\forall \{s_1,\ s_2,\ \cdots,\ s_m\} \in P^{(<\omega)}$, $\{t_1,\ t_2,\ \cdots,\ t_n\} \in P^{(<\omega)}$, 若 $u_i \not\leqslant t_i\ (i = 1,\ 2,\ \cdots,\ n)$, $s_j \not\leqslant v_j\ (j = 1,\ 2,\ \cdots,\ m)$, 则 $\exists (k,\ l) \in \{1,\ 2,\ \cdots,\ m\} \times \{1,\ 2,\ \cdots,\ n\}$ 使 $s_k \not\leqslant t_l$.

(4) P 的 Dedekind-MacNeille 完备化 $\delta(P)$ 是拟超连续格.

(5) $\theta(\delta(P))$ 是 T_2 的.

(6) $(\upsilon(\delta(P)),\ \subseteq)$ 是超连续格.

(7) 存在广义有限正则关系 $\rho : X \rightharpoonup X$ 使 $\delta(P) \cong (\varPhi_\rho(X),\ \subseteq)$.

(8) 存在广义有限正则关系 $\rho : X \rightharpoonup Y$ 使 $\delta(P) \cong (\varPhi_\rho(X),\ \subseteq)$.

则 (1) $\Rightarrow$ (2), (3) $\Rightarrow$ (2), (2)—(2_5) 等价, (3)—(8) 等价; 若 P 为 S 偏序集, 则 (2) $\Rightarrow$ (3), 从而 (2)—(8) 等价; 若 P 是具有性质 WDINT(特别地, 具有性质 M_w) 的 **dcpo**, 则 (2) $\Rightarrow$ (1), 从而 (1)—(2)—(2_5) 等价.

证明　(3) $\Leftrightarrow$ (4) $\Leftrightarrow$ (5) $\Leftrightarrow$ (6) $\Leftrightarrow$ (7) $\Leftrightarrow$ (8): 由命题 6.2.9、引理 7.1.5 和定理 7.8.7.

(1) $\Rightarrow$ (2_1): 显然.

(3) $\Rightarrow$ (2): $\forall x, y \in P$, $x \not\leqslant y$, 由 $\not\leqslant$ 是广义有限正则的, $\exists\{u_1, u_2, \cdots, u_n\}$, $\{v_1, v_2, \cdots, v_m\} \in P^{(<\omega)}$ 使

(i) $u_i \not\leqslant y$ $(i = 1, 2, \cdots, n)$, $x \not\leqslant v_j$ $(j = 1, 2, \cdots, m)$,

(ii) $\forall\{s_1, s_2, \cdots, s_m\} \in P^{(<\omega)}$, $\{t_1, t_2, \cdots, t_n\} \in P^{(<\omega)}$, 若 $u_i \not\leqslant t_i$ $(i = 1, 2, \cdots, n)$, $s_j \not\leqslant v_j$ $(j = 1, 2, \cdots, m)$, 则 $\exists(k, l) \in \{1, 2, \cdots, m\}\times\{1, 2, \cdots, n\}$ 使 $s_k \not\leqslant t_l$.

$\forall z \in P$, 取 $t_i = z$ $(i = 1, 2, \cdots, n)$, $s_j = z$ $(j = 1, 2, \cdots, m)$. 则由 (ii), $\exists k \in \{1, 2, \cdots, \}$ 使 $u_k \leqslant t_k = z$ 或 $\exists l \in \{1, 2, \cdots, m\}$ 使 $z = s_k \leqslant v_k$. 故 $\{u_1, u_2, \cdots, u_n\}$ 和 $\{v_1, v_2, \cdots, v_k\}$ 满足 (2) 中的条件 (i) 和 (ii).

(2) $\Leftrightarrow$ (2_1): 显然.

$(2_1) \Rightarrow (2_2) \Rightarrow (2_5)$, $(2_1) \Rightarrow (2_4) \Rightarrow (2_5)$: 显然.

$(2_5) \Rightarrow (2_1)$: $\forall x, y \in P$, $x \not\leqslant y$, 由 (2_5), $\exists\omega$-闭集 B 和 υ-闭集 C 使

(i) $x \notin C$, $y \notin B$,

(ii) $C \cup B = P$.

由 $B \in \omega(P)^c$, $C \in \upsilon(P)^c$, $\exists\{F_i : i \in I\}$, $\{G_j : j \in J\} \subseteq P^{(<\omega)}$ 使 $B = \bigcap_{i\in I} \uparrow F_i$, $C = \bigcap_{j\in J} \downarrow G_j$; 从而由 (i), $\exists(k, l) \in I \times J$ 使 $y \notin \uparrow F_k$, $x \notin \downarrow G_l$. 令 $F = F_k$, $G = G_l$. 则易知 F 和 G 满足 (2_1) 中的条件 (i) 和 (ii).

$(2_2) \Leftrightarrow (2_3)$: 显然.

(2) $\Rightarrow$ (3): 设 P 为 S 偏序集. $\forall x, y \in P$, $x \not\leqslant y$, 由 (2), $\exists\{u_1, u_2, \cdots, u_n\}$, $\{v_1, v_2, \cdots, v_m\} \in P^{(<\omega)}$ 使

(i) $u_i \not\leqslant y$ $(i = 1, 2, \cdots, n)$, $x \not\leqslant v_j$ $(j = 1, 2, \cdots, m)$,

(ii) $\forall z \in P$, $\exists k \in \{1, 2, \cdots, n\}$ 使 $u_k \leqslant z$ 或 $\exists l \in \{1, 2, \cdots, m\}$ 使 $z \leqslant v_l$.

下证 (3) 中的条件 (ii). 设 $\{s_1, s_2, \cdots, s_m\} \in P^{(<\omega)}$, $\{t_1, t_2, \cdots, t_n\} \in P^{(<\omega)}$, $u_i \not\leqslant t_i$ $(i = 1, 2, \cdots, n)$, $s_j \not\leqslant v_j$ $(j = 1, 2, \cdots, m)$, 下证 $\exists(k, l) \in \{1, 2, \cdots, m\}\times\{1, 2, \cdots, n\}$ 使 $s_k \not\leqslant t_l$. 反之, 若 $\forall(k, l) \in \{1, 2, \cdots, m\}\times\{1, 2, \cdots, n\}$, $s_k \leqslant t_l$. 则 $s_1, s_2, \cdots, s_m$ 均是有限集 $\{t_1, t_2, \cdots, t_n\}$ 的下界; 从而由 P 是 S 偏序集, 存在 $\{t_1, t_2, \cdots, t_n\}$ 的下界 s 使 $s \geqslant s_1, s_2, \cdots, s_m$. 由 $s_j \not\leqslant v_j$ $(j = 1, 2, \cdots, m)$, 有 $s \not\leqslant v_j$ $(j = 1, 2, \cdots, m)$; 从而由 (ii), $\exists k \in \{1, 2, \cdots, n\}$ 使 $u_k \leqslant s$; 由 $u_k \not\leqslant t_k$, 有 $s \not\leqslant t_k$, 与 s 是 $\{t_1, t_2, \cdots, t_n\}$ 的下界矛盾. 故 (3) 中的条件 (ii) 成立.

$(2_3) \Rightarrow (1)$: 设 P 是具有性质 WDINT 的 **dcpo**. $\forall x \in P$, $U \in \upsilon(P)$, $x \in U$. 若 $U = P$, 且 $\forall y \in P$, $x \notin P\backslash \downarrow y$, 则 x 是 P 中的最小元, 从而有 $x \in \mathrm{int}_{\upsilon(P)} \uparrow x = \uparrow x = U$. 若 $U = P$ 且 $\exists y \in P$ 使 $x \in P\backslash \uparrow y$ 或 $U \neq P$, 则 $\exists\{y_1, y_2, \cdots, y_n\} \in P^{(<\omega)}$ 使 $x \in P\backslash \downarrow\{y_1, y_2, \cdots, y_n\} \subseteq U$. $\forall i \in \{1, 2, \cdots,$

$n\}$, 由 $x \not\leqslant y_i$ 和 (2_3), $\exists F_i \in P^{(<\omega)}$ 使 $x \in \mathrm{int}_{\upsilon(P)} \uparrow F_i \subseteq \uparrow F_i \subseteq P\backslash \downarrow y_i$; 因而 $x \in \bigcap\limits_{i=1}^{n} \mathrm{int}_{\upsilon(P)} \uparrow F_i = \mathrm{int}_{\upsilon(P)} \bigcap\limits_{i=1}^{n} \uparrow F_i \subseteq \bigcap\limits_{i=1}^{n} \uparrow F_i \subseteq \bigcap\limits_{i=1}^{n}(P\backslash \downarrow y_i) = P\backslash \downarrow\{y_1, y_2, \cdots, y_n\} \subseteq U$. 由 P 具有性质 WDINT, 存在定向族 $\{\uparrow G_j \in \mathbf{Fin}\ P : j \in J\}$ 使 $\bigcap\limits_{i=1}^{n} \uparrow F_i = \bigcap\limits_{j\in J} \uparrow G_j$; 从而 $\bigcap\limits_{j\in J} \uparrow G_j \subseteq \bigcap\limits_{i=1}^{n}(P\backslash \downarrow y_i) = P\backslash \downarrow\{y_1, y_2, \cdots, y_n\} \in \upsilon(P) \subseteq \sigma(P)$. 由 P 为 **dcpo** 和推论 3.2.2, $\exists j \in J$ 使 $\uparrow G_j \subseteq P\backslash \downarrow\{y_1, y_2, \cdots, y_n\}$. 令 $F = G_j$. 则 $x \in \mathrm{int}_{\upsilon(P)} \uparrow F \subseteq \uparrow F \subseteq P\backslash \downarrow\{y_1, y_2, \cdots, y_n\} \subseteq U$. 所以 P 是拟超连续的.

推论 7.8.9　设 $(P, \leqslant)$ 是并半格, 则下述各条件等价:

(1) P 是拟超连续的, 即 $\forall x \in P$, $U \in \upsilon(P)$, $x \in U$, $\exists F \in P^{(<\omega)}$ 使 $x \in \mathrm{int}_{\upsilon(P)} \uparrow F \subseteq \uparrow F \subseteq U$.

(2) $\forall x, y \in P$, $x \not\leqslant y$, $\exists\{u_1, u_2, \cdots, u_n\}, \{v_1, v_2, \cdots, v_m\} \in P^{(<\omega)}$ 使

(i) $u_i \not\leqslant y\ (i = 1, 2, \cdots, n)$, $x \not\leqslant v_j\ (j = 1, 2, \cdots, m)$;

(ii) $\forall z \in P$, $\exists k \in \{1, 2, \cdots, n\}$ 使 $u_k \leqslant z$ 或 $\exists l \in \{1, 2, \cdots, m\}$ 使 $z \leqslant v_l$.

(2_1) 有限生成下集与有限生成上集可以序分离 P 中的点, 即 $\forall x, y \in P$, $x \not\leqslant y$, $\exists F, G \in P^{(<\omega)}$ 使

(i) $x \notin \downarrow G$, $y \notin \uparrow F$;

(ii) $\downarrow G \cup \uparrow F = P$.

(2_2) υ-闭集与有限生成上集可以序分离 P 中的点, 即 $\forall x, y \in P$, $x \not\leqslant y$, $\exists\upsilon$-闭集 C 和 $F \in P^{(<\omega)}$ 使

(i) $x \notin C$, $y \notin \uparrow F$;

(ii) $C \cup \uparrow F = P$.

(2_3) $\forall x, y \in P$, $x \not\leqslant y$, $\exists F \in P^{(<\omega)}$ 使 $x \in \mathrm{int}_{\upsilon(P)} \uparrow F \subseteq \uparrow F \subseteq P\backslash \downarrow y$.

(2_4) 有限生成下集与 ω-闭集可以序分离 P 中的点, 即 $\forall x, y \in P$, $x \not\leqslant y$, $\exists G \in P^{(<\omega)}$ 和 ω-闭集 B 使

(i) $x \notin \downarrow G$, $y \notin B$;

(ii) $\downarrow G \cup B = P$.

(2_5) υ-闭集与 ω-闭集可以序分离 P 中的点, 即 $\forall x, y \in P$, $x \not\leqslant y$, $\exists\omega$-闭集 B 和υ-闭集 C 使

(i) $x \notin C$, $y \notin B$;

(ii) $C \cup B = P$.

(3) P 上的关系 $\not\leqslant$ 是广义有限正则的, 即 $\forall x, y \in P$, $x \not\leqslant y$, $\exists\{u_1, u_2, \cdots, u_n\}, \{v_1, v_2, \cdots, v_m\} \in P^{(<\omega)}$ 使

(i) $u_i \not\leqslant y\ (i = 1, 2, \cdots, n)$, $x \not\leqslant v_j\ (j = 1, 2, \cdots, m)$;

(ii) $\forall\{s_1, s_2, \cdots, s_m\} \in P^{(<\omega)}$, $\{t_1, t_2, \cdots, t_n\} \in P^{(<\omega)}$, 若 $u_i \not\leqslant t_i$ $(i=1, 2, \cdots, n)$, $s_j \not\leqslant v_j$ $(j=1, 2, \cdots, m)$, 则 $\exists(k, l) \in \{1, 2, \cdots, m\}\times\{1, 2, \cdots, n\}$ 使 $s_k \not\leqslant t_l$.

(4) P 的 Dedekind-MacNeille 完备化 $\delta(P)$ 是拟超连续格.

(5) $\theta(\delta(P))$ 是 T_2 的.

(6) $(\upsilon(\delta(P)), \subseteq)$ 是超连续格.

(7) 存在广义有限正则关系 $\rho: X \rightharpoonup X$ 使 $\delta(P) \cong (\Phi_\rho(X), \subseteq)$.

(8) 存在广义有限正则关系 $\rho: X \rightharpoonup Y$ 使 $\delta(P) \cong (\Phi_\rho(X), \subseteq)$.

推论 7.8.10 设偏序集 P 和 P^{op} 是具有性质 WDINT (特别地, 具有性质 M_w) 的 **dcpo**, 若 P 是拟超连续的, 则 P^{op} 也是拟超连续的.

推论 7.8.11 若格 L 是拟超连续的, 则 L^{op} 也是拟超连续的.

推论 7.8.12 设 L 是格, 则下述各条件等价:

(1) L 是拟超连续的, 即 $\forall x \in L$, $U \in \upsilon(L)$, $x \in U$, $\exists F \in L^{(<\omega)}$ 使 $x \in \mathrm{int}_{\upsilon(L)} \uparrow F \subseteq \uparrow F \subseteq U$.

(1′) $(\upsilon(L), \subseteq)$ 是超连续格.

(2) L^{op} 是拟超连续的, 即 $\forall x \in L$, $U \in \omega(L)$, $x \in U$, $\exists F \in L^{(<\omega)}$ 使 $x \in \mathrm{int}_{\omega(L)} \downarrow F \subseteq \downarrow F \subseteq U$.

(2′) $(\omega(L), \subseteq)$ 是超连续格.

(3) $\forall x, y \in L$, $x \not\leqslant y$, $\exists\{u_1, u_2, \cdots, u_n\}$, $\{v_1, v_2, \cdots, v_m\} \in L^{(<\omega)}$ 使

(i) $u_i \not\leqslant y$ $(i=1, 2, \cdots, n)$, $x \not\leqslant v_j$ $(j=1, 2, \cdots, m)$;

(ii) $\forall z \in L$, $\exists k \in \{1, 2, \cdots, n\}$ 使 $u_k \leqslant z$ 或 $\exists l \in \{1, 2, \cdots, m\}$ 使 $z \leqslant v_l$.

(3_1) 有限生成下集与有限生成上集可以序分离 L 中的点, 即 $\forall x, y \in L$, $x \not\leqslant y$, $\exists F, G \in L^{(<\omega)}$ 使

(i) $x \notin \downarrow G$, $y \notin \uparrow F$;

(ii) $\downarrow G \cup \uparrow F = L$.

(3_2) υ-闭集和有限生成上集可以序分离 L 中的点, 即 $\forall x, y \in L$, $x \not\leqslant y$, $\exists\upsilon$-闭集 C 和 $F \in L^{(<\omega)}$ 使

(i) $x \notin C$, $y \notin \uparrow F$;

(ii) $C \cup \uparrow F = L$.

(3_3) $\forall x, y \in L$, $x \not\leqslant y$, $\exists F \in L^{(<\omega)}$ 使 $x \in \mathrm{int}_{\upsilon(L)} \uparrow F \subseteq \uparrow F \subseteq P\backslash \downarrow y$.

(3_4) $\forall x, y \in L$, $x \not\leqslant y$, $\exists F \in L^{(<\omega)}$ 使 $y \in \mathrm{int}_{\omega(L)} \downarrow F \subseteq \downarrow F \subseteq P\backslash \uparrow x$.

(3_5) 有限生成下集与 ω-闭集可以序分离 L 中的点, 即 $\forall x, y \in P$, $x \not\leqslant y$, $\exists G \in L^{(<\omega)}$ 和 ω-闭集 B 使

(i) $x \notin \downarrow G$, $y \notin B$;

(ii) $\downarrow G \cup B = L$.

(3_6) υ-闭集与 ω-闭集可以序分离 L 中的点, 即 $\forall x, y \in P, x \not\leqslant y, \exists \omega$-闭集 B 和υ-闭集 C 使

(i) $x \notin C, y \notin B$;

(ii) $C \cup B = L$.

(4) L 上的关系 $\not\leqslant$ 是广义有限正则的, 即 $\forall x, y \in L, x \not\leqslant y, \exists \{u_1, u_2, \cdots, u_n\}, \{v_1, v_2, \cdots, v_m\} \in L^{(<\omega)}$ 使

(i) $u_i \not\leqslant y\ (i = 1, 2, \cdots, n), x \not\leqslant v_j\ (j = 1, 2, \cdots, m)$;

(ii) $\forall \{s_1, s_2, \cdots, s_m\} \in L^{(<\omega)}, \{t_1, t_2, \cdots, t_n\} \in L^{(<\omega)}$, 若 $u_i \not\leqslant t_i\ (i = 1, 2, \cdots, n), s_j \not\leqslant v_j\ (j = 1, 2, \cdots, m)$, 则 $\exists (k, l) \in \{1, 2, \cdots, m\} \times \{1, 2, \cdots, n\}$ 使 $s_k \not\leqslant t_l$.

(5) L 的 Dedekind-MacNeille 完备化 $\delta(L)$ 是拟超连续格.

(6) $\theta(\delta(L))$ 是 T_2 的.

(7) $(\upsilon(\delta(L)), \subseteq)$ 是超连续格.

(8) 存在广义有限正则关系 $\rho: X \rightharpoonup X$ 使 $\delta(L) \cong (\Phi_\rho(X), \subseteq)$.

(9) 存在广义有限正则关系 $\rho: X \rightharpoonup Y$ 使 $\delta(L) \cong (\Phi_\rho(X), \subseteq)$.

推论 7.8.13[395] 设 L 是完备格, 则下述各条件等价:

(1) L 是拟超连续的, 即 $\forall x \in L, U \in \upsilon(L), x \in U, \exists F \in L^{(<\omega)}$ 使 $x \in \mathrm{int}_{\upsilon(L)} \uparrow F \subseteq \uparrow F \subseteq U$.

(2) $\forall x, y \in L, x \not\leqslant y, \exists F \in L^{(<\omega)}$ 使 $x \in \mathrm{int}_{\upsilon(L)} \uparrow F \subseteq \uparrow F \subseteq L \backslash \downarrow y$.

(3) $(\upsilon(L), \subseteq)$ 是超连续格.

(4) L 上的关系 $\not\leqslant$ 是广义有限正则的, 即 $\forall x, y \in L, x \not\leqslant y, \exists \{u_1, u_2, \cdots, u_n\}, \{v_1, v_2, \cdots, v_m\} \in L^{(<\omega)}$ 使

(i) $u_i \not\leqslant y\ (i = 1, 2, \cdots, n), x \not\leqslant v_j\ (j = 1, 2, \cdots, m)$;

(ii) $\forall \{s_1, s_2, \cdots, s_m\} \in L^{(<\omega)}, \{t_1, t_2, \cdots, t_n\} \in L^{(<\omega)}$, 若 $u_i \not\leqslant t_i\ (i = 1, 2, \cdots, n), s_j \not\leqslant v_j\ (j = 1, 2, \cdots, m)$, 则 $\exists (k, l) \in \{1, 2, \cdots, m\} \times \{1, 2, \cdots, n\}$ 使 $s_k \not\leqslant t_l$.

(5) $\forall x, y \in L, x \not\leqslant y, \exists \{u_1, u_2, \cdots, u_n\}, \{v_1, v_2, \cdots, v_m\} \in L^{(<\omega)}$ 使

(i) $u_i \not\leqslant y\ (i = 1, 2, \cdots, n), x \not\leqslant v_j\ (j = 1, 2, \cdots, m)$;

(ii) $\forall z \in L, \exists k \in \{1, 2, \cdots, n\}$ 使 $u_k \leqslant z$ 或 $\exists l \in \{1, 2, \cdots, m\}$ 使 $z \leqslant v_l$.

(6) 有限生成下集与有限生成上集可以序分离 L 中的点, 即 $\forall x, y \in L, x \not\leqslant y, \exists F, G \in L^{(<\omega)}$ 使

(i) $x \notin \downarrow G, y \notin \uparrow F$;

(ii) $\downarrow G \cup \uparrow F = L$.

(7) υ-闭集和有限生成上集可以序分离 L 中的点, 即 $\forall x, y \in L, x \not\leqslant y, \exists \upsilon$-闭集 C 和 $F \in L^{(<\omega)}$ 使

(i) $x \notin C$, $y \notin \uparrow F$;

(ii) $C \cup \uparrow F = L$.

(8) 有限生成下集与 ω-闭集可以序分离 L 中的点, 即 $\forall x, y \in L, x \not\leqslant y$, $\exists G \in L^{(<\omega)}$ 和 ω-闭集 B 使

(i) $x \notin \downarrow G$, $y \notin B$;

(ii) $\downarrow G \cup B = L$.

(9) υ-闭集与 ω-闭集可以序分离 L 中的点, 即 $\forall x, y \in L, x \not\leqslant y$, $\exists \omega$-闭集 B 和υ-闭集 C 使

(i) $x \notin C$, $y \notin B$;

(ii) $C \cup B = L$.

(10) L 上的区间拓扑 $\theta(L)$ 是 T_2 的.

(11) 存在广义有限正则关系 $\rho: X \rightharpoonup X$ 使 $L \cong (\varPhi_\rho(X), \subseteq)$.

(12) 存在广义有限正则关系 $\rho: X \rightharpoonup Y$ 使 $L \cong (\varPhi_\rho(X), \subseteq)$.

注 7.8.14 推论 7.8.13 中的条件 (6) 最早是由 Menon 在文献 [270] 中给出的.

注 7.8.15 我们看到, 分配格、强代数格、完全分配格、拟超连续格、拟超代数格等是自对偶的. 众所周知, Heyting 代数、代数格、连续格、拟连续格、拟代数格等均不是自对偶的.

由定理 7.8.7 和推论 7.8.13, 广义有限正则关系是区间拓扑 Hausdorff 的完备格的表示 (即区间拓扑 Hausdorff 的完备格是广义有限正则关系的特征).

7.9 Priestley 区间拓扑的广义有限强正则表示

无论是从数学的角度还是从计算机科学的角度, 序结构与拓扑结构之对偶性都是重要的. 20 世纪 30 年代, Stone[324,325] 证明了 Boolean 代数范畴与 Stone 空间 (即紧 T_2 零维空间) 范畴、分配格范畴与 spectral 空间范畴分别是对偶等价的. 值得指出的是, 1969 年, Hochster[142] 证明了如下重要结果: 交换环的素理想构成的谱空间 (赋予 Zariski 拓扑) 恰好就是 spectral 空间. 由于 Stone 和 Hochster 的工作, spectral 空间和 Stone 空间的研究受到了广泛关注 (参看文献 [30, 50, 73, 75, 95, 148, 444] 和文献 [34, 35, 69, 115, 163, 169, 282, 291]).

1970 年，利用 “双边” 拓扑, Priestley[291,292] 建立了著名的 Priestley 对偶定理: 有界分配格范畴 (保 0, 1 的格同态为态射) 对偶等价于 Priestley 空间范畴 (保序连续映射为态射), 即分配格范畴与紧 T_2 的序完全不连通空间 (称之为 Priestley 空间) 范畴是对偶等价的. 因而 Priestley 空间与 spectral 空间具有密切的内在联系. 事实上, spectral 空间的 patch 拓扑是 Priestley 的, 而 Priestley 空间中由上

开集构成的拓扑是 spectral 的, 因而通过这两个相应的函子, Priestley 空间范畴与 spectral 空间范畴是同构的 (参看文献 [278, 294, 295]). 从此, Priestley 空间引起了人们的广泛兴趣, 并在格论、Domain 理论、拓扑、逻辑、理论计算机科学中获得一系列重要应用 (参看文献 [19–21, 23, 44, 72, 75, 82–84, 95, 116, 169, 177, 207, 294, 295, 332, 336, 421, 449, 474]). 关于稳定紧空间和紧 pospace 之间的关系，有类似的结果，即稳定紧空间的 patch 拓扑是紧 pospace，而紧 pospace 中由上开集构成的拓扑是稳定紧的，因而通过这两个相应的函子, 紧 pospace 范畴与稳定紧空间范畴是同构的 (参看文献 [99]). 特别值得提及的是, 在文献 [83](也见文献 [84]) 中, Easkia 发展了 Priestley 的工作, 证明了 Heyting 代数范畴与 Easkia 空间 (一种特殊的 Priestley 空间，现在称之为 Easkia 空间或 Heyting 空间) 对偶等价. 这些对偶定理无论是从数学的角度还是从计算机科学的角度都具有重要意义，因而受到极大关注，不断被扩展到其他重要范畴 (序的或拓扑的)，并获得了在格论、Domain 理论、拓扑、逻辑、理论计算机科学、离散数学等领域中的一系列重要应用 (参看文献 [19, 20, 23, 177, 449, 474]).

在本节中, 我们对完备格上区间拓扑之 Priestley 性进行了讨论, 给出了区间拓扑 Priestley 的完备格的广义有限强正则表示定理和区间拓扑为 Priestley 的若干等价条件, 特别是它的内蕴式刻画; 证明了完备格 L 上的区间拓扑是 Priestley 的 $\Leftrightarrow L$ 是拟超代数的 $\Leftrightarrow L$ 上的关系 $\not\leqslant$ 是广义有限强正则的. 由此, 获得了拟超代数格的内蕴式刻画.

需要指出的是, 文献 [253] 对拟超代数的关系表示问题做了有益探讨, 但只得到了部分结果, 并没有解决这个问题.

引理 7.9.1 设 L 是完备格, $U\subseteq L$. 则下述各条件等价:

(1) U 是 $(L,\ \theta(L))$ 中的闭开上集;

(2) $\exists G,\ F\in L^{(<\omega)}$ 使 $U=L\backslash\downarrow G=\uparrow F$;

(3) $\exists F\in L^{(<\omega)}$ 使 $U=\mathrm{int}_{\upsilon(L)}\uparrow F=\uparrow F$.

证明 (1) $\Rightarrow$ (2): 由命题 1.2.12, $U\in\theta(L)_+=\upsilon(L)$, 故 $\exists\{G_j:j\in J\}\subseteq L^{(<\omega)}$ 使 $U=\bigcup\limits_{j\in J}(L\backslash\downarrow G_j)$. 由引理 7.7.7 和 U 是 $(L,\ \theta(L))$ 中的闭子集, 知 U 在 $(L,\ \theta(L))$ 中是紧的; 从而 $\exists J_0\in J^{(<\omega)}$ 使 $U=\bigcup\limits_{j\in J_0}(L\backslash\downarrow G_j)=L\backslash\bigcap\limits_{j\in J_0}\downarrow G_j=L\backslash\downarrow G$, 其中 $G=\left\{\wedge\varphi(J_0):\varphi\in\prod\limits_{j\in J_0}G_j\right\}\in L^{(<\omega)}$. 对偶地, 同理, 对 $V=L\backslash U$, $\exists F\in L^{(<\omega)}$ 使 $L\backslash U=L\backslash\uparrow F$. 故 $U=L\backslash\downarrow G=\uparrow F$.

(2) $\Rightarrow$ (3) $\Rightarrow$ (1): 显然.

定义 7.9.2 关系 $\rho:\ X\rightharpoonup Y$ 称为是广义有限强正则的, 若 $\forall(x,\ y)\in\rho$,

$\exists\{F_1, F_2, \cdots, F_n\} \in (X^{(<\omega)})^{(<\omega)}$ 和 $\{v_{ij} : i = 1, 2, \cdots, n;\ j = 1, 2, \cdots, m\} \in Y^{(<\omega)}$ 使

(i) $\forall i \in \{1, 2, \cdots, n\}$, $\{v_{i1}, v_{i2}, \cdots, v_{im}\} \subseteq \rho(F_i)$;

(ii) $\forall i \in \{1, 2, \cdots, n\}$, $y \in \rho(F_i)$, 且 $\exists \xi \in \prod_{j=1}^{m}\{1, 2, \cdots, n\}$ 使 $\{(x, v_{\xi(1)1}), (x, v_{\xi(2)2}), \cdots, (x, v_{\xi(m)m})\} \subseteq \rho$;

(iii) $\forall \{s_1, s_2, \cdots, s_m\} \in X^{(<\omega)}$, $\{t_1, t_2, \cdots, t_n\} \in Y^{(<\omega)}$, $\varphi \in \prod_{j=1}^{m}\{1, 2, \cdots, n\}$, 若 $t_i \in \rho(F_i)$ $(i = 1, 2, \cdots, n)$, $\{(s_1, v_{\varphi(1)1}), (s_2, v_{\varphi(2)2}), \cdots, (s_m, v_{\varphi(m)m})\} \subseteq \rho$, 则 $\exists (k, l) \in \{1, 2, \cdots, m\} \times \{1, 2, \cdots, n\}$ 使 $(s_k, t_l) \in \rho$.

由于下述两个条件等价:

(1) $\exists \xi \in \prod_{j=1}^{m}\{1, 2, \cdots, n\}$ 使 $\{(x, v_{\xi(1)1}), (x, v_{\xi(2)2}), \cdots, (x, v_{\xi(m)m})\} \subseteq \rho$;

(2) $\forall j \in \{1, 2, \cdots, m\}$, $x \in \rho^{-1}(\{v_{1j}, v_{2j}, \cdots, v_{nj}\})$.

故关系的广义有限强正则性有下述等价的描述.

引理 7.9.3 设 $\rho : X \rightharpoonup Y$, 则下述两个条件等价:

(1) ρ 是广义有限强正则的.

(2) $\forall (x, y) \in \rho$, $\exists \{F_1, F_2, \cdots, F_n\} \in (X^{(<\omega)})^{(<\omega)}$ 和 $\{v_{ij} : i = 1, 2, \cdots, n;\ j = 1, 2, \cdots, m\} \in Y^{(<\omega)}$ 使

(i) $\forall i \in \{1, 2, \cdots, n\}$, $\{v_{i1}, v_{i2}, \cdots, v_{im}\} \subseteq \rho(F_i)$;

(ii) $y \in \rho(F_i)$ $(i = 1, 2, \cdots, n)$, $x \in \rho^{-1}(\{v_{1j}, v_{2j}, \cdots, v_{nj}\})$ $(j = 1, 2, \cdots, m)$;

(iii) $\forall \{s_1, s_2, \cdots, s_m\} \in X^{(<\omega)}$, $\{t_1, t_2, \cdots, t_n\} \in Y^{(<\omega)}$, 若 $t_i \in \rho(F_i)$ $(i = 1, 2, \cdots, n)$, $s_j \in \rho^{-1}(\{v_{1j}, v_{2j}, \cdots, v_{nj}\})$ $(j = 1, 2, \cdots, m)$, 则 $\exists (k, l) \in \{1, 2, \cdots, m\} \times \{1, 2, \cdots, n\}$ 使 $(s_k, t_l) \in \rho$.

命题 7.9.4 设 $\rho : X \rightharpoonup Y$, $(x, y) \in X \times Y$, $\{F_1, F_2, \cdots, F_n\} \in (X^{(<\omega)})^{(<\omega)}$, $\{v_{ij} : i = 1, 2, \cdots, n;\ j = 1, 2, \cdots, m\} \in Y^{(<\omega)}$, $A \subseteq X$. 假设定义 7.9.2 中的条件 (i), (ii) 和 (iii) 满足, 且 $\exists \eta \in \prod_{j=1}^{m}\{1, 2, \cdots, n\}$ 使 $\{v_{\eta(1)1}, v_{\eta(2)2}, \cdots, v_{\eta(m)m}\} \subseteq \rho(S)$, 则 $\exists k \in \{1, 2, \cdots, n\}$ 使 $\{v_{k1}, v_{k2}, \cdots, v_{km}\} \subseteq \rho(F_k) \subseteq \rho(S)$. 特别地, 由 (ii), $\exists k \in \{1, 2, \cdots, n\}$ 使 $\{v_{k1}, v_{k2}, \cdots, v_{km}\} \subseteq \rho(F_k) \subseteq \rho(x)$.

证明 $\forall j \in \{1, 2, \cdots, m\}$, 由 $\{v_{\eta(1)1}, v_{\eta(2)2}, \cdots, v_{\eta(m)m}\} \subseteq \rho(S)$, $\exists s_j \in S$ 使 $(s_j, v_{\eta(j)j})$. 假若 $\forall i \in \{1, 2, \cdots, n\}$, $\rho(F_i) \not\subseteq \rho(\{s_1, s_2, \cdots, s_m\})$. 任取 $t_i \in \rho(F_i) \backslash \rho(\{s_1, s_2, \cdots, s_m\})$ $(i = 1, 2, \cdots, n)$, 则由 (iii), $\exists (k, l) \in \{1, 2, \cdots, m\} \times \{1, 2, \cdots, n\}$ 使 $(s_k, t_l) \in \rho$, 与 $t_l \notin \rho(\{s_1, s_2, \cdots, s_m\})$ 矛盾. 故 $\exists k \in$

$\{1, 2, \cdots, n\}$ 使 $\rho(F_k) \subseteq \rho(\{s_1, s_2, \cdots, s_m\}) \subseteq \rho(S)$. 由 (i), 有 $\{v_{k1}, v_{k2}, \cdots, v_{km}\} \subseteq \rho(F_k) \subseteq \rho(S)$

定理 7.9.5 设 $\rho : X \rightharpoonup Y$, 则下述各条件等价:

(1) ρ 是广义有限强正则的.

(2) $\forall(x, y) \in \rho$, $\exists\{F_1, F_2, \cdots, F_n\} \in (X^{(<\omega)})^{(<\omega)}$ 和 $\{v_{ij} : i = 1, 2, \cdots, n; j = 1, 2, \cdots, m\} \in Y^{(<\omega)}$ 使

(a) $\forall i \in \{1, 2, \cdots, n\}$, $\{v_{i1}, v_{i2}, \cdots, v_{im}\} \subseteq \rho(F_i)$;

(b) $\forall i \in \{1, 2, \cdots, n\}$, $y \in \rho(F_i)$, $\exists k \in \{1, 2, \cdots, n\}$ 使 $\rho(F_k) \subseteq \rho(x)$;

(c) $\forall\{s_1, s_2, \cdots, s_m\} \in X^{(<\omega)}$, $\{t_1, t_2, \cdots, t_n\} \in Y^{(<\omega)}$, 若 $t_i \in \rho(F_i)$ $(i = 1, 2, \cdots, n)$, $s_j \in \rho^{-1}(\{v_{1j}, v_{2j}, \cdots, v_{nj}\})$ $(j \in \{1, 2, \cdots, m\})$, 则 $\exists(k, l) \in \{1, 2, \cdots, m\} \times \{1, 2, \cdots, n\}$ 使 $(s_k, t_l) \in \rho$.

(3) $\forall(x, y) \in \rho$, $\exists\{F_1, F_2, \cdots, F_n\} \in (X^{(<\omega)})^{(<\omega)}$ 和 $\{v_{ij} : i = 1, 2, \cdots, n; j = 1, 2, \cdots, m\} \in Y^{(<\omega)}$ 使

(a) $\forall i \in \{1, 2, \cdots, n\}$, $\{v_{i1}, v_{i2}, \cdots, v_{im}\} \subseteq \rho(F_i)$;

(b) $\forall i \in \{1, 2, \cdots, n\}$, $y \in \rho(F_i)$, $\exists k \in \{1, 2, \cdots, m\}$ 使 $\{v_{k1}, v_{k2}, \cdots, v_{km}\} \subseteq \rho(x)$;

(c) $\forall\{s_1, s_2, \cdots, s_m\} \in X^{(<\omega)}$, $\{t_1, t_2, \cdots, t_n\} \in Y^{(<\omega)}$, 若 $t_i \in \rho(F_i)$ $(i = 1, 2, \cdots, n)$, $s_j \in \rho^{-1}(\{v_{1j}, v_{2j}, \cdots, v_{nj}\})$ $(j \in \{1, 2, \cdots, m\})$, 则 $\exists(k, l) \in \{1, 2, \cdots, m\} \times \{1, 2, \cdots, n\}$ 使 $(s_k, t_l) \in \rho$.

(4) $\forall(x, y) \in \rho$, $\exists\{F_1, F_2, \cdots, F_n\} \in (X^{(<\omega)})^{(<\omega)}$, $\{G_1, G_2, \cdots, G_m\} \in (Y^{(<\omega)})^{(<\omega)}$ 使

(a) $\forall(i, j) \in \{1, 2, \cdots, m\} \times \{1, 2, \cdots, n\}$, $\rho(F_i) \cap G_j \neq \varnothing$;

(b) $y \in \rho(F_i)$ $(i = 1, 2, \cdots, n)$, $x \in \rho^{-1}(G_j)$ $(j = 1, 2, \cdots, m)$;

(c) $\forall\{s_1, s_2, \cdots, s_m\} \in X^{(<\omega)}$, $\{t_1, t_2, \cdots, t_n\} \in Y^{(<\omega)}$, 若 $t_i \in \rho(F_i)$ $(i = 1, 2, \cdots, n)$, $s_j \in \rho^{-1}(G_j)$ $(j = 1, 2, \cdots, m)$, 则 $\exists(l, k) \in \{1, 2, \cdots, n\} \times \{1, 2, \cdots, m\}$ 使 $(s_k, t_l) \in \rho$.

证明 (1) $\Rightarrow$ (2): 由引理 7.9.3 和命题 7.9.4.

(2) $\Rightarrow$ (3): 显然.

(3) $\Rightarrow$ (4): $\forall(x, y) \in \rho$, 由 (3), $\exists\{F_1, F_2, \cdots, F_n\} \in (X^{(<\omega)})^{(<\omega)}$ 和 $\{v_{ij} : i = 1, 2, \cdots, n; j = 1, 2, \cdots, m\} \in Y^{(<\omega)}$ 使

(a) $\forall i \in \{1, 2, \cdots, n\}$, $\{v_{i1}, v_{i2}, \cdots, v_{im}\} \subseteq \rho(F_i)$;

(b) $\forall i \in \{1, 2, \cdots, n\}$, $y \in \rho(F_i)$, $\exists k \in \{1, 2, \cdots, m\}$, $\{v_{k1}, v_{k2}, \cdots, v_{km}\} \subseteq \rho(x)$;

(c) $\forall\{s_1, s_2, \cdots, s_m\} \in X^{(<\omega)}$, $\{t_1, t_2, \cdots, t_n\} \in Y^{(<\omega)}$, 若 $t_i \in \rho(F_i)$ $(i = 1, 2, \cdots, n)$, $s_j \in \rho^{-1}(\{v_{1j}, v_{2j}, \cdots, v_{nj}\})$ $(j \in \{1, 2, \cdots, m\})$, 则 $\exists(k, l) \in \{1,$

$2, \cdots, m\}\times\{1, 2, \cdots, n\}$ 使 $(s_k, t_l) \in \rho$.

$\forall j \in \{1, 2, \cdots, m\}$, 令 $G_j=\{v_{1j}, v_{2j}, \cdots, v_{nj}\}$. 则由 (a), (b) 和 (c), 有

(a) $\forall(i, j) \in \{1, 2, \cdots, m\}\times\{1, 2, \cdots, n\}$, $\rho(F_i) \cap G_j \neq \varnothing$(因为 $v_{ij} \in \rho(F_i) \cap G_j$).

(b) $\forall i \in \{1, 2, \cdots, n\}$, $y \in \rho(F_i)$; $\forall j \in \{1, 2, \cdots, m\}$, $x \in \rho^{-1}(G_j)$(因为 $x \in \rho^{-1}(v_{kj}) \subseteq \rho^{-1}(G_j)$).

(c) $\forall\{s_1, s_2, \cdots, s_m\} \in X^{(<\omega)}$, $\{t_1, t_2, \cdots, t_n\} \in Y^{(<\omega)}$, 若 $t_i \in \rho(F_i)$ $(i = 1, 2, \cdots, n)$, $s_j \in \rho^{-1}(G_j)$ $(j = 1, 2, \cdots, m)$, 则 $\exists(l, k) \in \{1, 2, \cdots, n\}\times\{1, 2, \cdots, m\}$ 使 $(s_k, t_l) \in \rho$.

(4) $\Rightarrow$ (1): $\forall(x, y) \in \rho$, 由 (4), $\exists\{F_1, F_2, \cdots, F_n\} \in (X^{(<\omega)})^{(<\omega)}$, $\{G_1, G_2, \cdots, G_m\} \in (Y^{(<\omega)})^{(<\omega)}$ 使

(a) $\forall(i, j) \in \{1, 2, \cdots, m\}\times\{1, 2, \cdots, n\}$, $\rho(F_i) \cap G_j \neq \varnothing$,

(b) $y \in \rho(F_i)$ $(i = 1, 2, \cdots, n)$, $x \in \rho^{-1}(G_j)$ $(j = 1, 2, \cdots, m)$,

(c) $\forall\{s_1, s_2, \cdots, s_m\} \in X^{(<\omega)}$, $\{t_1, t_2, \cdots, t_n\} \in Y^{(<\omega)}$, 若 $t_i \in \rho(F_i)$ $(i = 1, 2, \cdots, n)$, $s_j \in \rho^{-1}(G_j)$ $(j = 1, 2, \cdots, m)$, 则 $\exists(l, k) \in \{1, 2, \cdots, n\}\times\{1, 2, \cdots, m\}$ 使 $(s_k, t_l) \in \rho$.

下证引理 7.9.3(2) 中的条件 (i), (ii) 和 (iii) 满足. 由 (a), $\forall(i, j) \in \{1, 2, \cdots, m\}\times\{1, 2, \cdots, n\}$, $\exists v_{ij} \in \rho(F_i) \cap G_j$; 从而有

(i) $\forall i \in \{1, 2, \cdots, n\}$, $\{v_{i1}, v_{i2}, \cdots, v_{im}\}\subseteq \rho(F_i)$.

由 (b), $s_j = x \in \rho^{-1}(G_j)$ $(j = 1, 2, \cdots, m)$. 由诸 v_{ij} 的选取, $\forall j \in \{1, 2, \cdots, m\}$, $t_1 = v_{1j} \in \rho(F_1)$, $t_2 = v_{2j} \in \rho(F_2)$, $\cdots$, $t_n = v_{nj} \in \rho(F_n)$. 由 (c), $\exists(l, k) \in \{1, 2, \cdots, n\}\times\{1, 2, \cdots, m\}$ 使 $(s_k, t_l) \in \rho$, 即 $x \in \rho^{-1}(v_{lj}) \subseteq \rho^{-1}(\{v_{1j}, v_{2j}, \cdots, v_{nj}\})$. 故 (ii) 成立.

最后证 (iii). 设 $\{s_1, s_2, \cdots, s_m\} \in X^{(<\omega)}$, $\{t_1, t_2, \cdots, t_n\} \in Y^{(<\omega)}$, $t_i \in \rho(F_i)$ $(i = 1, 2, \cdots, n)$, $s_j \in \rho^{-1}(\{v_{1j}, v_{2j}, \cdots, v_{nj}\})$ $(j = 1, 2, \cdots, m)$. 由诸 v_{ij} 的选取, $\{v_{1j}, v_{2j}, \cdots, v_{nj}\}\subseteq G_j$ $(j = 1, 2, \cdots, m)$, 故 $s_j \in \rho^{-1}(G_j)$ $(j = 1, 2, \cdots, m)$. 由 (c), $\exists(l, k) \in \{1, 2, \cdots, n\}\times\{1, 2, \cdots, m\}$ 使 $(s_k, t_l) \in \rho$. 即 (iii) 成立. 由引理 7.9.3, ρ 是广义有限强正则的.

注 7.9.6 定理 7.9.5(2) 中的条件 (c) 等价于下述

(c′) $\forall S \subseteq X$, $T \subseteq Y$, 若 $T \cap \rho(F_i) \neq \varnothing$ $(i = 1, 2, \cdots, n)$, $S \cap \rho^{-1}(G_j) \neq \varnothing$ $(j = 1, 2, \cdots, m)$, 则 $T \cap \rho(S) \neq \varnothing$.

推论 7.9.7 广义有限强正则性是自对偶的, 即若 $\rho : X \rightharpoonup Y$ 是广义有限强正则的, 则 $\rho^{-1} : Y \rightharpoonup X$ 也是广义有限强正则的.

下面给出关系 ρ 的广义有限强正则性的刻画.

定理 7.9.8 设 $\rho : X \rightharpoonup Y$, 则下述各条件等价:

(1) ρ 是广义有限强正则关系;

(2) $(\varPhi_\rho(X), \subseteq)$ 是拟超代数格;

(3) $(\varPhi_\rho(X), \subseteq)$ 赋予区间拓扑是完全序不连通的;

(4) $(\varPhi_\rho(X), \subseteq)$ 赋予区间拓扑是 Priestley 空间.

证明　为方便起见, 以下记 $L=(\varPhi_\rho(X), \subseteq)$.

(1) $\Rightarrow$ (2): $\forall\rho(A) \in L$, $\mathcal{U} \in \upsilon(L)$, 若 $\rho(A) \in \mathcal{U}$, 则 $\exists\{\rho(A_1), \rho(A_2), \cdots, \rho(A_n)\} \in L^{(<\omega)}$ 使 $\rho(A) \in L\backslash\downarrow\{\rho(A_1), \rho(A_2), \cdots, \rho(A_n)\}\subseteq \mathcal{U}$. $\forall i \in \{1, 2, \cdots, n\}$, 由 $\rho(A) \not\subseteq \rho(A_i)$, $\exists x_i \in A$, $y_i \in Y$ 使 $(x_i, y_i) \in \rho$, $y_i \notin \rho(A_i)$. 由 ρ 是广义有限强正则的和定理 7.9.5, $\exists\{F_{i1}, F_{i2}, \cdots, F_{in(i)}\} \in (X^{(<\omega)})^{(<\omega)}$, $\{G_{i1}, G_{i2}, \cdots, G_{im(i)}\} \in (Y^{(<\omega)})^{(<\omega)}$ 使

(a) $\forall(l, k) \in \{1, 2, \cdots, m(i)\}\times\{1, 2, \cdots, n(i)\}$, $\rho(F_{ik}) \cap G_{il} \neq \varnothing$;

(b) $y_i \in \rho(F_{ik})$ $(k = 1, 2, \cdots, n(i))$, $x_i \in \rho^{-1}(G_{ij})$ $(j = 1, 2, \cdots, m(i))$;

(c) $\forall\{s_1, s_2, \cdots, s_{m(i)}\} \in X^{(<\omega)}$, $\{t_1, t_2, \cdots, t_{n(i)}\} \in Y^{(<\omega)}$, 若 $t_k \in \rho(F_{ik})$ $(k = 1, 2, \cdots, n(i))$, $s_l \in \rho^{-1}(G_{il})$ $(l = 1, 2, \cdots, m(i))$, 则 $\exists(g, h) \in \{1, 2, \cdots, m(i)\}\times\{1, 2, \cdots, n(i)\}$ 使 $(s_g, t_h) \in \rho$.

$\forall i \in \{1, 2, \cdots, n\}$, $l \in \{1, 2, \cdots, m(i)\}$, 令 $N_{il} = \cup\{M \in L : G_{il} \cap M = \varnothing\}$($N_{il}$ 可能为空集 $\varnothing$), 即 L 中与 G_{il} 不相交的最大元. 则 $\forall i \in \{1, 2, \cdots, n\}$, 有

1° $\rho(A) \in L\backslash\downarrow\{N_{il} : l = 1, 2, \cdots, m(i)\}$.

$\forall l \in \{1, 2, \cdots, m(i)\}$, 由 $x_i \in A$ 和 $x_i \in \rho^{-1}(G_{ij})$, 有 $\rho(A) \cap G_{il} \neq \varnothing$; 从而 $\rho(A) \in L\backslash\downarrow\{N_{il} : l = 1, 2, \cdots, m(i)\}$.

2° $L\backslash\downarrow\{N_{il} : l = 1, 2, \cdots, m(i)\}\subseteq\uparrow\{\rho(F_{ik}) : k = 1, 2, \cdots, n(i)\}$.

假若 $\exists\rho(B) \in L\backslash\downarrow\{N_{il} : l = 1, 2, \cdots, m(i)\}$ 使 $\rho(B) \notin\uparrow\{\rho(F_{ik}) : k = 1, 2, \cdots, n(i)\}$. $\forall k \in \{1, 2, \cdots, n(i)\}$, 任取 $t_k \in \rho(F_{ik})\backslash\rho(B)$. $\forall l \in \{1, 2, \cdots, m(i)\}$, 由 N_{il} 的定义和 $\rho(B) \in L\backslash\downarrow\{N_{il} : l = 1, 2, \cdots, m(i)\}$, 有 $G_{il} \cap \rho(B) \neq \varnothing$, 故 $\exists w_l \in G_{il} \cap \rho(B)$; 因而 $\exists s_l \in B$ 使 $(s_l, w_l) \in \rho$; 从而 $s_l \in \rho^{-1}(G_{il})$. 由 (c), $\exists(g,h) \in \{1, 2, \cdots, m(i)\}\times\{1, 2, \cdots, n(i)\}$ 使 $(s_g, t_h) \in \rho$; 因而 $t_h \in \rho(s_g) \subseteq \rho(B)$, 与 $t_h \notin \rho(B)$ 矛盾. 故 $L\backslash\downarrow\{N_{il} : l = 1, 2, \cdots, m(i)\}\subseteq\uparrow\{\rho(F_{ik}) : k = 1, 2, \cdots, n(i)\}$.

3° $\uparrow\{\rho(F_{ik}) : k = 1, 2, \cdots, n(i)\}\subseteq L\backslash\downarrow\{N_{il} : l = 1, 2, \cdots, m(i)\}$.

设 $\rho(C) \in\uparrow\{\rho(F_{ik}) : k = 1, 2, \cdots, n(i)\}$, 则 $\exists h \in \{1, 2, \cdots, n(i)\}$ 使 $\rho(F_{ih}) \subseteq \rho(C)$. $\forall l \in \{1, 2, \cdots, m(i)\}$, 由 (a), 有 $\varnothing \neq \rho(F_{ih}) \cap G_{il} \subseteq \rho(C) \cap G_{il}$; 从而由 N_{il} 的定义, 有 $\rho(C) \in L\backslash\downarrow\{N_{il} : l = 1, 2, \cdots, m(i)\}$.

4° $\uparrow\{\rho(F_{ik}) : k = 1, 2, \cdots, n(i)\}\subseteq L\backslash\downarrow\rho(A_i)$.

若 $\rho(D) \in\uparrow\{\rho(F_{ik}) : k = 1, 2, \cdots, n(i)\}$, 则 $\exists k_0 \in \{1, 2, \cdots, n(i)\}$ 使 $\rho(F_{ik_0}) \subseteq \rho(D)$. 由 (b), 有 $y_i \in \rho(F_{ik_0}) \subseteq \rho(D)$; 从而由 $y_i \notin \rho(A_i)$, 有 $\rho(D) \in$

$L\backslash\downarrow\rho(A_i)$. 因此 $\uparrow\{\rho(F_{ik}):k=1,2,\cdots,n(i)\}\subseteq L\backslash\downarrow\rho(A_i)$.

由 1°—4°, 有 $\rho(A)\in\bigcap_{i=1}^{n}(L\backslash\downarrow\{N_{ik}:k=1,2,\cdots,n(i)\})=\bigcap_{i=1}^{n}\uparrow\{\rho(F_{ik}):k=1,2,\cdots,n(i)\}\subseteq\bigcap_{i=1}^{n}(L\backslash\downarrow\rho(A_i))=L\backslash\downarrow\{\rho(A_1),\rho(A_2),\cdots,\rho(A_n)\}\subseteq\mathcal{U}$. 令 $\mathcal{F}=\left\{\bigcup_{i=1}^{n}\rho(F_{i\varphi(i)})=\rho\left(\bigcup_{i=1}^{n}F_{i\varphi(i)}\right):\varphi\in\prod_{i=1}^{n}\{1,2,\cdots,n(i)\}\right\}$, $\mathcal{V}=\bigcap_{i=1}^{n}(L\backslash\downarrow\{N_{ik}:k=1,2,\cdots,n(i)\})=L\backslash\downarrow\{N_{ik}:i=1,2,\cdots,n;k=1,2,\cdots,n(i)\}$. 则 $\mathcal{V}\in\upsilon(L)$, $\mathcal{F}\in L^{(<\omega)}$, 且 $\rho(A)\in\mathcal{V}=\uparrow\mathcal{F}\subseteq\mathcal{U}$. 因而 $\rho(A)\in\mathrm{int}_{\upsilon(L)}\uparrow\mathcal{F}=\uparrow\mathcal{F}\subseteq\mathcal{U}$. 故 $L=(\Phi_\rho(X),\subseteq)$ 是拟超代数格.

(2) $\Leftrightarrow$ (3) $\Leftrightarrow$ (4): 由定理 6.2.16 和引理 7.7.7.

(4) $\Rightarrow$ (1): 设 $\theta(L)$ 是 Priestley 的. $\forall(x,y)\in\rho$, 令 $M_y=\cup\{N\in L:y\notin N\}$($M_y$ 可能为空集 $\varnothing$). 则 $\rho(x)\not\subseteq M_y$. 由 $\theta(L)$ 是 Priestley 的、命题 6.2.7、定理 6.2.10 和引理 7.9.1, $\exists\{\rho(A_1),\rho(A_2),\cdots,\rho(A_m)\},\{\rho(B_1),\rho(B_2),\cdots,\rho(B_n)\}\in L^{(<\omega)}$ 使 $\rho(x)\in L\backslash\downarrow\{\rho(A_1),\rho(A_2),\cdots,\rho(A_m)\}=\uparrow\{\rho(B_1),\rho(B_2),\cdots,\rho(B_n)\}\subseteq L\backslash M_y$. $\forall(i,j)\in\{1,2,\cdots,n\}\times\{1,2,\cdots,m\}$, $\rho(B_i)\not\subseteq\rho(A_j)$, 故 $\exists v_{ij}\in\rho(B_i)\backslash\rho(A_j)$. $\forall i\in\{1,2,\cdots,n\}$, 由 $\{v_{i1},v_{i2},\cdots,v_{im}\}\subseteq\rho(B_i)$, $\exists F_i\in B_i^{(<\omega)}$ 使 $\{v_{i1},v_{i2},\cdots,v_{im}\}\subseteq\rho(F_i)$, 即定理 7.9.5(2) 中的 (a) 成立.

现在证 (b) 成立. 由 $\rho(x)\in\uparrow\{\rho(B_1),\rho(B_2),\cdots,\rho(B_n)\}$, $\exists k\in\{1,2,\cdots,n\}$ 使 $\rho(B_k)\subseteq\rho(x)$; 从而 $\rho(F_k)\subseteq\rho(x)$. $\forall i\in\{1,2,\cdots,n\}$, $j\in\{1,2,\cdots,m\}$, 由 $v_{ij}\in\rho(F_i)$ 和 $v_{ij}\notin\rho(A_j)$, 知 $\rho(F_i)\not\subseteq\rho(A_j)$; 从而 $\rho(F_i)\in L\backslash\downarrow\{\rho(A_1),\rho(A_2),\cdots,\rho(A_m)\}=\uparrow\{\rho(B_1),\rho(B_2),\cdots,\rho(B_n)\}\subseteq L\backslash M_y$; 从而由 M_y 的定义, 有 $y\in\rho(F_i)$ $(i=1,2,\cdots,n)$.

最后证 (c) 成立. 设 $\{s_1,s_2,\cdots,s_m\}\in X^{(<\omega)}$, $\{t_1,t_2,\cdots,t_n\}\in Y^{(<\omega)}$, $t_i\in\rho(F_i)$ $(i=1,2,\cdots,n)$, $s_j\in\rho^{-1}(\{v_{1j},v_{2j},\cdots,v_{nj}\})$ $(j\in\{1,2,\cdots,m\})$. 则 $\forall j\in\{1,2,\cdots,m\}$, $\varnothing\neq\{v_{1j},v_{2j},\cdots,v_{nj}\}\cap\rho(s_j)\subseteq\{v_{1j},v_{2j},\cdots,v_{nj}\}\cap\rho(\{s_1,s_2,\cdots,s_m\})$. 而 $\forall i\in\{1,2,\cdots,n\}$, $j\in\{1,2,\cdots,m\}$, $v_{ij}\notin\rho(A_j)$, 故 $\rho(\{s_1,s_2,\cdots,s_m\})\subseteq L\backslash\downarrow\{\rho(A_1),\rho(A_2),\cdots,\rho(A_m)\}=\uparrow\{\rho(B_1),\rho(B_2),\cdots,\rho(B_n)\}$; 因而 $\exists l\in\{1,2,\cdots,n\}$ 使 $\rho(B_l)\subseteq\rho(x)$; 从而 $t_l\in\rho(F_l)\subseteq\rho(\{s_1,s_2,\cdots,s_m\})$. 所以 $\exists k\in\{1,2,\cdots,m\}$ 使 $(s_k,t_l)\in\rho$.

由定理 7.9.5, ρ 是广义有限强正则的.

下面讨论偏序集赋予区间拓扑何时成为 Priestley 空间的问题.

定理 7.9.9 设 $(P,\leqslant)$ 是偏序集, 考虑下述各条件:

(1) P 是拟超代数的, 即 $\forall x\in P$, $U\in\upsilon(P)$, $x\in U$, $\exists F\in P^{(<\omega)}$ 使 $x\in\mathrm{int}_{\upsilon(P)}\uparrow F=\uparrow F\subseteq U$.

(2) $\forall x, y \in P, x \not\leqslant y, \exists\{u_1, u_2, \cdots, u_n\}, \{v_1, v_2, \cdots, v_m\} \in P^{(<\omega)}$ 使

(i) $\forall(i, j) \in \{1, 2, \cdots, n\}\times\{1, 2, \cdots, m\}, u_i \not\leqslant v_j$;

(ii) $u_i \not\leqslant y\ (i = 1, 2, \cdots, n), x \not\leqslant v_j\ (j = 1, 2, \cdots, m)$;

(iii) $\forall\{s_1, s_2, \cdots, s_m\} \in P^{(<\omega)}, \{t_1, t_2, \cdots, t_n\} \in P^{(<\omega)}$, 若 $u_i \not\leqslant t_i\ (i = 1, 2, \cdots, n), s_j \not\leqslant v_j\ (j = 1, 2, \cdots, m)$, 则 $\exists(k, l) \in \{1, 2, \cdots, m\}\times\{1, 2, \cdots, n\}$ 使 $s_k \not\leqslant t_l$.

(2_1) $\forall x, y \in P, x \not\leqslant y, \exists\{u_1, u_2, \cdots, u_n\}, \{v_1, v_2, \cdots, v_m\} \in P^{(<\omega)}$ 使

(i) $\forall\ (i, j) \in \{1, 2, \cdots, n\}\times\{1, 2, \cdots, m\}, u_i \not\leqslant v_j$;

(ii) $u_i \not\leqslant y\ (i = 1, 2, \cdots, n), x \not\leqslant v_j\ (j = 1, 2, \cdots, m)$;

(iii) $\forall z \in P, \exists k \in \{1, 2, \cdots, n\}$ 使 $u_k \leqslant z$ 或 $\exists l \in \{1, 2, \cdots, m\}$ 使 $z \leqslant v_l$.

(2_2) 有限生成下集与有限生成上集可以序强分离 P 中的点, 即 $\forall x, y \in P, x \not\leqslant y, \exists F, G \in P^{(<\omega)}$ 使

(i) $x \notin \downarrow G, y \notin \uparrow F$;

(ii) $\downarrow G \cup \uparrow F = P, \downarrow G \cap \uparrow F = \varnothing$.

(2_3) υ-闭集和有限生成上集可以序强分离 P 中的点, 即 $\forall x, y \in P, x \not\leqslant y$, $\exists\upsilon$-闭集 C 和 $F \in P^{(<\omega)}$ 使

(i) $x \notin C, y \notin \uparrow F$;

(ii) $C \cup \uparrow F = P, C \cap \uparrow F = \varnothing$.

(2_4) $\forall x, y \in P, x \not\leqslant y, \exists F \in P^{(<\omega)}$ 使 $x \in \mathrm{int}_{\upsilon(P)} \uparrow F = \uparrow F \subseteq P\backslash \downarrow y$.

(2_5) 有限生成下集与 ω-闭集可以序强分离 P 中的点, 即 $\forall x, y \in P, x \not\leqslant y$, $\exists G \in P^{(<\omega)}$ 和 ω-闭集 B 使

(i) $x \notin \downarrow G, y \notin B$;

(ii) $\downarrow G \cup B = P, \downarrow G \cap B = \varnothing$.

(2_6) $\forall x, y \in P, x \not\leqslant y, \exists G \in P^{(<\omega)}$ 使 $y \in \mathrm{int}_{\omega(P)} \downarrow G = \downarrow G \subseteq P\backslash \uparrow x$.

(2_7) υ-闭集与 ω-闭集可以序强分离 P 中的点, 即 $\forall x, y \in P, x \not\leqslant y, \exists\upsilon$-闭集 C 和 ω-闭集 B 使

(i) $x \notin C, y \notin B$;

(ii) $C \cup B = P, C \cap B = \varnothing$.

(2_8) $(P, \theta(P))$ 是完全序不连通的.

(3) P 上的关系 $\not\leqslant$ 是广义有限强正则的, 即 $\forall x, y \in P, x \not\leqslant y, \exists\{F_1, F_2, \cdots, F_n\} \in (P^{(<\omega)})^{(<\omega)}$ 和 $\{v_{ij} : i = 1, 2, \cdots, n; j = 1, 2, \cdots, m\} \in P^{(<\omega)}$ 使

(a) $\forall i \in \{1, 2, \cdots, n\}$, 有 $\{v_{i1} = v_1, v_{i2} = v_2, \cdots, v_{im} = v_m\} \subseteq \not\leqslant (F_i) = \bigcup\limits_{u\in F_i} (P\backslash \uparrow u) = P\backslash \bigcap\limits_{u\in F_i} \uparrow u = P\backslash F_i^{\uparrow}$;

(b) $\forall i \in \{1, 2, \cdots, n\}$, $y \in \not\leqslant (F_i) = P \backslash \bigcap_{u \in F_i} \uparrow u$, 且 $\exists k \in \{1, 2, \cdots, n\}$ 使 $\not\leqslant (F_k) = P \backslash \bigcap_{u \in F_k} \uparrow u \subseteq P \backslash \uparrow x = \not\leqslant (x)$;

(c) $\forall \{s_1, s_2, \cdots, s_m\} \in P^{(<\omega)}$, $\{t_1, t_2, \cdots, t_n\} \in P^{(<\omega)}$, 若 $t_i \in \not\leqslant (F_i)$ $(i = 1, 2, \cdots, n)$, $s_j \in \not\leqslant^{-1}(\{v_{1j}, v_{2j}, \cdots, v_{nj}\})$ $(j \in \{1, 2, \cdots, m\})$, 则 $\exists (k, l) \in \{1, 2, \cdots, m\} \times \{1, 2, \cdots, n\}$ 使 $s_k \not\leqslant t_l$.

(4) P 的 Dedekind-MacNeille 完备化 $\delta(P)$ 是拟超代数格.

(5) $\theta(\delta(P))$ 是 Priestley 的.

(6) $(\upsilon(\delta(P)), \subseteq)$ 是超代数格.

(7) 存在广义有限正则关系 $\rho : X \rightharpoonup X$ 使 $\delta(P) \cong (\varPhi_\rho(X), \subseteq)$.

(8) 存在广义有限正则关系 $\rho : X \rightharpoonup Y$ 使 $\delta(P) \cong (\varPhi_\rho(X), \subseteq)$.

则 $(1) \Rightarrow (2_3) \Leftrightarrow (2_4) \Rightarrow (2_7) \Rightarrow (2_8)$, $(2) \Rightarrow (2_1)$, $(2_1) \Leftrightarrow (2_2) \Rightarrow (2_3)$, $(2_1) \Rightarrow (2_5) \Leftrightarrow (2_6) \Rightarrow (2_7) \Rightarrow (2_8)$, $(2_1) \Rightarrow (3)$, $(5) \Rightarrow (2_8)$, (3)—(8) 等价; 若 P 是 S 偏序集, 则 $(2_1) \Rightarrow (2)$; 若 P 是具有性质 WDINT(特别地, 具有性质 M_w) 的 **dcpo**, 则 $(2_7) \Rightarrow (1)$; 若 P^{op} 具有性质 WDINT(特别地, 具有性质 M_w), 则 $(2_4) \Rightarrow (2_1)$; 若 P 具有性质 M_w, 则 $(2_5) \Rightarrow (2_1)$; 若 P 是格, 则 $(3) \Rightarrow (2)$, 从而除 (2_8) 外, 所有条件等价; 若 P 是完备格, 则上述所有条件全部等价.

证明 $(1) \Rightarrow (2_4)$, $(2_2) \Rightarrow (2_3)$, $(2_2) \Rightarrow (2_5)$, $(2_2) \Rightarrow (2_6)$, $(2_5) \Rightarrow (2_7)$, $(2_6) \Rightarrow (2_7)$: 显然.

$(2) \Rightarrow (2_1)$: $\forall x, y \in P$, $x \not\leqslant y \Rightarrow \exists \{u_1, u_2, \cdots, u_n\}$, $\{v_1, v_2, \cdots, v_m\} \in P^{(<\omega)}$ 使

(i) $\forall (i, j) \in \{1, 2, \cdots, n\} \times \{1, 2, \cdots, m\}$, $u_i \not\leqslant v_j$,

(ii) $u_i \not\leqslant y$ $(i = 1, 2, \cdots, n)$, $x \not\leqslant v_j$ $(j = 1, 2, \cdots, m)$,

(iii) $\forall \{s_1, s_2, \cdots, s_m\} \in P^{(<\omega)}$, $\{t_1, t_2, \cdots, t_n\} \in P^{(<\omega)}$, 若 $u_i \not\leqslant t_i$ $(i = 1, 2, \cdots, n)$, $s_j \not\leqslant v_j$ $(j = 1, 2, \cdots, m)$, 则 $\exists (k, l) \in \{1, 2, \cdots, m\} \times \{1, 2, \cdots, n\}$ 使 $s_k \not\leqslant t_l$.

$\forall z \in P$, 取 $t_i = z$ $(i = 1, 2, \cdots, n)$, $s_j = z$ $(j = 1, 2, \cdots, m)$. 则由 (iii), $\exists k \in \{1, 2, \cdots, m\}$ 使 $u_k \leqslant t_k = z$ 或 $\exists l \in \{1, 2, \cdots, m\}$ 使 $z = s_k \leqslant v_k$. 故 $\{u_1, u_2, \cdots, u_n\}$ 和 $\{v_1, v_2, \cdots, v_k\}$ 满足 (2_1) 中的条件 (i), (ii) 和 (iii).

$(2_1) \Leftrightarrow (2_2)$, $(2_3) \Leftrightarrow (2_4)$, $(2_5) \Leftrightarrow (2_6)$: 显然.

$(2_4) \Rightarrow (2_7) \Rightarrow (2_8)$: 显然.

$(2_1) \Rightarrow (3)$: $\forall x, y \in P$, $x \not\leqslant y$, 由 (2_1), $\exists \{u_1, u_2, \cdots, u_n\}$, $\{v_1, v_2, \cdots, v_m\} \in P^{(<\omega)}$ 使

(i) $\forall (i, j) \in \{1, 2, \cdots, n\} \times \{1, 2, \cdots, m\}$, $u_i \not\leqslant v_j$;

(ii) $u_i \not\leqslant y$ $(i = 1, 2, \cdots, n)$, $x \not\leqslant v_j$ $(j = 1, 2, \cdots, m)$;

(iii) $\forall\{s_1, s_2, \cdots, s_m\} \in P^{(<\omega)}$, $\{t_1, t_2, \cdots, t_n\} \in P^{(<\omega)}$, 若 $u_i \not\leqslant t_i$ $(i = 1, 2, \cdots, n)$, $s_j \not\leqslant v_j$ $(j = 1, 2, \cdots, m)$, 则 $\exists(k, l) \in \{1, 2, \cdots, m\}\times\{1, 2, \cdots, n\}$ 使 $s_k \not\leqslant t_l$.

$\forall i \in \{1, 2, \cdots, n\}, j \in \{1, 2, \cdots, m\}$, 令 $F_i=\{u_i\}$, $v_{1j} = v_{2j} = \cdots = v_{nj} = v_j$. 则由 (i), 有

(a) $\forall i \in \{1, 2, \cdots, n\}$,

$$\{v_{i1}, v_{i2}, \cdots, v_{im}\}=\{v_1, v_2, \cdots, v_m\}\subseteq \not\leqslant (F_i) = P\backslash \uparrow u_i.$$

其次证明

(b) $\forall i \in \{1, 2, \cdots, n\}$, $y \in \rho(F_i) = P\backslash \uparrow u_i$. $\exists k \in \{1, 2, \cdots, n\}$ 使 $\not\leqslant (F_k) = P\backslash \uparrow u_k \subseteq P\backslash \uparrow x = \not\leqslant (x)$.

由 (ii), $\forall i \in \{1, 2, \cdots, n\}$, $y \in \rho(F_i) = P\backslash \uparrow u_i$. 令 $s_1 = s_2 = \cdots = s_m = x$, $t_1 = t_2 = \cdots = t_n = x$. 则 $\forall(k, l) \in \{1, 2, \cdots, m\}\times\{1, 2, \cdots, n\}$ 使 $s_k \leqslant t_l$. 由 (ii), $s_j \not\leqslant v_j$ $(j = 1, 2, \cdots, m)$; 故由 (iii), $\exists k \in \{1, 2, \cdots, n\}$ 使 $u_k \leqslant t_k = x$, 即 $\not\leqslant (F_k) = P\backslash \uparrow u_k \subseteq P\backslash \uparrow x = \not\leqslant (x)$.

最后证明

(c) $\forall\{s_1, s_2, \cdots, s_m\} \in X^{(<\omega)}$, $\{t_1, t_2, \cdots, t_n\} \in Y^{(<\omega)}$, 若 $t_i \in \not\leqslant (F_i) = P\backslash \uparrow u_i$ $(i = 1, 2, \cdots, n)$, $s_j \in \not\leqslant^{-1}(\{v_{1j}, v_{2j}, \cdots, v_{nj}\})=P\backslash \downarrow v_j$ $(j \in \{1, 2, \cdots, m\})$, 则 $\exists(k, l) \in \{1, 2, \cdots, m\}\times\{1, 2, \cdots, n\}$ 使 $(s_k, t_l) \in \not\leqslant$.

显然, (c) 本质上就是 (iii).

由定理 7.9.5, $\not\leqslant$ 是广义有限强正则的.

(3) $\Leftrightarrow$ (4) $\Leftrightarrow$ (5) $\Leftrightarrow$ (6) $\Leftrightarrow$ (7) $\Leftrightarrow$ (8): 由引理 7.1.5、定理 6.2.12 和定理 7.9.8.

(5) $\Rightarrow$ (2_8): 由引理 1.2.8.

(2_1) $\Rightarrow$ (2): 设 P 为 S 偏序集. $\forall x, y \in P$, $x \not\leqslant y$, 由 (2_1), $\exists\{u_1, u_2, \cdots, u_n\}$, $\{v_1, v_2, \cdots, v_m\} \in P^{(<\omega)}$ 使

(i) $\forall\ (i, j) \in \{1, 2, \cdots, n\}\times\{1, 2, \cdots, m\}$, $u_i \not\leqslant v_j$,

(ii) $u_i \not\leqslant y$ $(i = 1, 2, \cdots, n)$, $x \not\leqslant v_j$ $(j = 1, 2, \cdots, m)$,

(iii) $\forall z \in P$, $\exists k \in \{1, 2, \cdots, n\}$ 使 $u_k \leqslant z$ 或 $\exists l \in \{1, 2, \cdots, m\}$ 使 $z \leqslant v_l$.

下证 (2) 中的条件 (iii). 设 $\{s_1, s_2, \cdots, s_m\} \in P^{(<\omega)}$, $\{t_1, t_2, \cdots, t_n\} \in P^{(<\omega)}$, $u_i \not\leqslant t_i$ $(i = 1, 2, \cdots, n)$, $s_j \not\leqslant v_j$ $(j = 1, 2, \cdots, m)$, 下证 $\exists(k, l) \in \{1, 2, \cdots, m\}\times\{1, 2, \cdots, n\}$ 使 $s_k \not\leqslant t_l$. 反之, 若 $\forall(k, l) \in \{1, 2, \cdots, m\}\times\{1, 2, \cdots, n\}$, $s_k \leqslant t_l$. 则 $s_1, s_2, \cdots, s_m$ 均是有限集 $\{t_1, t_2, \cdots, t_n\}$ 的下界; 从而由 P 是 S 偏序集, 存在 $\{t_1, t_2, \cdots, t_n\}$ 的下界 s 使 $s \geqslant s_1, s_2, \cdots, s_m$. 由 $s_j \not\leqslant v_j$ $(j = 1, 2, \cdots, m)$, 有 $s \not\leqslant v_j$ $(j = 1, 2, \cdots, m)$; 从而由 (iii), $\exists k \in \{1, 2, \cdots, n\}$ 使 $u_k \leqslant s$; 由 $u_k \not\leqslant t_k$, 有 $s \not\leqslant t_k$, 与 s 是 $\{t_1, t_2, \cdots, t_n\}$ 的下界矛盾. 故 (2) 中的条件 (iii) 成立.

$(2_7) \Rightarrow (1)$: 设 P 具有性质 WDINT 的 **dcpo**. $\forall x \in P$, $U \in \upsilon(P)$, $x \in U$. 若 $U = P$, 且 $\forall y \in P$, $x \notin P\backslash \downarrow y$, 则 x 是 P 中的最小元, 从而有 $x \in \mathrm{int}_{\upsilon(P)} \uparrow x = \uparrow x = U$. 若 $U = P$ 且 $\exists y \in P$ 使 $x \in P\backslash \uparrow y$ 或 $U \neq P$, 则 $\exists\{y_1, y_2, \cdots, y_n\} \in P^{(<\omega)}$ 使 $x \in P\backslash \downarrow\{y_1, y_2, \cdots, y_n\} \subseteq U$. $\forall i \in \{1, 2, \cdots, n\}$, 由 $x \not\leqslant y_i$ 和 (2_7), $\exists \upsilon$-闭集 C_i 和 ω-闭集 B_i 使 $x \in P\backslash C_i = B_i \subseteq P\backslash \downarrow y_i$; 从而 $x \in \bigcap\limits_{i=1}^{n} (P\backslash C_i) = P\backslash \bigcup\limits_{i=1}^{n} C_i = \bigcap\limits_{i=1}^{n} B_i \subseteq \bigcup\limits_{i=1}^{n} (P\backslash \downarrow y_i) = P\backslash \downarrow\{y_1, y_2, \cdots, y_n\} \subseteq U$. 由 P 是具有性质 WDINT, 存在定向族 $\{\uparrow G_j \in \mathbf{Fin}\ P : j \in J\}$ 使 $\bigcap\limits_{i=1}^{n} B_i = \bigcap\limits_{j\in J} \uparrow G_j$; 从而 $\bigcap\limits_{j\in J} \uparrow G_j = \bigcap\limits_{i=1}^{n} B_i = P\backslash \bigcup\limits_{i=1}^{n} C_i \in \upsilon(P) \subseteq \sigma(P)$. 由 P 为 **dcpo** 和推论 3.2.2, $\exists j \in J$ 使 $\uparrow G_j \subseteq P\backslash \bigcup\limits_{i=1}^{n} C_i$; 因而 $\uparrow G_j = P\backslash \bigcup\limits_{i=1}^{n} C_i = \bigcap\limits_{i=1}^{n} B_i$; 从而 $x \in \mathrm{int}_{\upsilon(P)} \uparrow G_j = \uparrow G_j \subseteq P\backslash \downarrow\{y_1, y_2, \cdots, y_n\} \subseteq U$. 所以 P 是拟超代数的.

$(2_4) \Rightarrow (2_1)$: 设 P^{op} 具有性质 WDINT. $\forall x, y \in P$, $x \not\leqslant y$, 由 (2_4), $\exists F \in P^{(<\omega)}$ 使 $x \in \mathrm{int}_{\upsilon(P)} \uparrow F = \uparrow F \subseteq P\backslash \downarrow y$. 由 $\mathrm{int}_{\upsilon(P)} \uparrow F = \uparrow F$, $\exists\{G_i : i \in I\} \subseteq P^{(<\omega)}$ 使 $\uparrow F = \mathrm{int}_{\upsilon(P)} \uparrow F = \bigcup\limits_{i\in I} (P\backslash \downarrow G_i)$; 由 P^{op} 是具有性质 WDINT, 存在定向族 $\{\downarrow H_j \in \mathbf{Fin}\ P^{\mathrm{op}} : j \in J\}$($\mathbf{Fin}\ P^{\mathrm{op}}$ 赋予集反包含序) 使 $\bigcap\limits_{i\in I} \downarrow G_i = \bigcap\limits_{j\in J} \downarrow H_j$; 从而 $\uparrow F = \bigcup\limits_{j\in J} (P\backslash \downarrow H_j)$. 由 F 是有限集, $\exists j \in J$ 使 $\uparrow F = P\backslash \downarrow H_j$. 令 $G = H_j$. 则 $x \in P\backslash \downarrow G = \uparrow F \subseteq P\backslash \downarrow y$. 即 (2_2) 成立 (从而 (2_1) 成立).

$(2_5) \Rightarrow (2_1)$: 设 P 具有性质 M_w. $\forall x, y \in P$, $x \not\leqslant y$, 由 (2_5), $\exists G \in P^{(<\omega)}$ 和 ω-闭集 B 使

(i) $x \notin \downarrow G$, $y \notin B$;

(ii) $\downarrow G \cup B = P$, $\downarrow G \cap B = \varnothing$.

故 $y \in P\backslash B = \downarrow G \subseteq P\backslash \uparrow x$. 由 $\downarrow G = P\backslash B \in \omega(P)$, $\exists\{F_i : i \in I\} \subseteq P^{(<\omega)}$ 使 $\downarrow G = \bigcup\limits_{i\in I} (P\backslash \uparrow F_i)$. 由 G 为有限集, $\exists I_0 \in I^{(<\omega)}$ 使 $\downarrow G = \bigcup\limits_{i\in I_0} (P\backslash \uparrow F_i) = P\backslash \bigcap\limits_{i\in I_0} \uparrow F_i$. 由 P 具有性质 M_w 和命题 1.3.4, $\exists F \in P^{(<\omega)}$ 使 $\bigcap\limits_{i\in I_0} \uparrow F_i = \uparrow F$; 从而 $\downarrow G = P\backslash \uparrow F$. 显然, F 与 G 满足条件 (2_2)(从而满足条件 (2_1)).

$(3) \Rightarrow (2)$: 设 P 为格, $\not\leqslant$ 是广义有限强正则的. $\forall x, y \in P$, $x \not\leqslant y$, 即 $(x, y) \in \not\leqslant$, 由定理 7.9.5, $\exists\{F_1 = \{u_1\}, F_2, \cdots, F_n\} \in (P^{(<\omega)})^{(<\omega)}$ 和 $\{v_{ij} : i = 1, 2, \cdots, n; j = 1, 2, \cdots, m\} \in P^{(<\omega)}$ 使

(a) $\forall i \in \{1, 2, \cdots, n\}$, $\{v_{i1}, v_{i2}, \cdots, v_{im}\} \subseteq \not\leqslant (F_i) = \bigcup\limits_{u\in F_i} (P\backslash \uparrow u) =$

$P\backslash \bigcap\limits_{u\in F_i}\uparrow u = P\backslash F_i^{\uparrow}$;

(b) $\forall i \in \{1, 2, \cdots, n\}$, $y \in \not\leqslant (F_i) = P\backslash \bigcap\limits_{u\in F_i}\uparrow u$, $\exists k \in \{1, 2, \cdots, n\}$ 使 $\not\leqslant (F_k) = P\backslash \bigcap\limits_{u\in F_i}\uparrow u \subseteq P\backslash \uparrow x = \not\leqslant (x)$;

(c) $\forall \{s_1, s_2, \cdots, s_m\} \in P^{(<\omega)}$, $\{t_1, t_2, \cdots, t_n\} \in P^{(<\omega)}$, 若 $t_i \in \not\leqslant (F_i) = P\backslash \bigcap\limits_{u\in F_i}\uparrow u (i = 1, 2, \cdots, n)$, $s_j \in \not\leqslant^{-1}(\{v_{1j}, v_{2j}, \cdots, v_{nj}\})=P\backslash \bigcap\limits_{i=1}^{n}\downarrow v_{ij}$ $(j \in \{1, 2, \cdots, m\})$, 则 $\exists (k, l) \in \{1, 2, \cdots, m\}\times\{1, 2, \cdots, n\}$ 使 $(s_k, t_l) \in \not\leqslant$.

$\forall i \in \{1, 2, \cdots, n\}$, $j \in \{1, 2, \cdots, m\}$, 令 $u_i = \vee F_i$, $v_j = \bigwedge\limits_{k=1}^{n} v_{kj}$. 则由 (a), (b) 和 (c), 有

(i) $\forall\, (i, j) \in \{1, 2, \cdots, n\}\times\{1, 2, \cdots, m\}$, $u_i \not\leqslant v_j$.

(ii) $u_i \not\leqslant y$ $(i = 1, 2, \cdots, n)$, $x \not\leqslant v_j$ $(j = 1, 2, \cdots, m)$.

由 (b), $\exists k \in \{1, 2, \cdots, n\}$ 使 $u_k =\leqslant x$; 从而由 (i), $x \not\leqslant v_j$ $(j = 1, 2, \cdots, m)$.

(iii) $\forall \{s_1, s_2, \cdots, s_m\} \in P^{(<\omega)}$, $\{t_1, t_2, \cdots, t_n\} \in P^{(<\omega)}$, 若 $u_i \not\leqslant t_i$ $(i = 1, 2, \cdots, n)$, $s_j \not\leqslant v_j$ $(j = 1, 2, \cdots, m)$, 则 $\exists (k, l) \in \{1, 2, \cdots, m\}\times\{1, 2, \cdots, n\}$ 使 $s_k \not\leqslant t_l$.

由 $u_i \not\leqslant t_i$ $(i = 1, 2, \cdots, n)$, $s_j \not\leqslant v_j$ $(j = 1, 2, \cdots, m)$, 有 $t_i \in \not\leqslant (F_i) = P\backslash \bigcap\limits_{u\in F_i}\uparrow u = P\backslash \uparrow u_i$ $(i = 1, 2, \cdots, n)$, $s_j \in \not\leqslant^{-1}(\{v_{1j}, v_{2j}, \cdots, v_{nj}\})=P\backslash \bigcap\limits_{i=1}^{n}\downarrow v_{ij}$ $= P\backslash \downarrow v_j$ $(j \in \{1, 2, \cdots, m\})$. 由 (c), $\exists (k, l) \in \{1, 2, \cdots, m\}\times\{1, 2, \cdots, n\}$ 使 $s_k \not\leqslant t_l$.

$(2_8) \Rightarrow (2_4)$: 设 P 为完备格. $\forall x, y \in P$, $x \not\leqslant y$, 由 (2_8), 存在 $(P, \theta(P))$ 中的闭开上集 U 使 $x \in U$, $y \notin U$. 由引理 7.9.1, $\exists G, F \in L^{(<\omega)}$ 使 $U = L\backslash \downarrow G = \uparrow F$. 故 $x \in \mathrm{int}_{\upsilon(P)} \uparrow F = \uparrow F \subseteq P\backslash \downarrow y$.

推论 7.9.10　设偏序集 P 和 P^{op} 具有性质 WDINT 的 **dcpo**, 若 P 是拟超代数的, 则 P^{op} 也是拟超代数的.

推论 7.9.11　设偏序集 P 和 P^{op} 具有性质 M_w, 若 P 是拟超代数的, 则 P^{op} 也是拟超代数的.

推论 7.9.12　若格 L 是拟超代数的, 则 L^{op} 也是拟超代数的.

推论 7.9.13　有限格是拟超代数格的.

推论 7.9.14　设 L 是完备格, 则下述各条件等价:

(1) L 是拟超代数的, 即 $\forall x \in L$, $U \in \upsilon(L)$, $x \in U$, $\exists F \in L^{(<\omega)}$ 使 $x \in \mathrm{int}_{\upsilon(L)} \uparrow F = \uparrow F \subseteq U$.

(2) $(\upsilon(L), \subseteq)$ 是超代数格.

(3) $\forall x, y \in L, x \nleqslant y, \exists\{u_1, u_2, \cdots, u_n\}, \{v_1, v_2, \cdots, v_m\} \in L^{(<\omega)}$ 使

(i) $\forall (i, j) \in \{1, 2, \cdots, n\}\times\{1, 2, \cdots, m\}, u_i \nleqslant v_j$;

(ii) $u_i \nleqslant y\ (i = 1, 2, \cdots, n), x \nleqslant v_j\ (j = 1, 2, \cdots, m)$;

(iii) $\forall\{s_1, s_2, \cdots, s_m\} \in L^{(<\omega)}, \{t_1, t_2, \cdots, t_n\} \in L^{(<\omega)}$, 若 $u_i \nleqslant t_i\ (i = 1, 2, \cdots, n), s_j \nleqslant v_j\ (j = 1, 2, \cdots, m)$, 则 $\exists(k, l) \in \{1, 2, \cdots, m\}\times\{1, 2, \cdots, n\}$ 使 $s_k \nleqslant t_l$.

(4) $\forall x, y \in L, x \nleqslant y, \exists\{u_1, u_2, \cdots, u_n\}, \{v_1, v_2, \cdots, v_m\} \in L^{(<\omega)}$ 使

(i) $\forall (i, j) \in \{1, 2, \cdots, n\}\times\{1, 2, \cdots, m\}, u_i \nleqslant v_j$;

(ii) $u_i \nleqslant y\ (i = 1, 2, \cdots, n), x \nleqslant v_j\ (j = 1, 2, \cdots, m)$;

(iii) $\forall z \in L, \exists k \in \{1, 2, \cdots, n\}$ 使 $u_k \leqslant z$ 或 $\exists l \in \{1, 2, \cdots, m\}$ 使 $z \leqslant v_l$.

(5) 有限生成下集与有限生成上集可以序强分离 L 中的点, 即 $\forall x, y \in L, x \nleqslant y, \exists F, G \in L^{(<\omega)}$ 使

(i) $x \notin \downarrow G, y \notin \uparrow F$;

(ii) $\downarrow G \cup \uparrow F = L, \downarrow G \cap \uparrow F = \varnothing$.

(6) υ-闭集和有限生成上集可以序强分离 L 中的点, 即 $\forall x, y \in L, x \nleqslant y, \exists\upsilon$-闭集 C 和 $F \in L^{(<\omega)}$ 使

(i) $x \notin C, y \notin \uparrow F$;

(ii) $C \cup \uparrow F = L, C \cap \uparrow F = \varnothing$.

(7) $\forall x, y \in L, x \nleqslant y, \exists F \in PL^{(<\omega)}$ 使 $x \in \mathrm{int}_{\upsilon(L)} \uparrow F = \uparrow F \subseteq L\backslash \downarrow y$.

(8) 有限生成下集与 ω-闭集可以序强分离 L 中的点, 即 $\forall x, y \in L, x \nleqslant y, \exists G \in L^{(<\omega)}$ 和 ω-闭集 B 使

(i) $x \notin \downarrow G, y \notin B$;

(ii) $\downarrow G \cup B = L, \downarrow G \cap B = \varnothing$.

(9) $\forall x, y \in L, x \nleqslant y, \exists G \in L^{(<\omega)}$ 使 $y \in \mathrm{int}_{\omega(L)} \downarrow G = \downarrow G \subseteq L\backslash \uparrow x$.

(10) υ-闭集与 ω-闭集可以序强分离 L 中的点, 即 $\forall x, y \in P, x \nleqslant y, \exists\upsilon$-闭集 C 和 ω-闭集 B 使

(i) $x \notin C, y \notin B$;

(ii) $C \cup B = L, C \cap B = \varnothing$.

(11) L 上的关系 $\nleqslant$ 是广义有限强正则的, 即 $\forall x, y \in L, x \nleqslant y, \exists\{F_1, F_2, \cdots, F_n\} \in (L^{(<\omega)})^{(<\omega)}$ 和 $\{v_{ij} : i = 1, 2, \cdots, n; j = 1, 2, \cdots, m\} \in L^{(<\omega)}$ 使

(a) $\forall i \in \{1, 2, \cdots, n\}, \{v_{i1} = v_1, v_{i2} = v_2, \cdots, v_{im} = v_m\} \subseteq \nleqslant (F_i)$;

(b) $\forall i \in \{1, 2, \cdots, n\}, y \in \nleqslant (F_i), \exists k \in \{1, 2, \cdots, n\}$ 使 $\nleqslant (F_k) \subseteq P\backslash \uparrow x = \nleqslant (x)$;

(c) $\forall\{s_1, s_2, \cdots, s_m\} \in L^{(<\omega)}$, $\{t_1, t_2, \cdots, t_n\} \in L^{(<\omega)}$, 若 $t_i \in \not\leqslant (F_i)$ $(i = 1, 2, \cdots, n)$, $s_j \in \not\leqslant^{-1}(\{v_{1j}, v_{2j}, \cdots, v_{nj}\})$ $(j \in \{1, 2, \cdots, m\})$, 则 $\exists(k, l) \in \{1, 2, \cdots, m\}\times\{1, 2, \cdots, n\}$ 使 $s_k \not\leqslant t_l$.

(12) L 上的区间拓扑 $\theta(L)$ 是 Priestley 的.

(13) 存在广义有限强正则关系 $\rho : X \rightharpoonup X$ 使 $L \cong (\Phi_\rho(X), \subseteq)$.

(14) 存在广义有限强正则关系 $\rho : X \rightharpoonup Y$ 使 $L \cong (\Phi_\rho(X), \subseteq)$.

注 7.9.15 推论 7.9.14 中的条件 (5) 是文献 [416](也见 [421]) 给出的.

由定理 7.9.8 和推论 7.9.14, 广义有限强正则关系是区间拓扑 Priestley 之完备格的表示 (即区间拓扑 Priestley 之完备格是广义有限强正则关系的特征).

第 8 章　格序结构到方体的嵌入

本章主要基于正则关系讨论格序结构到方体的嵌入问题, 建立相应的嵌入定理.

8.1 节给出了完全分配格到单位闭区间 [0, 1] 一类基本完备格同态的一个直接构造, 它具有如下重要性质: 依此方法构造出的完备格同态族分离点. 值得指出的是, 与经典的方法不同, 我们的方法不仅直接、简单, 它也适用于偏序集情形, 特别是其上 Z-below 关系 $\ll_Z$ 具有插入性质的弱 Z-连续 domain. 在本书中, 我们多次使用了这一构造技巧.

8.2 节给出了 Z-连续 domain 和拟 Z-连续 domain 到单位闭区间 [0, 1] 基本同态的构造, 基于此, 建立了它们到方体的嵌入定理.

在 8.3 节中, 我们讨论了偏序集到完全分配格的一种重要而特殊嵌入——并稠嵌入问题, 基于正则关系 (或幂等关系), 建立了偏序集到完全分配格的并稠嵌入定理, 并证明了在同构的意义下, 偏序集到完全分配格的 (保 Z-并的) 并稠嵌入是唯一的, 即均是由正则关系 (或幂等关系) 诱导的并稠嵌入.

8.1　完全分配格到 [0, 1] 基本同态的构造

20 世纪五六十年代, Raney[297,298] 和 Bruns[32] 对完备格 L 到完备链的同态给出了一个构造法. 基于这一构造法, Raney[297,298]、Bruns[32]、Lawson[98,203]、Bandelt 与 Erné[14] 等建立了若干重要类型的分配格 (包括完全分配格和连续格) 到方体的嵌入定理. Raney 和 Bruns 的经典方法是建立在对相应的弱辅助关系的极大完备链作深入分析之上的, 颇为复杂, 不便应用, 且需要选择公理 AC, 而其最大缺陷在于它对偏序集情形的失效.

本节中, 在较弱的集论公理系统 ZFDC_ω 中, 我们给出了完全分配格到单位闭区间 [0, 1] 一类基本完备格同态的一个直接构造. 此构造法简洁, 并具有如下重要性质: 依此方法构造出的完备格同态族分离点. 我们给出的构造法也适用于一般的其上 Z-below 关系 $\ll_Z$ 具有插入性质的弱 Z-连续 domain. 特别值得指出的是, 它对偏序集情形也适用. 在本章和第 8 章, 我们将多次使用这一构造技巧. 本节及 8.2 节、8.3 节的内容主要来自文献 [389, 395].

引理 8.1.1 (ZFDC_ω)[389]　设完备格 L 上的完全 below 关系 $\lhd$ 是逼近的, x, $y \in L$, $x \not\leq y$. 则存在完备格同态 $f : L \to [0, 1]$ 使 $f(x) = 1$, $f(y) = 0$.

证明 由 L 上完全 below 关系 $\lhd$ 的逼近性, $\exists u \in L$ 使 $u \lhd x$, $u \nleqslant y$. 由推论 2.1.16, $\lhd$ 具有插入性质. 令 $B = \left\{\dfrac{m}{2^n} : m, n \in \omega, m \leqslant 2^n\right\}$. 由 DC_ω, $\exists\{u(b): b \in B\} \subseteq L$ 满足

(i) $u(0) = u$, $u(1) = x$;

(ii) $\forall b_1, b_2 \in B$, $b_1 < b_2$, 有 $u(b_1) \lhd u(b_2)$.

定义 $f : L \to [0, 1]$ 如下:

$$f(z) = \vee\{b \in B : u(b) \lhd z\} = \vee\{b \in B : u(b) \leqslant z\}. \tag{8.1.1}$$

则 f 是保序的, 且 $f(x) = 1$, $f(y) = 0$. 下证 f 保任意并. $\forall S \subseteq L$, 显然有 $f(\vee S) \geqslant \vee f(S)$. 另一方面, 由定义, $f(\vee S) = \vee\{b \in B : u(b) \lhd \vee \mathrm{S}\}$. $\forall b \in B$, 若 $u(b) \lhd S$, 则由引理 2.1.13, $\exists s \in S$ 使 $u(b) \lhd s$; 由此有 $f(s) \geqslant b$. 故 $f(\vee S) \leqslant \vee f(S)$; 从而有 $f(\vee S) = \vee f(S)$. 最后证 f 有下伴随. 定义 $g : [0, 1] \to L$ 如下:

$$g(t)=\sup \{u(b) : b \in B \text{ 且 } b < z\}. \tag{8.1.2}$$

则易知 $\forall (z, t) \in L \times [0, 1]$, 有 $f(z) \geqslant t \Leftrightarrow z \geqslant g(t)$, 即 (f, g) 为 L 与 $[0, 1]$ 之间的一个 Galois 联络; 从而由引理 1.1.3, f 保任意交. 故 f 为完备格同态.

注 8.1.2 设 (X, δ) 为正规空间. 定义 δ 上的一个二元关系 $\sqsubset_\delta$ 如下: $V \sqsubset_\delta W \Leftrightarrow \mathrm{cl}_\delta V \subseteq W$. 设 A, B 是 (X, δ) 两个互不相交的闭集, 由 (X, δ) 的正规性, $\exists U \in \delta$ 使 $A \subseteq U \subseteq \mathrm{cl}_\delta U \subseteq X \backslash B$. 一般拓扑学中 Urysohn 引理的证明主要技巧是利用 $\sqsubset_\delta$ 的插入性质构造开集族 $\{U(b): b \in B\} \subseteq \delta$ 满足

(i) $U(0)=U$, $U(1)=X\backslash B$;

(ii) $\forall b_1, b_2 \in B$, $b_1 < b_2$, 有 $U(b_1) \sqsubset_\delta U(b_2)$.

从某种意义上说, 引理 8.1.1 的证明技巧是 Urysohn 技巧的代数化.

作为引理 8.1.1 的直接推论, 我们得到下述两个结论.

定理 8.1.3 (ZFDC_ω)[389] 设完备格 L 上的完全 below 关系 $\lhd$ 是逼近的, 则 $\mathbf{Com}(L, [0, 1])$ 序分离 L 中的点; 从而在 ZFAC 中, L 可用完备格同态嵌入到某方体 $[0, 1]^X$ 之中.

证明 由引理 8.1.1, $\mathbf{Com}(L, [0, 1])$ 序分离 L 中的点. 令 $X=\mathbf{Com}(L, [0, 1])$. 则对角映射 $f = \mathop{\Delta}\limits_{g\in X} g$: $L \to [0, 1]^X$ 为序嵌入, 且 $f \in \mathbf{Com}(L, [0, 1]^X)$.

作为推论 2.2.10 和定理 8.1.3 的直接推论, 得到下述

定理 8.1.4 (完全分配格的嵌入定理) 设 L 为完全分配格. 则 $\mathbf{Com}(L, [0, 1])$ 序分离 P 中的点; 从而 L 可用完备格同态嵌入到某方体 $[0, 1]^X$ 之中.

定理 8.1.4 中的结论是经典的, 读者可参看文献 [27, 62, 77, 98, 99, 297, 298, 389].

对强代数格, 有下述类似的结果 (参看文献 [77]).

定理 8.1.5 (强代数格的嵌入定理) 设 L 是强代数格, 则 $\mathbf{Com}(L, 2)$ 序分离 L 中的点; 从而在 ZFAC 中, L 可用完备格同态嵌入到某幂集格 2^X 之中 (即 L 同构于某完备集环).

8.2 Z-连续 domain 和拟 Z-连续 domain 到方体的嵌入

下面我们将引理 8.1.1 证明中的同态构造方法运用于一般的其上 Z-below 关系 $\ll_Z$ 具有插入性质的弱 Z-连续 domain.

定义 8.2.1 设 P, Q 是 Z-完备偏序集. 映射 $f: P\to Q$ 称为是 Z-同态, 若 f 保 Z-并, 且有下伴随. P 到 Q 的 Z-同态全体记为 $Hom_Z(P, Q)$. f 称为是弱 Z-同态, 若 f 保 Z-并和任意 (存在) 交. P 到 Q 的弱 Z-同态全体记为 $IZ^{\uparrow}(P, Q)$. 为方便起见, 弱 Z-同态也简称为 $IZ^{\uparrow}$-映射.

由引理 1.1.3, 有 $\mathrm{Hom}_Z(P, Q) \subseteq \mathrm{IZ}^{\uparrow}(P, Q)$.

引理 8.2.2 (ZFDC_ω) 设 P 是 ω-链完备的 Z-完备偏序集, 有最小元 0, 且其上的 Z-below 关系 $\ll_Z$ 具有插入性质. 则 $\forall x, y\in P, x\nleqslant y$, 下述两个条件等价:

(1) $\exists\, f\in \mathrm{Hom}_Z(P, [0, 1])$ 使 $f(x) = 1, f(y) = 0$;

(2) $\exists\, u\in P$ 使 $u \ll_Z x, u\nleqslant y$.

证明 (1) $\Rightarrow$ (2): 设 g 是 f 的 lower adjoin, 令 $u = g(1/2)$. 则 $u\nleqslant y$(否则, $u\leqslant y \Rightarrow f(y)\geqslant f(u) = f(g(1/2))\geqslant 1/2$, 与 $f(y) = 0$ 矛盾). 下证 $u\ll_Z x$. $\forall S\in Z(P)$, 若 $x\leqslant \vee S$, 则 $1{=}f(x)\leqslant f(\vee S) = \vee f(S)$. 因而 $\exists\, s\in S$ 使 $1/2 < f(s)$; 从而 $u = g(1/2)\leqslant g(f(s))\leqslant s$. 故 $u\ll_Z x$.

(2) $\Rightarrow$ (1): 令 $B{=}\left\{\dfrac{m}{2^n} : m, n\in\omega, m\leqslant 2^n\right\}$. 由公理 DC_ω 和 P 上的 Z-below 关系 $\ll_Z$ 具有插入性质, $\exists\{u(b)\colon b\in B\}\subseteq P$ 满足

(i) $u(0) = u, u(1) = x$;

(ii) $\forall b_1, b_2\in B, b_1 < b_2$, 有 $u(b_1)\ll_Z u(b_2)$.

定义 $f: P\to[0, 1]$ 如下:

$$f(w) = \sup\,\{b\in B : u(b)\ll_Z w\}{=}\sup\,\{b\in B : u(b)\leqslant w\}. \tag{8.2.1}$$

则 f 是保序的, 且 $f(x) = 1, f(y) = 0$. 下证 f 保 Z-并. $\forall S\in Z(P)$, 显然有 $f(\vee S)\geqslant \vee f(S)$. 另一方面, 由定义, $f(\vee S) = \vee\{b\in B : u(b)\ll_Z \vee S\}$. $\forall b\in B$, 若 $u(b)\ll_Z \vee S$, 则由 $\ll_Z$ 具有插入性质, $\exists v\in P$ 使 $u(b)\ll_Z v\ll_Z \vee S$; 从而 $\exists s\in S$ 使 $u(b)\ll_Z v\leqslant s$; 由此有 $f(s)\geqslant b$. 故 $f(\vee S)\leqslant \vee f(S)$, 从而有 $f(\vee S) = \vee f(S)$. 最后证 f 有下伴随. 由于 P 是 ω-链完备的, 故可定义 $d: [0,1]\to P$ 如下:

$$d(t) = \sup\{u(b) : b \in B \text{ 且 } b < z\}. \tag{8.2.2}$$

则易知 $\forall(w,\ t) \in P\times[0,\ 1]$, 有 $f(w) \geqslant t \Leftrightarrow w \geqslant d(t)$, 即 $(f,\ d)$ 为 L 与 $[0,\ 1]$ 之间的一个 Galois 联络. 故 $f \in \mathrm{Hom}_Z(P,\ [0,\ 1])$.

上述引理改进并推广了 [98, Proposition IV-2.20](或 [99, Proposition IV-3.22]). 由引理 8.2.2 及其证明, 得到下述两个推论.

推论 8.2.3 (ZFDC_ω) 设 P 是 ω-链完备的弱 Z-连续domain, 有最小元 0, 且其上的 Z-below 关系 $\ll_Z$ 具有插入性质. 则 $\mathrm{Hom}_Z(P,\ [0,\ 1])$ 序分离 P 中的点.

推论 8.2.4 (ZFDC_ω) 设 P 是有最小元 0 的连续 domain, 则 $\mathrm{Hom}_\mathcal{D}(P,\ [0,\ 1])$ 序分离 P 中的点.

由引理 8.2.2 中 "(1) $\Rightarrow$ (2)" 的证明, 有下述

命题 8.2.5 设 P 是 Z-完备偏序集, $\mathrm{Hom}_Z(P,\ [0,\ 1])$ 序分离 P 中的点. 则 P 是弱 Z-连续的.

注 8.2.6 在引理 8.2.2 中, 我们要求 P 是 ω-链完备的和有最小元 0, 是为了用 (8.2.1) 式定义的函数 f 有下伴随, 即由 (8.2.2) 式定义的 $d : [0,\ 1] \to P$ 有意义.

当无这两个条件时, 用 (8.2.1) 式定义的函数 f 不一定有下伴随, 但保任意存在交. 下面我们来验证之. 设 $A \subseteq P$ 在 P 中存在下确界. 显然有 $f(\wedge A) \leqslant \wedge f(A)$. 另一方面, $\forall a \in A$, 记 $B_a=\{b \in B : u(b) \leqslant a\}$. 则 $\wedge f(A) = \bigwedge\limits_{a\in A} \vee B_a = \bigvee\limits_{\varphi\in\prod B_a} \wedge\varphi(A)$. $\forall \varphi \in \prod\limits_{a\in A} B_a$, 记 $r(\varphi)=\wedge\varphi(A)$. 则 $\forall b \in B\cap\downarrow r(\varphi)$, 有 $u(b) \leqslant \wedge A$; 因而 $b \leqslant f(\wedge A)$. 由$\varphi \in \prod\limits_{a\in A} B_a$ 和 $b \in B\cap\downarrow r(\varphi)$ 的任意性, 有 $\wedge f(A) \leqslant f(\wedge A)$. 所以 $f(\wedge A) = \wedge f(A)$.

由引理 8.2.2 的证明和注 8.2.6, 得到下述

引理 8.2.7 (ZFDC_ω) 设 Z-完备偏序集 P 上的 Z-below 关系 $\ll_Z$ 具有插入性质, $u \in P$, $x,\ y \in P$, $u \ll_Z x$, $u \not\leqslant y$. 则 $\exists f \in IZ^\uparrow(P,\ [0,\ 1])$ 使 $f(x) = 1$, $f(y) = 0$.

作为引理 8.2.7 的直接推论, 我们得到下述

定理 8.2.8 (ZFDC_ω)(嵌入定理) 设 P 是弱 Z-连续 domain, 且其上的 Z-below 关系 $\ll_Z$ 具有插入性质. 则 $IZ^\uparrow(P,\ [0,\ 1])$ 序分离 P 中的点, 从而在 ZFAC 中, P 可用保 Z-并和任意 (存在) 交的映射嵌入到某方体 $[0,\ 1]^X$ 之中.

下面的例子说明, 命题 8.2.5 对 $\mathrm{IZ}^\uparrow(P,\ [0,\ 1])$ 不成立.

例 8.2.9 任取一个无限集 I. 令 $P=\{(a_i) \in [0,\ 1]^I : \exists F \in I^{(<\omega)}$ 使 $\forall i \in I\backslash F$, $a_i \neq 0\}$. P 上赋予 $[0,\ 1]^I$ 的诱导序. 令 $Z = \mathcal{P}(P)\backslash\{\varnothing\}$. 则易验证

(1) P 是 Z-完备偏序集.

(2) 包含映射 $i_P \in IZ^{\uparrow}(P, [0,1]^I)$; 从而映射族 $\{p_i \circ i_P : i \in I\} \subseteq IZ^{\uparrow}(P, [0,1]^I)$ 序分离 P 中的点.

(3) $\forall x, y \in P$, $x \ll_Z$ 均不成立, 即 P 上的 Z-below 关系 $\ll_Z = \varnothing$. 故 P 不是弱 Z-连续的.

下面证明当 Z 是具有有限族并性质的 Rudin 子集系统时, 拟 Z-连续 domain 可用 Z-Lawson 同态嵌入到某方体中.

定义 8.2.10 设 P, Q 为 Z-完备偏序集. $f : P \to Q$ 称为 P 到 Q 的一个 Z-Lawson 同态, 若 f 保 Z-并, 且 $f : (P, \omega(P)) \to (Q, \omega(Q))$ 连续. 令 $\mathrm{HOM}_Z(P, Q) = \{f : P \to Q \mid f$ 为 P 到 Q 的一个 Z-Lawson 同态$\}$. 当 $Z = \mathcal{D}$ 时, Z-Lawson 同态简称为 Lawson 同态, 并将 $\mathrm{HOM}_Z(P, Q)$ 简记为 $\mathrm{HOM}(P, Q)$.

由引理 1.1.3 和引理 1.2.17, 有 $\mathrm{Hom}_Z(P, Q) \subseteq \mathrm{HOM}_Z(P, Q)$. 若 $f \in \mathrm{HOM}_Z(P, Q)$, 则由引理 3.4.18, $f : (P, \lambda_Z(P)) \to (Q, \lambda_Z(Q))$ 连续, 即 f 是 Z-Lawson 连续的.

定理 8.2.11 (ZFDC_ω) 设 Z 是具有有限族并性质的 Rudin 子集系统, P 为拟 Z-连续 domain. 则 $\mathrm{HOM}_Z(P, [0,1])$ 序分离 P 中的点, 从而在 ZFAC 中, P 可用 Z-Lawson 同态嵌入到某方体 $[0,1]^X$ 中.

证明 $\forall x, y \in P$, 若 $x \not\leqslant y$, 则 $\exists F \in P^{(<\omega)}$ 使 $F \ll_Z x$, $y \notin \uparrow F$. 令 $B = \left\{\dfrac{m}{2^n} : m, n \in \omega, m \leqslant 2^n\right\}$. 由定理 3.4.15, $\ll_Z$ 满足插入性质, 从而由 DC_ω, $\exists \{F(b) \in P^{(<\omega)} : b \in B\}$ 满足

(i) $F(0) = F$, $F(1) = \{x\}$;

(ii) $\forall b_1, b_2 \in B$, $b_1 < b_2$, 有 $F(b_1) \ll_Z F(b_2)$.

定义 $f : P \to [0,1]$ 如下:

$$f(w) = \sup\{b \in B : F(b) \ll_Z w\} = \sup\{b \in B : w \in \uparrow F(b)\}. \tag{8.2.3}$$

则有 $f(x) = 1$, $f(y) = 0$. 下证 f 保 Z-并. $\forall S \in Z(P)$, 显然有 $f(\vee S) \geqslant \vee f(S)$. 另一方面, 由定义, $f(\vee S) = \vee\{b \in B : F(b) \ll_Z \vee S\}$. $\forall b \in B$, 若 $F(b) \ll_Z \vee S$, 则由定理 3.4.15(3), $\exists s \in S$ 使 $F(b) \ll_Z s$; 由此有 $f(s) \geqslant b$. 故 $f(\vee S) \leqslant \vee f(S)$. 从而 $f(\vee S) = \vee f(S)$. 最后证 $f : (P, \omega(P)) \to (Q, \omega([0,1]))$ 连续. $\forall \alpha \in (0,1]$, $f^{-1}([0,\alpha)) = \{z \in P : f(z) < \alpha\} = \cup\{P \setminus \uparrow F(b) : b \in B$ 且 $b < \alpha\} \in \omega(P)$. 故 $f \in \mathrm{HOM}_Z(P, [0,1])$. 因而 $\mathrm{HOM}_Z(P, [0,1])$ 序分离 P 中的点. 令 $X = \mathrm{HOM}_Z(P, [0,1])$. 易知 $\omega([0,1]^X)$ 为诸 $\omega([0,1]_x)$($\forall x \in X$, $[0,1]_x \equiv [0,1]$) 的乘积拓扑, 故对角映射 $f = \underset{g \in X}{\Delta} g : P \to [0,1]^X$ 为序嵌入, 且 $f \in \mathrm{HOM}_Z(P, [0,1]^X)$.

推论 8.2.12(ZFDC$_\omega$) 设 P 为拟连续 domain, 则 HOM(P, [0, 1]) 序分离 P 中的点, 从而在 ZFAC 中, P 可用 Lawson 同态嵌入到某方体 $[0, 1]^X$ 之中.

类似地, 有下述

定理 8.2.13 (ZFDC$_\omega$) 设 Z 是具有有限族并性质的 Rudin 子集系统, P 为拟 Z-代数 domain. 则 $\mathrm{HOM}_Z(P, 2)$ 序分离 P 中的点; 从而在 $ZFAC$ 中, P 可用 Z-Lawson 同态嵌入到某幂集 2^X 中.

推论 8.2.14 (ZFDC$_\omega$) 设 P 为拟代数 domain. 则 HOM(P, 2) 序分离 P 中的点, 从而在 ZFAC 中, P 可用 Lawson 同态嵌入到某幂集 2^X 中.

8.3 偏序集到完全分配格的并稠嵌入

将一个格或偏序集嵌入到一个好的结构中, 特别是嵌入到方体 $[0, 1]^X$ 中是格序结构研究的一个重要内容. 在 8.1 节中, 我们给出了完全分配格到单位闭区间 [0, 1] 一类基本完备格同态的一个直接构造. 基于此方法, 给出了完全分配格和更为一般的其上 Z-below 关系 $\ll_Z$ 具有插入性质的弱 Z-连续 domain 到方体的嵌入定理.

本节中, 我们将讨论一般偏序集到方体的嵌入问题. 由于完全分配格可用完备格同态嵌入到某方体 $[0, 1]^X$ 中, 因而我们将问题转化为讨论一般偏序集到完全分配格的嵌入. 8.2 节中有关 Z-连续 domain 到方体之嵌入的讨论实际上仅仅是充分性的讨论. 本节中, 基于正则关系 (或幂等关系), 我们完整地讨论偏序集到完全分配格的一种特殊嵌入——并稠嵌入问题, 建立了偏序集到完全分配格的并稠嵌入定理, 并证明了在同构的意义下, 偏序集到完全分配格的 (保 Z-并的) 并稠嵌入是唯一的, 即均是由正则关系 (或幂等关系) 诱导的并稠嵌入.

定义 8.3.1 (Z-择一原则) 设 P 是 Z-完备偏序集, ρ 是 P 上的一个二元关系. ρ 称为满足 Z-择一原则, 若 ρ 满足

(Z-CP) $\forall x \in P, S \in Z(P), x\rho \vee S \Rightarrow \exists s \in S$ 使 $x\rho s$.

定义 8.3.2 设 P 是 Z-完备偏序集.

(1) P 称为是 Z-正则的, 若 P 上存在一个满足 Z-择一原则的、逼近的正则附加序.

(2) P 称为是 Z-幂等的, 若 P 上存在一个满足 Z-择一原则的、逼近的幂等附加序.

显然, 对偏序集 P 上的附加序 ρ, ρ 是幂等的当且仅当 ρ 具有插入性质.

引理 8.3.3 设 P 是 Z-完备偏序集.

(1) 若 P 是 Z-正则的, 则 P 是弱 Z-连续的.

(2) P 是 Z-幂等的 $\Leftrightarrow$ P 上存在一个幂等的、逼近的附加序 $\prec \subseteq \ll_Z$.

证明 (1) 由 P 是 Z-正则的, P 上存在一个满足 Z-择一原则的、逼近的正则附加序 $\prec$. 下证 $\prec\subseteq\ll_Z$. 设 $x\prec y$. $\forall S\in Z(P)$, 若 $y\leqslant\vee S$, 则由 $\prec$ 是 P 上的附加序, 有 $x\prec\vee S$. 由 $\prec$ 满足 Z-择一原则, $\exists s\in S$ 使 $x\prec s$, 从而由 $\prec$ 是 P 上的附加序, 有 $x\leqslant s$. 故 $x\ll_Z y$. 因而证明了 $\prec\subseteq\ll_Z$. 由 $\prec$ 的逼近性得到 $\ll_Z$ 的逼近性. 故 P 是弱 Z-连续的.

(2) 设 P 是 Z-幂等的, 则 P 上存在一个满足 Z-择一原则的、逼近的幂等附加序 $\prec$. 由 (1) 的证明, 有 $\prec\subseteq\ll_Z$. 反之, 设 P 上存在一个幂等的、逼近的附加序 $\prec\subseteq\ll_Z$, 下证 $\prec$ 满足 Z-择一原则. 设 $x\in P$, $S\in Z(P)$, $x\prec\vee S$. 由 $\prec$ 是幂等的, $\exists y\in P$ 使 $x\prec y\prec\vee S$. 由 $\prec\subseteq\ll_Z$, 有 $y\ll_Z\vee S$, 从而 $\exists s\in S$ 使 $y\leqslant s$. 由 $\prec$ 是附加序, 有 $x\prec s$. 故 $\prec$ 满足 Z-择一原则. 所以 P 是 Z-幂等的.

命题 8.3.4 设 P 是偏序集, ρ 是 P 上逼近的正则附加序. 令 $L=(\varPhi_{\rho^{-1}}(P),\subseteq)$, $Z_\rho=\{S\subseteq P: S$ 在 P 中有上确界 $\vee S$, 且 $\forall x\in P, x\rho\vee S, \exists s\in S$ 使 $x\rho s\}$. 定义一个二元关系 $\rho^\nabla: P\rightharpoonup P$ 如下: $x\rho^\nabla y\Leftrightarrow\rho^{-1}(x)\lhd_L\rho^{-1}(y)$. 则

(1) $\rho\subseteq\rho^\nabla\subseteq\leqslant$.

(2) ρ^∇ 是 P 上满足 Z_ρ-择一原则的、逼近的幂等附加序.

(3) ρ 是幂等的当且仅当$\rho=\rho^\nabla$.

(4) 若 P 是 Z-完备偏序集, ρ 满足 Z-择一原则, 则 $Z(P)\subseteq Z_\rho$. 故 ρ^∇ 也满足 Z-择一原则.

证明 (1) 设 $x\rho\, y$. 下证 $\rho^{-1}(x)\lhd_L\rho^{-1}(y)$. 设 $\rho^{-1}(y)\subseteq\bigcup\limits_{i\in I}\rho^{-1}(A_i)$. 由 $x\in\rho^{-1}(y)$, $\exists i\in I$ 使 $x\in\rho^{-1}(A_i)$, 从而 $a_i\in A_i$ 使 $x\rho\, a_i$. 由 ρ 是附加序, 有 $x\leqslant a_i$; 因而有 $\rho^{-1}(x)\subseteq\rho^{-1}(a_i)\subseteq\rho^{-1}(A_i)$. 故 $\rho^{-1}(x)\lhd_L\rho^{-1}(y)$, 即 $x\rho^\nabla y$. 由 ρ 是逼近的附加序, 易知 $\rho^\nabla\subseteq\leqslant$.

(2) 由 (1) 和 ρ 是附加序, 易知 ρ^∇ 是 P 上的附加序. 下证 ρ^∇ 是幂等的. 显然 ρ^∇ 是传递的, 故只需证 ρ^∇ 具有插入性质. 设 $x\rho^\nabla y$, 即 $\rho^{-1}(x)\lhd_L\rho^{-1}(y)$. 由定理 7.2.5, L 是完全分配格; 从而由推论 2.2.11, $\exists\rho^{-1}(A)\in L$ 使 $\rho^{-1}(x)\lhd_L\rho^{-1}(A)\lhd_L\rho^{-1}(y)$. 由 $\rho^{-1}(A)=\bigcup\limits_{a\in A}\rho^{-1}(a)$ 和引理 2.1.13, $\exists a\in A\subseteq P$ 使 $\rho^{-1}(x)\lhd_L\rho^{-1}(a)\lhd_L\rho^{-1}(y)$. 故 $x\rho^\nabla a\rho^\nabla y$, 即证明了 ρ^∇ 是幂等的. 最后证 ρ^∇ 满足 Z_ρ-择一原则. 设 $x\in P$, $S\in Z_\rho$, $x\rho^\nabla\vee S$, 即 $\rho^{-1}(x)\lhd_L\rho^{-1}(\vee S)$. 由 Z_ρ 的定义有 $\rho^{-1}(\vee S)=\bigcup\limits_{s\in S}\rho^{-1}(s)$, 从而由引理 2.1.13, $\exists s\in S$ 使 $\rho^{-1}(x)\lhd_L\rho^{-1}(s)$, 即 $x\rho^\nabla s$. 故 ρ^∇ 满足 Z_ρ-择一原则.

(3) 若$\rho=\rho^\nabla$, 则由 (2) 知 ρ 是幂等的. 反之, 设 ρ 是幂等的, 下证 $\rho^\nabla\subseteq\rho$. 设 $x\rho^\nabla y$, 即 $\rho^{-1}(x)\lhd_L\rho^{-1}(y)$. 由 ρ 是幂等的附加序 (即 ρ 是具有插入性质的附加序), 有 $\rho^{-1}(y)=\{u\in P: u\rho y\}=\bigcup\limits_{v\rho y}\{u\in P: u\rho v\}=\bigcup\limits_{v\rho y}\rho^{-1}(v)$; 从而 $\exists v\in P$ 使 $v\rho\, y$

和 $\rho^{-1}(x) \subseteq \rho^{-1}(v)$. 由 ρ 是逼近的附加序, 有 $x = \vee\rho^{-1}(x) \leqslant \vee\rho^{-1}(v) = v$; 因而由 $v\rho y$ 和 ρ 是附加序, 有$x\rho y$. 故$\rho^{\nabla} \subseteq \rho$. 由 (1), 有 ρ=ρ^{∇}.

(4) 由 Z_ρ 的定义.

定义 8.3.5 设 P 是偏序集, L 是完备格. 映射 $f: P \to L$ 称为是并稠的, 若 $f(P)$ 是 L 的并生成集, 即 $\forall x \in L$, 有 $x = \vee(\downarrow x \cap f(P))$.

引理 8.3.6 设 P 是偏序集, L 是完备格, $f: P \to L$ 是并稠序嵌入. 则 f 保任意 (存在) 交.

证明 设 $A \subseteq P$ 在 P 中存在下确界. 由 f 是序嵌入, 有 $f(\wedge A) \leqslant \wedge f(A)$. 另一方面, 由 f 是并稠的, $\wedge f(A) = \vee\{f(p) : p \in P \text{ 且 } f(p) \leqslant \wedge f(A)\}$. $\forall q \in P$, 若 $f(q) \leqslant \wedge f(A)$(即 $\forall a \in A$, $f(q) \leqslant f(a)$), 则由 f 是序嵌入, 有 $q \leqslant \wedge A$, 从而 $f(p) \leqslant f(\wedge A)$. 故 $\wedge f(A) = \vee\{f(p) : p \in P \text{ 且 } f(p) \leqslant \wedge f(A)\} \leqslant f(\wedge A)$. 所以 $f(\wedge A) = \wedge f(A)$.

命题 8.3.7 若完备格 L 可用保任意交的映射嵌入到完全分配格中, 则 L 可用保任意交的映射并稠地嵌入到完全分配格中.

证明 由假设, L 可用保任意交的映射 f 嵌入到某完全分配格 L_1 中. 令 L_2 为 L 中以 $f(L_1)$ 作为并生成集而生成的完备并子格, 即 L_2=$\{\vee_L B : B \subseteq f(L_1)\}$. 则由 f 保任意交和 L_1 是完全分配格, 易知 L_2 是 L 的完备子格, 从而是完全分配的. 定义映射 $g: L \to L_2$ 如下: $\forall x \in L$, $g(x) = f(x)$. 则 g 是保任意交的嵌入, 且是并稠的.

下面给出本节的主要结果.

定理 8.3.8 设 P 是 Z-完备偏序集, 则下述各条件等价:

(1) P 可用 $\mathrm{IZ}^{\uparrow}$-映射并稠地嵌入到某完全分配格中;

(2) P 可用保 Z-并映射并稠地嵌入到某完全分配格中;

(3) P 是 Z-幂等的;

(4) P 是 Z-正则的;

(5) $\exists Z^* \supseteq Z(P)$ 使 P 是强 Z^*-连续的;

(6) $\exists Z^* \supseteq Z(P)$ 使 P 是弱 Z^*-连续的, 且 P 上的 Z^*-below 关系 $\ll_{Z^*}$ 具有插入性质.

证明 (1) $\Leftrightarrow$ (2): 由引理 8.3.6.

(1) $\Rightarrow$ (3): 设 P 可用 $\mathrm{IZ}^{\uparrow}$-映射 f 并稠嵌入到完全分配格 L 中. 在 P 上定义一个二元关系 ρ_f 如下:

$$\forall x, y \in P,\ x\rho_f y \Leftrightarrow f(x) \lhd f(y). \tag{8.3.1}$$

ρ_f 称为由 f 诱导的关系. 显然 ρ_f 是 P 上的一个附加序.

(a) $\rho_f \subseteq \ll_Z$.

设 $x\rho_f y$. $\forall S\in Z(P)$, 若 $y\leqslant\sup S$, 则由 $f\in \mathrm{IZ}^{\uparrow}(P, L)$, 有 $f(y)\leqslant f(\sup S) = \sup f(S)$; 从而由 $f(x)\lhd f(y)$, $\exists s\in S$ 使 $f(x)\leqslant f(s)$. 由 f 为序嵌入, 有 $x\leqslant s$. 故 $x\ll_Z y$.

(b) ρ_f 是幂等的.

设 $x\rho_f y$, 即 $f(x)\lhd f(y)$. 由推论 2.2.11, $\exists t\in L$ 使 $f(x)\lhd t\lhd f(y)$. 由 f 是并稠的, $t=\vee(\downarrow t\cap f(P))$. 由引理 2.1.13, $\exists z\in P$ 使 $f(z)\leqslant t$, 且 $f(x)\lhd f(z)$, 从而有 $x\rho_f z\rho_f y$. 因而 ρ_f 具有插入性质. 显然 ρ_f 是传递的. 故 ρ_f 是幂等的.

(c) ρ_f 是逼近的.

设 $x\not\leqslant y$. 则由 f 为序嵌入, 有 $f(x)\not\leqslant f(y)$. 由定理 2.2.6, $\exists t\in L$ 使 $t\lhd f(x)$, $t\not\leqslant f(y)$. 由 f 是并稠的, $t=\vee(\downarrow t\cap f(P))$. 故 $\exists u\in P$ 使 $f(u)\leqslant t$, 且 $f(u)\not\leqslant f(y)$; 因而有 $u\rho_f x$, $u\not\leqslant y$ (因为 f 是序嵌入). 故 ρ_f 是逼近的.

综合 (a), (b) 和 (c), P 是 Z-幂等的.

(3) $\Rightarrow$ (4): 显然.

(4) $\Rightarrow$ (5): 由 P 是 Z-正则的, P 上存在一个满足 Z-择一原则的、逼近的正则附加序 $\prec$. 显然 $\prec^{-1}$ 也是正则的. 令 $L=(\varPhi_{\prec^{-1}}(P),\subseteq)$. 则由定理 7.2.5 和引理 8.3.3 的证明, 知 L 是完全分配格, 且 $\prec\subseteq\ll_Z$. 令

$$Z^*=\left\{S\subseteq P: S \text{ 在 } P \text{ 中有上确界 } \vee S, \text{ 且 } \prec^{-1}(\vee S)=\prec^{-1}(S)=\bigcup_{s\in S}\prec^{-1}(s)\right\}. \tag{8.3.2}$$

由 $\prec$ 满足 Z-择一原则, 有 $Z(P)\subseteq Z^*$. 显然 P 是 Z^*-完备的.

(a) 若 $\{S_i: i\in I\}\subseteq Z^*$, $\{\vee S_i: i\in I\}\in Z^*$, 则 $\bigcup\limits_{i\in I}S_i\in Z^*$.

事实上, 由 $\{S_i: i\in I\}\subseteq Z^*$ 和 $\{\vee S_i: i\in I\}\in Z^*$, 有 $\vee\bigcup\limits_{i\in I}S_i=\bigvee\limits_{i\in I}\vee S_i$ 存在, 且 $\prec^{-1}\left(\vee\bigcup\limits_{i\in I}S_i\right)=\prec^{-1}\left(\bigvee\limits_{i\in I}\vee S_i\right)=\prec^{-1}(\{\vee S_i: i\in I\})$(因为 $\{\vee S_i: i\in I\}\in Z^*$)$=\bigcup\limits_{i\in I}\prec^{-1}(\vee S_i)=\bigcup\limits_{i\in I}\prec^{-1}(S_i)$ (因为 $\forall i\in I$, $S_i\in Z^*$)$=\prec^{-1}\left(\bigcup\limits_{i\in I}S_i\right)$. 故 $\bigcup\limits_{i\in I}S_i\in Z^*$.

(b) $\prec\subseteq\ll_{Z^*}$. 故 P 是弱 Z^*-连续的.

设 $x\prec y$. $\forall S\in Z^*$, 若 $y\leqslant\vee S$, 则由 $\prec$ 是附加序和 Z^* 的定义, 有 $x\prec^{-1}(\vee S)=\prec^{-1}(S)=\bigcup\limits_{s\in S}\prec^{-1}(s)$, 从而 $\exists s\in S$ 使 $x\prec s$. 由 $\prec$ 是附加序, 有 $x\leqslant s$. 故 $x\ll_{Z^*}y$. 所以 $\prec\subseteq\ll_{Z^*}$. 由 $\prec$ 是逼近的, P 是弱 Z^*-连续的.

(c) $\forall u,v\in P$, 若 $\prec^{-1}(u)\lhd_L\prec^{-1}(v)$, 则 $u\ll_{Z^*}v$.

设 $\prec^{-1}(u)\lhd_L \prec^{-1}(v)$. $\forall S\in Z^*$, 若 $v\leqslant \vee S$, 则由 $\prec$ 是附加序和 Z^* 的定义, 有 $\prec^{-1}(v)\subseteq\prec^{-1}(\vee S)=\prec^{-1}(S)=\bigcup\limits_{s\in S}\prec^{-1}(s)$. 由 $\prec^{-1}(u)\lhd_L\prec^{-1}(v)$, $\exists s\in S$ 使 $\prec^{-1}(u)\subseteq\prec^{-1}(\mathrm{s})$; 从而由 $\prec$ 的逼近性, 有 $u=\vee\prec^{-1}(u)\leqslant\vee\prec^{-1}(\mathrm{s})=s$. 故 $u\ll_{Z^*}v$.

(d) $\forall x\in P$, $\Downarrow_{Z^*}x\in Z^*$.

由 (b), $x=\vee\Downarrow_{Z^*}x$. 下证 $\prec^{-1}(x)=\bigcup\limits_{u\ll_{Z^*}x}\prec^{-1}(u)$. 由 L=($\varPhi_{\prec^{-1}}(P)$, $\subseteq$) 的完全分配性, 性质 (c) 和 $\{\prec^{-1}(t):t\in P\}$ 是 L 的并生成集, 有 $\prec^{-1}(x)=\cup\{\prec^{-1}(u):u\in P$ 且 $\prec^{-1}(u)\lhd_L\prec^{-1}(x)\}\subseteq\bigcup\limits_{u\ll_{Z^*}x}\prec^{-1}(u)\subseteq\prec^{-1}(x)$, 即 $\prec^{-1}(\vee\Downarrow_{Z^*}x)=\prec^{-1}(x)=\prec^{-1}(\Downarrow_{Z^*}x)$. 故 $\Downarrow_{Z^*}x\in Z^*$.

(e) $\ll_{Z^*}$ 具有插入性质.

设 $x\ll_{Z^*}y$. 由 (d), $\{\Downarrow_{Z^*}t:t\in\Downarrow_{Z^*}y\}\subseteq Z^*$, $\{t=\vee\Downarrow_{Z^*}t:t\in\Downarrow_{Z^*}y\}=\Downarrow_{Z^*}y\in Z^*$. 由 (a), 有 $\bigcup\limits_{t\ll_{Z^*}y}\Downarrow_{Z^*}t\in Z^*$. 显然 $y=\vee\bigcup\limits_{t\ll_{Z^*}y}\Downarrow_{Z^*}t$. 由 $x\ll_{Z^*}y$, $\exists t\in P$ 使 $x\ll_{Z^*}t\ll_{Z^*}y$.

由性质 (b), (d) 和 (e), P 是强 Z^*-连续的.

(5) $\Rightarrow$ (6): 显然.

(6) $\Rightarrow$ (1): 设 $\exists Z^*\supseteq Z(P)$ 使 P 是弱 Z^*-连续的, 且 P 上的 Z^*-below 关系 $\ll_{Z^*}$ 具有插入性质. 显然 $\ll_{Z^*}$ 是传递的, 故 $\ll_{Z^*}$ 是幂等的. 因而 $\rho=\ll_{Z^*}^{-1}$ 是幂等的. 令 L=($\varPhi_\rho(P)$, $\subseteq$), 则由定理 7.2.5, 知 L 是完全分配格. 定义映射 $f:P\to L$ 如下:

$$f(x)=\rho(x)=\Downarrow_{Z^*}x. \tag{8.3.3}$$

则有

(a) f 是序嵌入.

$\forall x,y\in P$, 由 P 是弱 Z^*-连续的, 有 $x\leqslant y\Leftrightarrow\Downarrow_{Z^*}x\subseteq\Downarrow_{Z^*}y$. 故 f 是序嵌入.

(b) f 是并稠的.

因为 $\{\rho(x)=\Downarrow_{Z^*}x:x\in P\}$ 是 $\varPhi_\rho(P)$=$\left\{\rho(A)=\Downarrow_{Z^*}A=\bigcup\limits_{a\in A}\Downarrow_{Z^*}a:A\subseteq P\right\}$的并生成集, 故 f 是并稠的.

(c) f 保 Z^*-并.

$\forall S\in Z^*$, 由 $\ll_{Z^*}$ 具有插入性质, 易知 $\Downarrow_{Z^*}\vee S=\bigcup\limits_{s\in S}\Downarrow_{Z^*}s$. 故 $f(\vee S)=\rho(\vee S)=\Downarrow_{Z^*}\vee S=\bigcup\limits_{s\in S}\Downarrow_{Z^*}s=\bigcup\limits_{s\in S}f(s)$. 因而 f 保 Z^*-并.

由 (a)—(c) 和引理 8.3.6, f 是 $\mathrm{IZ}^{\uparrow}$-映射, 且是并稠嵌入. 故 P 可用 $\mathrm{IZ}^{\uparrow}$-映射 f 并稠地嵌入到完全分配格 L 中.

推论 8.3.9 设 P 是 **dcpo**, 则下述各条件等价:

(1) P 可用 $I\mathcal{D}^{\uparrow}$-映射并稠地嵌入到某完全分配格中;

(2) P 可用 Scott 连续映射并稠地嵌入到某完全分配格中;

(3) P 是 $\mathcal{D}$-幂等的;

(4) P 是 $\mathcal{D}$-正则的;

(5) $\exists M \supseteq \mathcal{D}(P)$ 使 P 是强 M-连续的;

(6) $\exists M \supseteq \mathcal{D}(P)$ 使 P 是弱 M-连续的, 且 P 上的 M-below 关系 $\ll_M$ 具有插入性质.

推论 8.3.10 设 L 是完备格, M 是 L 的一个子集系统. 则下述各条件等价:

(1) L 可用保任意交和 M-并映射嵌入到某方体 $[0, 1]^X$ 之中;

(2) L 是 M-幂等的;

(3) L 是 M-正则的;

(4) $\exists M^* \supseteq M$ 使 L 是强 M^*-连续的;

(5) $\exists M^* \supseteq M$ 使 L 是弱 M^*-连续的, 且 L 上的 M^*-below 关系 $\ll_{M*}$ 具有插入性质.

定义 8.3.11 设 P 是偏序集, ρ 是 P 上逼近的正则附加序. 令 L=$(\Phi_{\rho^{-1}}(P), \subseteq)$. 映射 $f_\rho : P \to L$, $f_\rho(x) = \rho^{-1}(x)$=$\{u \in P : u\rho x\}$, 称为由 ρ 诱导的并稠嵌入.

注 8.3.12 设 P 是 Z-完备偏序集, ρ 是 P 上满足 Z-择一原则的、逼近的附加序. 则 ρ 诱导的并稠嵌入 $f_\rho : P \to L$ 保 Z-并.

证明 $\forall S \in Z(P)$, 有 $f_\rho(\vee S) = \rho^{-1}(\vee S)$=$\{u \in P : u\rho \vee S\}$=$\bigcup\limits_{s\in S}\{u \in P : u\rho s\}$(因为 ρ 是满足 Z-择一原则的附加序)=$\bigcup\limits_{s\in S}\rho^{-1}(s) = \bigcup\limits_{s\in S} f_\rho(s)$. 故 $f_\rho : P \to L$ 保 Z-并.

注 8.3.13 由命题 8.3.4, 若 P 可由 (满足 Z-择一原则的) 逼近的正则附加序 ρ 诱导的并稠嵌入 f_ρ(保 Z-并) 并稠嵌入到完全分配格 $(\Phi_{\rho^{-1}}(P), \subseteq)$ 中, 则 P 可由 (满足 Z-择一原则的) 逼近的幂等附加序$\rho^{\triangledown}$ 诱导的 $f_{\rho^{\triangledown}}$(保 Z-并) 并稠嵌入到完全分配格 $(\Phi_{(\rho^{\triangledown})^{-1}}(P), \subseteq)$.

下面的结果表明, 在同构的意义下, 偏序集到完全分配格的 (保 Z-并的) 并稠嵌入是唯一的, 即只有由正则关系 (或幂等关系) 诱导的并稠嵌入.

定理 8.3.14 设 P 是 Z-完备偏序集, P 可用映射 f 并稠地嵌入到某完全分配格 L 中. 在 P 上定义一个二元关系 ρ_f 如下: $x\rho_f y \Leftrightarrow f(x) \triangleleft f(y)$. 则

(1) ρ_f 是逼近的幂等附加序;

(2) 存在唯一的格同构 $h : (\Phi_{(\rho_f)^{-1}}(P), \subseteq) \to L$ 使 $f = h \circ f_{\rho_f}$;

(3) 若 f 保 Z-并, 则 ρ_f 满足 Z-择一原则, 从而由 ρ_f 诱导的并稠嵌入 f_{ρ_f} 保 Z-并.

证明　(1) 由定理 8.3.8 中 (1) $\Rightarrow$ (3) 的证明.

(2) 首先证明下述性质:

(a) $\forall A, B \subseteq P$, 若 $\rho_f^{-1}(A) = \rho_f^{-1}(B)$, 则 $\vee f(A) = \vee f(B)$.

令 $t = \vee f(A)$. 由 L 是完全分配格和 f 是并稠嵌入, $t = \vee\{f(u) : u \in P, f(u) \lhd t\}$. $\forall u \in P$, 若 $f(u) \lhd t$, 则由引理 2.1.13, $\exists a \in A$ 使 $f(u) \lhd f(a)$, 即 $u\rho_f a$. 由 $\rho_f^{-1}(A) = \rho_f^{-1}(B)$, $\exists b \in B$ 使 $u\rho_f b$, 即 $f(u) \lhd f(b) \leqslant \vee f(B)$. 故 $t = \vee f(A) \leqslant \vee f(B)$. 同理有 $\vee f(B) \leqslant \vee f(A)$. 所以 $\vee f(A) = \vee f(B)$.

由性质 (a), 我们可定义一个映射 $h : (\varPhi_{(\rho_f)^{-1}}(P), \subseteq) \to L$ 如下:

$$\forall \rho_f^{-1}(A) \in \varPhi_{(\rho_f)^{-1}}(P), \quad h(\rho_f^{-1}(A)) = \vee f(A), \tag{8.3.4}$$

则

(b) $f = h \circ f_{\rho_f}$.

(c) h 保任意并.

$$\forall \{\rho_f^{-1}(A_i) : i \in I\} \subseteq \varPhi_{(\rho_f)^{-1}}(P),$$

$$h\left(\bigcup_{i\in I} \rho_f^{-1}(A_i)\right) = h\left(\rho_f^{-1}\left(\bigcup_{i\in I} A_i\right)\right) = \vee f\left(\bigcup_{i\in I} A_i\right)$$
$$= \bigvee_{i\in I} \vee f(A_i) = \bigvee_{i\in I} h(\rho_f^{-1}(A_i)).$$

故 h 保任意并.

(d) 由 f 是并稠的, 知 h 是满映射.

(e) h 是单射.

设 $h(\rho_f^{-1}(A)) = h(\rho_f^{-1}(B))$, 即 $\vee f(A) = \vee f(B)$, 下证 $\rho_f^{-1}(A) = \rho_f^{-1}(B)$. 设 $x \in \rho_f^{-1}(A)$, 则 $\exists a \in A$ 使 $x\rho_f a$, 即 $f(x) \lhd f(a)$, 从而 $f(x) \lhd f(a) \leqslant \vee f(A) = \vee f(B)$. 由引理 2.1.13, $\exists b \in B$ 使 $f(x) \lhd f(b)$, 即 $x\rho_f b$. 因而 $x \in \rho_f^{-1}(b) \subseteq \rho_f^{-1}(B)$. 故 $\rho_f^{-1}(A) \subseteq \rho_f^{-1}(B)$. 同理有 $\rho_f^{-1}(B) \subseteq \rho_f^{-1}(A)$. 故 $\rho_f^{-1}(A) = \rho_f^{-1}(B)$. 所以 h 是单射.

由 (b)—(e), $h : (\varPhi_{(\rho_f)^{-1}}(P), \subseteq) \to L$ 是格同态, 且 $f = h \circ f_{\rho_f}$. 设 φ: $(\varPhi_{(\rho_f)^{-1}}(P), \subseteq) \to L$ 是满足 $f = \varphi \circ f_{\rho_f}$ 的另一个格同态. 则 $\forall x \in P$, 有 $\varphi\circ(f_{\rho_f}(x)) = \varphi(\rho_f^{-1}(x)) = f(x)$. 故 $\forall \rho_f^{-1}(A) \in \varPhi_{(\rho_f)^{-1}}(P)$, 有 $\varphi(\rho_f^{-1}(A)) = \varphi\left(\bigcup_{a\in A} \rho_f^{-1}(a)\right) = \bigvee_{a\in A} \varphi(\rho_f^{-1}(a)) = \bigvee_{a\in A} f(a) = \vee f(A) = h(A)$, 即有 $\varphi = h$. 故满足条件 $f = h \circ f_{\rho_f}$ 的格同构 $h : (\varPhi_{(\rho_f)^{-1}}(P), \subseteq) \to L$ 是唯一的.

(3) 设 f 保 Z-并. 下证 ρ_f 满足 Z-择一原则. $\forall x \in P$, $S \in Z(P)$, 若 $x\rho_f \vee S$, 即 $f(x) \lhd f(\vee S)$, 则由 f 保 Z-并, 有 $f(x) \lhd f(\vee S) = \vee f(S)$, 从而由引理 2.1.13, $\exists s \in S$ 使 $f(x) \lhd f(s)$, 即 $x\rho_f s$. 故 ρ_f 满足 Z-择一原则. 由注 8.3.12, 由 ρ_f 诱导的并稠嵌入 f_{ρ_f} 保 Z-并.

第 9 章　关系与拓扑

本章给出了完备格的关系表示理论在拓扑中的若干应用, 尤其是一些经典拓扑问题的代数化处理新方法.

9.1 节利用闭上集格到开上集格的集包含关系 ρ 的正则性, 给出序拓扑空间之单调正规性的一个刻画; 利用 ρ 的正则性, 给出了 Urysohn-Nachbin 引理的一个与经典拓扑证明不同的代数化证明. 特别地, 当偏序关系 $\leqslant$ 是离散序时, 得到了拓扑空间正规性的一个通过闭集格到开集格之包含关系的正则性描述的刻画, 并给出了 Urysohn 引理证明的一个代数化处理.

9.2 节引入了极单调正规序拓扑空间和极正规拓扑空间的概念, 利用闭上集格到开上集格的集包含关系 ρ 的强正则性, 给出序拓扑空间之极单调正规性的一个刻画. 特别地, 当偏序关系 $\leqslant$ 是离散序时, 给出了拓扑空间之极正规性的一个刻画.

9.3 节利用闭上集格到开上集格的一个二元关系σ 的正则性, 给出了序拓扑空间 (X, δ) 之严格完全正则性的一个刻画. 基于这一刻画, 容易得到 Lawson 问题的一个部分解答. 当偏序关系 $\leqslant$ 是离散序时, 我们得到了拓扑空间完全正则性的一个通过关系σ 的正则性描述的刻画.

9.4 节借助第 9.3 节中关系 σ 的正则性, 建立了严格完全正则序空间到方体的 Tychonoff 单调嵌入定理. 特别地, 当偏序关系 $\leqslant$ 是离散序时, 我们给出了 Tychonoff 嵌入定理的一个与经典纯拓扑证明不同的代数味较浓的新证明.

9.5 节利用闭集格到开集格的一个二元关系的强正则性, 给出了零维空间的一个刻画.

9.1　正则关系与单调正规序空间

在本节中, 利用一个简单而自然的二元关系 $\rho: \delta^c \rightharpoonup \delta$ 的正则性, 我们给出序拓扑空间 $(P, \delta, \leqslant)$ 之单调正规性的一个刻画; 利用 ρ 的正则性, 我们给出了 Urysohn-Nachbin 引理的一个与经典拓扑证明完全不同的代数化证明. 特别地, 当偏序关系 $\leqslant$ 是离散序时, 我们得到了拓扑空间 (X, η) 正规性的一个通过关系 $\rho: \eta^c \rightharpoonup \eta$ 的正则性描述的刻画, 并给出了 Urysohn 引理的一个代数化证明.

定义 9.1.1[98, 99, 280]　设 $(P, \delta, \leqslant)$ 是序拓扑空间. $(P, \delta, \leqslant)$ 称为是单调正规的, 若 $\forall (A, B) \in (\delta^c)_+ \times (\delta^c)_-$, $A \cap B = \varnothing$, $\exists (U, V) \in \delta_+ \times \delta_-$ 使 $A \subseteq U$,

$B \subseteq V$ 和 $U \cap V = \varnothing$.

显然, 若序拓扑空间 $(P,\ \delta,\ \leqslant)$ 是单调正规的, 则 $(P,\ \delta,\ \leqslant^{\mathrm{op}})$ 也是单调正规的. 由定义可直接得到下述

引理 9.1.2 设 $(P,\ \delta,\ \leqslant)$ 是序拓扑空间, 则下述各条件等价:

(1) $(P,\ \delta,\ \leqslant)$ 是单调正规的;

(2) $\forall (A,\ U) \in (\delta^c)_+ \times \delta_+$, $A \subseteq U$, $\exists W \in \delta_+$ 使 $A \subseteq W \subseteq \mathrm{cl}_+(W) \subseteq U$;

(3) $\forall (B,\ V) \in (\delta^c)_- \times \delta_-$, $B \subseteq V$, $\exists H \in \delta_-$ 使 $A \subseteq H \subseteq \mathrm{cl}_-(H) \subseteq V$.

对序拓扑空间 $(P,\ \delta,\ \leqslant)$, 定义一个二元关系 $\rho : (\delta^c)_+ \rightharpoonup \delta_+$ 如下:

$$(A, U) \in \rho \Leftrightarrow A \subseteq U. \tag{9.1.1}$$

显然, 用 (9.1.1) 式定义的二元关系与如下定义的 $\rho : \delta^c \rightharpoonup \delta$,

$$(A, U) \in \rho \Leftrightarrow A \in (\delta^c)_+, U \in \delta_+, A \subseteq U. \tag{9.1.2}$$

本质上是一样的. 在下面的定理及其证明中无论是用 (9.1.1) 式还是 (9.1.2) 式定义的 ρ 都是一样的. 此处我们选择用 (9.1.1) 式定义的 ρ.

定理 9.1.3[395,402,404,405] 设 $(P,\ \delta,\ \leqslant)$ 为拓扑空间, $\rho : \delta^c \rightharpoonup \delta$ 是由 (9.1.1) 式定义的二元关系, $L=(\Phi_\rho(\delta^c),\ \subseteq)$. 则下述各条件等价:

(1) $(P,\ \delta,\ \leqslant)$ 是单调正规的;

(2) ρ 是正则的, 且函数 $g : (P,\ \delta) \to (L,\ \theta(L))$, $g(x) = \rho(\mathrm{cl}_+(\{x\}))$, 是连续的;

(3) ρ 是有限正则的, 且函数 $g : (P,\ \delta) \to (L,\ \theta(L))$, $g(x) = \rho(\mathrm{cl}_+(\{x\}))$, 是连续的;

(4) ρ 是广义有限正则的, 且函数 $g : (P,\ \delta) \to (L,\ \theta(L))$, $g(x) = \rho(\mathrm{cl}_+(\{x\}))$, 是连续的.

证明 (1) $\Rightarrow$ (2): 设 $(P,\ \delta,\ \leqslant)$ 是单调正规的. 定义二元关系$\sigma : \delta \rightharpoonup \delta^c$ 如下:

$$(V, B) \in \sigma \Leftrightarrow V = \uparrow V, B = \uparrow B, V \subseteq B. \tag{9.1.3}$$

下证 $\rho \circ \sigma \circ \rho = \rho$. $\forall (A,\ U) \in \delta^c \times \delta$, 若 $(A,\ U) \in \rho$, 则由 $(P,\ \delta,\ \leqslant)$ 的单调正规性, $\exists (G,\ H) \in \delta_+ \times \delta_-$ 使 $A \subseteq G$, $P \backslash U \subseteq H$ 和 $G \cap H = \varnothing$. 故 $(A,\ G) \in \rho$, $(G,\ P\backslash H) \in \sigma$, $(P\backslash H,\ U) \in \rho$; 从而 $(A,\ U) \in \rho\circ\sigma\circ\rho$. 反之, 若 $(A,\ U) \in \rho\circ\sigma\circ\rho$, 则 $\exists (B,\ W) \in \delta^c \times \delta$ 使 $(A,\ W) \in \rho$, $(W,\ B) \in \sigma$, $(B,\ U) \in \rho$; 即有 $A = \uparrow A \subseteq W = \uparrow W \subseteq B = \uparrow B \subseteq U = \uparrow U$; 从而 $(A,\ U) \in \rho$. 故 $\rho\circ\sigma\circ\rho = \rho$. 所以 ρ 是正则的.

显然 $g : P \to L$ 是单调的. 下证 $g : (P,\ \delta) \to (L,\ \theta(L))$ 连续, 即 $\forall \mathcal{A} \subseteq \delta^c$, $g^{-1}(L \backslash \downarrow_L \rho(\mathcal{A})) \in \delta$, $g^{-1}(L \backslash \uparrow_L \rho(\mathcal{A})) \in \delta$.

(i) $g^{-1}(L \backslash \downarrow_L \rho(\mathcal{A})) \in \delta$.

$\forall x \in P$, 若 $x \in g^{-1}(L \backslash \downarrow_L \rho(\mathcal{A})) = \Big\{u \in P : g(u) = \rho(\mathrm{cl}_+(\{u\})) \nsubseteq \rho(\mathcal{A}) = \bigcup\limits_{A \in \mathcal{A}} \rho(A)\Big\}$, 则 $\rho(\mathrm{cl}_+(\{x\})) \nsubseteq \bigcup\limits_{A \in \mathcal{A}} \rho(A)$. 因而 $\exists U \in \delta_+$ 使 $U \in \rho(\mathrm{cl}_+(\{x\}))$, 但 $U \notin \bigcup\limits_{A \in \mathcal{A}} \rho(A)$. 由 (P, δ) 的单调正规性, $\exists (V, W) \in \delta_+ \times \delta_-$ 使 $\mathrm{cl}_+(\{x\}) \subseteq V, P \backslash U \subseteq W$ 和 $V \cap W = \varnothing$. $\forall y \in V$, 有 $y \in P \backslash W \subseteq U$. 故 $U \in \rho(\mathrm{cl}_+(\{y\}))$; 从而 $x \in V \subseteq g^{-1}(L \backslash \downarrow_L \rho(\mathcal{A}))$. 因而 $g^{-1}(L \backslash \downarrow_L \rho(\mathcal{A})) \in \delta_+$.

(ii) $g^{-1}(L \backslash \uparrow_L \rho(\mathcal{A})) \in \delta$.

$\forall x \in P$, 若 $x \in g^{-1}(L \backslash \uparrow_L \rho(\mathcal{A})) = \{v \in P : \rho(\mathcal{A}) \nsubseteq g(v) = \rho(\mathrm{cl}_+(\{v\}))\}$, 则 $\exists A \in \mathcal{A}$ 使 $\rho(A) \nsubseteq \rho(\mathrm{cl}_+(\{x\}))$. 因而 $\exists H \in \delta_+$ 使 $H \in \rho(A)$, 但 $H \notin \rho(\mathrm{cl}_+(\{x\}))$. 由 (P, δ) 的单调正规性, $\exists (U, V) \in \delta_+ \times \delta_-$ 使 $A \subseteq U$, $P \backslash H \subseteq V$ 和 $U \cap V = \varnothing$. $\forall y \in V$, 由 $U \in \rho(A)$ (即 $A \subseteq U$), $U \notin \rho(\mathrm{cl}_+(\{y\}))$ (因为 $y \notin U$), $H \notin \rho(\mathrm{cl}_+(\{x\}))$ 和 $P \backslash V \subseteq H$, 有 $\rho(A) \nsubseteq \rho(\mathrm{cl}_+(\{y\}))$ 和 $x \in V$. 故 $x \in V \subseteq g^{-1}(L \backslash \uparrow_L \rho(\mathcal{A}))$. 因而 $g^{-1}(L \backslash \uparrow_L \rho(\mathcal{A})) \in \delta_-$.

(2) $\Rightarrow$ (3) $\Rightarrow$ (4) 显然.

(4) $\Rightarrow$ (1) : 设 $(A, B) \in (\delta^c)_+ \times (\delta^c)_-$, $A \cap B = \varnothing$. 令 $p = \rho(A), q = \bigcup\limits_{b \in B} g(b) = \bigcup\limits_{b \in B} \rho(\mathrm{cl}_+(\{b\}))$. 则 $g(A) = \{g(a) : a \in A\} \subseteq \uparrow_L p, g(B) = \{g(b) : b \in B\} \subseteq \downarrow_L q$. 因为 $P \backslash B \in \rho(A), P \backslash B \notin \bigcup\limits_{b \in B} \rho(\mathrm{cl}_+(\{b\}))$, 故 $p \nleqslant_L q$ (即 $p \nsubseteq q$). 由定理 7.8.7, L 是拟超连续格, 故 $\exists F \in L^{(<\omega)}$ 使 $p \in \mathrm{int}_{\nu(L)} \uparrow F \subseteq \uparrow F \subseteq L \backslash \downarrow q$. 令 $U = g^{-1}\left(\mathrm{int}_{\nu(L)} \uparrow F\right), V = g^{-1}(L \backslash \uparrow_L F)$. 易验证 g 是保序的, 从而由 $g : (P, \delta) \to (L, \theta(L))$ 是连续的, 有 $A \subseteq U \in \delta_+, B \subseteq V \in \delta_-, U \cap V = \varnothing$. 故 $(P, \delta, \leqslant)$ 是单调正规的.

当 $(P, \delta, \leqslant)$ 是 R_0 的, 定理 9.1.3 中的条件可以简化, 即有下述

定理 9.1.4　设序拓扑空间 $(P, \delta, \leqslant)$ 是 R_0 的, $\rho : \delta^c \rightharpoonup \delta$ 是由 (9.1.1) 式定义的二元关系. 则下述各条件等价:

(1) (P, δ) 是单调正规的;

(2) ρ 是正则的;

(3) ρ 是有限正则的;

(4) ρ 是广义有限正则的.

证明　(1) $\Rightarrow$ (2): 由定理 9.1.3.

(2) $\Rightarrow$ (3) $\Rightarrow$ (4): 显然.

(4) $\Rightarrow$ (1): 设 $(A, B) \in (\delta^c)_+ \times (\delta^c)_-$, $A \cap B = \varnothing$, 令 $U = P \backslash B \in \delta_+$, 则 $(A, U) \in \rho$, 从而由 ρ 是广义有限正则的, $\exists \{C_1, C_2, \cdots, C_n\} \subseteq (\delta^c)_+, \{V_1, V_2, \cdots, V_m\} \subseteq \delta_+$ 使

(a) $\{(C_1, U), (C_2, U), \cdots, (C_n, U)\} \subseteq \rho, \{(A, V_1), (A, V_2), \cdots, (A, V_m)\} \subseteq \rho$,

(b) $\forall\{S_1, S_2, \cdots, S_m\} \subseteq (\delta^c)_+, \{W_1, W_2, \cdots, W_n\} \subseteq \delta_+$, 若 $\{(C_1, W_1), (C_2, W_2), \cdots, (C_n, W_n)\} \subseteq \rho, \{(S_1, V_1), (S_2, V_2), \cdots, (S_m, V_m)\} \subseteq \rho$, 则 $\exists(i,j) \in \{1,2,\cdots,m\} \times \{1,2,\cdots,n\}$ 使 $(S_i, W_j) \in \rho$.

令 $C = \bigcup\limits_{i=1}^{n} C_i, V = \bigcap\limits_{i=1}^{m} V_i$. 则 $C \in (\delta^c)_+, V \in \delta_+$, 且由 (a), 有 $A \subseteq V, C \subseteq U$. 下证 $V \subseteq C$. 反之, 若 $V \nsubseteq C$, 则 $\exists v \in V \backslash C$. 令 $S_1 = S_2 = \cdots = S_m = \mathrm{cl}_+(\{v\}), W_1 = W_2 = \cdots = W_n = P \backslash \mathrm{cl}_-(\{v\})$. 则由 (P, δ) 为 R_0 空间, 有 $\{(C_1, W_1), (C_2, W_2), \cdots, (C_n, W_n)\} \subseteq \rho, \{(S_1, V_1), (S_2, V_2), \cdots, (S_m, V_m)\} \subseteq \rho$; 从而由 (b), 有 $(\mathrm{cl}_+(\{v\}), P \backslash \mathrm{cl}_-(\{v\})) \in \rho$, 矛盾 (因为 $v \in \mathrm{cl}_+(\{v\} \cap \mathrm{cl}_-(\{v\}))$). 故有 $V \subseteq C$; 从而有 $A \subseteq V \in \delta_+, B \subseteq P \backslash C \in \delta_-$ 和 $V \cap (P \backslash C) = \varnothing$. 故 $(P, \delta, \leqslant)$ 是单调正规的.

由注 1.2.26 和定理 9.1.4, 有下述

推论 9.1.5([395,402,404,405]) 设 (P, δ) 是序拓扑空间, P 上的偏序 $\leqslant$ 是半闭的, $\rho: \delta^c \rightharpoonup \delta$ 是由 (9.1.1) 式定义的二元关系. 则下述各条件等价:

(1) (P, δ) 是单调正规的;

(2) ρ 是正则的;

(3) ρ 是有限正则的;

(4) ρ 是广义有限正则的.

问题 9.1.6 定理 9.1.4 对一般序拓扑空间是否成立? 即序拓扑空间 $(P, \delta, \leqslant)$ 的单调正规性是否等价于下述各条件?

(1) ρ 是正则的;

(2) ρ 是有限正则的;

(3) ρ 是广义有限正则的,

其中 ρ 是 $(\delta^c)_+$ 与 δ_+ 之间的集包含关系.

当偏序关系 $\leqslant$ 是离散序 (即 $x \leqslant y \Leftrightarrow x = y$) 时, 作为定理 9.1.3 和定理 9.1.4 的直接推论, 得到下述两个结果.

定理 9.1.7[395,402,404,405] 设 (X, δ) 为拓扑空间, ρ 是 δ^c 与 δ 之间的集包含关系, $L = (\Phi_\rho(\delta^c), \subseteq)$. 则下述各条件等价:

(1) (X, δ) 是正规的;

(2) ρ 是正则的, 且函数 $g: (X, \delta) \to (L, \theta(L)), g(x) = \rho(\mathrm{cl}(\{x\}))$ 是连续的;

(3) ρ 是有限正则的, 且函数 $g: (X, \delta) \to (L, \theta(L)), g(x) = \rho(\mathrm{cl}(\{x\}))$ 是连续的;

(4) ρ 是广义有限正则的, 且函数 $g: (X, \delta) \to (L, \theta(L)), g(x) = \rho(\mathrm{cl}(\{x\}))$ 是连续的.

定理 9.1.8　设 (X, δ) 为 R_0 拓扑空间, ρ 是 δ^c 与 δ 之间的集包含关系. 则下述各条件等价:

(1) (P, δ) 是正规的;

(2) ρ 是正则的;

(3) ρ 是有限正则的;

(4) ρ 是广义有限正则的.

推论 9.1.9[395,402,404,405]　设 (X, δ) 为 T_1 拓扑空间, ρ 是 δ^c 与 δ 之间的集包含关系. 则下述各条件等价:

(1) (P, δ) 是正规的;

(2) ρ 是正则的;

(3) ρ 是有限正则的;

(4) ρ 是广义有限正则的.

问题 9.1.10　定理 9.1.8 对一般拓扑空间是否成立? 即拓扑空间 (X, δ) 的正规性是否等价于下述各条件?

(1) ρ 是正则的;

(2) ρ 是有限正则的;

(3) ρ 是广义有限正则的,

其中 ρ 是 δ^c 与 δ 之间的集包含关系.

对单调正规序拓扑空间 (P, δ), 由定理 9.1.3, 用 (9.1.1) 式定义的二元关系 $\rho : \delta^c \rightharpoonup \delta$ 是正则的. 利用 ρ 的正则性, 下面我们给出 Urysohn-Nachbin 引理的一个与经典证明 (参见文献 [280]) 完全不同的代数化证明, 特别地, 当偏序关系 $\leqslant$ 是离散序时, 则得到 Urysohn 引理的一个与经典方法完全不同的代数化证明.

定理 9.1.11(Urysohn-Nachbin 引理)　设 $(P, \delta, \leqslant)$ 为单调正规的序拓扑空间, $(A, B) \in (\delta^c)_+ \times (\delta^c)_-$, $A \cap B = \varnothing$. 则有单调连续函数 $f : (P, \delta, \leqslant) \to [0,1]$ 使 $f(A) \subseteq \{1\}, f(B) \subseteq \{0\}$.

证明　由定理 9.1.3, 用 (9.1.1) 式定义的二元关系 $\rho : \delta^c \rightharpoonup \delta$ 是正则的; 从而由定理 7.2.5, $L = (\varPhi_\rho(\delta^c), \subseteq)$ 是完全分配格. 令 $p = \rho(A), q = \bigcup_{b \in B} g(b) = \bigcup_{b \in B} \rho(\mathrm{cl}_+(\{b\}))$. 则 $g(A) = \{g(a) : a \in A\} \subseteq \uparrow_L p, g(B) = \{g(b) : b \in B\} \subseteq \downarrow_L q$. 因为 $P \backslash B \in \rho(A), P \backslash B \notin \bigcup_{b \in B} \rho(\mathrm{cl}_+(\{b\}))$, 所以 $p \nleqslant_L q$. 由推论 2.2.10 和引理 8.1.1, 存在完备格同态 $h : L \to [0,1]$ 使 $h(p) = 1, h(q) = 0$. 显然 $h : (L, \theta(L)) \to [0,1]$ 是单调连续的. 令 $f = h \circ g$. 则 $f : (P, \delta, \leqslant) \to [0,1]$ 是单调连续的, 且 $f(A) \subseteq \{1\}, f(B) \subseteq \{0\}$.

9.2 强正则关系与极单调正规序空间

在 9.1 节中看到, 序拓扑空间 $(P,\delta,\leqslant)$ 是单调正规的当且仅当上闭集与上开集之间的包含关系是正则的. 一个自然的问题是: 这个关系何时是强正则的? 为此, 我们引入下述

定义 9.2.1 序拓扑空间 $(P,\delta,\leqslant)$ 称为极单调正规的 (extremally monotone normal), 若 $\forall(A,B)\in(\delta^c)_+\times(\delta^c)_-, A\cap B=\varnothing, \exists U\in\delta_+\cap(\delta^c)_+, V\in\delta_-\cap(\delta^c)_-$ 使 $A\subseteq U$, $B\subseteq V$ 和 $U\cap V=\varnothing$.

拓扑空间 (X,δ) 称为极正规的 (extremally normal), 若 $\forall(A,B)\in\delta^c\times\delta^c, A\cap B=\varnothing, \exists U\in\delta\cap\delta^c, V\in\delta\cap\delta^c$ 使 $A\subseteq U$, $B\subseteq V$ 和 $U\cap V=\varnothing$. (X,δ) 称为极不连通空间 [52](extremally disconnected space), 若 $\forall U\in\delta, \mathrm{cl}_\delta U\in\delta$. 显然, 每个离散空间是极 (单调) 正规的和极不连通, 而直线上的有理数空间 (赋予区间拓扑) 是强零维 [52] 而非极不连通的 (参看文献 [52]). 设 ω 为第一无限序数 (即 $\omega=\{0,1,2,\cdots,n,\cdots\}$), 记 $W=[0,\omega]$, 赋予序拓扑 (即区间拓扑). 易知, $\forall\alpha\in W\backslash\{\omega\}, \{\alpha\}$ 是开闭集, ω 的基本开邻域是 $(\alpha,\omega]$, 它同时是 W 中的闭集. 故 W 是紧 pospace, 极单调正规的, 但非极不连通.

易知, 正规的极不连通空间是极正规的; 正则的极正规空间是零维的. 但存在极不连通的 Tychonoff 空间 (X,δ), 它不是正规的 (参见文献 [52]).

显然, 若序拓扑空间 $(P,\delta,\leqslant)$ 是极单调正规的, 则 $(P,\delta,\leqslant^{\mathrm{op}})$ 也是极单调正规的.

由定义易得到下述

引理 9.2.2 设 $(P,\delta,\leqslant)$ 是序拓扑空间, 则下述各条件等价:

(1) $(P,\delta,\leqslant)$ 是极单调正规的;

(2) $\forall(A,U)\in(\delta^c)_+\times\delta_+, A\subseteq U, \exists W\in\delta_+\cap(\delta^c)_+$ 使 $A\subseteq W\subseteq U$;

(3) $\forall(B,V)\in(\delta^c)_-\times\delta_-, B\subseteq V, \exists H\in\delta_-\cap(\delta^c)_-$ 使 $B\subseteq H\subseteq V$;

(4) $\forall(A,B)\in(\delta^c)_+\times(\delta^c)_-, A\cap B=\varnothing$, 存在单调连续函数 $f:(P,\delta,\leqslant)\to 2(2=\{0,1\}$, 赋予区间拓扑, 即离散拓扑) 使 $f(A)\subseteq\{1\}, f(B)\subseteq\{0\}$.

定理 9.2.3 设 $(P,\delta,\leqslant)$ 为拓扑空间, $\rho:\delta^c\rightharpoonup\delta$ 是由 (9.1.1) 式定义的二元关系, $L=(\Phi_\rho(\delta^c),\subseteq)$. 则下述各条件等价:

(1) $(P,\delta,\leqslant)$ 是极单调正规的;

(2) ρ 是强正则的, 且函数 $g:(P,\delta)\to(L,\theta(L)), g(x)=\rho(\mathrm{cl}_+(\{x\}))$, 是连续的;

(3) ρ 是有限强正则的, 且函数 $g:(P,\delta)\to(L,\theta(L)), g(x)=\rho(\mathrm{cl}_+(\{x\}))$, 是连续的;

(4) ρ 是广义有限强正则的, 且函数 $g:(P,\delta)\to(L,\theta(L)), g(x)=\rho(\mathrm{cl}_+(\{x\}))$, 是连续的.

证明 (1) $\Rightarrow$ (2): 设 $(P,\delta,\leqslant)$ 是极单调正规的. 定义一个二元关系 $\sigma:\delta\rightharpoonup\delta^c$ 如下:

$$(V,B)\in\sigma\Leftrightarrow V=\uparrow V, B=\uparrow B, V=B. \tag{9.2.1}$$

则 $\sigma\subseteq\rho^{-1}$. 下证 $\rho\circ\sigma\circ\rho=\rho$. $\forall(A,U)\in\delta^c\times\delta$, 若 $(A,U)\in\rho$, 则由 (P,δ) 的极单调正规性, $\exists V\in\delta_+\cap(\delta^c)_+$ 使 $A\subseteq V\subseteq U$. 故 $(A,V)\in\rho,(V,V)\in\sigma,(V,U)\in\rho$, 从而 $(A,U)\in\rho\circ\sigma\circ\rho$. 反之, 若 $(A,U)\in\rho\circ\sigma\circ\rho$, 则 $\exists(B,W)\in(\delta^c)_+\times\delta_+$ 使 $(A,W)\in\rho,(W,B)\in\sigma,(B,U)\in\rho$, 即有 $A=\uparrow A\subseteq W=\uparrow W=B=\uparrow B\subseteq U=\uparrow U$, 从而 $(A,U)\in\rho$. 故 $\rho\circ\sigma\circ\rho=\rho$. 所以 ρ 是正则的.

显然 $g:P\to L$ 是单调的. 下证 $g:(P,\delta)\to(L,\theta(L))$ 连续, 即证明: $\forall\mathcal{A}\subseteq\delta^c, g^{-1}(L\backslash\downarrow_L\rho(\mathcal{A}))\in\delta, g^{-1}(L\backslash\uparrow_L\rho(\mathcal{A}))\in\delta$.

(i) $g^{-1}(L\backslash\downarrow_L\rho(\mathcal{A}))\in\delta$.

$\forall x\in P$, 若 $x\in g^{-1}(L\backslash\downarrow_L\rho(\mathcal{A}))=\{u\in P: g(u)=\rho(\mathrm{cl}_+(\{u\}))\not\subseteq\rho(\mathcal{A})=\bigcup\limits_{A\in\mathcal{A}}\rho(A)\}$, 则 $\rho(\mathrm{cl}_+(\{x\}))\not\subseteq\bigcup\limits_{A\in\mathcal{A}}\rho(A)$. 因而 $\exists U\in\delta_+$ 使 $U\in\rho(\mathrm{cl}_+(\{x\}))$, 但 $U\notin\bigcup\limits_{A\in\mathcal{A}}\rho(A)$. 由 (P,δ) 的极单调正规性, $\exists V\in\delta_+\cap(\delta^c)_+$ 使 $\mathrm{cl}_+(\{x\})\subseteq V\subseteq U$. $\forall y\in V$, 有 $y\in V\subseteq U$. 故 $U\in\rho(\mathrm{cl}_+(\{y\}))$, 从而 $x\in V\subseteq g^{-1}(L\backslash\downarrow_L\rho(\mathcal{A}))$. 因而 $g^{-1}(L\backslash\downarrow_L\rho(\mathcal{A}))\in\delta_+$.

(ii) $g^{-1}(L\backslash\uparrow_L\rho(\mathcal{A}))\in\delta$.

$\forall x\in P$, 若 $x\in g^{-1}(L\backslash\uparrow_L\rho(\mathcal{A}))=\{v\in P:\rho(\mathcal{A})\not\subseteq g(v)=\rho(\mathrm{cl}_+(\{v\}))\}$, 则 $\exists A\in\mathcal{A}$ 使 $\rho(A)\not\subseteq\rho(\mathrm{cl}_+(\{x\}))$. 因而 $\exists H\in\delta_+$ 使 $H\in\rho(A)$, 但 $H\notin\rho(\mathrm{cl}_+(\{x\}))$. 由 (P,δ) 的极单调正规性, $\exists W\in\delta_+\cap(\delta^c)_+$ 使 $A\subseteq W\subseteq H$.$\forall y\in P\backslash W$, 由 $W\in\rho(A)$(即 $A\subseteq W$), $W\notin\rho(\mathrm{cl}_+(\{y\}))$(因为 $y\notin W$), $H\notin\rho(\mathrm{cl}_+(\{x\}))$ 和 $W\subseteq H$, 有 $\rho(A)\not\subseteq\rho(\mathrm{cl}_+(\{y\}))$ 和 $x\in P\backslash W$. 故 $x\in P\backslash W\subseteq g^{-1}(L\backslash\uparrow_L\rho(\mathcal{A}))$. 因而 $g^{-1}(L\backslash\uparrow_L\rho(\mathcal{A}))\in\delta_-$.

(2) $\Rightarrow$ (3) $\Rightarrow$ (4): 显然.

(4) $\Rightarrow$ (1): 设 $(A,B)\in(\delta^c)_+\times(\delta^c)_-, A\cap B=\varnothing$. 令 $p=\rho(A), q=\bigcup\limits_{b\in B}g(b)=\bigcup\limits_{b\in B}\rho(\mathrm{cl}_+(\{b\}))$. 则 $g(A)=\{g(a):a\in A\}\subseteq\uparrow_L p, g(B)=\{g(b):b\in B\}\subseteq\downarrow_L q$. 因为 $P\backslash B\in\rho(A), P\backslash B\notin\bigcup\limits_{b\in B}\rho(\mathrm{cl}_+(\{b\}))$, 故 $p\not\leqslant_L q$ (即 $p\not\subseteq q$). 由定理 7.9.8, L 是拟超代数格; 从而由定理 6.2.13, $\exists F\in L^{(<\omega)}$ 使 $p\in\mathrm{int}_{\upsilon(L)}\uparrow F=\uparrow F\subseteq L\backslash\downarrow q$. 令 $U=g^{-1}(\mathrm{int}_{\upsilon(L)}\uparrow F)=g^{-1}(\uparrow_L F)$. 易验证 g 是保序的, 从而由 $g:(P,\delta)\to(L,\theta(L))$ 是连续的, 有 $U\in\delta_+\cap(\delta^c)_+, A\subseteq U\subseteq P\backslash B$, 故 $(P,\delta,\leqslant)$ 是极单调正规的.

定理 9.2.4 设序拓扑空间 $(P,\delta,\leqslant)$ 是 R_0 的, $\rho:\delta^c\rightharpoonup\delta$ 是由 (9.1.1) 式定义的二元关系. 则下述各条件等价:

(1) (P,δ) 是极单调正规的;

(2) ρ 是强正则的;

(3) ρ 是有限强正则的;

(4) ρ 是广义有限强正则的.

证明 (1) $\Rightarrow$ (2): 由定理 9.2.3.

(2) $\Rightarrow$ (3) $\Rightarrow$ (4): 显然.

(4) $\Rightarrow$ (1): 设 $(A,B)\in(\delta^c)_+\times(\delta^c)_-$, $A\cap B=\varnothing$, 令 $U=P\backslash B\in\delta_+$, 则 $(A,U)\in\rho$; 从而由 ρ 是广义有限强正则的, $\exists\{\mathcal{F}_1,\mathcal{F}_2,\cdots,\mathcal{F}_n\}\in((\delta^c)_+^{(<\omega)})^{(<\omega)}$, $\{V_{11},V_{12},\cdots,V_{1m},V_{11},V_{12},\cdots,V_{1m},\cdots,V_{n1},V_{n2},\cdots,V_{nm}\}\in\delta_+^{(<\omega)}$ 使

(a) $\{V_{11},V_{12},\cdots,V_{1m}\}\subseteq\rho(\mathcal{F}_1),\{V_{21},V_{22},\cdots,V_{2m}\}\subseteq\rho(\mathcal{F}_2),\cdots,\{V_{n1},V_{n2},\cdots,V_{nm}\}\subseteq\rho(\mathcal{F}_n)$;

(b) $U\in\rho(\mathcal{F}_1),U\in\rho(\mathcal{F}_2),\cdots,U\in\rho(\mathcal{F}_n)$, 且 $\exists\xi\in\prod\limits_{j=1}^{m}\{1,2,\cdots,n\}$ 使 $\{(A,V_{\xi(1)1}),(A,V_{\xi(2)2}),\cdots,(A,V_{\xi(m)m})\}\subseteq\rho$;

(c) $\forall\{S_1,S_2,\cdots,S_m\}\subseteq(\delta^c)_+,\{W_1,W_2,\cdots,W_n\}\subseteq\delta_+,\varphi\in\prod\limits_{j=1}^{m}\{1,2,\cdots,n\}$, 若 $W_1\in\rho(\mathcal{F}_1),W_2\in\rho(\mathcal{F}_2),\cdots,W_n\in\rho(\mathcal{F}_n),(S_1,V_{\varphi(1)1})\in\rho,(S_2,V_{\varphi(2)2})\in\rho,\cdots,(S_m,V_{\varphi(m)m})\in\rho$, 则 $\exists(i,j)\in\{1,2,\cdots,n\}\times\{1,2,\cdots,m\}$ 使 $(S_j,W_i)\in\rho$.

令 $C=\bigcup\limits_{i=1}^{n}\cap\mathcal{F}_i,V=\cup\left\{\bigcap\limits_{j=1}^{m}V_{\varphi(j)j}:\varphi\in\prod\limits_{j=1}^{m}\{1,2,\cdots,n\}\right\}=\bigcap\limits_{j=1}^{m}\bigcup\limits_{i=1}^{n}V_{ij}$(因为幂集格是完全分配格). 则 $C\in(\delta^c)_+,V\in\delta_+$, 且由 (a) 和 (b), 有 $A\subseteq V,C\subseteq U.\forall(k,j)\in\{1,2,\cdots,n\}\times\{1,2,\cdots,m\}$, 由 (a), 有 $\{V_{k1},V_{k2},\cdots,V_{kj},\cdots,V_{km}\}\subseteq\rho(\mathcal{F}_k)$, 因而 $\cap\mathcal{F}_k\subseteq V_{kj}\subseteq\bigcup\limits_{i=1}^{n}V_{ij}$, 故 $C=\bigcup\limits_{k=1}^{n}\cap\mathcal{F}_k\subseteq\bigcap\limits_{j=1}^{m}\bigcup\limits_{i=1}^{n}V_{ij}=V$.

下证 $V\subseteq C$. 反之, 若 $V\nsubseteq C$, 则 $\exists v\in V\backslash C$.

1° 由 $v\in V=\cup\left\{\bigcap\limits_{j=1}^{m}V_{\varphi(j)j}:\varphi\in\prod\limits_{j=1}^{m}\{1,2,\cdots,n\}\right\}$, $\exists\varphi_0\in\prod\limits_{j=1}^{m}\{1,2,\cdots,n\}$ 使 $v\in V=\bigcap\limits_{j=1}^{m}V_{\varphi_0(j)j}$.

2° 由 $v\notin C=\bigcup\limits_{i=1}^{n}\cap\mathcal{F}_i,\forall i\in\{1,2,\cdots,n\},v\notin\cap\mathcal{F}_i$.

令 $S_1=S_2=\cdots=S_m=\mathrm{cl}_+(\{v\}),W_1=W_2=\cdots=W_n=P\backslash\mathrm{cl}_-(\{v\})$. 则由 1°, 2° 和 (P,δ) 为 R_0 空间, 有 $W_1\in\rho(\mathcal{F}_1),W_2\in\rho(\mathcal{F}_2),\cdots,W_n\in\rho(\mathcal{F}_n),(S_1,V_{\varphi_0(1)1})\in\rho,(S_2,V_{\varphi_0(2)2})\in\rho,\cdots,(S_m,V_{\varphi_0(m)m})\in\rho$; 从而由 (c), $\exists(i,j)\in\{1,2,\cdots,n\}\times\{1,2,\cdots,m\}$ 使 $(S_j=\mathrm{cl}_+(\{v\}),W_i=P\backslash\mathrm{cl}_-(\{v\}))\in\rho$,

因而 $v \in \mathrm{cl}_+(\{v\}) \subseteq P\backslash \mathrm{cl}_-(\{v\})$, 矛盾. 故有 $V \subseteq C$.

所以 $V = C$, 因而 $V \in \delta_+ \cap (\delta^c)_+, A \subseteq V \subseteq U = P\backslash B$. 故 $(P, \delta, \leqslant)$ 是极单调正规的.

由注 1.2.26 和定理 9.2.4, 有下述

推论 9.2.5 设 $(P, \delta, \leqslant)$ 是序拓扑空间, P 上的偏序 $\leqslant$ 是半闭的, $\rho : \delta^c \rightharpoonup \delta$ 是由 (9.1.1) 式定义的二元关系. 则下述各条件等价:

(1) (P, δ) 是极单调正规的;

(2) ρ 是强正则的;

(3) ρ 是有限强正则的;

(4) ρ 是广义有限强正则的.

当偏序关系 $\leqslant$ 是离散序时, 作为定理 9.2.3 和定理 9.2.4 的直接推论, 得到下述两个结果.

定理 9.2.6 设 (X, δ) 为拓扑空间, ρ 是 δ^c 与 δ 之间的集包含关系, $L = (\varPhi_\rho(\delta^c), \subseteq)$. 则下述各条件等价:

(1) (X, δ) 是极正规的;

(2) ρ 是强正则的, 且函数 $g : (X, \delta) \to (L, \theta(L)), g(x) = \rho(\mathrm{cl}(\{x\}))$, 是连续的;

(3) ρ 是有限强正则的, 且函数 $g : (X, \delta) \to (L, \theta(L)), g(x) = \rho(\mathrm{cl}(\{x\}))$, 是连续的;

(4) ρ 是广义有限强正则的, 且函数 $g : (X, \delta) \to (L, \theta(L)), g(x) = \rho(\mathrm{cl}(\{x\}))$, 是连续的.

定理 9.2.7 设 (X, δ) 为 R_0 拓扑空间, ρ 是 δ^c 与 δ 之间的集包含关系. 则下述各条件等价:

(1) (P, δ) 是极正规的;

(2) ρ 是强正则的;

(3) ρ 是有限强正则的;

(4) ρ 是广义有限强正则的.

推论 9.2.8 设拓扑空间 (X, δ) 是 T_1 的, ρ 是 δ^c 与 δ 之间的集包含关系. 则下述各条件等价:

(1) (P, δ) 是极正规的;

(2) ρ 是强正则的;

(3) ρ 是有限强正则的;

(4) ρ 是广义有限强正则的.

问题 9.2.9 判断定理 9.2.4 对一般序拓扑空间是否成立, 即序拓扑空间 $(P, \delta, \leqslant)$ 的极单调正规性是否等价于下述各条件:

(1) ρ 是强正则的;

(2) ρ 是有限强正则的;

(3) ρ 是广义有限强正则的,

其中 ρ 是 $(\delta^c)_+$ 与 δ_+ 之间的集包含关系.

问题 9.2.10 定理 9.2.7 对一般拓扑空间是否成立? 即拓扑空间 (X,δ) 的极正规性是否等价于下述各条件?

(1) ρ 是强正则的;

(2) ρ 是有限强正则的;

(3) ρ 是广义有限强正则的,

其中 ρ 是 δ^c 与 δ 之间的集包含关系.

9.3 正则关系与严格完全正则序空间

本节中, 在集论公理系统 ZFDC_ω 中, 利用一个简单而自然的二元关系 $\sigma:(\delta^c)_+\rightharpoonup\delta_+$ 的正则性, 我们给出序拓扑空间 (X,δ) 之严格完全正则性的一个刻画; 基于这一刻画, 我们容易得到 Lawson 问题的一个部分解答. 当偏序关系 $\leqslant$ 是离散序时, 我们得到了拓扑空间 (X,η) 之完全正则性的一个通过关系 $\sigma:\eta^c\rightharpoonup\eta$ 的正则性描述的刻画.

下面的结论是众所周知的 (见文献 [98, 99, 205]).

命题 9.3.1 设 $(P,\delta,\leqslant)$ 为序拓扑空间.

(1) 若 $(P,\delta,\leqslant)$ 是强序凸的, 单调正规的, 且 P 上的偏序 $\leqslant$ 是半闭的, 则 $(P,\delta,\leqslant)$ 是严格完全正则的.

(2) 若 $(P,\delta,\leqslant)$ 是紧 pospace, 则 $(P,\delta,\leqslant)$ 是单调正规的和强序凸的, 从而 $(P,\delta,\leqslant)$ 是严格完全正则的.

利用正则关系, 下面我们给出严格完全正则性的一个刻画定理.

定理 9.3.2(ZFDC_ω)[395,401,403] 设序拓扑空间 $(P,\delta,\leqslant)$ 是强序凸的, 且 P 上的偏序 $\leqslant$ 是半闭的. 则下述各条件等价:

(1) $(P,\delta,\leqslant)$ 是严格完全正则的.

(2) 存在正则二元关系 $\sigma:(\delta^c)_+\rightharpoonup\delta_+$ 满足以下条件:

(α) $\forall A\sigma U$, 有 $A\subseteq U$;

(β) $\forall(x,A)\in P\times(\delta^c)_+, x\notin A$, 有 $A\sigma(P\backslash\downarrow x)$;

(γ) $\forall(x,U)\in P\times\delta_+, x\in U$, 有 $\uparrow x\sigma U$.

(3) 存在满足 (2) 中性质 (α)—(γ) 的有限正则二元关系 $\sigma:(\delta^c)_+\rightharpoonup\delta_+$.

(4) 存在满足 (2) 中性质 (α)—(γ) 的广义有限正则二元关系 $\sigma:(\delta^c)_+\rightharpoonup\delta_+$.

证明　(1) ⇒ (2): 定义一个二元关系 $\sigma: (\delta^c)_+ \rightharpoonup \delta_+$ 如下:

$$A\sigma U \Leftrightarrow \exists f \in C_M((P,\delta),[0,1]) \quad 使 \quad f(A) \subseteq \{1\}, f(P\backslash U) \subseteq \{0\}. \tag{9.3.1}$$

则 σ 满足条件 (α). 由 (P,δ) 的严格完全正则性, 易验证 σ 满足条件 (β) 和 (γ). 下证 σ 是正则的. $\forall (A,U) \in (\delta^c)_+ \times \delta_+$, 若 $A\sigma U$, 则 $\exists f \in C_M((P,\delta),[0,1])$ 使 $f(A) \subseteq \{1\}, f(P\backslash U) \subseteq \{0\}$. 令 $V = f^{-1}\left(\left(\frac{1}{2},1\right]\right), B = f^{-1}\left(\left[\frac{1}{4},1\right]\right)$. 则 $V \in \delta_+, B \in (\delta^c)_+, B \subseteq V$. 定义两个单调连续函数 $g_1, g_2: [0,1] \to [0,1]$ 如下:

$$g_1(x) = \begin{cases} 0, & 0 \leqslant x \leqslant \frac{1}{2}, \\ 2x-1, & 其他. \end{cases} \tag{9.3.2}$$

$$g_2(x) = \begin{cases} 4x, & 0 \leqslant x < \frac{1}{4}, \\ 1, & 其他. \end{cases} \tag{9.3.3}$$

令 $h_1 = g_1 \circ f: (P,\delta) \to [0,1], h_2 = g_2 \circ f: (P,\delta) \to [0,1]$. 则 h_1 和 h_2 是单调的. 显然, $h_1(A) \subseteq \{1\}$, $h_1(P\backslash V) \subseteq \{0\}, h_2(B) \subseteq \{1\}, h_2(P\backslash U) \subseteq \{0\}$. 故有

(a) $A\sigma V, B\sigma U$.

下证 (b) $\forall (C,W) \in (\delta^c)_+ \times \delta_+$, 若 $C\sigma V, B\sigma W$, 则 $C\sigma W$.

由 $C\sigma V$ 和 $B\sigma W$, 有 $B \subseteq W$, 且 $\exists h \in C_M((P,\delta),[0,1])$ 使 $h(C) \subseteq \{1\}$, $h(P\backslash V) \subseteq \{0\}$, 从而 $h(P\backslash W) \subseteq h(P\backslash B) \subseteq h(P\backslash V) \subseteq \{0\}$. 故 $C\sigma W$.

由 (a), (b) 和定理 7.2.5, σ 是正则的.

(2) ⇒ (3) ⇒ (4): 显然.

(4) ⇒ (1): 首先证明 σ 满足如下性质:

(Ω) $\forall A\sigma U, \exists \{V_1, V_2, \cdots, V_n\} \subseteq \delta_+, \{B_1, B_2, \cdots, B_m\} \subseteq (\delta^c)_+$ 使 $\{(A,V_1), (A,V_2), \cdots, (A,V_n), (B_1,U), (B_2,U), \cdots, (B_m,U)\} \subseteq \sigma$, 且 $\bigcap\limits_{i=1}^{n} V_i \subseteq \bigcup\limits_{j=1}^{m} B_j$.

设 $A\sigma U$, 由 σ 是广义有限正则的, $\exists \{V_1, V_2, \cdots, V_n\} \subseteq \delta_+, \{B_1, B_2, \cdots, B_m\} \subseteq (\delta^c)_+$ 满足

1° $\{(A,V_1), (A,V_2), \cdots, (A,V_n)\} \subseteq \sigma, \{(B_1,U), (B_2,U), \cdots, (B_m,U)\} \subseteq \sigma$.

2° $\forall \{S_1, S_2, \cdots, S_n\} \subseteq (\delta^c)_+, \{W_1, W_2, \cdots, W_m\} \subseteq \delta_+$, 若 $\{(S_1,V_1), (S_2,V_2), \cdots, (S_n,V_n)\} \subseteq \sigma, \{(B_1,W_1), (B_2,W_2), \cdots, (B_m,W_m)\} \subseteq \sigma$, 则 $\exists (i,j) \in \{1,2,\cdots,m\} \times \{1,2,\cdots,n\}$ 使 $(S_i, W_j) \in \sigma$.

令 $V = \bigcap\limits_{i=1}^{n} V_i, B = \bigcup\limits_{j=1}^{m} B_j$. 下证 $V \subseteq B$. 反之, 若 $V \not\subseteq B$, 则 $\exists v \in V\backslash B$. 由 P 上的偏序 $\leqslant$ 是半闭的, $\uparrow v \in \delta^c_+, P\backslash \downarrow v \in \delta_+$. 令 $S_1 = S_2 =$

$\cdots = S_n = \uparrow v, W_1 = W_2 = \cdots = W_m = P\backslash \downarrow v$. 则由 (β) 和 (γ), 有 $\{(S_1, W_1), (S_2, W_2), \cdots, (S_n, W_n)\} \subseteq \sigma; \{(B_1, W_1), (B_2, W_2), \cdots, (B_m, W_m)\} \subseteq \sigma$, 从而由 2°, 有 $(\uparrow v, P\backslash \downarrow v) \in \sigma$, 由 (α), 有 $\uparrow v \subseteq P\backslash \downarrow v$, 矛盾. 故有 $V \subseteq B$, 即性质 (Ω) 成立.

为方便起见, 定义一个二元关系 $\tau : (\delta^c)_+^{(<\omega)} \rightharpoonup \delta_+^{(<\omega)}$ 如下: $\forall \mathcal{A}=\{A_1, A_2, \cdots, A_l\} \subseteq (\delta^c)_+$, $\mathcal{U} = \{U_1, U_2, \cdots, U_k\} \subseteq \delta_+, \mathcal{A}\tau\mathcal{U} \Leftrightarrow \forall (i,j) \in \{1,2,\cdots,l\} \times \{1,2,\cdots,k\}, \exists (i(j), j(i)) \in \{1,2,\cdots,l\} \times \{1,2,\cdots,k\}$ 使 $A_i \sigma U_{j(i)}, A_{i(j)} \sigma U_i$, 即 $\mathcal{U} \subseteq \sigma(\mathcal{A}), \mathcal{A} \subseteq \sigma^{-1}(\mathcal{U})$.

下证 $(P, \delta, \leqslant)$ 是严格完全正则的. 设 $U \in \delta_+ \cup \delta_- \backslash \{\varnothing\}, x \in U$.

情形 1: $U \in \delta_+$.

(Γ_0) 由 (γ), $\uparrow x \sigma U$. 令 $\mathcal{A}(1) = \mathcal{A}(1/2^0) = \{\uparrow x\}$, $\mathcal{U}(0) = \mathcal{U}(0/2^0) = \{U\}, A(1) = A(1/2^0) = \uparrow x, U(0) = U(0/2^0) = U$. 则 $\mathcal{A}(1)\tau\mathcal{U}(0), A(1) \subseteq U(0)$.

(Γ_1) 由性质 (Ω), $\exists \{U_1, U_2, \cdots, U_n\} \subseteq \delta_+, \{A_1, A_2, \cdots, A_m\} \subseteq (\delta^c)_+$ 使 $\{(\uparrow x, U_1), (\uparrow x, U_2), \cdots, (\uparrow x, U_n), (A_1, U), (A_2, U), \cdots, (A_m, U)\} \subseteq \sigma$, 且 $\bigcap\limits_{i=1}^{n} U_i \subseteq \bigcup\limits_{j=1}^{m} A_j$. 令 $\mathcal{U}(1/2) = \mathcal{U}(1/2^1) = \{U_1, U_2, \cdots, U_n\}, \mathcal{A}(1/2) = \mathcal{A}(1/2^1) = \{A_1, A_2, \cdots, A_m\}, U(1/2) = U(1/2^1) = \bigcap\limits_{i=1}^{n} U_i, A(1/2) = A(1/2^1) = \bigcup\limits_{j=1}^{m} A_j$. 则 $\mathcal{A}(1)\tau\mathcal{U}(1/2)$, $\mathcal{A}(1/2)\tau\mathcal{U}(0)$, 且 $A(1) \subseteq U(1/2) \subseteq A(1/2) \subseteq U(0)$.

(Γ_2) $\forall i \in \{1,2,\cdots,n\}$, 由性质 (Ω), $\exists \mathcal{U}_i = \{U_{i1}, U_{i2}, \cdots, U_{in(i)}\} \subseteq \delta_+$ 和 $\mathcal{A}_i = \{A_{i1}, A_{i2}, \cdots, A_{im(i)}\} \subseteq (\delta^c)_+$ 使 $\{(\uparrow x, U_{i1}), (\uparrow x, U_{i2}), \cdots, (\uparrow x, U_{in(i)}), (A_{i1}, U_i), (A_{i2}, U_i), \cdots, (A_{im(i)}, U_m)\} \subseteq \sigma$, 且 $\bigcap\limits_{g=1}^{n(i)} U_{ig} \subseteq \bigcup\limits_{h=1}^{m(i)} A_{ih}$. 同理, $\forall j \in \{1,2,\cdots,m\}$, 由性质 (Ω), $\exists \mathcal{U}^j = \{U^{j1}, U^{j2}, \cdots, U^{jl(j)}\} \subseteq \delta$ 和 $\mathcal{A}^j = \{A^{j1}, A^{j2}, \cdots, A^{jk(j)}\} \subseteq (\delta^c)_+$ 使 $\{(A_j, U^{j1}), (A_j, U^{j2}), \cdots, (A_j, U^{jl(j)}), (A^{j1}, U), (A^{j2}, U), \cdots, (A^{jk(j)}, U)\} \subseteq \sigma$, 且 $\bigcap\limits_{g=1}^{l(i)} U^{jg} \subseteq \bigcup\limits_{h=1}^{k(j)} A^{jh}$. 令 $\mathcal{U}(3/4) = \mathcal{U}(3/2^2) = \bigcup\limits_{i=1}^{n} \mathcal{U}_i, \mathcal{A}(3/4) = \mathcal{A}(3/2^2) = \bigcup\limits_{i=1}^{n} \mathcal{A}_i, \mathcal{U}(1/4) = \mathcal{U}(1/2^2) = \bigcup\limits_{j=1}^{m} \mathcal{U}^j, \mathcal{A}(1/4) = \mathcal{A}(1/2^2) = \bigcup\limits_{j=1}^{m} \mathcal{A}^j, U(3/4) = \bigcap\limits_{i=1}^{n} \cap\mathcal{U}_i, A(3/4) = \bigcap\limits_{i=1}^{n} \cup\mathcal{A}_i, U(1/4) = \bigcup\limits_{j=1}^{m} \cap\mathcal{U}^j, A(1/4) = \bigcup\limits_{j=1}^{m} \cup\mathcal{A}^j$. 则有 $\mathcal{A}(1)\tau\mathcal{U}(3/2^2)$, $\mathcal{A}(3/2^2)\tau\mathcal{U}(1/2), \mathcal{A}(1/2)\tau\mathcal{U}(1/2^2), \mathcal{A}(1/2^2)\tau\mathcal{U}(0)$, 且 $A(1) \subseteq U(3/2^2) \subseteq A(3/2^2) \subseteq U(1/2) \subseteq A(1/2) \subseteq U(1/2^2) \subseteq A(1/2^2) \subseteq U(0)$. 为直观起见, 按照其定义的表达式, 我们将 $U(3/2^2), A(3/2^2), U(1/2^2)$ 和 $A(1/2^2)$ 分别称为 ∩∩ 型、∩∪ 型、∪∩ 型和 ∪∪ 型.

(Γ_n) 对一般的自然数 n, 第 n 级是基于性质 (Ω), 通过第 $n-1$ 级归纳定义的, 即由性质 (Ω), 通过第 $n-1$ 级可归纳地得到 $\{(\mathcal{U}(i/2^n),\mathcal{A}(i/2^n))\in\delta_+^{(<\omega)}\times(\delta^c)_+^{(<\omega)}: i=1,2,\cdots,2^n-1\}$ 和 $\{(U(i/2^n),A(i/2^n))\in\delta_+\times(\delta^c)_+: i=1,3,5,\cdots,2^n-1\}$(对 $i=2k$ 为偶数情形, $U(i/2^n)=U(k/2^{n-1})$ 和 $A(i/2^n)=A(k/2^{n-1})$ 已在之前的某 $1\leqslant m\leqslant n-1$ 级中定义了), 满足 $\mathcal{A}(1)\tau\mathcal{U}((2^n-1)/2^n),\mathcal{A}((2^n-1)/2^n)\tau\mathcal{U}((2^{n-1}-1)/2^{n-1}),\cdots,\mathcal{A}((2^{n-1}+1)/2^n)\tau\mathcal{U}(1/2),\mathcal{A}(1/2)\tau\mathcal{U}((2^{n-1}-1)/2^n),\cdots,\mathcal{A}(1/2^{n-1})\tau\mathcal{U}(1/2^n),\mathcal{A}(1/2^n)\tau\mathcal{U}(0)$; 且对 $i=1,3,5,\cdots,2^n-1$, 分别有与 $\mathcal{U}(i/2^n)$ 和 $\mathcal{A}(i/2^n)$ 相对应的开集 $U(i/2^n)$ 和闭集 $A(i/2^n)$(均是归纳定义的), 满足 $A(1)\subseteq U((2^n-1)/2^n)\subseteq A((2^n-1)/2^n)\subseteq U((2^{n-1}-1)/2^{n-1})\subseteq\cdots\subseteq U((2^{n-1}+1)/2^n)\subseteq U(1/2)\subseteq A(1/2)\subseteq U((2^{n-1}-1)/2^n)\subseteq\cdots\subseteq A(1/2^{n-1})\subseteq U(1/2^n)\subseteq A(1/2^n)\subseteq U(0)$.$\forall i\in\{1,3,5,\cdots,2^n-1\}$, 基于性质 (Ω), 不难归纳地证明 $U(i/2^n)$ 和 $A(i/2^n)$ 之定义的表达式分别为 $\Lambda_{n-1}\Lambda_{n-2}\cdots\Lambda_1\cap$ 型和 $\Lambda_{n-1}\Lambda_{n-2}\cdots\Lambda_1\cup$ 型的 (长度均为 n), 其中 $\Lambda_{n-1},\Lambda_{n-2},\cdots,\Lambda_1\in\{\cup,\cap\}$, 其取值确定如下: 由于 $i\in\{1,3,5,\cdots,2^n-1\}$, i 可唯一地表示为 $2^m+\sum\limits_{j=1}^{m-1}k_j2^j+1$, 其中 $m\leqslant n-1, k_j=0$ 或 1. 则 $\Lambda_{n-1}=\cdots=\Lambda_{m+1}=\cup,\Lambda_m=\cap,\forall 1\leqslant j\leqslant m-1,\Lambda_j=\begin{cases}\cap, & k_j=1,\\ \cup, & k_j=0,\end{cases}$ 即表达式系数 k_j 为 1 时, Λ_j 取 $\cap$; k_j 为 0 时, Λ_j 取 $\cup$. 值得再次指出的是, 当 i 为偶数时, $\dfrac{i}{2^n}$ 可 (唯一地) 约简为 $\dfrac{k}{2^l}$, 其中 $1\leqslant l\leqslant n-1$, k 为奇数, 则 $U(i/2^n)=U(k/2^l)$ 和 $A(i/2^n)=A(k/2^l)$ 在前面的第 l 级已经 (归纳地) 定义了.

令 $Q=\left\{\dfrac{m}{2^n}: m,n\in\omega,n\neq 0,m<2^n\right\}$. 根据上面的证明, 由性质 (Ω) 和 DC_ω, $\exists\{(\mathcal{A}(q),\mathcal{U}(q))\in(\delta^c)_+^{(<\omega)}\times\delta_+^{(<\omega)}: q\in Q\}\cup\{(\mathcal{A}(1),\mathcal{U}(0))\}$ 满足

(i) $\mathcal{A}(1)=\{\{x\}\},\mathcal{U}(0)=\{U\}$;

(j) $\forall n\in\omega, i=\in\{0,1,2,\cdots,2^n-1\},\mathcal{A}((i+1)/2^n)\tau\mathcal{U}(i/2^n)$;

(k) $\forall q\in Q$, 有由 $\mathcal{A}(q)$ 中的元素 (是闭集!) 和 $\cap$ 与 $\cup$ 两个算子归纳定义的闭集 $A(q)$, 由 $\mathcal{U}(q)$ 中的元素 (是开集!) 和 $\cup$ 与 $\cap$ 两个算子归纳定义的开集 $U(q)$, 使 $\forall q_1,q_2\in Q,q_1<q_2$, 有 $A(1)=\uparrow x\subseteq U(q_2)\subseteq A(q_2)\subseteq U(q_1)\subseteq A(q_1)\subseteq U(0)=U$.

定义一个函数 $f:(P,\delta,\leqslant)\to[0,1]$ 如下:

$$f(y)=\begin{cases}\vee\{q\in Q: y\in U(q)\}, & y\in U,\\ 0, & \text{其他}.\end{cases}\tag{9.3.4}$$

显然, f 是单调的, $f(x)=1,f(P\backslash U)\subseteq\{0\}$. 下证 f 连续 $\forall\alpha\in Q,\beta\in Q$, 由性质

(k), 有

$$f^{-1}([0,\alpha]) = \{z \in X : f(z) < \alpha\} = \bigcup_{q\in Q, q<\alpha} (X\backslash A(q)) \in \delta_-, \tag{9.3.5}$$

$$f^{-1}((\beta,1]) = \{z \in X : f(z) > \beta\} = \bigcup_{r\in Q, \beta<r} U(r) \in \delta_+. \tag{9.3.6}$$

因而 $f:(X,\delta)\to[0,1]$ 连续.

情形 2: $U\in\delta_-$.

由 (β), $P\backslash U\sigma P\backslash\downarrow x$. 令 $\mathcal{A}(1)=\mathcal{A}(1/2^0)=\{P\backslash U\}, \mathcal{U}(0)=\mathcal{U}(0/2^0)=\{P\backslash\downarrow x\}$, $A(1)=A(1/2^0)=\{P\backslash U\}, U(0)=U(0/2^0)=P\backslash\downarrow x$. 则 $\mathcal{A}(1)\tau\mathcal{U}(0), A(1)\subseteq U(0)$.

令 $Q=\left\{\dfrac{m}{2^n}: m,n\in\omega, n\neq 0, m<2^n\right\}$. 类似于情形 1 的证明, 由性质 (Ω) 和 DC_ω, $\exists\{(\mathcal{A}(q),\mathcal{U}(q))\in(\delta^c)_+^{(<\omega)}\times\delta_+^{(<\omega)}: q\in Q\}\cup\{(\mathcal{A}(1),\mathcal{U}(0))\}$ 满足

(i) $\mathcal{A}(1)=\{P\backslash U\}, \mathcal{U}(0)=\{P\backslash\downarrow x\}$;

(j) $\forall n\in\omega, i\in\{0,1,2,\cdots,2^n-1\}, \mathcal{A}((i+1)/2^n)\tau\mathcal{U}(i/2^n)$;

(k) $\forall q\in Q$, 有由 $\mathcal{A}(q)$ 中的元素 (是闭集!) 和 $\cap$ 与 $\cup$ 两个算子归纳定义的闭集 $A(q)$, 由 $\mathcal{U}(q)$ 中的元素 (是开集!) 和 $\cup$ 与 $\cap$ 两个算子归纳定义的开集 $U(q)$, 使 $\forall q_1,q_2\in Q, q_1<q_2$, 有 $A(1)=P\backslash U\subseteq U(q_2)\subseteq A(q_2)\subseteq U(q_1)\subseteq A(q_1)\subseteq U(0)=P\backslash\downarrow x$.

定义一个函数 $g:(P,\delta,\leqslant)\to[0,1]$ 如下:

$$g(y)=\begin{cases}\vee\{q\in Q: y\in U(q)\}, & y\in P\backslash\downarrow x,\\ 0, & \text{其他}.\end{cases} \tag{9.3.7}$$

显然, g 是单调的, $g(x)=0, g(P\backslash U)\subseteq\{1\}$. 下证 g 连续. $\forall\alpha\in Q,\beta\in Q$, 由性质 (k), 有

$$g^{-1}([0,\alpha]) = \{z \in X : f(z) < \alpha\} = \bigcup_{q\in Q, q<\alpha} (X\backslash A(q)) \in \delta_-, \tag{9.3.8}$$

$$g^{-1}((\beta,1]) = \{z \in X : f(z) > \beta\} = \bigcup_{r\in Q, \beta<r} U(r) \in \delta_+, \tag{9.3.9}$$

因而 $g:(P,\delta,\leqslant)\to[0,1]$ 连续.

综合以上证明, $(P,\delta,\leqslant)$ 是严格完全正则的.

从大多数应用的角度, 我们只需要 (1) 与 (2) 的等价, 相对于上面 "(4) ⇒ (1)" 证明的复杂, 下面给出的 "(2) ⇒ (1)" 的证明要简洁得多.

(2) ⇒ (1): 首先证明 ρ 满足如下性质:

(Ω)$\forall A\sigma U, \exists(B,V)\in(\delta^c)_+\times\delta_+$ 使 $A\sigma V, V\subseteq B$ 和 $B\sigma U$.

设 $A\sigma V$, 由 σ 是的正则性和定理 7.2.5, $\exists(B,V)\in(\delta^c)_+\times\delta_+$ 满足

1° $A\sigma V, B\sigma U$;

2° $\forall(C,W)\in(\delta^c)_+\times\delta_+$, 若 $C\sigma V, B\sigma W$, 则 $C\sigma W$.

若 $V\not\subseteq B$, 则 $\exists v\in V\backslash B$. 令 $C=\uparrow v, W=P\backslash\downarrow v$. 则由 (2) 中的条件 (β) 和 (γ), 有 $C\sigma V$ 和 $B\sigma W$, 从而由条件 2°, 有 $C\sigma W$. 由 (2) 中的条件 (α), 有 $C=\uparrow v\subseteq W=P\backslash\downarrow v$, 矛盾. 故 $V\subseteq B$. 所以有 $A\sigma V, V\subseteq B$ 和 $B\sigma U$, 即性质 (Ω) 成立.

下证 $(P,\delta,\leqslant)$ 满足定义 1.2.30 中的条件 (3). 设 $x\in P, A\in(\delta^c)_+\cup(\delta^c)_-\backslash\{\varnothing\}$, $x\notin A$.

情形 1: $A=\downarrow A$.

令 $U=P\backslash A$. 则由 (2) 中的条件 (γ), $\uparrow x\sigma U$. 令 $B^*=\left\{\dfrac{m}{2^n}: m,n\in\mathcal{N}, m<2^n\right\}$. 则由性质 (Ω) 和 DC_ω, $\exists\{(B_b,U_b): b\in B^*\}\cup\{(B_1,U_0)\}\subseteq(\delta^c)_+\times\delta_+$ 满足

(i) $B_1=\uparrow x, U_0=U$;

(j) $\forall b\in B^*, U_b\subseteq B_b$;

(k) $\forall s,t\in B^*, s<t$, 有 $B_t\sigma U_s$.

定义一个函数 $f:(P,\delta,\leqslant)\to[0,1]$ 如下:

$$f(y)=\begin{cases}\vee\{b\in B^*: y\in U_b\}, & y\in U_0=P\backslash A,\\ 0, & \text{其他}.\end{cases}\tag{9.3.10}$$

则 f 是单调的, $f(x)=1, f(A)=0$. 下证 f 连续. $\forall\alpha\in B^*, \beta\in B^*$, 有

$$f^{-1}([0,\alpha))=\{z\in P: f(z)<\alpha\}=\bigcup_{b\in B^*, b<\alpha}(P\backslash B_b)\in\delta_-,\tag{9.3.11}$$

$$f^{-1}((\beta,1])=\{z\in P: f(z)>\beta\}=\bigcup_{b\in B^*,\beta<b}U_b\in\delta_+.\tag{9.3.12}$$

故 $f:(P,\delta,\leqslant)\to[0,1]$ 连续.

情形 2: $A=\uparrow A$.

令 $V=P\backslash\downarrow x$. 则由 (2) 中的条件 (β), $A\sigma V$. 由性质 (Ω), $\exists\{(A_b,V_b): b\in B^*\}\cup\{(A_1,V_0)\}\subseteq(\delta^c)_+\times\delta_+$ 满足

(i) $A_1=A, V_0=V$;

(j) $\forall b\in B^*, V_b\subseteq A_b$;

(k) $\forall s,t\in B^*, s<t$, 有 $A_t\sigma V_s$.

定义一个函数 $g:(P,\delta,\leqslant)\to[0,1]$ 如下:

$$g(y)=\begin{cases}\vee\{b\in B^*: y\in V_b\}, & y\in V_0=P\backslash\downarrow x,\\ 0, & \text{其他}.\end{cases}\tag{9.3.13}$$

则 g 是单调的, $g(A)=\{1\}, g(x)=0$. $\forall\alpha\in B^*, \beta\in B^*$, 有

$$g^{-1}([0,\alpha))=\{z\in P: g(z)<\alpha\}=\bigcup_{b\in B^*,b<\alpha}(P\backslash A_b)\in\delta_-, \tag{9.3.14}$$

$$g^{-1}((\beta,1])=\{z\in P: g(z)>\beta\}=\bigcup_{b\in B^*,\beta<b}V_b\in\delta_+. \tag{9.3.15}$$

故 $g:(P,\delta,\leqslant)\to[0,1]$ 连续.

综合以上证明, $(P,\delta,\leqslant)$ 是严格完全正则的.

用与定理 9.3.2 完全相类似的证明, 我们可以得到下述

定理 9.3.3 (ZFDC$_\omega$) 设序拓扑空间 $(P,\delta,\leqslant)$ 是 R_0 的, 则下述各条件等价:

(1) $\forall x\in P, U\in\delta_+\backslash\{\varnothing\}(U\in\delta_-\backslash\{\varnothing\}), x\in U$, $\exists$ 单调连续函数 $f:(P,\delta,\leqslant)\to[0,1]$ 使 $f(x)=1, f(P\backslash U)\subseteq\{0\}(f(x)=0, f(P\backslash U)\subseteq\{1\})$.

(2) 存在正则二元关系 $\sigma:(\delta^c)_+\rightharpoonup\delta_+$ 满足以下条件:

(α) $\forall A\sigma U$, 有 $A\subseteq U$;

(β) $\forall(x,A)\in P\times(\delta^c)_+, x\notin A$, 有 $A\sigma(P\backslash \mathrm{cl}_-(\{x\}))$;

(γ) $\forall(x,U)\in P\times\delta_+, x\in U$, 有 $\mathrm{cl}_+(\{x\})\sigma U$.

(3) 存在满足 (2) 中性质 (α)—(γ) 的有限正则二元关系 $\sigma:(\delta^c)_+\rightharpoonup\delta_+$.

(4) 存在满足 (2) 中性质 (α)—(γ) 的广义有限正则二元关系 $\sigma:(\delta^c)_+\rightharpoonup\delta_+$.

当偏序关系 $\leqslant$ 是离散序时, 作为定理 9.3.3 的直接推论, 得到下述

定理 9.3.4 设拓扑空间 (P,η) 是 R_0 的. 则下述各条件等价:

(1) (P,η) 是完全正则的.

(2) 存在正则二元关系 $\sigma:\eta^c\rightharpoonup\eta$ 满足以下条件:

(α) $\forall A\sigma U$, 有 $A\subseteq U$;

(β) $\forall(x,A)\in P\times\eta^c, x\notin A$, 有 $A\sigma(P\backslash\mathrm{cl}(\{x\}))$;

(γ) $\forall(x,U)\in P\times\eta, x\in U$, 有 $\mathrm{cl}(\{x\})\sigma U$.

(3) 存在满足 (2) 中性质 (α)—(γ) 的有限正则二元关系 $\sigma:\eta^c\rightharpoonup\eta$.

(4) 存在满足 (2) 中性质 (α)—(γ) 的广义有限正则二元关系 $\sigma:\eta^c\rightharpoonup\eta$.

推论 9.3.5[395,401,403] 设拓扑空间 (P,η) 是 T_1 的, 则下述各条件等价:

(1) (P,η) 是完全正则的.

(2) 存在正则二元关系 $\sigma:\eta^c\rightharpoonup\eta$ 满足以下条件:

(α) $\forall A\sigma U$, 有 $A\subseteq U$;

(β) $\forall(x,A)\in P\times\eta^c, x\notin A$, 有 $A\sigma(P\backslash\{x\})$;

(γ) $\forall(x,U)\in P\times\eta, x\in U$, 有 $\{x\}\sigma U$.

(3) 存在满足 (2) 中性质 (α)—(γ) 的有限正则二元关系 $\sigma:\eta^c\rightharpoonup\eta$.

(4) 存在满足 (2) 中性质 (α)—(γ) 的广义有限正则二元关系 $\sigma:\eta^c\rightharpoonup\eta$.

下面给出定理 9.3.2 的一个直接应用, 即由定理 9.3.2 我们容易得到 Lawson 问题的一个部分解答 (比较定理 5.5.2 的证明).

定理 9.3.6(ZFDC_ω) 设 δ 是偏序集 P 上序相容的超连续拓扑, $\lambda_\delta(P)=\omega(P)\vee\delta, \lambda_\delta(P)_+=\delta, \lambda_\delta(P)_-=\omega(P)$. 则 $(P,\lambda_\delta(P))$ 为严格完全正则序空间.

证明 为方便起见, 记 $\mu=\lambda_\delta(P)$. 由于 δ 是 P 上的序相容拓扑, 故 (P,μ) 是强序凸的, 且 P 上的偏序 $\leqslant$ 是半闭的. 下证 (P,μ) 满足定理 9.3.2 中的条件 (2). 定义一个二元关系 $\sigma:(\mu^c)_+\rightharpoonup\mu_+$ 如下:

$$A\sigma U\Leftrightarrow \exists F\in P^{(<\omega)}\quad 使\quad A\subseteq \mathrm{int}_\delta\uparrow F\subseteq\uparrow F\subseteq U. \tag{9.3.16}$$

则有

(a) $\forall A\sigma U$, 有 $A\subseteq U$.

(b) $\forall(x,A)\in P\times(\mu^c)_+, x\notin A$, 有 $A\sigma(P\backslash\downarrow x)$.

若 $(x,A)\in P\times(\mu^c)_+, x\notin A$, 则由假设 $\mu_-=\omega(P), \exists G\in P^{(<\omega)}$ 使 $A\subseteq\uparrow G, x\notin\uparrow G$(即 $\uparrow G\subseteq P\backslash\downarrow x$). 由 δ 是 P 上的序相容拓扑, 有 $P\backslash\downarrow x\in\delta$. 显然 $\uparrow G$ 是 (P,δ) 中的紧子集, 由 δ 的超连续性和定理 5.1.9, $\exists F\in P^{(<\omega)}$ 使 $\uparrow G\subseteq \mathrm{int}_\delta\uparrow F\subseteq\uparrow F\subseteq P\backslash\downarrow x$. 故 $A\sigma(P\backslash\downarrow x)$.

(c) $\forall(x,U)\in P\times\mu_+, x\in U$, 有 $\uparrow x\sigma U$.

若 $(x,U)\in P\times\mu_+, x\in U$. 则由 $\mu_+=\delta,\delta$ 的超连续性和定理 5.1.9, $\exists H\in P^{(<\omega)}$ 使 $x\in\mathrm{int}_\delta\uparrow H\subseteq\uparrow H\subseteq U$. 故 $\uparrow x\sigma U$.

(d) σ 是正则的.

$\forall(A,U)\in(\mu^c)_+\times\mu_+$, 若 $A\sigma U$, 则 $\exists F\in P^{(<\omega)}$ 使 $A\subseteq\mathrm{int}_\delta\uparrow F\subseteq\uparrow F\subseteq U$. 由 δ 的超连续性和定理 5.1.9, $\exists G\in P^{(<\omega)}$ 使 $\uparrow F\subseteq\mathrm{int}_\delta\uparrow G\subseteq\uparrow G\subseteq U$. 令 $V=\mathrm{int}_\delta\uparrow G, B=\uparrow G$. 则有

(i) $A\sigma V, B\sigma U$.

下证 σ 满足下述条件

(ii) $\forall(C,W)\in(\mu^c)_+\times\mu_+$, 若 $C\sigma V, B\sigma W$, 则 $C\sigma W$.

设 $(C,W)\in(\mu^c)_+\times\mu_+$, 若 $C\sigma V, B\sigma W$, 则 $\exists H\in P^{(<\omega)}$ 使 $C\subseteq\mathrm{int}_\delta\uparrow H\subseteq\uparrow H\subseteq V=\mathrm{int}_\delta\uparrow G\subseteq\uparrow G=B\subseteq W$. 故 $C\sigma W$.

由定理 7.2.5 和 ρ 满足条件 (i) 与 (ii), 知 σ 是正则的. 由 (a)—(d) 和定理 9.3.2, $(P,\mu)=(P,\lambda_\delta(P))$ 是严格完全正则的.

显然, 作为定理 9.3.6 的直接推论, 得到定理 6.3.7, 特别地, 有下述

推论 9.3.7(ZFDC_ω) 设 P 为拟连续 domain, $\lambda(P)_-=\omega(P)$, 则 $(P,\lambda(P))$ 为严格完全正则序空间. 特别地, 当 P 为连续 domain 和 $\lambda(P)_-=\omega(P)$ 时, $(P,\lambda(P))$ 为严格完全正则序空间.

9.4 Tychonoff 单调嵌入定理

借助于 (9.3.16) 式定义的关系 $\sigma:(\eta^c)_+ \rightharpoonup \eta_+$ 的正则性, 下面我们来建立严格完全正则序空间到方体的 Tychonoff 单调嵌入定理. 特别地, 当偏序关系 $\leqslant$ 是离散序时, 我们给出了 Tychonoff 嵌入定理的一个与经典的纯拓扑证明不同的代数味较浓的新证明.

定义 9.4.1[395,401] 设 $(P,\delta),(Q,\eta)$ 为序拓扑空间, $f:(P,\delta)\to(Q,\eta)$.

(1) f 称为一个单调拓扑嵌入 (简称单调嵌入), 若

(a) $f:P\to Q$ 是序嵌入;

(b) $f:(P,\delta)\to(Q,\eta)$ 是拓扑嵌入;

(c) $\forall U\in\delta_+(U\in\delta_-), \exists V\in\eta_+(V\in\eta_-)$ 使 $f(U)=V\cap f(P)$.

此时, 我们称 (P,δ) 可单调 (拓扑) 嵌入到 (Q,η) 中.

(2) 设 $S\subseteq P.S$ 上赋予子空间拓扑 γ 和 P 的诱导序. (S,γ) 称为 (P,δ) 的一个单调子空间, 若包含映射 $i_S:(S,\gamma)\to(P,\delta)$ 是单调拓扑嵌入.

注 9.4.2 易知当 $f:(P,\delta)\to(Q,\eta)$ 是单射时, 定义 9.4.1(1) 中的条件 (c) 等价于下述条件

(c^*) $\forall A\in(\delta^c)_-(A\in(\delta^c)_+), \exists B\in(\eta^c)_-(B\in(\eta^c)_+)$ 使 $f(A)=B\cap f(P)$.

命题 9.4.3[395,401] 设 $(P,\delta),(Q,\eta)$ 为序拓扑空间, $f:P\to Q$ 是序嵌入, $f:(P,\delta)\to(Q,\eta)$ 连续. 若 (P,δ) 是强序凸的, 且 f 满足定义 9.4.1(1) 中的条件 (c), 则 $f:(P,\delta)\to(Q,\eta)$ 是拓扑嵌入, 从而是单调拓扑嵌入.

证明 我们只需证明 $\forall G\in\delta, \exists H\in\eta$ 使 $f(G)=H\cap f(P)$. 由 (P,δ) 的强序凸性, $\exists\{(U_i,U_i^*):i\in I\}\subseteq\delta_+\times\delta_-$ 使 $G=\bigcup_{i\in I}U_i\cap U_i^*$. $\forall i\in I$, 由 f 满足定义 9.4.1(1) 中的条件 (c), $\exists(V_i,V_i^*)\in\eta_+\times\eta_-$ 使 $f(U_i)=V_i\cap f(P)$ 和 $f(U_i^*)=V_i^*\cap f(P)$. 令 $H=\bigcup_{i\in I}V_i\cap V_i^*$. 则 $H\in\eta$. 由 $f:P\to Q$ 是序嵌入, 有 $f(G)=f\left(\bigcup_{i\in I}(U_i\cap U_i^*)\right)=\bigcup_{i\in I}f(U_i\cap U_i^*)=\bigcup_{i\in I}(f(U_i)\cap f(U_i^*))=\left(\bigcup_{i\in I}V_i\cap V_i^*\right)\cap f(P)=H\cap f(P)$.

引理 9.4.4[395,401] 设 L_1,L_2 为完备格, $f:L_1\to L_2$ 是序嵌入和完备格同态. 则 $f:(L_1,\theta(L_1))\to(L_2,\theta(L_2))$ 是单调拓扑嵌入.

证明 令 $S=f(L_1)$. 由于 $f:L_1\to L_2$ 是完备格同态, 故在 L_2 的诱导序下, S 是 L_2 的完备子格. 由 $f:L_1\to L_2$ 是序嵌入, 知映射 $f_S:L_1\to S, f_S(x)=f(x)$ 是格同构. 故 $f_S:(L_1,\theta(L_1))\to(S,\theta(S))$ 是同胚. 由引理 1.2.7, 包含映射 $i_S:(S,\theta(S))\to(L_2,\theta(L_2))$ 是拓扑嵌入; 从而 $f=i_S\circ f_S:(L_1,\theta(L_1))\to(L_2,\theta(L_2))$

是拓扑嵌入.

最后验证定义 9.4.1(1) 中的条件 (c). $\forall U \in \theta(L_1)_+(U \in \theta(L_1)_-)$, 由命题 1.2.12(2), $\exists\{F_i : i \in I\} \subseteq L_1^{(<\omega)}$ 使 $U = \bigcup_{i\in I}(L_1\backslash \downarrow F_i)\left(U = \bigcup_{i\in I}(L_1\backslash \uparrow F_i)\right)$. 令 $V = \bigcup_{i\in I}(L_2\backslash \downarrow f(F_i))\left(V = \bigcup_{i\in I}(L_2\backslash \uparrow f(F_i))\right)$. 则 $V \in \upsilon(L_2)(V \in \omega(L_2))$. 由 $f : L_1 \to L_2$ 是序嵌入, 故 $\forall F \in L_1^{(<\omega)}$, 有 $f(L_1\backslash \downarrow F) = (L_2\backslash \downarrow f(F)) \cap f(L_1)(f(L_1\backslash \uparrow F) = (L_2\backslash \uparrow f(F)) \cap f(L_1))$. 因而有 $f(U) = \bigcup_{i\in I} f(L_1\backslash \downarrow F_i) = V \cap f(L_1)(f(U) = \bigcup_{i\in I} f(L_1\backslash \uparrow F_i) = V \cap f(L_1))$. 故 $f : (L_1, \theta(L_1)) \to (L_2, \theta(L_2))$ 满足定义 9.4.1(1) 中的条件 (c). 所以 $f : (L_1, \theta(L_1)) \to (L_2, \theta(L_2))$ 是单调拓扑嵌入.

命题 9.4.5[395,401] 设 (S, η) 是序拓扑空间 (P, δ) 的单调子空间. 若 (P, δ) 是严格完全正则的, 则 (S, η) 也是.

证明 显然 (S, η) 是强序凸的. $\forall s \in S$, 有 $\uparrow_S x = S\cap \uparrow_P x, \downarrow_S x = S\cap \downarrow_P x$. 由于 (S, η) 是序拓扑空间 (P, δ) 的单调子空间, (P, δ) 是严格完全正则的, 故 $\uparrow_S x$ 和 $\downarrow_S x$ 均闭于 (S, η), 即 S 上的偏序 $\leqslant$ 是半闭的. 下证 (S, η) 满足定义 1.3.3 中的条件 (3). 设 $x \in S, A \in (\eta^c)_-(A \in (\eta^c)_+), x \notin A$. 由 (S, η) 是 (P, δ) 的单调子空间, $\exists B \in (\delta^c)_-(B \in (\delta^c)_+)$ 使 $A = B \cap S$. 由 (P, δ) 为严格完全正则的, $\exists f \in C_M((P, \delta), [0, 1])$ 使 $f(B) \subseteq \{0\}, f(x) = 1(f(B) \subseteq \{1\}, f(x) = 0)$. 令 $g = f|_S : (S, \gamma) \to [0, 1]$ 为 f 在 S 上的限制 (即 $\forall s \in S, g(s) = f(s)$). 则 $g : (S, \eta) \to [0, 1]$ 是单调连续的, 且 $g(A) \subseteq \{0\}, g(x) = 1(g(A) \subseteq \{1\}, g(x) = 0)$. 故 (S, η) 是严格完全正则序空间.

下面给出关于严格完全正则序空间的 Tychonoff 单调嵌入定理 (参看文献 [395, 401]).

定理 9.4.6 (Tychonoff 单调嵌入定理) 设 (P, δ) 为序拓扑空间, 则下述各条件等价:

(1) (P, δ) 是严格完全正则的;

(2) (P, δ) 可单调拓扑嵌入到某方体 $[0, 1]^X$ 中;

(3) (P, δ) 可单调拓扑嵌入到某紧 pospace 中.

证明 (1) $\Rightarrow$ (2): 设 (P, δ) 是严格完全正则的. 定义二元关系 $\sigma : \delta^{c\uparrow} \rightharpoonup \delta^{\uparrow}$ 如下:

$$A\sigma U \Leftrightarrow \exists f \in C_M((P, \delta), [0, 1]) \quad 使 \quad f(A) \subseteq \{1\}, f(P\backslash U) \subseteq \{0\}. \tag{9.4.1}$$

由定理 9.3.2 的证明, 知 σ 满足以下四个条件:

(a) $\forall A\sigma U$, 有 $A \subseteq U$;

(b) $\forall(x,A)\in P\times(\delta^c)_+, x\notin A$, 有 $A\sigma(P\backslash\downarrow x)$;

(c) $\forall(x,U)\in P\times\delta_+, x\in U$, 有 $\uparrow x\sigma U$;

(d) σ 是正则的.

令 $L=(\Phi_\sigma((\delta^c)_+),\subseteq)$. 定义映射 $g:(P,\delta)\to(L,\theta(L))$ 如下:

$$g(x)=\sigma(\uparrow x)=\{U\in\delta_+:x\in U\}\quad(\text{由(a)和(c)得}).\tag{9.4.2}$$

则有

(i) $g:P\to L$ 是序嵌入.

$\forall x,y\in P$, 若 $x\leqslant y$, 则由 g 的定义知 $g(x)\subseteq g(y)$. 另一方面, 若 $x\not\leqslant y$, 则 $x\in P\backslash\downarrow y\in\delta_+$; 从而 $P\backslash\downarrow y\in g(x)\backslash g(y)$. 故 $x\leqslant y\Leftrightarrow g(x)\subseteq g(y)$. 所以 $g:P\to L$ 是序嵌入.

(ii) $g:(P,\delta)\to(L,\theta(L))$ 连续.

$\forall\mathcal{A}\subseteq(\delta^c)_+$, 首先证明 $g^{-1}(L\backslash\downarrow\sigma(\mathcal{A}))=\{p\in P:\sigma(\uparrow p)\not\subseteq\sigma(\mathcal{A})\}\in\delta$.$\forall x\in P$, 若 $x\in g^{-1}(L\backslash\downarrow\sigma(\mathcal{A}))\in\delta$, 则 $\exists U\in\delta_+$ 使 $x\in U$, 但 $U\notin\sigma(\mathcal{A})=\bigcup\limits_{A\in\mathcal{A}}\sigma(A)$. $\forall y\in U$, 有 $U\in\sigma(\uparrow y)\backslash\sigma(\mathcal{A})$; 从而 $x\in g^{-1}(L\backslash\downarrow\sigma(\mathcal{A}))$. 故 $x\in U\subseteq g^{-1}(L\backslash\downarrow\sigma(\mathcal{A}))$. 因而 $g^{-1}(L\backslash\downarrow\sigma(\mathcal{A}))\in\delta$.

其次证明 $g^{-1}(L\backslash\uparrow\sigma(\mathcal{A}))=\{p\in P:\sigma(\mathcal{A})\not\subseteq\sigma(\uparrow p)\}\in\delta$.$\forall x\in P$, 若 $x\in g^{-1}(L\backslash\uparrow\sigma(\mathcal{A}))$, 则 $\exists A\in\mathcal{A}$ 使 $\sigma(A)\not\subseteq\sigma(\uparrow x)$. 因而 $\exists W\in\delta_+$ 使 $W\in\sigma(A)$, 但 $x\notin W$. 由 $A\sigma W,\exists f\in C_M((P,\delta),[0,1])$ 使 $f(A)\subseteq\{1\},f(P\backslash W)\subseteq\{0\}$. 令 $V=f^{-1}\left(\left(\frac{1}{2},1\right]\right),B=f^{-1}\left(\left[\frac{1}{4},1\right]\right)$. 则 $V\in\delta_+,B\in(\delta^c)_+,x\in P\backslash B$. 定义一个单调连续函数 $\varphi:[0,1]\to[0,1]$ 如下:

$$\varphi(x)=\begin{cases}0, & 0\leqslant x\leqslant 1/2,\\ 2x-1, & \text{其他}.\end{cases}\tag{9.4.3}$$

令 $h=\varphi\circ f:(P,\delta)\to[0,1]$. 则 h 是单调的. 显然, $h(A)\subseteq\{1\},h(P\backslash V)\subseteq\{0\}$. 因而有 $A\sigma V$. $\forall y\in P\backslash B$, 有 $V\in\sigma(A)\backslash\sigma(\uparrow y)$. 故 $y\in g^{-1}(L\backslash\uparrow\sigma(\mathcal{A}))$. 从而有 $x\in P\backslash B\subseteq g^{-1}(L\backslash\downarrow\sigma(\mathcal{A}))$. 所以 $g^{-1}(L\backslash\uparrow\sigma(\mathcal{A}))\in\delta$. 故 $g:(P,\delta)\to(L,\theta(L))$ 连续.

(iii) $\forall U\in\delta_+(U\in\delta_-),\exists V\in\theta(L)_+(V\in\theta(L)_-)$ 使 $g(U)=V\cap g(P)$.

情形 1: $U\in\delta_+$.

令 $V=L\backslash\downarrow\bigcup\limits_{y\in P\backslash U}g(y)$. 则 $V\in\upsilon(L)=\theta(L)_+$. $\forall x\in P$, 若 $x\in U$, 则 $U\in g(x)$, 且 $\forall y\in P\backslash U,U\notin g(y)$. 因而 $g(x)\not\subseteq\bigcup\limits_{y\in P\backslash U}g(y)$. 反之, 若 $g(x)\not\subseteq\bigcup\limits_{y\in P\backslash U}g(y)$,

则显然有 $x \in U$. 故 $g(U) = \{g(u) : u \in U\} = \left(L\backslash \downarrow \bigcup_{y\in P\backslash U} g(y)\right) \cap g(P) = V \cap g(P)$.

情形 2: $U \in \delta_-$.

令 $V = L\backslash \uparrow \sigma(P\backslash U)$. 则由命题 1.2.12, 有 $V \in \omega(L) = \theta(L)_-$. $\forall x \in P$, 若 $x \in U$, 则由 (a) 和 (c), 有 $P\backslash \downarrow x \in \sigma(P\backslash U)$, 但 $P\backslash \downarrow x \notin \sigma(\uparrow x)$. 因而 $\sigma(P\backslash U) \nsubseteq \sigma(\uparrow x) = g(x)$. 反之, 若 $\sigma(P\backslash U) \nsubseteq g(x)$, 则 $x \in U$. 故 $g(U) = \{g(u) : u \in U\} = (L\backslash \uparrow \sigma(P\backslash U)) \cap g(P) = V \cap g(P)$.

综合以上两种情形, 知条件 (iii) 成立.

由 (i)—(iii) 和命题 9.4.3, $g : (P, \delta) \to (L, \theta(L))$ 是单调拓扑嵌入. 由 σ 的正则性和定理 7.2.5, L 是完全分配格; 从而由定理 8.1.4, $(L, \theta(L))$ 可通过某完备格同态 h 嵌入到某方体 $[0,1]^X$ 之中. 由引理 9.4.4, $h : (L, \theta(L)) \to [0,1]^X$ 是单调拓扑嵌入. 令 $f = h \circ g$. 则 $f : (P, \delta) \to [0,1]^X$ 是单调拓扑嵌入.

(2) ⇒ (3): 显然.

(3) ⇒ (1): 由命题 9.3.1 和命题 9.4.5.

当偏序关系 $\leqslant$ 是离散序时, 作为定理 9.4.6 的直接推论, 我们得到下述 Tychonoff 嵌入定理. 值得提及的是, 我们给出的 Tychonoff 嵌入定理的证明代数味较浓, 与经典的纯拓扑证明 (参看文献 [47]) 完全不同.

推论 9.4.7(Tychonoff 嵌入定理)　设 (X, η) 为拓扑空间, 则下述各条件等价:

(1) (X, η) 是完全正则的;

(2) (X, η) 可拓扑嵌入到某方体 $[0,1]^X$ 中;

(3) (X, η) 可拓扑嵌入到某紧 T_2 空间中.

9.5　强正则关系与零维空间

定义 9.5.1[52]　拓扑空间 (X, δ) 称为是零维空间, 若开闭集全体是 (X, δ) 的一个基.

易知, 零维空间是完全正则空间, T_0 的零维空间是 $T_{3\frac{1}{2}}$ 空间. 下面利用强正则关系刻画零维空间.

定理 9.5.2 (ZFDC$_\omega$)　设拓扑空间 (X, δ) 是 T_1 的, 则下述各条件等价:

(1) (X, δ) 是零维空间;

(2) 存在强正则二元关系 $\sigma : \delta^c \rightharpoonup \delta$ 满足以下条件:

(α) $\forall A\sigma U$, 有 $A \subseteq U$,

(β) $\forall (x, A) \in X \times \delta^c, x \notin A$, 有 $A\sigma(P\backslash\{x\})$,

(γ) $\forall (x, U) \in X \times \delta, x \in U$, 有 $\{x\}\sigma U$.

(3) 存在满足 (2) 中性质 (α)—(γ) 的有限强正则二元关系 $\sigma : \delta^c \rightharpoonup \delta$;

(4) 存在满足 (2) 中性质 (α)—(γ) 的广义有限强正则二元关系 $\sigma : \delta^c \rightharpoonup \delta$.

证明 (1) $\Rightarrow$ (2): 设 (X,δ) 是零维单调正规的. 定义两个二元关系 $\sigma : \delta^c \rightharpoonup \delta$ 和 $\mu : \delta \rightharpoonup \delta^c$ 如下:

$$(A,U) \in \sigma \Leftrightarrow \exists W \in \delta \cap \delta^c \quad 使 \quad A \subseteq W \subseteq U. \tag{9.5.1}$$

$$(V,B) \in \mu \Leftrightarrow V = B. \tag{9.5.2}$$

则 $\mu \subseteq \sigma^{-1}$. 下证 $\sigma \circ \mu \circ \sigma = \sigma$. $\forall (A,U) \in \delta^c \times \delta$, 若 $(A,U) \in \sigma$, 则由 σ 的定义, $\exists W \in \delta \cap \delta^c$ 使 $A \subseteq W \subseteq U$; 因而有 $(A,W) \in \sigma, (W,W) \in \mu, (W,U) \in \rho$; 从而 $(A,U) \in \sigma \circ \mu \circ \sigma$. 反之, 若 $(A,U) \in \sigma \circ \mu \circ \sigma$, 则 $\exists (B,V) \in \delta^c \times \delta$ 使 $(A,V) \in \sigma, (V,B) \in \mu, (B,U) \in \sigma$; 因而有 $A \subseteq V = B \subseteq U$; 故 $(A,U) \in \sigma$. 故 $\sigma \circ \mu \circ \sigma = \sigma$. 所以 σ 是强正则的.

下证 σ 满足条件 (α), (β) 和 (γ). 由定义, σ 显然满足条件 (α). $\forall (x,A) \in X \times \delta^c$, 若 $x \notin A$, 即 $x \in X \backslash A \in \delta$, 则由 (X,δ) 为零维空间, $\exists W \in \delta \cap \delta^c$ 使 $x \in W \subseteq X \backslash A$, 从而有 $X \backslash W \in \delta \cap \delta^c, A \subseteq X \backslash W \subseteq P \backslash \{x\}$, 故 $A\sigma(P\backslash\{x\})$. 所以 σ 显然满足条件 (β). 最后由 (X,δ) 为零维空间, 知得 σ 满足条件 (γ).

(2) $\Rightarrow$ (3) $\Rightarrow$ (4): 显然.

(4) $\Rightarrow$ (1): 设存在满足条件 (α)—(γ) 的广义有限强正则二元关系 $\sigma : \delta^c \rightharpoonup \delta$. $\forall (x,U) \in X \times \delta$, 若 $x \in U$, 则由 (α), 有 $\{x\}\sigma U$. 由 σ 为广义有限强正则的, $\exists \{\mathcal{F}_1, \mathcal{F}_1, \cdots, \mathcal{F}_n\} \in (\delta^{c(<\omega)})^{(<\omega)}, \{V_{11}, V_{12}, \cdots, V_{1m}, V_{11}, V_{12}, \cdots, V_{1m}, \cdots, V_{n1}, V_{n2}, \cdots, V_{nm}\} \in \delta^{(<\omega)}$ 使

(a) $\{V_{11}, V_{12}, \cdots, V_{1m}\} \subseteq \sigma(\mathcal{F}_1), \{V_{21}, V_{22}, \cdots, V_{2m}\} \subseteq \sigma(\mathcal{F}_2), \cdots, \{V_{n1}, V_{n2}, \cdots, V_{nm}\} \subseteq \sigma(\mathcal{F}_n)$;

(b) $U \in \sigma(\mathcal{F}_1), U \in \sigma(\mathcal{F}_2), \cdots, U \in \sigma(\mathcal{F}_n)$, 且 $\exists \xi \in \prod_{j=1}^{m}\{1,2,\cdots,n\}$ 使 $\{(\{x\}, V_{\xi(1)1}), (\{x\}, V_{\xi(2)2}), \cdots, (\{x\}, V_{\xi(m)m})\} \subseteq \sigma$;

(c) $\forall \{S_1, S_2, \cdots, S_m\} \subseteq \delta^c, \{W_1, W_2, \cdots, W_n\} \subseteq \delta, \varphi \in \prod_{j=1}^{m}\{1,2,\cdots,n\}$, 若 $W_1 \in \rho(\mathcal{F}_1), W_2 \in \rho(\mathcal{F}_2), \cdots, W_n \in \rho(\mathcal{F}_n), (S_1, V_{\varphi(1)1}) \in \rho, (S_2, V_{\varphi(2)2}) \in \rho, \cdots, (S_m, V_{\varphi(m)m}) \in \rho$, 则 $\exists (i,j) \in \{1,2,\cdots,n\} \times \{1,2,\cdots,m\}$ 使 $(S_j, W_i) \in \rho$.

令 $C = \bigcup_{i=1}^{n} \cap \mathcal{F}_i, V = \cup \left\{ \bigcap_{j=1}^{m} V_{\varphi(j)j} : \varphi \in \prod_{j=1}^{m}\{1,2,\cdots,n\} \right\} = \bigcap_{j=1}^{m}\bigcup_{i=1}^{n} V_{ij}$(因为幂集格是完全分配格). 则 $C \in \delta^c, V \in \delta$, 且由 (α), (a) 和 (b), 有 $x \in V, C \subseteq U$. $\forall (k,j) \in \{1,2,\cdots,n\} \times \{1,2,\cdots,m\}$, 由 (a), 有 $\{V_{k1}, V_{k2}, \cdots, V_{kj}, \cdots, V_{km}\} \subseteq \rho(\mathcal{F}_k)$, 因而由 (α), 有 $\cap \mathcal{F}_k \subseteq V_{kj} \subseteq \bigcup_{i=1}^{n} V_{ij}$; 故 $C = \bigcup_{k=1}^{n} \cap \mathcal{F}_k \subseteq \bigcap_{j=1}^{m}\bigcup_{i=1}^{n} V_{ij} = V$. 下

证 $V \subseteq C$. 反之, 若 $V \nsubseteq C$, 则 $\exists v \in V \backslash C$.

1° 由 $v \in V = \cup \left\{ \bigcap_{j=1}^{m} V_{\varphi(j)j} : \varphi \in \prod_{j=1}^{m} \{1, 2, \cdots, n\} \right\}, \exists \varphi_0 \in \prod_{j=1}^{m} \{1, 2, \cdots, n\}$ 使 $v \in V = \bigcap_{j=1}^{m} V_{\varphi_0(j)j}$.

2° 由 $v \notin C = \bigcup_{i=1}^{n} \cap \mathcal{F}_i, \forall i \in \{1, 2, \cdots, n\}, v \notin \cap \mathcal{F}_i$.

令 $S_1 = S_2 = \cdots = S_m = \{v\}, W_1 = W_2 = \cdots = W_n = X \backslash \{v\}$. 则由 (β), (γ), 1°, 2° 和 (X, δ) 为 T_1 空间, 有 $W_1 \in \sigma(\mathcal{F}_1), W_2 \in \sigma(\mathcal{F}_2), \cdots, W_n \in \sigma(\mathcal{F}_n), (S_1, V_{\varphi_0(1)1}) \in \sigma, (S_2, V_{\varphi_0(2)2}) \in \sigma, \cdots, (S_m, V_{\varphi_0(m)m}) \in \sigma$; 从而由 (c), $\exists (i, j) \in \{1, 2, \cdots, n\} \times \{1, 2, \cdots, m\}$ 使 $(S_j = \{v\}, W_i = X \backslash \{v\}) \in \sigma$, 从而由 (α), 有 $\{v\} \subseteq X \backslash \{v\}$, 矛盾. 故有 $V \subseteq C$.

所以 $V = C$, 因而 $V \in \delta \cap \delta^c, x \in V \subseteq U$. 故 (X, δ) 是零维空间.

第 10 章 稳定紧空间与紧 pospace

本章主要讨论稳定紧空间与紧 pospace, 特别是偏序集上 Lawson 拓扑和区间拓扑的紧 pospace 性、Scott 拓扑和下 (上) 拓扑的稳定紧性, 以及它们与拟连续性和拟超连续性的密切关系.

10.1 节引入了 Groot 对偶拓扑和 patch 拓扑, 给出了 Groot 对偶拓扑的若干重要性质, 特别是 Kovár 对 Lawson-Mislove 问题的解答及其相关工作; 基于 Lawson 关于紧交半格的工作, 通过反例指出了 Kovár 关于一个拓扑与其双重 Groot 对偶拓扑相等的刻画是不成立的, 并给出了修正的结果; 给出了稳定紧空间与紧 pospace、spectral 空间与 Priestley 空间之间的内在关系.

10.2 节引入了关于偏序集的两个重要性质——定向交性质 DINT 和性质 R(另一种比 Rudin 性质更强的性质), 并引入了弱定向交性质 WDINT, 讨论了性质 M、DINT、R 和 Lawson 拓扑的紧性、下拓扑的连续格和 Scott 拓扑的 sober 性之间的关系, 利用下拓扑 $\omega(P)$ 和 Scott 拓扑, 给出了性质 R 的若干刻画, 特别地, 证明了: 对具有性质 DINT 的偏序集, Lawson 紧性等价于性质 R; 对具有性质 DINT 的 **dcpo** P, 下拓扑 $\omega(P)$ 的连续性蕴涵 Scott 拓扑 $\sigma(P)$ 的 sober 性, 而 $\sigma(P)$ 的 sober 性蕴涵 P 的性质 R. 利用性质 DINT 和性质 R, 讨论了 $\omega(P)$ 与 $\sigma(P)$ 的 Groot 对偶性, 并讨论了性质 R 下 Scott 拓扑和下拓扑的一系列性质. 在本节中, 对于具有性质 DINT 的 **dcpo** P, 我们发展了一种用于讨论 P 的拟连续性与 $\omega(P)$ 的连续性之间关系的新技巧, 并得到若干重要结果.

10.3 节给出了几个基本引理, 涉及拓扑的紧性、凝聚性、sober 性、稳定紧性及 patch 拓扑的紧性、pospace 性. 特别地, 对偏序集 P 上的下拓扑 $\omega(P)$ 和 Lawson 拓扑 $\lambda(P)$, 证明了: 若 P 是性质 DINT 的 **dcpo**, 则 $\omega(P)$ 是 sober 的; 若 P 是具有性质 WDINT 的 **dcpo**, $\omega(P)$ 是连续格, 则下述各条件等价: ① P 具有性质 DINT, ② $\omega(P)$ 是 sober 的, ③ $\omega(P)$ 是稳定紧的, ④ $\lambda(P)$ 是紧 pospace, ⑤ $\lambda(P)$ 是紧 T_2 的, ⑥ $\sigma(P)$ 是稳定紧的, ⑦ $\sigma(P)$ 是紧的; 若 P 是具有性质 DINT 的 **dcpo**, $\omega(P)$ 是连续格, 则 $\omega(P)$ 和 $\sigma(P)$ 均是稳定紧的, 且是相互对偶的, 它们共同的 patch 拓扑 $\lambda(P)$ 是紧 pospace.

10.4 节主要讨论 Scott 拓扑的 sober 性, 证明了若偏序集 P 具有性质 R, 且 $\sigma(P\times P)=\sigma(P)\times\sigma(P)$, 则 $(P,\sigma(P))$ 是 sober 的; 若 P 具有性质 DINT, $\sigma(P\times P)=\sigma(P)\times\sigma(P)$, 则下述三条件等价: ① P 具有性质 R; ② $(P,\lambda(P))$ 是

紧的; ③ $\sigma(P)$ 是 sober 的. 基于下拓扑和 Scott 拓扑, 给出了性质 R 的一个新刻画.

10.5 节主要讨论 Lawson 拓扑的紧 pospace 性, 给出了 Lawson 引理和 Lawson 定理, 讨论了性质 DINT、拟连续性、下拓扑的稳定紧性、Scott 拓扑的稳定紧性、Lawson 拓扑的紧 pospace 性及它们之间的关系.

10.6 节主要讨论如下问题: 对拓扑空间 (X,τ) 和 X 赋予拓扑诱导序之偏序集 P,τ 的 Groot 对偶拓扑何时为 $\omega(P)$? 特别地, 偏序集 P 上 Scott 拓扑 $\sigma(P)$ 的 Groot 对偶拓扑何时为 $\omega(P)$? 基于 Rudin 性质和性质 DINT, 我们给出了若干刻画, 证明了若 (X,τ) 是具有 Rudin 性质的局部紧空间和 P 具有性质 DINT, 则 (X,τ) 是局部超紧的当且仅当 τ 的 Groot 对偶拓扑为 $\omega(P)$. 基于此, 给出了 Lawson 定理的一个新证明.

10.7 节主要讨论区间拓扑的紧 pospace 性, 基于性质 DINT, 讨论了拟超连续性、上拓扑的稳定紧性、下拓扑的稳定紧性、区间拓扑的紧 pospace 性及它们之间的关系, 证明了在性质 DINT 及其对偶下, 拟超连续性及相应的一系列拓扑性质具有 "对偶性".

10.1 Groot 对偶拓扑

定义 10.1.1 设 (X,τ) 是拓扑空间.

(1) 以 $\{X\backslash K : K\in Q(X)\}$ 为子基生成的拓扑称为 δ 的 Groot 对偶, 简称 δ 的对偶拓扑 (也称余紧拓扑 [91,99,205]), 记为 τ^d.

(2) $\tau^{\#}=\tau\vee\tau^d$ 称为 τ 的 patch 拓扑, $(X,\tau^{\#},\leqslant_\tau)$ 称为是 (X,τ) 的 patch 空间.

对偶拓扑是首先由 de Groot[109] 在实直线 R 上引入的, 故 Korpperman 在文献 [180] 中将一般拓扑的对偶拓扑称为 Groot 对偶拓扑. Lawson 在文献 [205] 中 (也见文献 [99, Definition VI-6.17]) 将对偶拓扑称为余紧拓扑 (co-compact topology). Patch 拓扑独立地由 Hochster[142](有单位元的交换环之素谱的 spectral 拓扑) 和 Nerode[282](有界分配格之素谱的 spectral 拓扑) 引入.

定义 10.1.2 设 τ 和 ω 是集 X 上的两个拓扑.

(1) τ 和 η 称为序对偶的, 若 $\leqslant_\tau=(\leqslant_\eta)^{\mathrm{op}}$;

(2) τ 和 η 称为 Groot 对偶的, 简称是对偶的, 若 $\tau=\eta^d,\eta=\tau^d$.

定义 10.1.3[98,99,142] 设 (X,τ) 是拓扑空间.

(1) (X,τ) 称为凝聚的 (coherent), 若 (X,τ) 中任意两个紧饱和子集的交仍为紧饱和子集;

(2) (X,τ) 称为稳定紧的, 若 (X,τ) 是紧的、局部紧的、凝聚的和 sober 的;

(3) (X,τ) 称为 spectral 的, 若 (X,τ) 是紧的、sober 的, 紧开集全体为 τ 的基, 且紧开集对集合有限交运算封闭.

关于稳定紧空间和紧 pospace, 下面的问题是自然而重要的: 偏序集上赋予一些重要的 "单边" (特别是 Scott 拓扑、上 (下) 拓扑) 和 "双边" 拓扑 (如 Lawson 拓扑、区间拓扑、序收敛拓扑等) 何时成为稳定紧空间和紧 pospace? 关于 spectral 空间和 Priestley 空间, 有类似的问题. 在完备格情形和附加了一些特殊条件的偏序集情形, Erné [69,75,76]、Jung [167-169]、Lawson [207]、Priestley [293-295]、Venugopalan (Menon)[271,272,336] Yokoyama [444] 等已有一系列重要工作, 但仍遗留不少问题, 需要对更一般偏序集情形作深入的研究.

关于 spectral 空间与 Priestley 空间的关系, 有下述两个经典结果 (参看文献 [294, Proposition 1.1] 或文献 [142, 278]).

定理 10.1.4 若 $(X,\alpha,\leqslant)$ 是 Priestley 的, 则

(1) (P,α_+) 和 (P,α_-) 是 spectral 的;

(2) $\leqslant_{\alpha_+}=\leqslant, \leqslant_{\alpha_-}=\leqslant^{\mathrm{op}}=\geqslant$, 从而 α_+ 和 α_- 是序对偶的;

(3) $\alpha=\alpha_+\vee\alpha_-$;

(4) α_+ 和 α_- 是对偶的, 即 $\alpha_+=(\alpha_-)^d, \alpha_-=(\alpha_+)^d$.

定理 10.1.5 设 (X,τ) 是 T_0 空间, 则下述各条件等价:

(1) (X,τ) 是 spectral 的;

(2) (X,τ) 的 patch 空间 $(X,\tau^{\#},\leqslant_\tau)$ 是 Priestley 的, $(\tau^{\#})_+=\tau, (\tau^{\#})_-=\tau^d$;

(3) 存在 X 上的拓扑 α 使 $\alpha_+=\tau$; $(X,\alpha,\leqslant_\tau)$ 为 Priestley 的;

(4) $(X,\tau^{\#})$ 是紧的, 且紧开集全体是 (X,τ) 的基.

若 (3) 满足, 则 α 是唯一的, 只能是 τ 的 patch 拓扑 $\tau^{\#}$.

注 10.1.6 设 $(X,\alpha,\leqslant)$ 是 Priestley 的, 则易知 $U\subseteq X$ 是 $(X,\alpha,\leqslant)$ 中的闭开上集当且仅当 U 是 (P,α_+) 中的紧开集.

由定理 10.1.4 和定理 10.1.5, 有下述

推论 10.1.7 设 (X,τ) 是 spectral 的, 则 (X,τ^d) 是 spectral 的, 且 $\tau=\tau^{dd}$.

类似于 spectral 空间与 Priestley 空间之间的紧密联系, 稳定紧空间和紧 pospace 之间也有着密切的关系.

定理 10.1.8[98,99] 若 $(X,\alpha,\leqslant)$ 是紧 pospace, 则

(1) (P,α_+) 和 (P,α_-) 是稳定紧的;

(2) $\leqslant_{\alpha_+}=\leqslant, \leqslant_{\alpha_-}=\leqslant^{\mathrm{op}}=\geqslant$, 从而 α_+ 和 α_- 是序对偶的;

(3) $\alpha=\alpha_+\vee\alpha_-$;

(4) α_+ 和 α_- 是对偶的, 即 $\alpha_+=(\alpha_-)^d, \alpha_-=(\alpha_+)^d$.

定理 10.1.9[98,99] 设 (X,τ) 是 T_0 空间, 则下述各条件等价:

(1) (X,τ) 是稳定紧的;

(2) (X,τ) 的 patch 空间 $(X,\tau^{\#},\leqslant_\tau)$ 是紧 pospace, $(\tau^{\#})_+=\tau,(\tau^{\#})_-=\tau^d$;

(3) 存在 X 上的拓扑 α 使 $\alpha_+=\tau,(X,\alpha,\leqslant_\tau)$ 为紧 pospace;

(4) (X,τ) 是局部紧的, $(X,\tau^{\#})$ 是紧的.

若 (3) 满足, 则 α 是唯一的, 只能是 τ 的 patch 拓扑 $\tau^{\#}$.

由定理 10.1.8 和定理 10.1.9, 有下述

推论 10.1.10 [98,99] 设 (X,τ) 是稳定紧的, 则 (X,τ^d) 是稳定紧的, 且 $\tau=\tau^{dd}$.

定义 10.1.11[196,200,201] 设 (X,τ) 是拓扑空间, $\varPhi,\varPsi\subseteq 2^X$.

(1) $\varPsi$ 称为上–闭 (下–闭) 的, 若 $\forall A\in\varPsi, A=\uparrow_\tau A(A=\downarrow_\tau A)$, 即 A 是 $(X,\leqslant_\tau)$ 中的上 (下) 集;

(2) $\varPsi$ 称为上–完备 (下–完备) 的, 若 $\{\uparrow_\tau x:x\in X\}\subseteq\varPsi(\{\downarrow_\tau x:x\in X\}\subseteq\varPsi)$;

(3) $\varPhi$ 称为 $\varPsi$–上–守恒 ($\varPsi$–下–守恒) 的, 若 $\forall A\in\varPhi, B\in\varPsi,\uparrow_\tau (A\cap B)\in\varPhi(\downarrow_\tau (A\cap B)\in\varPhi)$.

定义 10.1.12[196,200,201] 设 (X,τ) 是拓扑空间, $A\subseteq X,\varPhi,\psi\subseteq 2^X$.

(1) 称 A 相对于 $\varPhi$ 是紧的, 若 $\forall\varphi\subseteq\varPhi$, 当 $\{A\}\cup\varphi$ 具有有限交性质时, 有 $A\cap\cap\varphi\neq\varnothing$;

(2) 称 ψ 相对于 $\varPhi$ 是紧的, 若 $\forall A\in\psi, A$ 相对于 $\varPhi$ 是紧的;

(3) ψ 称为是上–紧 (下–紧) 的, 若 ψ 相对于 $\{\uparrow_\tau x:x\in X\}$(相对于 $\{\downarrow_\tau x:x\in X\}$) 是紧的.

注 10.1.13 (1) 设 $\varPhi$ 是 (X,τ) 的一个闭子基, 则由 Alexander 子基定理 (参见文献 [98, Proposition I-3.21] 或文献 [99, Proposition I-3.22]), A 相对于 $\varPhi$ 是紧的当且仅当 A 是 (X,τ) 中的紧子集;

(2) ψ 是上–紧 (下–紧) 的当且仅当 $\forall A\in\psi, A$ 在 $(P,\omega(P))((P,\upsilon(P)))$ 中是紧的, 其中, $P=(X,\leqslant_\tau)$;

(3) 若 A 是 (X,τ) 中的紧子集, 则 A 是下–紧的.

关于对偶拓扑, Lawson 和 Mislove 在文献 [208] 中提出了下述公开问题:

问题 10.1.14 [208] 刻画那些能成为对偶拓扑的拓扑. 对一个拓扑, 若连续取对偶, 是否有限步过后会终止, 得到一对对偶的拓扑?

Kovár 在文献 [196](也见文献 [200, 201]) 解决了上述问题的后一个问题, 他证明了: 对任何拓扑 τ, 连续施用对偶算子, 包括 τ 本身, 最多能得到 4 个不同的拓扑. 而就一般情形而言, 问题 10.1.14 中的第一个问题仍是公开问题.

定义 10.1.15 设 (X,τ) 是拓扑空间, $\forall n\in N$, 归纳地定义 $\tau^{nd}=(\tau^{(n-1)d})^d$. 约定 $\tau^{0d}=\tau$.

定义 10.1.16[196,200,201] 设 (X,τ) 是拓扑空间, 定义 $\varPhi^d=Q(X)$, 即 (X,τ) 中紧饱和集全体 (注意 $\varPhi^d$ 是 (X,τ^d) 的闭基). 归纳地, $\forall n\in N\backslash\{1\},\varPhi^{nd}=$

$Q((X,\tau^{(n-1)d}))$, 即 $(X,\tau^{(n-1)d})$ 中紧饱和集全体.

定理 10.1.17[196,201] 设 (X,τ) 是拓扑空间, 则 $\tau^d=(\tau\vee\tau^{dd})^d$.

作为其直接推论, 得到下述重要结果.

定理 10.1.18[196,200,201] 设 (X,τ) 是拓扑空间, 则 $\tau^{2d}=\tau^{4d}$, 即 $\tau^{dd}=\tau^{dddd}$; 从而 τ^{dd} 与 τ^{ddd} 一定是 Groot 对偶的.

推论 10.1.19[196,200,201] 设 (X,τ) 是拓扑空间, 则连续取对偶, 最多能得到 4 个不同的拓扑 $\tau,\tau^d,\tau^{dd},\tau^{ddd}$.

为进一步分类, Kovár 在文献 [201] 引入了下述拓扑空间类:

$$G_{1a}=\{(X,\tau):\tau=\tau^d\},$$

$$G_{2a}=\{(X,\tau):\tau=\tau^{dd}\},\quad G_{2b}=\{(X,\tau):\tau^d=\tau^{dd}\},$$

$$G_{3a}=\{(X,\tau):\tau=\tau^{ddd}\},\quad G_{3b}=\{(X,\tau):\tau^d=\tau^{ddd}\},$$

$$G_{3c}=\{(X,\tau):\tau^{dd}=\tau^{ddd}\},$$

$$G_1=G_{1a},\quad G_2=G_{2a}\cup G_{2b},\quad G_3=G_{3a}\cup G_{3b}\cup G_{3c},$$

$$G_4=\{(X,\tau):\tau^{dd}=\tau^{dddd}\}=\mathbf{Top}\ (\text{由定理 10.1.18}).$$

不难看出, G_1,G_2,G_3,G_4 有如下序关系 (即包含关系, 如图 10.1.1).

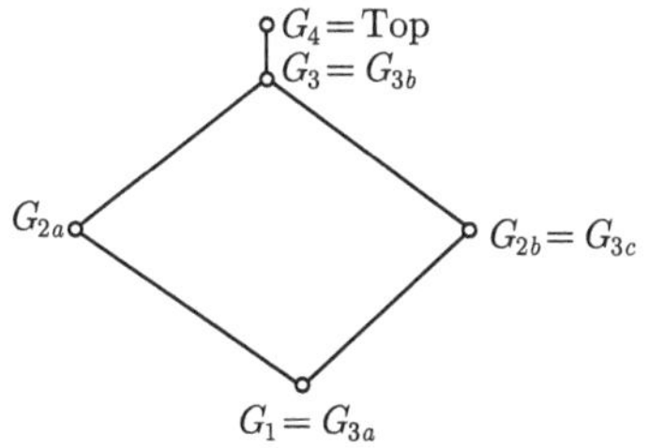

图 10.1.1

定理 10.1.20[201] 对 $n=1,2,3,4$, 连续对 G_n 中的拓扑空间取对偶, 最多能得到 n 个不同的拓扑.

易举例说明, G_n 中含有这样的拓扑空间 (X,τ), 连续取对偶后, 恰好能得到 n 个不同的拓扑 $(n=1,2,3,4)$.

注 10.1.21 设 (X,τ) 为拓扑空间.

(1) 若 $(X,\tau)\in G_1$, 则 $\tau=\tau^d$, 即 τ 自身是 Groot 对偶的.

(2) 若 $(X,\tau)\in G_2$, 则连续取对偶后, 最多能得到 τ,τ^d 两个不同的拓扑. 若 $(X,\tau)\in G_{2a}$, 则 τ 与 τ^d 是 Groot 对偶的; 若 $(X,\tau)\in G_{2b}$, 则 τ^d 自身是 Groot 对偶的.

(3) 若 $(X,\tau)\in G_3$, 则连续取对偶后, 最多能得到 τ,τ^d,τ^{dd} 三个不同的拓扑. 若 $(X,\tau)\in G_{3a}=G_1$, 则 τ 自身是 Groot 对偶的; 若 $(X,\tau)\in G_{3c}=G_{2b}$, 则 τ^d 自身是 Groot 对偶的; 若 $(X,\tau)\in G_3\backslash(G_{3a}\cup G_{3c})$, 则 τ^d 与 τ^{dd} 是 Groot 对偶的.

(4) 若 $(X,\tau)\in G_4$(任意空间均属于 G_4!), 则连续取对偶后, 最多能得到 $\tau,\tau^d,\tau^{dd},\tau^{ddd}$ 四个不同的拓扑, τ^{dd} 与 τ^{ddd} 一定是 Groot 对偶的.

注 10.1.22 由注 10.1.21 知, 对拓扑空间 (X,τ), 基于连续施用对偶算子, 得到 Groot 对偶拓扑可能的情形有

(1) τ 自身是 Groot 对偶的;

(2) τ 与 τ^d 是 Groot 对偶的;

(3) τ^d 自身是 Groot 对偶的;

(4) τ^d 与 τ^{dd} 是 Groot 对偶的;

(5) τ^{dd} 与 τ^{ddd} 一定是 Groot 对偶的.

为了进一步刻画 G_1,G_{2a},G_{2b} 和 $G_3=G_{3b}$, 我们需要刻画 $\tau=\tau^d,\tau^d=\tau^{dd},\tau=\tau^{dd}$ 和 $\tau^d=\tau^{ddd}$ 的条件. 其中, $\tau=\tau^d$ 和 $\tau=\tau^{dd}$ 是基本的. 关于 $\tau=\tau^d$, 即自对偶的拓扑 τ, 易知有下述刻画.

定理 10.1.23[201] 设 (X,τ) 是拓扑空间, 则下述两个条件等价:

(1) $\tau=\tau^d$ (即 $(X,\tau)\in G_1$);

(2) $\forall A\in 2^X\backslash\{X\}$, 有 $A\in\tau^c\Leftrightarrow A\in Q(X)$.

命题 10.1.24 设 (X,τ) 是拓扑空间, τ 是 Groot 自对偶的. 则 (X,τ) 是 R_0 的; 从而若 (X,τ) 是 T_0, 则 (X,τ) 是 T_1 的.

证明 由 $\tau=\tau^d$, 有 $\leqslant_\tau=\leqslant_{\tau^d}^{\mathrm{op}}=\leqslant_\tau^{\mathrm{op}}$. 由引理 1.2.27, (X,τ) 是 R_0. 若 (X,τ) 是 T_0, 则由推论 1.2.28, (X,τ) 是 T_1 的.

推论 10.1.25[201] 设 (X,τ) 是拓扑空间, 则下述两个条件等价:

(1) $\tau^d=\tau^{dd}$ (即 $(X,\tau)\in G_{2b}=G_{3c}$);

(2) $\forall A\subseteq X, A\in(\tau^d)^c\Leftrightarrow A\in Q(X,\tau^d)$.

对于 $\tau=\tau^{dd}$(我们自然更有兴趣), Kovár 给出了下述结论.

定理 10.1.26[201] 设 (X,τ) 是拓扑空间, 则下述各条件等价:

(1) $\tau=\tau^{dd}$(即 $(X,\tau)\in G_{2a}$);

(2) τ 有一个上–紧和 Φ^d–下–守恒的闭子基;

(3) τ 有一个极大的上–紧和 Φ^d–下–守恒的闭子基;

(4) Φ^{dd} 是 τ 最大的上–紧和 Φ^d–下–守恒的闭 (子) 基.

仔细分析 Kovár 在文献 [201] 中给出的证明, 易知定理 10.1.26 中成立的结论是: (1) $\Leftrightarrow$ (4) $\Rightarrow$ (2) $\Leftrightarrow$ (3); 而 (3) $\Rightarrow$ (1) 并不成立, Kovár 在 [201] 中给出的证明是错误的. 问题出在 Φ^{dd} 虽然是上–紧和 Φ^d–下–守恒的, 但并不一定是 τ 的闭 (子) 基. 事实上, $\tau=\tau^{dd}$ 恰好等价于 Φ^{dd} 是 τ 的闭 (子) 基. 依据上面的错误定

理, Kovár 在文献 [197, Example 2.1] 给出了下面的例子 (但很遗憾这个例子是错的).

例 10.1.27[198] 设 L 为完备格, 则易知 (参见推论 10.2.26), 对 $(L,\omega(L))$, 有 $\Phi^d = Q((L,\omega(L))) = \sigma(L)^c, \omega(L)^d = \sigma(L)$. 取 $\Gamma = \{\uparrow x : x \in L\} \cup \{\varnothing\} \cup \{L\}$, 则 Γ 是 $(L,\omega(L))$ 的一个闭子基, 且是上–紧的. 易验证, $\forall x \in L, C \in \Phi^d$, $\uparrow(L \cap C) = \uparrow C = \varnothing$ 或 L(若 $C \neq \varnothing$, 则 $0 \in C$), $\uparrow(\uparrow x \cap C) = \varnothing$ 或 $\uparrow x$ (若 $\uparrow x \cap C \neq \varnothing$, 则 $x \in \uparrow x \cap C$). 故 Γ 是 Φ^d–下–守恒的. 由定理 10.1.26(假若其成立), 有 $\omega(L) = \omega(L)^{dd}$; 从而由 $\omega(L)^d = \sigma(L)$, 有 $\sigma(L)^d = \omega(L)$. 所以 $\omega(L)$ 与 $\sigma(L)$ 是 Groot 对偶的.

由推论 2.5.7 和命题 3.1.7, 完备格 L 是拟连续的 $\Leftrightarrow \sigma(L)$ 是超连续的 $\Rightarrow \sigma(L)$ 是连续的. 但反之不成立, 事实上, 存在交连续的格 $L, \sigma(L)$ 是连续的, 但 $\sigma(L)$ 不是超连续的, 即 L 不是拟连续的, 读者可以参看文献 [60] 或文献 [99, VI-4].

下面我们举反例说明定理 10.1.26 和例 10.1.27 中的结论均不成立.

例 10.1.28 任取一个 $\sigma(L)$ 是连续格但不是超连续格的完备格 L. 由推论 3.1.5 和引理 4.3.4, $(L,\sigma(L))$ 是 sober 的和局部紧的. 显然, $(L,\sigma(L))$ 是紧的. 由例 10.1.27, $\sigma(L)^d = \omega(L)$, 从而 $(L,\sigma(L))$ 中的紧饱和集均是 $(L,\omega(L))$ 的闭集. 故任意两个 $(L,\sigma(L))$ 中的紧饱和集 K_1 与 K_2 之交 $K_1 \cap K_2$ 是 $(L,\omega(L))$ 的闭集; 从而由命题 1.2.11, $K_1 \cap K_2$ 是 $(L,\lambda(L))$ 中的紧子集, 因而是 $(L,\sigma(L))$ 中的紧子集. 故 $(L,\sigma(L))$ 是凝聚的. 所以 $(L,\sigma(L))$ 是稳定紧的. 由定理 10.1.5, $(L,\sigma(L)^{\#},\leqslant) = (L,\sigma(L)\vee\sigma(L)^d,\leqslant) = (L,\sigma(L)\vee\omega(L),\leqslant) = (L,\lambda(L),\leqslant)$ 是紧 pospace. 由定理 3.1.6, L 是拟连续格, 与 L 是非拟连续矛盾.

注 10.1.29 值得提及的是, 由 Erné[75,76] 和 Yokoyama[444] 的工作知, 对 **dcpo** $P, \sigma(P)$ 是代数格当且仅当 $\sigma(P)$ 是超代数格 (即 P 是拟代数 domain), 这和连续情形是完全不同的.

下面的例子表明, 存在分配的完备格 $L, \upsilon(L)$ 是代数格, 但 $\upsilon(L)$ 不是超代数格.

例 10.1.30 设 X 为无限集 (可取 $X = N = \{1,2,3,\cdots,n,\cdots\}$). 令 $L = X^{(<\omega)} \cup \{X\}$. 赋予 L 集包含关系. 则

(1) L 是分配的完备格, 且 L 中的 $\wedge = \cap, \forall A, B \in L, A \bigvee_L B = A \cup B$. 但对于无限情形, L 中的 $\vee$ 一般不是集合并 $\cup$. 事实上, $\forall \{A_i : i \in I\} \subseteq L$, 有

$$\bigvee_{i\in I} A_i = \begin{cases} \bigcup\limits_{i\in I} A_i, & \{A_i : i \in I\} \text{ 中有最大元 (依集包含关系)}, \\ X, & \text{其他}. \end{cases}$$

(2) L 不是交连续格. 任取可数无限集 $\{x_1, x_2, \cdots, x_n, \cdots\} \subseteq X$, 令 $F = \{x_1\}, D_1 = \{x_2, x_3\}, D_2 = \{x_2, x_3, x_4\}, \cdots, D_m = \{x_2, x_3, \cdots, x_{m+2}\} (\forall m \in N)$.

则 $\mathcal{D}=\{D_m : m\in N\}$ 是 L 中的严格上升链. 易知, $F\bigwedge_L\bigvee_L\mathcal{D}=F\bigwedge_L X=F$, 但 $\bigvee_L\{F\bigwedge_L D_m : m\in N\}=\varnothing$. 故 L 不是交连续的.

(3) $\forall\mathcal{U}\subseteq L,\mathcal{U}\in\sigma(L)\backslash\{\varnothing\}\Leftrightarrow$ ① $\mathcal{U}=\uparrow\mathcal{U}$; ② 对任意的严格上升链 $\{F_i : i\in N\}\subseteq X^{(<\omega)}$(即 $F_1\subset F_2\subset\cdots\subset F_n\subset F_{n+1}\subset\cdots$, 且 $\forall i\in N, F_i\neq F_{i+1}$), $\exists j\in N$ 使 $F_i\in\mathcal{U}$. 因而, 若 $\mathcal{U}\in\sigma(L)\backslash\{\varnothing\}$, 则 $\cup\mathcal{U}=X$. $\forall\mathcal{U}\in\sigma(L)\backslash\{L,\varnothing\}$, 记 $\mathcal{U}_m$ 为 $\mathcal{U}$ 中极小元全体, 即 $\mathcal{U}_m=\{G\in\mathcal{U} : \forall H\in 2^G\backslash\{G\}, H\notin\mathcal{U}\}$. 则 $\mathcal{U}=\uparrow\mathcal{U}_m$. 易知, $X\backslash\cup\mathcal{U}_m\in X^{(<\omega)}$, 且 $\forall F\subseteq X\backslash\cup\mathcal{U}_m$, 有 $F\notin\mathcal{U}$; $\forall G,H\in\mathcal{U}_m$, 有 $G=H\Leftrightarrow G\cap H\in\mathcal{U}$.

(4) $\sigma(L)$ 不是超连续格, 即 L 不是拟连续格. 反之, 若 L 是拟连续格, 则 $\forall A\in X^{(<\omega)}\backslash\{\varnothing\}$, 有 $\uparrow A=\cap\{\uparrow\mathcal{F} : \mathcal{F}\in L^{(<\omega)},\mathcal{F}\ll A\}$. $\forall\mathcal{G}=\{G_1,G_2,\cdots,G_n\}\in L\backslash\{\varnothing\}$, 下证 $\mathcal{G}\ll A$ 均不成立. 记 $G=\cup(\mathcal{G}\backslash\{X\})$. 则 G 为有限集. 任取可数无限集 $\{v_1,v_2,\cdots,v_m,\cdots\}\subseteq X\backslash G$, 令 $D_1=\{v_1\},D_2=\{v_1,v_2\},\cdots,D_m=\{v_1,v_2,\cdots,v_m\}(\forall m\in N)$. 则 $\mathcal{D}=\{D_m : m\in N\}$ 是 L 中的严格上升链, 且 $A\subseteq X=\bigvee_L\mathcal{D}$, 但 $\uparrow\mathcal{G}\cap\mathcal{D}=\varnothing$. 故 $\forall\mathcal{F}\in L^{(<\omega)}$, 若 $\mathcal{F}\ll A$, 则 $\varnothing\in\mathcal{F}$. 因而 $\cap\{\uparrow\mathcal{F} : \mathcal{F}\in L^{(<\omega)},\mathcal{F}\ll A\}=L\neq\uparrow A$. 故 L 不是拟连续的.

(5) L 上的上拓扑 $\upsilon(L)$ 是代数格. 易知 L^{op} 中的任何定向子集都有最大元, 故 L^{op} 中的每个元都是紧元, 从而 L^{op} 是代数格. 由定理 10.1.20, $\upsilon(L)=\omega(L^{\mathrm{op}})$ 为代数格. 事实上, 很容易验证 $\upsilon(L)=\{L\backslash\downarrow\{F_1,F_2,\cdots,F_n\} : n\in N,\forall 1\leqslant i\leqslant n, F_i\in X^{(<\omega)}\}\cup\{\varnothing,L\}$; 由此易知: $\forall\mathcal{U}\in\upsilon(L)$, $\mathcal{U}\ll\mathcal{U}$, 故 $\upsilon(L)$ 是代数格.

(6) 由 (4) 和定理 6.2.12, $\upsilon(L)$ 不是超连续格, 即 L 不是拟超连续格 (很容易直接证明).

(7) L 上的 Scott 拓扑 $\sigma(L)$ 是 sober 的. 设 $\mathcal{A}$ 为 $(L,\sigma(L))$ 中的 Scott 既约闭集, 则由 Zorn 引理易知 $\mathcal{A}=\downarrow_L\mathrm{Max}(\mathcal{A})$. 若 $X\in\mathrm{Max}(\mathcal{A})$, 则 $\mathcal{A}=\downarrow_L X=\mathrm{cl}_{\sigma(L)}\{X\}$. 若 $X\notin\mathrm{Max}(\mathcal{A})$, 任取 $F\in\mathrm{Max}(\mathcal{A})$, 则 $F\neq X,\mathcal{A}=\downarrow_L F\cup\downarrow_L(\mathrm{Max}(\mathcal{A})\backslash\{F\})$. 由于 L 中的任何定向子集 $\mathcal{D},\mathcal{D}$ 要么有最大元, 要么 $\bigvee_L\mathcal{D}=X$. 故 $\downarrow_L(\mathrm{Max}(\mathcal{A})\backslash\{F\})\in\sigma(L)$. 由 $\mathcal{A}$ 的既约性, 有 $\mathcal{A}=\downarrow_L F$ 或 $\mathcal{A}=\downarrow_L(\mathrm{Max}(\mathcal{A})\backslash\{F\})$. 若 $\mathcal{A}=\downarrow_L(\mathrm{Max}(\mathcal{A})\backslash\{F\})$, 则 $F\in\downarrow_L(\mathrm{Max}(\mathcal{A})\backslash\{F\})$, 与 $F\in\mathrm{Max}(\mathcal{A})$ 矛盾. 故 $\mathcal{A}=\downarrow_L F=\mathrm{cl}_{\sigma(L)}\{F\}$. 所以 $(L,\sigma(L))$ 是 sober 的.

下面给出定理 10.1.26 的正确形式.

定理 10.1.31 设 (X,τ) 是拓扑空间. 则下述各条件等价:

(1) $\tau=\tau^{dd}$(即 $(X,\tau)\in G_{2a}$);

(2) τ 有一个上–紧和 Φ^d–下–守恒的闭子基, $\Phi^{dd}\subseteq\tau^c$;

(3) τ 有一个极大的上–紧和 Φ^d–下–守恒的闭子基, $\Phi^{dd}\subseteq\tau^c$;

(4) Φ^{dd} 是 τ 最大的上–紧和 Φ^d–下–守恒的闭 (子) 基.

证明 (1) $\Rightarrow$ (4) $\Rightarrow$ (3) $\Leftrightarrow$ (2): 见文献 [201] 中的证明 ((2) 和 (3) 中增加了条件 "$\Phi^{dd} \subseteq \tau^c$" 并不影响原证明).

(2) $\Rightarrow$ (1): 设 Γ 是 τ 的一个上–紧和 Φ^d–下–守恒的闭子基. 则由文献 [201, Lemma 2.2], $\Gamma \subseteq \Phi^{dd}$; 从而 $\tau \subseteq \tau^{dd}$. 由 $\Phi^{dd} \subseteq \tau^c$, 有 $\tau^{dd} \subseteq \tau$. 故 $\tau^{dd} = \tau$.

定理 10.1.26 之所以不成立, 就因为条件 "$\Phi^{dd} \subseteq \tau^c$" 可能不满足. 如对完备格 L 和 $(L, \omega(L))$, 有 $\Phi^d = Q((L, \omega(L))) = \sigma(L)^c, \omega(L)^d = \sigma(L)$; $\omega(L)$ 有一个上紧和 Φ^d–下–守恒的闭子基. 由 $\omega(L)^d = \sigma(L)$, 知 $\Phi^{dd} = Q((L, \sigma(L)))$, 即 $(L, \sigma(L))$ 中紧饱和全体; 从而 $\omega(L) = \omega(L)^{dd}$ ($\Leftrightarrow \sigma(L)^d = \omega(L) \Leftrightarrow \omega(L)$ 与 $\sigma(L)$ 是 Groot 对偶的)$\Leftrightarrow Q((L, \sigma(L))) \subseteq \omega(L)$($\Leftrightarrow Q((L, \sigma(L))) = \omega(L)$), 即 $(L, \sigma(L))$ 中的紧上集均可表示为有限上生成集的交 (注意: $L = \uparrow 0$ 是 Scott 紧的).

最后, 关于 Groot 对偶拓扑, Kovár 在文献 [201] 提出了如下

问题 10.1.32[201] $\tau^{ddd} = (\tau \wedge \tau^{dd})^d$ 是否对任意拓扑空间 (X, τ) 均成立?

10.2 性质 DINT 和性质 R

为讨论紧 pospace 与拟连续 domain 及其上 Lawson 拓扑之间的联系, Lawson 在文献 [207] 中引入了下述重要性质.

定义 10.2.1[207] 偏序集 P 称为具有性质 DINT(定向交性质), 若 $\omega(P)$ 中的任意闭集都可表示为 **Fin** P 中的定向交.

注 10.2.2 (1) **Fin** P 中的序是集反包含关系, 故 P 具有性质 DINT 表示的是: $\forall C \in \omega(P)^c$, 存在 **Fin** P 中的定向族 $\{\uparrow F_i \in \mathbf{Fin}P : i \in I\}$ 使 $C = \bigcap\limits_{i \in I} \uparrow F_i$.

(2) $\forall C \in \omega(P)^c \backslash \{\varnothing, P\}, C$ 是一些 $\uparrow F (F \in P^{(<\omega)})$ 的交, P 具有性质 DINT 要求的是 "定向" 性.

(3) 若 P 具有 DINT 性质, 则 P 本身作为 ω–闭集可以表示为 **Fin** P 中的定向交, 等价于 $\exists F \in P$ 使 $P = \uparrow F$, 即 P 是有限上生成的.

(4) 若 P 是具有性质 DINT 的 **dcpo**, 则由推论 3.2.2, P 中任意 ω–闭集是 Scott 紧的.

(5) 易知性质 M 蕴涵性质 DINT(参看文献 [207]).

由上面的注, 我们引入下述

定义 10.2.3 偏序集 P 称为具有弱定向交性质, 简称具有性质 WDINT, 若对任意非空族 $\{\uparrow F_i : i \in I\} \subseteq \mathbf{Fin}P \backslash \{\varnothing\}$, $\bigcap\limits_{i \in I} \uparrow F_i$ 可表示为 **Fin** P 中的定向交.

注 10.2.4 (1) 偏序集 P 具有性质 WDINT 当且仅当 $\forall C \in \omega(P)^c \backslash \{P, \varnothing\}, C$ 可表示为 **Fin** P 中的定向交;

(2) 若 P 是并半格, 则 P 具有性质 WDINT;

(3) 性质 WDINT 和性质 DINT 的差异在于: 对性质 WDINT 而言, 我们并不直接关心 P 是不是有限上生成的; 但对性质 DINT 而言, P 必须是有限上生成的. 事实上, P 具有性质 DINT 当且仅当 P 具有性质 WDINT, 且 P 是有限上生成的.

(4) 若 P 是具有性质 WDINT 的 **dcpo**, 则由推论 3.2.2, 对任意 $C\in\omega(P)^c\setminus\{P\}, C$ 是 Scott 紧的.

命题 10.2.5 设 P 是偏序集, τ 是 P 上序相容 (即 $\upsilon(P)\subseteq\tau\subseteq\mathbf{up}(P)$) 的超连续拓扑, $\lambda_\tau(P)=\omega(P)\vee\tau$ 是紧的. 则 P 具有性质 DINT.

证明 设 A 是 $\omega(P)$ 中的闭集, 则由 $\lambda_\tau(P)$ 是紧的, A 是 $(P,\lambda_\tau(P))$ 中的紧集, 从而是 (P,τ) 中的紧集. 由 τ 是 P 上序相容的超连续拓扑和命题 5.1.24, A 可表示为 **Fin** P 中的定向交.

由推论 5.1.21、定理 6.2.12 和命题 10.2.5, 有下述

推论 10.2.6 (1) 设 P 是拟连续 domain, $(P,\lambda(P))$ 是紧的. 则 P 具有性质 DINT.

(2) 设 P 是拟超连续 domain, $(P,\theta(P))$ 是紧的. 则 P 具有性质 DINT.

引理 10.2.7 设 P 是 **dcpo**, $A\in\mathbf{up}(P)\setminus\{P\}$, 考虑下述条件:

(1) A 在 $(P,\sigma(P))$ 中是超紧的;

(2) A 在 $(P,\upsilon(P))$ 中是超紧的;

(3) A 是 $(P,\omega(P))$ 中的闭集,

则 (1) $\Rightarrow$ (2) $\Rightarrow$ (3). 若 P 具有性质 WDINT, 则 (3) $\Rightarrow$ (1), 从而 (1)—(3) 等价.

证明 (1) $\Rightarrow$ (2): 显然.

(2) $\Rightarrow$ (3): 设 A 在 $(P,\upsilon(P))$ 中是超紧的, 则由 $A=\uparrow A$, 有 $A=\cap\{V\in\upsilon(P): A\subseteq V\}$. $\forall V\in\upsilon(P), A\subseteq V$, 由 A 是υ-超紧的, $\exists\uparrow F\in\mathbf{Fin}P$ 使 $A\subseteq\uparrow F\subseteq V$. 故 $A=\cap\{\uparrow F\in\mathbf{Fin}P: A\subseteq\uparrow F\}\in\omega(P)$.

(3) $\Rightarrow$ (1): 设 P 具有性质 WDINT. 若 $A=\varnothing$, 则 A 显然在 $(P,\sigma(P))$ 中是超紧的. 下设 $A\neq\varnothing$, 即 $A\in\omega(P)^c\setminus\{P,\varnothing\}$, 则由 P 具有性质 WDINT, 存在 **Fin** P 中的定向族 $\{\uparrow F_i\in\mathbf{Fin}P: i\in I\}$ 使 $A=\bigcap\limits_{i\in I}\uparrow F_i\subseteq U$. 由 P 是 **dcpo** 和推论 3.2.2, $\exists i\in I$ 使 $\uparrow F_i\subseteq U$; 从而 $A\subseteq\uparrow F_i\subseteq U$. 所以 A 是 Scott 超紧的.

推论 10.2.8 设 P 是具有性质 DINT 的 **dcpo**, 则下述两个条件等价:

(1) $\sigma(P)^d=\omega(P)$;

(2) $(P,\sigma(P))$ 中的紧子集是超紧的.

推论 10.2.9 设 P 是具有性质 DINT 的 **dcpo**, 则下述两个条件等价:

(1) $\upsilon(P)^d=\omega(P)$;

(2) $(P,\upsilon(P))$ 中的紧子集是超紧的.

推论 10.2.10[213] 设 P 是具有性质 M 的 **dcpo**, 则下述两个条件等价:

(1) $\sigma(P)^d = \omega(P)$;

(2) $(P, \sigma(P))$ 中的紧子集是超紧的.

下面引入另一个比 Rudin 性质稍强的性质.

定义 10.2.11 偏序集 P 称为具有性质 R, 若 $\forall\{\uparrow F_i : i \in I\} \subseteq \mathbf{Fin}P, U \in \sigma(P), \bigcap\limits_{i\in I} \uparrow F_i \subseteq U, \exists I_0 \in I^{(<\omega)}$ 使 $\bigcap\limits_{i\in I_0} \uparrow F_i \subseteq U$.

性质 R 也可拓展到一般拓扑空间 (X, δ) 如下: (X, δ) 称为具有性质 R, 若 $\forall\{\uparrow_\delta F_i : i \in I\} \subseteq \mathbf{Fin}(X, \leqslant_\delta), U \in \delta, \bigcap\limits_{i\in I} \uparrow_\delta F_i \subseteq U, \exists I_0 \in I^{(<\omega)}$ 使 $\bigcap\limits_{i\in I_0} \uparrow_\delta F_i \subseteq U$.

命题 10.2.12 设 P 为偏序集. 则

(1) 若 P 具有性质 R, 则 $(P, \sigma(P))$ 具有 Rudin 性质. 所以具有性质 R 的偏序集是 **dcpo**.

(2) 若 P 是具有性质 M_w 的 **dcpo**, 则 P 具有性质 R.

(3) 若 P 是具有性质 $M(M_w)$ 的 **dcpo**, 则 P 具有性质 DINT(WDINT) 和性质 R.

(4) 若 $(P, \lambda(P))$ 是紧的, 则 P 具有性质 R.

证明 (1) 设 P 具有性质 R, 则 $(P, \sigma(P))$ 显然具有 Rudin 性质, 从而由命题 3.3.6, P 是 **dcpo**.

(2) 设 $\{\uparrow F_j : j \in J\} \subseteq \mathbf{Fin}P, U \in \sigma(P), \bigcap\limits_{j\in J} \uparrow F_j \subseteq U$. 若 $J = \varnothing$, 则 $\bigcap\limits_{j\in J} \uparrow F_j = P, U = P$. 因而不妨设 $J \neq \varnothing$. $\forall S \in J^{(<\omega)} \backslash \{\varnothing\}$, 由 P 具有性质 M_w 和命题 1.3.4, $\exists \uparrow F_S \in \mathbf{Fin}P$ 使 $\uparrow F_S = \bigcap\limits_{j\in S} \uparrow F_j$; 从而 $\bigcap\limits_{j\in J} \uparrow F_j = \bigcap\limits_{S\in J^{(<\omega)}} \uparrow F_S \subseteq U$. 显然, $\{\uparrow F_S : S \in J^{(<\omega)}\}$ 是 **Fin** P 中的定向族. 由 P 是 **dcpo** 和推论 3.2.2, $\exists T \in J^{(<\omega)}$ 使 $\bigcap\limits_{j\in T} \uparrow F_j = \uparrow F_T \subseteq U$.

(3) 对集族 $\mathcal{A}$, 通过作有限交, 可以得到定向族 $\{\cap\mathcal{F} : \mathcal{F} \in \mathcal{A}^{(<\omega)}\}$(此时的序是集反包含序), 且 $\cap\mathcal{A} = \bigcap\limits_{\mathcal{F}\in\mathcal{A}^{(<\omega)}} \cap\mathcal{F}$. 故由推论 1.3.5 (或命题 1.3.4), 当 P 是具有性质 $M(M_w)$ 的 **dcpo** 时, P 具有性质 DINT(WDINT).

(4) 设 $\{\uparrow F_j : j \in J\} \subseteq \mathbf{Fin}P, U \in \sigma(P), \bigcap\limits_{j\in J} \uparrow F_j \subseteq U$. 则 $U \cup \bigcup\limits_{j\in J} (P \backslash \uparrow F_j) = P$. 由 $(P, \lambda(P))$ 是紧的, $\exists J_0 \in J^{(<\omega)}$ 使 $U \cup \bigcup\limits_{j\in J_0} (P \backslash \uparrow F_j) = P$. 故 $\bigcap\limits_{j\in J_0} \uparrow F_j \subseteq U$. 所以 P 具有性质 R.

注 10.2.13 由命题 10.2.12(或文献 [98, Proposition VI-1.3] 或文献 [99, Proposition VI-1.3]), 若 $(P, \lambda(P))$ 是紧的, 则 P 是 **dcpo**. 从而对非 **dcpo** 的或不具有性质 R 的偏序集 $P, (P, \lambda(P))$ 不可能是紧的. 进一步, 由引理 10.3.8 知,

对偏序集 P 和 P 上的拓扑 η, 若 P 或 P^{op} 不是 **dcpo**, $\theta(P)\subseteq\eta$, 则 (P,η) 不是紧空间.

命题 10.2.14 设 P 是具有性质 WDINT(特别地, 具有性质 M_w) 的 **dcpo**, $\omega(P)$ 是连续格. 则 $(P,\sigma(P))$ 是 sober 的.

证明 设 A 是 $(P,\sigma(P))$ 中的既约闭集, 下证 A 中有最大元. 反之, 若 A 中无最大元, 则 $\forall a\in A,\exists b(a)\in A$ 使 $b(a)\not\leqslant a$, 即 $a\in P\backslash\uparrow b(a)\in\omega(P)$; 由 $\omega(P)$ 是连续格, $\exists U_a\in\omega(P)$ 使 $a\in U_a\ll_{\omega(P)}P\backslash\uparrow b(a)$. 由 $a\in U_a\in\omega(P)$ 和 $U_a\neq P$(因为 $b(a)\notin U_a$), $\exists F_a\in P^{(<\omega)}$ 使 $a\in P\backslash\uparrow F_a\subseteq U_a$; 从而 $a\in P\backslash\uparrow F_a\ll_{\omega(P)}P\backslash\uparrow b(a)$.

令 $\mathcal{F}=\{\uparrow F\in\mathbf{Fin}P:\exists a,b\in A$ 使 $a\in P\backslash\uparrow F\ll_{\omega(P)}P\backslash\uparrow b\}$. 则由上面的证明知

1° $\mathcal{F}\neq\varnothing$.

2° $\mathcal{F}$ 是定向的.

设 $\uparrow F_1,\uparrow F_2\in\mathcal{F}$, 则 $\exists a_1,a_2,b_1,b_2\in A$ 使 $a_1\in P\backslash\uparrow F_1\ll_{\omega(P)}P\backslash\uparrow b_1$, $a_2\in P\backslash\uparrow F_2\ll_{\omega(P)}P\backslash\uparrow b_2$. 令 $W_1=\{u\in P:P\backslash\uparrow F_1\ll_{\omega(P)}P\backslash\uparrow u\}$, $W_2=\{u\in P:P\backslash\uparrow F_2\ll_{\omega(P)}P\backslash\uparrow u\}$. 则 $W_1,W_2\in\sigma(P)$(见推论 10.2.52). 若 $A\cap W_1\cap W_2=\varnothing$, 则由 A 是 $(P,\sigma(P))$ 中的既约闭集, 有 $A\cap W_1=\varnothing$ 或 $A\cap W_2=\varnothing$, 与 $b_1\in A\cap W_1$ 和 $b_2\in A\cap W_2$ 矛盾. 故 $\exists c\in A\cap W_1\cap W_2$, 从而 $P\backslash\uparrow F_1\ll_{\omega(P)}P\backslash\uparrow c, P\backslash\uparrow F_2\ll_{\omega(P)}P\backslash\uparrow c$. 故 $(P\backslash\uparrow F_1)\cup(P\backslash\uparrow F_2)=P\backslash\uparrow F_1\cap\uparrow F_2\ll_{\omega(P)}P\backslash\uparrow c$. 由 $\omega(P)$ 是连续格和定理 2.1.8, $\exists V\in\omega(P)$ 使 $P\backslash\uparrow F_1\cap\uparrow F_2\ll_{\omega(P)}V\ll_{\omega(P)}P\backslash\uparrow c$. 由 $b_1,b_2\in P\backslash\uparrow F_1\cap\uparrow F_2\subseteq V\subseteq P\backslash\uparrow c$, 知 $V\in\omega(P)\backslash\{P,\varnothing\}$, 从而由 P 具有性质 WDINT, 存在定向族 $\{\uparrow G_j\in\mathbf{Fin}P: j\in J\}$ 使 $P\backslash V=\bigcap\limits_{j\in J}\uparrow G_j$, 即 $V=\bigcup\limits_{j\in J}(P\backslash\uparrow G_j)$. 由 $\{P\backslash\uparrow G_j:j\in J\}\subseteq\omega(P)$ 是定向族和 $P\backslash\uparrow F_1\cap\uparrow F_2\ll_{\omega(P)}V,\exists j\in J$ 使 $P\backslash\uparrow F_1\cap\uparrow F_2\subseteq P\backslash\uparrow G_j\subseteq V\ll_{\omega(P)}P\backslash\uparrow c$. 令 $\uparrow F_3=\uparrow G_j$, 则 $\uparrow F_3\in\mathcal{F},\uparrow F_3\subseteq\uparrow F_1\cap\uparrow F_2$.

3° $A\cap\bigcap\mathcal{F}=\varnothing$.

由上面的证明, $\forall a\in A,\exists b(a)\in A, F_a\in P^{(<\omega)}$ 使 $a\in P\backslash\uparrow F_a\ll_{\omega(P)}P\backslash\uparrow b(a)$. 则 $\uparrow F_a\in\mathcal{F}, a\notin\uparrow F_a$. 故 $a\notin\bigcap\mathcal{F}$. 所以 $A\cap\bigcap\mathcal{F}=\varnothing$.

由 3°, 有 $\bigcap\mathcal{F}\subseteq P\backslash A\in\sigma(P)$. 由 2°, P 为 depo 和推论 3.2.2, $\exists\uparrow G\in\mathcal{F}$ 使 $\uparrow G\subseteq P\backslash A$. 由 $\uparrow G\in\mathcal{F},\exists s,t\in A$ 使 $s\in P\backslash\uparrow G\ll_{\omega(P)}P\backslash\uparrow t$; 从而 $P\backslash\uparrow G\subseteq P\backslash\uparrow t$, 即 $\uparrow t\subseteq\uparrow G$. 故 $t\in P\backslash A$, 与 $t\in A$ 矛盾. 所以 A 中存在最大元 d; 从而 $A=\downarrow d=\mathrm{cl}_{\alpha(P)}\{d\}$. 故 $(P,\sigma(P))$ 是 sober 的.

注 10.2.15 在推论 10.2.57(也见定理 10.5.20) 中, 我们将进一步证明: 若 P 是具有性质 WDINT 的 **dcpo**, $\omega(P)$ 是连续格, 则 P 是拟连续 domain; 从而由推论 3.1.5, $(P,\sigma(P))$ 是 sober 的. 之所以在此给出命题 10.2.14, 是想提供一个直

接的处理方式. 在 10.4 节, 我们将进一步讨论 Scott 拓扑的 sober 性.

命题 10.2.16 设 P 是具有性质 WDINT 的 **dcpo**, $\sigma(P)$ 是 well-filtered 的 (特别地, $\sigma(P)$ 是 sober 的). 则 P 具有性质 R.

证明 设非空族 $\{\uparrow F_j : j\in J\}\subseteq\mathbf{Fin}\ P\backslash\{\varnothing\}, U\in\sigma(P)$, $\bigcap_{j\in J}\uparrow F_j\subseteq U$. $\forall S\in I^{(<\omega)}$, 由 P 是具有性质 WDINT 的 **dcpo** 和推论 3.2.2, $\bigcap_{j\in S}\uparrow F_j$ 是 Scott 紧上集, 且 $\bigcap_{j\in J}\uparrow F_j=\bigcap_{S\in J^{(<\omega)}}\bigcap_{j\in S}\uparrow F_j\subseteq U$. 显然, $\left\{\bigcap_{j\in S}\uparrow F_j : S\in J^{(<\omega)}\right\}$ 是 $Q((P,\sigma(P)))$ 中的定向族. 由 $(P,\sigma(P))$ 是 well-filtered 空间, 存在 $T\in J^{(<\omega)}$ 使 $\bigcap_{j\in T}\uparrow F_j\subseteq U$.

由命题 10.2.14 和命题 10.2.16, 有下述

推论 10.2.17 设 P 是具有性质 WDINT 的 **dcpo**, $\omega(P)$ 是连续的. 则 P 具有性质 R.

引理 10.2.18[98,99] 设 P 是偏序集, η 是 P 上的一个拓扑, P 上的序 $\leqslant$ 是上闭的 (即 $\omega(P)\subseteq\eta$). 若 A 是 (P,η) 中的紧子集, 则 $\downarrow A\in\sigma(P)^c$. 特别地, 若 P 上的序 $\leqslant$ 是上闭的, (P,η) 是紧的, 则 $\eta_+\subseteq\sigma(P)$.

证明 设 $D\in\mathcal{D}(P), D\subseteq\downarrow A, \vee D$ 存在, 下证 $\vee D\in\downarrow A$. 反之, 若 $\vee D\notin\downarrow A$, 则 $\varnothing=\downarrow A\cap\uparrow\vee D=\downarrow A\cap\bigcap_{d\in D}\uparrow d$; 从而 $A\subseteq\downarrow A\subseteq P\backslash\bigcap_{d\in D}\uparrow d=\bigcup_{d\in D}(P\backslash\uparrow d)$. 由 A 是 (P,η) 中的紧子集, $\leqslant$ 是上闭的和 D 是定向的, $\exists d\in D$ 使 $A\subseteq P\backslash\uparrow d$; 因而 $\downarrow A\subseteq P\backslash\uparrow d$, 与 $d\in\downarrow A$ 矛盾. 故 $\vee D\in\downarrow A$. 所以 $\downarrow A\in\sigma(P)$.

推论 10.2.19 设 P 是偏序集, τ 和 η 是 P 上的两个拓扑.

(1) 若 $\omega(P)\subseteq\eta\subseteq\mathbf{down}(P)$, 则 $\upsilon(P)\subseteq\eta^d\subseteq\sigma(P)$. 特别地, $\upsilon(P)\subseteq\omega(P)^d\subseteq\sigma(P)$.

(2) 若 $\upsilon(P)\subseteq\tau\subseteq\mathbf{up}(P)$, 则 $\omega(P)\subseteq\tau^d\subseteq\sigma(P^{\mathrm{op}})$. 特别地, $\omega(P)\subseteq\upsilon(P)^d\subseteq\sigma(P^{\mathrm{op}})$.

直接验证可得下述

命题 10.2.20 设 τ,δ 是 X 上的两个拓扑, $\leqslant_\tau=(\leqslant_\delta)^{\mathrm{op}}$. 若 τ-紧饱和集恰好是 δ 闭集, 则

(1) (X,τ) 是紧的和凝聚的;

(2) $\tau^d=\delta$.

注 10.2.21 (1) $\tau^d=\delta$ 等价于: τ-紧饱和集全体是 δ 的一个闭基. 但由于紧饱和集之交一般不是紧饱和集, 故此时可能有一些 δ-闭集不是 τ-紧饱和集. 因而由 "$\tau^d=\delta$" 推不出 "τ-紧饱和集恰好是 δ-闭集", 甚至推不出 "(X,τ) 是紧的和凝聚的". 因而条件 "τ-紧饱和集恰好是 δ-闭集" 一般严格强于 "$\tau^d=\delta$". 读者可以

自己就 $\tau=\omega(P)$ 和 $\delta=\sigma(P)$ 情形举反例.

(2) 在命题 10.2.20 中, 若 $(X,\tau\vee\delta)$ 是紧的, 则易知 “$\tau^d=\delta$” 等价于 “τ-紧饱和集恰好是 δ-闭集”.

命题 10.2.22 设 P 为偏序集, (P,α) 是紧 T_2 的序拓扑空间, P 上的序 $\leqslant$ 是半闭的, $\sigma(P)\subseteq\alpha_+$. 则

(1) (P,α) 是紧 pospace, $\alpha_+=\sigma(P)$;

(2) $(P,\sigma(P))$ 和 (P,α_-) 均是稳定紧的;

(3) $\alpha=\sigma(P)^{\#}=(\alpha_-)^{\#},\sigma(P)$ 和 α_- 是对偶的, 即 $\sigma(P)=(\alpha_-)^d,\alpha_-=\sigma(P)^d$;

(4) $\lambda(P)\subseteq\alpha\subseteq\sigma(P)\vee\sigma(P^{\mathrm{op}})$.

证明 (1) 由文献 [99, Proposition VI-6.26].

(2) 由 (1) 和定理 10.1.8.

(3) 由 (1) 和定理 10.1.8.

(4) 由假设条件知 $(P)\subseteq\alpha$; 由 (3) 和推论 10.2.19, 有 $\alpha=\sigma(P)^{\#}\subseteq\sigma(P)\vee\sigma(P^{\mathrm{op}})$.

推论 10.2.23 设 P 为偏序集, $(P,\lambda(P))$ 是紧 T_2 的. 则

(1) $(P,\lambda(P))$ 是紧 pospace;

(2) $(P,\sigma(P))$ 和 $(P,\lambda(P)_-)$ 均是稳定紧的;

(3) $\lambda(P)=\sigma(P)^{\#}=(\lambda(P)_-)^{\#},\sigma(P)$ 和 $\lambda(P)_-$ 是对偶的, 即 $\sigma(P)=(\lambda(P)_-)^d,\lambda(P)_-=\sigma(P)^d$.

利用下拓扑和 Scott 拓扑, 我们给出性质 R 的如下刻画.

定理 10.2.24 设 P 为偏序集, 则下述条件等价:

(1) P 具有性质 R;

(2) $\forall\{x_i:i\in I\}\subseteq P,U\in\sigma(P),\bigcap\limits_{i\in I}\uparrow x_i\subseteq U,\exists I_0\in I^{(<\omega)}$ 使 $\bigcap\limits_{i\in I_0}\uparrow x_i\subseteq U$;

(3) $(P,\omega(P))$ 中的紧饱和集恰好是 $(P,\sigma(P))$ 中的闭集;

(4) P 中的 Scott 闭集是 $(P,\omega(P))$ 中的紧饱和集.

证明 (1) $\Rightarrow$ (2): 显然.

(2) $\Rightarrow$ (3): 设 C 为 $(P,\omega(P))$ 中的紧饱和集, 则 C 是下集 (注意 $\omega(P)$ 的诱导序是 $\leqslant^{\mathrm{op}}$). 由引理 10.2.18, $C\in\sigma(P)^c$.

另一方面, 设 C 是 Scott 闭的, 下证 C 在 $(P,\omega(P))$ 中是紧的. 我们用 Alexander 子基定理证明. 设 $\{x_i:i\in I\}\subseteq P,C\subseteq\bigcup\limits_{i\in I}(P\backslash\uparrow x_i)=P\backslash\bigcap\limits_{i\in I}\uparrow x_i$, 即 $\bigcap\limits_{i\in I}\uparrow x_i\subseteq P\backslash C\in\sigma(P)$. 由 (2), $\exists I_0\in I^{(<\omega)}$ 使 $\bigcap\limits_{i\in I_0}\uparrow x_i\subseteq P\backslash C$, 即 $C\subseteq\bigcup\limits_{i\in I_0}(P\backslash\uparrow x_i)$. 故 C 是 $(P,\omega(P))$ 中的紧子集.

(3) $\Rightarrow$ (4): 显然.

(4) $\Rightarrow$ (1): 设 $\{\uparrow F_i : i \in I\} \subseteq \mathbf{Fin}P, U \in \sigma(P), \bigcap_{i\in I} \uparrow F_i \subseteq U$. 则 $P\backslash U \subseteq \bigcup_{i\in I}(P\backslash \uparrow F_i)$. 由 (4), $P\backslash U$ 在 $(P,\omega(P))$ 中是紧的, 故 $\exists I_0 \in I^{(<\omega)}$ 使 $P\backslash U \subseteq \bigcup_{i\in I_0}(P\backslash \uparrow F_i)$, 即 $\bigcap_{i\in I_0} \uparrow F_i \subseteq U$. 所以 P 具有性质 R.

由命题 10.2.20 和定理 10.2.24, 有下述

推论 10.2.25 设偏序集 P 具有性质 R, 则

(1) $(P,\omega(P))$ 是紧的和凝聚的;

(2) $\omega(P)^d = \sigma(P)$.

推论 10.2.26 设 L 是完备格, 则

(1) $(L,\omega(L))$ 中的紧饱和集恰好是 Scott 闭集. 故 $\omega(L)^d=\sigma(L), (L,\omega(L))$ 是紧的和凝聚的.

(2) $(L,\upsilon(L))$ 中的紧饱和集恰好是 $(L,\sigma(L^{\mathrm{op}}))$ 中的闭集. 故 $\upsilon(L)^d = \sigma(L^{\mathrm{op}})$, $(L,\upsilon(L))$ 是紧的和凝聚的.

由命题 10.2.12 和定理 10.2.24, 有下述

推论 10.2.27 设 P 是偏序集, $(P,\lambda(P))$ 是紧的. 则 $(P,\omega(P))$ 中的紧饱和集恰好就是 $(P,\sigma(P))$ 中的闭集. 所以 $(P,\omega(P))$ 是紧的和凝聚的, $\omega(P)^d = \sigma(P)$.

事实上, 由推论 10.2.19 可以直接得到推论 10.2.27. 由命题 10.2.12、定理 10.2.24 和推论 10.2.25, 有下述

推论 10.2.28 设 P 是具有性质 M_w 的 **dcpo**, 则 $(P,\omega(P))$ 中的紧饱和集恰好就是 $(P,\sigma(P))$ 中的闭集. 所以 $(P,\omega(P))$ 是紧的和凝聚的, $\omega(P)^d = \sigma(P)$.

由命题 10.2.16、定理 10.2.24 和推论 10.2.25, 有下述

推论 10.2.29 设 P 是具有性质 WDINT 的 **dcpo**, $\sigma(P)$ 是 sober 的. 则 $(P,\omega(P))$ 中的紧饱和集恰好就是 $(P,\sigma(P))$ 中的闭集. 所以 $(P,\omega(P))$ 是紧的和凝聚的, $\omega(P)^d = \sigma(P)$.

由命题 10.2.14 和推论 10.2.29, 有下述

推论 10.2.30 设 P 是具有性质 WDINT 的 **dcpo**, $\omega(P)$ 是连续的. 则 $(P,\omega(P))$ 中的紧饱和集恰好就是 $(P,\sigma(P))$ 中的闭集. 所以 $(P,\omega(P))$ 是紧的和凝聚的, $\omega(P)^d = \sigma(P)$.

由注 1.2.13、引理 4.3.4、定理 10.1.8、定理 10.1.9 和推论 10.2.25, 有下述

推论 10.2.31 设 P 具有性质 $R, \omega(P)$ 是 sober 的连续格. 则

(1) $(P,\omega(P))$ 是稳定紧的;

(2) $(P,\lambda(P),\leqslant)$ 是紧 pospace;

(3) $(P,\sigma(P))$ 是稳定紧的.

利用性质 R, 下面讨论偏序集 P 上 $\sigma(P) = \sigma(P)^{dd}$ 的条件.

引理 10.2.32　若偏序集 P 具有性质 R, 则 $\sigma(P)^c$ 是上–紧的.

证明　设 $C \in \sigma(P)^c$, 由定理 10.2.24, C 在 $(P, \omega((P, \leqslant_{\sigma(P)}))) = (P, \omega(P))$ 中是紧的. 故 $\sigma(P)^c$ 是上–紧的.

由定理 10.1.31、推论 10.2.25 和引理 10.2.32, 有下述

定理 10.2.33　设偏序集 P 具有性质 R, 则下述各条件等价:

(1) $\omega(P)^d = \omega(P)^{ddd}$(即 $(P, \omega(P)) \in G_{3b} = G_3$);

(2) $\sigma(P) = \sigma(P)^{dd}$(即 $(P, \sigma(P)) \in G_{2a}$);

(3) $\sigma(P)$ 有一个 $Q((P, \sigma(P)))$–下–守恒的闭子基, $Q((P, \sigma(P)^d)) \subseteq \sigma(P)^c$;

(4) $\sigma(P)$ 有一个极大的 $Q((P, \sigma(P)))$–下–守恒的闭子基, $Q((P, \sigma(P)^d)) \subseteq \sigma(P)^c$;

(5) $Q((P, \sigma(P)^d))$ 是 $\sigma(P)$ 最大的上–紧和 $Q((P, \sigma(P)))$–下–守恒的闭 (子) 基.

由命题 10.2.12 和定理 10.2.33, 有下述

推论 10.2.34　设 P 是具有性质 M_w 的 **dcpo** 或 P 上的 Lawson 拓扑 $\lambda(P)$ 是紧的, 则下述各条件等价:

(1) $\omega(P)^d = \omega(P)^{ddd}$(即 $(P, \omega(P)) \in G_{3b} = G_3$);

(2) $\sigma(P) = \sigma(P)^{dd}$(即 $(L, \sigma(P)) \in G_{2a}$);

(3) $\sigma(P)$ 有一个 $Q((P, \sigma(P)))$–下–守恒的闭子基, $Q((P, \sigma(P)^d)) \subseteq \sigma(P)^c$;

(4) $\sigma(P)$ 有一个极大的 $Q((P, \sigma(P)))$–下–守恒的闭子基, $Q((P, \sigma(P)^d)) \subseteq \sigma(P)^c$;

(5) $Q((P, \sigma(P)^d))$ 是 $\sigma(P)$ 最大的上–紧和 $Q((P, \sigma(P)))$–下–守恒的闭 (子) 基.

由命题 10.2.16、推论 10.2.17 和定理 10.2.33, 有下述两个推论.

推论 10.2.35　设 P 是具有性质 WDINT 的 **dcpo**, $\sigma(P)$ 是 sober 的, 则下述各条件等价:

(1) $\omega(P)^d = \omega(P)^{ddd}$(即 $(P, \omega(P)) \in G_{3b} = G_3$);

(2) $\sigma(P) = \sigma(P)^{dd}$(即 $(L, \sigma(P)) \in G_{2a}$);

(3) $\sigma(P)$ 有一个 $Q((P, \sigma(P)))$–下–守恒的闭子基, $Q((P, \sigma(P)^d)) \subseteq \sigma(P)^c$;

(4) $\sigma(P)$ 有一个极大的 $Q((P, \sigma(P)))$–下–守恒的闭子基, $Q((P, \sigma(P)^d)) \subseteq \sigma(P)^c$;

(5) $Q((P, \sigma(P)^d))$ 是 $\sigma(P)$ 最大的上–紧和 $Q((P, \sigma(P)))$–下–守恒的闭 (子) 基.

推论 10.2.36　设 P 是具有性质 WDINT 的 **dcpo**, $\omega(P)$ 是连续的, 则下述各条件等价:

(1) $\omega(P)^d = \omega(P)^{ddd}$(即 $(P, \omega(P)) \in G_{3b} = G_3$);

(2) $\sigma(P)=\sigma(P)^{dd}$(即 $(L,\sigma(P))\in G_{2a}$);

(3) $\sigma(P)$ 有一个 $Q((P,\sigma(P)))$–下–守恒的闭子基, $Q((P,\sigma(P)^d))\subseteq\sigma(P)^c$;

(4) $\sigma(P)$ 有一个极大的 $Q((P,\sigma(P)))$–下–守恒的闭子基, $Q((P,\sigma(P)^d))\subseteq\sigma(P)^c$;

(5) $Q((P,\sigma(P)^d))$ 是 $\sigma(P)$ 最大的上–紧和 $Q((P,\sigma(P)))$–下–守恒的闭 (子) 基.

特别地, 有下述

推论 10.2.37 设 L 是完备格, 则下述各条件等价:

(1) $\sigma(L)=\sigma(L)^{dd}$(即 $(L,\sigma(L))\in G_{2a}$);

(2) $\sigma(L)$ 有一个 $Q((L,\sigma(L)))$–下–守恒的闭子基, $Q((L,\sigma(L)^d))\subseteq\sigma(L)^c$;

(3) $\sigma(L)$ 有一个极大的 $Q((L,\sigma(L)))$–下–守恒的闭子基, $Q((L,\sigma(L)^d))\subseteq\sigma(L)^c$;

(4) $Q((L,\sigma(L)^d))$ 是 $\sigma(L)$ 最大的上–紧和 $Q((L,\sigma(L)))$–下–守恒的闭 (子) 基.

类似地, 下面讨论偏序集 P 上 $\omega(P)=\omega(P)^{dd}$ 的条件.

引理 10.2.38 若 P 是具有性质 DINT 的 **dcpo**, 则对于 $(P,\omega(P)),\omega(P)^c$ 是上–紧的.

证明 设 $C\in\omega(P)^c$. 由引理 10.2.7, C 在 $(P,\sigma(P))$ 中是紧的, 从而在 $(P,v(P))=(P,\omega((P,\leqslant_{\omega(P)})))$ 中是紧的. 故 $\omega(P)^c$ 是上–紧的.

由定理 10.1.31、引理 10.2.7、推论 10.2.8、推论 10.2.25 和引理 10.2.38, 有下述

定理 10.2.39 设偏序集 P 具有性质 DINT 和性质 R, 则下述各条件等价:

(1) $\omega(P)=\omega(P)^{dd}$(即 $(P,\omega(P))\in G_{2a}$);

(2) $\omega(P)$ 与 $\sigma(P)$ 是 Groot 对偶的;

(3) $\sigma(P)^d=\omega(P)$;

(4) P 中 Scott 紧上集是 ω-闭的;

(5) $(P,\sigma(P))$ 中的紧子集是超紧的;

(6) $\omega(P)$ 有一个 $\sigma(P)^c$–下–守恒的闭子基, P 中 Scott 紧上集是 ω-闭的;

(7) $\omega(P)$ 有一个极大的 $\sigma(P)^c$–下–守恒的闭子基, P 中 Scott 紧上集是 ω-闭的;

(8) $Q((P,\sigma(P)))$ 是 $\omega(P)$ 最大的 $\sigma(P)^c$–下–守恒的闭 (子) 基.

由命题 10.2.12 和定理 10.2.39, 有下述

推论 10.2.40 设 P 是具有性质 M 的 **dcpo**, 则下述各条件等价:

(1) $\omega(P)=\omega(P)^{dd}$(即 $(P,\omega(P))\in G_{2a}$);

(2) $\omega(P)$ 与 $\sigma(P)$ 是 Groot 对偶的;

(3) $\sigma(P)^d=\omega(P)$;

(4) P 中 Scott 紧上集是 ω–闭的;

(5) $(P,\sigma(P))$ 中的紧子集是超紧的;

(6) $\omega(P)$ 有一个 $\sigma(P)^c$–下–守恒的闭子基, P 中 Scott 紧上集是 ω-闭的;

(7) $\omega(P)$ 有一个极大的 $\sigma(P)^c$–下–守恒的闭子基, P 中 Scott 紧上集是 ω-闭的;

(8) $Q((P,\sigma(P)))$ 是 $\omega(P)$ 最大的 $\sigma(P)^c$–下–守恒的闭 (子) 基.

特别地, 有下述

推论 10.2.41 设 L 是完备格, 则下述各条件等价:

(1) $\omega(L)=\omega(L)^{dd}$(即 $(L,\omega(L))\in G_{2a}$);

(2) $\omega(L)$ 与 $\sigma(L)$ 是 Groot 对偶的;

(3) $\sigma(L)^d=\omega(L)$;

(4) L 中 Scott 紧上集是 ω-闭的;

(5) $(L,\sigma(L))$ 中的紧子集是超紧的;

(6) $\omega(L)$ 有一个 $\sigma(L)^c$–下–守恒的闭子基, L 中 Scott 紧上集是 ω-闭的;

(7) $\omega(L)$ 有一个极大的 $\sigma(L)^c$–下–守恒的闭子基, L 中 Scott 紧上集是 ω-闭的;

(8) $Q((L,\sigma(L)))$ 是 $\omega(L)$ 最大的 $\sigma(L)^c$–下–守恒的闭 (子) 基.

推论 10.2.42 设 L 是完备格, L 中 Scott 紧上集是 ω-闭的 (等价于 $(L,\sigma(L))$ 中的紧子集是超紧的), 则

(1) $\omega(L)$ 与 $\sigma(L)$ 是 Groot 对偶的;

(2) $\omega(L)=\omega(L)^{dd}$;

(3)$\sigma(L)=\sigma(L)^{dd}$.

由推论 5.1.21 和推论 10.2.42, 有下述

推论 10.2.43 设 L 是拟连续格, 则

(1) $\omega(L)$ 与 $\sigma(L)$ 是 Groot 对偶的;

(2) $\omega(L)=\omega(L)^{dd}$;

(3) $\sigma(L)=\sigma(L)^{dd}$.

由定理 6.2.12 和推论 10.2.43, 有下述

推论 10.2.44 设 L 是拟超连续格, 则

(1) $\omega(L)$ 与 $\upsilon(L)$ 是 Groot 对偶的;

(2) $\omega(L)=\omega(L)^{dd}$;

(3) $\upsilon(L)=\upsilon(L)^{dd}$.

关于 Hausdorff 拓扑之对偶拓扑的讨论, 可参看文献 [213]. 下面讨论另一个重要论题——Lawson 拓扑的紧性.

引理 10.2.45 设偏序集 P 是 Scott 紧的, 且 $\forall x_1,x_2,\cdots,x_n\in P,\uparrow x_1\cap\uparrow x_2\cap\cdots\cap\uparrow x_n=\{x_1,x_2,\cdots,x_n\}^{\uparrow}$ 是 Scott 紧的. 则下述两个条件等价:

(1) $(P,\lambda(P))$ 是紧的;

(2) P 具有性质 R.

证明 (1) ⇒ (2): 由命题 10.2.12.

(2) ⇒ (1): 设 $\{U_i \in \sigma(P) : i \in I\} \cup \{P\backslash\uparrow F_j : \uparrow F_j \in \mathbf{Fin}P, j \in J\}$ 是 P 的开覆盖, 则 $P = \bigcup_{i\in I} U_i \cup \bigcup_{j\in J}(P\backslash\uparrow F_j) = \bigcup_{i\in I} U_i \cup \left(P\backslash\bigcap_{j\in J}\uparrow F_j\right)$.

情形 1: $\bigcup_{j\in J}(P\backslash\uparrow F_j) = \varnothing$, 即 $P = \bigcup_{i\in I} U_i$. 则由 P 是 Scott 紧的, $\exists I_0 \in I^{(<\omega)}$ 使 $P = \uparrow F = \bigcup_{i\in I_0} U_i$.

情形 2: $\bigcup_{j\in J}(P\backslash\uparrow F_i) \neq \varnothing$. 则 $\bigcap_{j\in J}\uparrow F_j \subseteq \bigcup_{i\in I} U_i \in \sigma(P)$. 由 P 具有性质 $R, \exists J_0 \in J^{(<\omega)}$ 使 $\bigcap_{j\in J_0}\uparrow F_j \subseteq \bigcup_{i\in I} U_i$. 由引理 10.2.45 中的假设条件, $\bigcap_{j\in J_0}\uparrow F_j = \cup\left\{\bigcap_{j\in J_0}\uparrow\varphi(j) : \varphi \in \prod_{j\in J_0} F_j\right\}$ 在 $(P,\sigma(P))$ 中是紧的; 从而 $\exists I_0 \in I^{(<\omega)}$ 使 $\bigcap_{j\in J_0}\uparrow F_j \subseteq \bigcup_{i\in I_0} U_i$. 故 $P = \bigcup_{i\in I_0} U_i \cup \bigcup_{j\in J_0}(P\backslash\uparrow F_j)$.

所以 $(P,\lambda(P))$ 是紧的.

显然, 若 $(P,\lambda(P))$ 是紧的, 则 $(P,\sigma(P))$ 是紧的, 且 $\forall x_1, x_2, \cdots, x_n \in P$, $\uparrow x_1 \cap \uparrow x_2 \cap \cdots \cap \uparrow x_n = \{x_1, x_2, \cdots, x_n\}^\uparrow$ 是 $(P,\lambda(P))$ 中的闭集, 从而是 $(P,\lambda(P))$ 中的紧子集, 故在 $(P,\sigma(P))$ 中是紧的. 因而引理 10.2.45 可以表述为下述形式.

引理 10.2.45′ 设 P 是偏序集, 则下述两个条件等价:

(1) $(P,\lambda(P))$ 是紧的;

(2) P 是 Scott 紧的, $\forall x_1, x_2, \cdots, x_n \in P, \uparrow x_1 \cap \uparrow x_2 \cap \cdots \cap \uparrow x_n = \{x_1, x_2, \cdots, x_n\}^\uparrow$ 是 Scott 紧的, 且 P 具有性质 R (从而 P 为 **dcpo**).

由引理 10.2.7、命题 10.2.12 和引理 10.2.45, 有下述

推论 10.2.46 设偏序集 P 具有性质 DINT, 则下述两个条件等价:

(1) $(P,\lambda(P))$ 是紧的;

(2) P 具有性质 R.

推论 10.2.47 设偏序集 P 具有性质 DINT 和性质 R, 则 $(P,\omega(P)), (P,\upsilon(P))$, $(P,\sigma(P)), (P,\theta(P))$ 和 $(P,\lambda(P))$ 都是紧的.

由命题 10.2.12 和推论 10.2.47, 有下述

推论 10.2.48 设 P 是具有性质 M 的 **dcpo**, 则 $(P,\omega(P)), (P,\upsilon(P))$, $(P,\sigma(P)), (P,\theta(P))$ 和 $(P,\lambda(P))$ 都是紧的.

由命题 10.2.16 和推论 10.2.46, 有下述

推论 10.2.49 设 P 是具有性质 DINT 的 **dcpo**, $\sigma(P)$ 是 sober 的. 则 $(P,\omega(P)), (P,\upsilon(P)), (P,\sigma(P)), (P,\theta(P))$ 和 $(P,\lambda(P))$ 都是紧的.

由推论 10.2.17 和推论 10.2.46, 有下述

推论 10.2.50　设 P 是具有性质 DINT 的 **dcpo**, $\omega(P)$ 是连续格. 则 $(P,\omega(P)),(P,\upsilon(P)),(P,\sigma(P)),(P,\theta(P))$ 和 $(P,\lambda(P))$ 都是紧的.

Gierz 和 Lawson 在文献 [101] 中证明了: 完备格 L 的拟连续性等价于 $\omega(L)$ 的连续性. 文献 [419] 证明了: 对具有性质 M 的 **dcpo**, 此结论仍成立.

对于具有性质 WDINT 的 **dcpo**P, 下面我们基于另一种技巧讨论 P 的拟连续性与 $\omega(P)$ 的连续性之间的关系.

引理 10.2.51　设 P 是偏序集, η 是 P 上的拓扑, $\omega(P)\subseteq\eta\subseteq\mathbf{down}(P), U\in\eta$. 若 η 是连续格, 则 $W_U=\{u\in P:U\ll_\eta P\backslash\uparrow u\}\in\sigma(P)$.

证明　显然, $W_U=\{u\in P:U\ll\eta P\backslash\uparrow u\}$ 是上集. 设 $D\in\mathcal{D}(P),\vee D$ 存在, $\vee D\in W_U$. 则 $U\ll\eta P\backslash\uparrow\vee D=P\backslash\bigcap\limits_{d\in D}\uparrow d=\bigcup\limits_{d\in D}(P\backslash\uparrow d)\in\omega(P)\subseteq\eta$. 由 D 是定向的, $\{P\backslash\uparrow d:d\in D\}\subseteq\eta$ 是定向族. 由 η 是连续格和推论 2.1.10, $\exists d\in D$ 使 $U\ll\eta P\backslash\uparrow d$, 即 $d\in W_U$. 故 $W_U\in\sigma(P)$.

推论 10.2.52　设 P 是偏序集, $U\in\omega(P)$. 若 $\omega(P)$ 是连续格, 则 $W_U=\{u\in P:U\ll_{\omega(P)}P\backslash\uparrow u\}\in\sigma(P)$.

推论 10.2.53　设 P 是具有性质 WDINT 的 **dcpo**, $\omega(P)$ 是连续格, $x\in P, C\in\omega(P)^c$. 则下述两个条件等价:

(1) $P\backslash C\ll_{\omega(P)}P\backslash\uparrow x$;

(2) $x\in\mathrm{int}_{\sigma(P)}C$.

证明　(1) $\Rightarrow$ (2): 由推论 10.2.52, $U_C=\{u\in P:P\backslash C\ll_{\omega(P)}P\backslash\uparrow u\}\in\sigma(P)$, 且 $x\in U_C\subseteq C(P\backslash C\ll_{\omega(P)}P\backslash\uparrow u\Rightarrow P\backslash C\subseteq P\backslash\uparrow u\Rightarrow\uparrow u\subseteq C)$. 故 $x\in\mathrm{int}_{\sigma(P)}C$.

(2) $\Rightarrow$ (1): 由 $x\in\mathrm{int}_{\sigma(P)}C$, 有 $P\backslash C\subseteq P\backslash\mathrm{int}_{\sigma(P)}C\subseteq P\backslash\uparrow x$. 由推论 10.2.30, $P\backslash\mathrm{int}_{\sigma(P)}C$ 是 $(P,\omega(P))$ 中的紧子集, 故 $P\backslash C\ll_{\omega(P)}P\backslash\uparrow x$.

推论 10.2.54　设 P 是具有性质 WDINT 的 **dcpo**, $\omega(P)$ 是连续格, $C\in\omega(P)^c$. 则下述两个条件等价:

(1) $P\backslash C\ll_{\omega(P)}P\backslash C$;

(2) $\mathrm{int}_{\sigma(P)}C=C$.

证明　(1) $\Rightarrow$ (2): $\forall x\in C$, 由 $P\backslash C\ll_{\omega(P)}P\backslash C$, 有 $P\backslash C\ll_{\omega(P)}P\backslash\uparrow x$; 从而由推论 10.2.53, 有 $x\in\mathrm{int}_{\sigma(P)}C$. 故 $C=\mathrm{int}_{\sigma(P)}C$.

(2) $\Rightarrow$ (1): 由 $\mathrm{int}_{\sigma(P)}C=C$, 有 $P\backslash C=P\backslash\mathrm{int}_{\sigma(P)}C$. 由推论 10.2.30, $P\backslash\mathrm{int}_{\sigma(P)}C$ 是 $(P,\omega(P))$ 中的紧子集, 故 $P\backslash C\ll_{\omega(P)}P\backslash C$.

注 10.2.55　由定理 10.2.24 和推论 10.2.54 的证明知, 当 P 具有性质 R 时, 则有推论 10.2.54 中的 “(2) $\Rightarrow$ (1)”.

定理 10.2.56 设 P 是偏序集, 考虑下述各条件:

(1) $\omega(P)$ 是连续格;

(2) $\forall x,y\in P, x\not\leqslant y, \exists F\in P^{(<\omega)}$ 使 $x\in \mathrm{int}_{\sigma(P)}\uparrow F\subseteq\uparrow F\subseteq P\backslash\downarrow y$;

(3) P 是拟连续的, 即 $\forall U\in\sigma(P), x\in U, \exists F\in P^{(<\omega)}$ 使 $x\in\mathrm{int}_{\sigma(P)}\uparrow F\subseteq\uparrow F\subseteq U$.

则 (1) $\Rightarrow$ (2), (3) $\Rightarrow$ (2); 若 P 具有性质 R, 则 (2) $\Rightarrow$ (1); 若 P 具有性质 R 和性质 WDINT, 则 (2) $\Rightarrow$ (3), 从而 (1)—(3) 等价.

证明 (1) $\Rightarrow$ (2): 设 $x,y\in P, x\not\leqslant y$, 则 $y\in P\backslash\uparrow x\in\omega(P)$. 由 $\omega(P)$ 是连续格, $\exists W\in\omega(P)$ 使 $y\in W\ll_{\omega(P)}P\backslash\uparrow x$. 任取 $\uparrow F\in\mathbf{Fin}P$ 使 $y\in P\backslash\uparrow F\subseteq W$. 则 $y\in P\backslash\uparrow F\ll_{\omega(P)}P\backslash\uparrow x$. 令 $U_F=\{u\in P: P\backslash\uparrow F\ll_{\omega(P)}P\backslash\uparrow u\}$. 则 $x\in U_F\subseteq\uparrow F$, 且由推论 10.2.52, $U_F\in\sigma(P)$. 故 $x\in\mathrm{int}_{\sigma(P)}\uparrow F\subseteq\uparrow F\subseteq P\backslash\downarrow y$.

(3) $\Rightarrow$ (2): 显然.

(2) $\Rightarrow$ (1): 设 P 为具有性质 R. $\forall x\in P, U\in\omega(P), x\in U$. 若 $U=P$, 且 $\forall y\in P, x\notin P\backslash\uparrow y$, 则 x 是 P 中的最大元, 从而有 $x\in P\ll_{\omega(P)}P$. 若 $U=P$ 且 $\exists y\in P$ 使 $x\in P\backslash\uparrow y$ 或 $U\neq P$, 则 $\exists\{y_1,y_2,\cdots,y_n\}\in P^{(<\omega)}$ 使 $x\in P\backslash\uparrow\{y_1,y_2,\cdots,y_n\}\subseteq U$. $\forall i\in\{1,2,\cdots,n\}$, 由 $y_i\not\leqslant x$ 和 (2), $\exists F_i\in P^{(<\omega)}$ 使 $y_i\in\mathrm{int}_{\sigma(P)}\uparrow F_i\subseteq\uparrow F_i\subseteq P\backslash\downarrow x$; 因而 $\{y_1,y_2,\cdots,y_n\}\subseteq\bigcup\limits_{i=1}^{n}\mathrm{int}_{\sigma(P)}\uparrow F_i\subseteq\mathrm{int}_{\sigma(P)}\bigcup\limits_{i=1}^{n}\uparrow F_i\subseteq\bigcup\limits_{i=1}^{n}\uparrow F_i\subseteq P\backslash\downarrow x$. 令 $F=\bigcup\limits_{i=1}^{n}F_i$. 则 $F\in P^{(<\omega)}$, 且 $x\in P\backslash\uparrow F\subseteq P\backslash\mathrm{int}_{\sigma(P)}\uparrow F\subseteq P\backslash\uparrow\{y_1,y_2,\cdots,y_n\}\subseteq U$. 由定理 10.2.24, $P\backslash\mathrm{int}_{\sigma(P)}\uparrow F$ 是 $(P,\omega(P))$ 中的紧饱和集. 故 $x\in P\backslash\uparrow F\ll_{\omega(P)}U$. 所以 $\omega(P)$ 是连续格.

(2) $\Rightarrow$ (3): 设 $x\in P, U\in\sigma(P), x\in U$. 令 $\mathcal{F}_x=\{\uparrow F: x\in\mathrm{int}_{\sigma(P)}\uparrow F\}$. 若 x 是 P 中的最小元, 则 $P=\uparrow x$; 从而 $\uparrow x\in\mathcal{F}_x, \uparrow x=\cap\mathcal{F}_x$. 若 x 不是 P 中的最小元, 则 $\exists z\in P$ 使 $x\not\leqslant z$. 由 (2), $\exists F_z\in P^{(<\omega)}$ 使 $x\in\mathrm{int}_{\sigma(P)}\uparrow F_z\subseteq\uparrow F_z\subseteq P\backslash\downarrow z$. 故 $\uparrow F_z\in\mathcal{F}_x$, 且 $z\notin\uparrow F_z$. 同理, $\forall y\notin\uparrow x$, 由 (2), $\exists F_y\in P^{(<\omega)}$ 使 $x\in\mathrm{int}_{\sigma(P)}\uparrow F_y\subseteq\uparrow F_y\subseteq P\backslash\downarrow y$; 从而 $\uparrow F_y\in\mathcal{F}_x$, 且 $y\notin\uparrow F_y$. 所以 $\uparrow x=\cap\mathcal{F}_x$. 记 $\mathcal{F}_x=\{\uparrow F_j: j\in J\}$. 则 $\uparrow x=\bigcap\limits_{j\in J}\uparrow F_j\subseteq U\in\sigma(P)$. 由 P 为具有性质 $R, \exists T\in J^{(<\omega)}$ 使 $\bigcap\limits_{j\in T}\uparrow F_j\subseteq U$; 从而 $x\in\bigcap\limits_{j\in T}\mathrm{int}_{\sigma(P)}\uparrow F_j=\mathrm{int}_{\sigma(P)}\bigcap\limits_{j\in T}\uparrow F_j\subseteq\bigcap\limits_{j\in T}\uparrow F_j\subseteq U$. 由 P 具有性质 WDINT, 存在 $\mathbf{Fin}P$ 中的定向族 $\{\uparrow G_i\in\mathbf{Fin}P: i\in I\}$ 使 $\bigcap\limits_{j\in T}\uparrow F_j=\bigcap\limits_{i\in I}\uparrow G_i\subseteq U$. 由 P 具有性质 R (或由推论 3.2.2 和命题 10.2.12), $\exists i\in I$ 使 $\uparrow G_i\subseteq U$; 从而 $x\in\mathrm{int}_{\sigma(P)}\uparrow G_i\subseteq\uparrow G_i\subseteq U$. 由定理 3.1.4, P 是拟连续的.

推论 10.2.57 设偏序集 P 具有性质 WDINT 的 **dcpo**, 则下述各条件等价:

(1) $\omega(P)$ 为连续格;

(2) P 是拟连续的;

(3) P 具有性质 R, 且 $\forall x, y \in P, x \nleqslant y, \exists F \in P^{(<\omega)}$ 使 $x \in \mathrm{int}_{\sigma(P)} \uparrow F \subseteq \uparrow F \subseteq P \backslash \downarrow y$.

证明 (1) $\Rightarrow$ (2): 设 $\omega(P)$ 为连续格. 由推论 10.2.17, P 具有性质 R. 由定理 10.2.56, P 是拟连续的.

(2) $\Rightarrow$ (3): 由推论 3.1.5, $\sigma(P)$ 是 sober 的, 从而由命题 10.2.16, P 具有性质 R. $\forall x, y \in P, x \nleqslant y$, 由定理 3.1.4, $\exists F \in P^{(<\omega)}$ 使 $x \in \mathrm{int}_{\sigma(P)} \uparrow F \subseteq \uparrow F \subseteq P \backslash \downarrow y$.

(3) $\Rightarrow$ (1): 由定理 10.2.56.

注 10.2.58 由推论 3.1.5 和推论 10.2.57, 我们可以得到命题 10.2.14.

由命题 10.2.12 和推论 10.2.57, 有下述

推论 10.2.59 设偏序集 P 具有性质 M_w 的 **dcpo**, 则下述各条件等价:

(1) $\omega(P)$ 为连续格;

(2) P 是拟连续的;

(3) $\forall x, y \in P, x \nleqslant y, \exists F \in P^{(<\omega)}$ 使 $x \in \mathrm{int}_{\sigma(P)} \uparrow F \subseteq \uparrow F \subseteq P \backslash \downarrow y$.

由命题 1.2.12、推论 10.2.23、推论 10.2.47、推论 10.2.57 和 Lawson 定理 (见定理 10.5.9), 有下述

推论 10.2.60 设 P 是具有性质 DINT 的 **dcpo**, 则下述各条件等价:

(1) $\omega(P)$ 为连续格;

(2) P 具有性质 R, 且 $\forall x, y \in P, x \nleqslant y, \exists F \in P^{(<\omega)}$ 使 $x \in \mathrm{int}_{\sigma(P)} \uparrow F \subseteq \uparrow F \subseteq P \backslash \downarrow y$;

(3) P 是拟连续 domain;

(4) $(P, \lambda(P), \leqslant)$ 是紧 pospace;

(5) $(P, \lambda(P))$ 是紧 T_2 的.

由命题 10.2.12 和推论 10.2.60, 有下述

推论 10.2.61 设 P 是具有性质 M 的 **dcpo**, 则下述各条件等价:

(1) $\omega(P)$ 为连续格;

(2) $\forall x, y \in P, x \nleqslant y, \exists F \in P^{(<\omega)}$ 使 $x \in \mathrm{int}_{\sigma(P)} \uparrow F \subseteq \uparrow F \subseteq P \backslash \downarrow y$;

(3) P 是拟连续 domain;

(4) $(P, \lambda(P), \leqslant)$ 是紧 pospace;

(5) $(P, \lambda(P))$ 是紧 T_2 的.

注 10.2.62 推论 10.2.61 中 (1) 与 (3) 的等价性是由文献 [419] 用不同的方法首先得到的.

推论 10.2.63 [101] 设 L 是完备格, 则下述各条件等价:

(1) L 是拟连续的;

(2) $\forall x, y \in L, x \not\leqslant y, \exists F \in L^{(<\omega)}$ 使 $x \in \mathrm{int}_{\sigma(L)} \uparrow F \subseteq \uparrow F \subseteq L \backslash \downarrow y$;

(3) $\omega(L)$ 是连续格;

(4) $(L, \lambda(L), \leqslant)$ 是紧 pospace;

(5) $(P, \lambda(P))$ 是紧 T_2 的.

关于偏序集 P 的拟代数性与 $\omega(P)$ 的代数性之间的关系, 我们将在 11.1 节讨论.

引理 10.2.64 设 P 是具有性质 R 的拟连续 domain, 则 $\omega(P)$ 与 $\sigma(P)$ 是对偶的, 从而 $\omega(P) = \omega(P)^{dd}, \sigma(P) = \sigma(P)^{dd}, \sigma(P)^{\#} = \omega(P)^{\#} = \lambda(P)$.

证明 由推论 10.2.25, $\omega(P)^d = \sigma(P)$. 下证 $\sigma(P)^d = \omega(P)$. 显然有 $\omega(P) \subseteq \sigma(P)^d$. 另一方面, 设 A 是 $(P, \sigma(P))$ 中的紧上集, 由 P 是拟连续 domain 和推论 4.1.21, $A = \bigcap\{\uparrow F \in \mathbf{Fin}P : A \subseteq \mathrm{int}_{\sigma(P)} \uparrow F\} \in \omega(P)^c$. 因而 $\sigma(P)^d \subseteq \omega(P)$. 所以 $\sigma(P)^d = \omega(P)$. 故 $\omega(P)$ 与 $\sigma(P)$ 是对偶的.

由推论 10.2.57 (或推论 3.1.5、命题 10.2.16 和推论 10.2.17) 和引理 10.2.64, 有下述两个推论.

推论 10.2.65 设 P 是具有性质 WDINT (特别地, 具有性质 M_w) 的拟连续 domain. 则 $\omega(P)$ 与 $\sigma(P)$ 是对偶的, 从而 $\omega(P) = \omega(P)^{dd}, \sigma(P) = \sigma(P)^{dd}$, $\sigma(P)^{\#} = \omega(P)^{\#} = \lambda(P)$.

推论 10.2.66 设 P 是具有性质 WDINT (特别地, 具有性质 M_w) 的 **dcpo**, $\omega(P)$ 是连续格. 则 $\omega(P)$ 与 $\sigma(P)$ 是对偶的, 从而 $\omega(P) = \omega(P)^{dd}, \sigma(P) = \sigma(P)^{dd}, \sigma(P)^{\#} = \omega(P)^{\#} = \lambda(P)$.

由定理 6.2.12 和推论 10.2.65, 有下述

推论 10.2.67 设 P 是具有性质 WDINT (特别地, 具有性质 M_w) 的拟超连续 domain. 则 $\omega(P)$ 与 $\upsilon(P)$ 是对偶的, 从而 $\omega(P) = \omega(P)^{dd}, \upsilon(P) = \upsilon(P)^{dd}, \upsilon(P)^{\#} = \omega(P)^{\#} = \theta(P)$.

当没有性质 WDINT 时, 推论 10.2.65 一般不再成立, 但我们有如下结论.

命题 10.2.68 设 P 是偏序集, $\omega(P)$ 是连续格. 则 $\sigma(P)^d = \omega(P)$, 从而 $\sigma(P)^{\#} = \lambda(P)$.

证明 显然, $\omega(P) \subseteq \sigma(P)^d$. 设 K 是 $(P, \sigma(P))$ 中的紧饱和集. 下证 $K \in \omega(P)^c$. 若 K 中有最小元 s, 则 $K = \uparrow s \in \omega(P)^c$. 下设 K 中无最小元. $\forall x \in K$, 则 $\exists y \in K$ 使 $x \not\leqslant y$, 即 $y \in P \backslash \uparrow x \in \omega(P)$. 由 $\omega(P)$ 是连续格, $\exists W \in \omega(P)$ 使 $y \in W \ll_{\omega(P)} P \backslash \uparrow x$. 任取 $\uparrow F_x \in \mathbf{Fin}P$ 使 $y \in P \backslash \uparrow F_x \subseteq W$. 则 $y \in P \backslash \uparrow F_x \ll_{\omega(P)} P \backslash \uparrow x$. 令 $U_x = \{u \in P : P \backslash \uparrow F_x \ll_{\omega(P)} P \backslash \uparrow u\}$. 则由推论 10.2.52, $U_x \in \sigma(P)$. 显然 $x \in U_x \subseteq \uparrow F_x (\forall x \in K)$, 故 $K \subseteq \bigcup\limits_{x \in K} U_x$. 由

K 是 Scott 紧的, $\exists\{x_1,x_2,\cdots,x_n\}\in K^{(<\omega)}$ 使 $K\subseteq\bigcup\limits_{i=1}^{n}U_{x_i}\subseteq\bigcup\limits_{i=1}^{n}\uparrow F_{x_i}$. 令 $F=\bigcup\limits_{i=1}^{n}F_{x_i}$. 则 $F\in P^{(<\omega)},K\subseteq\uparrow F$. 故 $\mathcal{F}_K=\{\uparrow F\in\mathbf{Fin}P:K\subseteq\uparrow F\}\neq\varnothing$. 下证 $K=\cap\mathcal{F}_K$. 设 $k\notin K$, 则 $\forall z\in K,z\nleqslant k$, 即 $k\in P\backslash\uparrow z\in\omega(P)$. 由 $\omega(P)$ 是连续格, $\exists\uparrow G_z\in\mathbf{Fin}P$ 使 $k\in P\backslash\uparrow G_z\ll_{\omega(P)}P\backslash\uparrow z$. 令 $V_z=\{u\in P:P\backslash\uparrow G_z\ll_{\omega(P)}P\backslash\uparrow u\}$. 则 $z\in V_z\subseteq\uparrow G_z,k\notin\uparrow G_z$. 由推论 10.2.52, $V_z\in\sigma(P)$. 由 K 是 Scott 紧的, $\exists\{z_1,z_2,\cdots,z_m\}\in K^{(<\omega)}$ 使 $K\subseteq\bigcup\limits_{j=1}^{m}V_{z_i}\subseteq\bigcup\limits_{j=1}^{m}\uparrow G_{z_i}$. 令 $G=\bigcup\limits_{j=1}^{m}G_{z_i}$. 则 $G\in P^{(<\omega)},K\subseteq\uparrow G,k\notin\uparrow G$. 故 $\uparrow G\in\mathcal{F}_K,k\notin\cap\mathcal{F}_K$. 从而 $K=\cap\mathcal{F}_K\in\omega(P)^c$. 所以 $\sigma(P)^d=\omega(P)$.

推论 10.2.69 设 P 是偏序集, $\upsilon(P)$ 是连续格. 则 $\sigma(P^{\mathrm{op}})^d=\upsilon(P)$.

推论 10.2.70 设 P 是偏序集, $\omega(P)$ 和 $\upsilon(P)$ 均是连续格, 则 $\sigma(P)^d=\omega(P),\sigma(P^{\mathrm{op}})^d=\upsilon(P)$.

由推论 10.2.25 和命题 10.2.68, 有下述

推论 10.2.71 设偏序集 P 具有性质 $R,\omega(P)$ 是连续格. 则 $\omega(P)$ 与 $\sigma(P)$ 是对偶的, 从而 $\omega(P)=\omega(P)^{dd},\sigma(P)=\sigma(P)^{dd},\sigma(P)^{\#}=\omega(P)^{\#}=\lambda(P)$.

最后, 提出下述

问题 10.2.72 刻画 $\upsilon(P)^d=\omega(P)$ 或 $\omega(P)^d=\upsilon(P)$ 的偏序集 P.

问题 10.2.73 刻画 $\omega(P)$ 与 $\sigma(P)$ Groot 对偶的偏序集 P.

问题 10.2.74 刻画 $\omega(P)$ 与 $\upsilon(P)$ Groot 对偶的偏序集 P.

10.3 几个基本引理

为讨论 Lawson 拓扑的紧 pospace 性, 本节先给出几个基本引理.

引理 10.3.1 [98,99] 设 $(X,\alpha,\leqslant)$ 为 pospace, $A\subseteq X$. 若 A 是紧子集, 则 $\uparrow A,\downarrow A$ 和 A 的序凸包 (the order convex hull of A) $[A]=\uparrow A\cap\downarrow A$ 是闭的. 特别地, $\leqslant$ 是半闭的.

引理 10.3.2 [280] 若 $(X,\alpha,\leqslant)$ 为紧 pospace, 则 $(X,\alpha,\leqslant)$ 是单调正规的.

推论 10.3.3 [98,99] 设 $(X,\alpha,\leqslant)$ 为紧 pospace, 则 $(X,\alpha,\leqslant)$ 是强序凸的, 即 $\alpha=\alpha_+\vee\alpha_-$. 所以 $(X,\alpha,\leqslant)$ 是局部序凸的.

引理 10.3.4 [98,99] 设 $(P,\alpha,\leqslant)$ 是紧 pospace, $A\subseteq P$.

(1) 若 $A=\uparrow A$, 则 A 在 $(P,\alpha,\leqslant)$ 中是紧的当且仅当 A 在 (P,α_+) 中是紧的;

(2) 若 $A=\downarrow A$, 则 A 在 $(P,\alpha,\leqslant)$ 中是紧的当且仅当 A 在 (P,α_-) 中是紧的.

引理 10.3.5 [98,99] 设 (X,τ) 是局部紧的, 则 (X,τ) 的 patch 空间 $(X,\tau^{\#}=\tau\vee\tau^d,\leqslant_\tau)$ 是 pospace.

引理 10.3.6 [98,99] 设 (X,τ) 是凝聚的紧 sober 空间, 则 (X,τ) 的 patch 空间 $(X,\tau^{\#}=\tau\vee\tau^d,\leqslant_\tau)$ 是紧的.

注 10.3.7 由引理 10.3.5 和引理 10.3.6, 稳定紧空间的 patch 空间是紧 pospace (参看定理 10.1.9).

引理 10.3.8 设 $(P,\delta,\leqslant)$ 是紧的序拓扑空间, P 上的序 $\leqslant$ 是半闭的. 则 P 和 P^{op} 都是 **dcpo**.

证明 设 $D\in\mathcal{D}(P)$, 先证明 $\mathrm{cl}_\delta D\cap\bigcap\limits_{d\in D}\uparrow a\neq\varnothing$. 反之, 若 $\mathrm{cl}_\delta D\cap\bigcap\limits_{d\in D}\uparrow a=\varnothing$, 则 $\mathrm{cl}_\delta D\subseteq\bigcup\limits_{d\in D}(P\backslash\uparrow a)$. 由 $D\in\mathcal{D}(P),(P,\delta)$ 是紧的和 $\leqslant$ 是半闭的, $\exists d\in D$ 使 $\mathrm{cl}_\delta D\subseteq P\backslash\uparrow d$; 从而 $d\in P\backslash\uparrow d$, 矛盾. 故 $\exists x\in\mathrm{cl}_\delta D\cap\bigcap\limits_{d\in D}\uparrow a$. 设 y 是 D 的上界, 则 $D\subseteq\downarrow y$. 由 $\leqslant$ 是半闭的, 有 $x\in\mathrm{cl}_\delta D\subseteq\mathrm{cl}_\delta\downarrow y=\downarrow y$, 即 $x\leqslant y$. 故 $x=\vee D$. 所以 P 是 **dcpo**. 对偶地, P^{op} 是 **dcpo**.

注 10.3.9 引理 10.3.8 也可直接由文献 [99, Proposition VI-1.3] 得到.

引理 10.3.10 设 P 是具有 DINT 的 **dcpo**, $\upsilon(P)\subseteq\tau\subseteq\sigma(P)$. 若 $\tau^d=\omega(P)$, 则 (P,τ) 是紧的和凝聚的.

证明 由 P 具有 DINT, P 是有限上生成的; 从而由 $\upsilon(P)\subseteq\tau\subseteq\sigma(P),(P,\tau)$ 是紧的. 由 $\tau^d=\omega(P)$, 知 (P,τ) 中的紧饱和集是 $(P,\omega(P))$ 中的闭集. 设 K_1,K_2 是 (P,τ) 中的紧饱和集, 则 $K_1\cap K_2$ 是 $(P,\omega(P))$ 中的闭集; 从而由引理 10.2.7, $K_1\cap K_2$ 是 $(P,\sigma(P))$ 中的紧子集; 因而由 $\tau\subseteq\sigma(P),K_1\cap K_2$ 是 (P,τ) 中的紧子集. 所以 (P,τ) 是凝聚的.

下面讨论 $\omega(P)$ 的 sober 性和 $(P,\omega(P))$ 何时为稳定紧空间的问题.

引理 10.3.11 设 P 是 **dcpo**, η 是 P 上的拓扑, $\omega(P)\subseteq\eta\subseteq\mathbf{down}(P)$. 若 (P,η) 中的既约闭集 (特别地, 当 (P,η) 中的闭集) 均可表示为 $\mathbf{Fin}P$ 中的定向交, 则 (P,η) 是 sober 的.

证明 设 A 是 (P,η) 中的既约闭集. 若 $A=P$, 则由假设, P 可以表示为 $\mathbf{Fin}P$ 中的定向交; 从而 P 是有限上生成的, 即 $\exists F\in P^{(<\omega)}$ 使 $P=\uparrow F=\bigcup\limits_{u\in F}\uparrow u$. 由 P 是既约闭集和 $\omega(P)\subseteq\eta\subseteq\mathbf{down}(P),\exists u\in F$ 使 $P=\uparrow u=\mathrm{cl}_\eta\{u\}$. 下设 $A\neq P$. 则由假设, 存在 $\mathbf{Fin}P$ 中的定向族 $\{\uparrow F_j\in\mathbf{Fin}P: j\in J\}$ 使 $A=\bigcap\limits_{j\in J}\uparrow F_j$. 下证 A 中有最小元. 反之, 若 A 中无最小元, 则 $A\cap\bigcap\limits_{a\in A}\downarrow a=\varnothing$, 即 $A=\bigcap\limits_{j\in J}\uparrow F_j\subseteq\bigcup\limits_{a\in A}(P\backslash\downarrow a)\in\upsilon(P)\subseteq\sigma(P)$. 由 P 是 **dcpo** 和推论 3.2.2,

$\exists k \in J$ 使 $A \subseteq \uparrow F_k \subseteq \bigcup_{a\in A}(P\backslash \downarrow a)$. 由 A 为既约闭集和 $\omega(P) \subseteq \eta, \exists p \in F_k$ 使 $A \subseteq \uparrow p \subseteq \uparrow F_k \subseteq \bigcup_{a\in A}(P\backslash \downarrow a)$; 从而 $\exists b \in A$ 使 $A \subseteq \uparrow p \subseteq P\backslash \downarrow b$. 故 $b \in A \subseteq P\backslash \downarrow b$, 矛盾. 所以 A 中存在最小元 s; 从而 $A = \uparrow s = \mathrm{cl}_\eta\{s\}$. 故 (P,η) 是 sober 的.

推论 10.3.12 设 P 是具有性质 DINT (特别地, 具有性质 M) 的 **dcpo**, 则 $(P,\omega(P))$ 是 sober 的.

推论 10.3.13 设 P 是偏序集, P^{op} 是具有性质 DINT (特别地, 具有性质 M) 的 **dcpo**. 则 $(P,\upsilon(P))$ 是 sober 的.

由推论 4.3.3 和推论 10.3.12, 有下述

推论 10.3.14 设 P 是具有性质 DINT (特别地, 具有性质 M) 的 **dcpo**, 则 P^{op} 是 **dcpo**.

注 10.3.15 我们也可以给出推论 10.3.14 的一个直接证明: 设 $A = \{a_i : i \in I\}$ 是 P 中的下定向集, 则 $\mathrm{cl}_{\omega(P)}A \cap \bigcap_{i\in I} \downarrow a_i \neq \varnothing$. 反之, 若 $\mathrm{cl}_{\omega(P)}A \cap \bigcap_{i\in I} \downarrow a_i = \varnothing$, 则 $\mathrm{cl}_{\omega(P)}A \subseteq \bigcup_{i\in I}(P\backslash \downarrow a_i)$. 由 P 具有性质 DINT, 存在 $\mathbf{Fin}P$ 中的定向族 $\{\uparrow F_j \in \mathbf{Fin}P : j \in J\}$ 使 $\mathrm{cl}_{\omega(P)}A = \bigcap_{j\in J} \uparrow F_j$; 从而 $\mathrm{cl}_{\omega(P)}A = \bigcap_{j\in J} \uparrow F_j \subseteq \bigcup_{i\in I}(P\backslash \downarrow a_i) \in \upsilon(P) \subseteq \sigma(P)$. 由 P 是 **dcpo** 和推论 3.2.2, $\exists s \in J$ 使 $\mathrm{cl}_{\omega(P)}A \subseteq \uparrow F_s \subseteq \bigcup_{a\in A}(P\backslash \downarrow a)$. 由 F_s 是有限集和 $\{P\backslash \downarrow a_i : i \in I\}$ 是定向族, $\exists t \in I$ 使 $\mathrm{cl}_{\omega(P)}A \subseteq \uparrow F_s \subseteq P\backslash \downarrow a_t$, 与 $a_t \in A \subseteq \mathrm{cl}_{\omega(P)}A$ 矛盾. 故 $\exists x \in \mathrm{cl}_{\omega(P)}A \cap \bigcap_{i\in I} \downarrow a_i$, 从而 $A = \{a_i : i \in I\}$ 有下界 x. 设 y 是 $A = \{a_i : i \in I\}$ 的下界, 则 $x \in \mathrm{cl}_{\omega(P)}A \subseteq \uparrow y$. 故 x 是 $A = \{a_i : i \in I\}$ 的下确界. 所以 P^{op} 是 **dcpo**.

由引理 4.3.4 和推论 10.3.12, 有下述

推论 10.3.16 设 P 是具有性质 DINT (特别地, 具有性质 M) 的 **dcpo**, $\omega(P)$ 是连续格. 则 $(P,\omega(P))$ 是 sober 的和局部紧的.

由命题 10.2.14 (或推论 3.1.5) 和推论 10.2.57 知, 当 P 为具有性质 WDINT 的 **dcpo**, $\omega(P)$ 是连续格时, P 为拟连续 domain, $\sigma(P)$ 是 sober 的. 结合推论 10.3.12, 一个自然的问题是: 此时 $\omega(P)$ 是否为 sober 的?

下面的结果表明, 当 P 具有性质 WDINT 时, 推论 10.3.12 中要求 P 具有性质 DINT 是本质的.

定理 10.3.17 设 P 是具有性质 WDINT (特别地, 具有性质 M_w) 的 **dcpo**, $\omega(P)$ 是连续格, 则下述各条件等价:

(1) P 具有性质 DINT;

(2) $(P,\omega(P))$ 是 sober 的;

(3) $(P,\omega(P))$ 是稳定紧的;

(4) $(P,\lambda(P),\leqslant)$ 是紧 pospace;

(5) $(P,\lambda(P))$ 是紧 T_2 的;

(6) $(P,\sigma(P))$ 是稳定紧的;

(7) $(P,\sigma(P))$ 是紧的.

证明 (1) $\Rightarrow$ (2): 由推论 10.3.12.

(2) $\Rightarrow$ (3): 设 $(P,\omega(P))$ 是 sober 的, 则由引理 4.3.4, $(P,\omega(P))$ 是局部紧的; 由推论 10.2.29, $(P,\omega(P))$ 是紧的和凝聚的. 所以 $(P,\omega(P))$ 是稳定紧的.

(3) $\Rightarrow$ (4): 由引理 4.3.4 和推论 10.2.30, $\omega(P)^d=\sigma(P)$; 从而由定理 10.1.9, $(P,\omega(P))$ 的 patch 空间 $(P,\omega(P)^{\#},\leqslant^{\mathrm{op}})=(P,\omega(P)\vee\omega(P)^d,\leqslant^{\mathrm{op}})=(P,\omega(P)\vee\sigma(P),\leqslant^{\mathrm{op}})=(P,\lambda(P),\leqslant^{\mathrm{op}})$ 是紧 pospace. 因而 $(P,\lambda(P),\leqslant)$ 是紧 pospace.

(4) $\Leftrightarrow$ (5): 由推论 10.2.23.

(4) $\Rightarrow$ (6): 由命题 1.2.12 和定理 10.1.9.

(6) $\Rightarrow$ (7): 显然.

(7) $\Rightarrow$ (1): 由于 P 具有性质 WDINT, 只需证 P 是有限上生成的. 由推论 10.2.57, P 是拟连续 domain; 从而由推论 5.1.21(4), P 是有限上生成的.

由推论 10.2.66 和定理 10.3.17, 有下述

推论 10.3.18 设 P 是具有性质 DINT (特别地, 具有性质 M) 的 **dcpo**, $\omega(P)$ 是连续格. 则

(1) $(P,\omega(P))$ 是稳定紧的;

(2) $(P,\lambda(P),\leqslant)$ 是紧 pospace;

(3) $(P,\sigma(P))$ 是稳定紧的;

(4) $\omega(P)$ 和 $\sigma(P)$ 是对偶的, 即 $\omega(P)^d=\sigma(P),\sigma(P)^d=\omega(P)$.

注 10.3.19 推论 10.3.18 中的结论 (4) 除了可由推论 10.2.66 直接得到外, 也可以由 (2) 和 Lawson 定理 (即定理 10.5.9) 得到, 但推论 10.2.66 中的结论不能直接从 Lawson 定理得到.

由推论 10.2.57 和定理 10.3.17, 有下述

推论 10.3.20 设 P 是具有性质 WDINT 的拟连续 domain, 则下述各条件等价:

(1) P 具有性质 DINT;

(2) $(P,\omega(P))$ 是 sober 的;

(3) $(P,\omega(P))$ 是稳定紧的;

(4) $(P,\lambda(P),\leqslant)$ 是紧 pospace;

(5) $(P,\lambda(P),\leqslant)$ 是紧 T_2 的;

(6) $(P, \sigma(P))$ 是稳定紧的;

(7) $(P, \sigma(P))$ 是紧的.

由定理 6.2.12 和推论 10.3.20, 有下述

推论 10.3.21 设 P 是具有性质 WDINT 的拟超连续 domain, 则下述各条件等价:

(1) P 具有性质 DINT;

(2) $(P, \omega(P))$ 是 sober 的;

(3) $(P, \omega(P))$ 是稳定紧的;

(4) $(P, \theta(P), \leqslant)$ 是紧 pospace;

(5) $(P, \theta(P))$ 是紧 T_2 的;

(6) $(P, \upsilon(P))$ 是紧的;

(7) $(P, \upsilon(P))$ 是稳定紧的.

下面的例子来自文献 [99, Example I-1.24](参看例 4.3.20), 但例 10.3.22 中的结论并非全来自文献 [99].

例 10.3.22 令 $E = \left\{\frac{1}{n} : n = 1, 2, \cdots\right\} \cup \left\{-\frac{1}{n} : n = 1, 2, \cdots\right\}$, 赋予 E 实数 R 的诱导序. 则

(1) $E \cong E^{\mathrm{op}}$;

(2) 定向集 $\left\{-\frac{1}{n} : n = 1, 2, \cdots\right\}$ 在 E 中无上确界. 故 E 不是 **dcpo**;

(3) E 具有 DINT 性质;

(4) $\upsilon(E) = \{A \subseteq E : A = \uparrow A\} = \mathbf{up}(E), \omega(E) = \{B \subseteq E : B = \downarrow B\} = \mathbf{down}(E)$.

(5) $\forall x \in E, \uparrow x$ 是强紧开集, 故 $(E, \upsilon(E))$ 是强局部紧的 T_0 空间 (即 T_0 的 B-空间), 从而是超局部紧的 T_0 空间. 对偶地, $(E, \omega(E))$ 是强局部紧的 T_0 空间和超局部紧的 T_0 空间.

(6) 记 $U = \left\{\frac{1}{m} : m = 1, 2, \cdots\right\} = \bigcup_{n=1}^{\infty} \uparrow \frac{1}{n}$, 则 $U \in \upsilon(E)$. 显然 $\bigcap_{n=1}^{\infty} C_n = \left\{\frac{1}{m} : m = 1, 2, \cdots\right\} = U$, 但 $\forall n \in N, C_n \not\subseteq U$. 故 $(E, \upsilon(E))$ 不是 well-filtered 的, 从而 $(E, \upsilon(E))$ 不是 sober 的.

(7) $\bigcap_{n=1}^{\infty} \downarrow \frac{1}{n} = \left\{-\frac{1}{n} : n = 1, 2, \cdots\right\}$ 是 $(E, \upsilon(E))$ 中的既约闭集, 但 $\forall x \in E, \left\{-\frac{1}{n} : n = 1, 2, \cdots\right\} \neq \downarrow x$. 由此也知, $(E, \upsilon(E))$ 不是 sober 的.

注 10.3.23 设 P 为偏序集. 由于 $(P,\upsilon(P))$ 中可能的既约闭集是 P 和形如 $\bigcap_{i\in I}\downarrow a_i$ 的集, 故

(1) 当 P 为完备格时, $(P,\upsilon(P))$ 是 sober 的;

(2) 若 P 不是 **dcpo**, 则由推论 4.3.3, $(P,\upsilon(P))$ 和 $(P,\sigma(P))$ 均不可能是 sober 的;

(3) 若 P 不是 $(P,\upsilon(P))$ 中的既约闭集或 P 是有限下生成的 (特别地, P 中有最大元), 且 P 中形如 $\bigcap_{i\in I}\downarrow a_i$ 的集 $(I\neq\varnothing)$ 均能表达为 $\downarrow F\in \mathbf{Fin}P$ (文献 [123] 称具有此性质的偏序集为弱完备的), 则 $(P,\upsilon(P))$ 是 sober 的. 显然, 若 P 是弱完备偏序集, 则 P^{op} 具有性质 WDINT, 若进一步, P 是有限下生成的, 则 P^{op} 是具有性质 DINT, 此时, 由推论 4.3.3 和推论 10.3.13 知, $(P,\upsilon(P))$ 是 sober 的当且仅当 P^{op} 是 **dcpo**.

(4) 由 (3), 文献 [123, Proposition 4] 应再加上 P 中有最大元或 P 是有限下生成的等充分条件或 P 不是既约闭集等限制条件, 否则文献 [123, Proposition 4] 不一定成立. 如 $P=N$, 赋予自然数的序. 则 P 是有界完备的 [99] (即 P 中有上界的子集在 P 中有上确界, 或等价地, P 中的任意非空集子集在 P 中有下确界), 从而满足文献 [123, Proposition 4] 中的条件. 由引理 4.3.2, P 在 $(P,\upsilon(P))$ 中是既约闭集, 但 P 中无最大元. 故 $(P,\upsilon(P))$ 不是 sober 的. 事实上, 由 $P=N$ 不是 **dcpo** 和推论 4.3.3 也知, $(P,\upsilon(P))$ 不是 sober 的.

10.4 Scott 拓扑的 sober 性

Lawson[204] 和 Hoffmann[144] 证明了连续 domain 上的 Scott 拓扑是 sober 的; Gierz, Lawson 和 Stralka 在文献 [102] 中证明了拟连续 domain 上的 Scott 拓扑是 sober 的 (见推论 3.1.5). 对于完备格, 文献 [98, 99] 进一步证明了下述

定理 10.4.1 [98,99] 设 L 是完备格, $\sigma(L)$ 是连续格, 则 $(L,\sigma(L))$ 是 sober 的.

在命题 10.2.14 (参看注 10.2.58) 中, 我们证明了: 若 P 是具有性质 WDINT (特别地, 具有性质 M_w) 的 **dcpo**, $\omega(P)$ 是连续格, 则 $(P,\sigma(P))$ 是 sober 的.

在本节中, 我们将讨论一般 **dcpo** 上 Scott 拓扑的 sober 性 (由推论 4.3.3, **dcpo** 是 Scott 拓扑之 sober 性的必要条件), 将上述定理 10.4.1 推广至 **dcpo** 情形.

引理 10.4.2 [98,99] 设 P 是 **dcpo**, 则下述各条件等价:

(1) $\sigma(P)$ 是连续格;

(2) 对任意 **dcpo** $S,\sigma(P\times S)=\sigma(P)\times\sigma(S)$;

(3) 对任意完备格 $L,\sigma(P\times L)=\sigma(P)\times\sigma(L)$;

(4) $\sigma(P\times\sigma(P))=\sigma(P)\times\sigma(\sigma(P))$.

推论 10.4.3　设 P 是 **dcpo**, $\sigma(P)$ 是连续格. 则 $\forall n\in N$, 有

$$\sigma(\underbrace{P\times P\times\cdots\times P}_{n})=\underbrace{\sigma(P)\times\sigma(P)\times\cdots\times\sigma(P)}_{n}.$$

引理 10.4.4　设 P 是偏序集, $Q=(\omega(P)^c,\supseteq)$. 则 $m:P\times P\to Q,(x,y)\mapsto\uparrow x\cap\uparrow y$, 是 Scott 连续的.

证明　设 $\{(x_d,y_d):d\in D\}\subseteq P\times P$ 是定向的, 且在 $P\times P$ 中有上确界. 易知, $\{x_d:d\in D\}\subseteq P$ 和 $\{y_d:d\in D\}\subseteq P$ 是定向的, 且在 P 中均有上确界. 由定义, 有 $m\left(\bigvee_{d\in D}(x_d,y_d)\right)=m((\bigvee_{d\in D}x_d,\bigvee_{d\in D}y_d))=\uparrow\bigvee_{d\in D}x_d\cap\uparrow\bigvee_{d\in D}y_d=\bigcap_{d\in D}\uparrow x_d\cap\bigcap_{d\in D}\uparrow y_d=\bigcap_{d\in D}(\uparrow x_d\cap\uparrow y_d)=\bigcap_{d\in D}m(x_d,y_d)=\bigvee_Q\{m(x_d,y_d):d\in D\}$. 由引理 1.2.15, $m:(P\times P,\sigma(P\times P))\to(Q,\sigma(Q))$ 是连续的.

推论 10.4.5　设 P 是偏序集, $\sigma(P\times P)=\sigma(P)\times\sigma(P),Q=(\omega(P)^c,\supseteq)$. 则 $m:(P,\sigma(P))\times(P,\sigma(P))\to(Q,\sigma(Q)),m(x,y)=\uparrow x\cap\uparrow y$, 是连续的.

由引理 10.4.2 和推论 10.4.5, 有下述

推论 10.4.6　设 P 是 **dcpo**, $\sigma(P)$ 是连续格, $Q=(\omega(P)^c,\supseteq)$. 则 $m:(P,\sigma(P))\times(P,\sigma(P))\to(Q,\sigma(Q)),m(x,y)=\uparrow x\cap\uparrow y$, 是连续的.

基于下拓扑和 Scott 拓扑, 下面我们再给出性质 R 的一个刻画.

引理 10.4.7　设 P 为偏序集, $Q=(\omega(P)^c,\supseteq)$. 则下述两个条件等价:

(1) P 具有性质 R;

(2) $\forall U\in\sigma(P),\Omega(U)=\{C\in\omega(P)^c:C\subseteq U\}\in\sigma(Q)$.

证明　(1) $\Rightarrow$ (2): 显然, $\Omega(U)$ 是 $Q=(\omega(P)^c,\supseteq)$ 中的上集. 设 $\mathcal{D}=\{C_d:d\in D\}\subseteq Q$ 是定向的 (即 $\mathcal{D}$ 是 $\omega(P)^c$ 中的滤基), $\bigvee_Q\mathcal{D}=\bigcap_{d\in D}C_d\in\Omega(U)$, 即 $\bigcap_{d\in D}C_d\subseteq U$; 从而 $P\backslash U\subseteq\bigcup_{d\in D}(P\backslash C_d)$, 且 $\{P\backslash C_d:d\in D\}\subseteq\omega(P)$ 是定向的. 由 P 具有性质 R 和定理 10.2.24, $P\backslash U$ 在 $(P,\omega(P))$ 中是紧的; 从而 $\exists d\in D$ 使 $P\backslash U\subseteq P\backslash C_d$, 即 $C_d\subseteq U$. 故 $\Omega(U)\in\sigma(Q)$.

(2) $\Rightarrow$ (1): 设 $\{\uparrow F_i:i\in I\}\subseteq\mathbf{Fin}P,U\in\sigma(P),\bigcap_{i\in I}\uparrow F_i\subseteq U$. $\forall T\in I^{(<\omega)}$, 令 $C_T=\bigcap_{i\in T}\uparrow F_i$. 则 $\{C_T:T\in I^{(<\omega)}\}\subseteq Q$ 是定向的, 且 $\bigcap_{T\in I^{(<\omega)}}C_T=\bigcap_{i\in I}\uparrow F_i\subseteq U$, 即 $\bigcap_{T\in I^{(<\omega)}}C_T\in\Omega(U)$. 由 $\Omega(U)\in\sigma(Q),\exists S\in I^{(<\omega)}$ 使 $C_S=\bigcap_{i\in S}\uparrow F_i\in\Omega(U)$, 即 $C_S=\bigcap_{i\in S}\uparrow F_i\subseteq U$. 所以 P 具有性质 R.

定理 10.4.8 设偏序集 P 具有性质 $R, \sigma(P\times P)=\sigma(P)\times\sigma(P)$. 则 $(P,\sigma(P))$ 是 sober 的.

证明 由命题 10.2.12, P 是 **dcpo**. 设 A 是 $(P,\sigma(P))$ 中的既约闭集. 下证 A 是定向的. 反之, 若 A 不是定向的, 则 $\exists b,c\in A$ 使 $\forall a\in A, a\notin\uparrow b\cap\uparrow c$, 即 $\uparrow b\cap\uparrow c\subseteq P\backslash A\in\sigma(P)$. 记 $Q=(\omega(P)^c,\supseteq), U=P\backslash A$. 由引理 10.4.7, $\Omega(U)=\{C\in\omega(P)^c: C\subseteq U\}\in\sigma(Q)$. 由推论 10.4.5, $m\colon (P,\sigma(P))\times(P,\sigma(P))\to(Q,\sigma(Q)), m(x,y)=\uparrow x\cap\uparrow y$ 是连续的, 从而由 $m(b,c)=\uparrow b\cap\uparrow c\in\Omega(U)\in\sigma(Q), \exists V,W\in\sigma(P)$ 使 $(b,c)\in V\times W\subseteq m^{-1}(\Omega(U))$. 故 $\forall z\in V\cap W, m(z,z)=\uparrow z\cap\uparrow z=\uparrow z\in m^{-1}(\Omega(U))$, 即 $\uparrow z\subseteq U=P\backslash A$, 从而 $A\cap V\cap W=\varnothing$. 由 A 是 $(P,\sigma(P))$ 中的既约闭集, 有 $A\cap V=\varnothing$ 或 $A\cap W=\varnothing$, 与 $b\in A\cap V$ 和 $c\in A\cap W$ 矛盾. 故 A 是定向的, 因而由 $A\in\sigma(P)^c$, 有 $\vee A\in A$. 所以 $A=\downarrow\vee A=\mathrm{cl}_{\sigma(P)}\{\vee A\}$. 故 $(P,\sigma(P))$ 是 sober 的.

作为定理 10.4.8 的直接推论, 我们得到定理 10.4.1. 从另一个角度, 我们给出了定理 10.4.1 的一个有别于文献 [98, 99] 处理方式的证明.

推论 10.4.9 [98,99] 设 L 是完备格, $\sigma(L\times L)=\sigma(L)\times\sigma(L)$. 则 $(L,\sigma(L))$ 是 sober 的.

由命题 10.2.12 和定理 10.4.8, 有下述

推论 10.4.10 设 P 是偏序集, $(P,\lambda(P))$ 是紧的, $\sigma(P\times P)=\sigma(P)\times\sigma(P)$. 则 $(P,\sigma(P))$ 是 sober 的.

由引理 10.4.2 和推论 10.4.10, 有下述

推论 10.4.11 设 P 是偏序集, $(P,\lambda(P))$ 是紧的, $\sigma(P)$ 是连续格. 则 $(P,\sigma(P))$ 是 sober 的.

由命题 10.2.12 和定理 10.4.8, 有下述

推论 10.4.12 设 P 是具有性质 M_w 的 **dcpo**, $\sigma(P\times P)=\sigma(P)\times\sigma(P)$. 则 $(P,\sigma(P))$ 是 sober 的.

由引理 10.4.2 和推论 10.4.12, 有下述

推论 10.4.13 设 P 是具有性质 M_w 的 **dcpo**, $\sigma(P)$ 是连续格. 则 $(P,\sigma(P))$ 是 sober 的.

由命题 10.2.16 和定理 10.4.8, 有下述

推论 10.4.14 设偏序集 P 具有性质 WDINT, $\sigma(P\times P)=\sigma(P)\times\sigma(P)$, 则下述两个条件等价:

(1) P 具有性质 R;

(2) $\sigma(P)$ 是 sober 的.

由引理 10.4.2 和推论 10.4.14, 有下述

推论 10.4.15　设偏序集 P 具有性质 WDINT, $\sigma(P)$ 是连续格. 则下述两个条件等价:

(1) P 具有性质 R;

(2) $\sigma(P)$ 是 sober 的.

由推论 10.2.46 和推论 10.4.14, 有下述

推论 10.4.16　设 P 是具有性质 DINT 的偏序集, $\sigma(P\times P)=\sigma(P)\times\sigma(P)$, 则下述各条件等价:

(1) P 具有性质 R;

(2) $(P,\lambda(P))$ 是紧的;

(3) $\sigma(P)$ 是 sober 的.

由引理 10.4.2 和推论 10.4.16, 有下述

推论 10.4.17　设 P 是具有性质 DINT 的偏序集, $\sigma(P)$ 是连续格, 则下述各条件等价:

(1) P 具有性质 R;

(2) $(P,\lambda(P))$ 是紧的;

(3) $\sigma(P)$ 是 sober 的.

问题 10.4.18　设 P 是具有性质 DINT 的 **dcpo**, $\sigma(P)$ 是连续格. $\sigma(P)$ 是否 sober 的, 即 P 是否具有性质 R, 即 $(P,\lambda(P))$ 是否紧的?

从上面看到, 对 $\sigma(P)$ 的 sober 性, $\sigma(P\times P)=\sigma(P)\times\sigma(P)$ 之性质的重要性, 为此, 提出下述

问题 10.4.19　刻画满足 $\sigma(P\times P)=\sigma(P)\times\sigma(P)$ 的偏序集 (或 **dcpo**, 或完备格) P; 刻画满足条件 “$\forall n\in N,\sigma(\underbrace{P\times P\times\cdots\times P}_{n})=\underbrace{\sigma(P)\times\sigma(P)\times\cdots\times\sigma(P)}_{n}$” 的偏序集 (或 **dcpo**, 或完备格) P.

10.5　Lawson 拓扑的紧 pospace 性

定理 10.5.1 [99,207]　设 P 是拟连续 domain, 则下述各条件等价:

(1) $(P,\lambda(P))$ 是紧的;

(2) P 具有性质 DINT;

(3) Scott 紧上集恰好是 ω-闭集;

(4) $\forall C\in\omega(P)^c, C$ 是 Scott 紧的;

(5) P 是有限上生成的, $(P,\sigma(P))$ 是凝聚的;

(6) $(P,\sigma(P))$ 是紧的和凝聚的;

(7) P 是有限上生成的, 且 $\forall x,y\in P,\uparrow x\cap\uparrow y$ 是 Scott 紧的;

(8) P 是有限上生成的, 且 $\forall x, x_2, \cdots, x_n \in P, \uparrow x_1 \cap \uparrow x_2 \cap \cdots \cap \uparrow x_n$ 是 Scott 紧的;

(9) $(P, \sigma(P))$ 是稳定紧的;

(10) $(P, \lambda(P), \leqslant)$ 是紧 pospace;

(11) $(P, \lambda(P), \leqslant)$ 是紧 pospace, $\lambda(P)_- = \omega(P), \lambda(P)_+ = \sigma(P)$;

(12) $(P, \lambda(P), \leqslant)$ 是紧 pospace, $\lambda(P)_- = \omega(P)$.

证明 (1) $\Rightarrow$ (2): 由推论 10.2.6.

(2) $\Rightarrow$ (1): 设 P 具有性质 DINT, 则由推论 3.1.5 和命题 10.2.16, P 具有性质 R; 从而由推论 10.2.47, $(P, \lambda(P))$ 是紧的.

(1) $\Rightarrow$ (3): 由 $(P, \lambda(P))$ 的紧性和推论 5.1.21.

(3) $\Leftrightarrow$ (4): 由推论 5.1.21, Scott 紧上集是 ω-闭的.

(4) $\Rightarrow$ (5): 由 P 是 ω-闭的, P 是 Scott 紧的. 由推论 5.1.21, P 是有限上生成的. 设 K_1, K_2 是 Scott 紧上集, 则由推论 5.1.21, K_1 和 K_2 是 ω-闭的, 因而 $K_1 \cap K_2$ 是 ω-闭的. 由 (4), $K_1 \cap K_2$ 是 Scott 紧的. 所以 $(P, \sigma(P))$ 是凝聚的.

(5) $\Leftrightarrow$ (6): 由推论 5.1.21, P 是有限上生成的等价于 P 是 Scott 紧的.

(5) $\Rightarrow$ (7): 显然.

(7) $\Rightarrow$ (8): 我们归纳地证明. 设 $n \in N$, 假定 $\forall x_1, x_2, \cdots, x_{n-1} \in P, \uparrow x_1 \cap \uparrow x_2 \cap \cdots \cap \uparrow x_{n-1}$ 是 Scott 紧的. 设 $y_1, y_2, \cdots, y_n \in P$, 下证 $\uparrow y_1 \cap \uparrow y_2 \cap \cdots \cap \uparrow y_n$ 是 Scott 紧的. 由假设, $\uparrow y_1 \cap \uparrow y_2 \cap \cdots \cap \uparrow y_{n-1}$ 是 Scott 紧的; 从而由推论 5.1.21, 存在定向族 $\{\uparrow F_i : i \in I\} \subseteq \mathbf{Fin}P$ 使 $\uparrow y_1 \cap \uparrow y_2 \cap \cdots \cap \uparrow y_{n-1} = \bigcap_{i \in I} \uparrow F_i$. $\uparrow y_1 \cap \uparrow y_2 \cap \cdots \cap \uparrow y_n = (\bigcap_{i \in I} \uparrow F_i) \cap \uparrow y_n = \bigcap_{i \in I} (\uparrow F_i \cap \uparrow y_n)$. $\forall i \in I$, 由 (7), $\uparrow F_i \cap \uparrow y_n = \bigcup_{u \in F_i} (\uparrow u \cap \uparrow y_n)$ 是 Scott 紧的. 故 $\{\uparrow F_i \cap \uparrow y_n : i \in I\}$ 是 $Q((P, \sigma(P)))$ 中的定向族. 由推论 4.7.9, $\uparrow y_1 \cap \uparrow y_2 \cap \cdots \cap \uparrow y_n = \bigcap_{i \in I} (\uparrow F_i \cap \uparrow y_n)$ 是 Scott 紧的.

(8) $\Rightarrow$ (9): 由 P 是有限上生成的, P 是 Scott 紧的. 下证 $(P, \sigma(P))$ 是凝聚的. 设 K_1, K_2 是 Scott 紧上集, 则由推论 5.1.21, 存在 $\mathbf{Fin}\ P$ 中的定向族 $\{\uparrow F_i : i \in I\}$ 和 $\{\uparrow G_j : j \in J\}$ 使 $K_1 = \bigcap_{i \in I} \uparrow F_i, K_2 = \bigcap_{j \in J} \uparrow G_j$. 故 $K_1 \cap K_2 = \bigcap_{i \in I} \uparrow F_i \cap \bigcap_{j \in J} \uparrow G_j = \bigcap_{i \in I, j \in J} (\uparrow F_i \cap \uparrow G_j)$. $\forall i \in I, j \in J$, 由 (8), $\uparrow F_i \cap \uparrow G_j = \bigcup_{s \in F_i, t \in G_j} (\uparrow s \cap \uparrow t)$ 是 Scott 紧的. 所以 $(P, \sigma(P))$ 是凝聚的. 由推论 3.1.5 和推论 5.1.21, $(P, \sigma(P))$ 是 sober 的和局部紧的. 故 $(P, \sigma(P))$ 是稳定紧的.

(9) $\Rightarrow$ (10): 设 $(P, \sigma(P))$ 是稳定紧的. 由 P 是拟连续 domain 和推论 5.1.21,

有 $\sigma(P)^d = \omega(P)$; 从而由定理 10.1.9, $(P, \sigma(P)^{\#}, \leqslant) = (P, \lambda(P), \leqslant)$ 是紧 pospace.

(10) $\Rightarrow$ (11): 由命题 1.2.12, $\lambda(P)_+ = \sigma(P)$. 由定理 10.1.8, $\lambda(P)_+$ 和 $\lambda(P)_-$ 是对偶的; 从而由推论 5.1.21, 有 $\lambda(P)_- = (\lambda(P)_+)^d = \sigma(P)^d = \omega(P), \sigma(P) = \lambda(P)_+ = (\lambda(P)_-)^d = \omega(P)^d$.

(11) $\Rightarrow$ (12) $\Rightarrow$ (1): 显然.

利用 $\omega(P)$ 和 $\sigma(P)$ 的对偶拓扑, 下面讨论 $(P, \omega(P))$ 与 $(P, \sigma(P))$ 的稳定紧性, $(P, \lambda(P), \leqslant)$ 的紧 pospace 性及其与拟连续 domain 的关系. 为此, 需要著名的 Lawson 引理 (引理 10.5.2) 和 Lawson 定理 (定理 10.5.9).

引理 10.5.2 [205] 设偏序集 P 具有性质 DINT, 假设 τ 是 P 上的序相容拓扑 (即 $\upsilon(P) \subseteq \tau \subseteq \mathbf{up}(P)$), $\lambda_\tau(P) = \omega(P) \vee \tau$ 是紧 T_2 的. 则 $\lambda_\tau(P)_- = \omega(P)$.

注 10.5.3 假若 Lawson 引理中的条件满足, 则由引理 10.2.18 和引理 10.3.8, 有

(1) P 和 P^{op} 都是 **dcpo**;

(2) $\tau \subseteq \lambda_\tau(P)_+ \subseteq \sigma(P)$, 从而 $\lambda_\tau(P) = \omega(P) \vee \tau \subseteq \omega(P) \vee \sigma(P) = \lambda(P), \omega(P) \subseteq \lambda_\tau(P)_- \subseteq \lambda(P)_-$ (由引理 10.5.2, $\omega(P) = \lambda_\tau(P)_- \subseteq \lambda(P)_-$).

推论 10.5.4 设偏序集 P 具有性质 DINT, $\lambda(P)$ 是紧 T_2 的. 则 $\lambda(P)_- = \omega(P)$.

联系到文献 [99] 中 III-3 和 III-5 关于 Lawson 拓扑与 liminf 收敛的内容 (尤其是其中的定理 III-3.17、命题 III-3.18、练习 III-3.28、定理 III-5.5, 以及命题 VII-3.10), 我们给出下述

命题 10.5.5 设偏序集 P 具有性质 DINT, τ 是 P 上比 Scott 拓扑细的序相容拓扑 (即 $\sigma(P) \subseteq \tau \subseteq \mathbf{up}(P)$). 若 $\lambda_\tau(P) = \omega(P) \vee \tau$ 是紧 T_2 的, 则 P 中的超滤均有 liminf.

证明 由命题 10.2.22, $(P, \lambda_\tau(P)) = (P, \lambda(P))$ 是紧 pospace, 从而由命题 10.2.12 (或注 10.2.13) 和推论 10.2.60 (或下面的定理 10.5.9), P 是拟连续 domain. 由文献 [99, Theorem III-5.5], P 中的超滤均有 liminf.

推论 10.5.6 设偏序集 P 具有性质 DINT, $\lambda(P)$ 是紧 T_2 的, 则 P 中的超滤均有 liminf.

问题 10.5.7 设 P 是偏序集, $(P, \lambda(P))$ 是紧 T_2 的. P 是否具有性质 DINT? 是否 P 中的超滤均有 liminf? P 是否为拟连续 domain?

注 10.5.8 (1) 在问题 10.5.7 中, 由 $(P, \lambda(P))$ 是紧的, P 是 **dcpo** (参看注 10.2.13).

(2) 由文献 [99, Theorem III-5.5], 若 **dcpo** P 中的超滤均有 liminf, 则 $\lambda(P)$ 是紧的; 若 P 是拟连续 domain, $\lambda(P)$ 是紧的, 则 P 中的超滤均有 liminf.

(3) 由文献 [99, Theorem VII-3.10], 若 **dcpo** P 中的超滤均有 liminf, 则当

$\lambda(P)$ 为 T_2 时, P 拟连续 domain; 反之, 若 **dcpo** P 中的超滤均有 liminf, 且 P 是拟连续 domain, 则 $(P,\lambda(P))$ 是紧 pospace. 故若 **dcpo** P 中的超滤均有 liminf, $\lambda(P)$ 为 T_2 的, 则由定理 10.5.1 和文献 [99, Theorem VII-3.10] 知, P 具有性质 DINT. 对拟连续 domain P, 由定理 10.5.1 和文献 [99, Theorem VII-3.10] 知, P 具有性质 DINT 等价于 P 中的超滤均有 liminf.

(4) 由推论 10.2.23、问题 10.5.7 中的条件 "$\lambda(P)$ 是紧 T_2 的" 可以换为等价的条件 "$(P,\lambda(P))$ 是紧 pospase".

(5) 设 P 是 **dcpo**, $\lambda(P)$ 是紧 T_2 的. 则由推论 10.2.6、命题 10.2.12、推论 10.2.60 (或定理 10.5.9)、推论 10.5.6 和注 10.5.8(3) 知, P 为拟连续 domain $\Leftrightarrow$ P 具有性质 DINT $\Leftrightarrow$ P 中的超滤均有 liminf. 因而问题 10.5.7 中的三个条件是等价的 (在问题 10.5.7 的假设条件下).

定理 10.5.9 [207] 设偏序集 P 具有性质 DINT, 假设 τ 是 P 上的序相容拓扑 (即 $\upsilon(P)\subseteq\tau\subseteq\mathbf{up}(P)$), $(P,\lambda_\tau(P)=\omega(P)\vee\tau,\leqslant)$ 是紧 pospace. 则

(1) P 是拟连续 domain;

(2) $\lambda_\tau(P)=\lambda(P)$;

(3) $\lambda_\tau(P)_-=\omega(P)=\sigma(P)^d, \lambda_\tau(P)_+=\sigma(P)=\omega(P)^d$;

(4) $(P,\lambda(P),\leqslant)$ 是紧 pospace, 且 $\lambda(P)_-=\omega(P)$;

(5) 若 $(P,\alpha,\leqslant)$ 是紧 pospace, $\alpha_-=\omega(P)$. 则 $\alpha=\lambda(P)$.

推论 10.5.10 [207] 设 P 为偏序集, 考虑下述各条件:

(1) P 是拟连续 domain;

(2) P 具有性质 DINT;

(3) $(P,\lambda(P),\leqslant)$ 是紧 pospace,

则任何两个条件蕴涵剩下的第三个条件.

证明 (1) + (2) $\Rightarrow$ (3): 由定理 10.5.1.

(1) + (3) $\Rightarrow$ (2): 由定理 10.5.1.

(2) + (3) $\Rightarrow$ (1): 由定理 10.5.9.

由推论 10.2.25 知, 推论 10.5.10 中的条件 (3) 可以替换为等价条件 "$(P,\lambda(P))$ 是紧 T_2 空间".

由引理 1.2.3、命题 10.2.12、推论 10.2.46、定理 10.5.1 和定理 10.5.9, 有下述

推论 10.5.11 设 P 是具有性质 M 的 **dcpo**, 则下述各条件等价:

(1) P 是拟连续 domain;

(2) 存在 P 上的拓扑 $\alpha\subseteq\lambda(P)$ 使 $(P,\alpha,\leqslant)$ 是紧 pospace;

(3) 存在 P 上的拓扑 $\alpha\subseteq\lambda(P)$ 使 $(P,\alpha,\leqslant)$ 是 pospace;

(4) 存在 P 上的序相容的 d-拓扑 τ (即 $\upsilon(P)\subseteq\tau\subseteq\sigma(P)$) 使 $(P,\omega(P)\vee\tau,\leqslant)$ 是紧 pospace;

(5) 存在 P 上的序相容的 d-拓扑 τ (即 $\upsilon(P) \subseteq \tau \subseteq \sigma(P)$) 使 $(P, \omega(P) \vee \tau, \leqslant)$ 是 pospace.

由引理 1.2.3、命题 10.2.16、推论 10.2.46、定理 10.5.1 和定理 10.5.9, 有下述

推论 10.5.12 P 为具有性质 DINT 的 **dcpo**, $(P, \sigma(P))$ 是 sober 的, 则下述各条件等价:

(1) P 是拟连续 domain;

(2) 存在 P 上的拓扑 $\alpha \subseteq \lambda(P)$ 使 $(P, \alpha, \leqslant)$ 是紧 pospace;

(3) 存在 P 上的拓扑 $\alpha \subseteq \lambda(P)$ 使 $(P, \alpha, \leqslant)$ 是 pospace;

(4) 存在 P 上的序相容的 d-拓扑 τ (即 $\upsilon(P) \subseteq \tau \subseteq \sigma(P)$) 使 $(P, \omega(P) \vee \tau, \leqslant)$ 是紧 pospace;

(5) 存在 P 上的序相容的 d-拓扑 τ (即 $\upsilon(P) \subseteq \tau \subseteq \sigma(P)$) 使 $(P, \omega(P) \vee \tau, \leqslant)$ 是 pospace.

由引理 1.2.3、推论 10.2.17、推论 10.2.46、定理 10.5.1 和定理 10.5.9, 有下述

推论 10.5.13 P 为具有性质 DINT 的 **dcpo**, $\omega(P)$ 是连续格, 则下述各条件等价:

(1) P 是拟连续 domain;

(2) 存在 P 上的拓扑 $\alpha \subseteq \lambda(P)$ 使 $(P, \alpha, \leqslant)$ 是紧 pospace;

(3) 存在 P 上的拓扑 $\alpha \subseteq \lambda(P)$ 使 $(P, \alpha, \leqslant)$ 是 pospace;

(4) 存在 P 上的序相容的 d-拓扑 τ (即 $\upsilon(P) \subseteq \tau \subseteq \sigma(P)$) 使 $(P, \omega(P) \vee \tau, \leqslant)$ 是紧 pospace;

(5) 存在 P 上的序相容的 d-拓扑 τ (即 $\upsilon(P) \subseteq \tau \subseteq \sigma(P)$) 使 $(P, \omega(P) \vee \tau, \leqslant)$ 是 pospace.

注 10.5.14 (1) 从 Lawson 定理及一系列相关的结果可以看出, DINT 性质与 Lawson 拓扑的紧性有着密切关系, 并在研究 Lawson 拓扑的紧 T_2 性 (或等价地, 紧 pospace 性) 具有重要应用. 或者可以说, DINT 性质就是为这些目的而引入的, 尤其是对拟连续 domain 情形.

(2) 由引理 10.2.45 (或引理 10.2.45′), 性质 R 与 Lawson 拓扑的紧性也有着密切联系.

注意到 $\lambda(P) = \omega(P) \vee \sigma(P)$, 且当 P 是具有 DINT 的 **dcpo** 和 $(P, \lambda(P), \leqslant)$ 是紧 pospace 时, $\omega(P) = \lambda(P)_-$ 和 $\sigma(P) = \lambda(P)_+$ 是 Groot 对偶的. 基于 Scott 拓扑, 定理 10.5.1 给出了拟连续 domain 的 Lawson 拓扑之紧性的刻画, 下面基于下拓扑给出相应的刻画.

定理 10.5.15 设 P 是拟连续 domain, 则下述各条件等价:

(1) $(P, \lambda(P), \leqslant)$ 是紧 pospace;

(2) $(P, \lambda(P))$ 是紧的;

(3) P 具有性质 DINT;

(4) $(P,\omega(P))$ 和 $(P,\sigma(P))$ 都是稳定紧的, $\omega(P)^d=\sigma(P),\sigma(P)^d=\omega(P)$;

(5) $(P,\omega(P))$ 是稳定紧的, $\omega(P)^d=\sigma(P)$;

(6) $(P,\omega(P))$ 是稳定紧的, P 具有性质 R;

(7) $\omega(P)$ 是 sober 的和连续的, P 具有性质 R;

(8) $\omega(P)$ 是 sober 的, P 具有性质 R;

(9) $\omega(P)$ 是 sober 的, P 具有性质 WDINT.

证明 (1) $\Leftrightarrow$ (2) $\Leftrightarrow$ (3): 由定理 10.5.1.

(1) $\Rightarrow$ (4): 由定理 10.5.1, $\lambda(P)_-=\omega(P),\lambda(P)_+=\sigma(P)$. 由定理 10.1.8, $(P,\lambda(P)_+)$ 和 $(P,\lambda(P)_-)$ 是稳定紧的, 且 $\lambda(P)_+$ 和 $\lambda(P)_-$ 是 Groot 对偶的. 所以 $(P,\omega(P))$ 和 $(P,\sigma(P))$ 都是稳定紧的, $\omega(P)^d=\sigma(P),\sigma(P)^d=\omega(P)$.

(4) $\Rightarrow$ (5): 显然.

(5) $\Rightarrow$ (6): 设 C 是 ω-紧饱和集, 则由 $\omega(P)^d=\sigma(P)$ (或由引理 10.2.18), C 在 P 中是 Scott 闭的. 另一方面, 若 C 是 P 中的 Scott 闭集 (C 可以是 P), 则由 $\omega(P)^d=\sigma(P)$ 和 $(P,\omega(P))$ 是紧的, $\exists\{K_i:i\in I\}\subseteq Q((P,\omega(P)))$ 使 $C=\bigcap\limits_{i\in I}K_i$. $\forall S\in I^{(<\omega)}$, 由 $(P,\omega(P))$ 是凝聚的, $K_S=\bigcap\limits_{i\in S}K_i$ 是 ω-紧饱和集. 显然 $\{K_S:S\in I^{(<\omega)}\}$ 是 $Q((P,\omega(P)))$ 中的定向族, 从而由 $(P,\omega(P))$ 是 sober 的和推论 4.7.7, $C=\bigcap\limits_{i\in I}K_i=\bigcap\limits_{S\in I^{(<\omega)}}K_S$ 是 ω-紧饱和集. 故 P 的 ω-紧饱和集恰好就是 P 的 Scott 闭集. 由定理 10.2.24, P 具有性质 R.

(6) $\Rightarrow$ (7): 显然.

(7) $\Rightarrow$ (8): 显然.

(8) $\Rightarrow$ (1): 由 P 具有性质 R 和推论 10.2.25, $(P,\omega(P))$ 是紧的和凝聚的, $\omega(P)^d=\sigma(P)$. 由假设, $(P,\omega(P))$ 是 sober 的和连续的; 从而由引理 4.3.4, $(P,\omega(P))$ 是局部紧的. 故 $(P,\omega(P))$ 是稳定紧的; 从而由定理 10.1.9, $(P,\omega(P)\vee\omega(P)^d,\leqslant^{\mathrm{op}})=(P,\lambda(P),\leqslant^{\mathrm{op}})$ 是紧 pospace; 从而 $(P,\lambda(P),\leqslant)$ 是紧 pospace.

(3) $\Rightarrow$ (9): 由 (3) 与 (8) 的等价性.

(9) $\Rightarrow$ (3): 由推论 10.3.20.

推论 10.5.16 设 P 是具有性质 DINT 的 **dcpo**, 则下述各条件等价:

(1) 拟连续 domain;

(2) $(P,\lambda(P),\leqslant)$ 是紧 pospace;

(3) $(P,\lambda(P))$ 是紧 T_2 空间;

(4) $(P,\omega(P))$ 和 $(P,\sigma(P))$ 都是稳定紧的, $\omega(P)^d=\sigma(P),\sigma(P)^d=\omega(P)$;

(5) $(P,\omega(P))$ 是稳定紧的, $\omega(P)^d=\sigma(P)$;

(6) $(P,\omega(P))$ 是稳定紧的;

(7) $(P, \omega(P))$ 是局部紧的;

(8) $\omega(P)$ 是连续的;

(9) $(P, \sigma(P))$ 是稳定紧的, $\sigma(P)^d = \omega(P)$;

(10) $(P, \sigma(P))$ 是稳定紧的, P 中的 Scott 紧饱和集是 ω-闭集;

(11) $\sigma(P)$ 是 sober 的和连续的, P 中的 Scott 紧饱和集恰好是 ω-闭集;

(12) $\sigma(P)$ 是 sober 的和连续的, P 中的 Scott 紧饱和集是 ω-闭集;

(13) $(P, \sigma(P))$ 是局部紧的, P 中的 Scott 紧饱和集恰好是 ω-闭集;

(14) $(P, \sigma(P))$ 是局部紧的, P 中的 Scott 紧饱和集是 ω-闭集.

证明 (1) $\Leftrightarrow$ (2): 由推论 10.5.10.

(2) $\Leftrightarrow$ (3): 由推论 10.2.25.

(1) $\Rightarrow$ (4): 由定理 10.5.15.

(4) $\Rightarrow$ (5) $\Rightarrow$ (6) $\Rightarrow$ (7): 显然.

(7) $\Rightarrow$ (8): 由引理 4.3.4.

(8) $\Rightarrow$ (1): 由推论 10.2.57.

由 (1)—(8) 等价和 P 是具有性质 DINT 的 **dcpo** 知, 在 (1) 和 (9)—(14) 中, (1) 是最强的, (14) 是最弱的. 故只需再证 (14) $\Rightarrow$ (1).

(14) $\Rightarrow$ (1): $\forall x \in P, U \in \sigma(P), x \in U$, 由 $(P, \sigma(P))$ 是局部紧的, 存在 Scott 紧集 K 使 $x \in \mathrm{int}_{\sigma(P)} \uparrow K \subseteq \uparrow K \subseteq U$. 由 P 中的 Scott 紧饱和集是 ω-闭集和 P 是具有性质 DINT, 存在定向族 $\{\uparrow F_i : i \in I\} \subseteq \mathbf{Fin}P$ 使 $\uparrow K = \bigcap\limits_{i \in I} \uparrow F_i \subseteq U$. 由推论 3.2.2, $\exists i \in I$ 使 $\uparrow F_i \subseteq U$; 从而 $x \in \mathrm{int}_{\sigma(P)} \uparrow F_i \subseteq \uparrow F_i \subseteq U$. 由定理 3.1.4 (或推论 5.1.21), P 拟连续 domain.

问题 10.5.17 在推论 10.5.16 中, (11) 和 (12) 中的条件 "$\sigma(P)$ 是 sober 的" 去掉后, 相应的结论是否仍成立?

关于上述问题, 读者可以参看问题 10.4.18. 由命题 10.2.12、推论 10.2.48、推论 10.4.17 和推论 10.5.16, 有下述

推论 10.5.18 设 P 为具有性质 M 的 **dcpo**, 则下述各条件等价:

(1) 拟连续 domain;

(2) $(P, \lambda(P), \leqslant)$ 是紧 pospace;

(3) $(P, \lambda(P))$ 是 T_2 的;

(4) $(P, \omega(P))$ 和 $(P, \sigma(P))$ 都是稳定紧的, $\omega(P)^d = \sigma(P), \sigma(P)^d = \omega(P)$;

(5) $(P, \omega(P))$ 是稳定紧的, $\omega(P)^d = \sigma(P)$;

(6) $(P, \omega(P))$ 是稳定紧的;

(7) $(P, \omega(P))$ 是局部紧的;

(8) $\omega(P)$ 是连续的;

(9) $(P,\sigma(P))$ 是稳定紧的, $\sigma(P)^d=\omega(P)$;

(10) $(P,\sigma(P))$ 是稳定紧的, P 中的 Scott 紧饱和集是 ω-闭集;

(11) $\sigma(P)$ 是连续的, P 中的 Scott 紧饱和集恰好是 ω-闭集;

(12) $\sigma(P)$ 是连续的, P 中的 Scott 紧饱和集是 ω-闭集;

(13) $(P,\sigma(P))$ 是局部紧的, P 中的 Scott 紧饱和集恰好是 ω-闭集;

(14) $(P,\sigma(P))$ 是局部紧的, P 中的 Scott 紧饱和集是 ω-闭集.

注 10.5.19 推论 10.5.18 中 (1), (6) 和 (7) 的等价性是由文献 [419] 给出的. 基于 "**dcpo** P 具有性质 WDINT$+\omega(P)$ 的连续性 $\Rightarrow P$ 是连续 domain (见推论 10.2.57)", 我们给出了蕴涵关系 "(7) $\Rightarrow$ (1)" 的一个较为简洁的证明 (将性质 M 减弱为了性质 WDINT). 当然我们也可以利用推论 10.2.30、推论 10.3.12、引理 4.3.4、定理 10.1.9 和 Lawson 定理, 得到 "(7) $\Rightarrow$ (1)" 的另一个证明.

沿用文献 [419] 的思路, 下面我们给出推论 10.2.57 中主要结论的另一个证明 (第三个不同的证明).

定理 10.5.20 设偏序集 P 是具有性质 WDINT 的 **dcpo**, 则下述两个条件等价:

(1) P 是拟连续的;

(2) $\omega(P)$ 是连续格.

证明 (1) $\Rightarrow$ (2): 设 $U\in\omega(P), x\in U$. 若 $U=P$, 且 $\forall y\in P, x\notin P\backslash\uparrow y$, 则 x 是 P 中的最大元, 从而有 $x\in P\ll_{\omega(P)}P$. 若 $U=P$ 且 $\exists y\in P$ 使 $x\in P\backslash\uparrow y$ 或 $U\neq P$, 则 $\exists\{y_1,y_2,\cdots,y_n\}\in P^{(<\omega)}$ 使 $x\in P\backslash\uparrow\{y_1,y_2,\cdots,y_n\}\subseteq U$. $\forall i\in\{1,2,\cdots,n\}$, 由 P 是拟连续的和定理 3.1.4 (或推论 5.1.21), $\exists F_i\in P^{(<\omega)}$ 使 $y_i\in \mathrm{int}_{\sigma(P)}\uparrow F_i\subseteq\uparrow F_i\subseteq P\backslash\downarrow x$; 因而 $\{y_1,y_2,\cdots,y_n\}\subseteq\bigcup\limits_{i=1}^{n}\mathrm{int}_{\sigma(P)}\uparrow F_i$ $\subseteq\mathrm{int}_{\sigma(P)}\bigcup\limits_{i=1}^{n}\uparrow F_i\subseteq\bigcup\limits_{i=1}^{n}\uparrow F_i\subseteq P\backslash\downarrow x$. 令 $F=\bigcup\limits_{i=1}^{n}F_i$. 则 $F\in P^{(<\omega)}$, 且 $x\in P\backslash\uparrow F\subseteq P\backslash\mathrm{int}_{\sigma(P)}\uparrow F\subseteq P\backslash\uparrow\{y_1,y_2,\cdots,y_n\}\subseteq U$. 由推论 3.1.5, $\sigma(P)$ 是 sober 的; 从而由 P 是具有性质 WDINT 的 **dcpo** 和推论 10.2.29, $P\backslash\mathrm{int}_{\sigma(P)}\uparrow F$ 是 $(P,\omega(P))$ 中的紧饱和集. 故 $x\in P\backslash\uparrow F\ll_{\omega(P)}U$. 所以 $\omega(P)$ 是连续格.

(2) $\Rightarrow$ (1): 设 $x\in P, U\in\sigma(P), x\in U$. 记 $\mathcal{F}_x=\{\uparrow F\in\mathbf{Fin}P: P\backslash\uparrow F\ll_{\omega(P)}P\backslash\uparrow x\}$.

1° $\mathcal{F}_x\neq\varnothing$.

若 $P\backslash\uparrow x=\varnothing$, 即 x 是 P 中的最小元 0, 则 $\uparrow 0\in\mathcal{F}_x$. 若 $P\backslash\uparrow x\neq\varnothing$, 任取 $u\in P\backslash\uparrow x\in\omega(P)$. 则由 $\omega(P)$ 是连续格, $\exists U\in\omega(P)$ 使 $u\in U\ll_{\omega(P)}P\backslash\uparrow x$. 任取 $\uparrow H\in\mathbf{Fin}P$ 使 $u\in P\backslash\uparrow H\subseteq U$. 则 $u\in P\backslash\uparrow H\ll_{\omega(P)}P\backslash\uparrow x$. 从而 $\uparrow H\in\mathcal{F}_x$.

2° $\mathcal{F}_x$ 是定向的.

设 $\uparrow F_1, \uparrow F_2 \in \mathcal{F}_x$, 则 $P\backslash\uparrow F_1 \ll_{\omega(P)} P\backslash\uparrow x, P\backslash\uparrow F_2 \ll_{\omega(P)} P\backslash\uparrow x$, 从而 $(P\backslash\uparrow F_1)\cup(P\backslash\uparrow F_2) = P\backslash\uparrow F_1\cap\uparrow F_2 \ll_{\omega(P)} P\backslash\uparrow x$. 若 $P\backslash\uparrow F_1\cap\uparrow F_2 = \varnothing$, 则 $P = \uparrow F_1 = \uparrow F_2$. 令 $\uparrow F_3 = \uparrow F_1$, 则 $\uparrow F_3 \in \mathcal{F}_x, \uparrow F_3 \subseteq \uparrow F_1\cap\uparrow F_2$. 若 $P\backslash\uparrow F_1\cap\uparrow F_2 \neq \varnothing$, 则由 $\omega(P)$ 是连续格和定理 2.1.9, $\exists V \in \omega(P)$ 使 $P\backslash\uparrow F_1\cap\uparrow F_2 \ll_{\omega(P)} V \ll_{\omega(P)} P\backslash\uparrow x$. 由 $\varnothing \neq P\backslash\uparrow F_1\cap\uparrow F_2 \subseteq V \subseteq P\backslash\uparrow x$, 知 $V \in \omega(P)\backslash\{P,\varnothing\}$; 从而由 P 具有性质 WDINT, 存在定向族 $\{\uparrow G_j \in \mathbf{Fin}P : j \in J\}$ 使 $P\backslash V = \bigcap\limits_{j\in J}\uparrow G_j$, 即 $V = \bigcup\limits_{j\in J}(P\backslash\uparrow G_j)$. 由 $\{P\backslash\uparrow G_j : j \in J\} \subseteq \omega(P)$ 是定向族和 $P\backslash\uparrow F_1\cap\uparrow F_2 \ll_{\omega(P)} V, \exists j \in J$ 使 $P\backslash\uparrow F_1\cap\uparrow F_2 \subseteq P\backslash\uparrow G_j \subseteq V \ll_{\omega(P)} P\backslash\uparrow x$. 令 $\uparrow F_3 = \uparrow G_j$, 则 $\uparrow F_3 \in \mathcal{F}, \uparrow F_3 \subseteq \uparrow F_1\cap\uparrow F_2$.

3° $\uparrow x = \cap\mathcal{F}_x$.

$\forall \uparrow F \in \mathbf{Fin}P, P\backslash\uparrow F \ll_{\omega(P)} P\backslash\uparrow x \Rightarrow P\backslash\uparrow F \subseteq P\backslash\uparrow x \Rightarrow \uparrow F \supseteq \uparrow x$. 故 $\uparrow x \subseteq \cap\mathcal{F}_x$. 另一方面, 若 $y \notin \uparrow x$, 则 $y \in P\backslash\uparrow x \in \omega(P)$, 由 1° 的证明知, $\exists \uparrow F_y \in \mathbf{Fin}P$ 使 $y \in P\backslash\uparrow F_y \ll_{\omega(P)} P\backslash\uparrow x$; 从而 $\uparrow F_y \in \mathcal{F}_x, y \notin \uparrow F_y$. 故 $\uparrow x = \cap\mathcal{F}_x$.

由 3°, 有 $\uparrow x = \cap\mathcal{F}_x \subseteq U \in \sigma(P)$; 从而由 2° 和推论 3.2.2, $\exists \uparrow G \in \mathcal{F}_x$ 使 $\uparrow x \subseteq \uparrow G \subseteq U$. 由 $\uparrow G \in \mathcal{F}_x$, 有 $P\backslash\uparrow G \ll_{\omega(P)} P\backslash\uparrow x$. 由推论 10.2.53, $x \in \mathrm{int}_{\sigma(P)}\uparrow G \subseteq \uparrow G \subseteq U$. 由定理 3.1.4 (或推论 5.1.21), P 是拟连续 domain.

注 10.5.21 定理 10.5.20 之 (2) $\Rightarrow$ (1) 的证明可以借助推论 10.2.53 "翻译"成下面更为熟悉的形式.

证明 (2) $\Rightarrow$ (1): 设 $x \in P, U \in \sigma(P), x \in U$. 记 $\mathcal{F}_x = \{\uparrow F \in \mathbf{Fin}P : x \in \mathrm{int}_{\sigma(P)}\uparrow F\}$.

1° $\mathcal{F}_x \neq \varnothing$.

若 $P\backslash\uparrow x = \varnothing$, 即 x 是 P 中的最小元 0, 则 $\uparrow 0 \in \mathcal{F}_x$. 若 $P\backslash\uparrow x \neq \varnothing$, 任取 $u \in P\backslash\uparrow x \in \omega(P)$. 则由 $\omega(P)$ 是连续格, $\exists U \in \omega(P)$ 使 $u \in U \ll_{\omega(P)} P\backslash\uparrow x$. 任取 $\uparrow H \in \mathbf{Fin}P$ 使 $u \in P\backslash\uparrow H \subseteq U$. 则 $u \in P\backslash\uparrow H \ll_{\omega(P)} P\backslash\uparrow x$. 由推论 10.2.53, $x \in \mathrm{int}_{\sigma(P)}\uparrow H$. 故 $\uparrow H \in \mathcal{F}_x$.

2° $\mathcal{F}_x$ 是定向的.

设 $\uparrow F_1, \uparrow F_2 \in \mathcal{F}_x$, 则 $x \in \mathrm{int}_{\sigma(P)}\uparrow F_1 \cap \mathrm{int}_{\sigma(P)}\uparrow F_2 = \mathrm{int}_{\sigma(P)}(\uparrow F_1\cap\uparrow F_2)$; 从而由推论 10.2.53, $P\backslash\uparrow F_1\cap\uparrow F_2 \ll_{\omega(P)} P\backslash\uparrow x$. 若 $P\backslash\uparrow F_1\cap\uparrow F_2 = \varnothing$, 则 $P = \uparrow F_1 = \uparrow F_2$. 令 $\uparrow F_3 = \uparrow F_1$, 则 $\uparrow F_3 \in \mathcal{F}_x, \uparrow F_3 \subseteq \uparrow F_1\cap\uparrow F_2$. 若 $P\backslash\uparrow F_1\cap\uparrow F_2 \neq \varnothing$, 则由 $\omega(P)$ 是连续格和定理 2.1.9, $\exists V \in \omega(P)$ 使 $P\backslash\uparrow F_1\cap\uparrow F_2 \ll_{\omega(P)} V \ll_{\omega(P)} P\backslash\uparrow x$. 由 $\varnothing \neq P\backslash\uparrow F_1\cap\uparrow F_2 \subseteq V \subseteq P\backslash\uparrow x$, 知 $V \in \omega(P)\backslash\{P,\varnothing\}$; 从而由 P 具有性质 WDINT, 存在定向族 $\{\uparrow G_j \in \mathbf{Fin}P : j \in J\}$ 使

$P\backslash V=\bigcap_{j\in J}\uparrow G_j$, 即 $V=\bigcup_{j\in J}(P\backslash\uparrow G_j)$. 由 $\{P\backslash\uparrow G_j:j\in J\}\subseteq\omega(P)$ 是定向族和 $P\backslash\uparrow F_1\cap\uparrow F_2\ll_{\omega(P)}V,\exists j\in J$ 使 $P\backslash\uparrow F_1\cap\uparrow F_2\subseteq P\backslash\uparrow G_j\subseteq V\ll_{\omega(P)}P\backslash\uparrow x$. 令 $\uparrow F_3=\uparrow G_j$, 则由推论 10.2.53, $x\in\mathrm{int}_{\sigma(P)}\uparrow F_3$. 所以 $\uparrow F_3\in\mathcal{F}_x$, 且 $\uparrow F_3\subseteq\uparrow F_1\cap\uparrow F_2$.

3° $\uparrow x=\cap\mathcal{F}_x$.

显然, $\uparrow x\subseteq\cap\mathcal{F}_x$. 另一方面, 若 $y\in P\backslash\uparrow x$, 则由 $\omega(P)$ 是连续格, $\exists\uparrow F_y\in\mathbf{Fin}P\in\omega(P)$ 使 $y\in P\backslash\uparrow F_y\ll_{\omega(P)}P\backslash\uparrow x$. 由推论 10.2.53, $\uparrow F_y\in\mathcal{F}_x$. 故 $y\notin\cap\mathcal{F}_x$. 所以 $\uparrow x=\cap\mathcal{F}_x$.

由 3°, 有 $\uparrow x=\cap\mathcal{F}_x\subseteq U\in\sigma(P)$; 从而由 2° 和推论 3.2.2, $\exists\uparrow G\in\mathcal{F}_x$ 使 $\uparrow G\subseteq U$; 从而有 $x\in\mathrm{int}_{\sigma(P)}\uparrow G\subseteq\uparrow G\subseteq U$. 由定理 3.1.4 (或推论 5.1.21), P 是拟连续 domain.

由命题 1.2.11、命题 3.1.7、定理 10.4.1 和推论 10.5.18, 有下述

推论 10.5.22 设 L 是完备格, 则下述各条件等价:

(1) L 是拟连续格;

(2) $(L,\lambda(L),\leqslant)$ 是紧 pospace;

(3) $(L,\lambda(L))$ 是 T_2 的;

(4) $(L,\omega(L))$ 和 $(L,\sigma(L))$ 都是稳定紧的, $\omega(L)$ 和 $\sigma(L)$ 是 Groot 对偶的;

(5) $(P,\omega(P))$ 是稳定紧的, $\omega(P)^d=\sigma(P)$;

(6) $(L,\omega(L))$ 是稳定紧的;

(7) $(L,\omega(L))$ 是局部紧的;

(8) $\omega(L)$ 是连续的;

(9) $(L,\sigma(L))$ 是稳定紧的, $\sigma(L)^d=\omega(L)$;

(10) $(L,\sigma(L))$ 是稳定紧的, L 中的 Scott 紧饱和集是 ω-闭集 (即 $\sigma(L)^d=\omega(L)$);

(11) $(L,\sigma(L))$ 是局部紧的, L 中的 Scott 紧饱和集是 ω-闭集;

(12) $\sigma(L)$ 是连续的, L 中的 Scott 紧饱和集是 ω-闭集.

注 10.5.23 推论 10.5.22 中的条件 (9) 与 (10) (因而推论 10.5.16 和推论 10.5.18 中的条件 (9) 与 (10)) 不能减弱为 "$(L,\sigma(L))$ 是稳定紧的". 事实上, 由文献 [99, VI-4] (尤其是文献 [91, Theorem VI-4.5]), 存在有单位元 (即最大元) 的紧 T_2 拓扑交半格 W,W 没有由子半格构成的基 (注意, 这里所说的基是文献 [99, Definition 0-5.8] 意义下的, 即基中的元不一定都是开集. 易知, 拓扑空间 (X,τ) 中的集族 $\mathcal{B}$ 是文献 [99, Definition 0-5.8] 意义下的基当且仅当 $\{\mathrm{int}_\tau B:B\in\mathcal{B}\}$ 是通常意义下的基). 由文献 [99, Proposition VI-1.13, Theorem VI-3.4, Proposition VI-6.25, Theorem VII-4.4], W 是交连续的完备格, $(W,\sigma(W))$ 是稳定紧的, W 上

的拓扑是 $\sigma(W)$ 的 patch 拓扑 (即 $\sigma(W)\vee\sigma(W)^d$), W 不是连续格, 从而由推论 3.5.14, W 不是拟连续格. 进一步, 由定理 10.1.9 和推论 10.5.22, $(W,\sigma(W)^{\#}=\sigma(W)\vee\sigma(W)^d)$ 是紧 pospace, $(W,\lambda(W))$ 不是紧 pospace (即不是 T_2 的), $\sigma(W)^{\#}$ 严格细于 Lawson 拓扑 (即 $\lambda(W)\subseteq\sigma(W)^{\#}$, 但 $\lambda(W)\neq\sigma(W)^{\#}$), 或等价地, $(\sigma(W)^{\#})_-$ 严格细于下拓扑 $\omega(W)$ (比较引理 10.5.2 和定理 10.5.9).

10.6　下拓扑与对偶拓扑

本节中的拓扑空间均假定是 T_0 的. 下面我们考虑如下问题: 对拓扑空间 $(X,\tau), P=(X,\leqslant_\tau)$, 何时有 $\tau^d=\omega(P)$? 特别地, 何时有 $\sigma(P)^d=\omega(P)$?

引理 10.6.1　设 (X,τ) 是拓扑空间, $P=(X,\leqslant_\tau)$. 考虑下述各条件:

(1) $Q(X)=Q_h(X)$, 即 (X,τ) 中的紧饱和集是超紧的;

(2) (X,τ) 中的紧子集是超紧的;

(3) $\tau^d=\omega(P)$.

则 (1) $\Leftrightarrow$ (2) $\Rightarrow$ (3). 若 (X,τ) 具有 Rudin 性质, P 具有性质 DINT (特别地, 具有性质 M), 则 (1)—(3) 全部等价.

证明 (1) $\Rightarrow$ (2): 设 K 是紧子集, 则 $\uparrow K$ 是紧子集, 从而由 (1), $\uparrow K$ 是超紧的. 故 K 是超紧的.

(2) $\Rightarrow$ (1): 显然.

(1) $\Rightarrow$ (3): $\forall F\in P^{(<\omega)},\uparrow F$ 显然是 (X,τ) 中的紧饱和集. 故 $\tau^d\supseteq\omega(P)$. 另一方面, 设 K 是 (X,τ) 中的紧饱和集, 则由 (1), K 在 (X,τ) 中是超紧的; 从而 $K=\cap\{V\in\tau: K\subseteq V\}=\cap\{\uparrow F\in \mathbf{Fin}P: K\subseteq\uparrow F\}\in\omega(P)^c$. 故 $\tau^d=\omega(P)$.

(3) $\Rightarrow$ (1): 设 K 是 (X,τ) 中的紧饱和集, 则由 $\tau^d=\omega(P)$ 和 P 具有性质 DINT, 存在定向族 $\{\uparrow F_i\in\mathbf{Fin}P: i\in I\}$ 使 $K=\bigcap\limits_{i\in I}\uparrow F_i$. 下证 K 是超紧的. 设 $U\in\tau, K\subseteq U$. 由 (X,τ) 具有 Rudin 性质, $\exists i\in I$ 使 $\uparrow F_i\subseteq U$; 从而 $K\subseteq\uparrow F_i\subseteq U$. 所以 K 是超紧的.

显然, 推论 10.2.8 和推论 10.2.9 可以作为引理 10.6.1 的直接推论.

引理 10.6.2　设 (X,τ) 是拓扑空间, $P=(X,\leqslant_\tau)$. 考虑下述两个条件:

(1) τ 是超连续格, 即 (X,τ) 是局部超紧的;

(2) (X,τ) 是局部紧的, $\tau^d=\omega(P)$.

则 (1) $\Rightarrow$ (2), 因而 (1) 成立时, 有 $\tau^{\#}=\lambda_\tau(P)=\omega(P)\vee\tau$. 若 (X,τ) 具有 Rudin 性质, P 具有性质 DINT (特别地, P 具有性质 M), 则 (1) 与 (2) 等价.

证明　(1) $\Rightarrow$ (2): 设 τ 是超连续格, 则由定理 5.1.9, (X,τ) 是局部超紧的, 从而 (X,τ) 是局部紧的. 下证 $\tau^d=\omega(P)$. 显然, $\omega(P)\subseteq\tau^d$. 另一方面, 设 K

是 (X,τ) 中的紧饱和集, 则由定理 5.1.9, $K=\cap\mathcal{F}_\delta(K)=\cap\{\uparrow F\in\mathbf{Fin}P:K\subseteq \mathrm{int}_\tau\uparrow F\}\in\omega(P)^c$. 故 $\tau^d\subseteq\omega(P)$. 所以 $\tau^d=\omega(P)$.

(2) $\Rightarrow$ (1): 设 (X,τ) 是局部紧的, $\tau^d=\omega(P), P=(X,\leqslant_\tau)$ 具有性质 DINT. 下证 τ 是超连续格. 设 $x\in X, U\in\tau, x\in U$. 由 (X,τ) 是局部紧空间, $\exists K\in Q(X)$ 使 $x\in\mathrm{int}_\tau K\subseteq K\subseteq U$. 由 $\tau^d=\omega(P)$ 和 P 具有性质 DINT, 存在定向族 $\{\uparrow F_i\in\mathbf{Fin}P:i\in I\}$ 使 $K=\bigcap\limits_{i\in I}\uparrow F_i$. 由 (X,τ) 具有 Rudin 性质, $\exists i\in I$ 使 $\uparrow F_i\subseteq U$; 从而 $x\in\mathrm{int}_\tau\uparrow F_i\subseteq\uparrow F_i\subseteq U$. 由定理 5.1.9, τ 是超连续格.

引理 10.6.3 设 (X,τ) 是拓扑空间, $P=(X,\leqslant_\tau)$. 考虑下述各条件:

(1) τ 是超代数格, 即 (X,τ) 是超局部紧的;

(2) (X,τ) 中的紧开集全体是 τ 的一个基, $\tau^d=\omega(P)$;

(3) τ 是代数格, $\tau^d=\omega(P)$.

则 (1) $\Rightarrow$ (2) $\Leftrightarrow$ (3), 因而 (1) 成立时, 有 $\tau^\#=\lambda_\tau(P)=\omega(P)\vee\tau$. 若 (X,τ) 具有 Rudin 性质, P 具有性质 DINT (特别地, P 具有性质 M), 则 (1)—(3) 等价.

证明 (2) $\Leftrightarrow$ (3): 由引理 4.3.5.

(1) $\Rightarrow$ (2): 设 τ 是超代数格, 则由定理 5.1.15, $\{\uparrow_\delta F\in\mathbf{Fin}P:\mathrm{int}_\delta\uparrow_\delta F=\uparrow_\delta F\}$ 是 τ 的一个基; 从而 (X,τ) 中的紧开集全体是 τ 的一个基. 由引理 10.6.2, 有 $\tau^d=\omega(P)$.

(2) $\Rightarrow$ (1): 设 (X,τ) 中的紧开集全体是 τ 的一个基, (X,τ) 具有 Rudin 性质 $\tau^d=\omega(P), P=(X,\leqslant_\tau)$ 具有性质 DINT. 下证 τ 是超代数格. 设 $x\in X, U\in\tau, x\in U$. 由 (X,τ) 中的紧开集全体是 τ 的一个基, $\exists K\in Q(X)$ 使 $x\in\mathrm{int}_\tau K=K\subseteq U$. 由 $\tau^d=\omega(P)$ 和 P 具有性质 DINT, 存在定向族 $\{\uparrow F_i\in\mathbf{Fin}P:i\in I\}$ 使 $K=\bigcap\limits_{i\in I}\uparrow F_i$. 由 (X,τ) 具有 Rudin 性质, $\exists i\in I$ 使 $\uparrow F_i\subseteq K$; 从而 $K=\uparrow F_i, x\in\mathrm{int}_\tau\uparrow F_i=\uparrow F_i\subseteq U$. 由定理 5.1.15, τ 是超代数格.

由命题 3.3.6, 上述三个引理可以分别等价表述为下述三个形式.

引理 10.6.1* 设 P 为偏序集, τ 是 P 上的序相容拓扑 (即 $\upsilon(P)\subseteq\tau\subseteq\mathbf{up}(P)$). 考虑下述各条件:

(1) $Q((P,\tau))=Q_h((P,\tau))$, 即 (P,τ) 中的紧饱和集是超紧的;

(2) (P,τ) 中的紧子集是超紧的;

(3) $\tau^d=\omega(P)$.

则 (1) $\Leftrightarrow$ (2) $\Rightarrow$ (3), 因而 (1) 成立时, 有 $\tau^\#=\lambda_\tau(P)=\omega(P)\vee\tau$. 若 $\tau\subseteq\sigma(P), P$ 为具有性质 DINT (特别地, P 为具有性质 M) 的 **dcpo**, 则 (1)—(3) 全部等价.

引理 10.6.2* 设 P 为偏序集, τ 是 P 上的序相容拓扑 (即 $\upsilon(P)\subseteq\tau\subseteq\mathbf{up}(P)$). 考虑下述两个条件:

(1) τ 是超连续格;

(2) (P,τ) 是局部紧的, $\tau^d=\omega(P)$.

则 (1) ⇒ (2), 因而 (1) 成立时, 有 $\tau^{\#}=\lambda_\tau(P)=\omega(P)\vee\tau$. 若 $\tau\subseteq\sigma(P)$, P 为具有性质 DINT (特别地, P 为具有性质 M) 的 **dcpo**, 则 (1) 与 (2) 等价.

引理 10.6.3* 设 P 为偏序集, τ 是 P 上的序相容拓扑 (即 $\upsilon(P)\subseteq\tau\subseteq\mathbf{up}(P)$). 考虑下述各条件:

(1) (P,τ) 是超局部紧的, 即 τ 是超代数格;

(2) (P,τ) 中的紧开集全体是 τ 的一个基, $\tau^d=\omega(P)$;

(3) τ 是代数格, $\tau^d=\omega(P)$.

则 (1) ⇒ (2) ⇔ (3), 因而 (1) 成立时, 有 $\tau^{\#}=\lambda_\tau(P)=\omega(P)\vee\tau$. 若 $\tau\subseteq\sigma(P)$, P 为具有性质 DINT (特别地, P 为具有性质 M) 的 **dcpo**, 则 (1)—(3) 等价.

由推论 4.6.4、引理 10.6.1—引理 10.6.3, 有下述三个推论.

推论 10.6.4 设 (X,τ) 是拓扑空间, $P=(X,\leqslant_\tau)$. 考虑下述各条件:

(1) $Q(X)=Q_h(X)$, 即 (X,τ) 中的紧饱和集是超紧的;

(2) (X,τ) 中的紧子集是超紧的;

(3) $\tau^d=\omega(P)$,

则 (1) ⇔ (2) ⇒ (3), 因而 (1) 成立时, 有 $\tau^{\#}=\lambda_\tau(P)=\omega(P)\vee\tau$. 若 (X,τ) 为 sober 的, P 具有性质 DINT (特别地, P 具有性质 M), 则 (1)—(3) 全部等价.

推论 10.6.5 设 (X,τ) 是拓扑空间, $P=(X,\leqslant_\tau)$. 考虑下述两个条件:

(1) τ 是超连续格, 即 (X,τ) 是局部超紧的;

(2) (X,τ) 是局部紧的, $\tau^d=\omega(P)$,

则 (1) ⇒ (2), 因而 (1) 成立时, 有 $\tau^{\#}=\lambda_\tau(P)=\omega(P)\vee\tau$. 若 (X,τ) 为 sober 的, P 具有性质 DINT (特别地, P 具有性质 M), 则 (1) 与 (2) 等价.

推论 10.6.6 设 (X,τ) 是拓扑空间, $P=(X,\leqslant_\tau)$. 考虑下述两个条件:

(1) (X,τ) 是超局部紧的, 即 τ 是超代数格;

(2) (X,τ) 中的紧开集全体是 τ 的一个基, $\tau^d=\omega(P)$;

(3) τ 是代数格, $\tau^d=\omega(P)$.

则 (1) ⇒ (2) ⇔ (3), 因而 (1) 成立时, 有 $\tau^{\#}=\lambda_\tau(P)=\omega(P)\vee\tau$. 若 (X,τ) 为 sober 的, P 具有性质 DINT (特别地, P 具有性质 M), 则 (1)—(3) 等价.

由推论 5.1.21 和引理 10.6.2*, 有下述

推论 10.6.7 设 P 是偏序集, 考虑下述两个条件:

(1) P 是拟连续偏序集;

(2) $(P,\sigma(P))$ 是局部紧的, $\sigma(P)^d=\omega(P)$.

则 (1) ⇒ (2), 因而 (1) 成立时, 有 $\sigma(P)^{\#}=\lambda(P)$. 若 P 是具有性质 DINT (特别地, P 具有性质 M) 的 **dcpo**, 则 (1) 与 (2) 等价.

由推论 5.1.22 和引理 10.6.3*, 有下述

推论 10.6.8 设 P 是偏序集, 考虑下述两个条件:

(1) P 是拟代数偏序集;

(2) $(P,\sigma(P))$ 中的紧开集全体是 $\sigma(P)$ 的一个基, $\sigma(P)^d=\omega(P)$;

(3) $\sigma(P)$ 是代数格, $\sigma(P)^d=\omega(P)$.

则 (1) $\Rightarrow$ (2) $\Leftrightarrow$ (3), 因而 (1) 成立时, 有 $\sigma(P)^{\#}=\lambda(P)$. 若 P 是具有性质 DINT (特别地, P 具有性质 M) 的 **dcpo**, 则 (1)—(3) 等价.

由定理 6.2.10 和引理 10.6.2*, 有下述

推论 10.6.9 设 P 是偏序集, 考虑下述两个条件:

(1) P 是拟超连续偏序集;

(2) $(P,\upsilon(P))$ 是局部紧的, $\upsilon(P)^d=\omega(P)$.

则 (1) $\Rightarrow$ (2), 从而 $\upsilon(P)^{\#}=\theta(P)$. 若 P 是具有性质 DINT (特别地, P 具有性质 M) 的 **dcpo**, 则 (1) 与 (2) 等价.

由定理 6.2.12 和引理 10.6.3*, 有下述

推论 10.6.10 设 P 是偏序集, 考虑下述两个条件:

(1) P 是拟超代数偏序集;

(2) $(P,\upsilon(P))$ 中的紧开集全体是 $\upsilon(P)$ 的一个基, $\upsilon(P)^d=\omega(P)$;

(3) $\upsilon(P)$ 是代数格, $\upsilon(P)^d=\omega(P)$.

则 (1) $\Rightarrow$ (2) $\Leftrightarrow$ (3), 因而 (1) 成立时, 有 $\upsilon(P)^{\#}=\theta(P)$. 若 P 是具有性质 DINT (特别地, P 具有性质 M) 的 **dcpo**, 则 (1)—(3) 等价.

基于引理 10.6.2 (其证明不需要 Lawson 引理和 Lawson 定理), 有别于 Lawson[207] 的原证明, 下面给出 Lawson 定理的一个新证明.

定理 10.6.11 [207] 设偏序集 P 具有性质 DINT, 假设 τ 是 P 上的序相容拓扑 (即 $\upsilon(P)\subseteq\tau\subseteq\mathbf{up}(P)$), $(P,\lambda_\tau(P)=\omega(P)\vee\tau)$ 是紧 pospace. 则

(1) P 是拟连续 domain;

(2) $\lambda_\tau(P)=\lambda(P)$;

(3) $\lambda_\tau(P)_-=\omega(P)=\sigma(P)^d, \lambda_\tau(P)_+=\sigma(P)=\omega(P)^d$;

(4) $(P,\lambda(P),\leqslant)$ 是紧 pospace, 且 $\lambda(P)_-=\omega(P)$;

(5) 若 $(P,\alpha,\leqslant)$ 是紧 pospace, $\alpha_-=\omega(P)$, 则 $\alpha=\lambda(P)$.

证明 1 由 Lawson 引理, $\lambda_\tau(P)_-=\omega(P)$. 由定理 10.1.8, $\lambda_\tau(P)_-$ 和 $\lambda_\tau(P)_+$ 均为稳定紧的, 且是 Groot 对偶的, 即 $\lambda_\tau(P)_-=\omega(P)=\lambda_\tau(P)_+^d, \lambda_\tau(P)_+=\lambda_\tau(P)_-^d=\omega(P)^d$. 由 $\lambda_\tau(P)_+$ 是 sober 的和推论 4.6.6, 有 $\upsilon(P)\subseteq\lambda_\tau(P)_+\subseteq\sigma(P)$; 从而 $\theta(P)\subseteq\lambda_\tau(P)\subseteq\lambda(P)$. 由引理 10.6.2*, $\lambda_\tau(P)_+$ 是超连续格; 从而由定理 5.4.7, $\lambda_\tau(P)_+=\sigma(P)$. 由推论 5.1.21, P 是拟连续 domain, 且 $\lambda_\tau(P)=\lambda(P), \lambda_\tau(P)_-=\omega(P)=\lambda_\tau(P)_+^d=\sigma(P)^d, \sigma(P)=\lambda_\tau(P)_+=\lambda_\tau(P)_-^d=\omega(P)^d$.

由命题 3.1.12 和推论 10.2.49, $(P,\lambda(P),\leqslant)$ 是紧 pospace, 且 $\lambda(P)_- = \lambda_\tau(P)_- = \omega(P)$.

最后, 设 $(P,\alpha,\leqslant)$ 是紧 pospace, $\alpha_- = \omega(P)$. 下证 $\alpha = \lambda(P)$. 由定理 10.1.8, $\alpha_- = \omega(P)$ 和 α_+ 均为稳定紧的, 由 α_+ 是 sober 的和推论 4.6.6, 有 $\alpha_+ \subseteq \sigma(P)$; 从而由定理 10.1.8, $\alpha = \alpha_- \vee \alpha_+ \subseteq \omega(P) \vee \sigma(P) = \lambda(P)$. 由 $\lambda(P)$ 是紧的和引理 1.2.3, $\alpha = \lambda(P)$.

证明 2　由 Lawson 引理, $\lambda_\tau(P)_- = \omega(P)$. 由定理 10.1.8, $\lambda_\tau(P)_- = \omega(P)$ 和 $\lambda_\tau(P)_+$ 是稳定紧的; 从而由推论 4.6.6 和推论 10.2.57 (其证明并没用 Lawson 定理), P 是拟连续 domain, $\upsilon(P) \subseteq \lambda_\tau(P)_+ \subseteq \sigma(P)$ (由 $(P,\lambda_\tau(P) = \omega(P) \vee \tau)$ 是紧 pospace 和引理 10.2.18, 也知 $\lambda_\tau(P)_+ \subseteq \sigma(P)$). 故 $\lambda_\tau(P) \subseteq \lambda(P)$. 由 $\omega(P)$ 是稳定紧的, 知 $\omega(P)$ 是连续格; 从而由推论 10.2.50, $(P,\lambda(P))$ 是紧的. 由引理 1.2.3, 有 $\lambda_\tau(P) = \lambda(P)$. 剩下的证明是显然的 (见证明 1).

10.7　区间拓扑的紧 pospace 性

定义 10.7.1　偏序集 P 称为具有性质 V, 若 $\forall\{\uparrow F_i : i \in I\} \subseteq \mathbf{Fin}P, U \in \upsilon(P), \bigcap\limits_{i\in I} \uparrow F_i \subseteq U, \exists I_0 \in I^{(<\omega)}$ 使 $\bigcap\limits_{i\in I_0} \uparrow F_i \subseteq U$.

性质 V 其实也是一种性质 R, 即关于上拓扑的性质 R (参看定义 10.2.3 下面关于一般拓扑空间具有性质 R 的定义). 显然, 若偏序集 P 具有性质 R, 则 P 具有性质 V.

命题 10.7.2　设 P 是偏序集, 则下述两个条件等价:

(1) P 和 P^{op} 均具有性质 V;

(2) $(P,\theta(P))$ 是紧的.

证明　(1) $\Rightarrow$ (2): 设 $\{x_i : i \in I\} \subseteq P, \{y_j : j \in J\} \subseteq P$($I$ 或 J 可以是空集 $\varnothing$), $P = \bigcup\limits_{j\in J}(P\backslash \downarrow y_j) \cup \bigcup\limits_{i\in I}(P\backslash \uparrow x_i)$. 则 $\bigcap\limits_{i\in I} \uparrow x_i \subseteq \bigcup\limits_{j\in J}(P\backslash \downarrow y_j) \in \upsilon(P)$. 由 P 具有性质 $V, \exists I_0 \in I^{(<\omega)}$ 使 $\bigcap\limits_{i\in I_0} \uparrow x_i \subseteq \bigcup\limits_{j\in J}(P\backslash \downarrow y_j)$. 故 $\bigcap\limits_{j\in J} \downarrow y_j \subseteq \bigcup\limits_{i\in I_0}(P\backslash \uparrow x_i) \in \omega(P)$. 由 P^{op} 具有性质 $V, \exists J_0 \in J^{(<\omega)}$ 使 $\bigcap\limits_{j\in J_0} \downarrow y_j \subseteq \bigcup\limits_{i\in I_0}(P\backslash \uparrow x_i)$. 故 $P = \bigcup\limits_{j\in J_0}(P\backslash \downarrow y_j) \cup \bigcup\limits_{i\in I_0}(P\backslash \uparrow x_i)$. 所以 $(P,\theta(P))$ 是紧的.

(2) $\Rightarrow$ (1): 设 $\{\uparrow F_j : j \in J\} \subseteq \mathbf{Fin}P, U \in \upsilon(P), \bigcap\limits_{j\in J} \uparrow F_j \subseteq U$. 则 $P = U \cup \bigcup\limits_{j\in J}(P\backslash \uparrow F_j)$. 由 $(P,\theta(P))$ 是紧的, $\exists J_0 \in J^{(<\omega)}$ 使 $P = U \cup \bigcup\limits_{j\in J_0}(P\backslash \uparrow F_j)$. 故 $\bigcap\limits_{j\in J_0} \uparrow F_{jj} \subseteq U$. 所以 P 具有性质 V. 对偶地, P^{op} 具有性质 V.

推论 10.7.3 设偏序集 P 和 P^{op} 均具有性质 R, 则 $(P,\theta(P))$ 是紧的.

命题 10.7.4 设 P 和 P^{op} 均是具有性质 WDINT 的 **dcpo**, 则 $(P,\theta(P))$ 是紧的.

证明 设 $\{x_i : i\in I\}\subseteq P, \{y_j : j\in J\}\subseteq P$($I$ 或 J 可以是空集 $\varnothing$), $P=\bigcup\limits_{j\in J}(P\backslash\downarrow y_j)\cup\bigcup\limits_{i\in I}(P\backslash\uparrow x_i)$. 则 $\bigcap\limits_{i\in I}\uparrow x_i\subseteq\bigcup\limits_{j\in J}(P\backslash\downarrow y_j)\in\upsilon(P)\subseteq\sigma(P)$. 由 P 具有性质 WDINT, 存在定向族 $\{\uparrow F_k\in \mathbf{Fin}P : k\in K\}$ 使 $\bigcap\limits_{i\in I}\uparrow x_i=\bigcap\limits_{k\in K}\uparrow F_k\subseteq\bigcup\limits_{j\in J}(P\backslash\downarrow y_j)$. 由 P 是 **dcpo** 和推论 3.2.2, $\exists k\in K$ 使 $\uparrow F_k\subseteq\bigcup\limits_{j\in J}(P\backslash\downarrow y_j)$, 从而 $\exists J_0\in J^{(<\omega)}$ 使 $\bigcap\limits_{i\in I}\uparrow x_i\subseteq\uparrow F_k\subseteq\bigcup\limits_{j\in J_0}(P\backslash\downarrow y_j)$. 故 $\bigcap\limits_{j\in J_0}\downarrow y_j\subseteq\bigcup\limits_{i\in I}(P\backslash\uparrow x_i)\in\omega(P)\subseteq\sigma(P^{\mathrm{op}})$. 对偶地, 由 P^{op} 是具有性质 WDINT 的 **dcpo**, $\exists I_0\in I^{(<\omega)}$ 使 $\bigcap\limits_{j\in J_0}\downarrow y_j\subseteq\bigcup\limits_{i\in I_0}(P\backslash\uparrow x_i)$. 故 $P=\bigcup\limits_{j\in J_0}(P\backslash\downarrow y_j)\cup\bigcup\limits_{i\in I_0}(P\backslash\uparrow x_i)$. 所以 $(P,\theta(P))$ 是紧的.

推论 10.7.5 设 P 和 P^{op} 均是具有性质 M_w 的 **dcpo**, 则 $(P,\theta(P))$ 是紧的.

注 10.7.6 (1) 与 $(P,\theta(P))$ 的情形不同, 在讨论 $(P,\lambda(P))$ 的紧性时, 之所以需要 "单边" 的性质 DINT 或性质 M, 而不仅仅是性质 WDINT 或性质 M_w, 是因为这时不仅涉及 $(P,\omega(P))$ 的紧性 (可以用性质 WDINT 处理), $\omega(P)$ 与 $\sigma(P)$ 的 "混合" (也可以用性质 WDINT 处理), 同时也涉及 $(P,\sigma(P))$ 的紧性 (性质 WDINT 无法处理), 这时需要诸如 P 是有限上生成之条件.

(2) 由引理 10.3.8 知, 在命题 10.7.4 和推论 10.7.5 中, "P 和 P^{op} 均是 **dcpo**" 是 $(P,\theta(P))$ 为紧之必要条件.

由引理 10.3.8 和命题 10.7.4, 有下述

推论 10.7.7 设偏序集 P 和 P^{op} 具有性质 WDINT (特别地, P 和 P^{op} 具有性质 M_w), 则下述两个条件等价:

(1) $\theta(P)$ 是紧的;

(2) P 和 P^{op} 均是 **dcpo**.

由 Lawson 引理 (即引理 10.5.2), 有下述

引理 10.7.8 设偏序集 P 具有性质 DINT, $\theta(P)$ 是紧 T_2 的. 则 $\theta(P)_-=\omega(P)$.

由推论 10.7.7 和引理 10.7.8, 有下述

推论 10.7.9 设偏序集 P 和 P^{op} 具有性质 DINT (特别地, P 和 P^{op} 具有性质 M).

(1) 若 $\theta(P)$ 是紧 T_2 的, 则 P 和 P^{op} 均是 **dcpo**, $\theta(P)_-=\omega(P),\theta(P)_+=\upsilon(P)$;

(2) 若 P 和 P^{op} 均是 **dcpo**, $\theta(P)$ 是 T_2 的, 则 $\theta(P)_- = \omega(P), \theta(P)_+ = \upsilon(P)$.

由定理 6.2.12 和定理 10.5.1, 有下述

定理 10.7.10 设 P 是拟超连续 domain, 则下述各条件等价:

(1) $(P, \theta(P))$ 是紧的;

(2) P 具有性质 DINT;

(3) $(P, \upsilon(P))$ 中的紧上集恰好是 ω-闭集;

(4) $\forall C \in \omega(P)^c, C$ 在 $(P, \upsilon(P))$ 中是紧的;

(5) P 是有限上生成的, $(P, \upsilon(P))$ 是凝聚的;

(6) $(P, \upsilon(P))$ 是紧的和凝聚的;

(7) P 是有限上生成的, 且 $\forall x, y \in P, \uparrow x \cap \uparrow y$ 在 $(P, \upsilon(P))$ 中是紧的;

(8) P 是有限上生成的, 且 $\forall x_1, x_2, \cdots, x_n \in P, \uparrow x_1 \cap \uparrow x_2 \cap \cdots \cap \uparrow x_n$ 在 $(P, \upsilon(P))$ 中是紧的;

(9) $(P, \upsilon(P))$ 是稳定紧的;

(10) $(P, \theta(P), \leqslant)$ 是紧 pospace;

(11) $(P, \theta(P), \leqslant)$ 是紧 pospace, 且 $\theta(P)_- = \omega(P), \theta(P)_+ = \upsilon(P)$;

(12) $(P, \theta(P), \leqslant)$ 是紧 pospace, 且 $\theta(P)_- = \omega(P)$.

关于定理 10.7.10 中条件 (1)—(5) 和 (11) 的等价性, 读者也可参看文献 [416].

在 Lawson 定理 (即定理 10.5.9) 中, 取 $\tau = \upsilon(P)$, 则有下述

定理 10.7.11 设偏序集 P 具有性质 DINT, $(P, \theta(P), \leqslant)$ 是紧 pospace. 则

(1) P 是拟连续 domain;

(2) $\theta(P) = \lambda(P)$;

(3) $\theta(P)_- = \omega(P) = \sigma(P)^d, \theta(P)_+ = \sigma(P) = \omega(P)^d$;

(4) $(P, \lambda(P), \leqslant)$ 是紧 pospace, 且 $\lambda(P)_- = \omega(P)$;

(5) 若 $(P, \alpha, \leqslant)$ 是紧 pospace, $\alpha_- = \omega(P)$. 则 $\alpha = \lambda(P) = \theta(P)$.

问题 10.7.12 (1) 若偏序集 P 具有性质 DINT, $(P, \theta(P), \leqslant)$ 是紧 pospace. P 是否拟超连续 domain?

(2) 若偏序集 P 具有性质 $M, (P, \theta(P), \leqslant)$ 是紧 pospace. P 是否拟超连续 domain?

定理 10.7.13 设偏序集 P 和 P^{op} 具有性质 DINT, $(P, \theta(P), \leqslant)$ 是紧 pospace. 则

(1) P 是拟超连续 domain;

(2) $\sigma(P) = \upsilon(P), \theta(P) = \lambda(P)$;

(3) $\theta(P)_- = \omega(P) = \upsilon(P)^d, \theta(P)_+ = \upsilon(P) = \omega(P)^d$;

(4) $(P, \lambda(P), \leqslant)$ 是紧 pospace, 且 $\lambda(P)_- = \omega(P)$;

(5) 若 $(P, \alpha, \leqslant)$ 是紧 pospace, $\alpha_- = \omega(P)$. 则 $\alpha = \theta(P) = \lambda(P)$.

证明 由定理 6.2.12 和定理 10.7.11, 只需再证 $\sigma(P)=\upsilon(P)$. 由定理 10.7.11, $\theta(P)=\lambda(P), \theta(P)_+=\lambda(P)_+=\sigma(P)$. 由推论 10.7.9, $\theta(P)_+=\upsilon(P)$. 故 $\sigma(P)=\upsilon(P)$.

由于定理 10.7.13 中的条件是自对偶的, 故有下述

推论 10.7.14 设偏序集 P 和 P^{op} 具有性质 DINT, $(P,\theta(P),\leqslant)$ 是紧 pospace. 则 P 和 P^{op} 均是拟超连续 domain, $\theta(P)=\lambda(P)=\lambda(P^{\mathrm{op}}), \theta(P)_-=\omega(P)=\sigma(P^{\mathrm{op}})=\upsilon(P)^d, \theta(P)_+=\upsilon(P)=\sigma(P)=\omega(P)^d$.

推论 10.7.14 推广了文献 [271, Lemma 2.6]. 由引理 1.2.3、命题 10.7.4、定理 10.7.10 和推论 10.7.14, 有下述

推论 10.7.15 设 P 和 P^{op} 均是具有性质 DINT (特别地, 具有性质 M) 的 **dcpo**, 则下述各条件等价:

(1) P 是拟超连续 domain;

(2) 存在 P 上的拓扑 $\alpha\subseteq\theta(P)$ 使 $(P,\alpha,\leqslant)$ 是紧 pospace;

(3) 存在 P 上的拓扑 $\alpha\subseteq\theta(P)$ 使 $(P,\alpha,\leqslant)$ 是 pospace;

(4) $(P,\theta(P),\leqslant)$ 是紧 pospace;

(5) $(P,\theta(P),\leqslant)$ 是 pospace;

(6) P^{op} 是拟超连续 domain.

由命题 6.2.9 (或命题 3.1.12 与定理 6.2.12) 和命题 10.7.12, 有下述

命题 10.7.16 设 P 是拟超连续 domain, P 和 P^{op} 均具有性质 R. 则 $(P,\theta(P),\leqslant)$ 是紧 pospace.

命题 10.7.17 设 P 为偏序集, 考虑下述各条件:

(1) P 为拟连续 domain, $\theta(P)=\lambda(P)$;

(2) P 具有性质 DINT;

(3) $(P,\theta(P),\leqslant)$ 是紧 pospace.

则任何两个条件蕴涵剩下的第三个条件.

证明 (1) + (2) $\Rightarrow$ (3): 由推论 10.5.10.

(1) + (3) $\Rightarrow$ (2): 由推论 10.5.10.

(2) + (3) $\Rightarrow$ (1): 由定理 10.5.9.

引理 10.7.18 [271] 设偏序集 P 具有性质 DINT, $(P,\theta(P))$ 是紧 T_2 空间, $U\subseteq P$. 若 U 是 $(P,\theta(P))$ 中的闭开上集, 则 $\exists F\in P^{(<\omega)}$ 使 $U=\uparrow F$.

证明 设 U 是 $(P,\theta(P))$ 中的闭开上集. 由引理 10.7.8, $\theta(P)_-=\omega(P)$, 故 $U\in\omega(P)^c$, 从而由 P 具有性质 DINT, 存在定向族 $\{\uparrow F_j: j\in J\}\subseteq \mathbf{Fin}P$ 使 $U=\bigcap\limits_{j\in J}\uparrow F_j$, 即 $P\backslash U=\bigcup\limits_{j\in J}(P\backslash\uparrow F_j)$. 由 $(P,\theta(P))$ 是紧的和 U 是 $(P,\theta(P))$ 中的开集, 知 $P\backslash U$ 是 $(P,\theta(P))$ 中的闭集, 从而是紧子集. 由 $\{P\backslash\uparrow F_j: j\in J\}$ 是

定向的, $\exists j \in J$ 使 $P\backslash U = P\backslash\uparrow F_j$, 即 $U = \uparrow F_j$.

推论 10.7.19 设偏序集 P 和 P^{op} 具有性质 DINT, $(P, \theta(P))$ 是紧 T_2 空间, $U \subseteq P$. 则下述各条件等价:

(1) U 是 $(P, \theta(P))$ 中的闭开上集;

(2) $\exists G, F \in P^{(<\omega)}$ 使 $U = P\backslash\downarrow G = \uparrow F$;

(3) $\exists F \in P^{(<\omega)}$ 使 $U = \mathrm{int}_{\upsilon(P)}\uparrow F = \uparrow F$.

证明 (1) $\Rightarrow$ (2): 由引理 10.7.18, $\exists F \in P^{(<\omega)}$ 使 $U = \uparrow F$. 对偶地, 由 P^{op} 具有性质 DINT 和 $(P, \theta(P^{\mathrm{op}}) = \theta(P))$ 是紧 T_2 空间, $\exists G \in P^{(<\omega)}$ 使 $P\backslash U = \downarrow G$.

(2) $\Rightarrow$ (3) $\Rightarrow$ (1): 显然.

对完备格, 由引理 7.9.1、推论 10.7.19 中的区间拓扑之 T_2 性条件可以去掉. 关于区间拓扑的紧 pospace 性, Menon 给出下述

定理 10.7.20$^-$[272] 设偏序集 P 和 P^{op} 具有 DINT 性质的 **dcpo**, 则下述各条件等价:

(1) P 是 GCD 偏序集 (Menon 意义下的, 即 P 是 M-广义完全分配的);

(2) $(P, \theta(P))$ 是紧 pospace;

(3) $\forall x, y \in P, x \not\leqslant y, \exists F, G \in P^{(<\omega)}$ 使 $x \notin\downarrow G, y \notin\uparrow F, \downarrow G \cup \uparrow F = P$.

上述结果在完备格情形, 就变为下述结果.

定理 10.7.21$^-$ 设 L 是完备格, 则下述各条件等价:

(1) L 是广义完全分配格 (即 L^{op} 为超连续格);

(2) $(L, \theta(L))$ 是紧 pospace;

(3) $\forall x, y \in L, x \not\leqslant y, \exists F, G \in L^{(<\omega)}$ 使 $x \notin\downarrow G, y \notin\uparrow F, \downarrow G \cup \uparrow F = L$.

定理 10.7.21$^-$ 的结论显然是错误的. 事实上, 由定理 6.2.14、推论 6.2.19、推论 7.6.5 和推论 7.8.13, 定理 10.7.21$^-$ 中的条件有如下关系: (1) $\Rightarrow$ (2) $\Leftrightarrow$ (3) $\Leftrightarrow$ L 是拟超连续格 ($\Leftrightarrow$ L^{op} 是超连续格). 但 "(2) $\Rightarrow$ (1)" 不成立. 事实上, 任取一个拟连续而非连续的格 P (这种格很容易给出, 如文献 [99, Counterexamples 0-4.5(2)]), 令 $L = \sigma(P)$. 则由定理 2.3.12、命题 3.1.7 和推论 7.6.7 (或推论 7.6.8), L 是非完全分配的超连续格 (从而是拟超连续的), 但 L 不是广义完全分配格. 因而 "(2) $\Rightarrow$ (1)" 不成立.

从定理 10.7.20$^-$ 可以猜测, Menon 之所以采用如此方式定义广义完全分配偏序集 (参见本书 7.6 节), 似乎是为了在 Lawson[207] 工作的基础上讨论区间拓扑的紧 pospace 性, 但其在 [272] 给出的定理 10.7.20 及其证明 ("(1) $\Rightarrow$ (2)", 尤其是 "(3) $\Rightarrow$ (1)" 的证明) 明显是错误的. 下面我们将纠正定理 10.7.20$^-$, 给出相应的正确结论 (见定理 10.7.22、定理 10.7.26 和定理 10.7.28).

定理 10.7.22 设偏序集 P 具有性质 DINT, 考虑下述条件:

(1) P 是拟超连续 domain;

(2) $(P, \theta(P), \leqslant)$ 是紧 pospace, $\omega(P)^d = \upsilon(P)$;

(3) P 是拟连续 domain, $\omega(P)^d = \upsilon(P)$;

(4) $(P, \theta(P), \leqslant)$ 是紧 pospace, $\theta(P)_+ = \upsilon(P)$;

(5) $(P, \theta(P), \leqslant)$ 是紧 pospace;

(6) P 是拟连续 domain, $\theta(P)_- = \omega(P), \theta(P)_+ = \sigma(P)$;

(7) P 是拟连续 domain, $\theta(P)_- = \omega(P), \lambda(P) = \theta(P)$;

(8) P 是拟连续 domain, $\theta(P)_+ = \sigma(P)$;

(9) P 是拟连续 domain, $\lambda(P) = \theta(P)$.

则 (1) $\Leftrightarrow$ (2) $\Leftrightarrow$ (3) $\Leftrightarrow$ (4) $\Rightarrow$ (5) $\Leftrightarrow$ (6) $\Leftrightarrow$ (7) $\Leftrightarrow$ (8) $\Leftrightarrow$ (9). 若 P^{op} 具有性质 DINT, 则 (1)—(9) 全部等价, 且等价于下述条件:

(10) P^{op} 是拟超连续 domain.

证明 (1) $\Rightarrow$ (2): 由定理 10.7.10, $(P, \theta(P), \leqslant)$ 是紧 pospace, 且 $\theta(P)_- = \omega(P), \theta(P)_+ = \upsilon(P)$. 由定理 10.1.8, $\theta(P)_-$ 和 $\theta(P)_+$ 是 Groot 对偶的. 故 $\omega(P)^d = (\theta(P)_-)^d = \theta(P)_+ = \upsilon(P), \upsilon(P)^d = (\theta(P)_+)^d = \theta(P)_- = \omega(P)$.

(2) $\Rightarrow$ (3): 由定理 10.5.9, P 是拟连续 domain.

(3) $\Rightarrow$ (4): 由定理 10.5.1, $(P, \lambda(P), \leqslant)$ 是紧 pospace, 且 $\lambda(P)_- = \omega(P)$, $\lambda(P)_+ = \sigma(P)$. 由定理 10.1.8, $\lambda(P)_- = \omega(P) = (\lambda(P)_+)^d = \sigma(P)^d, \lambda(P)_+ = \sigma(P) = (\lambda(P)_-)^d = \omega(P)^d$; 从而由假设条件 $\omega(P)^d = \upsilon(P)$, 有 $\sigma(P) = \upsilon(P)$. 故 $(P, \theta(P), \leqslant) = (P, \lambda(P), \leqslant)$ 是紧 pospace, 且 $\theta(P)_+ = \lambda(P)_+ = \omega(P)^d = \upsilon(P)$.

(4) $\Rightarrow$ (1): 由命题 1.2.12 和定理 10.5.9, P 是拟连续 domain, $\lambda(P) = \theta(P), \upsilon(P) = \theta(P)_+ = \lambda(P)_+ = \sigma(P)$. 由定理 6.2.12, P 为拟超连续 domain.

(4) $\Rightarrow$ (5): 显然.

(5) $\Rightarrow$ (6): 由定理 10.5.9, P 是拟连续 domain, 且 $\theta(P) = \lambda(P), \theta(P)_- = \lambda(P)_- = \omega(P)$. 由命题 1.2.12, $\theta(P)_+ = \lambda(P)_+ = \sigma(P)$.

(6) $\Rightarrow$ (7) $\Rightarrow$ (9): 显然.

(6) $\Rightarrow$ (8) $\Rightarrow$ (9): 显然.

(9) $\Rightarrow$ (5): 由定理 10.5.1, $(P, \lambda(P), \leqslant)$ 是紧 pospace, 从而由 $\lambda(P) = \theta(P)$, $(P, \theta(P), \leqslant)$ 是紧 pospace.

(9) $\Rightarrow$ (1): 设 P^{op} 具有性质 DINT. 由定理 10.5.1, $(P, \lambda(P), \leqslant) = (P, \theta(P), \leqslant)$ 是紧 pospace. 由推论 10.7.15, P 是拟超连续 domain.

(1) $\Leftrightarrow$ (10): 由推论 10.7.15.

问题 10.7.23 对具有性质 DINT 偏序集 P, 定理 10.7.22 中的条件 (1) 与 (9) 是否等价?

问题 10.7.24 (1) 设 P 是具有性质 DINT 的拟超连续 domain, P^{op} 是不是拟超连续的?

(2) 设 P 是具有性质 M 的拟超连续 domain, P^{op} 是不是拟超连续的?

定理 10.7.25 设 P 是拟超连续 domain, 则下述各条件等价:

(1) $(P,\theta(P),\leqslant)$ 是紧 pospace;

(2) $(P,\theta(P))$ 是紧的;

(3) P 具有性质 DINT;

(4) $(P,\omega(P))$ 和 $(P,\upsilon(P))$ 都是稳定紧的, 且 $\omega(P)$ 和 $\upsilon(P)$ 是 Groot 对偶的;

(5) $(P,\omega(P))$ 是稳定紧的, $\omega(P)^d=\upsilon(P)$;

(6) $(P,\omega(P))$ 是稳定紧的, P 具有性质 R;

(7) $\omega(P)$ 是 sober 的和连续的, P 具有性质 R.

证明 (1) $\Leftrightarrow$ (2) $\Leftrightarrow$ (3): 由定理 10.7.10.

(1) $\Rightarrow$ (4): 由定理 10.7.10, $\theta(P)_-=\omega(P),\theta(P)_+=\upsilon(P)$. 由定理 10.1.8, $(P,\theta(P)_+)$ 和 $(P,\theta(P)_-)$ 是稳定紧的, 且 $\theta(P)_+$ 和 $\theta(P)_-$ 是 Groot 对偶的. 所以 $(P,\omega(P))$ 和 $(P,\upsilon(P))$ 都是稳定紧的, $\omega(P)^d=(\theta(P)_-)^d=\theta(P)_+=\upsilon(P),\upsilon(P)^d=(\theta(P)_+)^d=\theta(P)_-=\omega(P)$.

(4) $\Rightarrow$ (5): 显然.

(5) $\Rightarrow$ (6): 由定理 6.2.12, $\upsilon(P)=\sigma(P)$. 设 $\{\uparrow F_i:i\in I\}\subseteq \mathbf{Fin}P,U\in\sigma(P),\bigcap\limits_{i\in I}\uparrow F_i\subseteq U$. 则 $P\backslash U\subseteq\bigcup\limits_{i\in I}(P\backslash\uparrow F_i)$. 由 $\upsilon(P)=\sigma(P)$ 和 $\omega(P)^d=\upsilon(P),\exists\{K_i:i\in I\}\subseteq Q((P,\omega(P)))$ 使 $P\backslash U=\bigcap\limits_{i\in I}K_i$. $\forall S\in I^{(<\omega)}$, 由 $(P,\omega(P))$ 是凝聚的, $K_S=\bigcap\limits_{i\in S}K_i$ 是 ω-紧饱和集. 显然 $\{K_S:S\in I^{(<\omega)}\}$ 是 $Q((P,\omega(P)))$ 中的定向族; 从而由 $(P,\omega(P))$ 是 sober 的和推论 4.7.7, $P\backslash U=\bigcap\limits_{i\in I}K_i=\bigcap\limits_{S\in I^{(<\omega)}}K_S$ 是 ω-紧饱和集. 由 $P\backslash U\subseteq\bigcup\limits_{i\in I}(P\backslash\uparrow F_i),\exists I_0\in I^{(<\omega)}$ 使 $P\backslash U\subseteq\bigcup\limits_{i\in I_0}(P\backslash\uparrow F_i)$, 即 $\bigcap\limits_{i\in I_0}\uparrow F_i\subseteq U$. 所以 P 具有性质 R.

(6) $\Rightarrow$ (7): 显然.

(7) $\Rightarrow$ (1): 由定理 6.2.12, $\upsilon(P)=\sigma(P)$. 由 P 具有性质 R 和推论 10.2.25, $(P,\omega(P))$ 是紧的和凝聚的, $\omega(P)^d=\sigma(P)=\upsilon(P)$. 由假设, $(P,\omega(P))$ 是 sober 的和连续的; 从而由引理 4.3.4, $(P,\omega(P))$ 是局部紧的. 故 $(P,\omega(P))$ 是稳定紧的. 由定理 10.1.9, $(P,\omega(P)\vee\omega(P)^d,\leqslant^{\mathrm{op}})=(P,\theta(P),\leqslant^{\mathrm{op}})$ 是紧 pospace, 从而 $(P,\theta(P),\leqslant)$ 是紧 pospace.

定理 10.7.26 设 P 为具有性质 DINT (特别地, 具有性质 M) 的 **dcpo**, 则下述各条件等价:

(1) P 是拟超连续 domain;

(2) $(P,\omega(P))$ 和 $(P,\upsilon(P))$ 均是稳定紧的, 且 $\omega(P)$ 和 $\upsilon(P)$ 是 Groot 对偶的;

(3) $\upsilon(P)$ 是连续格和 sober 的, $\omega(P)$ 和 $\upsilon(P)$ 是 Groot 对偶的;

(4) $\upsilon(P)$ 是连续格和 sober 的, $\upsilon(P)^d = \omega(P)$;

(5) $\upsilon(P)$ 是连续格和 sober 的, P 的 υ-紧上集是 ω-闭集;

(6) $(P,\upsilon(P))$ 是局部紧的, $\upsilon(P)^d = \omega(P)$;

(7) $(P,\upsilon(P))$ 是局部紧的, P 的 υ-紧上集恰好是 ω-闭集;

(8) $(P,\upsilon(P))$ 是局部紧的, P 的 υ-紧上集是 ω-闭集;

(9) $(P,\omega(P))$ 是稳定紧的, $\omega(P)^d = \upsilon(P)$;

(10) $(P,\omega(P))$ 是稳定紧的, P 的 ω-紧饱和集是 υ-闭集;

(11) $(P,\omega(P))$ 是局部紧的, P 的 ω-紧饱和集是 υ-闭集;

(12) $\omega(P)$ 是连续格, P 的 ω-紧饱和集是 υ-闭集.

证明 (1) $\Rightarrow$ (2): 由定理 10.7.25.

(2) $\Rightarrow$ (3): 由引理 4.3.4.

(3) $\Rightarrow$ (4) $\Rightarrow$ (5): 显然.

(5) $\Rightarrow$ (6): 由引理 4.3.4, $(P,\upsilon(P))$ 是局部紧的. 由假设, 有 $\upsilon(P)^d \subseteq \omega(P)$. 另一方面, 显然有 $\omega(P) \subseteq \upsilon(P)^d$. 故 $\upsilon(P)^d = \omega(P)$.

(6) $\Rightarrow$ (7): 由 $\upsilon(P)^d = \omega(P)$, υ-紧饱和集是 ω-闭集. 另一方面, 由 P 为具有性质 DINT 的 **dcpo** 和推论 3.2.3, P 中任意 ω-闭集是 Scott 紧的, 从而是 υ-紧饱和集.

(7) $\Rightarrow$ (8): 显然.

(8) $\Rightarrow$ (1): 显然有 $\upsilon(P)^d = \omega(P)$. 由推论 10.6.9, P 是拟超连续 domain.

(2) $\Rightarrow$ (9) $\Rightarrow$ (10) $\Rightarrow$ (11): 显然.

(11) $\Rightarrow$ (12): 由引理 4.3.4.

(12) $\Rightarrow$ (1): 由推论 10.2.60, P 是拟连续 domain. 由 P 的 ω-紧饱和集是 υ-闭集, 有 $\omega(P)^d = \upsilon(P)$. 由推论 10.2.30, $\omega(P)^d = \sigma(P)$. 故 $\sigma(P) = \upsilon(P)$. 由定理 6.2.12, P 是拟超连续 domain.

注 10.7.27 在定理 10.7.26 中, 关于 $\upsilon(P)$ 和 $\omega(P)$ 的条件, 呈现出诸多 "对偶性", 这些对偶性本质上反映了拟超连续性的某种 "对偶性", 或者说, 之所以有这些对偶性, 是拟超连续性有某种 "对偶性". 在 P 和 P^{op} 均具有性质 DINT 时, 下面的定理 10.7.28 充分表明了这些 "对偶性".

定理 10.7.28 设偏序集 P 和 P^{op} 具有性质 DINT (特别地, P 和 P^{op} 均具有性质 M), 则下述各条件等价:

(1) $(P,\theta(P),\leqslant)$ 是紧 pospace;

(2) P 是拟超连续 domain;

(3) P 为拟连续 domain, $\upsilon(P) = \sigma(P)$;

(4) P 是拟连续 domain, $\omega(P)^d = \upsilon(P)$;

(5) P 是拟连续 domain, $\theta(P)_- = \omega(P), \theta(P)_+ = \sigma(P)$;

(6) P 为拟连续 domain, $\theta(P) = \lambda(P)$;

(7) P^{op} 是拟超连续 domain;

(8) P^{op} 为拟连续 domain, $\upsilon(P)^d = \omega(P)$;

(9) P^{op} 为拟连续 domain, $\omega(P) = \sigma(P^{\mathrm{op}})$;

(10) P^{op} 为拟连续 domain, $\theta(P)_- = \sigma(P^{\mathrm{op}}), \theta(P)_+ = \upsilon(P)$;

(11) P^{op} 为拟连续 domain, $\theta(P) = \lambda(P^{\mathrm{op}})$;

(12) $(P, \omega(P))$ 和 $(P, \upsilon(P))$ 都是稳定紧的, 且 $\omega(P)$ 和 $\upsilon(P)$ 是 Groot 对偶的;

(13) $(P, \upsilon(P))$ 是稳定紧的, $\upsilon(P)^d = \omega(P)$;

(14) $(P, \upsilon(P))$ 是局部紧的, P 的 υ-紧上集是 ω-闭集;

(15) $\upsilon(P)$ 是连续格, P 的 υ-紧上集是 ω-闭集;

(16) $(P, \omega(P))$ 是稳定紧的, $\omega(P)^d = \upsilon(P)$;

(17) $(P, \omega(P))$ 是局部紧的, P 的 ω-紧上集是 υ-闭集;

(18) $\omega(P)$ 是连续格, P 的 ω-紧上集是 υ-闭集;

(19) $(P, \omega(P))$ 和 $(P, \upsilon(P))$ 都是稳定紧的, 且 $\upsilon(P)^{\#} = \omega(P)^{\#}$;

(20) P 为 **dcpo**, 且 $\forall x, y \in P, x \not\leqslant y, \exists F, G \in P^{(<\omega)}$ 使 $x \notin \downarrow G, y \notin \uparrow F$, $\downarrow G \cup \uparrow F = P$;

(21) P 为 **dcpo**, 且 $\forall x, y \in P, x \not\leqslant y, \exists F \in P^{(<\omega)}$ 使 $x \in \mathrm{int}_{\upsilon(P)} \uparrow F \subseteq \uparrow F \subseteq P \setminus \downarrow y$;

(22) P 为 **dcpo**, 且 $\forall x, y \in P, x \not\leqslant y, \exists G \in P^{(<\omega)}$ 使 $y \in \mathrm{int}_{\omega(P)} \downarrow G \subseteq \downarrow G \subseteq P \setminus \uparrow x$;

(23) $\upsilon(P)$ 是超连续格;

(24) $\omega(P)$ 是超连续格.

证明 由定理 6.2.12、推论 10.7.15、定理 10.7.22 和定理 10.7.26, 知 (1)—(18) 等价. 显然有 (2) $\Rightarrow$ (21), (20) $\Rightarrow$ (21), (20) $\Rightarrow$ (22). 由定理 6.2.10, 有 (2) $\Leftrightarrow$ (23), (7) $\Leftrightarrow$ (24).

(21) $\Rightarrow$ (20): 设 $x, y \in P, x \not\leqslant y$, 由 (21), $\exists F \in P^{(<\omega)}$ 使 $x \in \mathrm{int}_{\upsilon(P)} \uparrow F \subseteq \uparrow F \subseteq P \setminus \downarrow y$. 由 $x \in \mathrm{int}_{\upsilon(P)} \uparrow F, \exists G \in P^{(<\omega)}$ 使 $x \in P \setminus \downarrow G \subseteq \mathrm{int}_{\upsilon(P)} \uparrow F$. 显然, F 和 G 满足 (20).

(22) $\Rightarrow$ (20): 完全类似于 "(21) $\Rightarrow$ (20)" 的证明 (是 "对偶" 情形).

(21) $\Rightarrow$ (2): $\forall x \in P, U \in \upsilon(P), x \in U$, 若 $U = P$, 且 $\forall y \in P, x \notin P \setminus \downarrow y$, 则 x 是 P 中的最小元, 从而有 $x \in \mathrm{int}_{\upsilon(P)} \uparrow x = \uparrow x = P = U$; 若 $U = P$ 且 $\exists y \in P$ 使 $x \in P \setminus \downarrow y$ 或 $U \neq P$, 则 $\exists \{y_1, y_2, \cdots, y_n\} \in P^{(<\omega)}$ 使 $x \in P \setminus \downarrow \{y_1, y_2, \cdots, y_n\} \subseteq$

U. $\forall i \in \{1,2,\cdots,n\}$, 由 $x \not\leqslant y_i$ 和 (21), $\exists F_i \in P^{(<\omega)}$ 使 $x \in \mathrm{int}_{\upsilon(P)} \uparrow F_i \subseteq \uparrow F_i \subseteq P \backslash \downarrow y_i$; 因而 $x \in \bigcap_{i=1}^{n} \mathrm{int}_{\upsilon(P)} \uparrow F_i = \mathrm{int}_{\upsilon(P)} \bigcap_{i=1}^{n} \uparrow F_i \subseteq \bigcap_{i=1}^{n} \uparrow F_i \subseteq \bigcap_{i=1}^{n} (P \backslash \downarrow y_i) = P \backslash \downarrow \{y_1, y_2, \cdots, y_n\} \subseteq U$. 由 P 具有性质 DINT, 存在定向族 $\{\uparrow G_j \in \mathbf{Fin}P : j \in J\}$ (可以假定 J 是定向集, 且 $\forall i,j \in J, i \leqslant j$, 有 $\uparrow G_i \supseteq \uparrow G_j$) 使 $\bigcap_{i=1}^{n} \uparrow F_i = \bigcap_{j \in J} \uparrow G_j$. 从而 $\bigcap_{j \in J} \uparrow G_j \subseteq P \backslash \downarrow \{y_1, y_2, \cdots, y_n\} \in \upsilon(P) \subseteq \sigma(P)$. 由 P 为 **dcpo** 和推论 3.2.2, $\exists j \in J$ 使 $\uparrow G_j \subseteq P \backslash \downarrow \{y_1, y_2, \cdots, y_n\}$. 令 $F = G_j$. 则 $x \in \mathrm{int}_{\upsilon(P)} \uparrow F \subseteq \uparrow F \subseteq P \backslash \downarrow \{y_1, y_2, \cdots, y_n\} \subseteq U$. 所以 P 是拟超连续 domain.

(12) $\Rightarrow$ (19): 显然.

(19) $\Rightarrow$ (1): 设 $(P, \omega(P))$ 是稳定紧的, 则由定理 10.1.9, $(P, \omega(P)^{\#}, \leqslant^{\mathrm{op}})$(从而 $(P, \omega(P)^{\#}, \leqslant)$) 是紧 pospace. 显然, $\omega(P)^d$ 是 P 上的序相容拓扑 (事实上, 由推论 10.2.19, 有 $\upsilon(P) \subseteq \omega(P)^d \subseteq \sigma(P)$). 由 P 具有 DINT 和定理 10.5.9, P 是拟连续 domain, 且 $\omega(P)^{\#} = \lambda(P), \omega(P)^{\#}_{-} = \lambda(P)_{-} = \omega(P), \omega(P)^{\#}_{+} = \lambda(P)_{+} = \sigma(P)$. 对偶地, 由 P^{op} 具有性质 DINT 和 $(P, \upsilon(P) = \omega(P^{\mathrm{op}}))$ 是稳定紧的, P^{op} 是拟连续 domain, 且 $\upsilon(P)^{\#} = \lambda(P^{\mathrm{op}}), \upsilon(P)^{\#}_{+} = \lambda(P^{\mathrm{op}})_{+} = \upsilon(P)$(用 P 的原序 $\leqslant$). 由 $\upsilon(P)^{\#} = \omega(P)^{\#}$, 有 $\upsilon(P) = \sigma(P)$; 从而由 P 是拟连续 domain 和定理 6.2.12, P 是拟超连续 domain.

上述定理充分表明了在 P 和 P^{op} 具有性质 DINT 时, P 的拟超连续性的对偶性.

推论 10.7.29 设 L 是完备格, 则下述各条件等价:

(1) $(L, \theta(L), \leqslant)$ 是紧 pospace;

(2) L 是拟超连续的;

(3) L 为拟连续的, $\upsilon(L) = \sigma(L)$;

(4) L 是拟连续的, $\omega(L)^d = \upsilon(L)$.

(5) L 为拟连续的, $\theta(L) = \lambda(L)$;

(6) L^{op} 是拟超连续的;

(7) L^{op} 为拟连续的, $\upsilon(L)^d = \omega(L)$;

(8) L^{op} 为拟连续的, $\omega(L) = \sigma(L^{\mathrm{op}})$;

(9) L^{op} 为拟连续的, $\theta(L) = \lambda(L^{\mathrm{op}})$;

(10) $(P, \omega(L))$ 和 $(P, \upsilon(L))$ 都是稳定紧的, 且 $\omega(L)$ 和 $\upsilon(L)$ 是 Groot 对偶的;

(11) $(L, \upsilon(L))$ 是稳定紧的, $\upsilon(L)^d = \omega(L)$;

(12) $(L, \upsilon(L))$ 是局部紧的, L 的 υ-紧上集是 ω-闭集;

(13) $\upsilon(L)$ 是连续格, L 的 υ-紧上集是 ω-闭集;

(14) $(L, \omega(L))$ 是稳定紧的, $\omega(L)^d = \upsilon(L)$;

(15) $(L, \omega(L))$ 是局部紧的, L 的 ω-紧上集是 υ-闭集;

(16) $\omega(L)$ 是连续格, L 的 ω-紧上集是 υ-闭集;

(17) $(L, \omega(L))$ 和 $(P, \upsilon(L))$ 都是稳定紧的, 且 $\upsilon(L)^{\#} = \omega(L)^{\#}$;

(18) $\forall x, y \in L, x \not\leqslant y, \exists F, G \in L^{(<\omega)}$ 使 $x \notin \downarrow G, y \notin \uparrow F, \downarrow G \cup \uparrow F = L$;

(19) $\forall x, y \in L, x \not\leqslant y, \exists F \in L^{(<\omega)}$ 使 $x \in \mathrm{int}_{\upsilon(L)} \uparrow F \subseteq \uparrow F \subseteq L \backslash \downarrow y$;

(20) $\forall x, y \in L, x \not\leqslant y, \exists G \in L^{(<\omega)}$ 使 $y \in \mathrm{int}_{\omega(L)} \downarrow G \subseteq \downarrow G \subseteq L \backslash \uparrow x$;

(21) $\upsilon(L)$ 是超连续格;

(22) $\omega(L)$ 是超连续格.

第 11 章 Lawson 拓扑和区间拓扑的 Priestley 性

本章讨论偏序集上 Lawson 拓扑和区间拓扑的 Priestley 性以及 Scott 拓扑和下 (上) 拓扑的 spectral 性.

11.1 节主要讨论 Lawson 拓扑的 Priestley 性. 给出了“代数型”的 Lawson 定理, 讨论了性质 DINT、拟代数性、下拓扑的 spectral 性、Scott 拓扑的 spectral 性、Lawson 拓扑的 Priestley 性及它们之间的关系, 特别地, 证明了对具有性质 DINT 的 **dcpo** P, P 的拟代数性、下拓扑 $\omega(P)$ 的代数性和 Lawson 拓扑 $\lambda(P)$ 的 Priestley 性三者等价.

11.2 节主要讨论区间拓扑的 Priestley 性. 讨论了性质 DINT、拟代数性、下拓扑的 spectral 性、上拓扑的 spectral 性、区间拓扑的 Priestley 性及它们之间的关系, 特别地, 证明了当偏序集 P 和 P^{op} 具有性质 DINT 时, P 的拟超代数性等价于区间拓扑 $\theta(P)$ 的 Priestley 性, 也等价于 P^{op} 的拟超代数性, 故此时拟超代数性呈现“对偶性”.

11.1 Lawson 拓扑的 Priestley 性

本节主要讨论 Lawson 拓扑的 Priestley 性和 Scott 拓扑、下拓扑的 spectral 性. 首先, 对拟代数 domain 上的 Lawson 拓扑, 有下述

定理 11.1.1 设 P 是拟代数 domain, 则下述各条件等价:

(1) $(P, \lambda(P))$ 是紧的;

(2) P 具有性质 DINT;

(3) Scott 紧上集恰好是 ω-闭集;

(4) $\forall C \in \omega(P)^c, C$ 是 Scott 紧的;

(5) P 是有限上生成的, $(P, \sigma(P))$ 是凝聚的;

(6) $(P, \sigma(P))$ 是紧的和凝聚的;

(7) P 是有限上生成的, 且 $\forall \uparrow F_1, \uparrow F_2 \in \{\uparrow F \in \mathbf{Fin}P : \mathrm{int}_{\sigma(P)} \uparrow F = \uparrow F\}$, 有 $\uparrow F_1 \cap \uparrow F_2 \in \{\uparrow F \in \mathbf{Fin}P : \mathrm{int}_{\sigma(P)} \uparrow F = \uparrow F\}$;

(8) P 是有限上生成的, 且 $\forall \uparrow F_1, \uparrow F_2, \cdots, \uparrow F_n \in \{\uparrow F \in \mathbf{Fin}P : \mathrm{int}_{\sigma(P)} \uparrow F = \uparrow F\}$, 有 $\uparrow F_1 \cap \uparrow F_2 \cap \cdots \cap \uparrow F_n \in \{\uparrow F \in \mathbf{Fin}\ P : \mathrm{int}_{\sigma(P)} \uparrow F = \uparrow F\}$;

(9) $(P, \sigma(P))$ 是 spectral 的;

(10) $(P, \lambda(P), \leqslant)$ 是 Priestley 的;

(11) $(P, \lambda(P), \leqslant)$ 是 Priestley 的, $\lambda(P)_- = \omega(P), \lambda(P)_+ = \sigma(P)$;

(12) $(P, \lambda(P), \leqslant)$ 是 Priestley 的, $\lambda(P)_- = \omega(P)$.

证明 由定理 10.5.1, (1)—(6) 等价.

(6) ⇒ (7): 由定理 10.5.1, P 是有限上生成的. 设 $\uparrow F_1, \uparrow F_2 \in \{\uparrow F \in \mathbf{Fin}P\colon \mathrm{int}_{\sigma(P)} \uparrow F = \uparrow F\}$, 则 $\uparrow F_1 \cap \uparrow F_2$ 是 Scott 开的, 且由定理 10.5.1, $\uparrow F_1 \cap \uparrow F_2 = \bigcup\limits_{u \in F_1, v \in F_2} (\uparrow u \cap \uparrow v)$ 是 Scott 紧的. 由推论 5.1.22, $\exists F_3 \in P^{(<\omega)}$ 使 $\uparrow F_1 \cap \uparrow F_2 \subseteq \mathrm{int}_{\sigma(P)} \uparrow F_3 = \uparrow F_3 \subseteq \uparrow F_1 \cap \uparrow F_2$. 故 $\uparrow F_1 \cap \uparrow F_2 = \mathrm{int}_{\sigma(P)} \uparrow F_3 = \uparrow F_3 \in \{\uparrow F \in \mathbf{Fin}P : \mathrm{int}_{\sigma(P)} \uparrow F = \uparrow F\}$.

(7) ⇒ (8): 我们归纳地证明. 设 $n \in N$, 且 $\forall \uparrow F_1, \uparrow F_2, \cdots, \uparrow F_{n-1} \in \{\uparrow F \in \mathbf{Fin}P : \mathrm{int}_{\sigma(P)} \uparrow F = \uparrow F\}$, 有 $\uparrow F_1 \cap \uparrow F_2 \cap \cdots \cap \uparrow F_{n-1} \in \{\uparrow F \in \mathbf{Fin}P : \mathrm{int}_{\sigma(P)} \uparrow F = \uparrow F\}$. $\forall \uparrow G_1, \uparrow G_2, \cdots, \uparrow G_n \in \{\uparrow F \in \mathbf{Fin}P : \mathrm{int}_{\sigma(P)} \uparrow F = \uparrow F\}$, 由归纳假设, $\exists G \in P^{(<\omega)}$ 使 $\uparrow G_1 \cap \uparrow G_2 \cap \cdots \cap \uparrow G_{n-1} = \mathrm{int}_{\sigma(P)} \uparrow G = \uparrow G \in \{\uparrow F \in \mathbf{Fin}P : \mathrm{int}_{\sigma(P)} \uparrow F = \uparrow F\}$; 从而由 (7), $\uparrow G_1 \cap \uparrow G_2 \cap \cdots \cap \uparrow G_n = \uparrow G \cap \uparrow G_n \in \{\uparrow F \in \mathbf{Fin}P : \mathrm{int}_{\sigma(P)} \uparrow F = \uparrow F\}$.

(8) ⇒ (9): 由 P 是有限上生成的, P 是 Scott 紧的. 由推论 3.1.5, $(P, \sigma(P))$ 是 sober 的. 由推论 5.1.22, $(P, \sigma(P))$ 中的紧开集全体为 $\{\uparrow F \in \mathbf{Fin}P : \mathrm{int}_{\sigma(P)} \uparrow F = \uparrow F\}$, 且为 $\sigma(P)$ 的基. 由 (8), $\{\uparrow F \in \mathbf{Fin}P : \mathrm{int}_{\sigma(P)} \uparrow F = \uparrow F\}$ 对有限交封闭. 故 $(P, \sigma(P))$ 是 spectral 的.

(9) ⇒ (10): 设 $(P, \sigma(P))$ 是 spectral 的, 由定理 10.1.5 和定理 10.5.1, $(P, \sigma(P)^{\#}, \leqslant) = (P, \lambda(P), \leqslant)$ 是 Priestley 的.

(10) ⇒ (11): 由命题 1.2.12, $\lambda(P)_+ = \sigma(P)$. 由定理 10.1.4, $\lambda(P)_+$ 和 $\lambda(P)_-$ 是对偶的, 从而由定理 10.5.1, 有 $\omega(P) = \lambda(P)_- = (\lambda(P)_+)^d = \sigma(P)^d, \sigma(P) = \lambda(P)_+ = (\lambda(P)_-)^d = \omega(P)^d$.

(11) ⇒ (12) ⇒ (1): 显然.

上述结果推广了 Priestley 的文献 [294, Theorem 4.3] 中的结果.

利用 $\omega(P)$ 和 $\sigma(P)$ 的对偶拓扑, 下面讨论 $(P, \omega(P))$ 与 $(P, \sigma(P))$ 的 spectral 性, $(P, \lambda(P), \leqslant)$ 的 Priestley 性及其与拟代数 domain 的关系.

首先, 有下述 "代数型" 的 Lawson 定理.

定理 11.1.2 设偏序集 P 具有性质 DINT, 假设 τ 是 P 上的序相容拓扑 (即 $\upsilon(P) \subseteq \tau \subseteq \mathbf{up}(P)$), $(P, \lambda_\tau(P) = \omega(P) \vee \tau, \leqslant)$ 是 Priestley 的. 则

(1) P 是拟代数 domain;

(2) $\lambda_\tau(P) = \lambda(P)$;

(3) $\lambda_\tau(P)_- = \omega(P) = \sigma(P)^d, \lambda_\tau(P)_+ = \sigma(P) = \omega(P)^d$;

(4) $(P, \lambda(P), \leqslant)$ 是 Priestley 的, 且 $\lambda(P)_- = \omega(P)$;

(5) 若 $(P,\alpha,\leqslant)$ 是 Priestley 的, $\alpha_-=\omega(P)$, 则 $\alpha=\lambda(P)$.

证明 由定理 10.5.9, 只需证 P 是拟代数 domain. 由推论 5.1.21, $(P,\sigma(P))$ 中的紧开集全体为 $\{\uparrow F\in \mathbf{Fin}P:\mathrm{int}_{\sigma(P)}\uparrow F=\uparrow F\}$; 从而由命题 1.2.12, 定理 10.1.4 和 $(P,\lambda(P),\leqslant)$ 是 Priestley 的, $\{\uparrow F\in \mathbf{Fin}P:\mathrm{int}_{\sigma(P)}\uparrow F=\uparrow F\}$ 为 $\sigma(P)$ 的基. 由推论 5.1.22,P 是拟代数 domain.

推论 11.1.3 [207] 设 P 为偏序集, τ 是 P 上的序相容拓扑 (即 $\upsilon(P)\subseteq\tau\subseteq \mathbf{up}(P)$), $\lambda_\tau(P)=\omega(P)\vee\tau$. 则下述各条件等价:

(1) $(P,\lambda_\tau(P),\leqslant)$ 是 Priestley 空间, P 具有性质 DINT;

(2) $(P,\lambda_\tau(P),\leqslant)$ 是 Priestley 空间, 且若 U 是 $(P,\lambda_\tau(P),\leqslant)$ 中的闭开上集, 则 $\exists F\in P^{(<\omega)}$ 使 $U=\uparrow F$;

(3) P 是拟代数 domain, $\lambda(P)$ 是紧的, $\lambda_\tau(P)=\lambda(P)$.

当上面的任一等价条件满足时, $\lambda_\tau(P)_-=\lambda(P)_-=\omega(P)=\sigma(P)^d$, $\lambda_\tau(P)_+=\lambda(P)_+=\sigma(P)=\omega(P)^d$.

证明 (1) $\Rightarrow$ (2): 由定理 10.1.4 和定理 11.1.2, P 是拟代数 domain, $\lambda_\tau(P)_+=\sigma(P)$, $(P,\sigma(P))$ 是 spectral 的. 设 U 是 $(P,\lambda_\tau(P),\leqslant)$ 中的闭开上集, 则 $U\in\lambda_\tau(P)_+=\sigma(P)$, 且是 $(P,\sigma(P))$ 中的紧子集. 由推论 5.1.22, $\exists F\in P^{(<\omega)}$ 使 $U=\uparrow F$.

(2) $\Rightarrow$ (1): 由定理 10.1.4, $(P,\lambda_\tau(P)_+)$ 是 spectral 空间. 下证 P 具有性质 DINT. P 显然是 $(P,\lambda_\tau(P),\leqslant)$ 中的闭开上集, 由 (2), $\exists F\in P^{(<\omega)}$ 使 $P=\uparrow F$. 设 C 是 $\omega(P)$ 中的闭集, 则 C 是 $(P,\lambda_\tau(P),\leqslant)$ 中的紧上集. 令由 $\mathcal{U}_C=\{V\in\lambda_\tau(P)_+ : V$ 在 $(P,\lambda_\tau(P)_+)$ 中是紧的, 且 $C\subseteq V\}$. 则由 $(P,\lambda_\tau(P)_+)$ 是 spectral 的, $\mathcal{U}_C$ 是下定向的 (在集包含序下), 且 $C=\cap\mathcal{U}_C$. $\forall V\in\mathcal{U}_C$, 由 (2) 和注 10.1.6, $\exists F_V\in P^{(<\omega)}$ 使 $V=\uparrow F_V$; 从而 $\mathcal{F}_C=\{\uparrow F_V\in\mathbf{Fin}P:V\in\mathcal{U}_C\}$ 是定向的, 且 $C=\cap\mathcal{F}_C$. 所以 P 具有性质 DINT.

(1) $\Rightarrow$ (3): 由定理 11.1.2.

(3) $\Rightarrow$ (1): 由定理 11.1.1.

推论 11.1.4 设 P 为偏序集, 考虑下述各条件:

(1) P 是拟代数 domain;

(2) P 具有性质 DINT;

(3) $(P,\lambda(P),\leqslant)$ 是 Priestley 的.

则任何两个条件蕴涵剩下的第三个条件.

证明 (1) + (2) $\Rightarrow$ (3): 由定理 11.1.1.

(1) + (3) $\Rightarrow$ (2): 由定理 11.1.1.

(2) + (3) $\Rightarrow$ (1): 由定理 11.1.2 或推论 11.1.3.

命题 11.1.5 设偏序集 P 具有性质 DINT, $\lambda(P)$ 是紧的. 则下述各条件等价:

(1) P 是拟代数 domain;

(2) 存在 P 上的拓扑 $\alpha \subseteq \lambda(P)$ 使 $(P, \alpha, \leqslant)$ 是 Priestley 的;

(3) 存在 P 上的拓扑 $\alpha \subseteq \lambda(P)$ 使 $(P, \alpha, \leqslant)$ 是完全序不连通的;

(4) 存在 P 上的序相容的 d-拓扑 τ (即 $\upsilon(P) \subseteq \tau \subseteq \sigma(P)$) 使 $(P, \omega(P) \vee \tau, \leqslant)$ 是 Priestley 的;

(5) 存在 P 上的序相容的 d-拓扑 τ (即 $\upsilon(P) \subseteq \tau \subseteq \sigma(P)$) 使 $(P, \omega(P) \vee \tau, \leqslant)$ 是完全序不连通的.

证明 (1) $\Rightarrow$ (2): 由推论 11.1.4, $(P, \lambda(P), \leqslant)$ 是 Priestley 的.

(2) $\Rightarrow$ (3): 显然.

(3) $\Rightarrow$ (1): 由引理 1.2.3, $\alpha = \lambda(P)$; 从而 $(P, \lambda(P), \leqslant)$ 是 Priestley 空间. 由定理 11.1.2, P 是拟代数 domain.

(1) $\Rightarrow$ (4): 取 $\tau = \sigma(P)$. 由定理 11.1.1, $(P, \omega(P) \vee \tau, \leqslant) = (P, \lambda(P), \leqslant)$ 是 Priestley 的.

(4) $\Rightarrow$ (5): 显然.

(5) $\Rightarrow$ (1): 由 $\upsilon(P) \subseteq \tau \subseteq \sigma(P)$, $\lambda_\tau(P) = \omega(P) \vee \tau \subseteq \lambda(P)$; 从而由 $\lambda(P)$ 是紧的和引理 1.2.3, $\omega(P) \vee \tau = \lambda(P)$. 故 $(P, \lambda(P), \leqslant)$ 是 Priestley 空间. 由定理 11.1.2, P 是拟代数 domain.

由推论 10.2.46 和命题 11.1.5, 有下述

推论 11.1.6 设偏序集 P 具有性质 DINT 和性质 R, 则下述各条件等价:

(1) P 是拟代数 domain;

(2) 存在 P 上的拓扑 $\alpha \subseteq \lambda(P)$ 使 $(P, \alpha, \leqslant)$ 是 Priestley 的;

(3) 存在 P 上的拓扑 $\alpha \subseteq \lambda(P)$ 使 $(P, \alpha, \leqslant)$ 是完全序不连通的;

(4) 存在 P 上的序相容的 d-拓扑 τ (即 $\upsilon(P) \subseteq \tau \subseteq \sigma(P)$) 使 $(P, \omega(P) \vee \tau, \leqslant)$ 是 Priestley 的;

(5) 存在 P 上的序相容的 d-拓扑 τ (即 $\upsilon(P) \subseteq \tau \subseteq \sigma(P)$) 使 $(P, \omega(P) \vee \tau, \leqslant)$ 是完全序不连通的.

由推论 10.2.48 和命题 11.1.5, 有下述

推论 11.1.7 设 P 是具有性质 M 的 **dcpo**, 则下述各条件等价:

(1) P 是拟代数 domain;

(2) 存在 P 上的拓扑 $\alpha \subseteq \lambda(P)$ 使 $(P, \alpha, \leqslant)$ 是 Priestley 的;

(3) 存在 P 上的拓扑 $\alpha \subseteq \lambda(P)$ 使 $(P, \alpha, \leqslant)$ 是完全序不连通的;

(4) 存在 P 上的序相容的 d-拓扑 τ (即 $\upsilon(P) \subseteq \tau \subseteq \sigma(P)$) 使 $(P, \omega(P) \vee \tau, \leqslant)$ 是 Priestley 的;

(5) 存在 P 上的序相容的 d-拓扑 τ (即 $\upsilon(P)\subseteq\tau\subseteq\sigma(P)$) 使 $(P,\omega(P)\vee\tau,\leqslant)$ 是完全序不连通的.

由推论 10.2.49 和命题 11.1.5, 有下述

推论 11.1.8 设 P 是具有性质 DINT 的 **dcpo**, $\sigma(P)$ 是 sober 的. 则下述各条件等价:

(1) P 是拟代数 domain;

(2) 存在 P 上的拓扑 $\alpha\subseteq\lambda(P)$ 使 $(P,\alpha,\leqslant)$ 是 Priestley 的;

(3) 存在 P 上的拓扑 $\alpha\subseteq\lambda(P)$ 使 $(P,\alpha,\leqslant)$ 是完全序不连通的;

(4) 存在 P 上的序相容的 d-拓扑 τ (即 $\upsilon(P)\subseteq\tau\subseteq\sigma(P)$) 使 $(P,\omega(P)\vee\tau,\leqslant)$ 是 Priestley 的;

(5) 存在 P 上的序相容的 d-拓扑 τ (即 $\upsilon(P)\subseteq\tau\subseteq\sigma(P)$) 使 $(P,\omega(P)\vee\tau,\leqslant)$ 是完全序不连通的.

由推论 10.2.50 和命题 11.1.5, 有下述

推论 11.1.9 设 P 是具有性质 DINT 的 **dcpo**, $\omega(P)$ 是连续格. 则下述各条件等价:

(1) P 是拟代数 domain;

(2) 存在 P 上的拓扑 $\alpha\subseteq\lambda(P)$ 使 $(P,\alpha,\leqslant)$ 是 Priestley 的;

(3) 存在 P 上的拓扑 $\alpha\subseteq\lambda(P)$ 使 $(P,\alpha,\leqslant)$ 是完全序不连通的;

(4) 存在 P 上的序相容的 d-拓扑 τ (即 $\upsilon(P)\subseteq\tau\subseteq\sigma(P)$) 使 $(P,\omega(P)\vee\tau,\leqslant)$ 是 Priestley 的;

(5) 存在 P 上的序相容的 d-拓扑 τ (即 $\upsilon(P)\subseteq\tau\subseteq\sigma(P)$) 使 $(P,\omega(P)\vee\tau,\leqslant)$ 是完全序不连通的.

基于 Scott 拓扑, 定理 11.1.1 给出了拟代数 domain 的 Lawson 拓扑之紧性的刻画, 下面基于下拓扑给出相应的刻画.

定理 11.1.10 设 P 是拟代数 domain, 则下述各条件等价:

(1) $(P,\lambda(P),\leqslant)$ 是 Priestley 的;

(2) $(P,\lambda(P))$ 是紧的;

(3) P 具有性质 DINT;

(4) $(P,\omega(P))$ 和 $(P,\sigma(P))$ 都是 spectral 的, $\omega(P)^d=\sigma(P),\sigma(P)^d=\omega(P)$;

(5) $(P,\omega(P))$ 是 spectral 的, $\omega(P)^d=\sigma(P)$;

(6) $(P,\omega(P))$ 是 spectral 的, P 具有性质 R;

(7) $\omega(P)$ 是 sober 的和代数的, P 具有性质 R;

(8) $\omega(P)$ 是 sober 的, P 具有性质 R;

(9) $\omega(P)$ 是 sober 的, P 具有性质 WDINT.

证明 (1) $\Leftrightarrow$ (2) $\Leftrightarrow$ (3): 由定理 11.1.1.

(1) ⇒ (4): 由定理 10.5.1, $\lambda(P)_- = \omega(P), \lambda(P)_+ = \sigma(P)$. 由定理 10.1.4, $(P, \lambda(P)_+)$ 和 $(P, \lambda(P)_-)$ 是 spectral 的, 且 $\lambda(P)_+$ 和 $\lambda(P)_-$ 是 Groot 对偶的. 所以 $(P, \omega(P))$ 和 $(P, \sigma(P))$ 都是 spectral 的, $\omega(P)^d = \sigma(P), \sigma(P)^d = \omega(P)$.

(4) ⇒ (5): 显然.

(5) ⇒ (6): 由定理 10.5.15.

(6) ⇒ (7): 只需证 $\omega(P)$ 是代数的. 由 $(P, \omega(P))$ 是 spectral 的, $(P, \omega(P))$ 中的紧开集全体是 $\omega(P)$ 的基. 若 U 是 $(P, \omega(P))$ 中的紧开集, 则显然有 $U \ll_{\omega(P)} U$, 故 $\omega(P)$ 是代数的.

(7) ⇒ (8): 显然.

(8) ⇒ (1): 由 P 具有性质 R 和推论 10.2.25, $(P, \omega(P))$ 是紧的和凝聚的, $\omega(P)^d = \sigma(P)$. 由假设, $(P, \omega(P))$ 是 sober 的; 由定理 11.1.12 (参看其中 "(2) ⇒ (1)" 的证明), $\omega(P)$ 是代数格; 从而 $(P, \omega(P))$ 中的紧开集全体是 $\omega(P)$ 的基. 由 $(P, \omega(P))$ 是凝聚的, 知 $(P, \omega(P))$ 中的紧开集对有限交封闭. 故 $(P, \omega(P))$ 是 spectral 的. 由定理 10.1.5, $(P, \omega(P) \vee \omega(P)^d, \leqslant^{\mathrm{op}}) = (P, \lambda(P), \leqslant^{\mathrm{op}})$ 是 Priestley 的; 从而 $(P, \lambda(P), \leqslant)$ 是 Priestley 的.

(8) ⇒ (9): 由 (8) 与 (3) 的等价性.

(9) ⇒ (3): 由推论 10.3.20.

推论 11.1.11　设 P 是具有性质 DINT (特别地, 具有性质 M) 的 **dcpo**, 则下述各条件等价:

(1) 拟代数 domain;

(2) $(P, \lambda(P), \leqslant)$ 是 Priestley 的;

(3) $(P, \omega(P))$ 和 $(P, \sigma(P))$ 都是 spectral 的, $\omega(P)^d = \sigma(P), \sigma(P)^d = \omega(P)$;

(4) $(P, \omega(P))$ 是 spectral 的, $\omega(P)^d = \sigma(P)$;

(5) $(P, \omega(P))$ 是 spectral 的;

(6) $\omega(P)$ 是代数格;

(7) $(P, \sigma(P))$ 是 spectral 的, $\sigma(P)^d = \omega(P)$;

(8) $(P, \sigma(P))$ 是 spectral 的, P 中的 Scott 紧饱和集是 ω-闭集;

(9) $(P, \sigma(P))$ 中的紧开集全体是 $\sigma(P)$ 的基, P 中的 Scott 紧饱和集恰好是 ω-闭集;

(10) $(P, \sigma(P))$ 中的紧开集全体是 $\sigma(P)$ 的基, P 中的 Scott 紧饱和集是 ω-闭集.

(11) $\sigma(P)$ 是代数的, P 中的 Scott 紧饱和集恰好是 ω-闭集;

(12) $\sigma(P)$ 是代数的, P 中的 Scott 紧饱和集是 ω-闭集;

(13) $(P, \sigma(P))$ 是 spectral 的;

(14) $\sigma(P)$ 是代数格.

证明 (1) ⇔ (2): 由定理 11.1.10.

(1) ⇒ (3): 由定理 11.1.10.

(3) ⇒ (4) ⇒ (5) ⇒ (6): 显然.

(6) ⇒ (1): 见推论 11.1.13.

由 (1)—(6) 等价和 P 是具有性质 DINT 的 **dcpo**, 知在 (1) 和 (7)—(14) 中, (1) 是最强的, (14) 是最弱的. 故只需再证 (14) ⇒ (1).

(14) ⇒ (1): 由文献 [76, Proposition 7], $\sigma(P)$ 是超代数格; 从而由推论 5.1.22, P 是拟代数 domain.

下面进一步讨论偏序集 P 的拟代数性与 $\omega(P)$ 的代数性之间的关系.

定理 11.1.12 设 P 是偏序集, 考虑下述各条件:

(1) $\omega(P)$ 是代数格;

(2) $\forall x, y \in P, x \not\leqslant y, \exists F \in P^{(<\omega)}$ 使 $x \in \mathrm{int}_{\sigma(P)} \uparrow F = \uparrow F \subseteq P \backslash \downarrow y$;

(3) P 是拟代数的, 即 $\forall U \in \sigma(P), x \in U, \exists F \in P^{(<\omega)}$ 使 $x \in \mathrm{int}_{\sigma(P)} \uparrow F = \uparrow F \subseteq U$.

则 (3) ⇒ (2). 若 P 具有性质 WDINT, 则 (1) ⇒ (2). 若 P 具有性质 R, 则 (2) ⇒ (1). 若 P 具有性质 R 和性质 WDINT, 则 (2) ⇒ (3), 从而 (1)—(3) 等价.

证明 (1) ⇒ (2): 设 $x, y \in P, x \not\leqslant y$, 则 $y \in P \backslash \uparrow x \in \omega(P)$. 由 $\omega(P)$ 是代数格, $\exists W \in \omega(P)$ 使 $y \in W \ll_{\omega(P)} W \subseteq P \backslash \uparrow x$. 由 $\{P \backslash \uparrow G : \uparrow G \in \mathbf{Fin} P\} \cup \{\varnothing, P\}$ 是 $\omega(P)$ 的基和 P 具有性质 WDINT, 存在定向族 $\{\uparrow G_i \in \mathbf{Fin} P : i \in I\}$ 使 $P \backslash W = \bigcap_{i \in I} \uparrow G_i$, 即 $W = \bigcup_{i \in I} (P \backslash \uparrow G_i)$. 由 $W \ll_{\omega(P)} W, \exists i \in I$ 使 $W = P \backslash \uparrow G_i$. 记 $F = G_i$, 则 $F \in P^{(<\omega)}, y \in P \backslash \uparrow F \ll_{\omega(P)} P \backslash \uparrow F \subseteq P \backslash \uparrow x$. 令 $U_F = \{u \in P : P \backslash \uparrow F \ll_{\omega(P)} P \backslash \uparrow u\}$. 由推论 10.2.52, $U_F \in \sigma(P)$, 且 $x \in U_F \subseteq \uparrow F$ (因为 $P \backslash \uparrow F \ll_{\omega(P)} P \backslash \uparrow u \Rightarrow P \backslash \uparrow F \subseteq P \backslash \uparrow u \Rightarrow u \in \uparrow F$). $\forall v \in F$, 由 $P \backslash \uparrow F \ll_{\omega(P)} P \backslash \uparrow F \subseteq P \backslash \uparrow v$, 知 $v \in U_F$; 从而 $U_F = \uparrow F$. 所以 $x \in \mathrm{int}_{\sigma(P)} \uparrow F = \uparrow F \subseteq P \backslash \downarrow y$.

(3) ⇒ (2): 显然.

(2) ⇒ (1): 设 P 具有性质 R. $\forall x \in P, U \in \omega(P), x \in U$. 若 $U = P$, 且 $\forall y \in P, x \notin P \backslash \uparrow y$, 则 x 是 P 中的最大元, 从而有 $x \in P \ll_{\omega(P)} P$. 若 $U = P$ 且 $\exists y \in P$ 使 $x \in P \backslash \uparrow y$ 或 $U \neq P$, 则 $\exists \{y_1, y_2, \cdots, y_n\} \in P^{(<\omega)}$ 使 $x \in P \backslash \uparrow \{y_1, y_2, \cdots, y_n\} \subseteq U$. $\forall i \in \{1, 2, \cdots, n\}$, 由 $y_i \not\leqslant x$ 和 (2), $\exists F_i \in P^{(<\omega)}$ 使 $y_i \in \mathrm{int}_{v(P)} \uparrow F_i = \uparrow F_i \subseteq P \backslash \downarrow x$; 因而 $\{y_1, y_2, \cdots, y_n\} \subseteq \bigcup_{i=1}^{n} \uparrow F_i = \bigcup_{i=1}^{n} \mathrm{int}_{\sigma(P)} \uparrow F_i \subseteq \mathrm{int}_{\sigma(P)} \bigcup_{i=1}^{n} \uparrow F_i \subseteq \bigcup_{i=1}^{n} \uparrow F_i \subseteq P \backslash \downarrow x$. 令 $F = \bigcup_{i=1}^{n} F_i$. 则 $F \in P^{(<\omega)}$, 且 $x \in P \backslash \uparrow F = P \backslash \mathrm{int}_{\sigma(P)} \uparrow F \subseteq P \backslash \uparrow \{y_1, y_2, \cdots, y_n\} \subseteq U$. 由定理 10.2.24, $P \backslash \mathrm{int}_{\sigma(P)} \uparrow F$ 是 $(P, \omega(P))$ 中的紧饱和集. 故 $P \backslash \uparrow F \ll_{\omega(P)} P \backslash \uparrow F \subseteq U$. 所以 $\omega(P)$ 是代数格.

(2) ⇒ (3): P 具有性质 R 和性质 WDINT, 则由 (2) ⇒ (1), $\omega(P)$ 是代数格. 设 $x \in P, U \in \sigma(P), x \in U$. 令 $\mathcal{F}_x=\{\uparrow F : x \in \mathrm{int}_{\sigma(P)} \uparrow F = \uparrow F\}$. 若 x 是 P 中的最小元, 则 $P = \uparrow x$, 从而 $\uparrow x \in \mathcal{F}_x, \uparrow x = \cap\mathcal{F}_x$. 若 x 不是 P 中的最小元, 则 $\exists z \in P$ 使 $x \not\leq z$. 由 (2), $\exists F_z \in P^{(<\omega)}$ 使 $x \in \mathrm{int}_{\sigma(P)} \uparrow F_z = \uparrow F_z \subseteq P \backslash \downarrow z$. 故 $\uparrow F_z \in \mathcal{F}_x$, 且 $z \notin \uparrow F_z$. 同理, $\forall y \notin \uparrow x$, 由 (2), $\exists F_y \in P^{(<\omega)}$ 使 $x \in \mathrm{int}_{\sigma(P)} \uparrow F_y = \uparrow F_y \subseteq P \backslash \downarrow y$. 故 $\uparrow F_y \in \mathcal{F}_x$, 且 $y \notin \uparrow F_y$. 所以 $\uparrow x = \cap\mathcal{F}_x$. 记 $\mathcal{F}_x=\{\uparrow F_j : j \in J\}$. 则 $\uparrow x = \bigcap_{j\in J} \uparrow F_j \subseteq U \in \sigma(P)$. 由 P 为具有性质 R, $\exists T \in J^{(<\omega)}$ 使 $\bigcap_{j\in T} \uparrow F_j \subseteq U$; 从而 $x \in \bigcap_{j\in T} \mathrm{int}_{\sigma(P)} \uparrow F_j = \mathrm{int}_{\sigma(P)} \bigcap_{j\in T} \uparrow F_j = \bigcap_{j\in T} \uparrow F_j \subseteq U$. 由 P 具有性质 R 和定理 10.2.24 (或注 10.2.55), $P \backslash \bigcap_{j\in T} \uparrow F_j \ll_{\omega(P)} P \backslash \bigcap_{j\in T} \uparrow F_j \subseteq P \backslash \uparrow x$. 由 P 具有性质 WDINT, 存在定向族 $\{\uparrow G_i \in \mathbf{Fin}\ P : i \in I\}$ 使 $\bigcap_{j\in T} \uparrow F_j = \bigcap_{i\in I} \uparrow G_i \subseteq U$. 即 $P \backslash \bigcap_{j\in T} \uparrow F_j = \bigcup_{j\in J}(P \backslash \uparrow G_j)$. 由 $\{P \backslash \uparrow G_j : j \in J\} \subseteq \omega(P)$ 是定向族和 $P \backslash \bigcap_{j\in T} \uparrow F_j \ll_{\omega(P)} P \backslash \bigcap_{j\in T} \uparrow F_j$, $\exists j \in J$ 使 $P \backslash \bigcap_{j\in T} \uparrow F_j \subseteq P \backslash \uparrow G_j$. 故 $P \backslash \bigcap_{j\in T} \uparrow F_j = P \backslash \uparrow G_j$, 即 $\bigcap_{j\in T} \uparrow F_j = \uparrow G_j$, 从而 $P \backslash \uparrow G_j \ll_{\omega(P)} P \backslash \uparrow G_j \subseteq P \backslash \uparrow x$. 由推论 10.2.54, 有 $x \in \mathrm{int}_{\sigma(P)} \uparrow G_j = \uparrow G_j \subseteq U$. 故 P 是拟代数的.

推论 11.1.13　设偏序集 P 具有性质 WDINT 的 **dcpo**, 则下述各条件等价:

(1) $\omega(P)$ 为代数格;

(2) P 是拟代数 domain;

(3) P 具有性质 R, 且 $\forall x, y \in P, x \not\leq y, \exists F \in P^{(<\omega)}$ 使 $x \in \mathrm{int}_{\sigma(P)} \uparrow F = \uparrow F \subseteq P \backslash \downarrow y$.

证明　(1) ⇒ (2): 设 $\omega(P)$ 为代数格. 由推论 10.2.17, P 具有性质 R. 由定理 11.1.12, P 是拟代数 domain.

(2) ⇒ (3): 推论 3.1.5, $\sigma(P)$ 是 sober 的; 从而由命题 10.2.16, P 具有性质 R. $\forall x, y \in P, x \not\leq y$, 由定理 3.1.6, $\exists F \in P^{(<\omega)}$ 使 $x \in \mathrm{int}_{\sigma(P)} \uparrow F = \uparrow F \subseteq P \backslash \downarrow y$.

(3) ⇒ (1): 由定理 11.1.12.

由命题 10.2.12 和推论 11.1.13, 有下述

推论 11.1.14　设偏序集 P 具有性质 M_w 的 **dcpo**, 则下述各条件等价:

(1) $\omega(P)$ 为代数格;

(2) P 是拟代数 domain;

(3) $\forall x, y \in P, x \not\leq y, \exists F \in P^{(<\omega)}$ 使 $x \in \mathrm{int}_{\sigma(P)} \uparrow F = \uparrow F \subseteq P \backslash \downarrow y$.

由命题 3.1.12、推论 10.2.47、定理 11.1.2 和推论 11.1.13, 有下述

推论 11.1.15　设 P 是具有性质 DINT 的 **dcpo**, 则下述各条件等价:

(1) $\omega(P)$ 为代数格;

(2) P 具有性质 R, 且 $\forall x, y \in P$, $x \not\leqslant y$, $\exists F \in P^{(<\omega)}$ 使 $x \in \mathrm{int}_{\sigma(P)} \uparrow F = \uparrow F \subseteq P \backslash \downarrow y$;

(3) P 是拟代数 domain;

(4) $(P, \lambda(P), \leqslant)$ 是 Priestley 空间.

由命题 10.2.12 和推论 11.1.15, 有下述

推论 11.1.16 设 P 是具有性质 M 的 **dcpo**, 则下述各条件等价:

(1) $\omega(P)$ 为代数格;

(2) $\forall x, y \in P$, $x \not\leqslant y$, $\exists F \in P^{(<\omega)}$ 使 $x \in \mathrm{int}_{\sigma(P)} \uparrow F = \uparrow F \subseteq P \backslash \downarrow y$;

(3) P 是拟代数 domain;

(4) $(P, \lambda(P), \leqslant)$ 是 Priestley 空间.

推论 11.1.17[336] 设 L 是完备格, 则下述各条件等价:

(1) $\omega(L)$ 为代数格;

(2) $\forall x, y \in L$, $x \not\leqslant y$, $\exists F \in L^{(<\omega)}$ 使 $x \in \mathrm{int}_{\sigma(L)} \uparrow F = \uparrow F \subseteq L \backslash \downarrow y$;

(3) L 是拟代数格;

(4) $(L, \lambda(L), \leqslant)$ 是 Priestley 空间.

沿用文献 [419] 的思路, 下面我们给出推论 11.1.13 中 P 的拟代数性和 $\omega(P)$ 的代数性之等价性的另一个证明.

定理 11.1.18 设偏序集 P 是具有 WDINT 的 **dcpo**, 则下述两个条件等价:

(1) P 是拟代数的;

(2) $\omega(P)$ 是代数格.

证明 (1) $\Rightarrow$ (2): 设 $U \in \omega(P)$, $x \in U$. 则 $\exists \{y_1, y_2, \cdots, y_n\} \in P^{(<\omega)}$ 使 $x \in P \backslash \uparrow \{y_1, y_2, \cdots, y_n\} \subseteq U$. $\forall i \in \{1, 2, \cdots, n\}$, 由 P 是拟代数的和定理 3.1.6, $\exists F_i \in P^{(<\omega)}$ 使 $y_i \in \mathrm{int}_{\sigma(P)} \uparrow F_i = \uparrow F_i \subseteq P \backslash \downarrow x$; 因而 $\{y_1, y_2, \cdots, y_n\} \subseteq \bigcup\limits_{i=1}^{n} \mathrm{int}_{\sigma(P)} \uparrow F_i = \bigcup\limits_{i=1}^{n} \uparrow F_i \subseteq P \backslash \downarrow x$. 令 $F = \bigcup\limits_{i=1}^{n} F_i$. 则 $F \in P^{(<\omega)}$, $\uparrow F \in \sigma(P)$, $x \in P \backslash \uparrow F = P \backslash \mathrm{int}_{\sigma(P)} \uparrow F \subseteq P \backslash \uparrow \{y_1, y_2, \cdots, y_n\} \subseteq U$. 由推论 10.2.54, $P \backslash \uparrow F \ll_{\omega(P)} P \backslash \uparrow F$. 所以 $\omega(P)$ 是代数格.

(2) $\Rightarrow$ (1): 设 $x \in P$, $U \in \sigma(P)$, $x \in U$. 记 $\mathcal{F}_x = \{\uparrow F \in \mathbf{Fin}\, P : x \in \mathrm{int}_{\sigma(P)} \uparrow F = \uparrow F\}$.

1° $\mathcal{F}_x \neq \varnothing$.

若 $P \backslash \uparrow x = \varnothing$, 即 x 是 P 中的最小元 0, 则 $\uparrow 0 \in \mathcal{F}_x$. 若 $P \backslash \uparrow x \neq \varnothing$, 任取 $u \in P \backslash \uparrow x \in \omega(P)$. 则由 $\omega(P)$ 是代数格, $\exists U \in \omega(P)$ 使 $u \in U \ll_{\omega(P)} \ll U \subseteq$

$P\backslash\uparrow x$. 由推论 10.2.54, $x\in \mathrm{int}_{\sigma(P)}(P\backslash U)=P\backslash U$. 由 P 具有性质 WDINT, 存在定向集族 $\{\uparrow F_i: i\in I\}\subseteq$**Fin** P 使 $P\backslash U=\bigcap_{i\in I}\uparrow F_i$; 从而 $U=\bigcup_{i\in I}(P\backslash\uparrow F_i)$. 由 $U\ll_{\omega(P)}\ll U$, $\exists i\in I$ 使 $U=P\backslash\uparrow F_i$. 所以 $x\in \mathrm{int}_{\sigma(P)}\uparrow F_i=\uparrow F_i$. 故 $\uparrow F_i\in\mathcal{F}_x$.

2° $\mathcal{F}_x$ 是定向的.

设 $\uparrow F_1, \uparrow F_2\in\mathcal{F}_x$, 则 $x\in \mathrm{int}_{\sigma(P)}\uparrow F_1\cap \mathrm{int}_{\sigma(P)}\uparrow F_2=\mathrm{int}_{\sigma(P)}(\uparrow F_1\cap\uparrow F_2)=\uparrow F_1\cap\uparrow F_2$. 由 P 具有性质 WDINT, 存在定向族 $\{\uparrow G_j\in$**Fin** $P: j\in J\}$ 使 $\uparrow F_1\cap\uparrow F_2=\bigcap_{j\in J}\uparrow G_j$. 由推论 3.2.2, $\exists j\in J$ 使 $\uparrow G_j\subseteq \mathrm{int}_{\sigma(P)}(\uparrow F_1\cap\uparrow F_2)=\uparrow F_1\cap\uparrow F_2$, 从而 $\uparrow F_1\cap\uparrow F_2=\uparrow G_j\in\mathcal{F}_x$.

3° $\uparrow x=\cap\mathcal{F}_x$.

显然, $\uparrow x\subseteq\cap\mathcal{F}_x$. 另一方面, 若 $y\in P\backslash\uparrow x$, 则由 1° 的证明知, $\exists\uparrow F_y\in\mathcal{F}_x$ 使 $y\notin\uparrow F_y$. 所以 $\uparrow x=\cap\mathcal{F}_x$.

由 3°, 有 $\uparrow x=\cap\mathcal{F}_x\subseteq U\in\sigma(P)$; 从而由 2° 和推论 3.2.2, $\exists\uparrow G\in\mathcal{F}_x$ 使 $\uparrow G\subseteq U$. 由 $\uparrow G\in\mathcal{F}_x$, 有 $x\in \mathrm{int}_{\sigma(P)}\uparrow G=\uparrow G\subseteq U$. 由推论 5.1.22, P 是拟代数 domain.

由命题 3.1.12 和推论 11.1.13, 有下述

推论 11.1.19 设 P 是具有性质 WDINT 的 **dcpo**, $\omega(P)$ 为代数格. 则 $(P, \lambda(P), \leqslant)$ 是序完全不连通的.

由命题 1.2.11 和推论 11.1.11, 有下述

推论 11.1.20 设 L 是完备格, 则下述各条件等价:

(1) L 是拟代数格;

(2) $(L, \lambda(L), \leqslant)$ 是 Priestley 的;

(3) $(L, \lambda(L), \leqslant)$ 是完全序不连通的;

(4) $(L, \omega(L))$ 和 $(L, \sigma(L))$ 都是 spectral 的, $\omega(L)$ 和 $\sigma(L)$ 是 Groot 对偶的;

(5) $(P, \omega(P))$ 是 spectral 的, $\omega(P)^d=\sigma(P)$;

(6) $(L, \omega(L))$ 是 spectral 的;

(7) $\omega(L)$ 是代数的;

(8) $(L, \sigma(L))$ 是 spectral 的, L 中的 Scott 紧饱和集是 ω-闭集 (即 $\sigma(L)^d=\omega(L)$);

(9) $(L, \sigma(L))$ 有紧开集构成的基, L 中的 Scott 紧饱和集是 ω-闭集;

(10) $\sigma(L)$ 是代数的, L 中的 Scott 紧饱和集是 ω-闭集;

(11) $(P, \sigma(L))$ 是 spectral 的;

(12) $\sigma(L)$ 是代数的.

下面对推论 11.1.20 中 (1) 与 (2) 的等价性 (从某种意义上来说, 是最重要的) 给出一种更为直接的证明. 为此, 首先有下述

引理 11.1.21 设偏序集 P 具有性质 DINT, $(P, \lambda(P))$ 是紧 T_2 空间, $U \subseteq P$. 则下述各条件等价:

(1) U 是 $(P, \lambda(P), \leqslant)$ 中的闭开上集 (即紧开上集);

(2) $U \in \sigma(P) \cap \mathbf{Fin}\ P$;

(3) $\exists F \in P^{(<\omega)}$ 使 $U = \mathrm{int}_{\sigma(P)} \uparrow F = \uparrow F$.

证明 (1) $\Rightarrow$ (2): 由命题 1.2.12, $\lambda(P)_+ = \sigma(P)$, 从而由 U 是 $(P, \lambda(P), \leqslant)$ 中的闭开上集, 有 $U \in \sigma(P)$. 由引理 10.5.2, 有 $\lambda(P)_- = \omega(P)$, 故 $U \in \omega(P)^c$; 从而由 P 具有性质 DINT, 存在定向族 $\{\uparrow F_j : j \in J\} \subseteq \mathbf{Fin}\ P$ 使 $U = \bigcap\limits_{j \in J} \uparrow F_j$, 即 $P \backslash U = \bigcup\limits_{j \in J} (P \backslash \uparrow F_j)$. 由 $(P, \lambda(P))$ 是紧的和 U 是 $(P, \lambda(P))$ 中的开集, 知 $P \backslash U$ 是 $(P, \lambda(P))$ 中的闭集, 从而是紧子集. 由 $\{P \backslash \uparrow F_j : j \in J\}$ 是定向的, $\exists j \in J$ 使 $P \backslash U = P \backslash \uparrow F_j$, 即 $U = \uparrow F_j$.

(2) $\Rightarrow$ (3) $\Rightarrow$ (1): 显然.

对完备格, 引理 11.1.21 中的条件 "Lawson 拓扑是 T_2 的" 可以去掉, 即有下述

引理 11.1.22 设 L 是完备格, $U \subseteq L$. 则下述各条件等价:

(1) U 是 $(L, \lambda(L), \leqslant)$ 中的闭开上集;

(2) $U \in \sigma(L) \cap \mathbf{Fin}\ L$;

(3) $\exists F \in L^{(<\omega)}$ 使 $U = \mathrm{int}_{\sigma(L)} \uparrow F = \uparrow F$.

证明 (1) $\Rightarrow$ (2): 由命题 1.2.12, 由 $\lambda(L)_+ = \sigma(L)$, $\lambda(L)_- = \omega(L)$, 从而由 U 是 $(P, \lambda(L), \leqslant)$ 中的闭开上集, 有 $U \in \sigma(L)$, $U \in \omega(L)^c$. 故 $\exists \{\uparrow F_j : j \in J\} \subseteq \mathbf{Fin}\ L$ 使 $U = \bigcap\limits_{j \in J} \uparrow F_j$, 即 $L \backslash U = \bigcup\limits_{j \in J} (P \backslash \uparrow F_j)$. 由命题 1.2.11, $(L, \lambda(L))$ 是紧的, 从而知闭集 $P \backslash U$ 是 $(P, \lambda(P))$ 中的紧子集. 故 $\exists J_0 \in J^{(<\omega)}$ 使 $L \backslash U = \bigcup\limits_{j \in J_0} (P \backslash \uparrow F_j) = L \backslash \bigcap\limits_{j \in J_0} \uparrow F_j = L \backslash \uparrow F$, 即 $U = \uparrow F$, 其中 $F = \left\{ \vee \varphi(J_0) : \varphi \in \prod\limits_{j \in J_0} F_j \right\} \in L^{(<\omega)}$.

(2) $\Rightarrow$ (3) $\Rightarrow$ (1): 显然.

定理 11.1.23 设偏序集 P 具有性质 DINT(特别地, 具有性质 M), 则下述各条件等价:

(1) P 是拟代数 domain;

(2) $(P, \lambda(P), \leqslant)$ 是 Priestley 空间.

证明 (1) $\Rightarrow$ (2): 由定理 10.5.1(或由推论 3.1.5 与推论 10.2.49), $(P, \lambda(P))$

是紧的. 由命题 3.1.12, $(P, \lambda(P), \leqslant)$ 是完全序不连通的. 故 $(P, \lambda(P), \leqslant)$ 是 Priestley 空间.

(2) $\Rightarrow$ (1): 由 $(P, \lambda(P))$ 是紧的和命题 10.2.12, P 是 **dcpo**. $\forall x, y \in P$, $x \not\leqslant y$, 由 $(P, \lambda(P), \leqslant)$ 是 Priestley 空间和引理 11.1.21, $\exists F \in P^{(<\omega)}$ 使 $x \in \mathrm{int}_{\sigma(P)} \uparrow F = \uparrow F$, $y \notin \uparrow F$, 即 $x \in \mathrm{int}_{\sigma(P)} \uparrow F = \uparrow F \subseteq P \backslash \downarrow y$. 由命题 1.2.12 和定理 10.1.4, $(P, \sigma(P))$ 是 spectral 的, 从而是 sober 的.

现在来证明 P 是拟代数 domain. 设 $U \in \sigma(P)$, $x \in U$. 令 $\mathcal{F}_x=\{\uparrow F : x \in \mathrm{int}_{\sigma(P)} \uparrow F = \uparrow F\}$. 则由上面的证明知, $\uparrow x = \cap \mathcal{F}_x$. 记 $\mathcal{F}_x=\{\uparrow F_j : j \in J\}$, 则 $\uparrow x = \bigcap\limits_{j \in J} \uparrow F_j = \bigcap\limits_{T \in J^{(<\infty)}} \bigcap\limits_{j \in T} \uparrow F_j \subseteq U \in \sigma(P)$. $\forall T \in J^{(<\omega)}$, 由 $(P, \lambda(P), \leqslant)$ 是 Priestley 空间, $\bigcap\limits_{j \in T} \uparrow F_j$ 是 Lawson 紧的, 因而是 Scott 紧的. 由 $\sigma(P)$ 是 sober 的和推论 4.6.4, $\exists T \in J^{(<\omega)}$ 使 $\bigcap\limits_{j \in T} \uparrow F_j \subseteq U$; 从而 $x \in \bigcap\limits_{j \in T} \mathrm{int}_{\sigma(P)} \uparrow F_j = \mathrm{int}_{\sigma(P)} \bigcap\limits_{j \in T} \uparrow F_j = \bigcap\limits_{j \in T} \uparrow F_j \subseteq U$. 由 $(P, \lambda(P))$ 是紧的和 $P \backslash \bigcap\limits_{j \in T} \uparrow F_j = P \backslash \mathrm{int}_{\sigma(P)} \bigcap\limits_{j \in T} \uparrow F_j \in \sigma(P)^c \subseteq \lambda(P)^c$, $P \backslash \bigcap\limits_{j \in T} \uparrow F_j$ 在 $(P, \lambda(P))$ 中是紧的, 从而在 $(P, \omega(P))$ 中是紧的. 故 $P \backslash \bigcap\limits_{j \in T} \uparrow F_j \ll_{\omega(P)} P \backslash \bigcap\limits_{j \in T} \uparrow F_j \subseteq P \backslash \uparrow x$. 由 P 具有性质 WDINT, 存在定向族 $\{\uparrow G_i \in \mathbf{Fin}\ P : i \in I\}$ 使 $\bigcap\limits_{j \in T} \uparrow F_j = \bigcap\limits_{i \in I} \uparrow G_i \subseteq U$. 即 $P \backslash \bigcap\limits_{j \in T} \uparrow F_j = \bigcup\limits_{j \in J} (P \backslash \uparrow G_j)$. 由 $\{P \backslash \uparrow G_j : j \in J\} \subseteq \omega(P)$ 是定向族和 $P \backslash \bigcap\limits_{j \in T} \uparrow F_j \ll_{\omega(P)} P \backslash \bigcap\limits_{j \in T} \uparrow F_j$, $\exists j \in J$ 使 $P \backslash \bigcap\limits_{j \in T} \uparrow F_j \subseteq P \backslash \uparrow G_j$. 故 $P \backslash \bigcap\limits_{j \in T} \uparrow F_j = P \backslash \uparrow G_j$, 即 $\bigcap\limits_{j \in T} \uparrow F_j = \uparrow G_j$; 从而 $P \backslash \uparrow G_j \ll_{\omega(P)} P \backslash \uparrow G_j \subseteq P \backslash \uparrow x$. 由推论 10.2.54, 有 $x \in \mathrm{int}_{\sigma(P)} \uparrow G_j = \uparrow G_j \subseteq U$. 故 P 是拟代数 domain.

定理 11.1.23 在完备格情形最早由 Venugopalan 在文献 [336] 所得到. 最后我们指出, 本节中的许多结果推广了文献 [294] 和 [336] 中的相应结果, 这里就不一一指出, 读者可以自己对照.

11.2 区间拓扑的 Priestley 性

本节讨论 **dcpo** P 上区间拓扑 $\theta(P)$ 的 Priestley 性、$\omega(P)$ 与 $\upsilon(P)$ 的 spectral 性以及它们与拟超代数 domain 的关系.

首先, 由定理 6.2.12 和定理 11.1.1, 有下述

定理 11.2.1 设 P 是拟超代数 domain, 则下述各条件等价:

(1) $(P, \theta(P))$ 是紧的;

(2) P 具有性质 DINT;

(3) $(P, \upsilon(P))$ 中的紧上集恰好是 ω-闭集;

(4) $\forall C \in \omega(P)^c$, C 在 $(P, \upsilon(P))$ 中是紧的;

(5) P 是有限上生成的, $(P, \upsilon(P))$ 是凝聚的;

(6) $(P, \upsilon(P))$ 是紧的和凝聚的;

(7) P 是有限上生成的, 且 $\forall \uparrow F_1, \uparrow F_2 \in \{\uparrow F \in \mathbf{Fin}\ P : \mathrm{int}_{\upsilon(P)} \uparrow F = \uparrow F\}$, $\uparrow F_1 \cap \uparrow F_2 \in \{\uparrow F \in \mathbf{Fin}\ P : \mathrm{int}_{\upsilon(P)} \uparrow F = \uparrow F\}$;

(8) P 是有限上生成的, 且 $\forall \uparrow F_1, \uparrow F_2, \cdots, \uparrow F_n \in \{\uparrow F \in \mathbf{Fin}\ P : \mathrm{int}_{\upsilon(P)} \uparrow F = \uparrow F\}$, $\uparrow F_1 \cap \uparrow F_2 \cap \cdots \cap \uparrow F_n \in \{\uparrow F \in \mathbf{Fin}\ P : \mathrm{int}_{\upsilon(P)} \uparrow F = \uparrow F\}$;

(9) $(P, \upsilon(P))$ 是 spectral 的;

(10) $(P, \theta(P), \leqslant)$ 是 Priestley 的;

(11) $(P, \theta(P), \leqslant)$ 是 Priestley 的, $\theta(P)_- = \omega(P)$, $\theta(P)_+ = \upsilon(P)$;

(12) $(P, \theta(P), \leqslant)$ 是 Priestley 的, $\theta(P)_- = \omega(P)$.

在定理 11.1.2 中, 取 $\tau = \upsilon(P)$, 则有下述

定理 11.2.2 设偏序集 P 具有性质 DINT, $(P, \theta(P), \leqslant)$ 是 Priestley 的. 则

(1) P 是拟代数 domain;

(2) $\theta(P) = \lambda(P)$;

(3) $\theta(P)_- = \omega(P) = \sigma(P)^d$, $\theta(P)_+ = \sigma(P) = \omega(P)^d$;

(4) $(P, \lambda(P), \leqslant)$ 是 Priestley 的, 且 $\lambda(P)_- = \omega(P)$;

(5) 若 $(P, \alpha, \leqslant)$ 是 Priestley 的, $\alpha_- = \omega(P)$. 则 $\alpha = \lambda(P) = \theta(P)$.

推论 11.2.3 设 P 为偏序集, 考虑下述各条件:

(1) P 为拟代数 domain, $\theta(P) = \lambda(P)$;

(2) P 具有性质 DINT;

(3) $(P, \theta(P), \leqslant)$ 是 Priestley 的,

则任何两个条件蕴涵剩下的第三个条件.

证明 (1)+(2) $\Rightarrow$ (3): 由定理 11.1.1.

(1)+(3) $\Rightarrow$ (2): 由定理 11.1.1.

(2)+(3) $\Rightarrow$ (1): 由定理 11.2.2.

在推论 11.1.3 中, 取 $\tau = \upsilon(P)$, 有下述

命题 11.2.4 设 P 为偏序集, 则下述各条件等价:

(1) $(P, \theta(P), \leqslant)$ 是 Priestley 空间, P 具有性质 DINT;

(2) $(P, \theta(P), \leqslant)$ 是 Priestley 空间, 且若 U 是 $(P, \theta(P), \leqslant)$ 中的闭开上集, 则 $\exists F \in P^{(<\omega)}$ 使 $U = \uparrow F$;

(3) P 是拟代数 domain, $\lambda(P)$ 是紧的, $\theta(P) = \lambda(P)$;

(4) P 是具有性质 DINT 的拟代数 domain, $\theta(P) = \lambda(P)$.

当上面的任一等价条件满足时, $\theta(P)_- = \lambda(P)_- = \omega(P) = \sigma(P)^d$, $\theta(P)_+ = \lambda(P)_+ = \sigma(P) = \omega(P)^d$.

推论 11.2.5 设 P 为偏序集, 则下述各条件等价:

(1) P^{op} 具有性质 DINT, $(P, \theta(P), \leqslant)$ 是 Priestley 空间;

(2) $(P, \theta(P), \leqslant)$ 是 Priestley 空间, 且若 U 是 $(P, \theta(P), \leqslant)$ 中的闭开下集, 则 $\exists G \in P^{(<\omega)}$ 使 $U = \downarrow G$;

(3) P^{op} 是拟代数 domain, $\lambda(P^{\mathrm{op}})$ 是紧的, $\theta(P) = \lambda(P^{\mathrm{op}})$;

(4) P^{op} 是具有性质 DINT 的拟代数 domain, $\theta(P) = \lambda(P^{\mathrm{op}})$.

当上面的任一等价条件满足时, $\theta(P)_- = \sigma(P^{\mathrm{op}}) = \upsilon(P)^d$, $\theta(P)_+ = \upsilon(P) = \sigma(P^{\mathrm{op}})^d$.

由定理 6.2.12、命题 11.2.4 和推论 11.2.5, 有下述

定理 11.2.6 设 P 为偏序集, 则下述各条件等价:

(1) P 和 P^{op} 具有性质 DINT, $(P, \theta(P), \leqslant)$ 是 Priestley 空间;

(2) $(P, \theta(P), \leqslant)$ 是 Priestley 空间, 且若 U 是 $(P, \theta(P), \leqslant)$ 中的闭开上集, V 是 $(P, \theta(P), \leqslant)$ 中的闭开下集, 则 $\exists F, G \in P^{(<\omega)}$ 使 $U = \uparrow F$, $V = \downarrow G$;

(3) P 是拟超代数 domain, $\theta(P)$ 是紧的, $\theta(P) = \lambda(P) = \lambda(P^{\mathrm{op}})$;

(4) P^{op} 是拟超代数 domain, $\theta(P)$ 是紧的, $\theta(P) = \lambda(P) = \lambda(P^{\mathrm{op}})$.

当上面的任一等价条件满足时, $\theta(P)_- = \omega(P) = \sigma(P^{\mathrm{op}}) = \upsilon(P)^d$, $\theta(P)_+ = \upsilon(P) = \sigma(P) = \omega(P)^d$.

问题 11.2.7 (1) 若 P 具有性质 DINT, $(P, \theta(P), \leqslant)$ 是 Priestley 的, 则 P 是否为拟超代数 domain?

(2) 若 P 具有性质 M, $(P, \theta(P), \leqslant)$ 是 Priestley 的, 则 P 是否拟超代数 domain?

定理 11.2.8 设偏序集 P 和 P^{op} 具有性质 DINT, $(P, \theta(P), \leqslant)$ 是 Priestley 的. 则

(1) P 是拟超代数 domain;

(2) $\sigma(P) = \upsilon(P)$, $\theta(P) = \lambda(P)$;

(3) $\theta(P)_- = \omega(P) = \upsilon(P)^d$, $\theta(P)_+ = \upsilon(P) = \omega(P)^d$;

(4) $(P, \lambda(P), \leqslant)$ 是 Priestley 的, 且 $\lambda(P)_- = \omega(P)$;

(5) 若 $(P, \alpha, \leqslant)$ 是 Priestley 的, $\alpha_- = \omega(P)$. 则 $\alpha = \theta(P) = \lambda(P)$.

证明 由定理 10.7.13, $\sigma(P)=\upsilon(P)$; 从而由定理 6.2.12 和定理 11.2.2, 得到定理 11.2.8 中的结论.

由于定理 11.2.8 中的条件是自对偶的, 故有下述

推论 11.2.9 设偏序集 P 和 P^{op} 具有性质 DINT, $(P, \theta(P), \leqslant)$ 是 Priestley 的. 则 P 和 P^{op} 均是拟超代数 domain, $\theta(P)=\lambda(P)=\lambda(P^{\mathrm{op}})$, $\theta(P)_{-}=\omega(P)=\sigma(P^{\mathrm{op}})=\upsilon(P)^{d}$, $\theta(P)_{+}=\upsilon(P)=\sigma(P)=\omega(P)^{d}$.

推论 11.2.10 设 P 和 P^{op} 均是具有性质 DINT (特别地, 具有性质 M) 的 **dcpo**, 则下述各条件等价:

(1) P 是拟超代数 domain;

(2) $(P, \theta(P), \leqslant)$ 是 Priestley 的;

(3) 存在 P 上的拓扑 $\alpha\subseteq\theta(P)$ 使 $(P, \alpha, \leqslant)$ 是 Priestley 的;

(4) 存在 P 上的拓扑 $\alpha\subseteq\theta(P)$ 使 $(P, \alpha, \leqslant)$ 是完全序不连通的;

(5) P^{op} 是拟超代数 domain.

证明 (1) $\Rightarrow$ (2): 由定理 11.2.1, $(P, \theta(P), \leqslant)$ 是 Priestley 的.

(2) $\Rightarrow$ (3) $\Rightarrow$ (4): 显然.

(4) $\Rightarrow$ (1): 由引理 1.2.3 和命题 10.7.4, $\alpha=\theta(P)$, 从而 $(P, \theta(P), \leqslant)$ 是 Priestley 的. 由定理 11.2.8, P 是拟超代数 domain.

对偶地, (2)—(5) 等价.

推论 11.2.11 设 L 是完备格, 则下述各条件等价:

(1) L 是拟超代数格;

(2) $(L, \theta(L), \leqslant)$ 是 Priestley 的;

(3) 存在 L 上的拓扑 $\alpha\subseteq\theta(L)$ 使 $(L, \alpha, \leqslant)$ 是 Priestley 的;

(4) 存在 L 上的拓扑 $\alpha\subseteq\theta(L)$ 使 $(L, \alpha, \leqslant)$ 是完全序不连通的;

(5) L^{op} 是拟超代数格.

问题 11.2.12 (1) 若 P 是具有性质 DINT 的拟超代数 domain, P^{op} 是否拟超代数 domain?

(2) 若 P 是具有性质 M 的拟超代数 domain, P^{op} 是否拟超代数 domain?

由命题 6.2.9、定理 6.2.12 和命题 10.7.2, 有下述

命题 11.2.13 设 P 是拟超代数 domain, P 和 P^{op} 均具有性质 R. 则 $(P, \theta(P), \leqslant)$ 是 Priestley 的.

定理 11.2.14 设偏序集 P 具有性质 DINT, 考虑下述条件:

(1) P 是拟超代数 domain;

(2) $(P, \theta(P), \leqslant)$ 是 Priestley 的, $\omega(P)^{d}=\upsilon(P)$;

(3) P 是拟代数 domain, $\omega(P)^{d}=\upsilon(P)$;

(4) $(P, \theta(P), \leqslant)$ 是 Priestley 的, $\theta(P)_{+}=\upsilon(P)$;

(5) $(P, \theta(P), \leqslant)$ 是 Priestley 的;

(6) P 是拟代数 domain, $\theta(P)_- = \omega(P)$, $\theta(P)_+ = \sigma(P)$;

(7) P 是拟代数 domain, $\theta(P)_- = \omega(P)$, $\lambda(P) = \theta(P)$;

(8) P 是拟代数 domain, $\theta(P)_+ = \sigma(P)$;

(9) P 是拟代数 domain, $\lambda(P) = \theta(P)$.

则 (1) $\Leftrightarrow$ (2) $\Leftrightarrow$ (3) $\Leftrightarrow$ (4) $\Rightarrow$ (5) $\Leftrightarrow$ (6) $\Leftrightarrow$ (7) $\Leftrightarrow$ (8) $\Leftrightarrow$ (9). 若 P^{op} 具有 DINT, 则 (1)—(9) 全部等价, 且等价于下述条件

(10) P^{op} 是拟超代数 domain.

证明 (1) $\Rightarrow$ (2): 由定理 11.2.1, $(P, \theta(P), \leqslant)$ 是 Priestley 的, 且 $\theta(P)_- = \omega(P)$, $\theta(P)_+ = \upsilon(P)$. 由定理 10.1.4, $\theta(P)_-$ 和 $\theta(P)_+$ 是 Groot 对偶的. 故 $\omega(P)^d$=$(\theta(P)_-)^d$ =$\theta(P)_+ = \upsilon(P)$, $\upsilon(P)^d$=$(\theta(P)_+)^d$ =$\theta(P)_- = \omega(P)$.

(2) $\Rightarrow$ (3): 由定理 11.2.2, P 是拟代数 domain.

(3) $\Rightarrow$ (4): 由定理 11.1.1, $(P, \lambda(P), \leqslant)$ 是 Priestley 的, 且 $\lambda(P)_- = \omega(P)$, $\lambda(P)_+ = \sigma(P)$. 由定理 10.1.4, $\lambda(P)_- = \omega(P)$=$(\lambda(P)_+)^d = \sigma(P)^d$, $\lambda(P)_+ = \sigma(P)$=$(\lambda(P)_-)^d$= $\omega(P)^d$; 从而由假设条件 $\omega(P)^d = \upsilon(P)$, 有 $\sigma(P) = \upsilon(P)$. 故 $(P, \theta(P), \leqslant)$=$(P, \lambda(P), \leqslant)$ 是 Priestley 的, 且 $\theta(P)_+ = \lambda(P)_+ = \omega(P)^d = \upsilon(P)$.

(4) $\Rightarrow$ (1): 由命题 1.2.12 和定理 11.2.2, P 是拟代数 domain, $\lambda(P) = \theta(P)$, $\upsilon(P) = \theta(P)_+ = \lambda(P)_+ = \sigma(P)$. 由定理 6.2.12, P 为拟超代数 domain.

(4) $\Rightarrow$ (5): 显然.

(5) $\Rightarrow$ (6): 由定理 11.2.2, P 是拟代数 domain, 且 $\theta(P)_- = \omega(P) = \sigma(P)^d$, $\theta(P)_+ = \sigma(P) = \omega(P)^d$.

(6) $\Rightarrow$ (7) $\Rightarrow$ (9): 显然.

(6) $\Rightarrow$ (8) $\Rightarrow$ (9): 显然.

(9) $\Rightarrow$ (5): 由定理 11.1.1, $(P, \lambda(P), \leqslant)$ 是 Priestley 的, 从而由 $\lambda(P) = \theta(P)$, $(P, \theta(P), \leqslant)$ 是 Priestley 的.

(9) $\Rightarrow$ (1): 设 P 和 P^{op} 均具有性质 DINT. 由定理 11.1.1, $(P, \lambda(P), \leqslant)$=$(P, \theta(P), \leqslant)$ 是 Priestley 的. 由定理 11.2.8, P 是拟超代数 domain.

(1) $\Leftrightarrow$ (10): 由推论 11.2.10.

由定理 6.2.12 和定理 11.1.10, 有下述

定理 11.2.15 设 P 是拟超代数 domain, 则下述各条件等价:

(1) $(P, \theta(P), \leqslant)$ 是 Priestley 的;

(2) $(P, \theta(P))$ 是紧的;

(3) P 具有性质 DINT;

(4) $(P, \omega(P))$ 和 $(P, \upsilon(P))$ 都是 spectral 的, 且 $\omega(P)$ 和 $\upsilon(P)$ 是 Groot 对偶的;

(5) $(P, \omega(P))$ 是 spectral 的, $\omega(P)^d = \upsilon(P)$;

(6) $(P, \omega(P))$ 是 spectral 的,P 具有性质 R;

(7) $\omega(P)$ 是 sober 的和代数的, P 具有性质 R;

(8) $\omega(P)$ 是 sober 的, P 具有性质 R;

(9) $\omega(P)$ 是 sober 的, P 具有性质 WDINT.

定理 11.2.16 设 P 为具有性质 DINT (特别地, 具有性质 M) 的 **dcpo**, 则下述各条件等价:

(1) P 是拟超代数 domain;

(2) $(P, \omega(P))$ 和 $(P, \upsilon(P))$ 均是 spectral 的, 且 $\omega(P)$ 和 $\upsilon(P)$ 是 Groot 对偶的;

(3) $\upsilon(P)$ 是代数格, $\omega(P)$ 和 $\upsilon(P)$ 是 Groot 对偶的;

(4) $\upsilon(P)$ 是代数格, $\upsilon(P)^d = \omega(P)$;

(5) $\upsilon(P)$ 是代数格, P 的 υ-紧上集是 ω-闭集;

(6) $(P, \upsilon(P))$ 中的紧开集全体是 $\upsilon(P)$ 的一个基, P 的 υ-紧上集是 ω-闭集;

(7) $(P, \upsilon(P))$ 中的紧开集全体是 $\upsilon(P)$ 的一个基, $\upsilon(P)^d = \omega(P)$;

(8) $(P, \omega(P))$ 是 spectral 的, $\omega(P)^d = \upsilon(P)$;

(9) $(P, \omega(P))$ 是 spectral 的, P 的 ω-紧饱和集是 υ-闭集;

(10) $(P, \omega(P))$ 中的紧开集全体是 $\omega(P)$ 的一个基, P 的 ω-紧饱和集是 υ-闭集;

(11) $\omega(P)$ 是代数格, P 的 ω-紧饱和集是 υ-闭集.

证明 (1) $\Rightarrow$ (2): 由定理 11.2.15.

(2) $\Rightarrow$ (3): 由 $(P, \upsilon(P))$ 是 spectral 的, 紧开集全体是 $(P, \upsilon(P))$ 的基, 从而由引理 4.3.5, $\upsilon(P)$ 是代数格.

(3) $\Rightarrow$ (4) $\Rightarrow$ (5): 显然.

(5) $\Leftrightarrow$ (6): 由引理 4.3.5.

(6) $\Rightarrow$ (7): 由假设, 有 $\upsilon(P)^d \subseteq \omega(P)$. 另一方面, 显然有 $\omega(P) \subseteq \upsilon(P)^d$. 故 $\upsilon(P)^d = \omega(P)$.

(7) $\Rightarrow$ (1): 由推论 10.6.10.

(2) $\Rightarrow$ (8) $\Rightarrow$ (9) $\Rightarrow$ (10): 显然.

(10) $\Leftrightarrow$ (11): 由引理 4.3.5.

(11) $\Rightarrow$ (1): 由推论 11.1.11(或定理 11.1.12), P 是拟代数 domain. 由 P 的 ω-紧饱和集是 υ-闭集, 有 $\omega(P)^d = \upsilon(P)$. 由推论 10.2.30, $\omega(P)^d = \sigma(P)$. 故 $\sigma(P) = \upsilon(P)$. 由定理 6.2.12, P 是拟超代数 domain.

定理 11.2.17　设偏序集 P 和 P^{op} 具有性质 DINT (特别地, P 和 P^{op} 均具有性质 M), 则下述各条件等价:

(1) $(P, \theta(P), \leqslant)$ 是 Priestley 的;

(2) P 是拟超代数 domain;

(3) $(P, \omega(P))$ 和 $(P, \upsilon(P))$ 都是 spectral 的, 且 $\upsilon(P)^{\#} = \omega(P)^{\#}$;

(4) P 为 **dcpo**, 且 $\forall x, y \in P, x \not\leqslant y, \exists F, G \in P^{(<\omega)}$ 使 $x \notin \downarrow G, y \notin \uparrow F, \downarrow G \cup \uparrow F = P, \downarrow G \cap \uparrow F = \varnothing$;

(5) P 为 **dcpo**, 且 $\forall x, y \in P, x \not\leqslant y, \exists F \in P^{(<\omega)}$ 使 $x \in \mathrm{int}_{\upsilon(P)} \uparrow F = \uparrow F \subseteq P \backslash \downarrow y$;

(6) P 为 **dcpo**, 且 $\forall x, y \in P, x \not\leqslant y, \exists G \in P^{(<\omega)}$ 使 $y \in \mathrm{int}_{\omega(P)} \downarrow G = \downarrow G \subseteq P \backslash \uparrow x$;

(7) P^{op} 是拟超代数 domain.

证明　由定理 11.2.14, 知 (1) 与 (2) 等价.

(1) $\Rightarrow$ (3): 由定理 11.2.16.

(3) $\Rightarrow$ (2): 设 $(P, \omega(P))$ 是 spectral, 则由定理 10.1.5, $(P, \omega(P)^{\#}, \leqslant^{\mathrm{op}})$ 是 Priestley 的, 从而 $(P, \omega(P)^{\#}, \leqslant)$ 也是 Priestley 的. 显然, $\omega(P)^d$ 是 P 上的序相容拓扑 (事实上, 由推论 10.2.19, 有 $\upsilon(P) \subseteq \omega(P)^d \subseteq \sigma(P)$). 由 P 具有 DINT 和定理 11.1.2, P 是拟代数 domain, 且 $\omega(P)^{\#} = \lambda(P), \omega(P)^{\#}_{-} = \lambda(P)_{-} = \omega(P)$, $\omega(P)^{\#}_{+} = \lambda(P)_{+} = \sigma(P)$. 对偶地, 由 P^{op} 具有性质 DINT 和 $(P, \upsilon(P))$=$(P, \omega(P^{\mathrm{op}}))$ 是 Priestley 的, P^{op} 是拟代数 domain, 且 $\upsilon(P)^{\#} = \lambda(P^{\mathrm{op}}), \upsilon(P)^{\#}_{+} = \lambda(P^{\mathrm{op}})_{+} = \upsilon(P)$(用 P 的原序 $\leqslant$). 由 $\upsilon(P)^{\#} = \omega(P)^{\#}$, 有 $\upsilon(P) = \sigma(P)$; 从而由 P 是拟代数 domain 和定理 6.2.12, P 是拟超代数 domain.

(2) $\Rightarrow$ (5), (4) $\Rightarrow$ (5), (4) $\Rightarrow$ (6): 显然

(5) $\Rightarrow$ (4): 设 $x, y \in P, x \not\leqslant y$, 由 (5), $\exists F \in P^{(<\omega)}$ 使 $x \in \mathrm{int}_{\upsilon(P)} \uparrow F = \uparrow F \subseteq P \backslash \downarrow y$. 由 P^{op} 具有性质 DINT, 存在下定向族 $\{\downarrow G_j : j \in J, G_j \in P^{(<\omega)}\}$ 使 $\uparrow F = \mathrm{int}_{\upsilon(P)} \uparrow F = P \backslash \bigcap\limits_{j \in J} \downarrow G_j = \bigcup\limits_{j \in J} (P \backslash \downarrow G_j)$; 从而由 $F \in P^{(<\omega)}, \exists j \in J$ 使 $\uparrow F = P \backslash \downarrow G_j$. 令 $G = G_j$, 则 F 和 G 满足 (4).

(6) $\Rightarrow$ (4): 完全类似于 “(5) $\Rightarrow$ (4)” 的证明.

(5) $\Rightarrow$ (2): $\forall x \in P, U \in \upsilon(P), x \in U$, 若 $U = P$, 且 $\forall y \in P, x \notin P \backslash \downarrow y$, 则 x 是 P 中的最小元, 从而有 $x \in \mathrm{int}_{\upsilon(P)} \uparrow x = \uparrow x = P = U$; 若 $U = P$ 且 $\exists y \in P$ 使 $x \in P \backslash \downarrow y$ 或 $U \neq P$, 则 $\exists \{y_1, y_2, \cdots, y_n\} \in P^{(<\omega)}$ 使 $x \in P \backslash \downarrow \{y_1, y_2, \cdots, y_n\} \subseteq U$. $\forall i \in \{1, 2, \cdots, n\}$, 由 $x \not\leqslant y_i$ 和 (6), $\exists F_i \in P^{(<\omega)}$ 使 $x \in \mathrm{int}_{\upsilon(P)} \uparrow F_i = \uparrow F_i \subseteq P \backslash \downarrow y_i$; 因而 $x \in \bigcap\limits_{i=1}^{n} \mathrm{int}_{\upsilon(P)} \uparrow F_i = \mathrm{int}_{\upsilon(P)} \left(\bigcap\limits_{i=1}^{n} \uparrow F_i \right) =$

$\bigcap_{i=1}^{n}\uparrow F_i \subseteq \bigcap_{i=1}^{n}(P\backslash\downarrow y_i) = P\backslash\downarrow\{y_1, y_2, \cdots, y_n\} \subseteq U$. 由 P 具有性质 DINT, 存在定向族 $\{\uparrow G_j \in \mathbf{Fin}\ P\colon j \in J\}$ 使 $\bigcap_{i=1}^{n}\uparrow F_i = \bigcap_{j\in J}\uparrow G_j$. 由 P 为 **dcpo**, $\mathrm{int}_{\upsilon(P)}\bigcap_{i=1}^{n}\uparrow F_i = \bigcap_{i=1}^{n}\uparrow F_i \in \upsilon(P) \subseteq \sigma(P)$ 和推论 3.2.2, $\exists j \in J$ 使 $\uparrow G_j = \bigcap_{i=1}^{n}\uparrow F_i$. 令 $F = G_j$. 则 $x \in \mathrm{int}_{\upsilon(P)}\uparrow F = \uparrow F \subseteq P\backslash\downarrow\{y_1, y_2, \cdots, y_n\} \subseteq U$. 所以 P 是拟超代数 domain.

(1) $\Leftrightarrow$ (7): 显然, 条件 (1) 是自对偶的. 故由 (1) $\Leftrightarrow$ (2) 和推论 10.7.7, 有 (1) $\Leftrightarrow$ (7).

注 11.2.18 定理 11.2.17 中条件 (1), (2) 和 (4) 的等价性是 Menon 在文献 [271, Theorem 2.7] 给出的. 需要指出的是, 其中他给出的条件 (4) 缺了不可缺少的 “P 是 **dcpo**” 之条件.

定理 11.2.17 充分表明了在 P 和 P^{op} 具有性质 DINT 时, P 的拟超代数性的对偶性. 由命题 11.2.4、定理 11.2.16 和定理 11.2.17, 有下述推论.

推论 11.2.19 设 L 是完备格, 则下述各条件等价:

(1) $(L, \theta(L), \leqslant)$ 是 Priestley 的;

(2) L 是拟超代数的;

(3) L 为拟代数的, $\upsilon(L) = \sigma(L)$;

(4) L 是拟代数的, $\omega(L)^d = \upsilon(L)$.

(5) L 为拟代数的, $\theta(L) = \lambda(L)$;

(6) L^{op} 是拟超代数的;

(7) L^{op} 为拟代数的, $\upsilon(L)^d = \omega(L)$;

(8) L^{op} 为拟代数的, $\omega(L) = \sigma(L^{\mathrm{op}})$;

(9) L^{op} 为拟代数的, $\theta(L) = \lambda(L^{\mathrm{op}})$;

(10) $(P, \omega(L))$ 和 $(P, \upsilon(L))$ 都是 spectral 的, 且 $\omega(L)$ 和 $\upsilon(L)$ 是 Groot 对偶的;

(11) $(L, \upsilon(L))$ 是 spectral 的, $\upsilon(L)^d = \omega(L)$;

(12) $(L, \upsilon(L))$ 有由紧开集构成的基, L 的 υ-紧上集是 ω-闭集;

(13) $\upsilon(L)$ 是代数格, L 的 υ-紧上集是 ω-闭集;

(14) $(L, \omega(L))$ 是 spectral 的, $\omega(L)^d = \upsilon(L)$;

(15) $(L, \omega(L))$ 有由紧开集构成的基, L 的 ω-紧饱和集是 υ-闭集;

(16) $\omega(L)$ 是代数格, L 的 ω-紧饱和集是 υ-闭集;

(17) $(L, \omega(L))$ 和 $(P, \upsilon(L))$ 都是 spectral 的, 且 $\upsilon(L)^{\#} = \omega(L)^{\#}$;

(18) $\forall x, y \in L, x \not\leq y, \exists F, G \in L^{(<\omega)}$ 使 $x \notin \downarrow G, y \notin \uparrow F, \downarrow G \cup \uparrow F = L, \downarrow G \cap \uparrow F = \varnothing$;

(19) $\forall x, y \in L, x \not\leq y, \exists F \in L^{(<\omega)}$ 使 $x \in \mathrm{int}_{\upsilon(L)} \uparrow F = \uparrow F \subseteq L \backslash \downarrow y$;

(20) $\forall x, y \in L, x \not\leq y, \exists G \in L^{(<\omega)}$ 使 $y \in \mathrm{int}_{\omega(L)} \downarrow G = \downarrow G \subseteq L \backslash \uparrow x$.

参考文献

[1] Abramsky S. Domain theory in logical form. Ann. Pure and Appl. Logic, 1991, 51: 1-77.

[2] Abramsky S, Jung A. Domain Theory//Abramsky S, Gabbay D M, Maibaum T S E. Handbook of Logic in Computer Science. vol. 3. Oxford: Clarendon Press, 1994.

[3] Amadio R M, Curien P L. Domains and Lambda-Calculi. Cambridge: Cambridge University Press, 1998.

[4] Alexandroff P. Diskrete Räume. Mat. Sb. (N.S.), 1937, 2: 501-518.

[5] Aull C E, Thron W J. Separation axioms between T_0 and T_1. Math., 1962, 24: 26-37.

[6] Balbes R, Dwinger P. Distributive Lattices. Columbia: University of Missouri Press, 1974.

[7] Banaschewski B, Hoffmann R E. Lecture Notes in Mathematics. Bremen: Springer-Verlag, 1981.

[8] Banaschewski B, Niefield S. Projective and supercoherent frames. J. Pure Appl. Algebra, 1991, 70: 45-51.

[9] Banaschewski B, Pultr A. Adjointness aspects of the down-set functor. Appl. Cat. Strucures, 2001, 9: 45-51.

[10] Bandelt H J. Regularity and complete distributivity. Semigroup Forum., 1980, 19: 123-126.

[11] Bandelt H J. M-distributive lattices. Arch. Math., 1982, 39: 436-442.

[12] Bandelt H J. On regularity classes of binary relations. Universal Algebra and Applications. Banach Center Publications. vol. 9, Warsaw: PWN-Polish Scientific Publishers, 1982: 329-333.

[13] Bandelt H J, Erné M. The category of Z-continuous posets. J. Pure and Appl. Algebra, 1983, 30: 219-226.

[14] Bandelt H J, Erné M. Representations and embeddings of M-distributive lattices. Houston J. Math., 1984, 10: 315-324.

[15] Baranga A. Z-continuous posets. Discrete Math., 1996, 152: 33-45.

[16] Bedregal B C. Representing some categories of domains as information system structures. Proc. of the 2nd International Symposium on Domain Theory. Chengdu, 2001: 51-62.

[17] Belaid K, Echi O, Gargouri R. Two classes of locally compact sober spaces. International Journal of Mathematics and Mathematical Sciences, 2005, 15: 2421-2427.

[18] Bernays P. A system of axiomatic set theory Ⅲ. J. of Symbolic Logic, 1942, 7: 65-89.

[19] Bezhanishvili G. Zero-dimensional proximities and zero-dimensional compactifications. Topology and Its Applications, 2009, 156: 1496-1504.

[20] Bezhanishvili G, Bezhanishvili N, Gabelaia D, Kurz A. Bitopological duality for distributive lattices and Heyting algebras. Mathematical Structures in Computer Science, 2010, 20: 359-393.

[21] Bezhanishvili G, Mines R, Morandi P J. Topo-canonical completions of closure algebras and Heyting algebras. Algebra Univers., 2008, 58: 1-34.

[22] Bezhanishvili G, Vosmaer J. Comparison of MacNeille, canonical, and profinite completions. Order, 2008, 25: 299-320.

[23] Bezhanishvili N. Lattices of intermediate and cylindric modal logics. Institute for Logic. Language and Computation. Universiteit van Amsterdam, 2006.

[24] 毕含宇, 徐晓泉. 半连续格上的半 Scott 拓扑和半 Lawson 拓扑. 模糊系统与数学, 2008, 22(2): 75-81.

[25] 毕含宇, 徐晓泉. 半连续格和半代数格的映射性质. 模糊系统与数学, 2008, 22(6): 17-23.

[26] Birkhoff G. Rings of sets. Duke Math. J., 1937, 3: 443-454.

[27] Birkhoff G. Lattice Theory. vol. 25 of AMS Colloquium Publications. 3rd ed. Provindence: Rhode Island, 1967.

[28] Birkhoff G, Frink O. Representations of lattices by sets. Trans. of Amer. Math. Soc., 1948, 64: 299-316.

[29] Bouacida E, Echi O, Picavet G, Salhi E. An extension theorem for sober spaces and Goldman topology. International J. of Math. and Math. Sci., 2003, 51: 3217-3239.

[30] Bouacida E, Echi O, Salhi E. Foliations, spectral topology, and special morphisms. Lecture Notes in Pure and Appl. Math., 1999, 205: 111-132.

[31] Bredihin D A, Schein B M. Representations of ordered semigroups and lattices by binary relations. Colloquium Math., 1978, 39: 1-12.

[32] Bruns G. Distributivität und subdirekte Zerlebarkeit vollständiger Verbände. Arch. Math., 1961, 12: 61-66.

[33] 陈大江, 寇辉. 偏序集乘积的拓扑与拓扑乘积. 四川大学学报 (自然科学版), 2011, 48(2): 267-269.

[34] 陈仪香. 稳定 Domain 理论及其 Stone 表示. 四川大学博士学位论文, 1995.

[35] Chen Y X. Stone duality and representation of stable domains. International Journal of Computer and Mathematics with Applications, 1997, 34: 27-41.

[36] 陈仪香. 稳定映射与局部代数格范畴的笛卡儿闭性. 数学学报, 1997, 40: 597-602.

[37] 陈仪香. 半格与 Domain 的表示. 数学学报, 1998, 41: 737-742.

[38] 陈仪香. 一类论域函数的全性与极大性. 计算机学报, 2001, 24: 680-684.

[39] 陈仪香. 形式语义学的稳定域理论. 北京: 科学出版社, 2003.

[40] Chen Y X, Jung A. A logical approach to stable domains. Theoretical Computer Science, 2006, 368: 124-148.

[41] Chen Y X, Wu H Y. Semantics of sub-probabilistic programs. Frontiers of Computer Science in China, 2008, 2(2): 29-38.

[42] Chen Y X, Wu H Y. Domain semantics of possibility computations. Information Science, 2008, 178: 2661-2679.

[43] Chen Y X, Zhang G Q. Maximality and totality of stable functions on stable bifinite domains. International Journal of Computer and Mathematics with Applications, 2006, 51: 1011-1020.

[44] Cornish W H. On H Priestley's dual of the category of bounded distributive lattices. Mat. Vesnik, 1975, 12: 329-332.

[45] Cotlar M. A method of construction of structures and its application to topological spaces and abstract arithmetic. Univ. Nac. Tucumán. Revista A, 1944, 4: 105-157.

[46] Crawley P, Dilworth R P. Algebraic Theory of Lattices. Englewood Cliffs: Prentice Hall Inc., 1973.

[47] Dedekind R. Stetigkeit Und Irrational Zahlen. Braunschweig: Vieweg, 1872.

[48] Dobbertrin H, Erné M, Kent D C. A note on order convergences in complete lattices. Rocky Mountain. J. Math., 1984, 14: 647-654.

[49] Dube K K. A note on R_0 topological spaces. Math. Vesnik II, 1974, 26: 203-208.

[50] Echi O, Naimi M. Primitive words and spectral spaces. J. Math., 2008, 14: 719-731.

[51] Edalt A. Dynamical systems, measures, and fractals via domain theory. Information and Computation, 1995, 120: 32-48.

[52] Engelking R. General Topology (Revised and Completed Edition). Berlin: Heldermann Verlag, 1989.

[53] Erné M. Separation axioms for interval topologies. Proc. of Amer. Math. Soc., 1980, 79: 185-190.

[54] Erné M. Verallgemeinerungen der Verbandstheorie. I, II. Prerint No. 109 and Habilitationsschrift. Institut für Mathematik. Hannover: Universität Hannover, 1980.

[55] Erné M. A completion-invariant extension of the concept of continuous lattices. Lect. Notes Math., vol. 871. New York: Springer-Verlag, 1981: 45-60.

[56] Erné M. Scott convergence and Scott topologies on partially ordered sets II. Lect. Notes Math., vol. 871. New York: Springer-Verlag, 1981: 61-96.

[57] Erné M. Homomorphisms of M-distributive and M-generated posets. Tech. Report. No. 125, Institut für Mathematik. Hannover: Universität Hannover, 1981.

[58] Erné M. Distributivgesetze und die Dedekindsche Schnitt. Abh. Braunschw. Wiss. Ges., 1982, 33: 117-145.

[59] Erné M. Adjunctions and standard constructions for partially ordered sets// Eigenthaler G, et al. Contributions to General Algebra 2, Proc. Klagenfurt Conf., Wien: Hölder-Pichler-Tempski, 1982: 69-83.

[60] Erné M. Convergence and continuity in partially ordered sets and semilattices// Hoffmann R E, Hofmann K H. Continuous Lattices and Their Applications. Lecture Notes in Pure and Appl. Math., vol. 101. New York: Marcel Deker, 1985: 9-40.

[61] Erné M. Compact generation in partially ordered sets. J. Austral. Math. Soc., 1987, 42: 69-83.

[62] Erné M. Ordnungs-und Verbands theorie. Hagen: Fernuniversität Hagen, 1987.

[63] Erné M. Distributive laws for concept lattices. Techn. Hochschule Darmstadt, 1989.

[64] Erné M. The Dedekind-MacNeille Completion as a Reflector. Order, 1991, 8: 159-173.

[65] Erné M. The ABC of order and topology// Herrlich H, Porst H E. Category Theory at Work. Berlin: Helder mann, 1991: 57-83.

[66] Erné M. Bigeneration in complete lattices and principal separation in partially ordered sets. Order, 1991, 8: 197-221.

[67] Erné M. Algebraic ordered sets and their generalizations// Algebras and Orders. Proc. Montreal, 1992, Amsterdam: Kluwer, 1994: 113-192.

[68] Erné M. Z-continuous posets and their topological manifestation. Appl. Categorical Structures, 1999, 7: 31-70.

[69] Erné M. General Stone duality. Topology and Its Applications, 2004, 137: 125-158.

[70] Erné M. The polarity between approximation and distribution. Denecke K, Erné M, Wismath S L. Galois Connections with Applications. Dordrecht: Kluwer Acad. Publ., 2004: 445-489.

[71] Erné M. Minimal bases, ideal extensions, and basic dualities. Topology Proceedings, 2005, 29: 445-489.

[72] Erné M. Choiceless, pointless, but not useless: Dualities for preframes. Applied Categorical Structures, 2006, 15: 541-572.

[73] Erné M. Sober spaces, well-filtration and compactness principles. preprint, 2006.

[74] Erné M. Choicefree dualities for domains. University of Hannover. Germany, 2006.

[75] Erné M. Quasicontinuous domains and hyperspectral spaces: a missing link in Stone-Priestley duality. preprint, 2007.

[76] Erné M. Infinite distributive laws versus local connectedness and compactness properties. Topology and Its Applications, 2009, 156: 2054-2069.

[77] Erné M, Gehrke M, Pultr A. Complete congruences on topologies and down-set lattices. Appl Cat. Struct., 2007, 15: 163-184.

[78] Erné M, Kopperman R. Natural continuity space structures on dual Heyting algebras. Fund. Math., 1990, 136: 157-177.

[79] Erné M, Pultr A, Sichler J. Closure Frames and Web Spaces. Prague: Charles University, 2002.

[80] Erné M, Week S. Order convergence in lattices. Rocky Mountain. J. Math., 1980, 10: 805-818.

[81] Erné M, Wilke W. Standard completions for quasiordered sets. Semigroup Forum, 1983, 27: 351-376.

[82] Esakia L L. Topological Kripke models. Soviet Math. Dokl., 1974, 15: 147-151.

[83] Esakia L L. The problem of dualism in the intuitionistic logic and Browerian lattices, in V Inter. Congress of Logic. Methodology and Philosophy of Science. Canada, 1975: 7-8.

[84] Esakia L L. Heyting Algebra I Duality Theory (in Russian). Tbilisi: Metsniereba Press, 1985.

[85] Escardo M. Synthetic topology of data types and classical spaces. Electronic Notes in Theoretical Computer Science, 2004, 87: 21-156.

[86] 樊磊. Domain 理论中若干问题的研究. 首都师范大学博士学位论文, 2001.

[87] Fan L. A new approach to quantitative domain theory. Electronic Notes in Theoretic Computer Science, 2001, 45: 77-87.

[88] Fan T H. He W. The Scott topology on posets and continuous posets. Advances in Mathema (China), 2009, 38: 723-730.

[89] 樊太和. 拓扑分子格范畴. 四川大学博士学位论文, 1990.

[90] Fan T H, Wang G J. Compact Semantics on Bc-domains. Domains and Processes, 2001: 125-136.

[91] Flagg B. Algebraic theories of compact pospaces. Topology and Its Applications, 1997, 77: 277-290.

[92] Frink O. Topology in lattices. Trans. of Amer. Math. Soc., 1942, 51: 569-582.

[93] Frink O. Ideals in partially ordered sets. Amer. Math. Monthly, 1954, 64: 223-234.

[94] Funayama N. On the completion by cuts of distributive lattices. Proc. Imp. Acad. Tokyo, 1944, 20: 1-2.

[95] Geherke M. Uniquely representable posets. Annals of the New York Academy of Sciences, 1994, 728: 32-40.

[96] Gehrke M, Priestley H A. Canonical extensions and completions of posets and lattices. Reports on Mathematical Logic, 2008, 43: 133-152.

[97] Geissinger L, Graves W. The category of complete algebraic lattices. J. Combinatorial Theory (A), 1972, 13: 332-338.

[98] Gierz G, Hofmann K H, Keimel K, et al. A Compendium of Continuous Lattices. New York: Springer Verlag, 1980.

[99] Gierz G, HofmannK H, Keimel K, et al. Continuous Lattices and Domains. Cambridge: Cambridge University Press, 2003

[100] Gierz G, Keimel K. A lemma on primes appearing in algebra and analysis. Houston J. Math., 1977, 3: 207-224.

[101] Gierz G, Lawson J D. Generalized continuous and hypercontinuous lattices. Rocky Mountain J. Math., 1981, 11: 271-296.

[102] Gierz G, Lawson J D, Stralka A. Quasicontinuous posets. Houston J. Math., 1983, 9: 191-208.

[103] Givant S. The calculus of relations as a foundation for mathematics. Journal of Automated Reasoning, 2006, 37: 277-322.

[104] Glivenko V. Sur quelques points de la logique de M. Brouwer. Bull. Acad. Sci. Belgique, 1929, 15: 183-188.

[105] Good C, Kopperman R, Yildiz F. Interpolating functions. Topol. Appl., 2011, 158(4): 582-593.

[106] Goubault Larrecq J. On Notherian spaces. Proceedings of the 22nd Annal IEEE Symposium on Logic in Computer Science, 2007: 453-462.

[107] Grätzer G. General Lattice Theory. 2nd ed. Basel: Birkhäuser, 1998.

[108] Grätzer G. Lattice Theory: Foundation. Basel: Birkhäuser, 2011.

[109] de Groot J. An isomorphism principle in general topology. Bull. Amer. Math. Soc., 1967, 73: 465-467.

[110] de Groot J, Strecker G E, Wattel E. The compactness operator in general topology. Proceedings of the Second Prague Topological Symposium. Prague, 1966: 161-163.

[111] Guo L K, Huang F P, Li Q G, Zhang G Q. Power contexts and their concept lattices. Discrete Mathematics, 2011, 311: 2049-2063.

[112] Hall D W, Murphy S K, Rozycki J. On spaces which are essentially T_1. J. Austr. Math. Soc., 1971, 12: 451-455.

[113] Harding J. Any lattice can be regularly embedded into the MacNeille completion of a distributive lattice. Houston J. Math., 1993, 19: 39-44.

[114] Harding J, Bezhanishvili G. MacNeille completions of Heyting algebras. Houston Journal of Mathematics, 2004, 30(4): 937-952.

[115] Hartonas C, Dunn J M. Stone duality for lattices. Algebra Universalis, 1997, 37: 391-401.

[116] Hartung G. A topological representation for lattices. Algebra Universalis, 1992, 17: 273-299.

[117] He W. Locally Compact Regular Compactifications of Locales. Chinese Science Bulletin, 1996, 41(23): 1726.

[118] He W. Spectrum of Heyting algebras. Advances in Math., 1998, 27: 139-142.

[119] He W. S-compact spaces and S-compact locales. Acta Math. Sinica, 2000, 43: 1111-1114.

[120] He W. A constructive proof of the Gelfand-Kolmogorov theorem. Appl. Categor. Struct., 2004, 12: 197-202.

[121] He W. Remarks on completely regular Lindelöf reflection of locales. Appl. Categor. Struct., 2005, 13: 71-77.

[122] 贺伟. 范畴论. 北京: 科学出版社, 2006.

[123] He W, Jiang S L. Sobreity of Scott topology and weak topology on posets. Comment. Math. Univ. Carolinae, 2002, 43: 531-535.

[124] He W, Liu Y M. Reflective Subcategories of the Category of Locales. Chinese Ann. Math., 1997, 18(3): 361-366.

[125] He W, Liu Y M. Steenrod's theorem for locales. Math. Proc. Camb. Philos. Soc., 1998, 124: 305-307.

[126] He W, Liu Y M. Inverse limits in the category of locales. Science in China. Ser. A, 1998, 41: 476-482.

[127] He W, Luo M K. Lattice of quotients of completely distributive lattices. Algebra Universalis, 2005, 54: 121-127.

[128] He W, Luo M K. Completely regular paracompact reflection of locales. Science in China. Series A, 2006, 49: 820-826.

[129] He W, Luo M K. Quantum spaces. Acta Math. Sinica. English Series, 2010, 26: 1323-1330.

[130] He W, Luo M K. A Note on proper maps of locales. Appl. Categor. Struct., 2011, 19: 505-510.

[131] He W, Luo M K. Completely regular proper refletion of locales over a given locale. Proc. Amer. Math. Soc., 2013, 141: 403-408.

[132] He W, Plewe T. Directed inverse limits of spatial locales. Proc. Amer. Math. Soc., 2002, 130: 2811-2814.

[133] Heckmann R. Power Domain Constructions. Dissertation, Universität des Saarlandes, 1990.

[134] Heckmann R. Power domain constructions. Science of Computer Programming, 1991, 17: 77-117.

[135] Heckmann R. Lower and upper power domain constructions commute on all dcpos. Information Processing, 1991, 40: 7-11.

[136] Heckmann R. An upper power domain construction in terms of strongly compact sets. Lecture Notes in Computer Science. vol. 598. New York: Springer-Verlag, 1992: 272-293.

[137] Heckmann R. Power domain and second-order predicates. Theoretical Computer Sci., 1993, 111: 59-88.

[138] Hennessy M C B, Plotkin G D. Full abstraction for a simple parallel programming language. Mathematical Foundation of Comput. Sci., Necture Notes in Comput. Sci., vol. 74. Berlin: Springer-Verlag, 1979: 108-120.

[139] Herrlich H. A concept of nearness. Gen. Topol. Appl., 1974, 4: 191-212.

[140] Ho W K, Zhao D. On lattices of Scott-closed sets. Commentations Math. Univ. Carolinae, 2009, 50(2): 297-314.

[141] Ho W K, Zhao D S. When exactly is Scott sober. Singapore: National Institute of Education, 2010.

[142] Hochster M. Prime ideal structure in commutative rings. Trans. Amer. Math. Soc., 1969, 142: 43-60.

[143] Hoffmann R E. Essentially complete T_0 spaces. Manuscripta Math., 1979, 27: 401-432.

[144] Hoffmann R E. Continuous posets, prime spectra of completely distributive complete lattices, and Hausdorff compactifications. Lecture Notes in Math., vol. 871. Springer-Verlag, 1981: 159-268.

[145] Hoffmann R E. Continuous Lattices and Related Topics. Mathematik-Arbeitspapiere, vol. 27, Bremen: Universität Bremen, 1982.

[146] Hoofman R E. Continuous information systems. Information and Computation, 1993, 105: 42-71.

[147] Hoffmann R E, Hofmann K H. Continuous Lattices and Their Applications. Lecture Notes in Pure and Appl. Math., vol. 101. New York: Marcel Deker, 1985.

[148] Hofmann K H, Lawson J D. The spectral theory of distributive continuous lattices. Trans. Amer. Math. Soc., 1978, 246: 285-310.

[149] Hofmann K H, Mislove M. Local Compactness and Continuous Lattices. Lecture Notes in Mathematics. vol. 871. New York: Springer-Verlag, 1981: 209-248.

[150] Hohle U, Kubiak T. Approximating orders in meet-continuous lattices and regularity axioms in many valued topology. Order, 2008, 25: 9-17.

[151] Hoofman R. Continuous information systems. Information and Computation, 1993, 105: 42-71.

[152] Huang M Q, Li Q G, Li J B. Generalized continuous posets and a new cartesian closed category. Appl. Categor. Struct., 2009, 17: 29-42.

[153] Huth M. Zero dimensional and connected domains. Semigroup Forum, 1995, 51: 63-71.

[154] Huth M, Jung A. Linear FS-lattices and their characterization via function spaces. preprint, 1995.

[155] Huth M, Jung A, Keimel K. Linear types, approximation and topology. Logic in Computer Science. IEEE Computer Society Press, 1994: 110-114.

[156] Isbell J R. Meet-continuous lattices. Symposia Mathematica, 1975, 16: 41-54.

[157] Isbell J R. Direct limits of meet-continuous lattices. Journal of Pure and Applied Algebra, 1982, 23: 33-35.

[158] Jiang G H, Shi W X. Characterizations of distributive lattices and semicontinuous lattices. Bull. Korean Math. Soc., 2010, 47: 633-643.

[159] Jiang G H, Wang G P. Locally maximal ideals on posets. J. Xuzhou Norm. Univ., 2006, 24: 11-14.

[160] Jiang G H, Xu L S. Conjugative relations and applications. Semigroup Forum, 2010, 80: 85-91.

[161] Jiang G H, Xu L S, Cai J, Han G W. Normal relations on sets and applications. Int. J. Contemp. Math. Sciences, 2011, 6(15): 721-726.

[162] Johnstone P T. Scott is Not Always Sober. Continuous Lattices. Lecture Notes in Mathematics. vol. 871. Berlin: Springer-Verlag, 1981: 282-283.

[163] Johnstone P T. Stone Spaces. Cambridge: Cambridge University Press, 1982.

[164] Johnstone P T. The Vietoris Monad on the Category of Locales. Continuous Lattices and Related Topics. Mathematik Arbeitspapiere. vol. 27. Bremen: Universität Bremen, 1982.

[165] Jung A. Cartesian Closed Categories of Domains. CWI Tract 66, Amsterdam, 1989.

[166] Jung A. The classification of continuous domains. Fifth Annual IEEE Symposium on Logic in Computer Science. IEEE Computer Society Press, 1990: 35-40.

[167] Jung A. Stably compact spaces and the probabilistic powerspace construction. Electronic Notes in Theoretical Sciences, 2004, 87: 15.

[168] Jung A, Kegelmann M, Moshier M A. Stably compact spaces and closed relations. Electronic Notes in Theoretical Computer Science, 2001, 45: 209-231.

[169] Jung A, Moshier M A. On the Bitopological Nature of Stone Duality. Birmingham: University of Birmingham, 2006.

[170] Jung A, Moshier M A. A Hofmann-Mislove Theorem for Bitopological Spaces. Birmingham: University of Birmingham, 2008.

[171] Jung A, Sünderhauf P. On the Duality of Compact vs. Open. Volume 806 of Annals of the New York Academy of Sciences, 1996: 214-230.

[172] Keimel K. The probabilistic powerdomain for stably compact spaces via compact ordered spaces. Electronic Notes in Theoretical Computer Science, 2004, 87: 225-238.

[173] Keimel K. Bi-continuous domains and some old problems in domain theory. Electronic Notes in Theoretical Computer Science, 2009, 257: 35-54.

[174] Keimel K, Lawson J D. Extending algebraic operations to D-completions. Electronic Notes in Theoretical Computer Science, 2009, 249: 93-116.

[175] Keimel K, Lawson J. D-completions and the d-topology. Annals of Pure and Applied Logic, 2009, 159: 292-306.

[176] Keimel K, Zhang G Q, Liu Y M, Chen Y X. Domains and Processes. Netherland: Kluwer Academic Publishers, 2001.

[177] Klinke O. Regular normal d-frames. preprint, 2010.

[178] Kogan S A. Solution of three problems in lattice theory. Uspehi Math. Nauk, 1956, 11: 185-190.

[179] Kolibiar M. Bemerkungen über Intervalltopologie in halbgeordneten Mengen. General Topology and Its Relations to Modern Analysis and Algebra (Proc. Sympos. Prague, 1961), New York: Academic Press, 1962: 252-253.

[180] Korpperman R. Asymmetry and duality in topology. Topology and Its Applications, 1995, 66: 1-39.

[181] 寇辉. Domain 及 Locale 理论的若干问题研究. 四川大学博士学位论文, 1998.

[182] Kou H. U_k-admitting dcpos need not be sober. Domain and Processes. vol. 1. Semantic Structure on Domain Theory. Kluwer, 2001: 41-50.

[183] Kou H. Fixed points of Scott continuous self-maps. Science of China. Ser. A, 2001, 44: 1433-1438.

[184] 寇辉. Smyth 幂半格及其连续 domain 表示. 数学学报, 2002, 45: 209-214.

[185] 寇辉. 关于紧连续 L-domain 的一个刻画定理. 数学进展, 2003, 32: 683-688.

[186] 寇辉, 刘应明. Domain 投射空间的连续性. 数学年刊, 2000, 21A: 579-584.

[187] 寇辉, 刘应明. Smyth 半格及其连续 domain 表示. 数学学报, 2002, 45: 209-214.

[188] 寇辉, 刘应明. 拟连续 domain 及其子范畴间的伴随关系. 数学年刊, 2002, 23A: 633-642.

[189] Kou H, Liu Y B, Luo M K. On meet-continuous dcpos. Domain Theory. Logic and Computation. Netherland: Kluwer Academic Publishers, 2003: 117-135.

[190] Kou H, Luo M K. The largest topologically cartesian closed full subcategories of Domains as topological spaces//Keimel K, Zhang G Q, Liu Y M, et al., ed. Domains and

Processes. Netherland: Kluwer Academic Publishers, 2001: 51-66.

[191] Kou H, Luo M K. Fixed points of Scott continuous self-maps. Science in China. Ser. A, 2001, 44: 1433-1438.

[192] Kou H, Luo M K. Strongly zero-dimensional locales. Acta Mathematica Sinica, 2002, 18: 47-54.

[193] 寇辉, 罗懋康. 拟连续 Domain 及其子范畴间的伴随关系. 数学年刊, 2002, 23A: 633-642; Chinese Journal of Contemporary Mathematics, 2002, 23: 425-435.

[194] Kou H, Luo M K. RW-spaces and compactness of function spaces for L-domains. Topology. and Its Appl., 2003, 129: 211-220.

[195] Kou H, Luo M K. On (weakly) local approximation spaces of information systems. Fundamenta Informaticae, 2003, 58: 139-150.

[196] Kovár M M. The sequence of iterated dualizations is finite. Proceedings of the Ninth Prague Topological Symposium. Prague, 2002: 181-189.

[197] Kovár M M. On maximality of compact topologies. preprint, 2004.

[198] Kovár M M. The Hofmann-Mislove theorem for general topological structures. preprint, 2004.

[199] Kovár M M. Hofmann-Mislove posets. Topology Proceedings, 2005, 29: 539-558.

[200] Kovár M M. At most 4 topologies can arise from iterating the de Groot dual. Topology and Its Applications, 2003, 130: 175-182.

[201] Kovár M M. On iterated de Groot dualizations of topological spaces. Topology and Its Applications, 2005, 146-147: 83-89.

[202] Kříž I, Pultr A. A spatiality criterion and a quasitopology which is not a topology. Houston J. Math., 1989, 15: 215-233.

[203] Lawson J D. Topological semilattices with small semilattices. J. London Math. Soc., 1969, 2: 719-724.

[204] Lawson J D. The duality of continuous poset. Houston J. of Math., 1969, 5: 357-386.

[205] Lawson J D. Order and Strongly Sober Compactifications. Topology and Category Theory in Computer Science. Oxford: Oxford Press, 1991: 179-205.

[206] Lawson J. The round ideal completion via sobrification. Topology Proceedings, 1997, 22: 261-274.

[207] Lawson J. The upper interval topology, property M, and compactness. Electronic Notes in Theoretical Computer Science, 1998, 13: 1-15.

[208] Lawson J D, Mislove M. Problems in domain theory and topology// van Mill J, Reed G M. Open Problems in Topology. Elsevier Sci. Publ. B. V., North-Holland, 1990: 350-372.

[209] Lawson J D. Xu L S. When does $[A \to B]$ consist of continuous domains. Topology and Its Applications, 2003, 130: 91-97.

[210] Lawson J D, Xu L S. Maximal classes of topological spaces and domains determined by function spaces. Applied Categorical Structures, 2003, 11: 391-402.

[211] Lawson J D, Xu L S. Posets having continuous intervals. Theoretical Computer Science, 2004, 316: 89-103.

[212] 雷银彬. Domain 理论及 Rough 理论若干相关问题研究. 四川大学博士学位论文, 2007.

[213] 雷银彬, 罗懋康, 黄丽. Hausdorff 拓扑与 Scott 拓扑的对偶. 四川大学学报 (自然科学版), 2008, 45: 219-223.

[214] Levy A. Basic Set Theory. Berlin: Springer-Verlag, 1979.

[215] 李高林, 徐罗山. 拟连续 Domain 的拟基及其权. 模糊系统与数学, 2007, 21(6): 52-56.

[216] 李娇. 伪超连续偏序集. 江西师范大学硕士学位论文, 2011.

[217] 李娇, 徐晓泉. 伪超连续偏序集. 模糊系统与数学, 2012, 26(6): 78-85.

[218] Li Q G, Li J B. Meet continuity of posets via lim-inf-convergence. Advances in Mathematics(China), 2010, 39: 755-760.

[219] Li Q G, Wu X H. Generalizations and Cartesian closed subcategories of semicontinuous lattices. Acta Mathematica Scientia, 2009, 29B: 1366-1374.

[220] Li S J, Luo M K. Urysohn's lemma and arcwise connected completely distributive lattices. Chinese Journal of Contemporary Mathematics, 2001, 22: 1-8.

[221] Li Y M. Some problems on the lattice-valued lower semicontinuous functions. Chinese Science Bulletin, 1992, 37: 1228-1229.

[222] 李永明. 连续偏序集的下收敛结构. 工程数学学报, 1994, 11: 1-7.

[223] Li Y M. Weak locale quotient morphisms and locally connected frames. J Pure and Appl. Alg., 1996, 110: 101-107.

[224] Li Y M. Generalized (S, I)-complete free completely distributive lattices generated by posets. Semigroup Forum, 1998, 57: 240-248.

[225] Li Y M. Exponentiable objects in the category of topological molecular lattices. Fuzzy Sets and Systems, 1999, 104: 407-414.

[226] 李永明. Locale 的函数空间. 数学年刊, 2003, (24A): 695-704.

[227] Li Y M, Li Z H. Free semilattices and strongly free semilattices generated by partially ordered sets. Northeastern Math. J., 1993, 9: 359-366.

[228] Li Y M, Li Z H. Complete surjections and complete epimorphisms over completely distributive lattices. Northeastern Math. J., 1997, 13: 279-290.

[229] Li Y M, Li Z H. Constructive insertion theorems and extension theorems over extremely disconnected locales. Algebra Universalis, 2000, 44: 271-281.

[230] 李永明, 李志慧. Limit 分子格. 数学学报, 2001, 44: 45-50.

[231] Li Y M, Wang G J. Localic Katetov-Tong insertion theorem and localic Tietze extension theorem. Comment. Math. Univ. Carolinae, 1997, 38: 801-814.

[232] 李永明, 王国俊. 拓扑空间范畴、拓扑 Fuzz 范畴与拓扑分子格范畴间的反射与余反射. 数学学报, 1998, 41: 731-736.

[233] 李永明, 张德学. 内射拓扑分子格. 数学学报, 2003, 46: 1025-1030.

[234] Li Y M, Zhou M, Li Z H. Projective objects and injective objects in the category of quantales. J. Pure Appl. Alg., 2002, 176: 249-258.

[235] 梁基华. 关于 FS-domain 的 Plotkin 幂 domain. 数学年刊, 2000, 20A: 697-700.

[236] Liang J H, Keimel K. Compact continuous L-domains. Computer & Math. Appl., 1999, 38: 81-89.

[237] Liang J H, Kou H. Convex Powerdomain and Vietoris Spaces. Int. J. Computers and Mathematics with Applications, 2004, 47: 541-548.

[238] Liang J H, Liu Y M. On the spaces of the maximal points. Chin. Ann. Math., 2003, 24B: 303-308.

[239] 梁云. 关于积 Domain 上的 Scott 拓扑及相关问题的讨论. 四川大学硕士学位论文, 2004.

[240] 刘敏, 赵彬. WZ-Domain 与 WZ-Scott 拓扑. 模糊系统与数学, 2010, 24(2): 50-56.

[241] 刘敏, 赵彬. FZ-Domain 的基与抽象基的 RZ-理想完备化. 陕西师范大学学报 (自然科学版), 2011, 39(2): 8-12.

[242] Liu Y M. Some aspects of fuzzy topology. Southeast Asian Bulletin of Math., 1999, 23: 61-78.

[243] Liu Y M, He M. Induced mappings on completely distributive lattices. Proc. of 5th Internat. Symp. on Multiple-Valued Logic, 1985: 346-353.

[244] Liu Y M, Liang J H. Solutions to two problems of J.D Lawson and M Mislove. Topology and Its Applications, 1996, 69: 153-164.

[245] Liu Y M, Liang J H. Domain 理论与拓扑. 数学进展, 1999, 28: 97-104.

[246] 刘应明, 罗懋康. 格值型 Hahn-Dieudonné-Tong 插入定理与层次结构. 中国科学, 1991: 921-928.

[247] Liu Y M, Luo M K. Fuzzy Topology. Singapore: World Scientific Publishing Co. Pte. Ltd., 1997.

[248] Liu Y M, Luo M K. Structure of lattices characterized by validities of lattice-valued topological propositions. Topology and Its. Appl., 2002, 122(1-2): 321-335.

[249] 刘应明, 张德学. 不分明拓扑中的 Stone 表示定理. 中国科学 (A 辑), 2003, 33: 236-247.

[250] 陆汝钤. 计算机语言的形式语义. 北京: 科学出版社, 1992.

[251] Lu T, He W, Wang X J. Meets of spatial sublocales. Bull. Belg. Math. Soc., 2010, 17: 243-250.

[252] 罗懋康. 格上拓扑的点式处理. 四川大学博士学位论文, 1992.

[253] 罗淑珍. 几类重要完备格的表示理论. 江西师范大学硕士学位论文, 2008.

[254] 罗淑珍, 徐晓泉. 强 Sober 空间的若干性质. 模糊系统与数学, 2009, 23(1): 117-122.

[255] MacLane S. Categories for the Working Mathematician. Berlin: Spriger-Verlag, 1971.

[256] MacNeille H M. Partially ordered posets. Trans. Amer. Math. Soc., 1937, 42: 416-460.

[257] Manilla M A, Jung A, Keimel K. The probabilistic powerdomain for stably compact spaces. Theoretical Computer Science, 2004, 328: 221-224.

[258] 毛徐新, 徐罗山. 偏序集的 φ-(交) 连续性及其主理想刻画. 模糊系统与数学, 2005, 19(4): 1-6.

[259] Mao X X, Xu L S. Representstion theorems for directed completions of consistent algebraic L-domains. Algebra Universalis, 2006, 54: 435-447.

[260] Mao X X, Xu L S. B-posets. FS-posets and relevant categories. Semigroup Forum, 2006, 72: 121-133.

[261] Mao X X, Xu L S. Quasicontinuity of posets via Scott topology and sobrification. Order, 2006, 23: 359-369.

[262] Mao X X, Xu L S. Characterizations of algebraic L-domains and equivalence of relevant categories. Int. J Contemp. Math. Sci., 2007, 2: 627-637.

[263] Mao X X, Xu L S. Meet continuity properties of posets. Theoretical Computer Science, 2009, 410(42): 4234-4240.

[264] Markowsky G. Idempotents and product representations with applications to the semigroup of binary relations. Semigroup Forum, 1972, 5: 95-119.

[265] Martin K. A Foundation for Computation. PhD thesis, Tulane University, New Orlean, 2000.

[266] Martin K. Compactness of the space of causal curves. Classical and Quantum Gravity, 2006, 23: 1241-1251.

[267] Martin K, Panangaden P. A domain of spacetime intervals in general relativity. Communications in Mathematical Physics, 2006, 267: 563-586.

[268] Matsushima Y. Hausdorff interval topology on a partially ordered set. Proc. Amer. Math. Soc., 1960, 11: 233-235.

[269] Mckenzie R, Schein B M. Every semigroup is isomorphic to a transitive semigroup of binary relations. Trans. Amer. Math. Soc., 1997, 349: 271-285.

[270] Menon V G. Separating points in posets. Houston J. Math., 1995, 21: 283-290.

[271] Menon V G. Totally order-disconnected compact topologies. Order, 2000, 17: 391-396.

[272] Menon V G. Compact pospaces. Comment. Math. Univ. Carolinae, 2003, 44: 741-744.

[273] Menon V G. Continuity in partially ordered sets. International Journal of Mathematics and Mathematical Sciences, vol. 2008, doi: 10.1155/2008/321761.

[274] Mislove M. Denotational models for unbounded nondeterminism. Electronic Notes in theoretical Computer Science, 1995, 1: 393-410.

[275] Mislove M. Using duality to solve domain equations. Electronic Notes in Theoretical Computer Science, 1997, 6: 255-271.

[276] Mislove M. Topology, domain theory and theoretical computer science. Topology and Its Applications, 1998, 89: 3-59.

[277] Moggi E. Notions of computations and monads. Information and Computation, 1991, 93: 55-92.

[278] Morandi P J. Dualities in lattice theory. preprint, 2005.

[279] Mrshevich M. Some properties of the space 2^X for a topological R_0-space. Gen. Uspekhi Mat. Nauk., 1979, 34: 166-170.

[280] Nachbin L. Topology and Order. Princeton. N. J: Von Nostrand: 1965.

[281] Naimpally S A. On R_0-topological spaces. Ann. Univ. Sci. Budapest Eötvös Sect. Math., 1967, 10: 53-54.

[282] Nerode A. Some Stone spaces and recursion theory. Duke Math. J., 1959, 26: 297-406.

[283] Niederle J. Boolean and distributive ordered sets: Characterization and representation by sets. Order, 1995, 12: 189-210.

[284] Northam F S. The interval topology of a lattice. Proc. Amer. Math. Soc., 1953, 4: 824-827.

[285] Novak D. Generalization of continuous posets. Trans. of Amer. Math. Soc., 1982, 272: 645-667.

[286] Pitts A. Evaluation Logic. IV Higher Order Workshop. Banff 1990, Workshop in Computing. Berlin: Springer-Verlag, 1991.

[287] Plotkin G D. A powerdomain construction. SIAM J. of Computing, 1976, 5: 452-487.

[288] Plotkin G D. The category of complete partial orders: A tool for making meanings. Proceedings of the Summer School on Foundations of Artificial Intelligence and Computer Science. Instituto di Scienze dell'Informazione. Universita di Pisa, 1978.

[289] Poncet P. A class of compact subsets for non-sober topological spaces. Arxiv preprint arXiv: 0912.5469, 2009.

[290] Popescu L. R-separated spaces. Balkan Journal of Geometry and Its Appl., 2001, 6: 81-88.

[291] Priestley H A. Representation of distributive lattices by means of ordered stone spaces. Bull. London Math. Soc., 1970, 2: 186-190.

[292] Priestley H A. Ordered topological spaces and the representation of distributive lattices. Proc. London Math. Soc., 1972, 24: 507-530.

[293] Priestley H A. Ordered sets and duality for distributive lattices. Ann. Discrete Math., 1984, 23: 39-60.

[294] Priestley H A. Intrinsic spectral topologies. Ann. the New York Academy of Sciences, 1994, 728: 78-95.

[295] Priestley H A. Spectral sets. J. Pure and Appl. Algebra, 1994, 94: 101-114.

[296] Raney G N. Completely distributive complete lattices. Proc. Amer. Math. Soc., 1952, 3: 677-680.

[297] Raney G N. A subdirect-union representation for completely distributive complete lattices. Proc. Amer. Math. Soc., 1953, 4: 518-522.

[298] Raney G N. Tight Galois connections and complete distributivity. Trans Amer Math. Soc., 1960, 97: 97: 418-426.

[299] Ranzato F. Pseudocomplements of closure operators on posets. Discrete Mathematics, 2002, 248: 143-155.

[300] 饶三平, 徐晓泉. 拟 Z-代数 domain. 模糊系统与数学, 2006, 20(6): 21-27.

[301] Rav Y. Semiprime ideals in general lattices. J. Pure Appl. Algebra, 1989, 56(2): 105-118.

[302] Riecanova Z. Lattice and quantum logics with separated intervals. Internat. J. Theor. Phys., 1998, 37: 191-197.

[303] Robinson E. Logical Aspects of Denotational Semantics. Lecture Notes in Computer Sci., vol. 183. Berlin: Springer-Verlag, 1988: 238-253.

[304] 阮小军, 徐晓泉. Z-连通代数偏序集及其范畴. 模糊系统与数学, 2009, 23(2): 46-51.

[305] Rudin M E. Directed sets which converge. Proc. Riverside Symposium on Topology and Modern Analysis, 1980: 305-307.

[306] Schalk A. The Hoare power construction for domains, topological spaces and locales. preprint 1549, Technische Hochschule Darmstadt, 1993.

[307] Schein B M. Regular elements of the semigroup of all binary relations. Semigroup Forum, 1976, 13: 95-102.

[308] Schein B M. Representation of involuted semigroups by binary relations. Fund. Math., 1974, 82: 121-141.

[309] Scott D S. Outline of a mathematical theory of computation. Proc. of the 4th Annual Princeton Conference on Information Science and Systems. Princeton University, 1970: 169-176.

[310] Scott D S. Continuous lattices. Toposes. Algebraic Geometry and Logic. Lecture Notes in Math., vol. 274. Berlin: Springer-Verlag, 1972: 97-136.

[311] Scott D S. Domains for denotational semantics. Automata. Languages and Programming. Lecture Notes in Computer Science, vol. 140. Berlin: Springer-Verlag, 1982: 577-613.

[312] 尚云, 赵彬. 相通连续 Domain 的若干特征定理. 数学研究与评论, 2005, 25: 734-738.

[313] Shanin N A. On separation in topological spaces. Dokl. Akad. Nauk. SSSR, 1943, 38: 110-113.

[314] 史福贵. 完全分配格上的点式拟一致结构与 p.q. 度量. 数学学报, 1996, 39: 701-706.

[315] 史福贵. 完全分配格上的点式一致结构. 数学进展, 1997, 26: 22-28.

[316] 史福贵. 格上点式一致结构与点式度量理论及其应用. 首都师范大学博士学位论文, 2001.

[317] Shi F G, Zheng C Y. Totally bounded pointwise uniformities and proximities on completely distributive lattices. 数学进展, 2001, 30: 322-328.

[318] 史福贵, 郑崇友. 格上点式一致结构与度量化定理. 数学学报, 2002, 45: 1127-1136.

[319] Shi F G, Wang G J. Lattice-valued modal propositional logic and its completeness. 中国科学, F 辑英文版, 2010, 53(11): 2230-2239.

[320] Smyth M B. Powerdomain. J. Computer and System Sci., 1978, 16: 23-36.

[321] Smyth M B. Power domains and Predicate Transformers: A Topological View. Automata. Languages and Programming. Lecture Notes in Computer Sci., vol. 154. Berlin: Springer-Verlag, 1983: 662-675.

[322] Spreen D, Xu L, Mao X. Information systems revisited: The general continuous case. Theoretical Computer Science, 2008, 405: 176-187.

[323] Steen L A, Seebach J A, Jr. Counterexamples in Topology. New York: Rinehard and Winston, 1970.

[324] Stone M H. The theory of representations for Boolean algebras. Trans. Amer. Math. Soc., 1936, 40: 37-111.

[325] Stone M H. Topological representation of distributive lattices and Brouwerian logics. Časopis Pest. Mat. Fys., 1937, 67: 1-25.

[326] 陶炎芳, 徐晓泉. 广义半 Smooth 格. 模糊系统与数学, 2012, 26(3): 164-168.

[327] Tarski A. Sur les classes closes par rapport à certaines opérations élémentaires. Fund. Math., 1929, 16: 181-304.
[328] Tarski A. On the calculus of relations. J. Symbolic Logic, 1941, 6: 73-89.
[329] Taylor P. Computably based locally compact spaces. Logical Methods in Computer Science, 2006, 2: 1-70.
[330] Taylor P. Sober spaces and continuations. Theory and Applications of Categories, 2002, 10: 248-300. (Revised, 2007)
[331] Tong J. On separation axioms R_0. Glasnick Mathematicki, 1983, 38: 149-152.
[332] Urquhart A. A topological representation theorem for lattices. Algebra Universalis, 1978, 8: 45-58.
[333] Venugopalan P. Z-continuous posets. Houston J. Math., 1986, 12: 275-294.
[334] Venugopalan P. Quasicontinuous posets. Semigroup Forum, 1990, 41: 193-200.
[335] Venugopalan P. A generalization of completely distributive lattices. Algebra Universalis, 1990, 27: 578-586.
[336] Venugopalan P. Priestley spaces. Proc. Amer. Math. Soc., 1990, 109: 605-610.
[337] Vickers S. Topology Via Logic. Tracts in Theoretical Computer Sci., Cambridge: Cambridge University Press, 1989.
[338] Vickers S. Information system for continuous posets. Theoretical Comput. Sci., 1993, 114: 201-229.
[339] 王国俊. 广义拓扑分子格. 中国科学, 1983, 12: 1063-1072.
[340] 王国俊. 偏序集, 极大元与定向集. 数学研究与评论, 1984, 4(1): 107-112.
[341] 王国俊. 关于序同态的若干特征定理. 科学通报, 1985, 30: 241-243.
[342] 王国俊. 广义序同态理论及其应用. 东北数学, 1985, 2: 141-152.
[343] 王国俊. 论 Fuzzy 格之构造. 数学学报, 1986, 29(4): 539-543.
[344] Wang G J. Lattice-theoretic generalization of a theorem in topology. Questions and Answers in General Topology, 1986, 4(2): 97-103.
[345] 王国俊. Ψ-极小集理论及其应用. 科学通报, 1986, 31: 1049-1053.
[346] 王国俊. 完全分配格上的序同态. 数学进展, 1987, 16(1): 55-60.
[347] 王国俊. L-Fuzzy 拓扑空间论. 西安: 陕西师范大学出版社, 1988.
[348] Wang G J. Pointwise topology on completely distributive lattices. Fuzzy Sets and Systems, 1989, 30: 53-62.
[349] 王国俊, 等. 拓扑分子格理论. 西安: 陕西师范大学出版社, 1990.
[350] Wang G J. Theory of topological molecular lattices. Fuzzy Sets and Systems, 1992, 47: 351-376.
[351] 王国俊. 蕴涵格与 Stone 表现定理的推广. 科学通报, 1998, 43: 1033-1036.
[352] Wang G J. Separable Boolean functions and generalized Fabonacci sequences. Computers & Mathematics with Applications, 2000, 39(3): 205-216.
[353] Wang G J. Theory of granular lattices and its applications. Computers & Mathematics with Applications, 2000, 39(6): 1-9.
[354] 王国俊. 完备格中的成分理论. 数学学报, 2001, 44: 829-836.

[355] 王国俊. 序、拓扑、逻辑. 西安: 陕西师范大学出版社, 2005.
[356] 王国俊, 李永明. 拓扑分子格范畴与相关范畴的关系. 科学通报, 1997, 42: 347-350.
[357] 王国俊, 时慧娴. 格值模态命题逻辑及其完备性. 中国科学, 信息科学, 2011, 41(1): 66-76.
[358] 王国俊, 徐罗山. 内蕴拓扑与 Hutton 单位区间的细致化. 中国科学, 1992, 7: 705-712.
[359] Wang H, Zhang D X. Characterizing continuous dcpos by liminf convergence of filters. Communications in Mathematical Research, 2011, 27(2): 169-178.
[360] Wang X J, He W. Notes on Two-Side Quantales. Quantitative logic and soft computing 2010, AIS82, Berlin: Springer-Verlag, 2010: 745-753.
[361] 王习娟, 卢涛, 贺伟. 性质 M 与连续偏序集的有限分离性. 数学年刊, 2009, 30(4): 169-176.
[362] Wang X J, Lu T, He W. On a characterization theorem for continuous posets. 数学进展, 2010, 39: 95-98.
[363] Wee W S, Zhao D, HoW K. Filter convergence structures on posets. Proceedings of the 5th ASIAN Mathematical Conference, 2009: 471-476.
[364] Wolk E S. Topologies on a partially ordered set. Proc. Amer. Math. Soc., 1958, 9: 524-529.
[365] Wu H Y, Chen Y X. A duality theorem for quantitative semantics. Electronic Notes in Theoretical Computer Science, 2010, 257: 87-97.
[366] 武利刚, 樊磊. 带有偏序逼近族的偏序集上 Scott 拓扑的比较. 首都师范大学学报 (自然科学版), 2007, 28(5): 14-16.
[367] Wu L G, Fan L. Directed Completions and DM-Completions on $\mathcal{R}$-Posets//Cao B, et al. Fuzzy Information and Engineering. Advances in Soft Computing 54. Berlin: Springer-Verlag, 2009: 135-144.
[368] Wu L G, Fan L. A kind of R-complete category for R-posets. Proceedings of the Second International Joint Conference on Computational Sciences and Optimization (CSO2009), vol. 1. IEEE Computer Society Press, 2009: 639-643.
[369] Wu L G, Fan L. Cartesian Closed Categories of R-Posets. Proceedings of the 2009 International Conference on Foundations of Computer Science (FCS2009), Las Vegas: USA CSREA Press, 2009: 139-144.
[370] WuL G, Fan L. Domain equations based on sets with families of pre-orders. Proceedings of the Fifth International Symposium on Domain Theory (ISDT2009), Electronic Notes in Theoretical Computer Science (257), Elsevier Publisher, 2010: 99-115.
[371] 伍秀华. 半连续格理论的研究. 湖南大学博士学位论文, 2008.
[372] 伍秀华, 李庆国. 半连续格上的拓扑. 数学物理学报, 2009, 29A: 1132-1137.
[373] Wyler O. Dedekind complete posets and Scott topologies. Continuous Lattices. Lecture Notes in Math., vol. 871. Berlin: Springer-Verlag, 1981: 384-389.
[374] 徐菲, 徐晓泉. 伪 Scott 拓扑与伪 Scott 开滤子拓扑. 模糊系统与数学, 2009, 23(3): 95-98.
[375] 徐罗山. 格与拓扑研究. 四川大学博士学位论文, 1992.
[376] Xu L S. External characterizations of continuous sL-domains. Domain Theory, Logic and Computation. Netherland: Kluwer Academic Publisher, 2003: 137-149.

[377] Xu L S. Continuity of posets via Scott topology and sobrifications. Topology and Its Applications, 2006, 153: 1886-1894.
[378] Xu L S, Mao X X. When do abstract bases generate continuous lattices and L-domains. Algebra Universalis, 2008, 58: 95-104.
[379] Xu L S, Mao X X. Various constructions of continuous information systems. Electronic Notes in Theoretical Computer Science, 2008, 212(4): 299-311.
[380] Xu L S, Mao X X. Formal topological characterizations of various continuous domains. Comp. & Math. Appl., 2008, 56: 444-452.
[381] Xu L S, Mao X X. Strongly continuous posets and the local Scott topology. J. Math. Anal. Appl., 2008, 345: 816-824.
[382] Xu X Q. Products and coproducts in category of completely distributive lattices. Chinese Science Bulletin, 1991, 36: 441-444.
[383] 徐晓泉. 完全分配格的二个刻画定理. 四川大学学报 (自然科学版), 1991, 28: 293-295.
[384] 徐晓泉. "完全分配格中极小集、极大集的刻画" 一文注记. 数学学报, 1992, 35: 606-607.
[385] 徐晓泉. Completeness and cocompleteness of category of completely distributive lattices. 四川大学学报 (自然科学版), 1992, 29(1): 345-347.
[386] Xu X Q. Embedding M-continuous lattices in cubes. Proc. of the 5th International Fuzzy Systems Association World Congress. The Korea Fuzzy Mathematics and Systems Society. Seoul. Korea, 1993: 374-377.
[387] Xu X Q. Strongly algebraic lattices and conditions of minimal mapping preserving infs. Chinese Ann. Math., 1994, 15B(1): 105-114.
[388] 徐晓泉. 强 M-拟连续偏序集到方体的嵌入. 模糊系统与数学, 1994: 248-249.
[389] Xu X Q. Construction of homomorphisms of M-continuous lattices. Trans. Amer. Math. Soc., 1995, 347: 3167-3175.
[390] 徐晓泉. M-连续格到 Hilbert 方体的嵌入. 数学学报, 1995, 38: 827-830.
[391] Xu X Q. Embeddings of Z-domains in cubes. Fuzzy Logic and Its Applications. Netherland: Kluwer Academic Publishers, 1995: 333-342.
[392] 徐晓泉. Alexander 子基定理的格论形式. 江西师范大学 (自然科学版), 1997, 21(1): 1-4.
[393] Xu X Q. Strictly complete regularity of the Lawson topology on a continuous poset. Topology and Its Applications, 2000, 103: 37-42.
[394] Xu X Q. The Lawson topology on quasicontinuous domains. Domains and Processes. Keimel K, et al. Netherland: Kluwer Academic Publishers, 2001: 33-40.
[395] 徐晓泉. 完备格的关系表示理论及其应用. 四川大学博士学位论文, 2004.
[396] 徐晓泉, 寇辉, 黄艳. Rudin 性质与拟 Z-连续 domain. 数学年刊, 2003, 24A: 483-494.
[397] Xu X Q, Liu Y M. The interval topology on T_1-lattices. Soft Computing in Intelligent Systems and Information Processing. IEEE, 1996: 502-505.
[398] 徐晓泉, 刘应明. 完备格上的上拓扑和区间拓扑. 数学年刊, 1999, 20A: 15-20; Chinese J. Contemporary Math., 1999, 20A: 1-7.
[399] Xu X Q, Liu Y M. Relational representations of hypercontinuous lattices. Domain Theory, Logic and Computation. Netherland: Kluwer Academic Publishers, 2003: 65-

74.

[400] 徐晓泉, 刘应明. Z-拟连续 domain 上的 Scott 拓扑和 Lawson 拓扑. 数学年刊, 2003, 24A: 365-376.

[401] Xu X Q, Liu Y M. Regular relations and strictly completely regular ordered spaces. Topology and Its Applications, 2004, 135: 1-12.

[402] Xu X Q, Liu Y M. Regular relations and monotone normal ordered spaces. Chinese Ann. Math., 2004, 25B: 157-164.

[403] 徐晓泉, 刘应明. 正则关系与完全正则空间. 数学年刊, 2008, 29A(6): 819-828.

[404] Xu X Q, Luo M K. Regular relations and normality of topologies. Semigroup Forum, 2006, 72: 477-480.

[405] 徐晓泉, 罗懋康. 正则关系与正规空间. 数学学报, 2009, 52(2): 393-402.

[406] 徐晓泉, 罗懋康, 黄艳. 拟 Z-连续 domain 和 Z-交连续 domain. 数学学报, 2005, 48: 221-234.

[407] 徐晓泉, 熊华平, 杨金波. 近性 Heyting 代数. 数学年刊, 2000, 21A: 165-174.

[408] Xu X Q, Yang J B. Topological representations of distributive hypercontinuous lattices. Chinese Ann. of Math., 2009, 30B(2): 199-206.

[409] Xu Z G, Shi F G. A note on "Urysohn separation property in topological molecular lattices". Fuzzy Sets and Systems, 2006, 157: 865-867.

[410] Yan Y, Yang J B, Xu X J. A note on completely distributive lattices. Far East Journal of Mathematics Sciences, 2011, 250(2): 145-149.

[411] Yang J C. A theorem on the semigroup of binary relations. Proc. of Amer. Math. Soc., 1969, 22: 134-135.

[412] 杨金波. 关于完备格的 Σ-core 紧性及 ΣF-core 紧性. 辽宁师范大学学报 (自然科学版), 1999, 22(1): 10-12.

[413] Yang J B. Completely prime filters on complete lattices. 江西师范大学学报 (自然科学版), 1999, 23(3): 195-197.

[414] Yang J B. Strongly pseudoalgebraic lattices. Northeast. Math. J., 1999, 15: 445-448.

[415] 杨金波. C-lattices. 江西师范大学学报 (自然科学版), 2001, 25(4): 320-323.

[416] 杨金波. 拟超连续 Domain 理论与拟超连续格. 四川大学博士学位论文, 2006.

[417] 杨金波, 陈群, 龚雅玲. 强 Raney 偏序集. 模糊系统与数学, 2010, 24(4): 96-100.

[418] 杨金波, 龚雅玲. 广义完全分配偏序集的代数性质. 南昌大学学报 (自然科学版), 2010, 34(1): 43-46.

[419] 杨金波, 龚雅玲, 陈群. 关于拟连续 Domain 的一个注记. 模糊系统与数学, 2010, 24(3): 82-85.

[420] 杨金波, 罗懋康. Z-拟代数 Domain. 四川大学学报 (自然科学版), 2005, 42(2): 234-239.

[421] Yang J B, Luo M K. Priestley spaces, qausi-hyperalgebraic lattices and Smyth powerdomains. Acta Mathematica Sinica. English Series, 2006, 22: 951-958.

[422] Yang J B, Luo M K. Some topological properties of quasicontinuous domains. 模糊系统与数学, 2006, 20(3): 69-76.

[423] 杨金波, 罗懋康. 超连续 domain 与拟超连续 domain. 模糊系统与数学, 2007, 21(4): 27-34.

[424] Yang J B, LuoM K. Quasicontinuous domains and generalized completely distributive lattices. 数学进展, 2007, 36(4): 399-406.

[425] 杨金波, 万潇, 陈群. HC-偏序集的若干性质. 模糊系统与数学, 2011, 25(3): 72-78.

[426] Yang J B, Xu X Q. The dual of generalized completely distributive lattice is a hypercontinuous lattice. Algebra Universalis, 2010, 63: 275-281.

[427] 杨金波, 徐晓泉. 局部强紧空间的 Hoare 空间与 Smyth 空间. 数学学报, 2010, 53(5): 989-996.

[428] Yang L Y, Xu L S. Algebraic aspects of generalized approximation spaces. International Journal of Approximate Reasoning, 2009, 51: 151-161.

[429] Yang L Y, Xu L S. Topological properties of generalized approximation spaces. Information Sciences, 2011, 181(17): 3570-3580.

[430] 杨忠强. 关于 Scott 拓扑与上拓扑的一个注记. 陕西师范大学学报 (自然科学版), 1986, 14(4): 23-26.

[431] 杨忠强. 拓扑分子格中的理想. 数学学报, 1986, 29(2): 276-279.

[432] Yang Z Q. Every self-dual ordering has a self-dual linear extension. Order, 1987, 4: 97-100.

[433] 杨忠强. 分子格范畴的 Cartesian 闭性. 四川大学博士学位论文, 1990.

[434] Yang Z Q. The cartesian closedness of the category CDL and function spaces on topological CDL's. Northeast Math. J., 1994, 10(3): 337-345.

[435] Yang Z Q. Normally supercompact spaces and completely distributive posets. Topology and Its Applications, 2001, 109(2): 257-265.

[436] Yang Z Q. Dieudonné-Hahn-Tong Theorem for complete chains. Houston Journal of Mathematics, 2003, 29(4): 949-960.

[437] Yang Z Q. A cartesian closed subcategory of CONT which contains all continuous domains. Information Sciences, 2004, 168: 1-7.

[438] 杨忠强, 支晓斌. 连通完备链上连续映射的强插入与单调插入. 模糊系统与数学, 2002, 16: 71-74.

[439] 杨忠强, 王国俊. 完全分配格的极大族理论及其应用. 工程数学学报, 1984, 1(1): 63-68.

[440] 姚丽娟, 徐晓泉. 广义 Smooth 格. 模糊系统与数学, 2009, 23(1): 51-56.

[441] 姚丽娟, 徐晓泉. Smooth 格和强 Smooth 格. 模糊系统与数学, 2009, 23(2): 41-45.

[442] 姚丽娟, 徐晓泉. 自由 Z-domain. 模糊系统与数学, 2011, 25(3): 67-71.

[443] Ye S, Kou H. Notes on direct limits of complete lattices and frames. Journal of Pure and Applied Algebra, 2002, 171: 333-338.

[444] Yokoyama T. A poset with the spectral Scott topology is a quasialgebraic domain. Order, 2009, 26: 331-335.

[445] 原雅燕. 相容 Domain 和超连续 Domain. 四川大学博士学位论文, 2010.

[446] 袁珍艳, 徐罗山. 仿 sober 与超 sober 拓扑空间. 扬州大学学报 (自然科学版), 2008, 11(4): 1-3.

[447] Zareckii Y K A. Representation of ordered semigroups by binary relations. Ilvestiya Vysshikh Uchebnykh Zavedenii. Matematika, 1959, 6: 48-50.

[448] Zareckii Y K A. The semigroup of binary relations. Mat. Sbornik, 1963, 61: 291-305.

[449] El Zawawy M. Semantic Spaces in Priestley Form. Birmingham: University of Birmingham, 2006.

[450] 张德学. Fuzzy 单位区间与 Fuzzy Stone 表示定理. 四川大学博士学位论文, 1993.

[451] 张德学, 李永明. Sober topological molecular lattices. Northeastern Math. J., 2003, 19: 254-258.

[452] Zhang D X, Yang Z Q. Cartesian closedness of the category of completely distributive lattices. Chinese Science Bulletin, 1998, 43: 2059-2062.

[453] Zhang G Q. DI-domains as prime information systems. Inform. and Comput., 1992, 100: 151-177.

[454] Zhang G Q, Lawson J D, LiuY M, Luo M K. Domain Theory, Logic and Computation. Netherland: Kluwer Academic Publishers, 2003.

[455] Zhang Q Y, Fan L. Continuity in Quantitative Domain Theory. Fuzzy Sets and Systems, 2005, 154: 118-131.

[456] 张文锋. Z-半连续格及局部强紧空间的一些性质. 江西师范大学硕士学位论文, 2011.

[457] 张文锋, 徐晓泉. 性质 M_F 与拟连续 Domain 中的 Scott 上紧集. 模糊系统与数学, 2012, 26(1): 137-140.

[458] 张文锋, 徐晓泉. Z-半连续格. 模糊系统与数学, 2012, 26(3): 148-155.

[459] 张晓媛. 拟连续格和广义完全分配格的逆极限. 江西师范大学硕士学位论文, 2011.

[460] 张晓媛, 徐晓泉. 拟连续格的逆极限. 模糊系统与数学, 2012, 26(2): 152-156.

[461] 赵彬. 分子格范畴中的极限及其应用. 四川大学博士学位论文, 1993.

[462] 赵彬. 连续 Domain 的基与权. 工程数学学报, 2000, 17(4): 91-95.

[463] 赵彬, 梁晓荣. 拟代数 Domain 的若干性质. 陕西师范大学学报 (自然科学版), 2005, 33(3): 1-5.

[464] Zhao B, Li J. O_2-convengence in posets. Topology and Its Applications, 2006, 153: 2971-2975.

[465] 赵彬, 刘妮. 连续 Domain 的特征与浓度. 陕西师范大学学报 (自然科学版), 2002, 30(2): 1-6.

[466] Zhao B, Zhao D S. Lim-inf convergence in partially order sets. Journal of Mathematical Analysis and Applications, 2005, 309: 701-708.

[467] Zhao B, Zhou Y H. The category of supercontinuous posets. Journal of Mathematical Analysis and Applications, 2006, 320: 632-641.

[468] Zhao D S. Semicontinuous Lattices. Algebra Universalis, 1997, 37: 458-476.

[469] 赵东升, 赵彬. Lawson-Hoffmann 对偶定理的推广. 数学学报, 1998, 41: 1325-1332.

[470] 赵东升, 赵彬. The categories of m-semilattices. Northest Mathematics Journal, 1998, 14: 418-430.

[471] Zhao D S, Fan T H. Dcpo-completion of posets. Theoretical Computer Science, 2010, 411: 2167-2173.

[472] 郑崇友, 樊磊, 崔宏斌. Frame 与连续格. 北京: 首都师范大学出版社, 1994.

[473] Zhou Y H, Zhao B. Order-convergence and Lim-inf$_M$ convergence in posets. Journal of Mathematical Analysis and Applications, 2007, 325: 655-664.

[474] Zypen D V. Aspects of Priestley duality. Math. Institut der Universität. Bern, 2004.

[475] Zypen D V. Order convergence and compactness. 2007. http//arxi.org/ abs/0705.4270.

索 引

F

G

H

I

J

K

L

M

N

P

Q

R

S

T

U

W

X

Y

Z

其　他

《模糊数学与系统及其应用丛书》已出版书目

(按出版时间排序)

1 犹豫模糊集理论及应用 2018. 2 徐泽水 赵 华 著
2 聚合函数及其应用 2019. 2 覃 锋 著
3 逻辑代数上的非概率测度 2019. 3 辛小龙 王军涛 杨 将 著
4 直觉模糊偏好关系群决策理论与方法 2019. 11 万树平 王 枫 董九英 著
5 基于模糊逻辑代数的判断矩阵及其群体决策方法 2020. 4 徐泽水 马振明 著
6 广义积分论 2021. 12 张德利 著
7 一致模 2022. 12 王住登 苏 勇 史雪荣 著
8 序与拓扑(第二版) 2022.12 徐晓泉 著